西北大学 211 工程资助项目

老学日历

西潮涌起东潮动，西方东方异中同。水流河东与河西，气变东风又西风。西园载酒东园醉，东茶咖啡西洋醒。世界熙攘为权利，环球那复计西东！历史统一于多样，事物万变归常恒。分斗合和均智慧，人文良知大化成。人类关注生产力，交往自觉共文明。

博学而约取，审问而问学，慎思而自得，明辨而鉴裁，笃行而为公。

彭树智 著

中国社会科学出版社

图书在版编目（CIP）数据

老学日历/彭树智著 . —北京：中国社会科学出版社，2015.12
ISBN 978 – 7 – 5161 – 7203 – 2

Ⅰ.①老… Ⅱ.①彭… Ⅲ.①人生哲学—通俗读物 Ⅳ.①B821 – 49

中国版本图书馆 CIP 数据核字（2015）第 291195 号

出 版 人	赵剑英
责任编辑	李庆红
责任校对	周晓东
责任印制	王　超
出　　版	中国社会科学出版社
社　　址	北京鼓楼西大街甲 158 号
邮　　编	100720
网　　址	http：//www. csspw. cn
发 行 部	010 – 84083685
门 市 部	010 – 84029450
经　　销	新华书店及其他书店
印　　刷	北京君升印刷有限公司
装　　订	廊坊市广阳区广增装订厂
版　　次	2015 年 12 月第 1 版
印　　次	2015 年 12 月第 1 次印刷
开　　本	710×1000　1/16
印　　张	41.75
插　　页	2
字　　数	664 千字
定　　价	139.00 元

卷首五题

一 题铭

知足：尽力知足，尽责知足，尽心知足。

知不足：学习知不足，学问知不足，学思知不足。

有为：为真求知，为善从事，为美养心。

有不为：不为名缰，不为利锁，不为位囚。

——"知足知不足，有为有不为"座右铭（见本书第 1、15、32 节）

二 题言

知物之明，

知人之明，

自知之明，

交往自觉，

全球文明。

——文明交往自觉"五句言"（见本书第 3、217 节）

三 题词

博学而约取，
审问而问学，
慎思而自得，
明辨而鉴裁，
笃行而为公。

——《学行记》（见本书第 43 节）

四 题诗

西潮涌起东潮动，
西方东方异中同。
水流河东与河西，
气变东风又西风。
西园载酒东园醉，
东茶咖啡西洋醒。
世界熙攘为权利，
环球哪复计西东。
历史统一于多样，
事物万变归常恒。
分斗合和均智慧，
人文良知大化成。
人类关注生产力，
交往自觉共文明。

——《西东谣》（见本书第 186 节）

五　题史

　　爱自然，为人类，自然育人，人化自然，自然史，人类史，科学双轮互动，弘扬人文精神，在文明交往大道上，共同追求真善美。

　　　　——"爱自然，为人类"题史（见本书第十编·编前叙意）

目　　录

第一编　立人致知

第二编 树人启智

第三编 学人学问

第四编　哲人哲语

第五编　人文化成

第六编　历史记忆

第七编　诗意人生

第八编　古今中外

第九编 文化文明

卷末附录

我的学习观(自序)

一

　　俄国诗人莱蒙托夫曾指出，"序"这种文体的一个重要特征是："序，总是写于最后而放在最前。"这确是"序"的一个规律性特征。在现行的序就是这样：序为书前文，跋为书后记，序一般是写于最后而放于最前。序、跋是"书前、书后"的一般性规范文体。但在中国古代却不是这样，序多列于书后，如司马迁的《太史公自序》，就是列入《史记》之末。

　　我现在写的这篇自序，既与司马迁的自序写于最后而放于最后不同，也与莱蒙托夫所概括的"序总是写于最后而放于最前"不同，它是写于最前而且也放于最前。之所以如此，其缘由始于 2011 年 12 月。那时，我得到商务印书馆为纪念 1897 年成立而制作的一本精装而厚重的 2012 年日历。这是一本别出心裁的日历，似乎就是为我"日有所书"设计的。其体例是：把 2012 年按第 1 日排列到第 366 日，突出每一日；然后列出"2012 年：月、日、星期"；特别是每页的空白页面很大，可供我每日书写一二则、几百字、千把字的写作习惯之用。这就为我的日历提供了一个体例。我为这个体例感到兴奋。这册日历每页还有该馆职工在国内外的摄影，因而名为《我眼中的世界》，也把我带到了世界各国的风景之中。日历每日都有古今中外治学为人的名言，是从该馆出版书籍中摘选的，其中也有我主编的 13 卷《中东国家通史》中关于文明交往史观的话语。日历的"历"，为曆、歷和厤的简体字，可作"日记本"解。苏轼《东坡志林》的《修身历》就提到："子宜置一卷历本，书日之所为，暮夜必记之。""历本"也即"日记本"。总之，商务印书馆这个日历成为我 2012 年日书的新体例，是我每日不用电脑而用手书写心得的笔耕之地。这就是《老学日历》的缘由。我把自序放在日历之前，是为了自励。我觉得每一天的时间对自己是太宝贵了，我在思想理念上是关中农民的一句乡土话："把日子过好，过好每一日。"当然，我应当对这本日历的编者表示感谢，谢谢他们为我提供了新的日历写作体例。

日历书名为《老学日历》，重在一个"学"字。学的繁体是"學"，据说其形状如小孩紧抱"文"而入怀不放。实际上，学是人一生的事，是一生通过"立学"而"立德"、"立言"、"立功"的事。英国政治哲学家迈克尔·奥克肖特在《历史是什么?》（王加丰、周旭东泽，上海财经大学出版社 2009 年版）一书中，认为"只有人类才有能力学习"，"每个人一生下来就是某种遗产的继承人，对这种遗产他只有通过学习，才能获得。""学习是一种行为"，人们"在遥远的临终的床上，最值得拥有的东西，就是头脑和思想"。人的头脑和思想就是为学而生的。老年的我，把学的中心思想概括为"三学"：学习、学问、学思。"三学"源于我的"知足知不足"的箴言："尽责知足，尽力知足，尽心知足；学习知不足，学问知不足，学思知不足。"其中的学习、学问、学思便是《老学日历》中的"三学"而"知不足"。这是对《大戴礼记》中的"学然后知不足"名言的具体化。"三学"之后，才感到自己知之甚少，甚至于无知；知不足进而促使"三学"。学是人的主观能动性见之于客观事物的认知观念和行动。学为前提，学然后才能知道自己之不足，才能自觉通过学习，弥补这些不足。如此螺旋式上升前进，方有人类文明发展和社会的进步。

二

"三学"是在为学问题上的三种自觉意识。第一，学习，是学习的自觉意识。这种意识自觉如孔子所言："学而时习之，不亦说（悦）乎。"这是使学与习时时伴随，在实践中久习成惯，进而达到出自内心愉悦，递进上升的三种境界——"爱学—好（hào）学—乐学"的学习境界。第二，学问，是把学习和学问相统一的问题意识。学而无问，无以深学。《易·乾》有言："君子学以聚之，问以辩之。"问辩质疑，是学有收获的关键。《荀子·大略》指出："诗曰：'如切如磋，如琢如磨'，谓学问也。"这里的切、磋、琢、磨，就是研究，就是针对问题的发现、提出、分析直到解决的过程。第三，学思，是学习的理论思维意识，是思路的条理脉络的清晰性，用以处理学与思内在关系的路径。学与思之间的辩证关系，《论语·为政》早有明确的概括："学而不思则罔，思而不学则殆。"《荀子·劝学》则将这种关系具体化了："吾尝终日思矣，不如须臾之所学矣"；"故诵读以贯之，思索以通之"。学为前提，思为贯通，学思而贯通，是谓学思。《荀子·法行》则从人一生终身教育方面谈学思的意义："君子有三思而不可不思也。少而不学，长无能也；老而不教，死无思也；有而不施，穷无与也。是故君子少思长则学，老思死则教，有思穷则施也。"总之，"三学"的学习、学问、学思是不同侧面组成的有机整体系列结构，三者之间的互动自觉，推动着"求知向学"、实践笃行的深化。这是一种文明交往自觉的学习观。

学习、学问、学思伴随着人的一生。人从呱呱坠地、喃喃学语、踉跄习步，直至活到老、学到老，整个生存、生活、生产各方面，都离不开学。在"三学"中，首要为培养脑体勤奋、诚实地勤学劳动。天道酬勤，人道励勤，勤学习、勤学问、勤学思，这是勤学与学勤的为学之道。"功崇惟志，业广惟勤。"西行求法而以释所惑的玄奘在《翻译论集》中就强调："文惬义无谬，智者应勤学。"勤学是持续的动态过程，是自知不足以至于无知的危机感，是"三学"之动因，而浅尝辄止，自满于知足，为"三学"之大忌。汉代扬雄在《法言·学行》中有一则关于为学的比喻，说的是"百川学海而至于海，丘陵学山不至于山"，这是指学习如川流不息，流动不止的勤劳践行才有进步，停止不前则无所成。正像一副名联所示："书山有路勤为径，学海无涯苦作舟。"也如成语所说，"学如逆水行舟，不进则退"。学，不仅是向书本学，还需要向社会学、在实践中学，做学习路上的有心人。所谓处处留心皆学问，学问不负有心人，就是把勤学与学勤融入心中，体现在勤动脑、勤动手、勤动口、勤运腿的生活习惯之中。

三

　　三学的要义，是在勤学、学勤之中的善学。这是通过反复实践过程中养成的自觉学习观。中华民族是善于学习的民族，具有悠久的善学传统。《礼·学记》中对学有全面深刻的言说："君子之于学也，藏焉，修焉，游焉。夫然，故曰安其学而亲其师，乐其友而信其道。"《论语》开篇即言学，它的为学纲领是"三句教"："学而时习之，不亦说乎。有朋自远方来，不亦乐乎。人不知而不愠，不亦君子乎。"以上两处谈的都是治学的交往目的、境界和广泛的社会实践意义。学在这里都被赋予人类文明交往自觉的内涵。学，不仅仅要求得广博的知识，而且通过广博知识的学习，从学习、学问、学思中求得文明自觉的"自知之明、知物之明和知人之明"的大道理。汉代有两位大学问家悟出了其中的道理。一位是许慎，他在《说文解字》中明确指出："学，觉悟也。"另一位是班固，他在《白虎通》中强调："学之为言也，觉也，悟所不知也。"班固和许慎所说的觉悟是悟到善学的实质，悟到了学的深层目的，这就是从学中觉悟到宇宙和人生的真知、真理，体味到人生的价值和意义。善学不限于"读书明理"，而且要在与自然和社会交往的实践中"明理"。韩非子的"知微之谓明"，是要人们从细微末节深处学习、学问、学思其中的智慧，明悟其中的道理，从而认识生命的真谛。这就是对天道、人生、德性的认识和领悟，善学是"大学之道，在明明德"的大学问，而不是一味谋取功名利禄而无视为社会、为人类文明做奉献的小学问。

　　善学的关键在于不要亦步亦趋，不要人云亦云，而要独立思考，要博采众长，要固本创新。学有模仿阶段，但不能老停留在这个阶段，而要在学习过程中，经过个人的独立思考、辛勤劳动，进入消化吸收、综合创新的高级阶段。进入这一阶段的路径是学而时习。习的繁体字是"習"，《说文解字》对它的解释是："数飞也，从羽从白。"它上面是羽毛的"羽"，下面是白，意思是小鸟初学起飞时，首先要拍拍翅膀，张开羽毛，露出肚上的白毛。因此，习的本意是练习，引申为实践，如鸟之习飞不止。

在中国古代学习史上，有"邯郸学步"的哲学寓言，可供善学者借鉴。它首先记载在《庄子·秋水》篇上："且子独不闻夫寿陵余子之学行于邯郸欤？未得国能，又失其故行矣，直匍匐而归耳。"① 这个当时已经流行颇广的哲言，由于寓意深刻，后来盛传不衰。在《汉书》中，又大同小异地重复一次："昔者有学步于邯郸者，曾未得其髣髴，又复失其故步，遂匍匐而归耳。"在《周书·赵文深传》则用此成语以讥讽学而无成之学风，称之为"谓之学步邯郸"。此成语也简称"学步"。南朝宋鲍照《侍郎满辞阁》中就有"释担受书，废耕学文，画虎既败，学步无成"的提法。《庄子·秋水》篇中的"学行"、"故行"的"行"字，与"步"字相通用。步行，是赵国的国能技艺。燕国寿陵的余子慕名而去学习，由于只知模仿而不善学习这种步行技艺，只知亦步亦趋，终于学无所成。不仅如此，余子又忘记了自己原来的"故行"、"故步"，甚至连正常的路都不会走了。"直匍匐而归"，是爬行着回来的，真是失败得够惨的！这则生动的哲学寓言，也启示了后代许多学人。宋代姜夔就有"论文要得文中天，邯郸学步终不然"（《送项平甫倅池阳》）的诗训。总之，要把勤学与善学紧密相结合，要独立思考，要创新，要创造，千万不要在模仿中迷失自我，失去主体。独立思考，才能学习有方向，学步有路向，善于学习，保持清醒头脑，培养起主体自觉的学习意识。

《汉书》叙传中的"曾未得其髣髴"中的"髣髴"与"仿佛"、"类似"相同。屈原《远游》中有"时髣髴以遥见兮，精皎皎以往来"之句。宋玉《神女赋》也有"目色髣髴，乍若有记"。苏轼在《和柳子玉喜雪》中更有"诗成就我觅欢处，我穷正与君髣髴"的诗句。按《汉书》叙传的理解，余子的邯郸学步，学得不认真，连学习的形似程度都不到位，更不要说是神似的善学了。既未得真谛，又失去本位，两败俱伤，真可为当今学习者引为鉴戒，值得习古泥古、食洋不化、随俗媚俗者戒！

---

① 这里《庄子》讲的是"学行观"，人要立而行，即立、行之学，因而有"学行于邯郸"，又有"学步于邯郸"的说法，其意详见本书第43题《学行记》。

四

"三学"要有学力。学力是学而有得、有获、有成果的动力。成就大小、造诣深浅，产生于学力的大小强弱。学力，实质是人类文明交往中传播与传承的交往力。学力根植于沃土的为学"生长点"之上。它是一种坚毅的力量，如鲁迅所说的，是"韧性的"战斗力。这种为学的生长点，如果选择得当、判断准确、鉴赏得体，就成为生生不息、具有源头活水、生机盎然的学习自然习惯。记得20世纪50年代初，侯外庐先生任西北大学校长时讲过，大学生在一入学，就要寻找科学研究的"生长点"，一生都要为这个"生长点"而进行韧性坚持。他还举了他选择中国思想史的"生长点"并为之努力学习的一些故事。后来，在晚年时期，他有《韧性的追求》的自述。"生长点"的提法，对当时在大学历史本科学习的我来讲，印象极深。他用山西口音讲的"生长(zhǎng)点"至今言犹在耳。可以说对于我，是影响终生的事。我正是在那时选择亚洲史中的印度史为生长点，后又到北京大学攻读亚洲史研究生专业，再后来进入由苏联专家瓦巴柯切托夫主持的东北师范大学远东和东南亚教师进修班，以至于后来从事世界近现代史、国际共产主义运动史和中东史的教学与科研工作的。我感到，一个自觉学习的人，一生都在学习、学问、学思过程中寻找、选择、判断、确定自己学习的生长点。学术史告诉我们，学有所成者其成功的深处就是成长于学术"生长点"上的学力，也正是这种学力使他们与时俱进地坚定而不动摇、坚毅而不懈怠、坚守而不折腾地在学术生长点上生根、长叶、伸枝、开花、结果。这种学力的进步，可以形象地比作"学殖"。《左传·昭十八年》："夫学，殖也，不学将落，原氏其亡乎？"注云："殖，生长也，言学之进德如农之殖苗，日新日益。"殖，也作"植"，把学比作植根于沃土之树，树的生长犹学业进步、学力增强，的确与学力的道理是一致的，也与前面的"勤学"中"人勤地不懒"的农民勤事耕作是一个路数。这里，也用得上北齐的刘昼在《论崇学》中的话："道象之妙，非言不津；津言之妙，非学不传。"学，实在是关系着人类文明交往中文明的内在传承和文明之间的外在传播问题，是这种经纬纵横交往中的文脉所在。

五

谈起"三学"，我想起梅晓云教授写的《"三"的智慧，诗的才情》（见黄民兴、王铁铮编《树人启智》，中国社会科学出版社 2011 年版，第 86—90 页）一文。该文说，我喜欢"三"，并列举出了许多例证。现在我提出的"三学"，又为她增添了一个例证。她认为，中华文明中有"尚三"的传统，这是"执两端用其中"的思维优势，是不同于一个中心和二元对抗的"中道"智慧。她为文简明、精练、意深。"三"是"一"的延伸和"二"的再加入，在哲学上表示着"一"和"多"关系的辩证思维。言"三"而不止于三，而是言其多。一生二，二生三，三生万物。"三学"是在"学"的统一之下的"一"与"多"之间的有机联系。清代汪中在《述学·释三九》中指出："凡一、二之所不能尽者，则约之以三，以见其多；三之所不能尽者，则约之以九，以见其极多。"《易·乾》中对"九"的"疏"有"乾体有三尽，坤体有六尽，阳得兼阴，故其数九"。《素问·三部九侯论》也有"天地之至数，始于一，终于九焉"。这里说的，不是一分为二，而是一分为三，一分为九，实质上是一分为"多"，是"一"与"多"互动辩证联系。言"三"是在说不要走极端，也吸取各端的合理之处，不要把复杂的问题简单化，尽量准确深入，合乎辩证逻辑思维。我有文明交往自觉论九条概括，见于《两斋文明自觉论随笔》及《中东史》二书，它也是始于"一"而终于"九"，以言其极"多"。

除了"一"与"多"之外，"同"与"异"和"常"与"变"之间的联系互动，也适用于"三学"。"同"、"异"、"常"、"变"都是多元的，也体现于"三学"之中。学习的根本目的在于学会求知、学会做事、学会共处，而关键是学会做人。这四个"学会"，正是"三学"的主旨。《管子·权修》中说："一年之计，莫如树谷；十年之计，莫如树木；终身之计，莫如树人。"一个人终生都需要学习，而学习其实就是在学着书写好这个"人"字。"人"字，左一撇，右一捺，只有两画，看似简单，然而要写好它，得用一生的力量去学习书写，要把

"人"字写好，真是不容易！

孔子从学习的角度，总结了他书写"人"字的经验："吾十五志于学，三十而立，四十而不惑，五十而知天命，六十而耳顺，七十随心所欲不逾矩。"这是讲立德树人的生命个体的时间体验，其中体现着处事做人的学习自觉意识、道德情操和实践理性精神。十五岁也许是一个人生的立志学习年代。法国作家雨果，1817 年，十五岁时，以《学习之益》一诗参加比赛而受到表扬，因此而名扬巴黎。学习需先立志，立志之后，经十五年才使人开始树立了立学的主体性意识。此后，十年一台阶，拾级而上，坚持学写"人"字，于是有了自立和"不惑"的理性自觉；有了"知天命"的知客观的规律性和主观能动性的互动精神；有了"耳顺"、"随心所欲不逾矩"的"人"由必然王国到自由王国的自由境界。这不仅仅是孔子，西方哲学家也有类似的精神境界。德国的黑格尔在《精神现象学》中也有类似精神。不过，他没有直接谈学习，而是谈人的意识、自我意识、理性、精神，最后归之宗教、绝对意识，把"主体性"绝对化成"万物皆备于我"。黑格尔虽未讲到学习和书写好"人"字的问题，他实际上是在讲人的德性，是讲现代化意义上人的"主体性"建构。这是因为现代化的根本是人，是人的文明化。

我常想，为了人的文明化，老年人应当把为时不多的学习心得记录下来。这本《老学日历》是我在 2012 年每日学习手书的记录。人的一生中，有成千上万件事会被忘记，但文字能够意识到它的存在。文字标志着人类文明的产生，也传承着文化的日积月累能力。如《诗·周颂》云："日就月将，学有缉熙于光明。"写作也是学习的实践。人老，知识不能老化、退化，思想不能僵化。学习对于人人都需要，尤其是对正处于社会转型时期的中国人特别需要。我将记住智利作家罗贝托·波拉尼奥在《地球上最后的夜晚》中的话："我不会停止阅读，即使每本书总有读完的时候，如同我不会停止生活一样，即使死亡必然来临。"

《礼·学记》中强调问疑答辩，认为"善待问者如撞钟"，"不善答问者反此，此皆进学之道也"。我愈到晚年，愈感到学问、问学的童心萌生。《儒林外史》有"比如童生进了学，不怕十几岁，也称为'老友'；若是不进学，就到八十岁，也还称为'小友'"。2012 年，我将进入 81 岁的门槛。我确有入学应考之感，进学之心日增。人老，惜时、爱命、勤学、多思、常写，将些许学习心得留于后世。老年多忘事，独不废学习。望九之年，犹有春梦，为人类文明再做点滴贡献。这就是我暮年面对人类文明交往发展前途的一点心愿。

彭树智
2011 年 12 月 25—30 日写于北京松榆斋

第一编

立人致知

第一编

伪人起源

编前叙意

人的文明化是人类文明交往自觉问题研究的对象，因此，它可以说是文而化人、文而明人的立人致知学。

立人之学在于学习而致知，学习之道在于学知而致用。百行千业，立人以学为基，立人为学之道，根本在立德践行。学习致知、明志践行，方能使交往自觉而走贯通人的文明化之大道。

立人是立德而爱人，是在个体与群体的社会交往中立人。《论语·雍也》中所讲的"夫仁者，己欲立而立人，己欲达而达人"，已经从人的交往互动联系方面表述了立人致知的基本内涵。立人，是使人得以自立、独立；达人，是使人得以通达、知理。汉代贾谊的《鹏鸟赋》中，把达人视为大智大观之人："小智自私兮，贱彼贵我；达人大观兮，物无不可。"《史记·贾谊传》的解读中把"达人"作明智通达的"通人"。人要在学、知、行的反复进程中明理通达。人是学习而知，习即实践，在实践中学习而才得到真知。

知是人的自我觉醒之始，是人用两腿直立行走之后，用眼俯仰观察周围世界、用脑思考宇宙变化而获取生存经验的实践过程。知是认识世界，行是改变世界。认识是知，知首先是自知，认识自己，同时也是认识人与自然与社会之间的联系，进而求得自知之明、知人之明和知物之明。这个"明"就是弄明白这万事万物存在和变化的道理。

《易·说卦》中所讲的"是以立天之道曰阴与阳，立地之道曰柔与刚，立人之道曰仁与义"，其要意在于人生于天地之间，是头顶上有苍天，脚下面有大地，顶天而立地，继往而开来，理应自觉顺天道、接地气而应时变，在直接面临的客观实际情况下发挥主观能动性而进行创造历史的实践活动。立人而致知，在于使人成为一个追求真善美而明人事、知天理发展规律的人。

知，从认知过程而论，康德用"知性"来表达联系感性形象思维与抽象理性思维之间的中间环节。"知性"德文为"verstand"，指明晰的认识与判断。知性思维是审美的认知，它首先包含的是价值判断和职责所在。"知性"的思维方式对立人致知、对人类文明的精神家园和思想世界建设有不可取代的意义。因此，立人致知不可忽视知性在审美走向方面的首先重构的作用，进而深入到探索全面的感性、知性与理性的人的文明化问题路径之中。

第 1 日　　　　　　　　　　　

1. 立人之学

今日为 21 世纪第十三个年头的元旦。一元复始，我已步入了 81 岁的门槛，按农历的虚龄算，已经是 82 岁的老人了。在这人生的新起点上，我的学习从"立人"开始重新起步。

人为何物？人是两腿直立行走、两手与头脑互动而生存于地球之上的有思想的高级社会动物。两腿直立行走、两手与头脑互动，这犹如物质和精神这两根文明支柱，犹如车之两轮、鸟之双翼一样，相辅相成、相得益彰而创造人类文明成果。人脱离了衣食住行，没有物质的生产，社会生活难以维系，社会存在断难继续。人的物质需要永远是第一需要，文明交往首先是物质交往。恩格斯说，唯物史观是物质的生产和再生产，就是这个道理。人对物质生活的追求，是人的生理自然需求。然而，人不能光靠物质生存，物质需求是人的生理层次的要求，这种要求如果没有精神交往之光的照耀，便与动物的纯生理欲望无多大区别。如果让物欲占据了人的大量精神生活空间，必然导致人文精神堕落、道德滑坡、生活空虚，患上各种各样的社会心理病症，甚至良知泯灭，走上危害自己和社会的罪恶道路。

人为何物？人是有人格的高级动物。人要活着，要活得好些，而活着为了什么，这就是人的生存价值与终极意义。人之立，首先立德，立德而人立，立后而行，或立功，或立言，从而有所发现、有所发明、有所创造。人之立行于此种正道，就从根本上生活在一个真、善、美的精神家园之中。立人是立独立的人格，立独立的思想，立有为有不为的品格。所谓"有为"是为真求知，为善从事，为美养心；所谓"有不为"是不为名缰，不为利锁，不为位因。为了养成立人品格，就要有活到老学到老而致力于立人之学，要有知足知不足的品格。所谓"知足"是尽力知足、尽责知足、尽心知足；所谓"知不足"是学习知不足，学问知不足，学思知不足。人而为人，常怀有为有不为之志，常怀知足知不足之心，即可步入立人的良性交往大道。

人为何物？人是有思想、信仰、追求、理想的万物之灵的动物，是灵长类动物之灵长。人有血肉之身躯，更有精神的灵魂。人为肉与灵结合而成，对此，人类各种文明都有同样认识。古印第安人有句谚语："别走得太快，等一等灵魂。"物质和精神前行的速度是不一样的，物质走快了，就有丢掉灵魂的危险。人生存于思想之中，生活于信仰、追求、理想之中。"信仰"二字，都是右旁有立人（亻），信为立人而有言，仰为立人而尊敬，信和仰相连为一个词——信仰，它意味着人心在信服尊敬、志有目标、行有不懈追求和获得精神上的寄托。信仰可以说是"心仰"，是人们在心灵上有一个至高的裁判在时刻告诫自己该做什么、不该做什么。信仰可以解决物质世界和精神世界的失调失衡问题。信仰使人在物质生活之中获得了精神的约束和心理的慰藉。实际上，比人的主观能动性更强大的是生产、生活、世界和宇宙的本质规律。这种规律是人类在文明交往中的自然律、社会律和道德律。人类只有努力去发现、理解、掌握、遵循和运用这些规律，在物质生存层面上超越，在精神层面上升华，逐渐达到人与万物一体，在有限的生命中获得文明交往的自觉。

人为何物？人是大自然之子。人要爱自然。在鸿蒙浩瀚的宇宙中，人类来自于大自然，又存在于大自然之中。如美国文学家亨利·贝斯特在《遥远的房屋》中所说："自然是我们人性的一部分，假若没有意识到和体验到自然神圣的奥秘，人便不再是人。"英国经济学家 E. F. 舒马赫在《小的是美好的》一书中讲得更深刻："现代人没有感到自己是自然的一部分，而感到自己命定是支配和征服自然的一种外来力量。他甚至谈到要向自然开战，他忘记了：设若他赢得了这场战争，他自己也处于战败一方。"人与自然的关系，是"一荣俱荣，一损俱损"。

人为何物？人是万物中的一种，他是万物中的一物，是万物之灵，既伟大又渺小，关键是在知物、知人过程中要有自知之明。人时时都在写着自己这个"人"字。自觉的人会把"人"字写得更真、更好，不自觉的人把"人"字会写错、写歪。但人无完人，而且处于变化之中。即使一个自觉的人，也不能把"人"字写得十全十美，只要在大事大节上写正这个"人"字，就是一个大写的"人"。

鲁迅有言，立国"首在立人"。人为何物？首先是独立的主体，具有自主性、主动性和主体性。其次是作为社会性存在之生命之物，人的社会属性表现为家庭、群体、民族、国家共同体的一员，有共性的权利与义务。人是有个性的人，有其独立、独特、独创、独自的人格。立何种人？立一个有独立思想的人，一个国家的人，一个地球村的人，一个有文明教养的人。从人类文明史看，立人之人，应当如车尔尼雪夫斯基所言："要使人成为真正有教养的人，必须具有三种品德：渊博的知识、思考的习惯和高尚的情操。知识贫乏，就是愚昧；不习惯思考，就是粗鲁；无高尚情操，就流于卑俗。"这里的三种品德正是有文明教养的人所具备的，而其反面，如"愚昧""粗鲁"和"卑俗"，即不文明的人。立前者而破后者，也是文明化所要求的立人之本。

人为何物？这只是人的一个总的原问，它还需要具体化。这有待明天再写。总之，我的文明观是人类文明的发展观，从人为文明的核心而言，这种文明观是立人之观。人的文明化是文明交往自觉的基本观念。人的文明化是自然的历史过程。人为了自身的文明化，在历史上和现实中，都付出了和正在付出沉重的代价，也创造了无数辉煌的成果。人在这漫长的、曲折的行程中，要有坚韧、清醒的立人之学，行路要有独立思想的"路相"：昂首、挺胸、收腹、迈开双腿，脚踏实地一步一步坚定地走自己的路，努力为人类文明化做更多的贡献。

第 2 日　　　　　　　　　　　　　　**2012 年 1 月 2 日　星期一**

2. 人的原问

人类始终处于人与自然、人与人和人的自我身心之间的冲突与和谐的交往互相作用过程之中。文明的核心是人，是人文和自然的相互蕴含，是人类社会一元与多元力量之间的相互良性互动，是人类在交往互动客观规律性与主观能动性相统一运动中的物质与精神成果的创造活动。环顾今日世界，人与自然、人与人、人的自我身心之间这三大矛盾冲突，非但不见缓解，反而越加激化。增进和谐、加强对话，成为文明交往活动中非常重要的内容。也就是说，文明的生命在交往，交往的价值在文明，在文明交往中人呼唤人文意识、人文情怀、人文精神的自觉，日益突出地提上了时代的日程。人类文明交往自觉，这个语词言说，构成了我的文明历史观念。德国学者威廉·冯·洪堡说过："语言研究真正的重要性在语言，语言参与观念的构成。这是问题的关键，因为正是这类观念的总和构成了人的本质。"我的《老学日历》第二节，正是从人之所为人的视角开始，来思考人类文明的交往自觉化问题。

中华文明中对人世、对社会关怀、对理想世界的宝贵启示，尤其是对人文意识的自觉，是取之不尽的文化资源。仅以人文精神的"人"字而言，就有无穷的思考圆通空间。我在本书《自序》中说过，"人"字只有两画，左撇右捺，看似简单，写起来也不难，但真正要写好这个"人"字，却并非易事。汉字的"人"字，其形状是直立而行走的人。左撇右捺的"人"字，是区别于其他动物的左右两腿直立行走的形象，也有左右互助帮扶的人类社会性意义，这是人之为人的立而行的文明符号。实际上，"人"字所蕴含的内容，其丰富的程度，是难以用语言文字表达清楚的。如果没有明确问题意识的导向，虽做人一生，对"人"字的真谛也是糊涂一生的。我生于 20 世纪 30 年代初年，开始上的是私塾，第一本教材是《三字经》，老师教的第一段话就是"人之初，性本善"，是以"人"字开头的。第二本教材是《千字文》，开篇就是关于大自然问题："天地玄黄，宇宙洪荒"。第三本教材是《百家姓》，开头是"赵钱孙李"。记得老师问：人的姓为何是从"赵"字开头？为何以"钱"字第二？他解释说：这书是宋代人写的，那时的皇帝姓赵，这是赵家天下，这是"家天下"中人的政治权力所致。他又说，"钱"对人的重要性，仅次于权力，是利益相关。有人说，人类活动的本质，是人与生俱来的在人性驱动下的利益斗争与协调。人的个体与群体之间的利益关系，其实正是文明交往要解决的问题。幼年时期，也常听老人感叹说："披个人皮真难"，也表示了对做人困难的无奈心态。我听后印象很深。在天人之学中，老子是用"道"代替精神学意义上"天帝"的位置，体现了人文哲理。孔子思想中有极其深厚的人文精神。人文思潮成为先秦诸子的共相，深刻影响后代文明史的发展，所有历史上圣贤们的思想理念，对写好这貌似简单而实际上十分复杂的"人"字，提供了真正思考的根基。

人为何物？这是人的原问。这个原问的具体化，可化为三：我是谁？我又从何处来？我又到何处去？这是一个终极的"三问"，是人类有了自我的自觉意识之后所追问的常问常新的原问。这也是人之为人的根本问题，是人类文明交往中的"自知之明、知物之明和知人之明"的中心命题。人摆正自己的位置，正确认识"人惟万物之灵"（《书·泰誓上》）、正确认识"人文"与"天文"以及"天道"与"人道"的关系，方能对"人"字有清醒的认识。人的原问，是对生命的追问，是对历史与文化的追问，是对文脉的传承与传播，是在此基础上的文明创造。如果在文明交往中忘宗数典，也就失去了根基，从而也就丧失了属于自己文明的现在与未来。人们对人的原问追问不已，而且常问常新的缘由就是要在人类文明交往的长河中，不忘本源、不失方向，不断互学互鉴，不断提高人文精神的自觉，从而在文明发展的道路上，由新的阶段提高到更新的阶段。

人文的"文"，是人类能动地改造世界的力量。人而文之的最早的标志是制造工具，石器时代的精神是人而文之初始的思维精神，这就是人文精神的肇端。运用思想，进行思维活动，脑手并用，用工具进行生产劳动，用符号、文字传承传播文化，进行社会活动和安排生活，这是人的共同特质。如果最早的木制工具无法找到实物，而石器便是人类制造工具、使用工具的物质见证。石器之物体现着先民改造自然的思想。思想是创造文明之源，是人的根本，是人生经验、知识融化的结晶的智慧力量。人类文明交往于社会，交往于自然界，产生了"有天道焉，有人道焉"（《易·系辞下》）的"道"的思维概念。"道"是从理念上、规律上启迪着人的文明交往自觉。勤于学、敏于思、导于问、笃于行，是人类文明交往自觉的必经的路径。当然，路径为大道，大道虽一，而表达的思维方式却因人、因时、因地而各有所不同。

诗人多是用形象思维来表现人的感性特质，用诗意的美来表现人的活动。如陈陟云的《前世今生》一诗中的"谁在前世，谁在今世"的纯情之问；又如他在《梦呓》诗中的"一生何其短暂，一日何其漫长"的矛盾情结。又如牧南的"抛开名誉和财产之后，人和万物一样赤裸，留下爱，留下思想"的直白陈述。他在此诗中接着展开到回归故乡：

"让灵魂安居，享用这个世界的就是我们的目光，就是这充满天地之间的默契，让我们回到故乡，像那片竹林依偎着池塘。"游子思乡，梦牵魂绕，和一切人与自然之间的交往一样，回归到人的本性，才能获得安居、安定、安谧。

时间、空间、人间这"三间"中，人间是人类社会性交往，人间最为复杂。人间之中有各种各样的人。周宁在《人间草木》中写着这样一种人："他们是些亲切而高贵的人，曾经的生活充满灵性，耐人寻味也令人敬畏。他们来到这个世界经历生死，在信仰中努力，在绝望中爱，在希望中死去，即使忧伤也是幸福的，即使是孤寂也是热烈的，他们把自己的生命变成试验品，留给我们体悟人生的道理。"在《教化与幸福关系的"三何而问"》一文草稿中，我提到的幸福观，在这里可以用这类"亲切而高贵的人"来体现。他们的幸福是复杂的，既有忧伤，也有孤寂。他们是教化而生并且是教化而爱、而希望、而自我牺牲以教化后人去体悟人生的道理。

人是很复杂的、变化多端的。卢梭在《社会契约论》中说的话，至今仍那样富有辩证思维："人是生而自由的，但却无往不在枷锁之中。自以为是其他一切的主人的人，反而比其他一切人更是奴隶。"人之所以为人，就在于不断摆脱名缰利锁位囚之束缚，从而获得解放而成为自由人。自由人即自觉的人，要"己所不欲，勿施于人"，不要强加于自然，强加于别人。人要做一个清醒的人，看到自己的不足，常问问自己：我是谁？我从何处来？我又到何处去？做到一个正直自觉文明的人。

文明交往的自觉对于作为社会的人最为重要。作家梁晓声在《中国生存启示录》中，对人类文明有如下论述："文明的社会不是引导人都成为圣人的社会。恰恰相反，文明社会是尽量成全人人都活得自然而又自由的社会，文明社会也是人心低贱的现象很少的社会。人心只有保持对于高贵的崇敬，才能自觉地防止它趋利而躬而鄙而劣，一言以蔽之，而低贱。"这些话也是对人的原问的理性回答。

人是社会性的人类，它受政治、经济、文化制度的制约。马克思说过："专制制度唯一的原则就是轻视人类，使人不成为其为人。"① 古今

---

① 《马克思恩格斯全集》第一卷，人民出版社1956年版，第411页。

中外的专制制度都使人恐惧、惶恐、不安，只有民主、法制才能使人类免于恐怖。制度文明的民主法制进步，才能使人真正成为自由的人。

第 3 日

3. 人间与自我

文明处于人间、时间和空间这"三间"的际域交往之中。三者之间的交往关系的互动性表现为互相依存、彼此互为条件。托马斯·卡莱尔在《论英雄、英雄崇拜和历史上英雄的业绩》中说："世界上最神秘的莫过于时间，那个无始无终、无声无息和永不停止的东西叫时间。"梁启超很珍惜时间，他说："天下最宝贵的物件，莫过于时间。因为别的物件总可以失而复得，唯有时间，过了一秒，即失去一秒；过了一分，即失去一分；过了一刻，即失去了一刻。失去之后，是永远不能恢复的。任凭你有多少权力，也不能堵着它不叫它过去；任凭你有多少金钱，也不能买它转来。"关中有句民谣："年怕中秋月怕半，一周怕的星期三，一天怕的晌午端，夜间怕的鸡叫唤。"这"四怕"也反映人们对时间流逝、生命消逝的危机感。人要有志于事业、有自己的远大为人的抱负，切不可饱食终日、浪费光阴，无所作为，造成终生遗憾，在年迈无力时，空悲切而怨天尤人。

时间对人是重要的，确实不能等闲视之。然而，空间同样重要，同样要倍加珍视。李白这位唐代大诗人有句关于时间观的名言："天地者，万物之逆旅；光阴者，百代之过客。"把时间、空间的关系形象化了。其实，"三间"之中，关键是"人间"。卡莱尔这位英雄史观的代表人物，也是把英雄人物作为主题提出的。人间中的"英雄"，是他要加以强调的。

人间不是孤立的，它是人与自然、人与社会及人的自我身心之间关系的集中表现。有各种不同的人间观。《人间世》成为《庄子》中的一篇，而且是重要的一篇。它反映了庄子清静无为、独善其身的人间观。人间与人世不可分割，虽然是有区别，但联系是主要的。人世即人生，是人类生存、生产和生活关系交往世界的社会活动。人间之中，人事为主，也与自然环境有关。《史记·太史公自序》中说："夫《春秋》上明三王之道，下辨人事之纪。"这里说的历史是明辨国之大事、人事之大纪，而《春秋》就是这样的研究国家大事和人事之纪的史书。用杜甫的《小至》诗来表述，就是"天时人事日相催，冬至阳生春又来"。

人间既有世代更替的人世间，也有生老病死、悲欢离合的人世间。历史无非是国事人事世代的更替，人生无非是从生到死的历程。唐代大文学家韩愈因其侄的死而有《祭十二郎文》，其中就有"自今已往，吾无意于人世矣"的人世间的悲叹。但唐代大文学家刘禹锡则在《西塞山怀古》一诗中，把人世与江山联系起来，咏叹"人世几回伤往事，山形依旧枕寒流"，道出了人世变故与山河空间依旧的情景。这也使人想起了现代诗人戈壁舟的"延河水，照旧流"的感慨于变动的人间与川流不息的自然界的诗句。

人间、空间和时间，这"三间"是人类文明交往史不可缺少的三个重要因素。人存在、活动于时间与空间之中，随着活动范围的扩大，文明交往的程度不断提高。人的主体性往往由自我身心的感受来体现，诗人在这方面更能表达自我特点。白居易这位唐代大诗人面对世俗世界与寺院世界桃花之不同，在《大林寺桃花》诗中，用"人间四月芳菲尽，山寺桃花始盛开"的诗句，把时间、空间的不同变迁拟人化了。另一位唐代大诗人崔护在《题都城南庄》诗中写道："去年今日此门中，人面桃花相映红。人面不知何处去，桃花依旧笑春风。"以人间的"人面"、自然的"桃花"，通过时间"去年"和"今日"，用同地同景的"空间"而人间变化有所不同的鲜明对比，用诗人的审美观，表达了因记忆和失去而产生的无限怅惘的人生感慨。

人间是人类文明交往中的社会群体与自我个体之间的间际关系和内外联系。印度文学家泰戈尔在探讨教育问题的时候，曾经指出："文明这个单词的含义，是在群体中找到自我，在众人活动中认识自我。"他把文明界定为一个人类社会文明交往的概念，认为"文明"是人类群体与个体自我之间互动的交往活动。这是对文明交往自觉的深刻理解。尤其是他把自我的认识放在群体之中，放在众人的活动之中去理解，至今还具有现实意义。

人类文明的真正的价值，存在于人与自然、人与人和人的自我身心的交往实践之中。人类文明交往要"明"什么？我在《文明交往论》的总论中曾概括地谈道："文明的生命在交往，交往的价值在文明。文明的真谛在于文明所包含的人文精神本质。"这是我 2002 年的看法。十年之后，即在 2012 年出版的《两斋文明自觉论随笔》中，我又从上述人类文明的三大交往实践的主题中，总结了文明自觉的"五句言"："自知之明，知物之明，知人之明，文明自觉，全球文明。"在 2013 年出版的《我的文明观》中，我又把这三大主题进一步归结为"三角形"的交往实践活动路线：底线为人与自然之间的交往互动、两边分别为人与社会和人的自我身心之间的交往互动。我把这个实践活动的交往轨迹放在人类立足于自然整体存在的底线基础之上，把这"五句言"调整为：对自然认知上有"知物之明"，对社会认知上有"知人之明"，对自我身心认知上有"自知之明"。这样，更符合交往互动关系中人文精神的本质。

我做这样调整并不是不重视"自知之明"。在今日，更应该强调人是在社会关系中存在、滋养、成长、繁荣的人文生命价值。以自我为中心的人，把"人"字写得再大，那也是一个贬低甚至排斥群体的孤立的"空心人"。对于个人主义来说，其价值也仅仅局限在服务于个人对自我利益的追求上面。对于人类文明来说，这是一种很危险的价值观，也是一种个体与群体二元对立的绝对化思维方式。因此，我把物质基础放在首位，文明自觉"五句言"成为"知物之明，知人之明，自知之明，交往自觉，全球文明"。把"自知之明"放在"三知之明"最后，并不是说它不重要，只是把自然的生态文明放在首位。《易·系辞》有言："与天地合其德，与日月合其明，与四时合其序。"自然是人类生命、存在和价值之本源。人生活在地球之上，而小小地球之外的大自然界，是多么壮阔而宏大。太阳系、银河系，宇宙之大，人类自己与之相比，不过是沧海一粟。一个小而又小的个体的人，又显得何其渺小！然而，人类作为一个社会群体，毕竟是地球上唯一有自觉能动的、而能以生产实践和交往实践进行文明创造、改造自然的万物之灵。源于这种自觉能动性的文明自觉，从根本上说，就是人类顺应客观规律主动、积极地去改造世界、改造自己、创造文明历史。

人是在"知物之明、知人之明、自知之明"这三种交往关系中的认知过程中的人。这"三知"是人类良性交往的知性和理智的所在。知物之明，就是对自然不掠夺，因而有长续不衰、用之不竭的资源，因而有人与自然交往的和谐生态文明。知人之明，就是对别的文明不霸道，因而有互学、互利、互鉴、互助的人类社会文明。自知之明，就是对自己文明有全面的、清醒的理解，因而在平等对话、合作、友谊中扬长而避短，取长而补短。果真如此的交往，则人类文明良性交往之光必将逐步普照于全球。

知物之明、知人之明和自知之明三者是统一体，它统一于文明之澄明，统一于真、善、美的人文精神之文明，统一于人类文明交往过程的历史与现实的文明自觉。英国思想史学者昆廷·斯金纳在《观念史中的意涵与理解》一文结尾处谈到了"自知之明"："试图从思想史中找到解决我们现实问题的途径，不仅是方法论谬误，而且在某种程度上是一种道德错误。获得自知之明的重要途径之一，是从过去了解什么是必然的，什么是我们自己具体安排的随机性结果。"这是对"自知之明"的提醒。当今时代是一个十分错综复杂的时代，在用人类文明交往互动的联系视角观察问题时，一定要具体问题具体分析，要关注现代与过去之间在联系、区分和参照方面的关键所在。如果主观、简单、想当然地把过去和现在联系起来，那就会造成古今中外之间的相互抵触。关于"三知之明"的这方面的联系、关联性，我将在本书第217节中详细展开讨论。

第 4 日　　　　　　　　　　2012 年 1 月 4 日　星期三

4. "自觉有力量"的人

德国哲学家费希特在《论学者的使命》中，对人进行分类时，提出了"自觉有力量"的人这个概念。他说："我们坚信，现实必须根据理想加以评判，而且必定会为那些自觉有力量这么做的人们所改变。"

费希特所说的"力量"可以理解为文明交往的能力，而对这种交往力的认识达到"自觉"程度之后，才能变为改变现实的力量，这种人才是由"自为"变为"自觉"的人。这种能力，也是文明交往的动力所在。

这里有三点值得注意：

第一，要有坚定不移的信仰、坚强的信心和坚忍不拔的信念。这是"自觉有力量"之源。

第二，必须用科学的理性批判现实，并把现实和理想从本质上联系起来加以考察，并根据理想加以批判、评论，得出符合实际、可行的结论。

第三，改变现实必须由上述"那些自觉有力量这么做"的人们去完成，这个完成过程是坚持、坚守的过程。

过去所谓"知识就是力量"，是强调广博知识基础的重要性，从文化积淀层次上、意义上讲，这是对的。但是它是有条件限制的。其实，有知识不一定都能变成力量，知识分子不一定都是有力量的人。《墨子·非儒》中对迂腐的知识分子的评价是："博学不可使议世。"《荀子·儒效》也说："故闻之不见，虽博必谬。"这个"见"就是见解，就是博学而约取，就是把知识提炼为有用的智慧力，才能显示出知识的力量。这也就是"君子博学于文，约之以礼"（《论语·雍也》）的道理所在。这也正像文化需要升华为文明而文明要不断升华形成完整内在统一时，才是以文化为内核、以文明为外壳的民族文明体系结构，方能立足于人类文明之林一样。只有那些自觉运用知识，理解事物交往规律，使之化为交往能力，并且传承、传播、改变、创造文明的人，才使文化知识变成实在的力量。知识，有待于自觉的人们去开掘、去探求其中的规律并把它付诸实践时才有力量，才能把知识的力量发挥出来。爱因斯坦说过，想象力比知识更为重要，有了思想上独立的想象力，才有创新、有创造力，知识才能发挥它的作用。想象力也是激活知识的交往力，这种创造性的智慧力量，是人类文明交往自觉性的内在动力。这就是理论的自觉与实践的自觉之间的互动作用，它使人们自觉认识到自己有力量去这么做是符合客观规律的，从而自觉地认识并进而改造世界。

第 5 日

5. 人与自然的认知

人是万物之灵，但不能认为是绝对的主体。人是大自然之子，要说主体性，大自然才是最高的、绝对的主体。人类生存依赖大自然而存在，人类只能认知大自然的规律，顺应它的规律，才能能动地改造自然。人对大自然规律认知是有限的，即使对自己生活的地球奥秘的认识也是有限的。自然拥有与人类关系之间的运用秩序，人们对自然应有敬重之心，因为敬重，所以要以科学态度去研究、去探索、去发现、去提高人的主观能动性和文明自觉性。

每年 4 月 22 日，是世界地球日。2012 年 4 月 22 日，将是第三个世界地球日。珍惜地球资源，转变发展方式，应当成为人与地球交往的主题。人们在算三笔账：①全球人口已突破 70 亿，到 2050 年，可能增至90 亿；②今日世界上有 14 亿人口（约占全球人口 1/5），每日生活水平低于 1.25 美元；有 15 亿人口用不上电，10 亿人口在挨饿；③温室气体排放不断增加，超过 1/3 物种可能因为气候变化而灭绝。人与自然的交往观念，需要用生态文明的新观念，进行新的自觉认知。

2012 年 1 月，雾霾来袭京城，全国许多城市都和北京一样，变成了"雾都"。我生活的北京，被雾霾害得人心恐惧，到处是月度流行热词："北京咳"，口罩成为每日不可少的生活必需品。我亲身经历着这场大自然给予人的惩罚和报复，深感对大自然必须心存敬重。这是一场天灾与人祸的交互作用，人类的污染和破坏自然环境比自然的雾霾更可怕。人们在受到惩罚或者在代人受惩罚之时，都期盼着自然界的风吹雾散，雪来霾去，也对流行的科学解释和推卸责任的习惯做法不能再容忍下去。不少干部唯 GDP 政绩是从，把污染的治理留给后任，"我升官后，哪管它污染泛滥！"不少企业家一心向钱看，发财后哪管当代人受害。以解决空气污染而论，不能因为它的长期性而不作为，不能因为利益而不顾责任。让人的良知、人的道德、人的法制所推动的文明自觉之风，吹散这身边和心头的雾霾！

人类在工业文明时期，创造了空前辉煌的成就，但也带来了生存危机和物质主义危机。21 世纪人类面临着一场生态文明的新时期。人类依赖于地球的生态系统，必须限定在生态系统承载限度之内进行物质生产。天人之间的和谐原则是生态文明的原则。地球是人类唯一的家园，为自己、为后代，人类应当回顾历史，检讨今日，审视未来，应当克制物质享受。人类文明史才几千年，与地球几十亿年相比，该多么渺小！降低经济发展速度，放慢前进脚步，珍惜地球资源，是文明自觉之路。人类的历史是一部文明史。人类已经经历了渔猎文明、农牧文明、工业文明，现在正在进入生态文明。文明史昭示我们，必须探寻生态与经济的平衡点，顺应人类与自然和谐发展的趋势，实现从高消费型经济向智能型、可持续发展的绿色经济的历史变革。

第 6 日   **2012 年 1 月 6 日　星期五**

6. 人的醒悟

"我们只有从醒悟出发，醒悟不是绝望。"

我在思考人类文明交往中的自觉问题时，不由得想起了法国学者埃得加·莫兰在《人本政治导论》中的这句名言。

人类文明交往规律是互动的规律。它是从人们与自然、与社会、与人的自我身心之间互动的实践中觉醒领悟出来的。对一切问题发生的根源、契机和规律需要清醒和觉悟，而不是消极和绝望。对一切问题的转变与本质上的超越，也要从寻梦中清醒和觉悟。思想上的醒而悟，并且在实践上悟而行，促使人们在文明交往的长途上逐步自觉而自强不息。因此，我在莫兰上述名言之后，还要加以引申：从梦中醒悟，在寻梦中奋起，是人类文明发展的自觉表现。任何文明都有其发生、发展和衰落的过程，这是众所周知的事。然而人们（甚至连一些文明学研究大家）都往往容易忽略了一些古老文明在衰落之后还有一个重要的复兴阶段。在这个阶段中，特别需要思想和行动上的文明自觉。

中国有句成语:"人生如梦,世事如棋。"如果就其积极意义而言,它揭示人世间应有梦想的追求,应有为实现梦想而努力的智慧。梦想是人类文明交往中追求目标的形象说法。美国民权运动领袖马丁·路德·金的"我有一个梦"的振奋人心的讲演,至今仍然激励着人们。人们因此常引用他的这句名言。但是,在引用这句名言的时候,人们往往忽视了他在1966年去世前讲过的话:"我在1963年华盛顿的那个梦,经常变成噩梦。"

马丁·路德·金是有一个人人平等、自由、民主的美好的梦想,但他更有清醒而觉悟的理性自觉。他深知把美好的梦想变为现实,面临着艰难曲折,要为此付出努力和牺牲。请看他的清醒和觉悟的语言:"我们必须看到种族主义、经济剥削和军事主义的罪恶是联系在一起的,你确实不能铲除一个,而不铲除其他的。"这是他的美好的梦想往往变成噩梦的根源所在。这也是莫兰讲的,只有从"醒悟"出发的自觉,醒悟才不是"绝望",而是对美好理想的希望和自信。

马丁·路德·金的梦是梦的引申意义,他是为实现自己志愿和目标的追梦人。梦在本义上兼有科学与迷信,也有现实因素、真实情愫与浪漫情怀。人为何做梦?有各种不同说法,一般认为,梦是人在睡眠时残留在大脑里的外界刺激而引起的影像活动。弗洛伊德认为梦是人的本能、自我、超自我的精神心理活动。梦在中华文明中也有多种解析,"周公解梦"之说、孔子的"吾久矣不梦见周公",以及民间的"夜梦不祥,贴在东墙,太阳一晒,化为吉祥"的帖子,都是例证。最有代表性的是汉字梦的繁体字是"夢"和"瞢"。《说文》对此解释得很准确:"夢,不明也,从夕,瞢省声。"清代学者王夫之在《说文广义·三》中说得更明白:"梦,从瞢省,从夕。目既瞢矣,而又当夕,梦然益无所见矣。故云:'不明也'。"不明,不仅是人夜晚在梦中的眼目不明,而且是神志不明和思想朦胧迷糊。梦需要惊醒,需要醒悟,如宋代晁叔用《如梦令·春情》所说:"墙外辘轳金井,惊梦瞢腾初省。"梦在引申的、积极的、美好向往的意义上,是一种期望和理想,是一种省察明白的思考,是一种由此岸世界到达彼岸世界的省悟之舟。引申意义的梦代表一种人生的方向,为人有道、行之以德,是人类对文明的追求。

我对梦的理解定位于人类文明交往的自觉路径上。在我看来,梦在本义上是人类自我身心交往在睡眠状态下的一种模糊不清、含混不明的表现，在引申意义上必须有清醒省悟与之相伴随，而不能沉睡不醒，甚至醉生梦死。拿破仑把当时的中国称为东方的"睡狮"，喜其酣睡而惧其醒悟。拿破仑说："中国正在沉睡，谢天谢地，让它睡得越久越好。"这就是一部分西方人对待中国文明的态度。但是中国已经醒悟了。醒悟就是从沉睡中省察而觉悟，就是觉醒，就是自觉之始。沉睡昏眠于物质奢欲，难免有浑噩之梦，不祥之梦。处在此梦中的人，不会有明白的人生，自然也不会有自知之明、知物之明和知人之明。要使美梦成真，就要从醒悟出发，明于社会、自然和身心发展规律，把醒悟变成觉悟，把觉悟变为自觉，如马丁·路德·金那样不惜牺牲自己的追梦人。一个个人、一个民族、一种文化和文明，都要有追求美好未来之梦，并且需要觉醒、清醒、理智而后的自觉。自觉之中心即知物之明、知人之明和自知之明的人类文明交往互动规律。

美梦成为现实，不能与沉睡联系在一起，而要同文明自觉联系起来。一般的梦境和梦境中的人都与沉睡相联系，熟睡后一觉醒来，头脑中是杂乱而空虚的。这正如宋代韩维的诗句所表现的那样："梦境觉来无一际，不劳唇齿话无生。"那是一种梦幻之境，也如《墨子·经》中所云："梦，卧而以为然也。"梦中之事，没有清醒，睡卧之时，认为是随意而生，以为自然如此。待梦醒之后，知梦中之事，虽为有因，但毕竟是空想、幻想，虽有启发之处，却毕竟是卧睡中的思想状态。宋代的苏轼在《赠清凉寺和长老》一诗中，对此有形象化的艺术表达："老去山林徒梦想，雨余钟鼓更清新。"的确，这里需要暮鼓晨钟来唤起沉睡于梦境中之人，使之醒悟。《三国演义》描写诸葛亮在南阳草庐中睡醒而悟思的诗句"大梦谁先觉，平生我自知"，道出了"梦觉"和"自知"。此时胸怀宏大梦想的诸葛亮，是一个从大梦中清醒的先觉醒者的形象，又是一个有"自知之明"的知自我、知天下的明智者形象。

有"自知之明"的明智者，必然有"知物之明"的醒悟。人生是从生到死的自然过程，人生有各种各样的活法。浑噩者的醉生梦死活法是对物质的过度迷恋，他们没有"知物之明"。物质是无罪的，不仅如此，物质是人类生存的基础。人类需要物质富裕而生存而发展。问题在于对物质的过度迷恋，造成了物质与精神文明之间关系上二者对立、失衡。物质生产上去了，物质生活富裕了，如果没有高雅的精神追求，这个文明不会有远大的发展前途，而且会出现人心、精神危机。物质与精神二者，像人有两只眼睛、两只手、两只脚一样，不可或缺。人类不能只见物不见人、只造物不养心、只想钱不思取之有道，那就失去了文明素质和精神追求。"希腊人只有一只眼睛，中国人才有两只眼睛"，这是波斯国王哈桑把15世纪在国内流传的谚语讲给威尼斯使节约萨约·巴尔巴罗听的。波斯人指的是希腊只知理论，而中国人兼知艺术和技术。这是波斯文明中的自觉之言。从文明的大范围讲，对物质与精神层面也要兼顾，兼听则明。现代中华文明更应兼顾物质科技与艺术精神层面，不能偏废。无论是极目远眺，注目凝视，或是闭目沉思，都要关注人类文明交往中的醒悟、觉悟、觉醒，从而不断提高"知物之明、知人之明和自知之明"的自觉性。

近读傅佩荣的《论语之美》（湖南文艺出版社2012年版），其中对孔子的"朝闻道，夕死可矣"的解读是："早晨觉悟了，晚上就是死也无妨。"他把"闻道"解释为"转到正确方向"，并且把孔子这句话说成是"宗教语言"。他认为："宗教境界是一种觉悟，才是本质的问题。"用"宗教情操"诠释这句话，是一家之言，但我总觉得有点玄秘。对孔子的"道"应有历史观念，应从本质上理解它，还是从玄学回到世俗人文为宜。我认为应当从人类文明自觉的历史进程中去理解觉悟，正像觉醒、醒悟一类概念对人生的意义一样。这是人对客观规律的认知，是人对道的自觉。一个个人、一个民族，都应该有自己的梦想和追求，并且把它变为现实的创造，把理想化为实际行动，这才是文明交往自觉之大道。

第7日　　　　　　　　　　　　　**2012年1月7日　星期六**

7. 人的觉醒

文明自觉始于觉醒。觉醒是人经过沉睡休眠之后恢复神志清醒时的精神状态，犹如一个古老文明经历衰落之后的复兴时期。以处于文明中的个体而论，按孙中山的说法，有先知先觉，有后知后觉，有不知不觉。这个觉就是自觉的觉，也就是梦醒之后的醒悟。觉的另一读法是"jiào"，是从睡着到醒来的过程，这个过程称"睡觉"或"睡眠"。睡眠是休息，是自我身心休息，睡眠的目的是为了更有效地工作，往深处讲，就是睡眠而后醒悟，就是清醒和自觉地生活。

文明自觉是人类文明交往活动中理性的活动。在各种文明的发展中，都有自己的大觉醒的自觉时期。雅斯贝尔斯发现了公元前800—公元前200年人类文明发展的"轴心时代"，这个时代是人类文明的首次思想大觉醒的自觉时代。在东方和西方总体上爆发了大觉醒的自觉。这是世界性的、时代性的500年社会思想变动，其中必然体现了人类文明自觉进程中的规律性东西，有待人们去深入思考探讨。到了公元16—20世纪，又出现了类似"轴心时代"的历史现象。从西欧开始的思想政治和工业革命运动直到亚洲的觉醒，发展到两次世界大战后遍及世界各地的大觉醒的自觉时代。这500年是全球性世界历史性的巨变与变革的时期，更表现了人类文明交往的普遍性质。21世纪，进一步开始另一次人类文明的交往自觉新时期，我们有幸站在这新时期的起点上。

近代亚非拉的文明自觉，与欧洲有所差异。不过其复杂多变性更体现了东西方文明相互接触、相互对话、相互冲突和相互融合的"和而不同"的特点。仅以中国而言，就有许多觉醒者的自觉之言。举例而说，有以下几点：

① "从事西学之后，平心察理，然后知中国从来政教之少是而多非。"此为严复在《救亡决论》中的中国"政教是非论"。

② "将尽去吾国之旧，以谋西人之新欤？曰：是又不然。"他解释说，既不唯新也不唯旧，而是"唯善是从"。他认为："方其汹汹，往往俱去。不知是乃经百世圣哲所创，累变动所淘汰，设其去之，则民之特性亡，而所谓新者从以不固，独别择之功，非暖姝囿习者之所能任耳。必将阔视远想，统新故而视其通，苞中外而计其全而得之，其为事之难如此。"这也是严复的话，见《与〈外交报〉主人书》，表现了他既见民族性而又"阔视远想""苞中外而计全"的现代性思想。

③ "继今以往，国人所以怀疑莫决者，当为伦理问题。此而不能

觉悟，则为之所谓觉悟者，非彻底之觉悟，盖犹在徜恍迷离之境。吾敢断言，伦理的觉悟，为吾人最后觉悟之觉悟。"此为陈独秀在《吾人最后之觉悟》中关于伦理觉悟的自觉之言，其中隐喻有道德法律的思想。这是因为伦理道德关系到精神、人格、心灵和价值观问题。

④ "新民云者，非欲吾民尽弃其旧以从人也。新民云义有二：一曰淬历其本有新之，一曰采补其所本而新之。二者缺一不可，时乃天功。"这是梁启超《新民说》中的"淬本采补说"。

⑤ "救知识饥荒，在西方找材料，救精神饥荒，在东方找材料。"在治学上，采西方法"以理吾故物"，但要防止"视欧人如蛇蝎"，又要防视"欧人如神明，崇之拜之，献媚之，乞怜之"。这是梁启超在《忆国与爱国》等文中的"选西补中"创新论。

⑥ "吾爱孔子，吾尤爱真理！吾爱先辈，吾尤爱国家！吾爱故人，吾尤爱自由！"不能"拿一人的思想作金科玉律，范围一世人心，无论其为今人为古人，为凡人为圣人，无论他的思想好不好，总之是将别人的创造力抹杀，将社会的进步勒令停止了。"这还是梁启超在《思想解放》等文中体现的独立思想和批判精神。

举完以上几例后，需要特别谈到列宁关于"亚洲觉醒"的思想，其要点为：

第一，亚洲"反转来影响"欧洲的思想："当机会主义者刚在拼命赞美'社会和平'，拼命鼓吹'民主制度'下可以避免风暴的时候，极大的世界风暴的新泉源已在亚洲涌现出来了。继俄国革命之后，发生了土耳其、波斯和中国革命。我们现在正处在这些革命风暴盛行及其'反转来影响'欧洲的时代。"① 这是列宁在《马克思学说的历史命运》中关于东西方文明交往互动互变的思想。

第二，亚洲人民的民主精神长存。"不管各种'文明'豺狼切齿痛恨的伟大中华民国命运如何。但是，世界上任何力量也不能在亚洲恢复旧的农奴制度，也不能铲除亚洲国家和半亚洲国家人民的英勇民主精神。"② 这也是列宁在《马克思学说的历史命运》中讲的"各种以文

① 《列宁选集》第二卷，人民出版社1972年版，第439页。
② 同上。

明"面貌出现的豺狼们,无论如何"切齿痛恨"中国,也只能面对亚洲民主精神无可奈何。

第三,亚洲的觉醒:列宁在《亚洲觉醒》中,有以下几个要点:① "中国不是早就被称为长期完全停滞的国家的典型吗?但是现在中国的政治生活沸腾起来了。社会运动和民主主义高潮正在汹涌澎湃地发展。继俄国 1905 年的运动之后,民主革命席卷了整个亚洲——土耳其、波斯、中国。在英属印度,动乱也已正在加剧。"② "值得注意的是:革命民主运动现在又遍及人口近四千万的荷属印度——爪哇岛等荷属殖民地。"① ③ "世界资本主义和 1905 年的俄国运动彻底唤醒了亚洲。几万万被压迫的、沉睡在中世纪停滞状态的人民觉醒过来了,他们要求新的生活,要求为争取人民的起码权利,为争取民主而斗争。"② 以上三点是"亚洲觉醒"的基本内容和方向。④ "亚洲觉醒和欧洲先进无产阶级夺取政权的斗争的展开,标志着二十世纪所揭开的全世界历史的一个新发阶段。"这四点组成了"亚洲觉醒"的世界历史意义。

第四,落后的欧洲与先进的亚洲。① "技术发达、文化丰富、宪法完备的文明先进的欧洲,已经到了这样一个历史时期,这时当权的资产阶级由于惧怕日益成长的壮大的无产阶级而支持一切落后的、垂死的、中世纪的东西。""在'先进的'欧洲,只有无产阶级才是先进的阶级。"③ ② "在亚洲,到处都有强大的民主运动在增长、扩大和加强。那里的资产阶级还同人民一起反对反动势力。数万万人民正在觉醒起来,追求生活,追求光明和自由。"④ ③ "整个年轻的亚洲,即亚洲亿万劳动者,有各文明国家里的先进无产阶级做他们可靠的同盟者。世界上没有任何力量能够阻止无产阶级的胜利。他们一定能把欧洲各国人民和亚洲人民都解放出来。"⑤ 以上是列宁的欧洲无产阶级同亚洲民主运动联盟的思想。在这篇《落后的欧洲与先进的亚洲》一文中,列宁还

---

① 《列宁选集》第二卷,人民出版社 1972 年版,第 447 页。
② 同上书,第 448 页。
③ 同上书,第 449 页。
④ 同上书,第 449—450 页。
⑤ 同上书,第 450 页。

把欧洲用"文明"、"秩序"、"文化"、"祖国"的口号和出动"大炮"扼杀亚洲共和制的中国革命运动联系在一起。

列宁在100多年前的这些有关东西方文明交往互变以及亚洲觉醒的论述，在今日仍有其亲切的历史感。

第8日   **2012 年 1 月 8 日　星期日**

8. 人是社会的人

人的复杂性难以用抽象性语言来表述。它有自然动物的本能性，更有社会交往的思想性，还有道德的伦理性和人格性。

叔本华在谈到人的话题时，认为人的全部本质是欲求和挣扎，所以人从来就是痛苦的，一切欲望皆为虚无而最终也回归虚无。他叹息地说："人是多么贪婪的动物。"此语有一定的针对性，尤其对贪官的针对性最强。中国古代官德中，清廉之德列为重要地位，向有"公、廉、慎、勤"之则。清代名官陈宏谋在《从政遗规》中说："当官之法，唯有三德：曰清，曰慎，曰勤。"商界也有追求利益的"最大化"之说。人有权势有钱财之时应特别清醒，防止懒、馋、贪、占、变，所以西周为官四则是：智、仁、圣、义，把"智"列为首位。那是说，为官要有"智"的自觉性。可见叔本华此语是针对一定情况下的某种特定的人而言，并非指普遍的人而言。他并不悲观，虽然生命不可知，但悲伤正因为如此，所以是无意义和无必要。对一定情况下的某些人的贪婪情况，哲学家会发出此种慨叹，可谓有感而发。读到叔本华此语的人，想到某些人的贪得无厌，也会有同样感叹。

其实，中国古代对人性中的贪婪、不良行为已多有从"智"的自觉去论说的，汉代贾谊就指出："智者慎言慎行，以为身福，愚者易言易行，以为身祸。"所谓"慎言行"，重在戒贪婪之行，控制贪污之行。区别这类人群的标志是人自觉性的自知之明。然而，人们也会看到知足的人有时候不是也会发出"人是多么知足的动物"的感叹吗？当然，这个感叹也不能用来论说一切人，扩大为一个人群，甚至扩展到全人类。人是很复杂的，有贪婪者，有知足者，即使贪婪者、知足者中间也有程度之分。要有明辨的知人眼力，对具体人作具体分析。既不能把复杂问题简单化，也不能把简单问题复杂化，更不能用开特别快车的速度对复杂问题做出简单的结论。

汪国华在《宪法哲学导论》中说："人是社会的动物，思想是历史的回声。"这里提出人是社会的动物，比上面说人是贪婪的动物更接近问题的本质。人的本质是社会性。这里谈的思想是历史的回声，也是人类社会史的思维之声。人区别动物的重要特点之一，在于他有高级的思维，这种思维是自觉的、能动的社会思想，是理论思维。影随人，响随声，思想是人在社会实践活动中主观与客观交互影响下的结果。

人的社会性交往，贯穿于人与人和人类自我身心之间，也见之于人与自然之间。交往即哲学上的"联系"，政治上的"关系"，文明交往中"之际"、"之间"的"交往"概念。人与人、人的自我身心之间的交往史，是人文社会科学；人与自然之间的交往史，是自然技术科学。这两种科学结合在一起，是马克思、恩格斯认为的宏观的"历史科学"，是自然史和人类史合二而一的历史科学。此种宏观历史的本质是人类文明交往活动中"联系"、"关系"的"间际"变化的"大道"之学。

人的学习是终身终生的事业，人是在社会交往中学习，是在生活、生产、生存中提高交往能力的文明自觉性。人要"学而时习之"，而且要达愉悦的"乐学"境界；人要与人交往，向来自"远方"友人学习"善学"精神；人还要有自知和知人之明，做到"人不知而不愠"和"诲人不倦"的宽容胸怀。人不仅要学知识，有博学的知识，还要有独立的思想、高尚的人格和人品。泰戈尔谈论教育问题时，把人的品格和学识比作"水缸和水缸里的水"，认为"水缸里的水永远不会多于水缸的容量"。学识是人的文化内涵，而品格是学识的道德升华，学识有待于在道德伦理这个品格的规范中由文化提高为人类的文明程度。人格好比盛水的大缸与水容量的统一，人格是人类自我身心之间交往的文明化。人的学识这种文化内涵有待于，也有利于人格由文化上升为优良的人品。但有文化的人不一定都能成为文明自觉的人。学习、学思、学问这"三学"是通往文明自觉的主要践行路径。

法国艾芙·居里的《居里夫人传》，总结了居里夫人的下述品质：①坚定不移的性格；②锲而不舍的智力；③只知贡献一切而不知谋取或接受任何私利的自我牺牲精神；④尤其是成功不骄傲、灾祸不能屈的非常纯洁的灵魂。性格、智力、精神、灵魂这四条有机统一于居里夫人身上，铸成了一个自觉的、大写的人。

近些年来，学术浮躁、学术不端现象在学界屡见不鲜。很多学者都担忧这种科学道德与科学诚信状况下降的趋势。意大利的学者史华罗在《中国历史中的情感文化》中讲："人要保护自己，不仅需要谨慎的心态，还需要培养自己的人格。"美国学者阿伦·拉扎尔在《道歉》一书中写道："人与人交往时最有趣的一个现象就是道歉和接受道歉。道歉能够让人恢复尊严、消解怨气、平息争斗、予以宽恕。"处人处事，宽容和恕道不可缺位。在"知人论世"方面，早期由西方小说开启其端、晚年以野史笔记引路的"出文入史"的汪曾祺，从交往轨迹上很有代表性，可以说是中西方文化交融的人物。他受沈从文的影响，远离社会核心、与政治保持距离这一方面特别突出。1945年，沈从文在离开昆明之时，郑重告诉汪曾祺：做人"千万不要冷嘲"地作文，影响到了他的创作道路，也表明了沈从文的先见之明。好多人、好多民族、好多国家、好多文明，都有此种道德传统。但不自觉的人、霸道的国家，却没有学会说"道歉"这两个字。

人格是人的品质、品德，靠个人的自律、自觉是重要的。但仅有这一点是绝对不够的。教育、制度、监督、法律等，对于人的品质培养也是重要的。人格是水缸，人的学识是水，人格应当管住人的学识。人格第一，学识第二，人格大于学识，水缸里的水永远不会多于水缸的容量。亚里士多德很看重善德："人们能够有所造诣于优良生活者，一定要具有三项善因：外物诸善，躯体诸善，性灵诸善。"复杂的人是自律和他律相结合的人。人性本质应当向善，而善的实施，法律、监督机制不能缺位。

9. 力量源于人的文明自觉

培根说："知识就是力量。"（Knowledge is power）

爱因斯坦说："想象力比知识更重要。"（Imagination is more important than knowledge）

知识是人类历代积累和传承下来的智慧经验和文明的结晶，它本身就是人类特有的智力，它本身含有力量。但知识本身并不能自发地变成力量。要使知识变成韧而强的力量，就要靠人的主观自觉能动性，即人文精神。知识经人的"文而化之"的文化力量，经"文而明之"的文明力量，才会自觉地变成创造性的力量。

培根说的"知识就是力量"，是指知识本身是人们可以在理解、掌握之后，才化为改造世界、创造新事物的活力。爱因斯坦之所以强调"想象力"比知识更重要，那是因为想象力正是人的自觉性，可以理解、掌握知识，使知识的力量真正经过人的独立思考而在实践中真正发挥出来。知识力量是何物？想象力是何物？它是人类主观见之于客观事物的交往力，是一种人的自觉力量。除了知识力量、想象力之外，还有判断力、选择力、鉴赏力、洞察力，等等。这都是人类文明的社会交往力，它和生产力一起，在互动作用中推动人的文明化和社会的进步。

培根倡导"知识就是力量"，重在昭示人们重视知识、学习知识，进而获得力量。爱因斯坦强调"想象力比知识更重要"，重在发挥学习知识的主动性、主体性。想象力的自由性和思维能力的逻辑性，是人类认识事物时从现象穿透本质所必备的两种交往力。知识是有限的，而想象力是无穷的，思维能力是严密的，三者的逻辑结合不仅会把死知识变活，而且会创造出新知识来。合理的想象、兴趣与科学理性思考的紧密结合，使知识可以发挥其创造新文明的实力。力量来源于人们在生产、生活、生存活动实践中的交往自觉，来源于人类对世界、对社会、对人生的高度热爱，从而可以更好地突破陈规、权利、权威的束缚而具有真理的力量。

10. 自知与自觉

　　自知之明是人类文明交往活动中最为重要的内容。人有"三知"，即知物之明、知人之明和自知之明。与"三知"相应的是自然与人、人与人、人的自我身心之间的三大文明交往层面。在"三知"中，都是社会的人在起着中枢作用。"知物之明"是人对自然交往的理性认识，知人之明是人对社会中人与人交往的理性认识，而且人对自我身心的理性认识，则是根本性的。这种理性认识是"自知之明"，自知之明的"明"就是知人的本原之明，首先要正确认识自己，人贵有自知之明的真谛就在于此。

　　自知就是知己，知人就是知彼。《孙子兵法》中所说的"知己知彼，百战不殆"，也是人类文明交往的真理。它表现了文明交往的自觉性，表现了文明交往的互动规律性。自知之明一要通达，二要澄明。印度哲学家罗杰尼希（Rajneesh Chandra Mohan Jain）的话就是一个恰当的表达："虽人生短暂，但有星星、月亮、花儿、男人、女人、江河、山水等无数美好的事物相伴。那么你还要继续争夺，愚昧地过这一生吗？在这个世上，你空手而来，空手而去。当领悟到这个道理时，一切自然变得通透明朗。"知即领悟，领悟之后，方能通透明朗。

　　自知，是人类认识自然、认识社会与认识自己的互动，是回归本原的互动交往，是文明交往的自觉。《易·系辞》中有"履以和行，谦以制礼，复以自知"，后人对这句话的解释是："自知者，既能返复求身，则自知得失也。""返复求身"，是对自我身心的深入认识。反躬而追求对自身的"知"是"自知"，而自知得失是履行制礼的继续，这其中离不开清醒的自我谦虚和实践的锻炼。于此可见"自知"的重要。"成书千古事，得失寸心知"，个人的治学如此，各个民族文明之间的交往也应持有"自知"的自觉。

对于"知",《老子》中讲了两个方面:"知人者智,自知者明。"《老子》中讲的知人和自知,都把知和"明"、"智"作为结果加以论说,这和西方哲学家对历史学的启智作用有相通之处:"读史使人明智。"这是因为,无论"知人"和"自知",都必须理解过去、现在和未来的历史过程,都必须厘清人类昨天、今天和后天的内部联系,对文明交往的历史感的意义就在于此。

"知"首先要"自知",即自己对自我身心、对本民族文明、对人类本身有一个正确的认识。有了这种"自知",才能有"自觉",才能有"自尊"、"自强"、"自信"等,从而把"自发"变成"自为"的文明交往"自觉"行动。文明自觉本质上是一种人的自我主体意识的觉醒、觉悟和执着。"自知"这个"自"字很关键。"自"是"自我身心",是深层次的心灵所在。我是谁?我从何处来?我向何处去?历来是哲学家们追问不休、常问常新的命题。自我,从人类文明交往角度上说,也是重视本民族文明的传承、传播和创新。这是以自己民族文明为主体,立足于今天,站在新时代的起点,在与其他民族文明交往中互动而上升文明之魂,以自己的文明风貌置身于世界文明之林,给这个动荡不宁的地球带来更多的和谐与和平。

谈到对自我,我想起人类各种文明都不同程度地重视这个问题,尤其是各种宗教文明,更为突出。佛教也强调"自我",有人统计,在敦煌写本《坛经》的一万两千字中出现过"自"字187次,加上"自"字的同义词的"我"(31次)、"吾"(59次),共277次。"自"字成为理解《坛经》的入门之处。这部中国佛教的经典全名为《南宗顿教最上大乘摩诃般若波罗蜜经文祖慧能大师于韶州大梵寺施法坛经》,是慧能的弟子法海集记。它记载着中国佛教禅宗六祖慧能的事迹和语录。中国化的佛教禅宗这部经典,是中华文明和印度文明交往的一个结晶,它对"自"、"我"和"吾"的强调,也是我们思考"自知之明"问题的一个课题。

谈到"自我",我还想起帕斯卡尔在《思想录》中的一段关于人类自知问题的论述:"人只不过是一根苇草,是自然界最脆弱的东西;但他是一根能思想的苇草。用不着整个宇宙拿起武器来才能毁灭他;一口气、一滴水就足以致他于死命了。然而，纵使宇宙毁灭了他，人却仍然要比致他于死命的东西更高贵得多；因为他知道自己要死亡，以及他所具有的优势，而宇宙对此却是一无所知，因而我们的全部尊严就在于思想。"这是"知物之明"和"知人之明"的警语。人与物的本质差别在于"能思想"；人之所以是"万物之灵"也在于有思想，这是人贵为万物之灵的高贵之处。人的"自知之明"是他知道自己要死亡，也知道宇宙万物对自己具有的优势，即"知物之明"。

让我们再回到帕斯卡尔的《思想录》。本文引用他的这一段话，我在《松榆斋百记——人类文明交往散记》第三十六节中，已经对这位"有思想的苇草"般的人物作过简评。他只活到39岁就故去了。他不仅在这短促的39年中提出了几何学上的帕斯卡尔定理、三角形和物理学上的帕斯卡尔定理；他还创制了世界上第一台计算机、水银气压计，为创立概率作了贡献；而且特别是他在科研和读书之余，写成了《思想录》。他先是用随笔把所思写在大页纸上，后来把这些大页纸裁成小条，再按内容种类编成了《思想录》。这是一项专心致志的写作，它表明思想的尊严性质。人是有思想而且是会思想的社会动物，但有独立思想更为重要，有独立思想立则人立，创性精神即随之而来。独立思想是人的精神、品格的支柱。

现在看来，他谈的人类的"全部尊严就在于思想"，其核心处在"自知"、"知物"而又"知人"这"三知"之明。他说，人比物高明之处在于"自知"，即"知道自己要死亡"，知道"宇宙对他具有优势"，而作为宇宙之物，"对此却一无所知"。人是为有思想而存在，而思想的顺序是：在思想中或知与行中①认识自我身心；②认识社会；③认识宇宙，从而获得创造文化、文明的精神归宿。他把人比喻为"一根苇草"，但不是自然界一般的苇草，而是"一根能思想的苇草"。如果人无高尚思想，如果人而不自知、不思考做人，却去一味过度追求物质享受、赌赛、娱乐，那只能是平庸而脆弱的苇草，是湿漉漉的叶片，是沉湎于世俗而随风摇曳的简单而低层次欲望的平庸苇草。

思想中的自知、知人和知物的探究，尤其是"做人"的思想是很累很苦的生活，但终究是人区别于动物、植物这些有生命之物，并且保持自己尊严的珍贵品格啊！苇草有生命，人也有生命，这两种生命不同之处在于人有思想，而苇草没有思想。人之所以有力量，在于他有思想。帕斯卡尔称，人是"能思想的苇草"在于思想，在于自知、知人和知物。

提起苇草，我想起《诗经》的"秦风"中的《蒹葭》篇也是以芦苇草为比喻而抒发人生和渴望幸福追求的古诗名章。"蒹"，是没有长穗的芦苇；"葭"，是初生的芦苇，都是脆弱的，但正在生长和有生命活力的苇草，以此命名的《蒹葭》诗篇，是颇具艺术形象美的意味的。这首诗的全文是：

> 蒹葭苍苍，白露为霜。所谓伊人，在水一方。溯洄从之，道阻且长；溯游从之，宛在水中央。

读此诗似乎使我回到故乡。我虽祖籍河南淅川，但从未去过该地。对于祖籍的印象，只有祖父锻碾的铁锤、铁钻和祖母关于石家湾的口歌。我生在秦地，长在秦地，是地道的秦人。三秦大地的白露秋霜景象，苇草或初生，或正在生长，苍苍茫茫，这一派自然气势不正是关中湿地涝池的生机盎然的芦苇塘吗？"秋水伊人"的思想内涵不就是不畏艰险、不惧曲折、坚忍不拔地追求幸福美好生活的人生心态和精神吗？思想是人类智慧的结晶，是人类文明的灵魂。人而有思想，人而自知自己之为人、做人处事，才能坚强有力，这有如密织纤维、韧性十足而抬头挺胸的直立的苇草！人而有自知之明的思想，又可以在实践中磨炼智慧、升华智慧，做有文化的文明人！人而有自知之明的思想、智慧、文化、文明，那就有独立的思想，有历史的洞察力、判断力和明智的选择力，择人而择物，脆弱的苇草，就会变得如石之坚，若莲之廉，如水之柔，如钢之强。大思想可以提升为大智慧，文化知识必须兼备文明道德素养，人类文明交往的不懈追求应当是：知物之明、知人之明、自知之明，如此，才能由交往自发进入交往自觉境界，逐步走向全球文明！人类文明的交往是世界性、全球性和民族性、时代性相结合的开放交往。林则徐有一副名联说："海纳百川，有容乃大；壁立万仞，无欲则刚。"文明的大道，是天下为公。信哉，让自知思想回归知人和知物本原，赋予人类文明神经纤维以思想！

11. 自知自己无知

苏格拉底说："自知自己无知。"他并不认为自己比别人知道得多。但在他的《国家篇》第三卷末尾处，在与格老孔（Glaucon）的谈话中却借腓尼基人的传说故事，说了一个"谎言"，而且被称为"高尚的谎言"。这是有意而为之，是无知中之有知。

这个故事说，上天铸造人的时候，在有的人身上加了黄金，即是担任统治任务的人；有的人身上加了白银，那是守卫、辅助统治者的人，有些人身上加了铁和铜，那是农民和手工业者。但这些大地生命在传承中是错综变化的，上天给统治者的命令是守护灵魂的纯洁，警惕他们后代会变成哪一种金属。如果他们的后代心灵中混入了废铜烂铁，绝不姑息，放入低下地位；如果农民工人后代中有金银天赋者，就要把他们提升到护卫者或辅助者位置上。神谕说："铜铁之人当道，国必破家必亡。"

苏格拉底说，要人们相信这个故事是很困难的。"但是后代人有这样的信仰可以使他们更加爱护他的国家，并且更加互相关爱。这就足够了，我想这样口头相传，让它流传下去吧。"这位西方苏圣人的"高贵谎言"是为完成高贵秩序的教化而言说的，其背后的真意是哲学意义上的爱的教育的可能性。人的自我身心认知的爱欲在不断追求中，使自我不断受到教化而获得思想境界的提升，从而实现自身的价值意义。这是生命中的政治，所涉及的是人类早期的价值等级秩序。

哲学作为求真的学问不许撒谎，苏格拉底用他的人生证明这种是谎言。在哲学的爱的教育中，"谎言"背后蕴藏着哲人坚守自我身心的"自知之明"。东方的孔圣人在《论语·卫灵公》中说过："可与言而不与之言：失人；不可与言而言之：失言。知者不使失人，亦不失言。"智慧的力量在于深知，知之全面，而且以谦逊的心态，知道自己无知。

苏格拉底的"自知自己无知"，是说人要有"自知之明"。人类文明交往中，"知"很重要，但要懂得人类所"不知"更为重要。庄子谈"天人之学"时说："知天下之所为，知人之所为者，至矣。"这种"知之至"是有限度的。因此，他给"知"一个辩证的说法："知天之所为者，天而生也；知人之所为者，以其知之所知，以养其知所不知，终其天年而不中道夭者，是知之盛也。"

20世纪末，书法家启功在河南郏县"三苏"（苏洵、苏轼、苏辙）遗骨合葬园题书苏轼的名句"堆儿尽埃简，攻之如蠹虫，谁知圣人意，不在古书中"时，竟漏掉了一个"知"字。经园方提醒，启功立即补上。他对左右的人们感慨地说："在东坡面前，我确实少'知'啊！"这种巧补漏字的智慧说明了他要学习东坡的"在古书"之外求"知"的治学精神，不为书本所限；也显示了他思考的方法和谦逊、开放而幽默的智慧。这种智慧和孔圣人是相通的。

第 13 日　　　　　　　　　　　**2012 年 1 月 13 日　星期五**

12. 学然后知

（1）"学，然后知不足；教，然后知困。知不足，然后能自反；知困，然后能自强也。"（《礼记·学记》）

（2）"岁寒，然后知松柏之后凋也。"（《论语·子罕》）

前一条是教师的铭言。教师先要学，学之后才知道自己之不足；教之后才知道学之问题所在。教学是从学到开始，经教之后，才理解所学。从事教师职业的人，都有此体会。此条逻辑性很强，从"知不足"到"能自反"（即反思），从"知困"到能"自强"，强调了"然后"，而非"之前"。

后一条是讲一种精神，是用"岁寒"着题看松柏耐寒的坚毅品格。《荀子》也有"松柏经隆冬而不凋，蒙霜雪而不变，可谓得其贞矣"的话。李白在《赠韦侍御黄裳》则歌颂"太华生长松，亭亭凌霜雪"的清贞傲骨气象。

近几年，"然后"已成人们的口头禅和习惯语，可有几人知道"然后"曾是古典哲语？以上两个"然后知"则有"知物"、"知人"和"自知"的文明自觉，更值得领悟。

（3）"履以和行，谦以制礼，复以自知。"（《易·系辞》）

这一条重在"自知"。所以，对它的疏解是："自知者，既能反复求身，则自知得失也。"

（4）"知人则哲，能官人。"（《书·皋陶谟》）"知人者智，自知者明。"（《老子》）"晋人谓（赵）文子知人。"（《礼·檀弓》）

这一条强调知人、自知两个方面。

（5）"自见者不明，自是者不彰。"（《老子》）

此条讲，人不要自以为是。

（6）"知士无思虑之变则不乐。"（《庄子》）

此条言"知变"为乐。

（7）陶行知（1891—1946），原名文濬，后改为"知行"，再改为"行知"。他对二者的关系，根据自己的实践与认知，作了修改，体现在自己的名字上。他是一位毕生从事教育，追求真理的大家。1917 年夏他从美国学成回中国，在多年的教育实践中然后"知不足"、然后"知困"、然后"自强"。他对旧教育的脱离现实批判为："先生教死书，死教书；学生读死书，死读书，读书死"，强调"教、学、做合一"的"生活教育"。他认为教育应该是"生活的，行动的，大众的，前进的，世界的，有历史联系的"，是培养"人中人"的"人民教育"。他"学、教"然后悟出"师爱"是"心心相印的活动"，"唯独从心里发出来的，才能打到心的深处"，主张"知识品行合一"、立德树人理念，坚持"宁为真白丁，不做假秀才"。他要儿子陶晓光记住"追求真理做真人"这受用终生的七个字，"不可丝毫妥协"，"望你必须朝这方向努力，方是真学问"。做真正的人，这是他的"然后知"的松柏精神。

立人致知是一个长期的互动交往过程，是人一生学而时习的实践体验过程。曹禺说的"长相知，才能不相疑；不相疑，才能长相知"的体悟，正是说明立人致知之间的辩证关系。

13. 张载论知

立人致知是人类文明交往的课题，也是人类学习的终身话题。知，贵在自知之明，也在知人之明。"人不知而不愠"就是交往中的知人之明。人不知，我不恼怒，是知人之明。张载对此有更深的见解。

张载（1020—1077）的本体论是"气"——"太虚无形，气之本体"。他的认识论是"知"——"见闻之知"、"德性之知"：

①"见闻之知"与"德性之知"来源于客观事物的表象和性理两层次。对事物的表象知识通过感觉器官而得之是"见闻之知"；对事物的性理知识是通过思维器官而得之是"德性之知"。

②"见闻之知"对知识整体不可或缺：能直接见"物"，为"尽物"提供素材，可沟通内外（心、物）；"若不闻又不见又何验？"即依靠直接经验去辨别事物的形态与变化。

③"见闻之知"不能穷尽天下事物。以"天"为例，"天之明莫大于日，故有目接之，不知其万里之高也；天之声莫大于雷霆，故有耳属之，莫知其几万里之远也"；"天下之御莫大于太虚，故必知廓之，莫究其极也"。"见闻之知"不能认识事物之理，而"万物皆有理，若不穷知理，如梦过一生"。"见闻之知"也难以形成知识的连贯性和稳定性。总之，"见闻之知"有其局限性。

④"德性之知"分为"穷理之知"和"尽性之知"，即"诚明所知，乃天德良知，非闻见之知"。要尽人和物之性，应当"穷理亦当有渐，见物多，穷理多，如此可尽物之性"。"德性之知"只有同人的道德相结合时，才有某些先验性质。这里理性思维的三大作用：贯通（"内用贯于五官，外泛应万物，不可见闻之理无不烛焉"）、指导（集中于心思）、预见（"心无象而有觉"）。但王廷相认为"德性之知"夸大了"心"的作用，因为心不能与人体分开，不能凌驾于人和万物之上，是依存于闻见，即"觉者智之源"。这是对上面论述的补充。

⑤圣人由神化为智者。这是因为"聚天下众人之善者，是圣人也"。把"见闻之知"与"德性之知"统一起来，是为"上智"。但学

者"恶其自足，足则不能复进"。有知与无知是"有不知则有知，无不知则无知"，而且要"行实事"，方能"有形有象，然后知变化之验"。的确，这里已经接近"实践是检验真理的唯一标准"的境界了。知物、知人、自知之"明"的道理在此。

第 15—17 日　　　　　　2012 年 1 月 15—17 日　星期日至星期二

14. 人应当像一朵花

花，在自然科学家眼中是多样的，而且总是和蜜蜂联系在一起的。美国的霍利·毕晓在其《蜜蜂传奇》中说："花有多少种，蜜就有多少种。蜂群只向最近处、最有吸引力的花朵去采蜜，花的种类影响到蜂蜜的味道和颜色。一群蜂就像一块海绵，从不同景物与季节出现的水塘中吸取不同的气和味。"

花，在诗人的心中是美丽的，美好的，甚至连花的影子也都是诗人关注的对象。在诗人心中，花的影子是扫不尽的。苏轼在《花影》中写得形象而深刻："重重叠叠上瑶台，几度呼童扫不开。刚被太阳收拾去，却教明月送将来。"

抗日战争时期，重庆学术界人士为梁实秋摆寿宴。宴后，梁实秋要冰心为他题字，于是冰心写了以下的话："一个人应当像一朵花，不论男人女人。花有色、香、味，人有才、情、趣，三者缺一，便不能做人家的好朋友。我的男朋友中，只有实秋最像一朵花。"为了应对围观的其他男士的不满，冰心继续写道："虽然像一朵花，却是一朵鸡冠花，培植尚未成功，实秋仍需努力！"心细如丝、情深若海的女文学家冰心，用花喻人，而且用花喻男人梁实秋，又不伤及其他男人，可谓交往得体。她对梁实秋的评价，也可谓知人之谈。

梁实秋有散文集《雅舍小品》、《槐园梦忆》，尤其是 1927 年出版的《骂人的艺术》，显露出他才、情、趣，真是有如花的色、香、味般的幽默。骂人十条技术中的"知己知彼"、"适可而止"、"态度镇静"、

"出言典雅"等，也有些知人之明和自知之明的文明交往自觉意味。他有《中年》随笔，一开头就表现了机智敏捷、自然雅洁，吸引着读者：

> 钟表上的时针是在慢慢的移动着的，移动的如此之慢，使你几乎不感觉到它的移动，人的年纪也是这样的，一年又一年，总有一天会蓦然一惊，已经到了中年，到这时候大概有两件事情使你不能不注意。讣告不断的传来，有些性急的朋友已经先走一步，很煞风景，同时又会忽然觉得一大批一大批青年小伙大了在眼前出现，从前也不知道是在什么地方藏着的，如今一齐在你眼前摇晃，磕头碰脑的尽显些昂然阔步满面春风的角色，都像是要去吃喜酒的样子。自己的伙伴一个个都入蛰了，把世界交给了青年人。所谓"耳畔频闻故人死，眼前但见少年多"。正是一般中年的写照。

特别是结语中有"中年的妙趣，在于相当认识人生，认识自己从而做自己所能做的事，享受自己所能享受的生活"一语，和上段的"才、情"融入"趣"，而形成冰心称的"一朵花"三要素的统一。这也是"自知之明"的文明自觉性文字。

梁实秋还有《浪漫的与古典的》、《英国文学史》等著作，译作《莎士比亚全集》。他主编的《远东英汉大辞典》收字逾1600万字，其主旨为"字典之扩编，不宜以累积堆砌为能事，就各字的重要性而决定其繁简比例"；"对于错字，如扫落叶，其中艰苦，匪言可喻"；"现字典出版，实乃众力合作之结果。"此辞典为我的良师，多有求教于它。[①] 看到梁实秋于民国六十四年（1975年）九月一日封面的签名题字，秀丽潇洒，倍思其人的"才、情、趣"兼备的风度。

不仅学界，商界也把"兴趣"列为最高境界。台湾首富郭台铭说，他最初的20年，是为钱而工作；后面的20年，他为理想而工作；再往后20年，会为兴趣而工作。在最后人生阶段中，他每天工作16小时，从公司支取的年薪仅仅是一元新台币！

---

① 例如我的"涵化"的概念，即从梁实秋主编的《远东大辞典》中 acculturation 条解释中而融入文明交往八项变化的第二条。

进一步谈冰心的花有色、香、味，人有才、情、趣，对立比喻，也恰到好处。花中牡丹，艳而贵美，有国色天香雅味；人中杰才，成才之后，少不了情与趣。其实，冰心最喜爱的是玫瑰花。童年读《红楼梦》，小厮兴儿形容探春的"三姑娘的浑名儿叫'玫瑰花儿'，又红又香，无人不爱，只是有刺扎手"的名句，使冰心十分喜爱这浓艳而有风骨的花。新中国成立后，她从国外回来，有两个年轻邻居每天都给她送玫瑰，她对此的喜悦"就像泉似的涌溢了出来"。这也是一种情趣。

文学家，一切从事学术研究的人，不能没有广泛的情趣，更不能缺乏对自己从事专业的兴趣与情深意长的追求。梁启超在《学问之趣味》中说："我是主张趣味主义的人，倘若用化学分析'梁启超'这件东西，把里头所含一种元素名叫'趣味'的抽出来，只怕所剩下的仅有个0了。"他认为："凡趣味的性质，总要以趣味始，以趣味终"，并主张"趣味之主体"为"劳作"、"游戏"、"艺术"、"学问"四项。他对"为什么做学问？"的回答为："为我的趣味。"此外，还对尝学问的趣味补充了"学问欲"的人类（理性动物）本能的用进废退律、"一层一层"深入深问和同有研究嗜好的朋友如电相摩"擦出趣味"三条乐趣体会。此种提倡人生当以趣味为上，尤其是以趣味为主的治学路径，值得今日学人品味，也颇符合冰心对梁实秋的评意。

也就是在抗日战争时期，美学家吕荧自己节衣缩食，自费出版过一本名为《人的花朵》的书，用以赞美鲁迅、曹禺的作品。

其实，吕荧本人也是人中之英华，正如他所治的美学专业所研究的美一样，美如花朵。他尚风骨、重气节、直言不讳，似花的开放，给后人留有余香。他有仗义的性格，不追风赶潮，不逢迎随流。在那过去不正常的年代，讲话要一边倒，而且好心的领导按早有布置的意图，提醒他不要发言。然而，强烈的正义感使他拍案而起，喊出了正义之言。为此，他付出了惨重的代价。

他在监狱中仍然大义凛然，并不后悔自己的人生选择。只是在死前多次凝视囚室外的几株白色茨菰花，而且自言自语地说："真美啊！多美！"白色的花朵，宣告他清白无罪；白色的花，宣布他洁白如玉。这是中华文明培育出的美丽的花朵，是人中的精英。

其实，此种有趣味的文人很多。如林语堂便是一个为人狂放幽默、趣味盎然的人。他在《读书与风趣》一文中，就说："人而无风趣，不知其可也。"他在《生活的艺术》一文里，也说过理想的人并不是完美的人，而只是"一个令人喜爱的通情达理的人"。他自称自己也是尽力做一个这样有趣的人。读其文可以不同意他的观点，但会肯定会认同他是才、情、趣兼有的人。我认为，时间、空间、人间的互动交往进程，引起了我对治学越来越浓厚的兴趣。这种兴趣虽有不少挫折，然而比较快乐，在许多方面弥补了幼年时期对文学的兴趣。后来，我甚至对哲学也产生了兴趣。然而，历史交往开始了我研究人类文明交往之路。这是因为，在文、史、哲三学之中，史学是更富于长期积累兴趣的科学，是更易于在长时段、大视野的人类文明交往的发展中，沟通自然、社会与人自身心灵之间关系的自觉性。弗朗西斯·培根说过："知识是一种快乐，而好奇则是知识萌芽。"泰戈尔也说过："真理激起反面风暴，藉以撒播它的种子。"历史学不仅是知识，不仅仅是获得某些概念或思想的方式，它也是包含着非凡乐趣、寓真理于史事中，而多有诗意治学的综合性学问。中国是史、诗悠久而文化传统深厚的文明古国。中国学人也是最适合诗意治史的传统继承者。史学家中，有被鲁迅赞誉的司马迁，《史记》就是"史家之绝唱，无韵之离骚"。《史记》中也不乏儒、道、科学、艺术等文史哲诗意内涵。

史学的诗意治学早在20世纪王国维的"治学三境"中已有充分的体现。王国维从哲学、教育学、文学研究，最后进入史学研究，也体现了史学易于播散真、善、美种子沃土的特征。我曾有治学三趣（心趣、情趣、乐趣）和史实、史理和史趣的治学三要素的感受。我主张"诗意治史"，把人的才、情、趣融入史学。人有天赋资质不同，但只要努力，都可以从历史学中找到他的地位。历史学以它的大宽容度、鲜活度、深刻度和精密度而为百花生长、百鸟飞翔、百家施展才华准备了阳光、空气、水一般的乐趣。

人而明之为文明，文明之学实为人学，这是我的文明观。人的文明化，是我文明观的目的。是的，人应当像一朵花，心美如花，和谐共处，处事治学，在交往中充满爱、善之花。文明学实际上源自"爱之学和爱人之学"。一个人应当像一株生活在人类大花园中的花，要自知、知人又知物，从而走向交往自觉的文明化。

维吾尔族有句谚语："好人走过的地方，后面开满鲜花。"好人就是文明人。美丽花朵总是伴随好人，如影随形，不可分离。

我由此想，思考和写作，也是美丽之花。思考和写作是人生最快乐的事情。贯通二者之间的是快乐的诗意的愉悦。

做学者一生无平安而有乐趣，只是自己为自己出难题，自己回答问题，乐趣就在其中，如此循环而已。

世界上唯有创造性劳动快乐，这种快乐专属于快乐之最、之巅。

思考和创造与写作的人，是创造性劳动的人。他在路上停不下来，停下来使人难受。

即使到了老年，还希望再写些东西，若不写作，快乐便消失了。

人生有喜怒哀乐，然创造之美是文明自觉之花，它的开放是诚实勤奋的劳动。有了此种美，将不愧面对人生。

要使人生之花盛开不衰，就应结出丰硕之果。正像傅立叶所说的名句："不管理性如何夸耀自己进步，只要它不能向人类提供人人需求的社会财富，它就对幸福毫无贡献可言。"无果之花，只是好看，有花之果，方使花开百日之红以后，结出果实，为人类做出创造的贡献。

冰心本人就是一朵花，她绽放着人生文明美丽之花。她的《寄小读者》催化了多少朵少年之花，直到晚年还有童心般花香花味的《小橘灯》之作。

霍利·毕晓说得对："花有多少种，蜜就有多少种。"花有多少种，人也有多少种。作为一个学者，也应当像一朵花，更应当是一株结果之花树，越是到老年，越是边老边咏唱人生之歌：

学术之路，越走越长，
人生之路，越走越短，
学术思考，越来越迫切；
于是
努力留下有益于社会文明有益的东西，
应当老树新花新果，越多越好，
生命不停，
思考不已，

不要放下手中的笔!

第 18 日

15. 知止而后明

人贵有自知之明。人有了对自己正确的认识，该行则行，该止则止，如《老子》所言："知足不辱，知止不殆。"这是一种辩证思想。然则，人在该止时往往是止不住的，见好就收是特别难以做到的。许多人在这个问题上是无知的。只是在该止时没有止步，到后来也只能留作追悔的教训。

历史为此提供了智慧，历史学家曾为急流退、淡泊名利权位的人物立过传。鱼豢的《魏略》、谢灵运的《晋书》，以及《宋书》、《隋书》等书都有《止少传》，可惜都失传了。只有《梁书》的《止少传》尚存。南朝梁代沈约的《为梁竟陵王解疏》中对此有句启发性的话："止步凝思，空明属念。""止步凝思"所凝思的，应该是"知止而后明"。

知止而明是自知之明的表现，是一种理智而清醒的行为。知止而后明是知其不可为而不为，在处事治学上也体现了认真的精神。据画家李可染回忆，徐悲鸿说，自己一生喜爱荷花，却从来不去画荷花，理由是功夫不到，就此止笔。徐悲鸿说，如果真的要画好荷花，我需要认真画完十刀纸以后，才能真正敢去画它。纸一百张为一刀，十刀就是一千张，画完十刀纸去练习画荷花，需要多大毅力！

进一步理解画荷花之难，需要与人类用一生书写"人"字联系在一起。荷为莲之花，它出淤泥而不染，濯清涟而不妖，历来为清白做人、老实做事和洁身自好的隐喻。北宋周敦颐《爱莲说》就是热爱与赞美荷而喻为人的名文。画荷者也从来为画家所向往。清代八大山人画荷，虽笔润墨清，意境清雅，却因水墨之画，生机不足。张大千画荷，视觉力强，然荷叶欠融。可见在宣纸上使荷花达到情、诗、色、线互动，形神兼备，确非一日之功。

画家作画，与立人致知是道理相通的。画家荆浩，为画好松树，居太行山，作画"凡数万本，方如其真"。山水画家黄宾虹，曾有画稿三担，这些画，不落一字，更不落款，纯粹为修炼艺术功夫而画。达·芬奇就自己的代表作《最后的晚餐》与学生们有一段对答。学生说：此名画美在"知由爱生"；达·芬奇回应说："爱由知出"，他把知放在根本位置。达·芬奇生于意大利人文精神高潮时期，绘画被认为是高于一切的艺术形式，他提出"爱由知出"的命题，表现出他对"立人致知"的领悟。他对耶稣博爱精神知之越深，方能深入在理性与感性的内在统一上，表现于艺术作品上。

艺术与学术一样，人品与作品都有立人致知的认知问题。当今有一些学术项目受利益的驱动，在巨大的利益面前，对所做课题明知积累甚少，功夫不济，却勉强动手去做，那就是"不知止而昏庸"，即无自知之明。这真不如停而止步，明而去下基本功，待火候到时再去做项目。从政者知止尤为重要，欲望使一些做官者上瘾，只能上不能下，汉代张良知止而退，堪称知止而明的先行者。清代张廷玉，一生谨慎，到老来仍欲壑难平，气闷而死，真不如他的同姓前辈。无论治学、从政、经商，都有个知止而后明的问题。知止是智慧，也是察时而掌握限度、把握底线的人生学问。

我从自己的文明观思考，对知止而后明的问题，有"知足不知足，有为有不为"座右铭："尽力知足，尽责知足，尽心知足；学习知不足，学问知不足，学思知不足；为真求知，为善从事，为美养心；不为名缰，不为利锁，不为位囚"。这里的"尽"与"学"是知止而后明的原则，而对"真、善、美"的追求是人类文明生活的根本目标。这里的"缰"、"锁"、"囚"都是动词，意思是不为名所缰，不为利所锁，不为位所囚。知止而后明，也就是在人生之路上，在书写"人"字方面，对"知足和知不足，有为有不为"，有一个辩证的全面思路、明智的理论理性和实践理性。知止而后明的"明"，在于人类文明交往的理论理性与实践理性之间的良性互动。前者是向人们指明、澄明事物的"是其所是"；后者是向人们把指明、澄明的事物通过行动而成为"是其所为"。这种"明"，也是处理好为己与利他之间关系上的知物之明、知人之明和自知之明的另一种表述。

北宋画家郭熙曾对缰锁用一个"厌"字来形容："尘嚣缰锁，此人情所常厌也。"这种"厌"其实是人情中常厌恶之后的自觉。因为人对名、利、位的贪婪会恶性发作的，以至于会贪得而无厌的。名、利、权位之于人，常常是熙熙攘攘，甚嚣尘上，迷恋其中，很难摆脱。名誉缰绳，不是一般的绳子，是拴牲口的绳子。人如果一味追逐名誉、声誉，就会被这根缰绳所拴住了，就失去了人生来赋予的自由，而沦为牲口一般的奴隶了。利锁，也不是一般的锁，而是用来捆绑犯人的枷锁、锁镣、锁链、桎梏。人如果一味求利，把利当作唯一者，所谓唯利是图，就是为利所锁的守财奴了。如果说，名誉、声誉成为人之缰、利成为人之锁，那官位、权位的迷恋者，就是被关在囚笼中的囚犯了。把人生的"人"字书写到这一步，那就完全失去自知之明了。知止，不容易做到，但只要常怀律己之心，明自然律、社会律、道德律之意，知人之为人之理，还是可以书写好这个文明化的"人"字，使自己获得文明交往自觉的。所以，人贵有自知之明，人贵在立人而致知。立人致知重在学习，贵在践行，当行则行，当止则止。这样的人，就是一个清清白白、堂堂正正的真正从缰锁囚中解放出来的自由人和智者。

第 19 日 　　　　　　　　　2012 年 1 月 19 日　星期四

16. 人的需要和欲望

商务印书馆赠我一本《叔本华论说文集》，其中谈人生的话，引起了我对人类文明交往中需要与欲望问题的思索。

叔本华说："可以把人生比作一块刺绣，一个人在其前半生所看到的只是它的正面，在后半生看到的是它的反面。反面不如正面精致漂亮，但却富有启迪意义，因为它揭示了线是如何被绣成图案的奥秘。"

这里，叔本华是用全面观点看人生的。在强调从反面看人生的后半生时，提出了丝线"如何"被人绣成刺绣图案的过程及其奥秘所在之处。人的前半生阅历不深，匆忙于创业成家之路上，来不及回顾总结，总是容易看到正面的华丽光彩，忽视隐藏在奋斗后面的人生哲理。清代学者赵翼在《廿二史札记》中就有此感受，他有诗说："少时学语苦难圆，只道功夫半未全。到老方知非力取，三分人事七分天。"这是一种从后面看人生的体悟。赵翼从天人之间的文明交往关系上，在后半生时总结了前半生未认识到的哲理，可作为叔本华有类"从反面看"人生的补充。清朝末代皇帝溥仪，也是在他后半生写出了《我的前半生》一书，回眸往事，便有许多从稍高历史观点上的思想认识。我所在的陕西文史馆的馆员中有一位叫严明的同仁，晚年在香港写了一本自传，名叫《我的后半生》，从后半生反思叙述其前半生生活，包括被错划为"右派"以后的回忆，那也是从后面"倒看人生"的感受。

叔本华谈人生问题时说道，人一生中无论从正面看，从反面看，有一个问题都挥之不去，那就是面对需要和欲望的矛盾痛苦与无奈。有的人如同动物一样，奉行"丛林原则"，为欲望而盲目生活，其得失都是痛苦。有人是天才的人，看透了这一点，却又无法摆脱动物欲望之苦，这是天才的悲哀。因为天才也毕竟是人，他只是看到了，而要脱离动物性却很难。叔本华认为，"把人们引向艺术和科学的最强烈的动机之一，是要逃避日常生活中令人厌恶的粗俗和使人绝望的沉闷，是要摆脱自己反复无常的欲望的桎梏"。这是他在《论哲学疯狂年代》中的话。他很害怕身后之事，害怕那些教授们"会像蛆虫吞噬他的尸体一样"吞噬自己的著作。他的哲学是悲观而缺乏自信的哲学。

王国维则用《浣溪沙·山寺微茫》表述了类似叔本华的思想："山寺微茫背夕曛，鸟飞不到半山昏。上方孤磬定行云。试上高峰窥皓月，偶开天眼觑红尘。可怜身是眼中人。"曛，日没时的余光，如"曛黄"即黄昏。王国维笔下的意境其实也是人的"后半生"视角，他在词中流露的情绪和叔本华同样的悲观而不自信。

美国作家梭罗在《瓦尔登湖》一书中，用人生的"需要其实很少"，而"欲望实在太多"来表明他的人生感悟。他在凡尔登湖的确生活得很简单：一把斧，一条绳，一支笔，几打稿纸。这是他的全部家底。但伴随他的却是大自然的宁静湖水，翠绿山林，鸣叫鸟雀，奔跑野兔和他个人恬静的心态、思考的头脑和手中的笔。用中华文明的"天人之道"来说，就是天人合一。这是他经历的一次需要与欲望的人生体验。

梭罗反思人类生活，因有以上需要与欲望的实践悟言，这也是一种"究天下之际，通古今之变"之后而"成一家之言"。何谓生活？"生活"概念如果"一分为二"地分解开来，便是"生"与"活"，其对应的词应是"死"与"亡"。生、活、死、亡，是人类的全部内容。人生的需要就是如此之简单，而实际却复杂无比而多变地"一分为多"。如果继续分下去，有无数个中间环节，也在主体上有"生长"与"生存"、"生产"等"生命"的依托。印度哲学家克里希那穆提说："对欲望不理解，人就永远不能从桎梏和恐惧中解脱出来。如果你毁掉了欲望，可能你也毁掉了你的生活。如果你扭曲了它，你毁掉的可能是非凡之美。"这又是一家哲言。中国文明中，把放任的欲望比作"欲壑"，意思是欲望的山沟是无法填满的，其本性便是无限扩张、无限膨胀的，是追求权力与利益的最大化。俗话说：权，令人愚迷；利，令人智昏。贪得无厌的欲望，可以使人由智变愚，使正常人失去起码明辨是非、失去起码判断力的东西。如果无度、无节、无底线去争权争位于朝，争名争利于市，其结果必然为名缰所绑、为利链所锁、为权位所囚。总之，是为身外之物所役使，为身外之物所拖累而心灵失控。人在欲望与需要之间失调、失衡，必然要失去人本性的自由而沦为物欲的奴隶。

如何在需要与欲望问题上不致让动物性挤掉了人性，不使"自我"异化为"非我"，是人类文明交往中的人与自然、人与人、人的自我身心之间的一个关键问题。现在人们多喜欢谈梭罗的淡泊人生的处理需要与欲望关系的理论与实践，而忘记了我国晋代陶渊明在解决这个问题上的田园诗意人生境界。陶渊明在解决人的上述三大文明交往问题上，尤其是解决人与自然关系上，比之梭罗在把人变为自由大写的"人"上，可以说是有过之而无不及。他那篇《桃花源记》以及许多田园诗篇，体现了与梭罗相似的人生价值，而且颇具中华文明的独特性。人类的心灵中多么需要那样恬静而和谐的诗意啊！人类文明交往史证明：中国古代的陶渊明和近代美国的梭罗同在。

人与人之间的社会交往活动中，如何处理欲望和需要之间的关系，始终纠缠着、变化着人生的生活，甚至是生命的轨迹。卢梭在《论人与人之间不平等的起因和基础》中讲过一种变化："这种使我们陷于毁灭的追求名誉、地位和特权的普遍的欲望，刺激着我们的贪心并使我们贪心越来越多；使所有的人互相竞争，彼此敌对，甚至成为仇人。"卢梭看出了欲望的贪爱财物、名位贪婪性在社会交往中使人变为"仇人"，并且这是人类"陷于毁灭"的危险。这确实是人的文明化中的重大问题。

正确对待人生，就是正确对待生活中的需要与欲望。孔子赞扬颜回身居陋巷、一箪食、一瓢饮的低欲望而励志苦学和乐以忘忧的生活，似乎是儒家的人生境界模范，其中也有自我身心的交往理想。人生过程中，要想减慢走向死亡的速度，提高生活的自由度和质量，必须改变生存方式、生活方式和思维方式。在生活中豁达乐观、欣赏人生、鉴赏人生，快乐人生中，应该有乐、有趣、有美，有从容而自由的独立人格。自然秩序是人类秩序的大背景，顺应自然与人生规律，美化人生，和谐交往，不要悔恨于退休之时和临终之前。

需要与欲望都需立足于现实。用叔本华的话来说，这就是"没有人生活在过去，也没有人生活在未来，现在是生命确实占有的唯一形态"。有权有钱的人，尤其需要用善来统摄自己的生活，包括需要和欲望。亚里士多德说："人们能够有所造诣于优良生活者，一定具有三项善因：外物诸善，躯体诸善，性灵诸善。"善是人性之首，应当用善良驱散恶劣。人文精神就是对人的尊重，真、善、美三者是人性内涵不可分割的统一体。

第20日　　　　　　　　　　　　　**2012 年 1 月 20 日　星期五**

17. 为摆脱思想枷锁而求知

真善美是求知的整体目的。三者是真中求善美和向善爱美以完真，真善美的有机统一，是人文社会科学研究的主旨，也是人类文明交往过程中常见常新的持久话题。

这里常被忽视的是摆脱思想枷锁问题。思想枷锁与思维定式直接相关，思维定式一旦形成，思想枷锁就在其中了。思维定式是在一定条件和环境中形成的，它使人们取得了成功，但条件和环境变了，需要更新思维，而固定的思维定式纠缠着人们的头脑，不容易改变，于是成为枷锁，阻碍前进的步伐。

德国哲学家叔本华在论哲学的狂野年代时，说过下述一段至理名言：

> 把人们引向艺术和科学的最强烈的动机之一，是要逃避日常生活中令人厌恶的粗俗和使人绝望的沉闷，是要摆脱人们自己反复无常的欲望的枷锁。

思想枷锁表现为欲望的枷锁，表现为名缰、利锁，是害己害人的缰绳和枷锁。追求名利和权位的欲望一旦成为缠绕自己的缰绳和锁套自己的枷锁，那就成为一个失去了掌握自己命运和自由的囚徒，成为为名为利为权位的囚徒。它带给人们的是粗俗、绝望和令人厌恶。此类欲望枷锁有巨大的习惯力量和反复无常的活动，可悲的是身陷其中而不自觉，虽然有时心灵深处有些苦闷不安，但很快就被欲望冲动的思想潮流所冲推而淹没了。

这时最需要的是文明自觉，特别是自我身心交往的自觉，在掌握适度和底线上摆脱思想枷锁，尤其是欲望的枷锁。人的一生，都有自己的事业和追求，谁不求名？谁不求利？问题就在适度和底线，就在道德和原则。套上思想枷锁的人，是失去思想自由的人。有些人只顾眼前，不管身后，大人物也不怕历史，如路易十四这位法国皇帝就说过"我死后哪怕洪水滔天"的话。结果身后、历史也会惩罚他们，这对后人只留下了历史的教训。

也许正因为如此，前面我曾提到，叔本华非常害怕身后之事。他害怕他死后那些"教授们会像吞噬他的尸体一样"吞噬他的著作。然而，另一位哲学家维特根斯坦却没有这个担心，因为在他看来，他们根本找不到他的尸身。相反，德国诗人歌德对身后的事很乐观，他在给席勒的诗中说："我们全都获益不浅，全世界都感谢他的教诲；那专属于他的东西，早已传遍广大人群。他像行将陨落的彗星，光华四射，把无限的光芒，同他的光芒永远联结。"

叔本华认为艺术和科学吸引人们的强烈动机之一，就是要人们摆脱"自己反复无常的欲望和枷锁"。这使我想起我国书法艺术家于右任给蒋经国写的对联："谋利当谋天下利，求名应求后世名。"这是艺术家的科学自觉语言。

我思考人类文明交往自觉，认识到人类文明摆脱枷锁，解放思想，永无止境。在为人治学上要有为有不为：即为真求知，为善从事，为美养心；不为名缰，不为利锁，不为位囚。在为人治学上还要知足知不足：即尽力知足，尽心知足，尽责知足；学习知不足，学问知不足，学思知不足。有此三为三不为，三知足三知不足，基本上可以解决文明交往中自觉的"适度"和"底线"问题，即不能"过度"和"越线"的节制问题。

第 21—24 日　　　　2012 年 1 月 21—24 日　星期六—星期二

18. 人间、时间和空间之际

人间、时间和空间之际，关系密切，交往互动多向。

人类文明交往在这"三间"之际联系中进行。我在文明交往自觉论中，有"九何而问"的理论要点：何时？何地？何人？何事？何故？何果？何类？何向？何为？其中前三句就是"何时？何地？何人？"，也就是时间、空间和人间这"三间"之问。这三个问题意识是人类文明交往的最基本元素。

时间、空间和人间的关键词是"之间"，或者是"之际"。间际是人类文明交往互动规律的联系关节点。人与自然、人与人、人的自我身心之间、之际，是研究人类文明交往互动的基本原点和变化之处。司马迁早已察觉到这一点。他也是从人与自然联系上提出"究天人之际"，从人与人的历史关联上关注"通古今之变"，从自我身心联系上落实到"成一家之言"。学贵自得，而学问往往得益于间际之处，战争双方常在交连空隙地带决定胜负。列宁说，俄国十月革命也是在资本主义薄弱链条上突破。东方和西方、传统与现代、本国与外国的联系也多发生于间际交往之中。在移民文学、民族迁徙、商贸往来、思想交流、对话谈判活动中，无不闪烁着人类不同文明之间和相同文明之际交往互动的文化思想光芒。治学者、做事者爱好思考间际、乐在间际。间际之学实在是大道之学。只要留心仔细省察，人类社会间际交往都反映着文明交往互动的规律。文明交往可以说是间际之学。学在间际，思在间际，乐在间际，这是人类文明交往自觉之乐趣所在。

何时？何地？何人？这三个问题是"九问"中第一组问题。它涉及的是时间、空间和人间，涉及的是岁岁年年、日日月月的天时，涉及的是天地江山地缘，涉及的是世代更替的人缘，问题往往发生在三者间际交往处的联系上。"九问"第二组问题是"何事？何故？何果？"，第三组问题是"何类？何向？何为？"，这里先不讨论了。但三组问题之间之际也是既有区别又有联系的。"九问"是一个整体，是问题意识的具体化。这里只谈第一组问题。

时间在"三间"之中占有重要地位。这是因为人生活、生存、生产于时间的不断流逝之中，人与时间是须臾不可分离的。时间如江河之水，日夜川流不息，孔子为此而叹息说："逝者如斯夫，不舍昼夜！"这也反映了时间对人间的重要性。

作为"万物之灵"的人类，最关注的交往要素是时间。在中华文明中，对时间更是非常敏感。追求"时机"、看重"时中"和关注"有利时"成为成事业的一种传统思维方式。《周易》"蒙"卦的《象传》中有"蒙，亨。以亨行，时中也"之说，就是以"亨通"来行事而符合"蒙"这个适中的"时中"时机。《中庸》也指出了"君子而时中"的因"时"而"中"。《资治通鉴》载韩国谋士屈宜臼的"夫人固有利、不利时"，更把人间与时间联系起来，认为"举事而不时，力虽尽而功不成"。这里讲的不是客观上的"时间"，而是人们参与交往活动中的机遇期，所谓"机不可失，时不再来"，在成事中不可错失良机。这是时间给人类文明发展赋予的选择智慧。

在汉语中，时间又名"光阴"，取名于光明与阴暗即日月的转移。北方许多地方的农民，把生活称作"过日子"，其中也有"日出而作，日入而息"的农耕文明印记。"光阴"向来为中国人普遍重视时间的观念，所谓"一寸光阴一寸金，寸金难买寸光阴"，所谓"光阴荏苒，转瞬便是百年"，所谓"光阴不待人，黑发变成白发人"，都是这种爱惜时间观念的通俗表述。

光阴在汉语中，往往是时间的形象表述。古代南朝文人多有此用语。南朝齐代的王融，有《秋胡行》一诗，其中的"光阴非或异，山川屡难越"，把时间和空间连在一起，并贯穿了人间世事的艰辛。南朝梁代的江淹在《别赋》中也有"明月白露，光阴往来"之句，直接用光阴表示时间穿越于四季的明月白露之中。南朝还有一位文人鲍照在《漏赋》中称："姑屏忧以愉思，乐兹情于寸光。"这里他也用爱惜时间的观念，表达了对寸寸光阴的珍视。一个"愉思"，一个"乐兹情"，道出了鲍照旷达的人生时间观。不过，我最欣赏的，还是唐代大诗人李白对时间和空间的短暂性、流动性的形象化描绘："天地者，万物之逆旅，光阴者，百代之过客。"把大自然比作旅馆，把伴随人类百代交替的光阴比作过往的旅客，实在是既形象又耐人深思。这是庄子关于"四方上下为宇，古往今来为宙"的宇宙观的另一种形式的继续。

中国古代许多诗歌中，蕴含着时间在人类文明交往中的哲理。唐代刘禹锡在《和令狐相公春日寻花有怀白侍郎阁老》诗："花径须深入，时光不少留。"他用"时光"把时间和光阴融于一词，而且说，时间是没有人能留得住的，这是不以人的意志为转移的。然而他说到人间对时间交往中，还是有其主观能动性的，人可以在流动不息的有限时间内，迈开步伐，开动脑筋，"深入花径"。他用"花径"喻"学径"、"人径"，不深入其路径，怎能获得真知而获得成功呢？这使我想起了他的名句："马思边草拳毛动，雕盼青云睡眼开"。我在胃动了大手术之后，日食仅一二两饭，以病弱之躯，仍在写《巴枯宁传》。时间对我而言，就是第二生命。"边马"思边关外驰骋和"飞雕"盼上青云翱翔的意境，使我在养病中笔耕不辍，深入治学路径，终于完成了这本40多万字的著作。这对我来说是诗意治学的美的享受。

诗意的想象是一种人性对于再创造的兴趣。这种创造往往超过了实际事物的美。时间、空间的距离也会产生诗意的自然。康德认为："审美的意象是指能引人想到很多东西，却又不可能由明确的思想或概念把它充分表达出来，因此也没有语言能完全适合它，把它变成可以理解的事物。"诗人的想象思维可以根据现实材料进行再创造。时间和空间距离可以产生美，朱光潜说过："年代的久远常使一种最寻常的物体也具有一种美。"

时间和大自然一样，是有其自身的发展规律的，人们不能违反它，只能发现其规律而顺应它，利用它。晋代陆机已认识到这一点，他在《赠尚书郎顾彦先》的诗中看到此种变化的正常与反常："凄风怫时序，苦雨遂成霖。"《史记》中曾记载叔孙通的一句话："若真鄙儒也，不知时变。"这个"时变"有自然之变，也有人间之变。"知时"也就是知时代之变，从而在变中求进的道理，因而"知时"还是落脚到人类文明交往中的"知物之明，知人之明，自知之明"这个文明交往的主题上。

西方哲学家也很关注时间与人事的关系问题。怀特海在《相对论原理及其在物理学中的应用》中，把相对论的本质归结为：用时间和空间来详细说明事件的理论。他认为，自然界的终极事实就是事件。时间是由事件的过渡构成的，空间是由事件的互涵构成的。他还认为，人类的智力活动是"广义的演算这一基本数学思维方式"。何谓"文明"？他强调说："文明必须建立在敬畏宇宙本质意义的基础之上。"西方的哲学家中，许多人都有厚实的自然科学基础，有些人本身就是自然科学家。这与西方的文明传统有关。所以他们谈论时间和空间与人间的关系时，其角度和东方尤其是中国人对"三间"思考有不同的思维方式。怀特海在上述谈论中，不仅谈时间、空间，还谈事件。这一点又与我的"九何而问"中的"何时、何地、何人、何事"这"前四句"相重合。"何事"对历史学是不可少的。人是在一定的时间、一定的空间中活动，并且在活动中构成了事件。事件就成为研究者考究"何故、何因、何果、何问、何为"的基本问题，因而我的"九问"中有"何事"之问。

的确，在人类文明交往活动中，由于思维方式或感知等方面的差异，导致了人们对时间、空间概念的不同理解。时间、空间、人间、事件的互动交往是文明的深层结构，只有在不断加强的问题意识指导下，方可深入求真路径。

牛顿力学的时间观是第一个在近代力学基础上建立起科学的时间观，其基本特点是把时间和空间看作是物体运动的外在的不变的尺度。其时代背景是文艺复兴以后的技术进步，如钟表精确化计时器的发明，如精确地图使对空间测量成为现实，于是出现了符合人类日常生活体验的并且形成了很巩固而抽象的时空观。

爱因斯坦的相对论改变了人们的时空观，冲破了绝对时空观的局限。他认为，自然时间与空间随着物体运动而变化，在引力场中，时间变慢、空间尺度收缩，因而否定了时间和空间对于物体运动的外在性和不变性的观念。爱因斯坦对时间与空间的探讨，从狭义相对论到广义相对论，直到最后的统一场论，是他的哲学思想的体现。他相信物质的实在性。从少年时代起，他就开始思考这个问题：一个人如果从光速行进将会看到何类现象？他又提出这样的问题："同时"可能吗？难道我们在空间里处于一模一样记录时间的钟表吗？

爱因斯坦的相对论认为，时间是人们的一种认知错觉。然则，加拿大的物理学家李·斯莫林在《时间重生——从物理学的危机到宇宙的未来》一书中，对时间的本质和宇宙学提出了不同的看法。他认为，时间是真实存在的。但他没有说，当把时间的本质看是活动的物质的时候，相对论本身就是错误的。他只是说，或许存在着与相对论一样能获得正确结论的另一种理论，而这种理论在时间本质问题上与相对论不同。

牛顿与爱因斯坦的时间观本质上是自然技术科学范畴的。而不是人文社会实践的范畴。即使如此，爱因斯坦的时空观中，也没有脱离人间。他知道，"没有人类的理智便无科学可言"。对于人文社会科学而言，它的根本性在人文性和社会性，它的时空观只是人间的社会时空观。我佩服李白的"天地者，万物之逆旅；光阴者，百代之过客"这句诗意的历史哲言，也理解自然技术科学家们的时空观。时间、空间、人间是文明交往的"三间"，是人类对宇宙物质世界的敬重和对人间诸事密切互动的时空观。过去同学之间戏侃时，文科同学常说，物理系同学只懂物性不懂人性，那反映了一种偏见。其实知物之明、知人之明和自知之明是人类文明交往的共同追求，这是历史发展的必然趋势。因此，在"天地者，万物之逆旅；光阴者，百代之过客"这句名言之后，还应加上一句："历史者，世代文明之交替。"这样更可以体现时间、空间、人间三者内部有机联系的统一性和交往互动的完整性。

时间是由过去、现在和未来组成。现在是人的立脚点和出发点。哲学家叔本华说："没有人生活在过去，也没有人生活在未来，现在是生命确实占有的唯一形态。"这当然不是说过去和未来没有人间，而是说古人已逝去，未来是后人的事，活于现在的人要紧紧把握住当代。须知：善于利用零星时间的人，定会积土成山、植木成林，做出更大成绩来。天道酬勤，谁能以深刻的成果充实每分钟每秒钟，谁就在持续地延续着自己生命的质量。这里需要文明积累的交往自觉观念。历史是全局，历史讲联系，讲发展，历史不能割断。过去、现在和未来是人类历史的整体文明交往过程。历史发生在时间、空间之中，也因时间、空间而发生变化。正是这种创造文明成果的过程中，显示出人类凭借自身条件的互动历史力量。站在历史观点的高度，对时间、空间和人间的关系会有更深刻、更自觉的理解。

第二编

树人启智

编前叙意

树人启智是立人致知的继续和深入。

树人启智是文化育人、文明启智，是脱愚脱贫，是物质文明与精神文明之间的良性交往互动。《管子·权修》中的"一年之计，莫如树谷；十年之计，莫如树木；终身之计，莫如树人"，是把"树人"看作终生的事业。王安石在《忆昨日诗示诸外弟》则主张"树人"应从娃娃抓起："男儿少壮不树立，挟此穷老将安归？"

智在明德，从根本上是做人之德行，因而树人首要的是树德。"人"字的写法重在树德，如《书·泰誓》所讲的是"树德务滋"。人生中的积累知识经验过程，也就是把知识经验逐渐化为德行的过程；当然也是化为聪明、才智、智能；从而上升为心灵通达圆融的智慧的过程。

智慧和文明是相通的，是和人的主观能动性与客观规律性之间交往互动紧密相关的。智慧和愚昧是相对的，智慧是把知识经验化为智能的结果。西方哲学中有为智慧、爱智慧的纯粹思辨的传统。古希腊哲学家苏格拉底察觉到了智慧通达事物规律的特性，所以认为："只有一种通货，我们一切的物品必须兑换成它，才能买卖；这个通货，就是智慧。"这种通货式的智慧，当然是大智慧，而不是小智巧。《韩非子·扬权》中明白指出，"智巧之法，难以为常"，讲的就是这种小聪明、小智巧。

"知"是"智"之始，"知"转为"智"的关节点在"明"。所谓"明智"即"知"而后明。大智慧者必然是大明智者，他们不仅善于总结道理于问题发生之后，而且善于察觉问题于萌芽之初。明理的智者，其智慧不仅在应对表现在大事变之后，尤其表现于谋划于事变之前。"明"与"暗"是相对的。北齐刘昼在《刘子·利害》中说过："智者见利而思难，暗者见利而忘难。思难而难不至，忘难而患反生。"智者之所以为智者，在于他能在暗中见明，又在明中察暗。《荀子·荣辱》中有"德意致厚，智虑致明"的名言；《论衡·定贤》中有"夫贤者才能未必高而心明，智力未必多而举是"的名句。树人启智所追求的目标，就是文明交往中"知物、知人、自知"这三知之明。

第 25 日　　　　　　　　　　2012 年 1 月 25 日　星期三

19. 知、智与智能

　　昨日是春节，今日为大年初二。结束了"立人致知"的话题，进入了"树人启智"的话题。"智"与知相连，是知的深化。"智"是一种交往力，它是聪明、见识、智慧，是对事物能深刻、正确理解而迅速、灵活解决的能力。过去，有"铸人启智"之说。在我七十岁生日时，陕西省书法家赵熊用嵌头藏尾的笔法，将我的"树智"之名，改写成为"树人启智"的横幅。这是一个有纪念意义的创作。这幅隶书"树人启智"一直悬挂于长安的"悠得斋"客厅墙壁之上。后来黄民兴、王铁铮两位同志主编我八十岁纪念文集时，还以《树人启智》为书名。"树人启智"给我留下了深刻的印象。

　　知与智，在中国古代是通用的。在中华文明中，有重学的传统。勤学、善学、乐学是通向智慧的途径，而智慧是学习、学思、学问的思想文化结晶。学而知之，学而增长智慧，学以后体现出的处世处人的文明化是交往力的提升。"困而后知，勉而行之"的知行统一观是求知的实干精神和自觉性。求知是求人的大智慧，是通过学习的实践来体现人的自我身心的交往目的和价值，逐步达到道、德、仁、艺的精神境界。

　　孔子在《论语》开篇讲的就是人的学习问题："子曰：学而时习之，不亦说（悦）乎？有朋自远方来，不亦乐乎？人不知而不愠，不亦君子乎！"在这三句话中，孔子都是以"不亦"（难道不是这样吗？）反问的表述方式，强调了人的学习求知的目的、价值和境界。学而"时习"是讲"勤学"，"不亦说（悦）乎"讲"乐学"。第二句"有朋自远方来"，是说为学之道贯穿于人与人的社会交往的乐趣之中。要善于向别人学习，"有朋自远方来"与"三人行，必有我师焉"的话，都有此意。第三句，"人不知而不愠"，直接提到"知"，对别人的"不知"不怨恨、不恼怒，而应当以宽宏的君子气度去理解对方。这是一种"知人之明"。在同这种人的交往中，要想到对方的"不知"源于"不学"，所以要劝学，要强调学习的重要意义。这三句话在为学的义理上是一体相通的，而且以反问的叙述方式来表达，更容易令人领悟学习的作用。

学的关键在知。不学的人最容易自满，只有学然后才知自己的不足。为学求知，其所学大者有三：第一是天人之学，知天人之际的良性交往，处理好人与自然之间的关系，是为学的首要任务；第二是人世之学，知人世间的社会良性交往，处理好人与人之间的关系；第三是自我身心之学，这是"舍其体而独其心"（《帛书·五行》）的身心交往互通所体现"良知"和"独知"，如王阳明诗所说："良知即是独知时，此知之外更无知。"自知虽然放在第三，却是最重要的。力量之源根本在自强，个人、民族、国家，先要把自己做强。当然，这三者的关系，是互动的整体。这是人类大智慧的天人相通、人人相通、自我身心相通的交往而通的良性相交，尽量从学习中获得避免交往中"交而恶"的冲突弊端。知的大智慧是从学习实践中获得的理性的"知"，是利于"行"的大智慧，是知而明智、心明举是的人智慧。费孝通先生有"美人之美，美己之美，美美与共，天下大同"的理想文明世界。然而，欲达此种文明化理想的世界，必须有务实求真向善的科学观，要通过"知"规律而获得文明交往自觉是关键。面对现实的人类文明交往复杂多变关系，必须从客观规律性与主观能动性的结合思考，知其源流，究其联系，方有文明自觉。我有"三知"共二十字的文明自觉话语："自知之明，知物之明，知人之明，交往自觉，全球文明。"人生也有涯，而知也无涯。只要在学习实践中，对物质世界、人类世界、自我世界的互动交往规律求知探研，是可以逐步得到自觉的智慧，从而实现全球的和平、和谐的和而不同的大同世界。

人有"天智"。《韩非子·解老》："人也者，乘于天明以视，寄于天聪以听，托于天智以思考。"这里的"天智"指的是天赋的智慧。如何变"天智"为"人智"，化为"智能"，在于实践。医学教育家吴阶平（1917—2011）说得好："解决问题的智能只能通过实践、思考、学习的结合获得。实践是第一位的。这种结合达到自觉程度时，方能充分发挥三者的作用，帮助自己更快成长，早日成才。智能需要知识，但知识不是智能，与实践、思考结合，逐渐转化为智能。要重思考，善于思考，在思考中提高思考能力。"关于知识与能力的关系，也类似天智与人智的关系，要把知识通过思考、学习与实践紧密结合，这里需要自觉。如中国物理学家黄昆（1919—2005）所说："学习知识不是说越多越好，越深越好，而是应当与自己驾驭知识的能力相匹配。"这种能力就是人类文明交往中的智慧交往能力：智能。

战争是人类和平智慧失败之后，用战争智慧解决战争问题的智能角力场所。战争体现了政治交往中用军事手段解决政治冲突的另一种智能，其最终目的也是为了实现和平的政治交往的智慧能力。《孙子兵法》是一部人类文明交往的智能之作，书中将用兵为将之道首先归纳为智，将勇放第四，其次序是："智、信、仁、勇、严"。他认为兵学之道是"止戈为武"的生存智慧，是以诡道破诡道的智谋和实力之间的交往，是"不战而屈人之兵，善之善者也"。他提出的"知己知彼，百战不殆"是在战争中用鲜血升华出的智慧名言。"知己"，就是"自知之明"，"知彼"，就是"知人之明"。广义之"彼"还包括对"自然"的"知物之明"。人生大智慧首先在学会"自知"和"知彼"，然后在生产、生活、生存中才能取得成功，也就是从认识客观规律性中去发挥人的主观能动性。这是把兵事纳入人类文明交往规律，并且使之具体为"知己知彼，百战不殆"的智能之学，具体体现了"自知之明，知人之明，知物之明"的文明交往自觉。无论做何种事情，都要认识客观和主观实际，掌握发展规律，不断提高智能这种交往力。这就是人类文明交往中的自觉意义所在。

第 26 日　　　　　　　　　　　　**2012 年 1 月 26 日　星期四**

20. 智慧教育

"钱学森之问"问到了教育："为什么我们的学校总是培养不出杰出人才？"他又说："人才要熟悉科学技术体系，要熟悉哲学，要理、工、文、艺相结合，要有智慧。"他的后一句话是对前者的回答。

人才和教育、教育和智慧之间有密切互动关系。这里的教育不仅仅是知识技能的学习，还要激发更深层次的内在智慧。智慧教育实质上是智慧能力的教育。知识技能是智慧的基础，通过知识技能学习，使之上升为智慧能力。我过去曾对美国人文科学教育进行考察，在《光明日报》1984年10月12日《教育科学》版发表了《美国高等文科的智能教育》一文。此文提出了"智能教育"的概念，特别谈到其核心是：不要亦步亦趋，要独立思考，要发展，要创造。现在看来，要具体化这种教育哲学思想，还必须加强问题意识，即在学习、运用知识技术能力的过程中，发现、提出、分析和解决问题，并且在这个过程中提高智慧的能力。

在标点符号中，这个"？"（问号）富有"问题意识"的指向意义。问题有真伪之分，即使有伪问题，那也是存在着问题。对诸如"李约瑟问题"、"钱学森问题"，无论理解上各有歧异，但总是问题。各说并存，为探研提供了多向视角和广阔思路，也为培养智慧开辟了路径。把智慧同教育联系在一起，是人类文明交往自觉的规律性问题。《辞海》对"智慧"的解释是："对事物能认识、辨析、判断处理和发明创造的能力，犹云聪明。"这个解释虽稍显简约，但也把人类的智慧力具体概括为认识能力、辨析能力、判断能力、处理能力和创造能力这几项文明交往的自觉性内容。尤其是"犹云聪明"的说法，正好是人类对自然、社会、人的自我身心三种基本交往中"知物之明、知人之明和自知之明"的"聪"而"明"的点睛之言。聪明，是人类的才智，与智慧教育中的人才观相通。聪本指听觉敏锐，但又与视觉的明彻相关，同时又与学习上的慧敏相连。荀子《劝学》中有"目能两视而明，耳能两听而聪"。这就是兼视则明、兼听则明的智慧。聪明既有天资高的含义，也有智力强的内容，唐代大诗人杜甫的《不归》诗中即有"数金怜俊迈，总角爱聪明"的怜爱智能的吟咏。《史记·蔡泽传》中，提到"夫人生百体坚强，手足便利，耳目聪明而心圣智，岂非士之愿欤？"更是把聪明与身心、与心智的紧密结合内在联结为一体。明察多知的聪哲、聪明机灵的聪敏、聪明多知的聪慧，都是对"问题意识"的表述。问题即矛盾，对问题的本质、规律的洞察意识，就是解决事物矛盾的智能的力量所在。智慧教育激发学生去发现和寻求解决问题的答案，这就是在培养问题意识。

人类的特性最主要的是"智慧"，用拉丁文表示，就是 Sapien，人被称为"有智慧的人"（Homo Sapiens）。从文明交往力上说，就是"智力"。古希腊哲学家亚里士多德说过，智慧对人类社会的繁荣至关重要。智慧对人类社会文明的发展有着普遍的意义。在普通人的生产和生活中，都有选择力、判断力这样的智慧问题。利益往往需要平衡长期、短期、长远、眼前的智慧选择力和判断力。人类社会的群体中个体的智慧选择与判断越多，整个文明程度就越高。美国芝加哥大学教授、智慧研究计划负责人那希本认为：任何人都可以拥有智慧，每个人都可以在生活体验的种种细节中增长智慧，智慧不是超能力、神话或者少部分精英的专属品。这个认识很有启发性，它为智慧教育在实践中培养智慧开拓了广阔的前景。它说明生活是智慧之师，智慧可以通过教育来培养，通过对问题意识的自觉来开发的。智慧对普通人的生活、对人类文明交往有着潜移默化的影响。无论哪一层次的教育，都有义务为每一位受教育者寻找、确定发光点，都有责任使每一位受教育者焕发智慧的活力，让他们迸发出自己的异彩。

智慧与美是互为表里的，艺术教育与智能教育是相互融通的。音乐家王洛宾在 1994 年 8 月同画家李保存的谈话中，针对孩子不懂得礼貌的现象提出社会美德教育问题。他深有体会地说："要让孩子懂得，美不美不能只看外表，主要的是懂得什么是真正的美。有句老话叫秀外慧中，秀外是讲外表，慧中则在讲心灵，没有好的心灵，如同绣花枕头，再好也是一包糠。""秀外慧中"一语，是他对智慧与关系美的体会。他认为自己一生就是用音乐美去感染人、影响人的心灵的。尤其是"秀外慧中"的提法是很深刻的。

智慧不限于知识和智力，它还受社会环境和道德品质的制约。人与自然交往、与社会交往、与自我身心交往之中，要恪守自然律、社会律、道德律，使交往处于良性的和谐互动状态，对人格的形成和智慧的提升至关重要。美国心理学家马斯洛对此深有体会地说："只有在真诚、理解的师生人际关系中，学生才敢于和勇于发表见解，自由地想象和创造，从而热情地吸取知识、发展能力，形成人格。"这也就是把培养"大智慧"作为智慧教育目标的原因所在。因为一个道德上缺失的人，绝对不能称为智慧的人。"大智慧"总是把道德判断放在首位，其次才是价值判断、认识论判断。道德、品格、情操等品质是智慧的最重要的因素。大智者是品德高尚、毅力坚韧、学习执着、性格开朗和对自己事业充满兴趣和爱好的文明化的人。可见，人的智慧不仅是智性，还包括德性。钱学森有"大成智慧学"的提法。他把人的智慧分为"量智"与"性智"两部分，并认为："一个有才智的人，应当具备广博的知识和高尚的情操，这是不断激发智慧的根基和动力。"英国曼彻斯特大学的校训把"知识、智慧、人道"联系在一起，作为学校对学生培养的基础教育理念；成立于1477年的德国图宾根大学有"我敢做"的校训，培养出黑格尔、开普勒、谢林、荷尔德林等大学者。博学而笃行，慎思而明辨，是中华文明教化智慧教育的目标。当然智慧教育也不只靠学校教育来独自完成。学校教育只是为未来的杰出人才的成长打好基础，而社会教育才为此目的创造良好条件和机制。此外，家庭教育也为此目的起着不可忽视的作用。智慧教育是一个综合工程，不能靠学校教育单打独斗，也不能把学校教育视为万能的。

　　智慧归根结底是实践的智慧。美国学者巴里·施瓦茨·肯尼斯·夏普在《遗失的智慧》中把实践智慧的作用归结为："在特定的情况下，针对特定的人，在特定的时间，以正确方式做正确的事情。"实践智慧是教人们如何做好父母、好医生、好士兵、好公民或好政治家。智慧并不神秘，实践可以使智慧在课堂、法庭、医院以及日常生活中取得令人振奋的结果。这正如亚里士多德所说的："优秀是一种习惯"，"道德的德性是通过习惯养成的"。智慧也是如此，要成为一个有智慧的人，必须有行动，必须在实干中践行。实践智慧与智慧实践是相互作用的，当智慧在实践中成为选择取向的多次锻炼之后，习惯就积累出优秀、卓越，智慧就会在交往力上放射出灿烂多彩的光芒。日常生活中智慧的人做了智慧的事，这种平常的训练就会积小智慧成大智慧。智慧之为智慧，其实质是人们在与自然、与社会、与自我身心的交往实践中的反思与自觉的结果，它体现了人的内在价值要求，是一种人类的文明自觉。

第 27 日

21. 智者之言

百岁老人钟敬文在 2001 年去世前袒露胸怀，说自己"在医院养病多日，每天不是吊瓶打点滴，就是打针吃药，看起来煞是严重。其实我的心情很平静，头脑十分清醒。百岁人生幕幕在眼前闪过。总结起来，一辈子也做过两件事：一是著文言志；二是教书育人"。他对自己创立的民俗学科的认识深有体会："一种思想要得到普遍认同是需要时间的。"他以孔子为例，游学讲道被人讥笑为发痴，而后来作用非常深远，并回忆起 1991 年参观孔庙所写的诗为证："知其不可尚为之，此事旁人笑如痴，我说先生真智勇，拈斤论两是庸儿。"他的话，他的诗，是一位百岁智者给新世纪学人的人生寄语。

智者总是以他的智慧坦荡地面对人生，尤其是成熟的晚年岁暮时期。钟敬文正是这样的智者。他有"中国民俗学之父"的称号，有 42 册《钟敬文全集》，他的根本立场是要提高中国人的文化自觉和文化自信，从而把文化自觉与自信提到人类文明自觉的程度。这是经历了酸甜苦辣、悲欢离合之后的从容思索；这是"人不知而不愠"的胸怀，也是在成败荣辱之后的一种豁达放松。当然，淡定、从容、豁达，并非不分是非的"乡愿"作风，而是在洞明人世是非曲直之后的人生智慧。

智慧，对于老人而言，其表现的最佳心态是坦然的心态，最佳的心怀是和平的心怀，最佳的境界是乐观的境界。中国嘲笑无智慧的老人是：人老、怕死、爱钱、爱管闲事、没瞌睡。外国讽刺守财奴式的老人是：你不要再操心计算你有多少金钱了，应该计算一下你到底还能快乐健康地活多少天。

人老了，诸事从宽容处想，多一些真、善、美的心境，所谓"发虽千茎白，心犹一片丹"，自然会有丰富的多彩生活画卷。唐代诗人刘禹锡的《秋词》诗中，道出了人生晚境的夕阳红景色："自古逢秋悲寂寥，我言秋日胜春朝。晴空一鹤排云上，便引诗情到碧霄。"这是多么豁达高雅的宽大胸怀啊！诗意人生是大境界，诗意治学是它的伴随者。

人生追求，要知足知不足，有为有不为，有圆有缺，有舍有得。大智若愚，大慧如痴，大才性缓，心怀大志者义有大气度。对生命敬重，对人格尊重，对人才关爱，此为人文精神。我们应当相信：后来人比我们更有智慧。前代人的智者之言，代代相传，我们这一代人要接力而进，使人为今世文明而创造新成果，而且更加相信人类文明的未来。有丰富人生阅历的老人，理应把乐观的智慧和知识，一起传给后人。文明的生命在交往，交往的价值在文明，代代相传，继往开来，这就是人类文明交往中人文精神的自觉。

第 28 日　　　　　　　　　　　　**2012 年 1 月 28 日　星期六**

22. 智者的体悟

智者善于体悟人生。谢家麟这位生于 1920 年的自然科学家，著有自传《没有终点的旅程》，总结了八条智者体悟：自信勤耕、互学自学、手脑并用、兴趣支撑、韧性、原创而非跟踪、学术领先、老年让路和量力而为。这些体悟可谓全面深刻，具有智慧的内涵和启迪意义。其中每一条都放射着学术自觉的光芒。我对"手脑并用"一条最有同感。学者成功之路上大概都有此体会：勤动手、勤动脑，手脑互动，不但是治学的门径，而且长期坚持，会乐在其中。我有"乐在手脑互动中"的诗句，表达习惯成自然的乐趣。老年的自知之明还在于："老年让路和量力而为，也是一种自觉。人老了，不能挡青年人的路，不能不自量力。"这一条是谢先生的人生警语，值得那些贪名贪位、不肯为年轻人让位的不自量力的权力迷者慎思。

还有一位自然科学家吴良镛，生于 1920 年。他有顽强战胜脑梗的体悟，而且治学上有"科学求真、人文求善、艺术求美"的追求，要把"真善美"的人性要领融于学术之中。他有"学求四悟"：①"建筑学要走向科学"；②"从'广义建筑学'起步，从建筑天地走向大千世界"；③"'人居环境科学'的追求，有序空间与宜居环境"；④"人居环境涉及诸多学术领域，要走向科学、人文、艺术的融合"。诗人林徽因评吴良镛的科学"三求"体现了四种品格："少有的刻苦，少有的渊博，少有的对事业的激情，多年与困境斗争中表现出少有的坚强。"她用四个"少有"评述了吴良镛的智者治学品格。两位学者，一位是自然科学家，另一位是人文科学家，论说的都是科学精神。自然史和人类史都是人类文明史，人类文明史也正是以这种科学精神为支柱构建起来的。

这使我想起了牛顿。苹果从树上掉下来，是多少年来人们都常看到的事，为何只有牛顿由此受到启发而发现了万有引力？这自然说明了牛顿有超乎常人的智慧眼光。但更深层的智慧来源是牛顿的问题意识导向，他总喜遇事问"为何"的意识，而且还在于他有解决这些问题的知识积累和方法准备，以及为求真理而坚韧不拔的科学精神。

大学者必然是大智者，他们的智慧体悟所体现的是人类文明的道德情操和人文情怀。例如叔本华在《人生的智慧》中体悟到："我们无论要做或者不做什么事情，我们首要考虑的几乎就是别人的看法。只要我们仔细观察就可以看出，我们所经历过的担忧和害怕，半数以上来自这方面的忧虑。它是我们那容易受伤的自尊心——因为它有着病态般的敏感——和所有的虚荣、自负、炫耀、排场的基础。"此语有理，我们不是常听到：你不怕别人在后面戳你的脊梁骨吗？唾沫星子也可以淹死人的！这就是太在乎别人的看法了。别人的意见要倾听，但要具体分析，要有取舍，最重要的是要有主见，有自己的主心骨。

其实，也有些人是过于看重自己。甚至居高临下、盛气凌人，用己之长，比人之短。个体与群体上，都存在以大压小、以强凌弱、以富压贫，把自己的文明价值观强加于人。从哲学上看，文明交往的智慧形式是平等的、理解的、包容和尊重对方的有问有答的对话形式。简·希尔在《哲学对话》中认为，对话在哲学上应该确立一种"开放形式"，否则坚持自己的立场和判断，而不倾听别人，"会导致我们采用一种盛气凌人的语调"。如果有真诚和理智，就可以进行良性的对话。自知之明的智者，必有"知人之明"的眼光，对自己和自己的文明和对别人和别人的文明，都会诚实地去理解。"人不知而不愠"，特别是时刻不要忘记自己的局限性，始终多看别人的长处，不要太把自己当回事。重要的是一定要以宽大的眼光，密切观察时代的变化，积极主动地吸收、借鉴人类文明的一切优秀成果。多看不同文明中的优点，学到的东西会更多一些。"见贤思齐"是一种开放对待人类文明的态度。

第 29 日　　　　　　　　　2012 年 1 月 29 日　星期日

23. 智慧掩埋痛苦

"智慧掩埋痛苦"，这是康征为王扶林传记写的书名。

王扶林学的是表演，干的却是剧务，工作在电台，成就却在电视导演。他导演的电视剧《红楼梦》可谓传世名作。该剧从 1987 年问世，于今已近 30 年，仍然常看常新，被红学家周汝昌评为"首尾金龙第功"。有些人想超越它，但都没有成功。他们不知道，有时代意义的代表作，是很难超越的。

王扶林有才华，更有坚持不懈的韧性，而且有坚定的信念，特别是他坚守不移的品格，使他在逆境中奋起。他人生中有一个电视剧《红楼梦》就足以说明他是一位杰出人物了。他在这部电视剧中，把曹雪芹的传世名作用电视的现代手段，以再创造性的艺术形式，使之走向大众，走向世界。有人说，中国近代有了《红楼梦》，中国近代文学才不致太落后于西方。对王扶林，也可以说，他使《红楼梦》更普遍传播于世界，是他对人类文明交往的杰出贡献。

王扶林谦虚好学，他成功的秘密还有一点值得人们深思，那就是他的学术品位。他主张："我提倡导演学术化。"如果有人还想超越他，应当深入体味他这句富有独立思想和创造思维的智者之言。梁启超把"学"与"术"的关系界定为"学者术之体，术者学之用"。他说："学也者，观察事物而发明其定义也；术也者，取其发明于用者也。"他举例说："以石投水则沉，投以木则浮，观察此事物，以证明水之有浮力，此物理学也；应用此真理以驾驶船舶，则航海术也。"这是科学与技术的统一，是体与用的结合。

有人针对美术界把"学术"滥用于美术创作，把绘画作品称之为"学术成果"，从而发出了喟叹"艺术创作为何贴上了学术标签?"这里所指出的，是此倾向实质上混淆学术与实践和学术与知识、思想之间的关系。此种混乱其背后有商业动机，也不乏小聪明的真无知在作怪。其实，"学术"早已成为统一的、约定俗成的完整名词的统一体，不宜把它用"学"与"术"分开来讲。"学术"就是学问，就是研究事物发展的规律性问题。这是学者的研究工作。不学必然无术，"导演学术化"无非是高一些的学术要求，是以独立思想和创造思维把"学"与"术"统一起来。有人形容王扶林的再创造是"智慧掩埋痛苦"，那是在表示导演对大智慧的高品位的文明自觉追求。

第 30 日　　　　　　　　　　　　**2012 年 1 月 30 日　星期一**

24. 智与愚

"宁武子，邦有道则知，邦无道则愚。其知可及也，其愚不可及也。"这是孔子对卫国大夫宁俞的赞语。宁俞的过人之处，是在政治清明时施展才智，而在政治黑暗时则愚钝得令人浑然不觉，从而以大智保全全身和内在品格。

孔子这种把坚贞品格和柔顺圆通的处世方式统一的思想，使人想起了他另一句话"邦有道，谷；邦无道，谷，耻也"。他认为，政治清明时可为官食禄，邦无道时，再做官食禄，就是耻辱。孔子还说过，从政做官难以做到人格完美，其原因是地位的变化，容易使欲望膨胀："其未得之也，患得之。既得之，患失之。苟患失之，无所不至矣。"一旦当官，担心失去官位，为保住官位，或为了升迁，跑官要官，行贿钻营，什么事都干得出来。此种知进不知退，此种失落感，必然失去本我自我。

人中间有内方外圆者，如莲之出于污泥而不染。古语说："不曰坚乎，磨而不磷（薄）? 不曰白乎，涅（一种黑色染料）而不淄（黑）。"

这是说人要适应外部环境，即使在不利境遇中也要保持坚硬本质和洁白的本色，如莲生污泥而洁白坚强，如"岁寒，然后知松柏之后凋也"。

此种坚白之论和松柏之喻与上述智愚、荣耻、得失之说，均与为政做官有联系。官场领袖正如人的衣领衣袖容易脏污一样，所以，善洗衣者，重在衣领和衣袖，这如同为官者的智慧就在于关注自己易污易脏位于领袖之时。他们书写"人"字时，应有一种人格本质特征：坚贞不屈、洁白不染、坚韧不拔，如莲之洁身自好，如松柏之长青。

智愚适度对于"知人之明"尤为重要。个人处于社会之中，必然要与人交往，而交往的深浅、宽严、圆方、利益取舍，都不能失度和越界，而要做到适度和守住底线。要做到这一点，首先要看到社会事物的"度"与自然事物中的"度"不同。前者弹性、模糊性强；后者量的表征明显。"知人之明"的"明"，就要用在万事万物的两极对立中仔细寻找平衡与良性运行中"适度"之处。《周易·彖辞》的"时止则止，时行则行。动静不失其时，其道光明"，这就是智愚的适度。智愚适度常使人想到郑板桥为一位"糊涂老人"题写的"难得糊涂"四字名言。郑板桥的人生阅历使他认识到：一事聪明做到容易，事事聪明做不到也没有必要，郑板桥的智愚观是：大事智而明，小事糊而涂，而且常在小糊涂中表现出大智慧。他懂得糊涂，不卖弄小聪明，而意识到交往中"大智若愚"的知人间事物之明。

第 31 日　　　　　　　　　　　　　　**2012 年 1 月 31 日　星期二**

25. 一个人的智慧有限

周恩来在南开中学学习时，有一篇获奖的论文《诚能动物论》，强调人在社会中必须崇诚信、弃诈伪。作为一个青年学生，他列举了中外历史上一些名人政绩之后，谈到了"智慧"问题：

一人之智慧有限，万民之督察极严，期一人之手欲掩天下目者，实不营作法自毙，以诈为利，以伪为真，卒自覆自败，与人以可讥可耻之据。

他又谈到一些政客们的"虚伪可惑少数人，惑人类一时，不能惑人类最长时间"；他们欲驱使人民"生命脑力以供一二私人之指挥，其智可悯，其愚不可及也"。

智慧和愚昧之间，对政客们是为权力所驱使，只是在权力天平上游离，但必须在诚信的砝码上权衡。诚如国文老师在周恩来《诚能动物论》的批语所说："识见高超，理境澄沏"，而南开中学创办人和校董严修的"含英咀华"的题匾额，更嘉奖了这位在260名学生参加的作文比赛中崭露头角的英才。

"诚能动物"与"一人之智慧有限"，是富于启示性的。智与愚的适度在这里。诚信的力量能推动事物发展，可衡量智愚的分野。

仁者不忧，智者不惑，勇者不惧。以一个人的有限智慧而轻视众人的"十目所视、十手所指"的力量，那是愚蠢的。自以为自己是聪明的，可惑众人，那只是惑之于一时，骗众人不能维持于长期，因而是"愚不可及也"。仁、智、勇是统一的，无仁者爱人之公诚，智与勇必将走向诈与伪，并且将自食覆灭之果。古人曾有"大智若愚"的话，此种小智虽似小智慧，但确实有限得很，而且也惧怕群众监督，想一手遮天，为所欲为，貌似智其实是大愚，可以说是"大愚似智"乃真愚。

自然界、人世间，斗争不可免，斗不仅靠勇，也要智、要仁，而且关键是仁。唯其不仁，所以常忧、常疑、常惑、常惧。有时，此类自以为是聪明人的人，由于无仁爱之心，头脑越热越疯狂，怀疑或惑惧与年岁俱增，斗、斗、斗，成为生活准则，斗到最后，众叛亲离，成为孤家寡人，终会酿成人生悲剧。

智慧和愚蠢不是自封的。智者千虑，必有一失；愚者一言，或有所得。智者不惑，那是自知之明，而以虚伪惑人者，与智慧无关，是害人害己的诡诈者，送他一个字："宄"（guǐ，坏人）！

26. "三知之明"是生产与交往实践中产生的明智观

"狂人学者"刘文典 1942 年 11 月 8 日、9 日，在昆明版的《中央日报》发表了《天地间最可怕的东西——不知道》。文章是这样破题的："天地间最可怕的东西是什么？是飞机大炮么？不是，不是，是山崩地震么？是大瘟疫、大天灾么？也都不是。我认为天地间最可怕的，就是一个'不知道'。因为任何可怕东西，只要'知道'了，就毫不可怕。"这段在抗日战争时写下对"知"的话语，颇有"知己知彼，百战不殆"的求真风格。知而后明，这是科学求真而后的结果。

"知物之明、知人之明、自知之明"这"三明"是人类在文明交往中的自觉，其通俗说法是人类在生产和交往实践活动中产生的聪明，或者说是智慧。这种交往力可称为智力。

智力的物理源头何在？它不仅在于大脑多个区域的效率和能量，而还在于不同区域之间的连接速度和强度。2011 年度 edge 网站公布了美国哈佛大学心理学教授史蒂芬·品齐提出的问题："什么科学概念可以放入普通人的智力工具库？"

普通人判断日常事务的逻辑是经验主义而不是批判思维。新西兰科学家詹姆斯·弗莱恩认为"科学概念"可以提高普通人的智力水平，因为它是智力的资本。他认为人们总体智商（IQ）的提高，除了教育、营养之外，科学技术的进步，提高了人们的认知能力。人们越来越依靠抽象逻辑判断事物了。弗莱曼在智商测试的许多子项中发现：人们在几何图形、识别抽象的相似性、故事叙述等方面的技术提高了，而数字记忆、词汇、常识方面并未提高。科学界称此种现象为"弗莱曼效应"。

人为何变得越来越聪明？弗莱曼的理论与我所说的人类文明交往的互动规律相似。他说，人是社交动物，不同心智之间的启发是相互作用的。20 世纪以前，只有极少数人有机会接触和交换想法，而 20 世纪以来，各种大众传播技术的发展，大大加速了传播的速度、广度和深度，特别是互联网的出现，信息、思想的交换和共享，已变成普通人的日常思维习惯。

请看一些科学家对"科学概念"可以使人们变得更聪明的观点：

①法国物理学家卡罗·罗威利（Carlo Roveli）：确定性的无用性。不确定性是知识的最初源头。这个世界上从来没有"经科学证明"的事实，而只有概率的程度。科学的根基是向"怀疑"开放的，质疑一切，尤其是自己的前提。当新的证据和论据出现，一个好的科学永远准备好改变视角。对普通人来说，理解这个概念，可以在未知面前保持谦逊的态度。

②心理学家罗杰·尚克（Roger schamk）：实验法。科学家最基本的一种思维方式是：如果你想知道些什么，就得动手实验，分析数据，归纳结果。如果将日常生活中的一切事务，如参与政治、抚养孩子、处理人际关系等都视为一种"实验"，就会给我们的人生打开一个新视野，效率也更高。

③生物学家梅尔斯（P. Z. Myers）：折中原则。此为科学的基本原则之王，是理解人类从何而来、万物如何运行的入口，但对普通人来说，却是很难把握的一个概念。折中原则的基本思想是：你并无特殊之处，人类并无特殊之处，地球也无特殊之处，世界上发生的绝大部分事情只是自然的，只是普遍法则的结果——这种法则适用于任何地方、任何事情。至于如何理解这些规则，则是科学的目标。

④科普作家马特·雷德利（Matt Ridley）：集体智商。人类成就的关键不是个人智慧，而是网络现象。人类社会的进步，是通过社会分工，每个人各司其职，交换、分享成果，最终完成他们自己都无法理解的事情。就像经济学家雷纳德·里德（Leonard Read）在《我，铅笔》一书中所观察的，现代社会中没有一个人知道怎样制造一支铅笔，它的知识散落在成千上万个石墨矿工、木材工人、设计师和工厂工人身上。

科学是"三知之明"的动力。欲"明"需常疑、敢于否定自己之错欠处；欲"明"需常有实验总结思与行；欲"明"需认识和把握基本普遍法则；欲"明"需发挥集体智商。日常思维中的顺从性偏见、集体迷思、自私性偏见、道听途说的轻信，都应从科学的批判思维中得到纠正。"三知"的"知"，实质上是人性中的良知，是人的道德界限。人为"三知"的主体，也是笃行的主体，是人在生产与交往实践的主体。人性中良知的缺失，便会失去真知。所以，人类文明交往不仅有一个交会点和一个适应度，还要有一条底线。文明交往的点、度、线是自觉最应关注之处。

第 33 日 　　　　　　　　　　　　2012 年 2 月 2 日　星期四

27. 自觉之明

梁漱溟记得他父亲最后给他留下的"世界之问"："这个世界会好吗?"他当时回答说："会好的。"他父亲说："世界会好就好"，之后就自杀了。

梁漱溟用他的实践来检验这个"世界之问"的答案。直到他的晚年，他还在对中国现代化的难题，从人与人的社会交往关系方面，陈述着他的答案。他认为，在人初步解决人与物（自然）的交往关系问题之后，处理人与人的社会交往关系问题，便更突出地上升到首位。儒家的"孝悌慈"、"礼让"、"良知良能"；佛家的"不舍众生，不住涅槃"，显得特别重要。他也看到，社会转型时期，乱象纷呈变化中还是有路可循。这条路他虽然未真正找到，但他是用心来找的，并且是乐观的。他想从中华文明传统中找到复兴之路，这是他对世界发展持乐观态度的一个重要源头。

"世界会好吗?"这是指 20 世纪的世界而言。这个"世界"不仅是全球意义上的大世界，而重点在中国这个小世界，我由此想到了黄遵宪。黄遵宪对中国这个"世界"在 20 世纪的前途是另一种乐观。他在临去世以前，对 20 世纪的中国，满怀信心地预言："人言廿世纪，无复容帝制。举世趋大同，变势有必至。"他相信，20 世纪的中国大有希望，专制必废，民主必兴。他甚至预言全世界要趋于大同，这当然有些过于乐观，然而指出"变势有必至"，却是有远见的。

梁漱溟把人与物（自然）和人与人（社会）的交往关系分为两个阶段，是不准确的。人类文明交往中的人与自然、人与社会和人的自我身心之间的交往关系是统一的、交织的。在人类文明交往中，对物、对社会、对人的自我身心这三者始终要持辩证逻辑的自觉认识。以人与自然的交往关系而言，知物之明就是始终绕不过的大门槛。工业文明迄今取得的进步与发展，都是靠地球上的煤和石油这些不能再生的有限资源取得的。它的动力是科学技术的无限进步与发展。此种工业文明的危机，在加拿大学者大卫·奥雷尔看来，2100 年会使生态系统崩溃和"全球文明将面临崩溃"。所以，世界前途不容乐观。

按人类文明的进步发展观，凡事都不能过度。因为进步发展，看似物质、科技的无限进步发展，其实也可能产生一种人类迷失幸福目的的思维方式。人类幸福是目的，进步发展是手段，不能因为手段而牺牲目的。我之所以从人类幸福角度关注文明交往自觉，是与从关注人类贪婪、利益、权力和当前长远、环境之间关系的角度理解发展有关。知物、知人和自知之明的自觉文明，缺一不可。自觉文明是大智慧。立德树人而开启的正是这个门户。

第 34 日　　　　　　　　　2012 年 2 月 3 日　星期五

28. 智慧三题

本编的主题是"树人启智"，今日再思，有以下三题：

①智慧在于对事物的全面审视与把握限度。定目标时，全面衡量，不能太高，也不能过低。如人之摘果，手伸即获，过易则无奋进之心；如跳也拿不到，过高则失去信心。要选择努力可达到的目标，方为智慧。

②智慧贵在于坚持。在于不动摇、不懈怠、不折腾一往直前，脚踏实地，如侯外庐所说的"韧的追求"。坚持是坚定不移、坚韧不拔、坚守不弃。坚持虽不是智慧本身，却是智慧见之于实践的动力，因而是智慧的引申部分。

③智慧更贵在知道自己的无知。任一个人，即使是"伟大的天才

人物"，一个最聪明、最有智慧的智者，他的知识和能力也是有限度的。如果看不到这一点，那他的智慧就衰退萎缩了。只有自认为无知的人，毕生常怀学习之心，常有学问之意，常存学思之念去热爱和求知，那他一定是一位不断接近智慧而不断创造的文明化之人。

第 35 日　　　　　　　　　　**2012 年 2 月 4 日　星期六**

29. 大智若愚

我在 20 世纪 50 年代初，就读于西北大学，当时财经学院有位教授袁若愚，后来是总务长。关于他的名字，恰如其人，智藏于拙，其实是聪明过人，论管理、论才学，都是第一流的。我正是从他那里知道了"大智若愚"这个成语的具体认识。

智和愚，看似对立的两极，其实二者并非绝对对立。《列子·汤问》中所谈"愚公移山"的故事，其对立面是"智叟"。愚公率子孙排石移山，智叟笑其愚痴。愚公的回答是："子子孙孙无穷匮也，而山不加增，何苦而不平？"年近九十的北山愚公的行动和言论，看似愚笨，但寓言的背后，表达的是一种智者的远见卓识。他不是坐而谈，而是起而行，一家人每天挖山不止，那是一种表面上好像愚笨而实际上是大智若愚的实干精神。才智很高的人，往往是不露锋芒的人。智者过人之处，是真懂得下笨功夫的人。宋代苏轼在《贺欧阳少师致化启》中，就有"大勇若怯，大智如愚"之句。聪明人很多，但肯下笨功夫的"愚公"并不多。天赋很重要，然而，只有天赋加上勤奋，坚持如愚公者，那才是大智的聪明人。

爱因斯坦本人就是一个例证。他的好友、给他许多帮助的贝索，聪明过人，但一生却无建树，原因何在？爱因斯坦作了一个生动的又耐人深思的比喻：贝索是灵活、敏捷、美丽的"蝴蝶"，缺少专心致志的精神，在某个地方稍作逗留便飞往他处；而他本人则像愚笨的"鼹鼠"，即只专心掘土挖洞的田鼠，所以，他成功了，而贝索则浪费天赋，一事无成。爱因斯坦正是人中的大智者，他是天赋加勤奋，如鼹鼠那样挖洞不止、深入思考不已，终于对人类文明做出了伟大的贡献。鼹鼠，俗称"地排子"，关中称"地老鼠"，确实有挖掘土地不已的"愚公"精神，爱因斯坦自比鼹鼠，其实就是大智若愚的"愚公"。

我常说，笨鸟先飞。爱因斯坦天赋很高，而又专心致志于事业，自然会有大成就。我们一般人，中下等天赋，只要勤奋专注、坚定、坚持、坚守于自己的事业，也一定有所成就。专心致志、坚忍不拔是大智慧，也是仁德。小聪明的小智之人，缺乏这种大德，因而难以成大事。事业成功者，往往成在为人的品德上。勤能补拙，韧可克难，越是聪明智慧的人，越是知道下苦功夫、下笨功夫的意义所在。这就是移山的愚公和以鼹鼠自喻的爱因斯坦给我们的启示。

第 36 日　　　　　　　　　　**2012 年 2 月 5 日　星期日**

30. 天才的、伟大的头脑

马克思逝世时，恩格斯最常用的称谓语言是："天才的头脑"、"最伟大的头脑"。例如恩格斯在马克思逝世时，致伯恩施坦、威·李卜克内西、贝克尔、左尔格等人的信中有如下记述：

①"在两分钟之内这个天才的头脑就停止了思想，……这个人在理论方面，而且在一切紧要关头也在实践方面，对我们究竟有多么大的意义，这只有同他经常在一起的人才能想象得出。他的广阔的眼界……是我们其余的人所达不到的。"（《马克思恩格斯全集》第三十五卷，人民出版社 1971 年版，第 455 页）

②"这个天才的头脑不再用他那强有力的思想来哺育两个半球的无产阶级运动了。我们之所以有今天，都应归功于他；现代运动当前所取得的一切成就，都应归功于他的理论的和实践的活动；没有他，我们至今还会在黑暗中徘徊。"（同上书，第 457 页）

③"我们党的最伟大的头脑停止了思想，我生平所知道的一颗最

强有力的心停止了跳动。"（同上书，第 457 页）

④ "人类却失去了一个头脑，而且是它在当代所拥有的最重要的一个头脑。"（同上书，第 460 页）

对于马克思的逝世，恩格斯回忆起过去马克思常喜欢引用的伊壁鸠鲁的话："死不是死者的不幸，而是生者的不幸。"（同上书，第 460 页）同时恩格斯又写道："我们一定要克服这些障碍，否则，我们活着干什么呢？我们绝不会因此丧失勇气。"（同上）

恩格斯上述的"天才的"、"最伟大的头脑"，是对一切伟大历史人物在人类贡献方面的集中用语。人的头脑是产生思想、智慧的器官。伟大人物之所以有大智慧，其根源在于天赋的头脑，这是一般人所不及之处。爱因斯坦说过，伟大人物的成功，百分之九十是勤奋，百分之十是天赋。他又强调说，这百分之十的天赋是最不可少的，否则伟人便难以成为伟人，也难有超出常人的杰出的贡献。当然，还有机遇等因素。但人和人的天赋条件的区别是不能忽略的。伟大历史人物有独特贡献，集中表现在独立思想和杰出判断力，他们的生命力在于思想上的创造性，而这一切来源于天才的、伟大的头脑。头脑是智慧之源、思想之根。人是思想的存在物，人的头脑停止了思想，人的生命就结束了。因此，要提高人的有限生命的存在质量，就在于尽其所能地发挥头脑的思想作用，让人类放射出智慧之光，为人类文明做出应有的贡献，而在死时不留下遗憾。

这使我想起了过去文坛上一件趣闻。词学名家夏承焘在抗日战争时期居住在杭州，时刻面临着日本飞机狂轰滥炸的危险。他有一首打油诗："日本炸杭州，不要炸我楼。若要炸我楼，不要炸我手。若要炸我手，不要炸我头。"他也同样意识到头脑的重要。保护头脑就是保护人的思想、记忆等心理活动的器官，就是保护生命中的首要部分。头脑是天赋的，又是后天成长的，是智慧的器官。人与人的差别，智商的高低，思考力、判断力、鉴别力、记忆力多来源于头脑。大智慧者，必有天才的、伟大的头脑。

31. 自知与知人的智慧

自知，就是知道"我是谁？我从何处来？我要到何处去？"这是一个哲学上的古老命题。

知人，就是在人与人的交往中，自己知道对方，理解对方，大至民族、国家，小至家庭个人，以至于文化、文明，都存在这个问题。

自知和知人，就是兵法上讲的"知己知彼"。在《易·系辞》中，有"履以和行，谦以制礼，复以自知"。对这句话有这样具体的解释："自知者，既能返诸求身，则自知得失也。"

《老子》说了"知己"与"知人"二者在交往中的意义："知人者智，自知者明。"这里面的"智"和"明"，都有交往自觉的含义。《老子》也讲"自"，在许多情况，是讲自然顺应，是无为而为的思路。例如："我无为而民自化，我好静而民自正，我无事而民自富，我无欲则民自朴。""我"与"民"的交往，是治理者与被治理者的关系。处理的原则是"无为""好静"、"无事""无欲"，最后一个"欲"字，是欲望，是人性中的"恶"的发源处，如前文中引用叔本华论需要与欲望所说的那样。

梁漱溟在《朝话：人生的省悟》中也谈到"欲望"："在这个时代的青年，能够把自己安排对了的很少。越聪明的人，越容易有欲望，越不知在哪个地方搁下那个心。心实在应该搁在当下的。可是聪明的人，老是搁不在当下，老往远处跑，烦躁而不宁。所以没有志气的固不必说，就是自以为有志气的，往往不是志气而是欲望。"他在这里所说的"聪明人"必定是小聪明，而非大智慧者。大智慧者必有自知之明。

我即自我。西哲有"我思故我在"的名言，常为人所诟病，但对此也要作具体分析。"我"的核心是自我意识，是自觉地意识到我的存在。"我"归根结底，是"人"的概念具体化。何谓"人"？当"人"是一个抽象概念的时候，不易理解其复杂性。谁见过"人"？见到的只是男人和女人，中国人、外国人，成人、小孩等具体的人。当然，人类有五大特点：①有完全直立的姿势；②有解放了的双手；③有复杂的有音节的语言；④有特别发达、善于思考的大脑；⑤有制造工具、能动地改造自然的本领。这"五有"特点把"人"和动物区别开来。人是自然性和社会性的统一，但人性总是"神性"、"兽性"、"非人性"、"反人性"等复杂性联系在一起，难以完全摆脱。"我"、"己"与"他人"总是人与人之间交往中的相对概念，也是与自知之明与知人之明的文明交往相关联的。儒家是特别强调"己知"，《论语·学而》中就指出了"不患人之不己知"。这也是一种自知和知人的文明自觉。

当然，自我不能强调过分、走向极端。自我中心不是文明自觉。文明自觉的要义是思想上、精神上的自我觉醒，是文明主体的自信意识的提升，是自省能力的提高，它一刻都离不开自知之明、知人之明和知物之明。

我把人类文明自觉的核心界定为思想文化的自觉，其原因在于：①对木民族文化有清醒的认识，对其文脉和精神家园意义有深刻的理解；②对本民族文明的世界历史地位，尤其是对本民族与其他民族文化之间的交往互动有理性的认识。这二者是知己与知人问题扩展。不同文明之间和相同文明之内的交往是必然的，相互学习、相互借鉴是必然的，文明互动、新陈代谢、优胜劣汰也是必然的。人类文明的交往自觉性，表现着自知与知人的智慧。

第三编

学人学问

编前叙意

人首要的目标为何方面？无论何行何业的人，当然是把目标定位于本行业中的优秀者一边。这就是通过自己的努力，获得真才实学的本领和达到高尚的人格，取得卓越的成就。学人治学，研究各种学问，自然都应追求卓越。

"学而优则仕"，久已被批为"读书当官论"。它出自《论语·子张篇》。"学而优而仕"是后半句；前半句是"仕而优则学"。"仕而优则学，学而优而仕"这原来是一个完整的话句。按朱熹《论语集释》："优，有余力也。"他进一步解释说："仕与其学理同而事异，故当其事者，必先有以尽其事，然后可及其余。然仕而学，则所以资其仕者益深；学而仕，则其所以验其学者益广。"

这里讲的"优"不是优秀，而是有富裕的精力。为官者与为学者都应把本职工作放在首位，前者行有余力（治学能力）者，则以学问；后者行有余力（为仕能力）可从政。仕与学在上述前提下可以得兼，兼而后可以使"仕"与"学"都相互受益。作为专心治学或无为仕能力的学人，科研工作还忙不过来，反而要去做官，是丢"学"而"仕"，得不偿失！学人应以学为志业，专心治学，致志于学问方面的优秀卓越，最好成为以学术为业、为天职的纯粹的学者。

其实，无论何种职业，处处有学问，事事可以问学，学问不负有心人。写有26部剧本的"问题剧"作家代表人物、挪威的易卜生（1828—1906）有句名言："你的最大责任就是把你这块材料铸造成器。"这与我国的"铸人启智"的教育理念相通。一个人的成功多在于他的问题意识、兴趣爱好、信心、反思和善于利用空闲时间。"有余力"即产生其中。19世纪英国的密尔，职业是东印度公司秘书，业余研究使他成为一个政治思想史学者；另一个人是英国的斯宾塞，他本人是测量工程师，业余研究使他成为跨学科的思想家。学问，学问，就是要学好、问好、答好人类生存生活中的问题。学问、问学，贯穿着人的一生，脑子里没有学问、问学，学人的学术生命就结束了。

第 38—39 日　　　2012 年 2 月 7—8 日　星期二至星期三

32. 学术与学者

学与术是可分的。学为理论基础层次，术为方法论层次。二者是有区别的。

学与术又是不可分的。它是天道、地道和人道的有机统一，它是一个以人的自我身心探研思考为主体、以人与人、人与自然为主线的文明交往互动为整体的学术概念。

确切地说，学术是由学与术二者重新化合而成的一个整体概念，而不是二者简单相加的机械组合体。学术是指人类的专门而有系统的学问。这正如学问中的学与问本为两个字，后被联称为词一样，学问成了有系统知识的称谓，而学术也被称为有系统而专门的学问。

西哲叔本华说："所谓学者，就是在书本里做学问的人。"这句话很类似中国把学者称为"读书人"一样的界定。此语有一定道理。学者总是和书相伴随，他们走的是一条读书、写书、教书的书路。他总是被书所吸引、所环绕，是在书中找学问的人。沿着书籍这个人类文明的阶梯，拾级而上，攀登不已，成为他们的日常生活。这种生活是平凡的，爬书山、游书海，与古今学人对话，交游广泛，所见所思的问题有时是偶然的小事，有时是复杂而丰富的社会事件，或者多为国家之大事和人生之要事。学者总是把这种日常生活和书中蕴藏的智慧联系在一起而进行探索研究，思考写作，从而享受人生别样的学习乐趣。勤学、善学、乐学三者互动共行，乐在其中！

学者是在书本里做学问的读书人，或者用"在书本里讨生活"这样贬义地称呼学者。然而，这类通常感性的称谓，远不足以涵括学者和学术之间的关系。学者是以学术为业，是职业的"业"，更是志业的"业"；是事业的"业"，更是业缘的生命的"业"。教育家陶行知有诗云："人生天地间，各自有禀赋。为一大事来，做一大事去。"学者以学术为事，他们不仅仅在生活中以书本为天地，而且是以现实生活为天地。如果专以书本讨生活，那就是蛀书虫，那就理应成为被人们嘲讽的对象。学术要求学者要对得起他生活的这块土地。因这他是这块土地之子，而学术是本土上生长出的文化形式和文明成果；因为他也是他生存时代之子，学术要求他和时代同命运、共呼吸。总之，这一切要求学者通过学术之业，表达特有的独立思想、创造精神、责任意识、问题意识，而且在学术中体现民族性、时代性、思想性和学术性的人类文明个性与共性的结合。

学术无论是个人的还是集体的劳作，都应当赋有人类的文明情怀。如果"学"是思想、理论、学养、才能、价值和道德观的宏观之道，而"术"则为独特的思维路径、方法、技巧、应用的微观之法。宏观之道与微观之法各有千秋，可以互相补充彼此的不足，共同贡献于学术之业。在治学之路上，不必拘于一格，完全可以而且必然是宏观之论与微观之法各自发挥所长。不过最理想的是二者结合的中观之道，这就是在专门学业的研究中把宏观与微观有机地结合起来，既见树木，又见丛林，把历史细节碎片在理论思维之线的纺织劳动中，连缀成一个整体的文明成果。这是法乎其上的目标，是学者在治学中应当心向往之的事。即使在整个的学术生涯中不能达到，也要向此目标努力而为，至少不能学与术相脱离，尤其是不能使之忘此失彼，或有学无术，或术而忘学，甚至是不学无术。

平心而论，学者从事学术之业，是心和手相伴为乐，思和行相依而随，学和术相结而合。但其距离始终存在，缺憾也同在其中。我的治学哲学是有为有不为和知足知不足。这就是：为真求知，为善从事，为美养心；不为名缰，不为利锁，不为位困。这也就是：尽责知足，尽力知足，尽心知足；学习知不足，学问知不足，学思知不足。2012 年，我已 81 岁，无论生理生命或学术生命已届暮年。人无永生，人人都有死亡那一天，把握今天，认真、负责、乐学一生，为学术而生，感恩一生，劳动一生，死而无憾。这就是我的志向。

爱因斯坦的哲语是："我每天上百次地提醒自己：我的精神生活和物质生活都依靠着别人（包括生者和死者）的劳动，我必须尽力以同样的分量来报偿所领受了的和至今还在领受着的东西。"这是学者对学者的生命提醒。我也感悟到了这种学术生命的提醒。学者是劳动者，他们的劳动是"人人为我，我为人人"的劳动。学者的学术生命注定是终身的勤学者、思考者。即使到了晚年，倘若老天假我以更长时间的生命，我定在余下来的光阴中努力学、努力思、努力写，以报偿人类文明所给予自己的一切。

学者为学术而劳动，用劳动回报其他为自己生活奉献的人们，是理所当然的。天地生人，一人有一人之业；人各守其业，一日有一日之勤。人生说复杂其实复杂之中有简单的道理，那就是在有限的生命中把"人"字写好。"人"字虽然只有左右两笔画，一撇一捺，但写好并不容易，其原因在于它和做人联系在一起。人生而为人，要在一生做人中，把"人"字写正确，把"人"字写真、写善、写美，一句话，把"人"字写好，可真非易事。印度文学家泰戈尔说过："我们是踩着一个个瞬息，走完人生旅程的。但总的来说，人的一切渺小至极，平静地思考两个小时，可以容纳人生的全部内容。"用两个小时的时间，平静地思考，把每个人这类生物的"渺沧海之一粟"的人生全部内容包括进去，概括起来，其实就是两个字：做人。这个简单而又复杂、容易而又不易的难题，在时刻审问着每一个人。人生百岁与天地宇宙相比，那是太渺小了。人来到世界上也只有一次。如何在仅有一回的人生中，写好"人"字，是人类文明交往自觉的大难题。人类文明中的一切难题，都包括在这个大难题中，人人也都在自己的事业中回答这个难题，只不过有些人是自觉的，有些人是不知不觉的，有些人是半自觉半不自觉的。在人类文明交往问题上，自觉体味其规律至关重要，"人"字就是要书写的关键字！真正做到了"知物之明，知人之明，自知之明，文明自觉，全球文明"，是悟出来的人类和谐境界。

我在读《树人启智——彭树智先生八十华诞纪念文集》的时候，曾写下一首自述诗，现抄系于后，作为本文的结语：

> 八十岁，
> 不算太老，
> 再读——读书做人，
> 再写——写书树人。
>
> 如果再有十年书路可走，

再教——教书育人，

再写——启智立人，

教着几个博士研究生，

帮他们成为放射光彩的人！

人生之路，

过客之行人。

热闹是别人，

我是超脱而书写着平淡恬静的人。

　　写完此诗，想起了《抱朴子·广譬》中的话："短唱不足以致弘丽之和，势利不足以移淡泊之志。"又想起了《文子·上仁》中转引老子的话："非淡泊（漠）无以明德，非宁静无以致远。"这句话后来演变为"淡泊以明志，宁静而致远"。如果淡泊宁静为人的自我身心的清醒状态，我以为这是学者治学的最佳状态，它可以抑制浮躁贪名好利之念。泰戈尔的"平静地思考"中的"平静"也有淡泊于名利权位的意义在内。总之，学者以学术为生命，而每个学者都有独立思想和自我判断力，对我而言，伴随自己的是对人类文明交往自觉历史观念的追求。

第 40 日　　　　　　　　　　　　　　**2012 年 2 月 9 日　星期四**

33. 读张之洞的《劝学篇》

　　读张之洞的《劝学篇》，耳边不时响起"中国民族到了最危险的时候"和"起来，不愿做奴隶的人们"的警钟长鸣之声。请看他的危机之言："当今中华诚非雄强。"那是戊戌变法前夕，他认为若不变法，必沦为殖民地，中国的"圣教将如印度之婆罗门窜伏深山；抱残守缺；华民将如南洋之黑昆仑，毕生人奴，求免笞骂而不可得矣！"

　　可贵的是，他有文明交往的自知之明。请看他的文明交往自觉之言：他呼吁中国人要有"五知"：知耻、知惧、知变、知要、知本。知耻，是不忘国耻；知惧，是要有危机感；知变，是要变法，要变革；知要，是知如何变法；知本，是知传统中哪些优秀东西必须坚持，从而以固根本。这"五知"把自知之明具体化了，至今仍有现实的积极意义。

变革是《劝学篇》的主题，也是他从历史这个根本自觉出发所得的结论。他写道："五帝不言乐，三王不袭礼。""征之经"、"征之史"、"征之本朝"从古到今，典章制度，无一不在变，因而因时而变法，乃是大势所趋，潮流所向。

要因时而变，要与时俱进，就要学习。在他看来，学习分两个方面，一是学西学的先进之处，特别是着重学习西方的体制；二是学中学以固本。他指出："今欲强中国，存中学，则不得不讲西学。然不以中学固其根柢，端其识趣，则强者为乱首，弱者为人奴，其祸更烈于不通西学者矣。"

如何学西学？他主张"政、艺兼学"，以政为主。何谓"政"？"学校、地理、度支、赋税、武备、律例、劝工、通商，西政也。"对西方社会政治，也可议之。何谓"艺"？"算、绘、矿、医、声、光、电，西艺也。"对这些新学，要学以致用。在各级学校教育中，实行"新旧兼学"，但要"旧学为体"，这就是后来的"中学为体，西学为用"的学用之说。

他的劝学所劝的，是在学习西方文明过程中，要正确对待中国传统文化，要有民族自尊和爱国精神。如："在海外不忘国，见异俗不忘亲，多智巧不忘圣"；"先通经以明我中国先圣、先驱者师立教之旨；考史以识我中国历史之治乱、九州之风土；涉猎子集以通我中国之学术文章"。但学中学也要"治要而约取"，按他一贯的思路，仍为"致用当务为贵"的原则。为此在《劝学篇》中开了一批基础学习书目，共分经学、史学、诸子、理学、辞章、政治、地理、算学、小学等方面。他认为这是中国传统文化的必读之书。这批书目，虽经他自己认为不能再精简了，但仍然不是人人能读完的。

通观《劝学篇》，给人的启示是，在现代化过程中，如何对待本国传统文化，对所有发展中国家都有许多可借鉴之处。我曾将张之洞同阿拉伯近代思想家阿不杜相比较，认为二人有许多相同之处。革新和保守并存于二人的思想之中，但重要的是，他们都有一种理性的、稳健的声音。因为一个民族的精神是由传统文化铸造成的，以抛弃传统文化为代价的现代化只能是空谈空想的虚无主义。理性地、自觉地对待外来文化和本国传统文化，是文明交往走向良性运行的关键所在，也是为人治学的门径所在。

第 41 日

34. 学术上的"独立"与"自由"

陈寅恪为王国维纪念碑撰写的碑文中，提出了学术上的"独立之精神"和"自由之思想"，全文如下：

> 士之读书治学，盖将以脱心志于俗谛之桎梏，真理因得以发扬。思想不自由，毋宁死耳。斯古今仁圣所同殉之精义，夫岂庸鄙之敢望?！先生以一死见其独立自由之意志，非所论于一人之恩怨，一姓之兴亡。呜呼！树兹石于讲舍，系哀思而不忘。表哲人之奇节，诉真宰之茫茫。来世不可知也。先生之著述，或有时而不章；先生之学说，或有时而可商；惟此独立之精神，自由之思想，历千万祀，与天壤而同久，共三光而永光。

陈寅恪发现王国维身上的"独立之思想"和"自由之精神"，是在当时公共领域中新文化派的思想运动"时风"下的反映。这个发现，与陈寅恪本人的家世有关，也与他个人当时的"时义"有关，使他成为一位"文化托命之人"。20 世纪 90 年代，他的这个提法，适应当时的国学复苏时代背景，一时成为热点符号。学者治学，"独立"精神与"自由"思想，是一个基本条件，今日已为公论。应该说，这是当代中西文明交往的结果。"独立""自由"都是西方观念。美国独立战争时期，亨利·帕特里克就有"不自由，毋宁死"（Give me liberty or give me death）的名句。匈牙利诗人裴多菲也有"生命诚可贵，爱情价更高。若为自由故，二者皆可抛"的名诗。中华文明中虽有"慎独"近似"独立"，而"自然"、"自尔"、"自生"、"自化"也有与"自由"相通的意味，但毕竟是异大于同。陈寅恪此碑文写于1927年。1953—1954年写《论再生缘》、《柳如是评传》二书及《对科学院的答复》一文中，都表明了他在文明交往方面所表现出的中华文明中"士人"即知识分子对家国之变的关怀传统。最突出的例子是：他在《柳如是评传》中，在"独立之精神，自由之思想"一语之前，加上了"我民族"三个限定的字。这位清傲自守、寂寞而特立独行的学人，仍然在上述三作中用隐晦的形式表明了爱国精神。学者的精神境界和思想皈依，是以文明传统而立，以时代发展而进，以现实的问题而思，以文明交往的世界潮流而起、而行、而坐、而言的。顺应人类文明交往自觉规律，力争在高处站、力求平处坐、力求宽处行，尽学者之责、之心、之力，成一家之言，才是"独立精神"和"自由思想"的真谛。2003年陈寅恪夫妇骨灰入葬江西庐山。这位清朝宣统三年（1911年）在瑞士已读过《资本论》的学者，以"不能先存"信条见解去研究学术而形成的"独立之精神，自由之思想"的治学理念，刻书于墓石之上，作为一份学术思想史上的创造性精神遗产而存留于人间。

时至今日，我体会到"独立之精神，自由之思想"的力量，在于独立思考和创造创新，其对立面是人云亦云，亦步亦趋。人贵自立，学贵自得，博学而约取，唯真善美而是从。士之读书治学，需要脱俗而不断解放思想，追求为人类文明交往自觉而做出自己应有贡献。

第 42 日　　　　　　　　　　　　2012 年 2 月 11 日　星期六

35. 学问产生于寂静

寂静是一种平和的心态。此种心态是自我身心与外界相处于和谐安宁的状态。英国利物浦大学的校训简明而扼要："宁静的岁月最适宜增长知识。"大学和学术研究机构是获取知识、探研科学、立德树人的学府。学问是靠积累的，积累到了成熟的时候，特别需要寂静的内部心境与外部环境的安宁相结合。积累资料不一定需要寂静，只要目标定下来，坚定不移的脚步，坚韧不拔的双手，坚定不变的思想，可以帮助日积月累、日观察和夜思考而酝酿观点，厘清脉络，形成框架。但正式写作时，则需要集中心思与精力，如同进行总决战，这时寂静会产生大学问而出大成果。

人类文明交往的历史昭示我们：人的心灵只有在稳静状态下，理论思维才能展开，宁静的精神才有可能指挥自己的时间和空间。浮躁和急于求成是治学之大忌。宁静而致远对治学说来是战略性思维。沉下心，坐得下，把冷板凳坐热，让心态寂静。寂静的心态是思考的源头活水。往极端处说，世界上有许多著作甚至是在监狱禁闭的环境下产生，而且有不少是成名之作，并且流传着佳话：

①法国的萨德侯爵是这样一个特例。1784 年，他在巴士底狱有一个自带家具的套间和一个有 600 册书籍的图书馆，还有一个贴身男仆为他服务。他用两周时间写成小说《朱丝带娜》的草稿，用 37 天写成《索多玛 120 天》的 25 万字的小说定稿。到 1789 年法国革命前夕，在坐了 11 年牢房之后，他一共写了 8 部长篇小说和故事集、16 部历史小说、两卷随笔集、一册日记和大约 20 个剧本。真可谓是狱中的多才多艺又多产的作家！

②在监狱中写下哲理性著作的是意大利革命家葛兰西。他于 1926 年 11 月被捕，两年后被判 20 年徒刑。他在狱中写成了传世名著《狱中札记》和 500 多封信。他因在狱中遭受折磨而患病，被保释就医，1937 年逝世。

③俄国作家索尔仁尼琴，是带着在狱中写成的长诗出狱的。他在监狱每天要垒砖，边垒砖边默念这首正在写的诗句。他还用面包搓成各种形态的物体，别的犯人以为他在做特殊形式的祷告，其实，他是在无笔无纸条件下，写作和修改他的长诗。他的长诗就是这样完成的。

④中国经济学家孙冶方，入狱时没有停止他写作经济学著作的腹稿。凭着他坚定的信仰、惊人的记忆力和勤思韧性，形成了完整的纲要。出狱后他很快完成了在寂静监狱中酝酿于脑的著作。

⑤《意大利游记》的作者萨得，写成这本著作的地方是万塞监狱。

⑥马可·波罗在 1298 年被俘入热那亚监狱中，留下了名留后世的

《马可·波罗游记》。

⑦王尔德在监狱中写成《自深深处》。

⑧让·热内的处女作《鲜花圣母》也是完成在狱中。

⑨达·芬奇在《镜子说》中，道出了"宁静致远"的治学处事意蕴："你的灵魂必须像一面镜子，它反映一切；一切运动，一切颜色——但它的自身却是不动的和明亮的。""唯静唯明才能深思万物之真、善、美和假、丑、恶。"静明的境界对艺术与学术都适用，正如宋人的真善美诗名中所云："万物静观皆自得，四时佳兴与人同。"

以上虽是一些较为极端特例，但也反映出做学问中坚定不移、安于寂静的特点。斯多葛派哲学家认为，追求安宁是最值得的事，安宁是最佳的心态。这是生命的安宁、生活的价值，是人生应有的自我意识和理性思想的智慧。随遇而安的品格，不是随波逐流，更不是随潮流而下和无所作为，而是随着环境、条件的变化而采取不同方式坚持工作。从根本上说，宁静是一种智慧。诸葛亮这位中华文明的智者在《诫子书》中就写出"宁静而致远"的训教。他还提到"淡泊以明志"。做学问先需立志，要有明确目标和追求。淡泊也是智慧，它可以使人出于污染中而如莲之洁白并且绽放出清丽的光彩。为此而静下心来，甘于寂寞，抵制急功近利、争名争位、弄虚作假、乱捧瞎吹、炒作起哄、瞎折腾等不正之风，也不能跟风发烧、升虚火、鼓邪劲，更不能抄袭剽窃，违反学术道德，不学无术，妄图走捷径而声名狼藉。文章千古事，得失寸心知。有良知的学者才能宁静致远，在学术上有所成就。

寂静，即安静，是心态上的自我调节，是自我身心交往的自觉。这种自觉不受喧嚣世界的诱惑，不受浮躁世界甚嚣尘上风气的干扰，是在排除忙乱之中的有序安静状态。寂静、安静、宁静的心理状态，特别有利于独立思考和高远洞察。所谓"宁静致远"是很有道理的至理名言。治学处事中的许多创造思维成果，多来于此。马克思说过："只有从安静中才能产生出伟大壮丽的事业，安静是唯一能生长出成熟果实的土壤。"（《马克思恩格斯全集》第一卷，人民出版社2002年版，第457页）静要寂，来自心灵，成于心态宁静，这是理智、理性的文明自觉。向往寂沉之心，牢守安静之心，保持宁静之心，这也是处于落后而追赶、超越先进文明时最宝贵的气质和精神。这是一种心灵磨炼的修养过程。这里需要坚持的克制和持续的耐力，此种克制力和耐力，实质上是一种自我身心的良性文明交往力，这是动态的、辩证的。我有一句自我箴言：事紧勿急，急则生乱；事缓勿疲，疲而生变。这句来自我长兄的告诫，经过 1958 年的"大跃进"和以后政治风浪的历史教训，对我印象极深。急功近利，好大喜功，狂热折腾，是人类文明交往中的"交而恶"的表现，不可不防。实际上，静的理性自觉，看似在一平如镜的心灵深处，时有急湍之流在涌动，那是一种生生不息、勤奋不已的真、善、美的源头活水的汇流。波兰诗人维斯拉瓦·辛波斯卡在《万物静默如谜》[①] 中的下述诗句，值得人们品味：

> 当我说"寂静"这个词，我打破了它。
> 当我说"无"这个词，我在无中生有。

这是说过程，也是在说结果，兴趣、乐趣即孕育在其中。

寂静，即静下心来，但怎样才能静下心来，喜欢、爱好是关键。大自然科学家都讲兴趣，这就是喜爱的动力。只要喜爱，就能静下心来。当然，人的兴趣，一是要注意对新事物的好奇心、关注度；二是兴趣不能太多过杂，要在学术生长点上坚定不移、坚持不懈、坚守不乱。研究的乐趣、诗意治学就要耐得寂寞，在漫长的探索过程中体味新发现，取得新成果。

第 43 日　　　　　　　　　　　　　　　2012 年 2 月 12 日　星期日

36. 文学家寂静行程中的历史反思

莫妮卡·马龙经历了东德的生活，1988 年迁居西德。她是一位"东西合于一身"的作家。她获得过统一后的德意志国家文学奖（2011

---

① 见《万物静默如谜：辛波斯卡诗选》，陈黎、张芬龄译，湖南文艺出版社 2012 年版。

年）和莱辛文学奖（2012年）。荷尔德林奖对她的获奖词是："她一而贯之地把责任和敏感、道德感精确地糅合在一起。"

她是文学家，以文学家的思维方式进行历史的反思。她在历史反思中，感叹自己生命的前几十年，书报检查制度给她带来的困难远远大于她本人的创作困难。在《我是一个反法西斯的孩子》一文中，她回忆起自己的年轻时代："我学习过，世界不是按国家划分的，而是按阶级的，所有无产阶级的祖国是苏联，世界无产阶级是一家人；当我是孩子的时候，我绝对相信这句话。……我成长在一个意识形态的世界里，而不是生活在由民族国家组成的世界里。"她回忆起那个时代，认为那是人们无法自己表达自由的时代，没有自己，只有阶级，"说的和听的都是奴隶般的语言"。

她可以自由写作是迁居于汉堡之时，这时她已47岁。她的代表作是《寂静巷6号》。在德语中，"巷"（zeile）字有"行"的意思。作家在小说中，是以一个幻灭的历史学家和一个濒死的高官之间写口述回忆录为内容来写故事的。这是一个学者与高官之间的交往记述，属于文明交往中的人与人之间交往关系范围。主人公波尔科夫斯基是一位资深的女历史学家。她退休以后为谋生而给退休高官贝伦鲍姆记录口述回忆录。这是一种口述史学，如美籍华裔历史学家唐德刚为"中华民国代总统"李宗仁所做的工作一样。唐先生告诉我，他为记录李宗仁口述回忆录，写剩下的铅笔头可以装一大麻袋。

不过，莫妮卡·马龙笔下的这位退休历史学家和唐先生不同。唐先生与李宗仁之间是和睦相处的，而波尔科夫斯基却和高官贝伦鲍姆之间发生了矛盾冲突。由于这两代人之间对于历史有不同的理解，使得矛盾冲突激化。莫妮卡·马龙笔下的贝伦鲍姆，对参加战争和建设而又制造了专制的父辈们，产生了敬仰与鄙视的双重心情，这是发生矛盾冲突的深层次原因。美国学者巴达拉科在《领导者性格》一书中的下述话也许可以帮助读者思考这个问题："倾听他人以理解自己。"口述史话可以说是"倾听史学"，主要是"倾听"口述者的自述和记录的问题，从而深入理解其中的历史真谛。倾听而后实录，此种口述史学方有价值。当然，《寂静巷6号》是小说，不是历史，然而其中所反映的史学家与高官之间的矛盾所产生的对父辈的敬仰与鄙视心情，仍是史学研究应深思的问题。

　　小说中呈现的"寂静巷"的确是"寂静"的。在"寂静巷"这个特殊环境下写历史，而且是写口述历史，也应该是寂静的。这里没有众声喧哗，而是两个人之间的对话。退休高官退出历史舞台后作为对白主体，只留下轻声细语的自言自语。退休历史学家也只是静静倾听退休高官陈述中的历史思考。两位对白者都退出了职业生活，退休高官用回首往事的语调回到过去的岁月，退休历史学家用学者之笔记录下记忆中一个个历史个案。莫妮卡·马龙选择这个主题来表达自己的一生生活经历中的历史反思。这个反思的"文学家寂静行程"历史反思，有其人类文明交往行程中认识自己的"自知之明"的理念。帕斯卡尔在《思想录》中说过："人必须认识自己：如果这不能有助于发现真理，至少这将有助于规范自己的生活，没有比这更为正确的了。"

　　人能不能认识自己？人有没有真正认识自己？人要不要真正认识自己？这是伴随人生到人死之间的生产和生活的一生的问题。真正认识自己，有助于发现真理，至少有助于在生活各阶段中更自觉而健康地行进，即使在《寂静巷6号》中独特的环境中。

　　《格列佛游记》的作者乔纳森·斯威夫特有句名言："如果某人能使只长一根草的地方长出两根草，他就有理由成为比沉默思想的哲学家或形而上学体系的缔造者更有用的人。"这句话当然只是一个比喻，只有部分真理，但涉及尽力而为、尽己之责的自知之明的人来说，仍有参考价值。文学家、历史学家、哲学家和一切生活在各种行业中的人们，都是在生产、生活中行进。这个行程离不开生产，即使退休了，也还有生产，如《寂静巷6号》小说中所描写的，还在生产回忆历史的记录。这是退休生活的生产，是在人类文明行程中留下自己一份实录性精神遗产。寂静巷其实是不寂静的，或者说是静中有动、动中有思，而且是反思过去的历史行程。作者用寂静巷这个寂静的行程，是艺术化了历史术语，而且有辩证哲理。

　　历史学家可以从《寂静巷6号》的小说中引出对历史文本的历史思考。这本书在某种意义上是一种历史文本。它可以使生活在相似情景下的人有感同身受的体会，可以从体会中产生人类文明交往自觉的历史遐思。人们从历史文本中每一行字的细读中，从其中的字里行间，不是有比"吃人"更复杂和更丰富多彩的意味吗?《寂静巷6号》是一本用批判性与充满激情写的德国再统一的"东西合集",是对民族国家这个文明载体在历史转折时期人的命运的思考。

第44日　　　　　　　　　　　**2012 年 2 月 13 日　星期一**

37. 积德与读书

> 数百年旧家无非积德
>
> 第一件好事还是读书

此联据说是清代嘉庆年间礼部尚书姚文田的书房自题对联。姚文田(1758—1827),浙江归安人,研究《说文解字》的学者。他把读书和积德联系在一起,引起张元济的关注,于是挥笔写出了这副洋溢着中华文明精神的对联。

张元济是中国现代出版界第一位代表人物,也是教育家、文献学专家、版本目录学家、藏书家。茅盾说,张元济是"一位有远见、有魄力的企业家,是一位学贯中今、博古通今的人"。他是一位中国现代文明史上大写的"人"。

这副对联所涉及的积德和读书的关系,实质上是学习的目的问题。真正的学习,是为了明理,是把学到的东西付诸实践,这就是积德、蓄德,这才是《大学》中讲的"大学之道,在明明德"。学习,要学知识,要学技能,但更关键的是通过实践加强道德修养和高尚的人格情操,不断提高自己的"自知之明"。这就是文明自觉的中心之点。

积德是中华文明的道德要求。"厚德"能"载物","耕读"而"传家"。张载的"愿学新心养新德,长随新叶起新知"治学诗句,都说明"积德"和"读书"在中华文明中的血肉文脉关系和内部密切水乳交融联系。积德与读书,都是靠长期的积累和坚持韧劲,德和读的坚守也离不开刚性和韧性。这从旅美学者唐德刚和他妹妹唐德韧的名字中也可以反映出中华文明的积淀和传承。积德与读书，犹如登山，步步而上，拾级而进，既可锻炼体魄，又可净化心灵，积德与读书的"积"与"读"，如山泉的涓涓细流，可以汇成江河大海，道德与知识的交往互动，相得益彰，成为文明交往自觉的追求。

张元济不但提倡读书积德，而且痛感当时中国社会"大厦将倾，群梦未醒，病者待毙，方药杂投"的民族危机，提出了如下出版精神的理想：

昌明教育生平愿，故向书林努力来！

这是把人类的精神这一类无形东西做成书这种商品，用以积累文明、传承文明，进而启迪民智，振兴中华。他认为"教育"这个生平所愿，促使他努力创办商务印书馆，做编辑，做书商，复兴中华文明。商务印书馆于 1897 年 2 月 11 日开业，实现了他这一宏愿。

这使我想起美国政治家、科学家富兰克林。他出身贫寒，仅读两三年书，从 12 岁起就在印刷厂当学徒。20 岁出头开始单独经营印刷业，一直到晚年。他在刻苦自学中追求科学，认为唯有科学事业由后代不断发展而长存人间。他逝世前几年，为自己写下了这样的墓志："印刷业者本杰明·富兰克林的身体（像一本旧书的皮子，内容已经撕去，书面的印字和烫金也剥掉了）长眠此地，作为蛆虫的食物。但作品本身绝不致泯灭，因为他深信它将重新出版，经作者加以校正和修饰，成为一种簇新的更美丽的版本。"

张元济认同姚文田关于读书积德的重要性因而书写此对联，这也是他长期治学的体会。宋代文学家欧阳修曾说："立身以立学为先，立学以读书为本。"读书可以帮我们养心修德、感悟世界、生命和人生，可以滋补精神、完善人格和提高气质。读书的确是人生的美好生活境界。这种境界是长期坚定不移、坚持不懈和坚守不变的结果。这种境界对读书人感受是不同的：在朱熹那里是苦；在陶渊明那里是乐，即"好读书不求甚解，每有会意，便欣然忘食"；在蒲松龄那里是讲和写《聊斋志异》，以传当时和后世。此种境界有时是聆听智者的思想嘉言，有时是自己与古人的对话交流，有时从中获得了打开心灵的钥匙。我的老师季羡林先生也谈到"天下第一好事还是读书"。他认为:"书是事关人类智慧传承的大事",而读书应当是"第一好事"。读书,归根结底是从外在书本深入到自己内心的思想交往,读出真善美,进入大雅大美大德而屡屡产生会心一笑的人生意义的领悟。越是读书多多,越感到自己知识少少,越要多多去读。这正如英国诗人雪莱所说:"读书越多,就会感到腹中空虚。"学习知不足,学问知不足,学思知不足,学用知不足,"书到用时方恨少,事非经过不知难",第一好事的"第一"是把读书和实践相结合,正像把"旧家"和积德结合一样。

我读张元济的书写姚文田的对联,想到商务印书馆20世纪20—30年代的辉煌地位,的确起到了文明的传承作用。他的这种出版专业精神,仍为今日应当予以发扬光大的。我有幸在商务印书馆出版过一些书,尤其是13卷《中东国家通史》,为商务印书馆的文明大厦增添砖瓦,也是对张元济所倡导的积德读书精神的纪念。

第 45 日   **2012 年 2 月 14 日   星期二**

38. 高处立,宽处行

对"高处立,宽处行"的治学思路,《荀子·劝学》早有论述:"吾尝跂而望矣,不如登高之博见也。"登高而望远,博见而路宽,站立于高处,方能居高临下,行远宽阔。这是治学的大境界。

词学家陈匪石在《论词境》中,回答"词境如何能佳"问题时说:

> 愚答以"高处立,宽处行"六字。能高能宽,则涵盖一切,包容一切,不受束缚。生天然之观感,得真切之体会。再求其本,则宽在胸襟,高在身分。名利之心固不可有,即色相亦必能空,不生执着。渣滓净去,翳障蠲除,冲夷虚澹,虽万象纷陈,瞬息万变,而能自握其玄珠,不浅不晦不俗出之。叫嚣傀薄之气皆不能中于吾身,气味自归于醇厚,境地自入于深静。此种境界,白石、梦

窗词中往往可见，而东坡尤多。若论其致所在，则全身养来，而辅之以学。（见唐圭璋编《词话丛编续编》第五册，中华书局2005年版，第4950—4951页）

他在同书中对词境之说云："词境极不易说，有身外之境，风雨山川花鸟之一切相皆是。有身内之境，为因乎风雨山川鸟发乎于中而不自觉之一念。身内身外，融合为一，即词境也。"

这两段话可注意之处有三：第一，"高处立，宽处行"；第二，致力在于"自养来，而辅之以学"，即学养功夫；第三，"身内身外，融合为一"，即宗白华所说的"造化和心源的凝合"，也就是唐代画家张璪论画的名言："外师造化，中得心源"（见宗白华《中国艺术意境之诞生》，《宗白华全集》第二卷，安徽教育出版社1994年版，第326页）。他还谈到"发乎于中而不自觉之一念"，这是由不自觉到自觉，又由自觉再到不自觉，再到新的自觉的反复循环的治词规律，实际上已与人类文明交往中人与自然之间的互动规律吻合了。治词如此，治学如此，治事如此，内外交往的良性互动运转，实质上是为人之大道。

高处立，宽处行，立行都须有独立的思想，有创造的精神，要虚心勤奋地学，要有综合创新的交往能力。梁漱溟在《朝话》中讲："思想是人人都有的，但有而等于没有的，殆居大多数。这就是在他的头脑中杂乱无章，人云亦云，对于不同的观点意见，他都点头称是。他之没有思想正是在其没有问题。反之，人之所以有学问，恰为他能善于发现问题，任何细微的不同的意见观点，他都能察觉出来，认真追求，不忽略过去。"这是对治学的透彻理解。

"高处立，宽处行"，被陈匪石作为最佳词境的标准。此六字确实超越了词境、学境，而进入了全人类文明的境界。它给我的初次印象，在67年以前。当时我在陕西三原县县立中学读初中。这所学校和城隍庙东西相邻，而我们的宿舍就在城隍庙的西道院。城隍庙的正殿上，有一副醒目的对联：

存上等心，结中等缘，享下等福。

　　在高处立，着平处坐，向阔处行。

　　此对联中的"高处立"、"阔处行"与《论词境》一书上述引语的"高处立，宽处行"相近，多了一个"着平处坐"。

　　无独有偶，2005 年 10 月 27 日，荣毅仁这位刚毅仁厚的老人以 89 岁高龄辞世，他最喜欢的名联是：

　　　　发上等愿，结中等缘，享下等福
　　　　择高处立，就平处坐，向宽处行

　　这个对联式的人生处世名言与三原城隍庙正殿对联也是大同小异，内容基本上是相同的。

　　令人深思联想的是，在西安市的伊斯兰名寺——化觉巷清真大寺中，也出现了和上述三原城隍庙对联意义相近的对联。但是，没有"结中等缘"、"着平处坐"八字。伊斯兰教是不讲佛缘的，也无许愿之说，只有"高处立、平处坐、宽处行"，因而与上述荣毅仁的人生名言也大致是相同的。虽然没有这些字句，但中华文明中的人生哲理却成了共同的格言，这反映了不同文明之间的内外交往联系。"高处立"、"宽（阔）处行"的处世境界和思维方式，是中华文明中共同思维与行为方式。从治学上讲，便是致力于以严谨态度，发掘事实、探求本质、解决问题、追寻规律的崇高研究的科学精神，目的在于提高人类文明程度和福祉。

第 46 日　　　　　　　　　　　　　　**2012 年 2 月 15 日　星期三**

39. 书籍是人类文明的阶梯

　　俄国文学家高尔基说："书籍是人类文明的阶梯。"我知道这句话是在高中读书时，张警吾老师讲国文课时，在课堂上特别讲解过。那时，他劝我们多读书，说中国大文豪鲁迅是"中国的高尔基"，高尔基是什么人？是苏联的大文豪，他说过一句话："书籍是人类文明的阶梯。"以后，我每从台阶上、楼梯上走进图书馆看书时，常想起这句名言。每逢世界读书日时，我也想起它。

高尔基这位文学家说这样的话不是偶然的，因为文学家与文明之间的关系最密切，因为文学与人的自我身心交往的文明深层——心灵最近。印度文学家泰戈尔曾深有体会地说："心灵世界渴望展示自己。于是，世世代代，人们的心中都勃发文学的冲动。"

文学与人类心灵关系密切，因而高尔基还说过："文学是人类灵魂的工程师"这样的名言。文学在传承文明、传播文明的广泛性和深远性的特征，成为世界读书日的缘由。这一天，是世界许多著名文学家的生日，如俄裔美国作家纳博科夫、法国小说家莫理斯·德吕翁、哥伦比亚作家曼努埃尔·梅希亚·巴列霍尔；这一天还是许多著名作家的忌日，例如英国作家莎士比亚、西班牙作家加泰罗尼亚。此外，这一天还是拉丁美洲历史学家印卡·加西拉索·德拉维加的忌日。文史学家的生日、忌日，这一天成为世界读书日，便赋予它以人文精神，人们可以从节日中体味人类文明交往中自我身心交往的意义。

读书想起书籍是人类文明的阶梯，人类文明离不开书籍这个阶梯。人与书籍的交往，是与智者的交流、对话，又是在前人、别人的经验、知识、智慧的阶梯上，拾级而上，提高认识，提升文明的程度。人们从读书历程中拾级而上，从而攀登文明的高峰。学者读书，不但把这种有文明价值的交往看作是知识的来源，而且也视为思想的启迪、方法的借鉴和美的艺术享受，从而用书籍的精华来滋养自我身心生活世界的和谐。

这里不能不提到英国小说家朱利安·巴恩斯在《福楼拜的鹦鹉》中的话："生活说，她这么做了；书本说，她这么做是因为什么。书本是解开事物奥秘的地方，生活却从来不解释。"书本是解释人们生活中的"何故"之问，这是人类文明交往中自觉性的一问，也是我曾说过的"九何而问"是文明交往自觉的关键一问。书本是人生的生活、生产、生命、生存经验智慧的结晶物，它把这些实践升华为智能而用文字符号记录下来，使人类代代相传，文明也就在书籍这个阶梯上，不断拾级而上，不断向新的阶段演进，社会也由此持续发展和进步。

作家、学者的书路人生和所有人一样，是由生到死的过程，他们的书路也有一个共同点，这就是用生命写作。朱利安·巴恩斯在《福楼拜的鹦鹉》问世三十年后，也由一个朝气蓬勃、锐气十足的壮年，走到人生边缘。他的生活开始变暗，子女四散，体力和记忆力衰退，病痛侵扰；他过去追求的爱情、友谊、财富、名位，在死亡面前也不重要了。但就在此时，他又写了《柠檬桌子》，并自言："作为一个作家，我写作的理由越来越少，只为一个首要的理由：我相信最好的艺术表现最多的生活真实。"读书和写书一样，都是为了追求生活中真善美，直到人的死亡而矢志不喻地解释生活。

英国大哲学家弗朗西斯·培根的《论读书》中的要义："读史使人明智，读诗使人聪慧，演算使人深刻，伦理使人有修养，逻辑修辞使人善辩。"完整地复习培根这句话，可以发现在较多情况下，人们似乎只记得"读史使人明智"这一点，而忽略了后四点。其实，培根的完整意思是让人们从书籍中获得全面知识，在读书中传承文化，进而上升到文明道德的精神境界，从而把文化知识提升到文明自觉的水平，使人类具有更高尚文雅的程度。文明是一个道德情操、人格修养和美好人性的人的全面发展的境界。文明是由德智体美劳诸多教化而在人的交往中良性互动的结果。今年世界读书日，读书在家庭教育、学校教育、社会教育中德育严重缺失的条件下，在市场经济高潮猛烈冲击之下，在唯利是图、拜金主义、诚信危机泛滥成灾情况下，社会由无序到有序的过程中，人们千万不要忘记书籍的文明阶梯作用。

在读书节时提起培根《论读书》，而且提起《论读书》常使人首先想起"读史使人明智"的名言，是非常合乎人类文明交往的互动规律的。历史的自觉，是人类文明的根本自觉。这是因为历史的观念是人类认识自己和其他民族文明的基本观念，是"知物之明、知人之明、自知之明"的基本逻辑思维。认识一个民族的文明，就是要具有较高的历史观念，就是要了解它的过去、现在和未来。所谓"读史使人明智"就是从这个文明的过去历史认识起，看它的过去，就可以知道它的现在，看它的过去和现在，就可以知道它的未来走向。所谓"读史使人明智"也正是要寻根溯源，寻找其发生、发展的历史本质过程，看它经历了何种历史发展阶段，具有何种特征，有何历史规律性。只有这样，才能有"知物之明、知人之明、自知之明"的"明智"。会读史的人，需要有这样的高远的历史观念。记得马克思当年针对他女儿不了解阿拉伯文明的情况，就告诉她说："要站在稍高一点历史观点看问题"，那就是要有历史哲学的发展过程观念，才能看清楚，才能对阿拉伯文明有真正的理解。马克思、恩格斯都重视历史科学，他们认为历史科学是唯一的科学。恩格斯《在马克思墓前的讲话》中说：马克思的逝世，"对于欧美战斗着的无产阶级，对于历史科学，都是不可估量的损失"。（《马克思恩格斯选集》第三卷，人民出版社 1972 年版，第 574 页）这里的历史科学包括人文社会科学和自然技术科学，因为二者都是人类史和自然史发展过程的结果。培根不愧为杰出的哲学家，他和马克思一样，有杰出的独立哲学思想，因而把"读史使人明智"放在《论读书》的首位，然后才陆续谈到诗、算、伦理、逻辑修辞，等等。唯其如此，才有明智的判断力、鉴赏力和选择力。人有先知先觉者和后知后觉者，这些站在文明自觉前列的人，就属于先知先觉的明智者。

　　一个现实的例子是，以色列的内塔尼亚胡当了总理以后，问他父亲本锡安：国家管理者需要有何特质？本锡安反问说：你认为呢？内塔尼亚胡说：需要有坚定的信仰、巨大的勇气和行动的能力。本锡安说，你做什么都需要这些品质，你领导一个国家所要的是教育，我的意思是需要建立对历史的理解。本锡安早年在希伯来大学学世界中世纪史，是游说美国共和党高层支持犹太国家的早期复国主义者。内塔尼亚胡继承了其父关于历史教育的意义，总结了以色列在左、中、右路线上摇摆的历史，在"两个国家"方案上建立了最为广泛的联合政府。他虽为巴勒斯坦建国提出了苛刻的条件，剥夺了巴勒斯坦国作为国家实体的基本权利，但在领土这一关键问题上支持了"两个国家"的巴以问题解决方案，形成了和以色列左派达成一致的基础，也被西方国家认为是他妥协的最重要的表现。他的对美外交策略是保持最大范围（如国会、共和党、基督教人士、公众），而不仅仅与美国总统和国务院打交道。他的强硬风格似乎顺应了以色列人的安全逻辑：妥协可能会带来和平，但军事手段也未必总是走向和平的反面。美国《时代》杂志专栏作家尤·马卡斯是这样评内塔尼亚胡的："他懂得美国政客耍弄的各种把戏，他知道如何长话短说，知道如何使问题简化。"

内塔尼亚胡的事例也说明"读史使人明智"名言的作用。无论他学习的是古代还是现代历史，无论他关注的是以色列还是世界史，在中东和平这个问题上，他看到了过去 20 年中，以色列在不断摇摆的路线中都没有达到有效的结果。他注意历史，理解历史，在理解人类当代文明交往中"巴以冲突"的"死结"问题上，是值得中东学者仔细研究的。他向我们提出了历史观念在理解中东问题上的重要性。

我读史书、读所有书的原则是为问题而读，因为先有问题，再去读书方能有针对性，也更有意义，收获也更大。当然，有时在随便泛读时也会从中发现问题，进而深入去读。

我读两方面的书：一方面，读古今中外的原典，从中汲取思想、唤起思考；另一方面，读新书，看其新意，关注其活泼的新思想、新方法。总之，从书中获取知识、思想，用观察排除和分析包容态度，提高研究水平和人生境界，关注人文精神和人类文明交往问题。

第 47 日　　　　　　　　　　　　　2012 年 2 月 16 日　星期四

40. 导师论导

国务院学位办编过一本文集，名为《导师论导》。因其中收录了我在《学位与研究生教育》杂志上发表的《做好博士研究生指导工作的关键》一文而赠样书一册。我从书中学到了许多导师的教学经验。

这使我想起好多往事。我是 1986 年开始招收博士研究生的。自从我获得博士生指导教师这个重要岗位工作以后，自知责任重大，在每届博士生的培养工作中，我都有一些札记。对其中一些较成熟的看法，便整理成文，寄给《学位与研究生教育》杂志。《做好博士研究生指导工作的关键》一文先是在西北大学博士生导师座谈会上的发言稿，后来发表在《学位与研究生教育》1992 年第 3 期上。以后又陆续发表在该刊上的有：《略论博士研究生的学术个性化培养问题》（2003 年第 2 期）、《博士研究生学位论文作者三层次说》（2006 年第 2 期）、《谈研究生与学术自觉意识的培养》（2008年第 1 期）。

《导师论导》这个书名很好，四个字，就有两个"导"字，画龙点睛。导师本人讨论导师的本职工作，总结经验，十分重要。导师理应在指导博士研究生的实践过程中，不断总结心得体会，使之升华为自觉的理念，以更好完成自己的岗位职责。

导师要时时关注如何引导研究生的做人治学之道，以尽力尽心。这是有关大学里的文化传承、使研究生具有更高文明品位的大事。于是，我想起了《爱因斯坦文集》中有关学校教育的话："要记住，你们在学校里所学到的那些奇妙的东西，都是多少代人的工作成绩，都是由世界上每个国家里的热忱努力和无尽的劳动所产生的。这一切都作为遗产交到你们手里，使你们可以领受它，尊重它，增进它，并且有朝一日又忠实地交给你们的学生们。这样，我们这些总是要死的人，就在我们共同创造的不朽事物中得到了永生。"他这里讲的文明的生命在于交往的道理。作为文明生命一部分的学术生命，也是在代代传承中生生不息。当然交往的价值在于文明，文明的优秀成果是人类的共同财富，文明交往的意义在此。

人类因有文化传承的特质而获得文明，文明因其人文精神而生生不息。教育的教化作用就体现在这代代相传之中，而人类文明史无非就是世代的更替。导师即教师，无论哪行哪业，无论哪派哪教，都有教师的存在，博士生导师只不过是指导博士研究生教学岗位上的教师而已。博士导师指引和引导博士研究生的指导作用总的说来，是给他们一个细心设计的做人治学环境，给他们营造一个思考问题、动手和动脑相结合的学习条件，以便激发其内在潜力（如兴趣、好奇心、志向、韧性、德性、悟性），从而为他们的求索、研究指引道路。

具体说，可归纳如下几点：

第一，道德上的教育引导。从人类文明交往史上引导研究生具有人生普通公德和共同利益的旨趣和情操。导师要引领他们在学习和攻读学位阶段，每个人都应当明白一个真理：为人类文明而工作和增进人类的共同利益是实现自己快乐幸福的途径。这就是我们常说的"做人"，是一种道德精神，培养出来的德性和良知。导师要以身垂范，在具体事件和行动中及时提醒学生，尊重他们的人格。科学研究需个人勤奋、严谨，也离不开群体协作，因此，在师生共同的自由、平等相互交流中，培养合作协力的习惯与能力，尤为重要。遵守学术公德是学者的基本道德规范，是研究生道德上教育引导的中心所在。西北大学秉承西北联大的"公诚勤朴"校训，可以说是这一工作的关键词。

第二，公民意识的引导。"做人"在今日社会，可具体化到一个起码标准，这就是要引导研究生具有有益于人类文明社会的公民责任心。自觉做个中华人民共和国的好公民，好像对研究生要求低了一些，其实，这是为人类文明而工作的具体化。科学是无界限的，科学家是有祖国的。爱国是科学家的首要品德。我经常在讲课、谈话中，要求研究生要遵守三律：自然律、法律和道德律，尤其是在法律上的自律。自觉遵守国家宪法和有关法律，做个好公民，做个具有自觉意识的公民，这是针对研究生中某些倾向而发的，是对"特殊公民"而言说的。触犯了法律，那当然要由有关部门去管，而且是个人的责任。但是，导师缺少这方面的引导，那也是没有尽到自己的职责。按说，研究生，尤其是博士研究生，都已是成人了，而且大多数或多或少有自律意识。因此必要的提醒，防患于未然的引导，不是困难的事，却是导师必尽之责。

第三，科学理念的引导。博士研究生的高层学位的培养目标，要求有高层的智能、悟性、韧性。欲达此目标与要求，必须培养他们的批判性的独立思维能力和创造新知识的科学精神。引导的方向放在智能教育的坐标上，多启发他们的求知欲望、创造热望，同时又要启发他们勤奋、严谨、求实的固本厚基的治学精神。要多给他们路径和方法方面的指引，使他们有博取百家之长、学习吸取知识之能、坚定不移的韧性之功、联想悟性之思。书山有路勤为径，学海无涯苦作舟。这两句治学名言至今还有其生命力，学术上没有勤苦奋进的精神，难以有大的成就。不过，在勤苦的治学路径上，一定要有科学理念的引导，要独立思考，要主体创造，而不要人云亦云，亦步亦趋，更不要邯郸学步，忘却自我。自我是自立、自强、自觉的主体，治学中的自我是独立的自我，要有自己的学术品格、学术风格。当然也要有虚怀若谷、吸纳百川的海量，有广阔的胸怀和心灵。弥尔顿说得对："心灵有自己的地盘，在那里可以把地狱变成天堂，也可以把天堂变成地狱。"学术史可以使我们清醒，从以自我为中心的地狱中走出来，走向学术自觉的人类文明交往的广阔天地。

回忆起自己培养研究生的 30 年历史，我经常想起哈佛大学流行的一些名言逸事。例如，哈佛大学得 A 的学生成为学者；得 B 的学生花时间让自己的孩子进入好大学，以传承家庭的名声；得 C 的学生则是募款委员会上的座上宾。再如过去 25 年中，出现了比尔·盖茨和扎克伯格这两个哈佛的辍学生。在教育中，重视复杂性，把重点放在全体学生，这被认为是哈佛大学成功之处。再如哈佛大学哈佛学院前院长哈瑞·刘易斯在《失去灵魂的卓越——哈佛是如何忘记教育宗旨的》中说："当前很多顶尖的研究型大学正在为追求卓越地位而忘记了教育学生的任务。"的确，在教育上，博士研究生应把追求真理、向善、爱美放在首位，在师生互动的交往中，加强学术交往和社会交往，特别是因材施教的引导更加重要。

今日教育被视为一种生产模式。如香港大学前校长王赓武就认为，教育受制于生产力相关的规律。教育是一种特别的生产力，要从数量、质量、原创性和探索力四方面去研究。这是一个全面整体的教育视角。我以为这也是文明交往力不可缺少的视角。生产力和交往力是一个互动的辩证规律在起作用。在博士研究生的教学过程中，有各种因素和指标，如学位课程、学位论文、发表文章、社会活动等。师生互动交往却是导师与学生的学术交往和社会交往的综合，其中就有职业规划问题。因材施教、不拘一格、关注个体差异，是教育培养的逻辑。从实际出发，要发现学生的特长、优势、水平，特别是每个人不同于他人的生长点、发光点。博士生导师的导引处，应放在关注他们学术生命和兴趣爱好个性上，让每个学生的学术生命在学习中绽放出自己独特的异彩。

第 48—51 日　　　　2012 年 2 月 17—20 日　星期五—星期一

41. 修改博士学位论文的八个问题

在研究生教育中，学位论文的写作，是一个重要的环节。写作的过程，也是反复修改的过程；而修改工作，是一个教育训练的过程。尤其是博士学位论文的修改，更需精益求精达到更高的学术水平。这中间有八个值得注意的问题。

（1）博士研究生在读期间，最令人终生难忘的问题是什么？

这个问题是我受爱因斯坦一句话的启发而产生的，爱因斯坦说："教育是当一个人忘记了在学校所学的一切东西之后，还在记忆中留下的东西。"研究生教育给博士生留下来的，也就是最难忘的东西是什么？我想，首先应该是他的学位论文。这是他人生学术生命生长点上成熟的标志性成果，是最应当珍惜的东西。博士研究生和硕士研究生在学术上一个最重要的不同之处，在于一入学就要站在本研究领域的前沿上，选择好有开拓性的创新学位论文题目。三年博士生的研究生教育中，上承硕士研究成果的连续性，下启博士生工作的新起点，从选题、开题报告、写初稿、二稿、答辩之后的完稿，是一个严谨的科学研究训练的长过程。它之所以令人铭记不忘，是因为这中间蕴藏着许多珍贵的教育元素，如人生观、价值观、历史观，如学术理想追求，如治学理念，以及理论思维能力、判断能力、科学鉴赏能力，特别是培养学术上独立的思维、自主的气质和创造性的经验。这些根植于博士学位论文写作过程中的品德、品质，将伴随着论文作者的一生。

（2）博士研究生在科学研究训练过程中，要锻炼的最重要的东西是什么？

这个问题也是我受爱因斯坦的启发产生的。他说："大家以为造就一位伟大科学家的是智慧，你们错了。其实最重要的是品格。"何谓科学家的品格？法国艾芙·居里的《居里夫人传》中总结了以下几条：①思想上坚定不移的性格；②智力方面锲而不舍的努力；③只知贡献而不谋索取或接受任何利益的牺牲精神；④尤其是成功时不骄傲、面临灾难不屈服的非常纯洁的灵魂。人的品格，首先是独立的人格，这是做人之本、树人之基、立人之根。造应科学家就要锻铸他的人品、关注他的道德品质和坚忍不拔的性格。品格要通过科学研究实践来锻炼。研究生的学位论文写作实践，有硕士学位论文的潜在期、博士学位论文的浅度期和答辩后修改和出版的深度期。这三个相互联系又相互区别的时期，浅层看似启智，其深处则是铸造人的品格。铸人启智在培养过程中统一起来了。修改学位论文，实际上是研究生的必备品格，也就是研究生在学习中写好属于自己的这个"人"字。"人"字只有两画,一撇一捺,看似简单,写好却不容易,那是一生努力要做的事。研究生阶段,只是起步,而这个起步,是打基础的一步,要勤奋、严谨、求实、创新,一开始就要走出科学家的"路相"来。人走路要抬头、挺胸、直腰的"走路之相",治学也要有自己的品格,如同健康人的"路相"一样的独立独行品格。

(3)博士研究生在学位论文初稿完成后,应该首先向自己提出这样的问题:原来设计要解决的问题,现在达到什么程度?

博士研究生学位论文修改问题,需要具体的个案研究,也需要把问题意识具体化,落实到每位研究生的个体论文之中。以博士学位论文《阿拉伯民族主义形成研究(1798—1918)——以西欧政治思想的影响为视角》为例,就应该思考在西方和阿拉伯世界之间的文明交往方面,有何新发现?有何新见解?有何新问题需要解决。提高学位论文的质量,其关键之处在于深究解决问题的程度。要解决问题,最需要分析问题的必要资料。薄弱的资料,是解决不了问题的;罗列资料,找不出资料之间的内部联系,也是解决不了问题的。资料不厚实之处,应当尽量再搜集、发掘,尤其是西欧政治思想中影响阿拉伯民族主义的典型资料,本文相当缺乏。无论是思想理论方面,特别是交往方面的影响资料,都有待大力补充、努力加强。博士学位论文不是一般的论文,在质量上理应有更高的要求。除了资料之外,理论上也要从围绕解决问题的程度上,下功夫细心修改,进一步加强问题意识。关于博士研究生的学位论文,我有《博士学位论文作者三层次说》(《两斋文明自觉论随笔》第三卷,中国社会科学出版社 2012 年版,第 1169—1170 页),不再重复。在这里我要寄希望于作者的是:高处立、宽处行、深处思。修改工作中问题意识的强弱、细粗,都体现高、宽、深三点上,制高点、宽厚度、深思处把握得越好,论文质量越高,问题解决得越透彻,研究能力方能有好的锻炼。

(4)西欧政治思想的影响在阿拉伯民族主义形成(1798—1918)中,究竟有何具体表现?

"影响"是人类文明交往的一个重要概念,是值得通过本研究课题加以具体化为若干方面之后,再上升为具体的理论性结论。影响是相互的。良性的影响是引导而非主导对方，以显示自己的力量。影响还体现不同文明之间交往的好奇心，具有关注思想和行为方式相互欣赏的意思。影响是一个美丽形象而富有哲理的交往关系的词语。在中国文化典籍《书经》中"大禹谟·传"中，有"影之随形，响之随声"的话，讲清了"形"、"声"是"影"、"响"所"随"的主体。《管子·任法》中，也有"响之应声"，"影之从形"的阐释："影"与"响"是"应"、"从"声与形主客体之间的关系。我在《两斋文明自觉论随笔》第1卷，第45—46页中，从"影响力"交往的角度，谈了"影响"的形与声关系问题。影来自形，响源于音，见影问形，寻音投响。影响力其实是一种交往力。形影不离，音响相连，二者的关系即有本源交往，也有反作用的互动。它表现于政治、经济、文化，也体现在民族、国家、地区，以思想而论，也有政治、经济、文化方面。政治思想也有很多内容。民族主义是一种政治思潮，本文要紧扣主题，不可泛泛而谈影响，而要细化到每一章每一节，分析其直接或间接的互动表现。分析得越细，说明力越强。当然是理论结合史实的分析，而不是抽象的论说。总之，要把"影响"具体化到西欧政治思想与阿拉伯民族主义问题之间的互动交往上。

（5）研究阿拉伯民族主义为何要选择1798—1918年？

这是该论文最大的历史实际问题，修改论文应该做准确而清晰的说明。这个时期有何特征与阿拉伯同期民族主义有何交往关联。它的起点和终点，它的发展阶段、转折、标志，它的代表人物和事件，有何历史发展和逻辑关系？这些问题要仔细思考一番，厘清其间的影响的思想交往的主要线索。1798—1918年这个历史实际是本论文的基本历史实际，从实际出发，首先要从这个历史实际出发，来思考西欧政治思想和阿拉伯民族主义问题之间的关系。二者究竟有何种交往，西欧在政治思想给阿拉伯民族主义形成带来了何种影响，一定要有具体事实、具体表现。当然，对此时期之前和之后，尤其是之后，也要指出背景和趋势、走向。这是基本历史观念所要求的，一定要深入到这个历史时期中间去，熟悉它，理解它！1798—1918年，阿拉伯—伊斯兰文明经历着一个怎样的阶段？也是在修改中要认真加以考虑的问题。只有解决这个问题，方能与同期西欧政治思想相对应、相联系。

（6）阿拉伯民族主义形成研究的课题，为何要以西欧政治思想的影响为视角？

这是在修改工作中要解决的理论问题。何谓理论？理论无非是关于事物内外联系和本质规律的揭示，无非是对主客体和内外因素交互作用的阐释，无非是发现问题、提出问题、分析问题和解决问题的理论化的结晶。该文第五章之所以特别薄弱，就在于对1798—1918年间西欧政治思想对阿拉伯民族主义影响这个问题，缺乏深入的理论思考。当然，这和作者掌握的资料欠缺有直接关系。如果有厚实的资料，就有思考的广阔基础，即使思维能力欠缺，也由于有厚实的资料而具有史料价值，从而为深入思考其间联系留下思考的理论空间。在进行再修改时，一定要多多搜集资料，多多益善，如有新资料的发现，那也是一大收获。资料、问题、理论，只有密切联系在一起，才有活力。文明交往的互动规律，是一般的规律，只作理论思考，而资料基础薄弱，那结论只能是空洞的、抽象的，是不能说明任何问题的。必须在大量经过检查考证确实资料的具体问题具体分析中，才能从中总结出具体的特征，总结出具体的结论。视角如果缺乏必需的事实、资料，那就如同建立在沙滩上的大楼一样。因此要解决为何以西欧政治思想为视角，要从一般的概念深入到它和同期阿拉伯民族主义形成问题紧密结合起来，以厚实的资料为基础，经过反复思考、修改，得出自己的独立见解。这个见解要集中在当时西欧政治思想对阿拉伯民族主义的影响问题上，思考其是如何影响的？如通过何种渠道、有何种形态、达到何种程度，等等。

（7）阿拉伯民族主义形成与现代民族主义问题之间有何源流关系？

这是论文修改工作中要解决的历史与现状联系问题。阿拉伯—伊斯兰传统政治思想是阿拉伯文明内在的思想资源，西欧政治思想是西方文明的外来思想资源。此种人类文明交往的内外交往，形成了近代和现代的阿拉伯民族主义。近现代东方民族主义的来源是欧洲，而被侵略的亚非阿拉伯民族，由于独立自强的内在需要，从欧洲学来了建立现代民族国家的思想——民族主义，并用它来反对外来侵略和复兴自己的文明。在人类文明交往史上，此种交往形态是"外源内合"的内外交往关系。"外源内合"是一个复杂而漫长的交往过程，1798—1918年只是它的开始时期。法国拿破仑军队的入侵埃及，穆罕默德·阿里改革、阿富汗尼的思想与行动、第一次世界大战的影响，无疑是文明交往的大事件，无疑是应当思考的源流问题。然而这是浮现在表面上的、人们易见的历史现象。从这些历史现象看本质，本文的任务是西欧政治思想的影响视角，往大一点看，是欧洲的视角，往远一点看是两次世界大战之间、之后的变化。这里把源流关系放在历史、理论、现实三个实际基点上，去发现许多孕育和隐藏于其中的各种政治思想因素。这些因素成为日后欧洲政治思想影响的起点。写1798—1918年，联系现实问题，追溯历史，站在历史的高处，展望未来，新见解、新的理论基础概括便会从中产生。我国学术界多么需要这些立于世界之林的思想理论上的大树乔木啊！对贯通古今的研究成果的产生，我们寄希望于青年一代学人。他们肩上的责任很大、任务也很光荣，当然，工作也特别艰巨。

（8）修改学位论文工作中，一定不要忘记问自己：在论文中有多少"自得的真知灼见"？

写学位论文，一般多讲创新，即新材料、新方法、新观点。我把创新具体化为"自得之见"，即经过努力而"自得的真知灼见"。这种自得之见是学人经过自己勤奋、严谨、求实、苦思之后博采诸家之长而融为自己的独立思想的见解。自得之见体现的是学术上的独立的主体精神。学位论文不能总停留在模仿的初级学习阶段，而要有自己探研中得到的独立主见。现在最大的问题不是一般的创新精神，而是缺乏固本的精神钙质。创新必须固本，需要综合精神素质基础，要有学术上的主心骨。"自得之见"所体现的是学术研究上的独立思维，是反对亦步亦趋、人云亦云的独立思考品格。我对今日攻读学位的莘莘学子说，你们在写作学位论文的时候，应当记住宋代学者姜夔的诗句："论文要得文中天，邯郸学步终不然。"（《送项平甫倅池阳》）邯郸学步的寓言是：战国时期，燕国寿陵的余子，到赵国邯郸去学赵国一种养身锻炼步行的技能，但他只知一味模仿，亦步亦趋地毫无创造，不但没有学到赵国的这种国能，反而把自己原本步行的本能都忘得一干二净，结果是"直匍匐而归"，是爬着回燕国的。这个寓言对当今在欧风美雨中跟着别人走、顺着别人说的没自己独立思考、独立主见的学者来说，不失为一剂清醒剂！对于写作、修改学位论文的博士研究生来说，这个寓言也是锻炼独立、自觉的学术品格的一个鉴戒。学贵自得，自得则自立。清代史学家全祖望的总结是："心明则本立。"这就是说，要有自知之明，要求得真知而明白的灼见。自己心中要有主见，要博采众长、消化吸收，形成自己独立的见解，而不是"随声依响以苟同"和"浮虚剽窃之言"。治学中，应当如我的"学行记"中所讲："博学而约取，审问而问学，慎思而自得，明辨而鉴裁，笃行而为公。"这也是修改工作中最应注意的，也是学术自觉性的锻炼。总之，自得之见的质量，决定着学位论文的质量。

以上八个问题，虽然仅仅是论文写作，特别是修改中要思考的一些点滴，但贯穿了一个治学中根本思维意识：问题意识。学术之道在学问。学问，学问，在学中问，在问中学，在学与问的互动中增长解决问题的知识准备、手段和功底。上面说，从历史、理论、现实三个实际出发，实质上是从这三个实际中的问题出发。没有问题意识，学位论文只能是泛泛而论，人云亦云。不仅是论文写作，整个研究生的学习都是围绕着问题进行。我在《两斋文明自觉论随笔》中提"九何而问"的命题，即："何时？何地？何人？何事？何故？何果？何类？何向？何为？"，这也完全适用研究生教育中问题意识的培养。这是一个治学自觉的周期率：从问题始，以问题终，一个问题解决之后，又引发另一个新问题，问疑不止，探研不已，由一个问题周期，上升到更新的周期。"九何"不限于"九"，它只是言问题之多而人的认识有限，使治学者更谦虚、更宽容、更有自知之明。问题意识的标尺应定在本体论、认识论、方法论和价值论四点上。所论问题的本位何在，不能偏离；要解决的问题，要有明确的界限与表达；对应该解决或不能解决的问题，要留有思考余地。

前面所讲的"论文要得文中天"的"天"，是学人治学的自觉，是学人自得的真知灼见的自觉。所谓"天意君须会，人间有佳文"，所谓"黄河落天走东海，万里写入胸怀间"。英国埃克塞特大学的校训是"吾侪（我们）紧随光明"。这篇培养博士研究生工作笔记顺此校训之义而用以下箴言作结束："吾侪追随人类文明，自觉珍惜学术生命。"

第 52 日

42. 让每个学生都放出自己的光彩

大学教育，无论是学士生、硕士生、博士生，甚至于博士后，都应当使他们在学习阶段发现自己的潜能，培育自己的智能，锻炼自己的德性，珍惜在校的每一天。

教育要因材施教，尊重学生的人格、爱好、兴趣，因人而异，不拘一格地育人。教育的目的不仅限于传授知识，而是通过传授知识、关注人格品位，达到人性良知的升华，让学生在自由、快乐的学习环境下，勤奋、严谨和富于独立思考地全面发展。

记得美国哈佛大学有一位校长说过，好的大学不仅仅在于培养了多少总统，而是要使每位学生都在受教育期间放射出自己人生的光彩。这是学校的责任，学校要关注每一个学生的学术生命存在，为他们创造成长的条件。这就是人类文明交往中的人文精神教育。教育在教书育人，而育人在爱人。"仁者爱人"，这是孔子的名言。在人文精神教育中，爱的教育是应当特别要强调的事。夏丏尊讲得很清楚："教育之没有情感，没有爱，如同池塘没有水一样。没有水，就不成其为池塘，没有爱就没有教育。"爱，表现在爱才，而爱才重在育才，育每个学生的独特之才。

教育是一个系统的立德树人、树人启智工程，只有物质与精神的平衡发展，才是人类文明交往良性的互动发展观。近代德国宗教改革思想家马丁·路德指出："一个国家的兴盛不在于国库的殷实、城堡的坚固或公共设施的华丽，而在于公民的文明素养，也就是人类所受的教育、人民的远见卓识和品格高下。"公民教育重视文明程度的提高，从细节上关爱学生的成长。我曾用元好问《同儿辈赋未开海棠》诗以喻发现学生潜力："枝间新绿一重重，小蕾深藏数点红。爱惜芳心莫轻吐，且教桃李闹春风。"成才有迟有早，教育要有爱人之心，以爱心的和煦的春风，绿满学生的心田。

我在中学学习时，是个偏狭的学生，只爱国文，不爱数理化，数学最差，高中毕业前还补考数学。但从高小到高中，国文总是第一名。以今日的教育制度，肯定早被淘汰。我的国文老师潘子实先生那时却对我说："做人要正直、诚实，对人要充满爱，品德是第一，学业要兼顾，有特长即可。"我记住这句话，它启迪着我人生之路。学习偏废，不足为训，要品学兼优，更要让自己在学习阶段绽放出异于别人的光彩。

美籍华人吴森把文化心态分为中国的"关怀"（Concern）型和西方的"探究"（Wonder）型两类哲学。情、理不同，思维方式有异，各有侧重，完全可以互补。关怀哲学用于师生交往体现了人与人之间以情感之爱为中心处理彼此关系。扩而大之，人只有在与亲人、家庭、他人、社会以及自然万物的关联交往中，以仁爱之心，以人智之慧，自觉地参与万物化育过程中，才能成就自己、他人和它者。

第 53 日　　　　　　　　　　　　　　　　**2012 年 2 月 22 日　星期三**

43. 学行记

人非生而知之，而是学而知之。学而知，知而行，这中间还有许多环节。《中庸》把从学到行具体化为"博学之，审问之，慎思之，明辨之，笃行之"这五个相互联系的环节。我把这五个环节理解为人类文明交往中的"学而知，知而行"的知行教育哲学理念，并且根据自己的体会，把它归结为如下的《学行记》：

　　博学而约取，审问而问学，慎思而自得，明辨而鉴裁，笃行而为公。

这个学行记贯通着连续而递进的五种学习思考意识和实践能力：

第一，博学而约取的选择意识和能力。博学是学习的基础，约取是学习的目的，二者是相辅相成的。博学为了广采众长，化为独立见解。仅仅"博学不可使议世"，这是《墨子·非儒》中对腐儒学究的界定。

《孟子·离娄》中明确地指出："博学而详说之，将以反说约也。"博而融会贯通，回归于约取，方能获得自觉。博学必须与约取相结合，约取不仅是学习方法，不仅是精专内容，而且是见解、是主见、是多见、是学习选择的原则和能力。孔子的"君子博学于文，约之以礼"、荀子的"吾尝跂而望矣，不如登高之博见也"，管子的"故圣人博闻多见"，这里的"约"、"见"，都是针对从善择而明，择善而从而约取意识和能力而言的。

第二，审问而问学的问题意识和能力。审问、问学是学习的导向和中枢。学问离不开审问与问学，要问自己，问别人，多问几个"为何"和"何为"，脑子中总得有几个问题，才能治学。审问，意味着详查、细问、周密、严谨的学习态度，目的是审错举谛，如《荀子·非相》所说，是"欲知亿万，则审一二"，从细微处着手细察释疑。在学习过程中，要以问题为导向和中心，从发现问题、提高问题、分析问题，直到解决问题，都表现出学者的审问和问学的独立意识和能力。

第三，严密、独立而自得的思考意识和能力。慎思与学思，都是在学习中思考探索问题的创新创造功夫。学与思、问与思必须结合。《论语·为政》讲得扼要："学而不思则罔，思而不学则殆。"《荀子·劝学》讲得深刻："吾尝终日而思矣，不始须臾之所学也"；"故诵数以贯之，思索以通之。"思、学、贯、通，都应有不迷信权威和肯定、否定互容的全面而变动的辩证思维。人的思维能力是分析、综合、推理等高级思想活动，有事实逻辑思维与形象感知思维方式之不同，学思就是使科学与艺术相结合，升华为智慧。

第四，明辨洞察的鉴裁意识与能力。鉴裁是一种思维和思辨力，是省察事物名实之理和利害之分、比较异同而明晰其是非曲直优劣之后而裁判的明知。鉴裁也是一种学习的鉴别力和思维条理脉络的清晰思路。鉴裁还是一种思理与才性互动的鉴识，其旨在借鉴和判别。《抱朴子·勖学》中有"才性有优劣，思理有修短，或有夙知而早成，或有提年而后喻"。晋代陆机在《荐戴若思书》中有相同的认识："思理足以研幽，才鉴足以辨物。"晋代庾亮也称赞王羲之的"清贵有鉴裁"之明。鉴别而得、鉴裁而美，它是在学行中提升智能和品格的人生乐趣和境界。

第五，笃行、求真、勤用的学习意识与能力。学为求真知，真知通过行方可获得，以行验知方有明理通哲的路径。中华文明传统中有重学习、勤实践的优良传统。学以致用，学用结合，言行一致，知行合一，渗透入中华文明的文脉之内。《礼·曲礼》中说："修身践言，谓之善行。"大善为公，大德为公，是为学之大道。这也就是脚踏实地地实行、实现所学的知识，笃厚、真诚、纯一、专心、矢志为公而勤学践行。

以上五种意识和能力，是人的主观能动性的表现。能力是重要的，它之所以成为重要的交往力，因为它是意识见之于实践的产物。俄国大文学家托尔斯泰在日记中说过："我在房间里抹擦灰尘，抹擦了一圈之后，记不得我是否抹擦过沙发。由于这是动物无意识的本能，我不能，而且也觉得不可能把这件事回忆起来。"他由此得出结论："如果许多人一辈子生活都是在无意识中度过，那么这种生活如同没有过一样。"有意识的生活，就是自觉而有意义的生活，这是学行的自觉。

以上五个环节是一个学行整体的意识与能力。"学而时习之"的"习"，不仅是复习，而且是践行、是检验。博学与约取、审问与问学、慎思与自得、明辨而鉴裁、笃行而为公，是一个学与行的互动和反复循环的螺旋式上升过程。这也是学而立人、立志、立德、树仁的实践过程。《论语》中有"博学而笃志，切问而近思，仁在其中矣"的话语，这是对学行的概括，是学、问、思、辨、行的学行精神和仁人志士关怀社会人生的人文情怀。

学行之中，慎思值得一提的是《韩非子·外传》中所说的与人交往的慎言行而致知的名句："申子曰：'慎而言也，人且知女；慎而行也，人且随女；有知见也，人且匿女；无知见也，人且意女；女有知也，人且臧女；女无知也，人且行女。'"这本来是指君主要在这六方面必须采取谨慎态度，以获得自知和知人之明。但这里没明确提出"慎思"。唐代皇甫湜在《薄冰赋》中看到这一点，他提出："行之止于三思，成实先于六慎。"三思而后行，六慎而后成，实践和成功，都与慎思慎行有因果联系。这是因为"行"是受慎思指导的。

学行观念的核心思想是独立思考、创新创造，是反对亦步变趋和人云亦云。我在本书自序中谈到"邯郸学步"的哲学寓言："且子不独闻夫寿陵余子之学行于邯郸欤？未得国能，又失其故行，直匍匐而归耳。"行"字与"步"字相通，所以又称为"邯郸学步"。燕国寿陵的余子到赵国学其"行步"的国能技艺，究竟是什么国艺？至今尚无定论。我想《抱朴子·登涉》中所说的"禹步三"的行步法，似可作为参考："又禹步法，立正，右足在前，左足在后，次复前右足，以右足从左足并，是第一步也。次复前右足，次前左足，以右足从左足并，是二步也。次复前右足，以右足从右足并，是三步也。如此禹步之道毕矣。……凡作天下百术，皆宜知禹步，不独此事也。"

这里"禹步三"的三步法，讲的是夏禹治水时，"疏河决江，十年不窥其家，生偏枯之病，步不相过，人曰禹步"。（《太平御览》卷2831引《尸子》）扬雄《法言·重黎》认为，大禹"治水土，涉山川，病足，故行跛也，而俗巫多效禹步"。这与《抱朴子·黄白》的巫师以"禹步"将"九""掷虎狼蛇蝮，皆即死"的记载相符。《睡虎地秦墓竹简》"日书甲种""乙种"有"禹步三"两处言说，某人扮"禹步三。"《马王堆汉墓医书校释》（壹）有八处谈到用巫术行医用"禹步三"行走状。《甘肃放马滩秦简》"日书甲、择行日"中，也有用"禹步三"择吉凶行日的记录。

可以看出，"邯郸学步"或"邯郸学行"与"禹步三"的行步法相似，是一种把大禹因治水而留下的跛足残疾的步法，加以巫化，用作治病养生的特殊行走养身锻炼步法。这种步法后来演化成为赵国的复杂"国艺"，很难学，余子只知亦步亦趋、机械模仿，又忘记"故行"、"故步"，只得爬行回家。从广深意义上讲，这是人生学习行走历程中的教训寓言。这个寓言在表明：学行观念是一种创造性学习哲学观念。

学行之中审问而问学是中心环节，善学者问疑不止，善思者问题常存。问与学和学人的学术生命相伴随，如果无质疑的问题，学人的学术生命就终结了。我常想起写《天问》的屈原，他以异常奇特的丰富想象力和问题意识，在《天问》中提出170多个问题，包括了天文、地理、哲学、文学等诸多领域，而且充满了借天问道、借古问今、质疑巫术的科学求索精神，可谓善学的大智者。学问与问学，关键在虚心勤问、勤思慎思，如汉代司马相如所说："学行宜驰骛乎兼容并包，而勤思乎参天贰地。"王夫子提倡"格物""致知"二者相济，又主张"行可兼知，知不可兼行"。实际上，知行都是学习实践的统一体。学人宜诚抱谦虚之拳而深知自己之不足，学无疆、问无疆、思无疆、辨无疆、行无疆，学采百花之精，勤酿自己之蜜。天降甘露、地出醴泉、人成巨才，此为《学行记》的要旨所在。学与行，需要"君子不可以不宏毅，任重而道远"。这就是："大道至简又不简，知难行难也不难，键在底线、适度、限界间，理在文明交往自觉观。"（见我写的《题赠西北大学郭立宏校长诗》)

第 54 日   2012 年 2 月 23 日　星期四

44. 张奚若的"三点之教"

陕西朝邑先贤张奚若被金岳霖称为"三点之教"的大学者。在 20 世纪 30 年代中期，金岳霖送张奚若回西安，写了一篇游戏文章，全文如下：

敬启者，朝邑亦农公奚若先生不日云游关内，同人等忝列向墙，泽润于"三点之教"者（张奚若讲话总喜欢说："我要讲三点……"金先生跟他开玩笑，称他为"三点之教"者——笔者）。数十礼拜于兹矣。虽鼠饮河不满腹，而醍醐灌顶泽及终身，幸师道之有承，勿高飞而远引，望长安于日下，怅离别于来兹。不有酬酢之私，无以答饮水思源之意，若无欢送之集，何以表崇德报恩之心。兹于星期六下午四时假座湖南饭店开欢送大会，凡我同门，届时惠临为盼。

门生杨景任①

再门生陶孟和、沈性仁、梁思成、林徽因、陈岱荪、邓叔存、金岳霖启。

---

① 杨景任，是张奚若第二任妻子，是在苏格兰时结婚的。金岳霖在巴黎认识她。

金岳霖提出的"三点之教",这是"三"的哲学思维方式又一例证。"三"为"多"的符号,所谓"一而二,二而三"、"再三",是对"一分为二"的辩证复杂化表述。在中华文明中,"三"所表现的事物不胜枚举。"三"不但为精英文化,而且遍及于大众文化之中。古代文学四大名著之一的《三国演义》是讲"三"的较为集中的书。相声中就有脍炙人口"苏(文茂)批'三国'",集中了《三国演义》中关于"三"的趣话,形象地述说了"三"在该书中的广泛应用。

金岳霖说张奚若"三点之教",也是张奚若的深厚中华文明底蕴的外露。金岳霖把这种讲话的思维方式称为"三点",并且被金岳霖总结为"教",使人不禁联想起与张奚若同姓的宋代关中先哲张载①的"四句教":"为天地立心,为生民立道,为去圣继绝学,为万世开太平。""四"是"三"的更多的符号表达,也是"一"与"多"的哲学思维。金岳霖是张奚若在美国留学时的同学,他用周培源夫人王蒂征的评说:张奚若不是"三点之教",而是"四方形"的人。金岳霖解释说:"四方形的角是很尖的,谁要碰上角,当然是不好受的。可是这四方形的四边是非常广泛,又非常之和蔼可亲的。同时他既是一个外洋留学生,又是一个保存了中国风格的学者。""四"是"三"加"一",还是"多",都是张奚若的独特风格。

从张奚若到张载,从"三点之教"到"四句教",再到对王蒂征"四方形"人的解读,可见金岳霖对他这位老朋友知之甚深。他知道张奚若是中西文明交往中成长出来敢于直言、敢于说真话的人。在新中国成立前,他得罪了蒋介石;新中国成立后,因为说了极"左"思潮是"好大喜功,急功近利,藐视古人,迷信未来"的"四句"话,而差一点被打成右派。我想,金岳霖"三点之教者"的幽默称谓,一定与张载的"四句教"有直接关联,而王蒂征的"四方形"人则是对张奚若品格的直接描绘。

---

① 张载祖籍河南开封,但从小居住在陕西眉县横渠镇,晚年又回该镇,学者称为"横渠先生",讲道关中,创立关学,可谓关中先贤。

第 55 日　　　　　　　　　　**2012 年 2 月 24 日　星期五**

45. 巴别塔之梦

巴别塔（Babel Tower），音译又有"巴比塔"、"罢伯尔塔"，意译为"通天塔"。它源于犹太教、基督教的《圣经·旧约》，说的是挪亚的子孙拟建造而未能完成的摩天高塔。挪亚的子孙迁至示拿地方，在这一带平原地区定居，共同商议合造一城和一塔直通天庭。上帝因其狂妄而责罚他们，于是混乱其语言，使他们各有不同语言而不能彼此沟通理解，于是四散而走，致使通天塔无法修成。拟议中的"城"被称为"巴别城"，"塔"被称为"巴别塔"。"巴别"（Babel），意为"混乱"。在西方文学中常用"巴别塔"比喻空想计划。"巴别塔之梦"是西方文明中一个沟通天人之间的梦想，却被上帝阻挠而破灭了。

上帝用语言壁垒阻止了人们与自然和人与人之间的交往，但人们在现实交往中却不断努力重筑互通之塔。2011 年，在被联合国教科文组织宣布为"世界图书之都"的阿根廷首都布宜诺斯艾利斯，女艺术家玛尔塔·米努欣用三万本图书，在金属支架上装置了"通天书塔"作为献礼。她相信"任何东西都是艺术"。她认为："我不知道为什么我们有不同的语言"，并且坚信"艺术不需要翻译"。阿根廷大作家博尔赫斯有小说《通天塔图书馆》。这是最近时期人们希望打破上帝造成的语言壁垒的又一个行动。

的确，语言是枯燥难学的，学习语言需要特殊的天赋和非凡的毅力。我见到现有资料中，语言天才当推 19 世纪意大利博洛尼亚红衣主教约瑟夫·卡斯帕·梅佐凡蒂（Joseph Caspar Mezzofanti, 1774—1894）。他能讲 72 种语言，精通 30 种。

迈克尔·爱德（Michael Erard）写了一本著作：《告别巴别塔：寻找世界上最超群的语言天才》（Babel No More：The Search for the World's Most Extraor dinary Language Learners）。他在查阅梅佐凡蒂的档案中，发现了整撰的卡片，全都是各种语言的词卡。他在这本著作中的结论是"对梅佐凡蒂的大脑来说，学习卡片并不枯燥，甚至乐在其中。是天赋和学习的乐趣，打通了一种良性循环，我在羡慕之余甚至觉得神奇。但是，说实在，他只是将我们认为的枯燥语言的学习，看作是极大的乐趣。"先天的禀赋，加上后天的勤奋刻苦，再加上兴趣、爱好和乐趣，终于使梅佐凡蒂成为语言奇才。天赋是重要的，可以说是独有的。有人说，在成功人士中，勤奋、刻苦、爱好、兴趣，坚韧不拔等因素占90%，而天赋占10%。但不要忘记，这10%的天赋是造成杰出人才因素中最重要的因素。当然，这个因素只有在与勤奋、坚毅的后天努力的结合之中，才能放出灿烂的人才光辉。天赋中等的人和天赋上乘的人，都付出了同等劳动，前者肯定不会超过后者。人人皆可通过辛劳和坚持、坚韧成才，这也是对的。成才的大小就看先天禀赋与后天努力相结合的程度了。

梅佐凡蒂是一位研究语言的天才人物。他之所以成为奇才，是因为他的天赋和学习乐趣之间互动合力的良性循环，才打通了成才之路。勤学、善学、乐学，融入时代大潮，提高文明交往自觉，树人启智成为栋梁之材，乐在手脑互动之间，信哉！

梅佐凡蒂学习语言，是为了读懂世界各地文化典籍，感受异域原汁原味生活气息和语言背后的文化内涵。他"想拥抱全世界的文明"，实现"巴别塔"之梦，从中获取人类文明交往自觉，壮哉！

第 56 日   2012 年 2 月 25 日   星期六

46. 治学游弋于个性、共性与相对、绝对之间

H. 卡尔在《历史是什么》一书中有一个观点："历史所涉及的是独特性与普遍性之间的关系。"从历史哲学角度讲，这也是个性与共性、相对与绝对之间、之际的关系问题。

"之间"、"之际"是文明交往的关键性概念。交往之理，因其属性为动态而表现为间际联系，间际联系之理因其关系特性而表现为互动和相互作用。间际交往互动的自觉，是文明的自觉理念。此理也适用于治学，当然也对治史适用。交往在天人之际、在人人之间进行，因此，可

以说交往是间、际之学。

治学讲求"通","通"是良性交往的结果。在学术上取得大成果，成为学术大家，也就在学问上"通"了。"通"实质上是在间际联系上对事物的融会贯通。

"通"，人多理解为"知道得多"。从治学的时间和空间的跨度大、跨学科、学贯中西来讲，这是有道理的。然而这只是表层上的认识。在广深的科学海洋上，在复杂的学理方面，真正究其底奥，达到曲径通幽的境界，根本上在于辩证、历史和全面地游弋于个性、共性与相对、绝对之间。

"通"的入口处是具体、个别的学术问题，深入其中，在个性中找共性，在相对中觅绝对，由知识到理论，由特征到规律。"通"的出口处是走出个别、相对，经分析、比较、综合、提炼，从广度深入到底蕴。"出"之后，再"入"，游弋于出入之中，积累造诣，由低到高，由浅入深，在某个领域构建出学术框架和理论系统，成一家之言，达到"通"的境界。

这就是反复地、不断地游弋于个性与共性、相对与绝对，再从共性、绝对到相对的知识理性思维的海洋之中。学无止境，学然后知不足。独特性与普遍性、共性与个性、相对与绝对之间的关系，必须用交往互动的历史观念来观察。"之间"，就是各种联系的关节处，"之际"，是事物关系中的枢纽处。间际的交往之学，就是要深入地理解这种历史联系，必须用人类文明交往的历史观念具体进行探研。个性、共性，相对、绝对的治学之理是无穷尽的。正如柯林武德在《历史的观念》中所说："由于同样的理由，在历史学中，正像在一切严肃的问题上一样，任何成就都不是最终的。"

第 57 日   2012 年 2 月 26 日　星期日

47. 约翰·凯里的《阅读的至乐》

约翰·凯里的《阅读的至乐》一书，英文名字是 *Pure Pleasure：A*

Guide to the 20th Century's Most Enjoyable Books，而 Pure Pleasure 的中文意思是"纯粹的愉悦"。

这位英国牛津大学默顿学院的英语教授、文学批评家为此宗旨，在文学作品中选了 20 世纪的 50 本令人最快乐的书，加以评论。他认为，文学应体现对平民的关怀，主张纯审美的文学阅读，与哈罗德·布鲁姆的《西方正典》殊途同归。

凯里认为，艺术的使命是审美，艺术的本质特征是有机体。艺术不同于在钢筋水泥地基上建筑起来的大楼，而是扎根于大地的历史演进中的有生命力、为历史主体（民众）接受的审美自身。先有审美的至乐，然后才有知识、道德、政治，文学是心灵的自由，如黑格尔所说，审美给人以解放之感，其中无非是一个"乐"字。

乐在手脑互动间，绝不是物质消费型的感观快感，而是白纸黑字的相互交谈的精神至乐。这种乐趣是有精神灵魂、有思想和判断主体的自由与独立，有人类的文明在于交往自觉之中。文学与史学在这里有相通之处，作者与读者有共鸣之处。布鲁姆说："一个学者是一根蜡烛，所有人的爱和愿望会点燃它。"我的《烛照文明》与凯里的《阅读的至乐》也在此接近，爱和愿望的蜡烛也可以点燃，使之人文而明之。

康德在《判断力批判》中，曾把审美作为一种判断力，其根源在于无功利的快乐感。如此说来，审美带来的是"纯粹的愉悦"，从中而来的读书是一种"诗意治学"的"至乐"境界了。这也是人类文明交往自觉之乐。

第 58 日 　　　　　　　　　　　　**2012 年 2 月 27 日　星期一**

48. 学术随笔、手记，可上权威刊物

按说，学术随笔、手记之类的文章，难上大雅学术之堂，算不上学术论著。近多次读刘易斯·托马斯《细胞生命的礼赞》，仔细思考，该

书的副标题为"一个生物学观察者的手记"。学术手记也就是学术随笔，最初是在国际上非常权威的医学专业刊物《新英格兰医学杂志》上连载，这在中国同类医学杂志上，是绝对不可能出现的事。该杂志以专栏形式连载这些文体形式并非学术论文的"随笔"，充分说明了办刊者的独特眼力和高广编辑水平，也说明了作者行文的独特思想风格引起编者的重视。

学术手记、随笔式的学术论文的最大优点是灵活、生动、可读性强，它的读者面更广，社会影响更广泛，作者和读者也会更多地袒露心声进行交往互动。我有一些此类论人类文明交往问题的学术手记，成书者如《松榆斋百记》。特别是《两斋文明自觉论随笔》（三卷）共137万字，由中国社会科学出版社出版，但从未想到将其与学术刊物挂钩。由《细胞生命的礼赞——一个生物学观察者的手记》在专业权威刊物连载而后结集成书一事，我想中国学术界也应当为学人创造此种社会文明交往环境，允许学人也以此种学术文体出现于学术刊物之中，现在我们总在谈医生的种种问题，我由此想，为他们创造一种社会环境，在更高要求下，将有刘易斯这样的学术修养和表现的学人介绍给更多读者。人文社会科学也希望有一天能有此改变。

不过，情况都在变。最近我的《两斋文明自觉论随笔》已在陕西高校社会科学成果评奖中，被评为优秀成果一等奖。这可以说是一个很好的开端。这是一本学术随笔，中心是我由文明交往论深入到文明交往自觉论的思路记录。能被评上学术著作一等奖，也是评委们的独特眼力和开明思路。西北大学中东所最近又将此书报陕西社会科学奖评选，不知结果如何。但能接纳入评，已属"改革开放"之举了。听说很有可能获得陕西省哲学社会科学优秀成果一等奖（注：该书已被评为2013年陕西省哲学社会科学优秀成果荣誉奖）。这真是事情正在起变化，文明交往使学术文体的随笔也可能登上领奖台了。

第 59 日   <u>2012 年 2 月 28 日   星期二</u>

49. 专心而致志

专心致志是我的治学理念。

我在 2010 年人民出版社出版的《中东史》后记中解释这一理念时，用了马克思援引但丁《神曲》中的一句话："走自己的路，任别人去说罢！"（第 532 页）

专心走自己的治学之路，心无旁骛，如务农、务商、务工、务政一样。须知从事于各种事业，都致力、致心、致责，都要一心一意走自己选择的路，坚定、坚持、坚守自己的信仰，毫不动摇，方能有所成。

专心致志的"志"就是志向，为此志向，有勇有智地向前行走，任别人去说三道四而不顾，而不动摇。"任别人去说罢"不是高傲，而是一种冷静的谦虚态度，是宏大的宽容精神，是一种坚持真理、修正错误的治学品格自信的态度。任别人去说，其实这里的"人"不仅是当前的人，他们说完全不算数，更重要的是后世之人去评论才是真的。作品有无价值，重在后人评价。于右任有对联说："谋利当谋天下利，求名当求后世名。"专心循此路径谓之致志。"有志者事竟成"，学人学问，要作坚定的"有志者"。

第 60 日   <u>2012 年 2 月 29 日   星期三</u>

50. 宁静而致远

"书籍是人类最宁静、最永恒的朋友，也是最易接近和最具智慧的顾问，还是最有耐心的良师益友。"艾略特这位英国文学家所说的这句有关宁静致远的话发人深思，他把"宁静"和"永恒"相联系，比起我们一般理解的"宁静致远"的"远"更远。

艾略符强调指出：

> 宁静相对于浮躁，相对于急功近利的骚动不安。此种宁静是心灵的和谐，是治学理念中的宁静致远，虽然不可能是"永恒"，但至少可以长期伴随着人们学有所得，学有所成。

治学离不开读书，书籍是人类文明的阶梯。人类文明交往要从书籍这个阶梯攀登而上。但人们在攀登拾级而上的过程中，会发现书籍宁静的品格。书籍静静在书架上躺着，耐心等着识货的友人。艾略特认为书籍作为人类最宁静永恒的朋友时，对书籍的其他特性用"最易接近"、"最具智慧"、"最有耐心"来形容书籍的顾问和师友作用，确是有体会之言。学问于书籍，求教于书籍，在交往中找朋友、找顾问、找良师益友，千万不要忘记找书籍。在人类文明交往中，学习是终生的事，要问学习观中首要的事，那就是"读书破万卷"。书籍是文明的宝山，入宝山绝不会空手而归。要有文明交往自觉，勤奋地读书吧！

第 61 日　　　　　　　　　　　**2012 年 3 月 1 日　星期四**

51. 学术生命

只有一种东西可以占有真正学者的一切，那就是学术。

人为何生？天地生人，各人有各人之事业，人生必为一件大事业而来。这大事业就是要他完成的具体事业。

我在 2000 年商务印书馆出版的《中东国家通史》的卷首叙意中引用了奥地利精神病医学家维克多·弗兰克《活出意义来》一书中这样一段话："一个人不能去寻找抽象的生命意义，每个人都有他的特殊天赋或使命，而此使命是需要他具体去实现。他的生命无法重复，也不可取代。所以，每一个人都是独立的，也只有他具有特殊的机遇去完成其独特的天赋使命。"孔子说："五十而知天命。"这"天命"就是人为了自己事业而担当的独特"天职使命"。

人应当找出生命的意义，特别是要找出每一个时期中的"特殊生命意义"。当一个人走向治学之路，成为学者，学术便成为他的生命。学者对"人为何而治学问"的问题的答案只有一个：学术。学术，简单而纯粹，那就是学者的人生。学者的生理生命和学术生命是融为一体的，学术与生命是互等共融的、合二而一的。

读书、见闻、思考，伏案写作；将独立思想之所得，见之于笔端，跃然于纸上，成之于一家之言的书文，都是为了学术，都是为人类文明交往自觉增添一分烛光。纸和笔，随时待命。无论何时，博学约取，审问慎思，明辨笃行；无论何时，想问题之所在，抓住这一瞬即逝的学术灵感，立即记录下来。时间就是生命，日积月累，为文不已，积少成多。一日千把字，一月就是三万字，一年就是三十多万字。勤是磨炼出来的，"只要功夫深，铁杵也能磨成针。"书文是勤写耕耘出的智力之果。

独立思想是学术的灵魂。学者没有自己独立的思想和创造，不能成为真正意义上的学者，生命也就缺乏智慧光彩。学者要永远置身于学术史的历史制高点上，站在本学科的前沿阵地上思考自己创造的劳动价值的位置。

第 62 日　　　　　　　　　　　　2012 年 3 月 2 日　星期五

52. 诗意的治学美

美，是文明的品质，是人类人性中的良知，也是治学的诗意生活追求。

①美有多义，多与好、善相关。如由味、色、声、态诸感而引起美好感，进而引申的各种对事物的美好感，如容貌、才德、品质、德行的美好表现。美与善相通，因为善良即美好，如善意，如尽善尽美。美的对立面是丑，正如真的对立面是假、善的对立面是恶一样，是互动的、

互比的、互相对立的，并且是在一定条件之下会互相转化的，是按人类文明交往的互动规律发展的。

美的观念和真、善的观念一样，是历史性、时代性、民族性的。恩格斯在《反杜林论》中说："善恶观念从一个民族到另一个民族、从一个时代到另一个时代变得这样厉害，以致它们常常是相互直接矛盾的。"①其所以如此多变，正因为这些观念不能凌驾于历史性、时代性和民族性之上，正因为它们归根结底是当时社会经济状况的产物，特别是当时生产和交换的实际经济关系的产物。在这些观念形成独立形态时，它们也有自己独特的变化规律，这就增加了问题的复杂性。人们的这些观念自觉或不自觉地从其中产生，而且从其对历史发展是否起促进作用、是否顺应时代和民族的进步来进行评判这些观念。

②美丽，这不是一般的名词，而是和人类文明交往有关的美丽观念。汉代王充在《论衡》中说："天文人文，文岂徒调美弄笔为美丽之观哉？"这里谈的是天人之学，谈的是大自然和人类之间的交往关系。"天文"与"人文"的"文"是一个交往观念，不是在书画艺术的技术层面上"调笔弄墨"的简单技巧上的功夫，而是在理念、观念的思维理论层面上要着力多思、用心用意下力气的功夫。天人之学，关键在天人之际的深层思想交往，这就是"文而化之，文而明之"的理论思维问题。《易经》中有"刚柔之际，义无咎也"的论题。在此论题的注中解释说："义犹理也"，理即道理、意义、作用，即理论思维。解决刚柔之际的交往互动关系，其尺度在"义"，在理论、理念层面的思维层面和方式，这和天人之际的联系问题是相通的。人类文明交往进程的关节点，往往都发生在"之际"。司马迁敏锐地看到了这一点，他提出"究天人之际"，倡导研究天人之际的联系。司马迁杰出之处在于没有停留于这个关节点，而且把它引出历史进程和自我独立思想的高度，提出了"通古今之变，成一家之言"与"究天人之际"，组成一个整体，深化了"天文人文"的美丽观念。这是一个"史家之绝唱，无韵之离骚"的历史观念。

③美育：蔡元培提出用美育代替宗教的美育观值得重视。通过艺术

---

① 《马克思恩格斯选集》第三卷，人民出版社1972年版，第132页。

等审美方式，来达到教育人的目的，使受教育者具有对自然美、艺术美的感受力、欣赏力、鉴赏力、创造力，从而激发出美的情操、艺术的创造力，这是人类文明程度、行为与道德品质的形成问题。美育与德、智、体是相互联系、相互渗透又相互区别的教育。蔡元培是德国留学的，而美育这一概念最早是德国席勒在1795年的《美育书简》中提出的。关于美学的研究，在德国已成为文明传统，1750年鲍姆加登出版《美学》，认为感性认识的完善即美，否则即丑，并称"美学"为感性认识的科学和以美的方式去思维的艺术。1846—1858年弗里德里希·费希尔写成《美学或美的科学》共6卷，提出"美是理想与现实的统一"，而理想必须克服现实中"偶然机会的王国"去显示事物的本质。1876年费希纳出版实验美学的代表作《美学导论》，标志美学向心理学方向转变。1903—1906年里普斯写成两卷本《美学》，主张"审美移情说"。至于黑格尔的《美学讲演录》则是把辩证法应用于美学研究，形成了美学体系，认为美是人的"自我创造"。这些关于美学研究的传统，影响了蔡元培，使他对美育有了自己的看法。这是中德文明交往中关于美学思想的产物。

④美感，即广义的审美意识和狭义的美的感受的结合。它是人类文明交往中身心交往的反映，其基本因素有：感觉、知觉、表象、联想、想象、情感、思维、意志等方面。它因民族、时代、地域、文化修养、个性、经济、爱好诸多因素而各异，然而，共同的物质条件、心理机能及其他因素又有美感的共性。美感的基本特征是心理、心态境界的差异性和共同性的统一，其作用是创造美的心理基础，它的整体形态是客观制约性与主观能动性的统一体，是个体愉悦性与社会客观功利性的统一体，是形象的直觉性与理智性的统一体。1896年美国桑塔亚那有《美感》一书初版，主要运用心理学的内省法，从心灵陶醉于美的观照的观点出发，探讨了生理快感与审美快感的区别，认为审美快感既非无利害观念，又非它的普遍性，而是在于它的"客观化"。这是一部自然主义美学代表作。总之，美感、审美都是文明交往中的养心养德的表现。

⑤诗意治学美，美一般指艺术美，我在治学中提出了"诗意治学"，这是学术上的审美境界，是一种在科学研究实践中与研究对象探研和表现的思想感情融合一致而形成的学术交往境界。我在《书路

鸿踪录》的跋中，引用了马克思在《1844 年经济哲学手稿》中关于"人也按照美的规律来建造"①，来"改造"，来"创造"的话，进而把科学研究看成是"美的规律"，而"美的规律"是创造世界的生命活动最高境界的规律。我认为："在科学研究中首先要追求真，但美涵盖真而又高于真；在科学研究中也要追求善，但尽善而后是尽美……真、善、美是一个递进层次的、逐步上升的统一过程，我求真、向善、更爱美，总要尽力使自己的论著美些，再美些，更美些，尽量使文采行而远，语言顺而雅，独立原创力强些，思想锋芒的智慧之光更亮些。"所有这一切，都是产生在按美的规律生活的诗意治学意境之中。诗意治学要形成气度、韵味和神情。鲁迅在《亥年残秋偶作》中的"曾惊秋肃临天下，敢遣春温上笔端"佳句，就诗意地表现了这种治学美。

第 63 日　　　　　　　　　　　　　　2012 年 3 月 3 日　星期六

53. 从基辛格语录出发的学者

威廉·恩道尔，毕业于美国普林斯顿大学，因对祖国的失望而移居英国。他既失望于美国经济上的衰落，又失望于美国精神和道德的沉沦。他最为不安的是美国出兵海外的军事行动。此时，他从基辛格的战略思维性的语录出发，走上了学术研究之路：

威廉·恩道尔研究路径是批判美国银行家和石油资本家，批评转基因农业，批评受财团影响的权威杂志《科学》《自然》《科学美国人》和《经济学人》。

他到达研究的出发点以后，将思路具体化为两点：第一，石油。"谁控制了石油，谁就控制了世界"，他说，这是"美国在冷战乃至今日世界政策的出发点，也是我思考世界秩序的起点。我之后出版的几本书都是在此基础上完成的"。如《石油战争》一书，是美国侵略伊拉克

① 《马克思恩格斯选集》第四十二卷，人民出版社 1979 年版。

战争之后写成的。他根据苏联的科学研究成果，推翻了"石油是远古生物沉积形成"的理论，而提出了"石油真正的来源是距地面200公里处地幔上层的无机物质"的理论。他认为，此理论已在苏联和越南开采的油田中得到了证实。他由此推论，现在形成的世界石油秩序，是美国财团为了提高油价而控制其他国家开采和进口石油而联合策划的一个阴谋。他认为，美国石油战略的下一目标是中国。因此，在《石油战争》一书的中国首发式上，他希望中国未来能成为抗衡美国的力量。他在《石油大棋局》一书中，希望他的"石油无穷尽论"能在中国取得实质性的进展，希望中国因此在国际上更加独立。

第二，粮食，其代表作是《粮食危机》。在此书前言中，认为美国提倡的转基因粮食计划是一个"种族灭绝的行为"。他发现美国几家和转基因粮食有关的公司与五角大楼关系密切，他们曾经研究制造生化武器。例如，创建美国优生协会的约翰·洛克菲勒公司和基金会，此种优生学和基因工程挂钩。许多转基因粮食作物种子无法繁殖，而谁控制了种子，也就控制了粮食种植，最终也控制了人口的增长。粮食是主要的农产品，它关系着食物安全。所谓食物安全，应该是保障人们在任何时候能够通过适当途径获取充足、优质、营养、合理的食物供给，满足人们生存与健康的食物需求。食物与农业之间的关系密切；而农业是一个技术、经济、政治和国家安全的统一体。农业是支撑着人类文明进化史的多功能产业，它关系到粮食安全和食物安全。应该从21世纪国际竞争交往高度去认知农业和粮食。美国是工业社会，但农业部是与国防部同等重要的部门，人们说，美国打击世界的武器不是核武器，而是农产品，尤其是粮食。

这两种研究发现，有待于时间的检验。但67岁的威廉·恩道尔认为，他最大的敌人（反对者）是人们的惰性。他说："许多人都囿于他们固有的成见而不相信我的结论。"转基因粮食是一个有待于科学证实和实验证明的问题，暂且不论。而石油则是一个现实的政治问题。基辛格的"谁控制了石油，谁就控制了所有国家"的语录，则使人想起马汉《海军战略论》的名言："谁控制了海洋，谁就统治了世界。"虽然今日信息时代，还有空权论，但此论仍没有过时。海洋占地球表面面积71%，它与人类生存息息相关，与国家命运紧密相连。正在发展中的中国，尤其要高度关注它。人类的持久和平与共同繁荣，也与科学开发海洋经济、海洋生态文明息息相关，而维护海洋权益，又是人类互助合作的前提。

基辛格是一位国际政治学者，他自然通晓马汉的《海军战略论》，但他是根据当代情况而关注石油和粮食。他的有关论点，也使人想起英国地理学家哈尔福德·麦金德提出的"地缘政治论"（1904 年的《历史的地理中枢》和 1919 年的《民主思想和现实》）。他的名言是："谁统治了东欧，谁就控制了心脏地区；谁统治心脏地区，谁就控制了世界岛，谁统治世界岛；谁就控制了全世界。"他把东欧当作"心脏地区"，把欧、亚、非称为"世界岛"。这是一种"陆权论"，渊源于瑞典的鲁道夫·切连（《生命形态之国家观》）和德国弗里德里克·拉采乐的"生存空间是一国国力的真正关键"的理论。麦金德的追随者是德国地理学与军事学家卡尔·豪斯贺费尔，其名著是《太平洋地缘政治学》（1924），此外他还主编了《地缘政治理论杂志》。豪斯贺费尔与希特勒一度关系密切，其犹太夫人被希特勒破例授予"名誉亚利安人"称号。但后来希特勒不信任他的政治理论而大反犹太人，在第二次世界大战后豪斯贺费尔夫妇双双自杀。麦金德的"陆权论"忽视"空权论"，赫里克斯批评"陆权论"时说："空间是无限的……空权只能以空权加以抑制；空权不受'心脏地带影响'……今天的战略公式应该是：谁控制飞机，谁就控制了基地；谁控制了基地，谁就控制了空间；谁统治了空间，谁就控制了世界。"麦金德死于 1947 年，他的理论与马汉"海权论"以及"空权论"都有其一定道理，对人类文明交往、世界安全都有启示作用。这正如基辛格和恩道尔的石油、粮食论一样，对工业、对人类生存、对人们思考文明交往互动规律有所裨益。

第四编

哲人哲语

编前叙意

哲人为人中最善于运用理论思维思考人类文明问题的人，而且是思考人类文明交往的自觉性较为深入的人。

哲人必有哲语，而哲语因人、因地、因时、因文明传统而表现为不同的文明基因和思维方式。不同的哲学家留给后代的宝贵财富正是这些解释世界、反思历史、改造现实世界的理念和思维方式。

哲人哲语中体现着不同的认识论和宇宙观，如互为客体者所着重于整体性、综合性、关联性和主客二分对立者所强调的客观性、确定性、分析性、定理性；如万物一体论者的人与万物相融成为一个世界和二元对立论者的主体思维世界与客体存在的两个世界。

哲人哲语中也体现着不同的人生观和人格，有的强调人与人之间的相互依存，休戚与共；有的强调个人自由和独立性；有的是社会、政治、实践家的哲语；有的是教师、学者、理论家的哲语。

哲人哲语中有一个值得思考的问题，是为何有些人是这类哲学家：他们力行实践用世、载体诗文、以"六经皆史"或以史为鉴的哲学，即文史哲不分家；而另一些人则又是这类哲学家：他们重视理论思辨，逻辑推理，研究数学、物理学、天文学等自然科学，即哲学与自然科学不分家。无论是哪类哲学家的哲言，都不是空谈玄论，因为只有社会文明意义上的哲论，才具有学术性。

上述这些问题的提出，其答案就在问题本身之中，解决问题之道也在其中，这就是人类文明交往自觉之道：哲学有不同特质，也有各种差异，只有在彼此理解、相互欣赏、互为讨论、互鉴互容的良性交往中取长补短，才能共同为人类创造、熔铸出新的哲学成果。

哲学是文化的灵魂，而文化是文明的核心。哲学犹如文化文明大树之根，用理论思维滋养着枝叶花果，通过哲人哲语启示着人类文明交往的自觉。

第 64 日

54. 栖息的哲学

"诗意栖息"是当今中国文坛盛行的存在主义的流行哲学语言。

在西方哲学家中，有很多人对于哲学抱有神圣感。他们关注、理解生命的意义，着重在哲学思辨中找到尊严、不朽和永恒。存在主义者海德格尔借用荷尔德林的"人建功立业，'但诗意地'，人栖息于大地之上"的人性心灵诗句，将其转化为哲学语言，其中蕴藏着审美的人生品位。① 海德格尔强调人生命的意义，在于把"生存"提高到"生活"。他认为，"生存"只是一种物理实事，只有"生活"才标志着生命的意义。人是灵与肉的双重存在，只有从物质与精神两个层面来完善充实自我身心，才能达到存在的平衡与和谐。把"诗意栖息"概念用于人的价值生活哲学，译文撷取中华文化中"鸟栖于树，人息于山"之自然生态美，不禁使人想起唐代韦应物的《答裴处士诗》："况子逸超群，栖息蓬蒿间。"也使人想起波斯作家萨迪的话："有智慧而不将其灌注于生活中的人，犹如一个只知耕田而不播种的农夫。"诗意栖息，实质是人类文明交往的智慧生活哲学。

人建功立业的劳作，给哲学研究思辨者带来无穷无尽的人生意义、精神升华和灵魂不朽的愉悦。西方哲学家在追求永恒与不朽，这在中国也有相似相通的语意，如"太上有立德，其次有立功，其次有立言。虽久不废，此之谓不朽"。《左传·襄公二四年》中所说的这种"三不朽"，体现了中华文明中类似西方文明的"人建功立业，但诗意地，人栖息于大地之上"的人生尊严、不朽和永恒意义的追求。

存在主义的根本特点是把存在分为"自在"存在与"自为"存在。前者仅仅是自然存在的，是有其存在的现实条件；后者是经过自身努

---

① 海德格尔在《荷尔德林诗的阐释》中说："本书的一系列阐释无意于成为文学史研究论文和美学论文。这些阐释乃出自一种思的必然性。"这里的一个"思"字，道出了哲思诗意治学的真谛。经过海德格尔的哲理思维，把荷尔德林的"诗意栖息"的诗阐释为一切劳动者的审美境界和乐趣世界。

力，通过改变条件而使"自在"朝着满足自身要求的方向发展；前者并非人类的有意识选择。缺乏符合人的意向性而不具备社会性价值判断；后者则是人的自觉行为，使"自在"变为"自为"。"人建功立业"正是人自觉劳作行动而诗意栖息于大地之上，而不是"存在即合理"的伦理自然主义。

"存在"是存在主义哲学的"上帝"。"思存在"而成为一代宗师的萨特即其代表；而海德格尔则用"本有"来表达，又以"栖息"于大地之上的诗意来体现。哲学是百科之魂，它必然贯穿、附着、飘动于各学科之中，自然也影响到历史学方面。例如美国全球论史学家斯塔夫里阿诺斯就呼吁史学家做"栖息"于"月球上的观察者"，重新审视人世间的事变。

英国哲学家罗素在《西方哲学史》中写道："哲学乃是社会生活的一个组成部分，它并不是卓越的个人所作的孤立的思考，而是曾经有各种体系盛行过的各种社会性格的产物和成因。哲学家是果，也是因，他们是他们时代的社会环境与政治制度的结果，他们（如果幸运的话）也可能是塑造后来政治制度信仰的原因。"

罗素从人类社会环境和政治制度条件下考察哲学和哲学家之间的因果互动关系，这是一个很重要的人类文明交往自觉性的视角，也展现了广阔深远的世界历史的视野。人类文明是一个社会范畴，它涉及人与自然、人与人和人与自我身心之间的交往，涵盖着物质、精神、制度、生态各个层面。人类文明的主体是现实的人、社会的人，涉及的生产、生活、生存是社会的、政治的、经济的和文化的人生，是存在于社会和时代环境之中的人生。诗意栖息不只是表现于外形的文采，而是深入到心灵之中的意识。文学的诗意、史学的记忆、哲学理念在这里统一为人文精神。

在中华文明中，"栖息"多与"隐遁"有关。《国语》有"越王勾践栖于会稽山之上"。注解者说："山居曰栖。"《晋书·郗鉴传·附郗超》就把隐居称为"栖遁"。《隋书·徐则传》中也有"草褐蒲衣"、"栖息灵岳"的说法。道家更进而用"栖真"作为性命之本原。如《晋书·葛洪传》所说的"游德栖真，超然事外"的意境。道家的"栖真"富于哲理，包括自我身心的文明交往在内。

"栖息"和"文明自觉"一样，是生活中的精神化符号。海德格尔在"存在"之外，又选用了"栖息"。我的历史观念在"文明"之中，也加上"交往"，进而有"自觉"与"栖息"诗意相连。晚年的我，劳作栖息之地在北京、西京两京两斋之中，既有"京隐"的"栖息"静思，也有栖而不息于身心脑手互动之间的劳作。在写作生活中，即使春花明月、夏蝉鸣噪、秋槐飘叶、冬松雪飞，也视为文学诗意、史学记忆、哲学理念的人文精神境界。这就是我的诗意栖息于大地之上诗意治学的人生哲学。

第 65 日   2012 年 3 月 5 日   星期一

55. 论"凡是"

哲人的哲言中的深刻的哲理思考之言，有很大的启迪力量。学人在学习读书中，常有这样的体验，一本书给人最深刻的印象，有时就是那么几句话；而这几句话却不时被记起，甚至伴随着人的一生。当然，这里要记住"语录"的教训，即最易从片言只语中断章取义。前面我提关于爱因斯坦勤奋与天赋的话，人们往往只注意到成功中百分之九十勤奋的重要性，这是对的。然而却容易忽视后面的"百分之十的天赋是最重要的"话。勤奋努力在各人天赋条件之下，都可以取得各自的成功，但天赋高的人，加上勤奋努力，就是更杰出的伟大人物了。勤奋可以使低天赋的人取得较高的成就，所以应当提倡勤奋，"勤能补拙"就是这个道理。有独特天赋的人勤奋努力，更应鼓励，使其创造更大业绩，为人类文明做出杰出的贡献。

总之，要全面地理解哲人哲言。零碎孤立的语录，容易被人记住，也容易被人误用。只有完整、具体而深刻地思考哲人哲言，才是最重要的。黑格尔的两个"凡是"，即为一例。

"凡是合乎理性的东西，都是现实的；凡是现实的东西，都是合乎理性的。"这是黑格尔在《法哲学原理》中讲的两个"凡是"。过去的误译文本中，把"合乎理性的"译成"合理的"，去掉了"理性"这个哲学概念，因此对这条"语录"发生了误解。结果，这句话译成了"凡是合理的，都是现实的；凡是现实的，都是合理的"。这句误译的结果，是 20 世纪 50 年代，把黑格尔两个"凡是"误解为是对现实辩护，进而加以批判。

黑格尔的两个"凡是"的前提是"理性的东西"，是"合乎理性的"，而不是"合理的东西"。这中间是把"理性"与"现实"联系在一起。"理性"的哲学内涵是明确的，它与"合理的"不是一个概念。

当然，用"凡是"这个词说事，其后果大多不好，容易走极端，走极端的结果是走不通的。这是简单化思维方式，在复杂事物面前，开这种思维上的特快车便会得出错误的结论。即使像黑格尔这样的辩证法大家，也会因为"两个凡是"的简单化思维方式而"沦为"替"不合乎理性的"现实作不合理辩护的哲学家。须知有好多问题的结语是不能倒过来说的。前面一句是"凡是合乎理性的东西都是现实的"，这是正确的。要是把它倒过来说："凡是现实的东西都是合乎理性的"就不正确了。事实是，现实中有许多东西是不合乎理性的。

最重要的是，要对具体问题作具体分析。正确的思维方式是：既不能把复杂问题简单化，也不能把简单的问题复杂化；既不能把相对的东西绝对化，也不能把绝对的东西相对化。研究任何问题时，慎用"凡是"这种绝对化的词为好。处事上也不要一概而论。

这里，我想起了另一种"凡是"。

"凡是可以说的东西，都可以说清楚；对于不能谈论的东西，必须保持沉默。"

这是奥地利哲学家维特根斯坦在《逻辑哲学论》中对另一种"凡是"的表述。这是一种合乎辩证法的"凡是"的说法。

对可以说清楚的东西，都可以说得清楚，都把它说清楚。这是实事求是的科学态度，因为它是合乎逻辑思维的。

对不能谈论的东西必须保持沉默，这种沉默是一种严谨的科学态度。沉默不是消极的，而是冷静沉着的成熟表现。

应当而且可以说清楚的东西，是逻辑哲学要求上能够讲清楚的；不能谈的东西之所以保持沉默，而且"必须"保持沉默，是无言中的慎思，是科学态度。这种"凡是"体现了对具体问题的具体分析和对待，这是抛弃了直线的、绝对化的和惯性的思维方式。这也是一种文明交往的思维方式。

"凡是"不是不能使用。如凡是多次重复出现的现象，后面必定隐藏着规律性东西，就是一例。总之，要视情况而定，慎言"凡是"为宜。

第 66 日　　　　　　　　　　　　　2012 年 3 月 6 日　星期二

56. 爱和德育

"好人之间的友爱是真正的友爱。"

这是古希腊哲学家亚里士多德在《尼各马可里伦理学》一书中对"友爱"的伦理界定。

他所说的"友爱"是"真正的友爱"，而这种"真正的友爱"是存在于"好人之间"的。

从人类文明发展史上看，人异于其他动物的重要之处，除了有个体和集体思维的高级生存、生产、生活交往方式之外，最显著的特征是伦理道德。人无德不立，立人首先在于立德。人而无德，所谓"人"只是一具有生命的动物躯体而已，用"行尸走肉"来形容是合适的。

好人首先是一个有道德的人。有道德的好人之间的"友爱"才是"真正的友爱"。在人与人之间这种社会性的文明交往中，要认识人先要听其言、观其行，观其行中要观其人、观其友。人以群分，物以类聚，交往之中识交往的社会之人。正如达朗贝尔在《孟德斯鸠庭长颂词》中所说："观其友便知其人。"

由德育我进一步想到了教育问题。

实际上，有道德实质上是对人类的爱，德育是爱人之育，是使人成为真正的人的教育。

德国哲学家雅斯贝尔斯在《什么是教育》一书中提出所谓"好的教育"这个问题，然后他给了一个诗意的哲理答案：

"好的教育"应当是"一朵云推动另一朵云，一棵树摇动另一棵树，一个灵魂唤醒另一个灵魂"。

这个答案留给人很大的思考空间，留给人太多遐思领域。

教育是人类文明交往活动中一个长时段、宽领域的教化命题。教育而化人是文化、文明的永恒课题。在历史的长河中，人类都生活在教育的环境中，都沐浴在阳光、空气和水的彼此教化感染的社会生态中成长。

教育的理想状态是爱的教育，是美的教育，是向善的教育，是追求真理的教育。

在我七十岁时，学生们送我一个横幅"树人启智"，附有书法家赵熊的题词和说明，意思是说，这个横幅书匾是我从教半世纪、寿逢七十年的纪念品。他们把"铸人启智"的成语"化"为"树人启智"，把我的名字嵌入其中，别具创新精神。后来，"树人启智"成为我八十岁生日学术纪念文集的书名，收入该集的 31 篇论文，分别反映了教育这个文明交往自觉的各方面"树人"主题和"启智"成果。

一个"树"字，一个"启"字，意在教育中的树立与开启，那是一个互动过程，是人与人互动教化、感化的心灵工程。雅斯贝尔斯以大自然中云与云之间的互动、以树与树之间的互动来喻人的灵魂互唤互醒的"好的教育"，形象地说明了教育是文明社会中人的心灵中爱与美、善、真的交往互动。教育的最终目的是让人自由，是让人性升华，是让人类快乐、安康、和谐。人类的文明正是在这种"好的教育"，即爱和德育中向自觉化方向逐步提升的。"好的教育"是把人类本性中的爱，贯通于真、善、美之中的。

第 67 日   2012 年 3 月 7 日   星期三

57. 海德格尔言说"惶恐"和"缄默"

"惶恐之所以恐者就是'无有'，就是说它不是任何一种出现于世界上的东西，不是某种确定的东西，不是世上之物。"

这是德国哲学家海德格尔在《时间概念史导论》中对人的自我身心方面"惶恐"问题的论说。

惶恐，在人的内心与外界交往过程中，是一种不正常的情绪，属于一种反常的心理状态。海德格尔用三种"不是"、以否定手法来界定这种心理状态，而且用"无有"来概括它。人对"无有"的恐惧，确实胜于"有"，这也是"无知"之根所致。解决"知"的问题，在于实践基础上的思考与思考中的实践的反复过程，在于这个多次重复循环过程的文明交往自觉。在这里，时间是不可少的。所谓"日久见人心"，即指时间考验人心。因此，海德格尔在《时间概念史导论》中谈论惶恐问题。

惶恐如果因为时间的进程而在社会上形成一种群体性的社会心态，那就进入了历史自身的逻辑。惶恐既可以涣散人心，也可以凝聚民意。惶恐既能生乱，也可能走向治。它一旦形成社会性的情绪，往往会需要领袖人物，也会因需要而出现强悍的领袖人物。

俄罗斯人在车臣战争中的社会心态正属于这种惶恐状态。这时的俄罗斯社会是一个群体性的惶恐时代。车臣反政府武装大规模使用恐怖手段制造民众惶恐不安情绪。普京挺身而出并且宣称：对付恐怖分子要针锋相对，"即使匪徒们躲进抽水马桶内，我们也要将他们冲进下水道"。叶利钦认为普京可做他的接班人，"应当去创造自己的文明"。后来的事实说明，解决这种惶恐不安的群体心理病态，普京正是用这样思维方式，以战争的政治交往方式，并且利用战争打败恐怖分子。普京是用强悍的战争对付恐怖分子制造的惶恐不安乱态，以戈止戈。他属于叶利钦所需要的"创造自己文明"的政治家。他让惶恐之"恐"成为"无有"，使俄罗斯人的社会性惶乱状态不再是出现于俄罗斯"世纪之物"了。普京应民心而去创造俄罗斯新的社会文明了。

海德格尔在谈"惶恐"之时，还谈到缄默。

"缄默是对他人的一种特定的关于某物的自我道说，谁在相互共处中缄默，谁就能够更原本地进行开示和'提供启发'。"

这是德国哲学家海德格尔在《时间概念史导论》中关于交往缄默方式的一句哲理名言。

缄默，闭口不言，"缄"字原意为"用以结束器物的绳"，后转意为封，闭。《墨子·节藏》："榖木之棺，葛以缄之"中的"榖"，指的是"榖树"，可做棺木；葛是多年生草本植物，茎可编篮做绳。这句话的意思是用葛绳捆封棺木。"缄默"一词，可在《宋书·范泰传》见到："深根固蒂之术，未洽于愚心，是用猖狂妄作而不能缄默者也。""缄默"一词又见于梁慧皎的《高僧传》："夫至理无言，玄致出寂，……所以净名杜口于方丈，释迦缄默于双树。"

"缄默"这个中国汉词的运用，在《孔子家语》中有一段话可作参照："孔子观于周，遂入太祖后稷之庙，庙堂右阶之前有金人焉；三缄其口而铭其背曰：'古之慎言人也。'"后来把慎言变为"缄言"，意与"缄默"相近。

以上中国汉词中的"缄默"、"缄言"与海德格尔的交往语言相当接近，可以互证互解人与人之间的"对他人的一种特定的关于某种自我道说"。这是人与人之间交往的一种智慧表现，也可以说是一种文明互动的自觉。释迦缄默于双树而成佛，孔子入后稷庙见三缄其口的金人慎言铭成为圣，体现了"至理无言，玄致出寂"和"古之慎言人"的交往自觉。当然也有不能缄默的时候，那要视具体情况具体对待，没有绝对化的交往原则。

总的来说，缄默是人们相互共处、相互交往中的慎重修养，多听多思少讲，多听多思而后讲，会更客观、全面，也就是海德格尔所说的，可以"能够更原本地进行开示"和"提供启发。"人生而有两个耳朵，因之可多听，多多倾听。"兼听则明"，这个"明"就是交往互动规律中的"知物之明、知人之明、自知之明"。人只有一张嘴巴，要在多听多思而后才能做到慎言。慎言者主动，言多必失，祸从口出。管住嘴巴，其深处的理性思维就是缄默。

缄默在人与人相处中不是冷漠，而是彼此尊重，是让人把话说完，在认真倾听之后加以融化再进行自我道说。对话的前提是倾听，倾听就是缄默地听，缄默地想，既尊重对方，也是自我尊重。此种彼此尊重、彼此信任，便是平等对话的基础。缄默是一种理性态度，缄默之后的话语，是倾听思考的理性话语。

叶芳来在《俄汉谚语俗语词典》中，引用了一句俄罗斯有关"缄默"的名言:"善言固然好,缄默后的善言更佳。"这句名言中讲了两个"善言",虽然都是"善言",但后者更佳,也是指"缄默"后更成熟,更完善,也更自觉。我记得我的苏联老师瓦·巴·柯切托夫也对我说过类似的俄罗斯式"善言"。在讨论我的毕业论文时,柯切托夫老师引用另一个意义相近的俄罗斯民谚:"奶酪好吃,烤一下味更好吃",来鼓励我进一步修改论文,使之更臻于完善。这个俄罗斯民谚与叶芳来引用的有同工异曲的思维逻辑。

第 68 日   **2012 年 3 月 8 日　星期四**

58. 王国维的"境界说"

"境,非独景物也。喜怒哀乐,亦人心中之一境界。故能写真景物、真感情者,谓之有境界,否则谓之无境界。"

这是王国维在《王国维文学论著三种》中的一段文明交往哲言。

王国维虽然不是哲学家,但他关于"境界"的文学创见却深有哲理。他虽然谈的是文学,但"境界说"中有深刻的哲理。这就是他的"治学三境"的诗化文体,之所以成为学者治学的诗意境界,也是他"境界说"的具体化创造。

王国维把人对景物即自然的交往,深化为人的自我身心中的真感情的表达,人的心中有真实的感情,并且把这种真感情用于描写景物,才有境界。人与自然交往互动,见之于文学,就是把人与自然景物合而为心灵中的境界。他的"治学三境"正是从集古人之词而成治学处事之名章。这是物我一体、心物相融的诗意治学精神。

大哲学家奎因说过,"智慧"(Sophia)是必要的,而"哲学"(Philosophia)不是必要的。王国维是大学者,也是大智者,他的许多见解散发着智慧的光芒。他虽然不是哲学家,却能道出耐人深思的文明交往自觉的哲语。例如他在《〈国学丛刊〉序》中说:"学无新旧也,无中西也,无有用无用也。凡立此名者,均不学之徒,即学焉而未知学者也。"王国维又说:"学问之事,本无中西,彼鳃鳃焉虑二者之不能另立者,真不知世间有学问事者矣!"鳃,位于鱼头两部的呼吸器官,他以鳃鳃喻中国和西方学问绝对对立的二分思维方式。在新旧、中西、有用无用的学术之争中,对于那些只知二元绝对对立的思维者,上述哲语不啻为一味清凉剂。王国维此语中提到的"学焉而未知学"中的"知学",应该是自知之明的"知"。学者要有自知不足之明,知学无止境之明,这就是治学上的文明自觉。学术中新旧、中西、有用无用,都是互动的,互相联系又彼此作用的,而且是你中有我、我中有你的。学者在自知之明中,知学术史发展规律者,从上述哲语中,在对立之间的"间性"互动方面,对其做中西、中外比较会有启发的。尽管其中也有绝对性因素在内,但在文化多元视角上确有"智慧"的内涵。

第 69 日 　　　　　　　　　　　　　　2012 年 3 月 9 日　 星期五

59. 西西弗斯与吴刚的"荒谬"

希腊神话中有个西西弗斯(Sisyphus)推石的故事。说的是西西弗斯是科任托斯王,他是个暴君,死后被罚在地狱中把巨石推到山上。但他将要把巨石推到山顶时,巨石又滚了下来,他又重新再推。这种无限期劳役,如此循环不止地折磨处罚着他。

中国神话中有个类似西西弗斯的故事,这就是《吴刚伐桂》。传说吴刚为汉代西河人,学仙有过错,被罚砍月中桂树的苦役。桂树高五百尺,斧子砍下去,斧痕随砍随合,吴刚只好无休止地砍下去。也是无限期的,也是如此循环不已备受痛苦。此故事见于唐代段成式《酉阳杂俎》中的《天咫》篇。

《吴刚伐桂》是我读小学时国文课本中的一篇。我儿时读此篇后,每当夜静月圆,眼望明月中的形树山影,真的颇似吴刚在无休无止地砍桂树一样,令人遐思不已。中国人对月亮情结很深,"嫦娥奔月"是一个很优美的，但也是悲凄孤独的故事。① 又有吴刚伐桂，还有外国月亮比中国圆的调侃。不过我在20世纪60年代读《列宁选集》时，读到西西弗斯推石的希腊故事的典故，当时就感到它与吴刚伐桂神话何其相似乃尔！

2010年，正逢法国作家、哲学家阿尔贝·加缪（1913—1960）逝世50周年，不禁使人想起他的小说《西西弗斯的神话》。这个书的副标题是《论荒谬》，这是加缪哲学的起点。但悲剧人生的荒谬没有使他虚无，而是使他走向激情，他要追根求源，在反抗中重新获得人类的尊严。在此书中，他写道："在每一个街角，荒谬感都可能从下面撼动任何一个人。"在他看来，荒谬具有积极意义。人不能因为荒谬而绝望，相反要在荒谬中得到幸福。他认为，反复不止地把巨石推上山顶的西西弗斯是幸福的，其命运是自己创造的，比搬动的巨石还要坚硬："爬上山顶所要进行的斗争本身，就足以让一个人心里感到充实。"

加缪的荒谬感来源于人的能力和生命的有限性，源于肉体需要对之趋于死亡的时间的反抗，源于人的有希望的精神与使之失望世界之间的分裂，源于世界本身具有的、使人理解的难度之间的矛盾。这就决定了他反抗的道路是"学会珍惜时间、品味生活，最大限度实现人生的美好自在"。何谓生活？"感受自己的生存、反抗、自由，而且尽可能地感受，这就是生活。"在加缪看来，唯一的障碍，是过早地死亡。他患结核病，时常担心自己会过早地死亡。他第一本小说的书名就是《幸福的死亡》。他不喜欢汽车，尤其讨厌开快车。命运却和他开玩笑，1960年他47岁还不到，而且在获得诺贝尔文学奖三年之后，乘坐朋友的米歇尔·伽利马的豪华车突然失控，致使双双死亡。这应了他生前最不愿意发生的事："没有任何一种死亡比死于车祸更无意义。"

加缪常说的一句话是："那真荒谬。"西西弗斯是荒谬的人。加缪却认为这种人是幸福的。为什么？因为西西弗斯自觉地接受命运，因为"任何深邃的思想，任何情绪，任何激情，任何牺牲，在荒谬的人看来，都不能使一个40年的意识生活与一个贯穿60年意识生命的清晰性

---

① 李商隐的"云母屏风烛影深，长河渐落晓星沉。嫦娥应悔偷灵药，碧海青天夜夜心"，道出了离群之苦。

等同起来。"加缪的致命之处，是他把热爱生活的人注入长寿善良愿望之中，加上重数量而轻质量的因素，加上了以眼前利益为首先的标准。他说："今日工人终生劳动，终日完成同样的工作，这样的命运跟西西弗斯一样荒谬。"上面这些话是辛酸苦昧，联系他的实践，有许多矛盾之处。在阿尔及利亚长大的他，对阿拉伯人和法国人有同样情感，但在20世纪50年代中期阿尔及利亚民族独立事业与法国殖民当局冲突中难以自处。他的代表作之一《局外人》描绘的是谋杀了阿拉伯人的默索尔，此人被关进监狱后，在作者的笔下，与被杀的阿拉伯人处同等地位。这又是一个荒谬！

法国文学评论家罗兰·巴特以加缪为例，提出"写作零度"理论。这个"零度"是指超越了写作的情感与故事这些表象而走向"不在"——不需要繁杂的文学外表。不为日常关系所烦恼，走向一片虚空，成为"白色文字"。其含义是回到生命的原点（零度），生命在经过解开"终点"的"结点"之后，人就随之解脱了。没有活到47岁的加缪死于车祸（1960年）；而罗兰·巴特1980年也死于车祸，时年65岁。两人都解脱了。

加缪在获得诺贝尔文学奖后，阿尔及利亚学生质问他为何不像法国知识分子萨特等人谴责法国殖民政策。他的回答是，他不愿意加剧民族主义者的恐怖行为，使之危害阿尔及利亚的无辜的"黑脚法国人"（土生法国移民），这中间就有他的母亲。"母亲先于正义"，他是个"孝子"。但没有正义的道德观，还是道德吗？真是荒谬！西西弗斯和吴刚一样：一为暴君，一为求仙有过错之人，正义在惩罚他们——都在无休止地做苦役……这个中西文化相通的神话，都成了加缪式的"荒谬"！

第 70 日　　　　　　　　　　　　**2012 年 3 月 10 日　星期六**

60. 灵感为何物

灵感是诗人、作家、艺术家谈论最多的事，其中也不乏哲理。

灵感为何物？

俄罗斯作家康斯坦丁·格·帕乌托夫斯基（1892—1968）用"闪电"来形容构思需要在内心世界中产生的刺激。他说："构思和闪电一样，产生于一个人洋溢着思想、感情和记忆的意识里。当这一切还没有要求必然放电的紧张阶段以前，都是逐渐地、徐徐积累起来的。那时候，这个被压缩的，还稍微有些混乱的内心世界就产生闪电——构思。"

他在《闪电》一文中坚决反对把灵感庸俗化为故作姿态的形状，而不注意其人与自我身心交往的自然深厚神态。他引用《诗人与沙皇》电影中普希金坐在如梦如幻的天空下，痉挛地抓着常有咬牙痕的鹅毛笔，写了又停，停了又写，简直像个得意忘形的疯子。他针对此种表象，认真地写道："不！灵感是人严肃地工作时的心理状态。精神的高扬并不表现为戏剧性的搔首弄姿和故作激昂。尽人皆知的'创作的苦味'也是一样。"他指出，普希金曾强调："批评家们常常把灵感和狂喜混淆起来。"其实，普希金关于灵感说得确切又简单："灵感是一种敏捷地感受印象的情绪，因而是迅速理解概念的情绪，这也有助于概念的解释。"

帕乌托夫斯基在《闪电》一文中，详细得体地引用了以下学人关于灵感的论述：

柴科夫斯基：灵感全然不是漂亮地挥着手，而是如犍牛般竭尽全力工作时的心理状态。

普希金：灵感是"当神的语言一触到敏锐的听觉"；而莱蒙托夫则说："那个时候，我灵魂的激动便平服了"；布洛克对灵感闪电般降临时，感到"一个声音逼近了，这断肠哀音，使灵魂为之倾倒，为之返老还童"。

费特用诗表达他的灵感说："从那为落潮涤平的沙洲上／推动一下如生的帆船。／一个波浪翻到另一种生活里，／能够嗅到从百花缭乱的岸上吹来的风。／一个声音打断了凄凉的梦。／忽然沉醉于奇异而亲切的心境。／给予生活以意义，给予隐秘的痛苦以甜蜜，／陌生的忽而亲切。"

屠格涅夫：灵感是"神的昵近"，"人的思想和感情的展现。这种展现变为语言时，作家感到无比苦恼"。

托尔斯泰："灵感是忽然出现了你能够做到的事情。灵感越显明，就越应细心地工作来完成它。"

帕乌托夫斯基认为以上这些有关灵感的定义对人们都是有益的。然而我的印象中，他自己对灵感的体悟，其深刻之点，有以下几处：

①"灵感是严肃的工作状态，但灵感自有它的色彩，我要说一声，自有它的诗的暗示。"

②"每一个人在他一生中，即便几次也好，总体都体验过灵感——精神昂扬、清闲的感觉、敏捷地感受现实、思想丰满和对自身创作力的自觉的心理状态。"

③"灵感，恰似初恋，人在那个时候预感到神的邂逅，难以言说的迷人的眸子、娇笑和半吞半吐的隐情，心灵强烈地跳动着。"

④灵感是长期思想积累生活的结果："假如闪电是构思，那么骤雨便是构思的寓形。它就是形象和语言的井然的洪流。就是书。"灵感形成于构思的全过程："是每小时，每天，随时随地，在每一个偶然的机缘里、劳动里、短促生命的欢乐和凄苦里，不断进行着的。"

其实，任何学科中都有不同特点的灵感产生，王国维的"治学三境"说就谈到处事治学中的"众里寻他千百度，蓦然回首，那人却在灯火阑珊处"的灵感境界。灵感是转瞬闪烁，又转瞬即逝的思想火花。这是人类文明交往中自我身心交往的自觉心理状态。学人在艰苦思索的诗意治学活动中，要善于及时去捕捉它。

第71—73日　　　　　2012年3月11—13日　星期日至星期二

61. 哲人尼采四论

尼采被人们认为是"人不我知"的天才。不过他的才性也只在哲学领域。在哲学专业领域之外，他的智能低于一般人，反常于一般人。人世间如他这样的极少数人，本身也苦于"人不我知"和"我不自知"的反常状态。列维纳斯在《总体与无限》中说："哲学自其童年开始，就为一种不可克服的反感所苦：对始终作为他者的恐惧。"

于是，一些哲人被视为"白痴"，还有诗人发疯、诺贝尔文学奖得主自杀的事，不乏其例。人有其突出长处，必有其严重缺陷，不能以偏求全。因此，我有哲人尼采四论。

①论现代文明的弊端（3月11日）

在尼采看来，现代文明弊病不少，其大者有两端：

第一，颓废，也可称之为"现代衰弱症"。思想文化领域中的通病是伦理压制本能，科学理性削弱本能，教育麻痹本能，艺术麻醉弱者。他说，复活了的希腊勇士们会"埋怨现代文明，因为它使得一切美人、美事、光荣、珍宝都归于弱者"。

第二，鄙俗，也可称之为"精神生活贫乏症"。无头脑的匆忙、疲劳。现代商业社会把财富本身变成目的，"除了愈来愈多的金钱和愈来愈多的劳动之外，欠缺静谧的沉思与温馨的交往。借文化谋私利的人可称之为'文化市侩'或'文化寄生虫'"。

面对以上弊端，他认为，发源于古希腊背景之下的欧洲文明，应当给自己革新的身上穿上怀念古希腊文化的服装。他也想到了东方文明，提出了把中国人请到欧洲，让中国人"把平和、宁静以及特别有益的亚洲的坚韧性，注射到不安喧扰的欧洲血液中来"。

作为批判西方文明的先行者之一的尼采，从古希腊文化出发，走向"超人"之路，而不是通过经济制度变革而希望产生一种新的一代人的类型。他的思想的可贵之处，除了看出西方文明的弊端之外，在于他洞察到东西方文明交往中的自觉意识——互动中的互鉴、互动中的取长补短。

②论诗意的哲思（3月11日）

尼采是哲学家兼诗人，甚至还是音乐家。他认为："诗人比音乐家站得更高，他达到了较高的要求，近乎完人；思想家达到了更高要求，他向往完全的、集中的、新鲜的力量，不贪图享受，而是渴望战斗，坚决放弃一切个人欲求。"但他毕竟又是诗人："我惭愧于我仍然必须是个诗人！"

诗人属情感型，哲学家属理智型。原本为情感型诗人的尼采，总是把哲学当作诗学。他称经院哲学为"血蝠主义"，这是言其抽象概念犹如吸血的蝙蝠，吸尽哲学家的血液，使之心灵枯竭。他心目中的哲学，是应当同诗一样有光彩、美、欢笑、幻梦，人们可以在其中获得自由。诗人的心灵，哲学家的头脑，原本应该统一于一个身心生活的活动之中。

诗意的哲理是尼采哲学独特之处，他让自己的全部哲思从自己的心灵深处流泻，如地下河水涌动奔腾。他认为，哲学之思如诗的灵感一般，在闪光中摄取人生存在的真理。他还认为，诗学之思在动静互动交往中才能产生真善美之思。他反对纯静止状态的苦思冥想。他反对福楼拜这位法国文学家的箴言："一个人只有坐下来才能思考和写作。"他对这个座右铭大不以为然，认为应当把坐和走结合起来，并且指出："久坐是反对神圣精神的罪过，只有散步得来的思想才有价值。"看来他并不反对在坐而思，特别是不反对在坐而写中去思，否则他的著作怎么能产生呢？他反对的是"只有坐下来才能思考和写作"这个绝对化的提法，只是不主张"久坐"而已。当然他也用了"只有"这个绝对的词，认为"只有散步得来的思想才有价值"。这或许是他为了强调"动"而同福楼拜对着干，或者是他自己脑脚并用治学方式的切身体会。边思考边散步悟来的道理，也需要坐下来用手写下来。这才是完整的过程。不过，绝对化是片面孤立的，是从一个极端到另一极端的表述。无论在哲学和诗学以及一切学问中，都是最为忌讳的治学方法。

尼采的诗意哲思贯穿于他的著作之中。他用诗意般的文字表达哲学灵感，并且把象征方法引入哲学。他的《查拉图斯特拉如是说》（中译本有商务印书馆的 1992 年版本，徐梵澄译，定名为《苏鲁支语录》）便是一部象征主义的哲理诗。他写道："这里万物抚爱地听你谈话并且逢迎你，因为它们想骑在你背上驰骋。这里你骑在一切象征上驰向真理。"可以说，尼采哲学中的许多范围，如"强力意志"、"生命意义"、"酒神"、"日神"、"轮回"、"超人"等，都成为诗学意义上的象征。此外，凝练精致的格言美，使他的"长腿"跨越了山谷中从顶峰到顶峰的"格言"最短之路。在这种诗意哲思的创造思维之中，"格言便如同山峰，它诉诸高大高伟之人"。诗意哲思使尼采成为别具一格的哲学家，这是跨学科交往互动的产物。

③论通向智慧之路（3月12日）

尼采在总结自己人生历程时，认为"通向智慧之路"有三个必经阶段：

第一，"合群时期"，即崇敬、顺从、模仿任何比自己强大的人。

第二，"沙漠时期"，即崇敬等效法之心处于束缚得最牢固之时破碎了，自由思想茁壮生长，于是重新估价一切。

第三，"创造时期"，即在否定基础上的重新肯定的新阶段，其特点是出于自我而不是出于我之上的权威。

雅斯贝尔斯在《尼采》一书中说："尼采一生主要特色是他脱出常规的生存。他没有现实生计，没有职业，没有生活圈子。他不结婚、不招门徒和弟子，在人世间不营造自己的事业领域，他背井离乡，到处流浪，似乎在寻找一直未曾找到的什么。然而，这种脱出常规的生活本身就是本质的东西，是尼采全部哲学活动的方式。"

尼采自己在一首诗中也写道："谁终将声震人间，必将浑自缄默；谁终将点燃闪电，必将如云漂泊。"他又说："我的时代还没有到来。"

尼采是一位西方诗哲。他的形象与中国古代诗人屈原有许多类似之处。两人的思想和行为都不被当时的人们所理解。真需要有一位学贯中西、学通诗哲的史学大家，如司马迁那样，用如椽之笔，写一部比较二人异同的人类文明交往通向智慧之书！

有些人常用"人们一思考，上帝就会发笑"来消解思考，尼采直接宣布："上帝死了！"鼓励人们思考。美国发明家爱迪生一生中的发明有1100项之多。他的实验室里张贴着雷兹诺爵士的语录："人总是要千方百计地逃避真正艰苦的思考。"在这条语录的下面，他写上了自己的话："不下决心培养思考的人，便失去了生活中最大的乐趣。"他的名言就是"天才是百分之一的灵感，百分之九十九的出汗。"这出汗就是脑中的思考和动手相互劳动。人是思考和行动的高级动物。李生萱看电影《爱斯基摩人》，灵机一动，借电影片名取下了"艾思奇"（1910—1966）的笔名。"艾思奇"，即寓意"爱好思考奇异事"。艾思奇用此名成为《大众哲学》的作者和哲学家。尼采的哲思和李生萱的"爱"（艾）思奇的思考和行动在告诉人们，要敢于和善于进行独立思考。

④美国学者论尼采（3 月 13 日）

美国学者罗伯特·所罗门和凯瑟琳·希斯金合著的《尼采到底说了什么》一书中说，尼采是一位用铁锤进行思考的哲学家。的确，尼采的思想批判武器如铁锤般敲击和打碎一切坐落在人们心目中的偶像，甚至神圣的上帝："上帝死了！"他直击西方基督教文明的核心。他还向道德宣战，他也破除教条主义。《尼采到底说了什么》一书认为："尼采没有告诉我们他要说什么，他就是这样述说着，述说着。在他的著作中没有总结性的观点。"该书作者劝告读者不能凭借着学术论文的典型写作套路来理解尼采的理论，而"应该有开放的心灵"去读。

《尼采到底说了什么》对尼采的"上帝死了"有以下分析："尼采对基督教强塞给其信徒的意识形态的指责，表明了他的一个坚定的看法：这种意识形态危害了我们爱的能力，危害了我们对周围世界及其自然的反应能力。如果说他是一位评论家的话，那他也是一位探寻者，他相信他的社会迫切需要一个新的精神中心。他提出了一些积极建议，试图帮助构建这样一个中心，并恢复我们在这个世界上的和谐的自我意识。"这样，如此看来，尼采不仅用铁锤打破了偏见，也有用"和谐"建构新世界的建议，可谓不破不立、有破有立。

值得注意的是，《尼采到底说了什么》还分析过去对尼采的许多说法和诬蔑。在第一章《酒，女人，瓦格纳》中，本书列举了有关尼采的流言达 30 多个，如疯子、恨女人、恨犹太人、崇拜权力、虚无主义者、无神论者、相对主义者、自我中心主义者等，并且用事实还原尼采本来面目和真实的哲学观。作者认为，尼采是一位才华横溢、人生坎坷、善于思考的哲学家。"尼采开启的现代思想"是该书结论中点睛的话，自文艺复兴以来，人们已经逐渐摆脱了中世纪基督教思想的枷锁，但基督教的一些观念仍然不同程度地束缚着人们的思想。直到尼采用铁锤猛烈一击，才将人们从天国中唤醒，自觉地回到现代中外。世界上从来就没有救世主，也没有神仙，只有人们自己救自己。尼采似乎在这样思考着，述说着，呐喊着！他借波斯袄教教主查拉图斯特拉之名，写成《查拉图斯特拉如是说》之名作。

1899 年 1 月 3 日，尼采在意大利都灵的卡洛－阿尔贝托街上，看到一个名叫朱塞佩·卡洛·埃凡尔的马夫打骂老马，由于老马站着不动，失去耐心的马夫用鞭子狠劲地抽打起来。尼采看不下去，冲上去拦住马夫，并抱着马的脖子失声痛哭。从此以后，尼采就疯了，沉默十年，直至逝世。这个故事被认为是反映尼采哲学思想的经典文本。许多研究者对此展开遐思，其中最近一位是匈牙利导演贝拉·塔尔根据这个典故创作的电影《敎灵之马》。在 2011 年柏林电影节上，这部黑白电影获得了大奖。贝拉·塔尔所关心的是那匹马和马夫的命运。他描写了马夫及其女儿和马的六天里的生存故事：农夫身患残疾，把最后剩下的一个马铃薯让女儿吃，正如女儿逼着老马吃草一样。贝拉·塔尔不像人们从故事中只注意到尼采，而关注马夫和老马。他在影片中讲的不是尼采疯癫之谜，而是农夫和女儿濒临死亡的艰辛生活。他用电影对尼采哲学展开了不指名道姓的批评，认为所谓尼采哲学是超越理性、超越自我的充满精英理性的哲学。他对照电影中穷苦人的生存，无声地质疑了尼采的浮光掠影。"尼采在那匹马身上看到了自己的命运，尼采就是那匹马"，贝拉·塔尔用这句话为尼采作了结论。

第 74 日　　　　　　　　　　<u>2012 年 3 月 14 日　星期三</u>

62. 康德的名言和陈子昂的名诗

一位哲学家、一位诗人，都会有许多作品，但留给后人并且广为传播的却常常是那么几句、那么几首，甚至是一句、一首。

18 世纪德国哲学家们康德留下许多著作，但《实践理性批判》最著名，广为传颂的当数该书中下面一句话：

"有两样东西，我们愈经常持久地加以思索，它们就愈使心灵充满日新又新、有加无已的景仰和敬畏：在我之上的星空和居于我心中的道德法则。"

这句名言虽然仅列举"在我之上的星空"和"道德法则"，实际上所论及的却是哲学的宏观问题：人与自然、人与人和人的自我身心这三个人类文明交往自觉要认真对待的问题。这是哲学家要经常而持久思索的人与自然交往中知物之明的自然律、人与人交往中知人之明的社会律和人的自我身心的自知之明的道德律的三个彼此区别又相互联系的三个层次的文明交往问题。不懂此三律，不知物、不知人、不知己，便无以澄明为一个文明化的人。对这样根本的哲学问题，能不经常思索吗？能不在心灵上日新又新、有加无已地景仰和敬畏吗？康德由哲学上的自然和人之间交往的思索，深入到对人类社会的思考，他在《在历史理性和批判文集》中写道："大自然迫使人类去加以解决的最大问题，就是建起一个普遍法治的公民社会。"

我国唐初诗人陈子昂（661—702）的《登幽州台歌》的"前不见古人，后不见来者，念天地之悠悠，独怆然而涕下"一首诗，虽然只有短短22个字，却从唐初传诵至今不衰，可谓千古绝唱。它道出过去、现在和未来的厚重的历史感，表达了诗人报国无路的孤独和义愤，因而耐人深思、感人至深。

值得注意的是，此诗不但反映了诗人报国宏志受挫后的悲愤，它不但语言苍劲豪放、句法参错有致、音节变化有序，而且概括了文明交往中时间、空间和人间这"三间"的哲理。沈从文在《时间》一文中说："前不见古人，后不见来者，这是一个真正明白生命意义同价值的人所说的话。老先生说这话时心中的寂寞可知！能说这话的人是个伟人，能理解这话的也不是凡人。目前的活人，大家都记得这两句话，却只有那些从日光下牵入牢狱或从牢狱中牵扯上刑场的倾心理想的人，最理解这两句话的意义。因为说这话的人生命的耗费，同懂这话的人生命的耗费，殊途同归，完全是为事实皱眉，却胆敢对理想倾心。"这里谈的时间、空间与人间这"三间"的交往互动作用，虽然时代、环境、遭遇不同，而"为人类向上向前而跳跃的心是相同的"。这是很深刻的见解。

《登幽州台歌》组诗共七首，其中《轩辕台》一首为："北登蓟丘望，求古轩辕台。应龙已不见，牧马空黄埃。尚想广成子，遗迹白云隈。"此诗是咏"中华人文始祖"黄帝的，提到黄帝的臣子应龙、以治国之道回答黄帝的牧童和黄帝问道的广成子三人，这些回到了中华文明初始历史。诗人在此组诗中，还联想到周武王封立蓟国，春秋燕国旧都，以及"前不见古人"这首总结性的诗，使人如临其境。我晚年以一个秦地之人，客居古燕地，今为首都的北京，而且来自古都长安，对陈子昂这首诗的品味，更多了一番历史上的昨天、现实中的今天和未来的明天的历史思索。这首古诗常吟常新，可以帮助理解人类文明交往自觉的洞察力和判断力。

康德还有一段名言，值得留在本文结尾：

"德行和人性，就其能够具有德行而言，是唯一有价值的东西。工作中的技巧和勤勉具有一个市场价格；才智、良好的想象力以及幽默，具有一个想象的价格；但诺言的忠诚以及建立在原则（而不是本能）上的仁慈具有内在的价值。"

这正是康德对前面引用过的"心中道德法则"的认定。《牛津西方哲学史》作者安东尼·肯尼对此作了有分量的评价："康德此言的分量回响了整个 19 世纪，并依然在今天打动着无数人的心弦。"康德名言的影响力是对人类文明交往自觉的影响力。他的"在我之上"和"居我心中"的"我"是人之为人的"我"，此"我"是景仰与敬畏自然、社会和道德三律的文明交往自觉者。康德对德行的强调，使人想起孟子所说的人之"四端"（恻隐之心、羞耻之心、辞让之心、是非之心），是人性中的良心、良知。心胸中有人性的"四端"，从而仰望星空、抚摸大地、心向善德，把尊敬之心推导到人性之美，的确是为善的交往行德思路和方法。人们需要智能，更需要德性的智能而"洞明世事"。人成才需要智商加德商，社会需要才智加德智，这样的智慧，才有善心和美德。德行是行德求真觅是的智慧。

名人名言是人类文明的结晶语言，是经历实践的"信言"。有时，一句名言常使人悟出复杂事物中的真谛。体育家马约翰是一位有思想活力的人。他是 20 世纪 50 年代北京大学体育教研组的主任，是一位有中西文化修养的学者。他留下一句传播甚广的文明自觉之言："体育是野蛮其体魄、文明其精神的学问。"它从文明高度回应了有些人认为体育工作者"四肢发达、头脑简单"的偏见。总之，古今中外的名言名诗是人类文明交往自觉的宝库，是人类文明精神的食粮，是值得深入探觅的文明资源。这就是康德哲言和陈子昂名诗对人类文明交往自觉的启示。

63. 罗素七论

　　罗素的《西方哲学史》最初是由美国宾夕法尼亚大学讲座时的讲义整理而成。在他之前，中国哲学家冯友兰也应邀在该校讲学（中国哲学史），讲义后经整理为《中国哲学简史》，由美国麦克米伦公司出版。这是一个中西文明交往过程中，先后传播中西哲学史知识的趣闻逸事。下述七论是我读罗素《西方哲学史》的笔记，每日一论，共七论。

　　（一）论尼采及其学说（3月15日）

　　罗素在《西方哲学史》中认为，尼采在哲学上有两大突出之点：伦理学和历史的批判。

　　尼采出于伦理学动机，批判各派宗教与哲学。他讨厌《圣经·新约》而盛赞《圣经·旧约》。在他的伦理学思想中，轻蔑妇女，认为基督教是暴君的同盟者和民主政治的仇敌。他反对人们服从神的意志，企图用"有艺术才能的专制君主"的意志代替神的意志。

　　罗素在《西方哲学史》中，对尼采的观点的总结是："战争胜利者及其后裔通常比失败者在生物学上优越，所以由他们掌权为他们处理事务是要得的。"罗素认为，在尼采哲学中，区别伦理学与政治学很难。但尼采认为善恶之事只存在于少数优等人中间，其他人的遭遇无足轻重。

　　罗素指出尼采哲学的思维特征时说："尼采善于用逆向思维发表自己的见解，以对守旧的读者达到语不惊人死不休的目的。"罗素指出："李尔王在临发疯的时候说：'我一定要做那事，那种事是什么我还不知道。但是，它将使全世界恐怖。'这是尼采哲学的缩影。"

　　希尔贝克编著的《西方哲学史》中，是这样评论尼采的："尼采推翻了西方世界的基本预设。从一开始起，形而上学是二元对立的，它的本质是二分法：一边是可变的感性世界，一边是静止的、超越的世界。形而上学把存在划分为一系列的二元对立，如现象与存在，本质和表现形式，自在和自为，灵魂和肉体等等。尼采拒斥的是这样一种观点：不灭的存在就是善，人的道德任务就是要超越感性的存在，转向神圣的理念。尼采认为，二元论对人而言是一种最大的危险，因为它引导人们舍弃生活。尼采和上帝、二元论斗争的结果，是一种天真、欢乐、单纯的人生观。这就是他所说的重估一切价值，以及对人类最大错误的纠正。"

鲁迅在《文化偏至论》（1907）中，对尼采作了如下评论：①"深思远瞩，见近世之伪与偏"；②"尊个性而张精神"；③反对19世纪文明"惟客观之物质世界是趋"之弊。鲁迅受尼采思想的影响，在《白光》和《端午节》中，就有他塑造的丧失了自我创造力和独立人格的传统社会中的"末人"的影子。人的价值是主体性和创造性，应当在自我中找到自我，而不应当迫于生计为官，无价值意义地去消费生命，如方玄绰和陈士成这类人物。

茅盾在《尼采学说》（1920）中，对尼采作了二分法评说：①尼采的道德论与超人说"多少含有几分真理"，其学说驳杂不醇，有些地方很危险；②不失为大哲。

罗素、希尔贝克、鲁迅、茅盾从不同角度评说尼采及其学说，对人类文明交往见之于自我身心的认知都是有启发的。对尼采及其学说应持客观而冷静的态度，最重要的是具体分析和理解尼采哲学。尼采思想是人类文明中的一个复杂现象，应当用大智慧去驾驭复杂现象，用细心来分析复杂现象。

（二）论人类文明（3月16日）

罗素在《西方哲学史》中有两处谈人类文明问题：

第一，希腊文明。他认为："在人类历史的长河中，最难得的事情莫过于希腊文明的突然崛起了。构成文明的大部分文化已经在埃及和美索不达米亚存在了好几千年，又从那里传播到了周围国家。希腊人创造了数学、科学和哲学学科；他们最先写出了不同于编年史的史书；他们自由地思索着世界的性质和生活的目的，而不为任何守旧的正统观念所束缚。直到现在，人们谈论希腊时，仍一致为希腊的神秘而惊叹。"

这是罗素在《西方哲学史》一开头的话。西方文明的源头在希腊，这样的开卷语给人以明晰的思路。

第二，埃及文明。

①"大约在公元前4000年，埃及人与巴比伦人早些年发明了从象形图画文字开始的文字。……埃及人主要关怀的是死亡，他们相信人有灵魂，人死后入地狱，在那里受到奥西西斯根据他们在人间的行为进行的审判。他们认为灵魂最终回归身体，因此木乃伊及奢华的陵墓建筑应运而生。……约公元前1800年，埃及被称为喜克索斯人的闪族人所统治，这种统治延续了近两个世纪。他们虽然在埃及没有留下持久的痕迹，但却将埃及文明带进了叙利亚和巴基斯坦。"

②埃及与美索不达米亚的文明为农业文明，而周围民族的文明为畜牧业文明。埃及文明在宗教上的保守主义与僵化，断绝了其进步的可能性。

罗素关注希腊文明，也注意到埃及与美索不达米亚文明。研究西方文明，其直接源头是希腊，而中东地区的古文明不但是西方文明的先声，也是人类文明之肇始。罗素所说的"埃及喜克索斯人的闪族人统治"的"闪族"（semite），是西亚北非（即今日中东）操闪含语系闪语族诸语言人的总称。古代巴比伦人、亚述人、希伯来人、腓尼基等都属此民族。近代它包括在阿拉伯半岛上的犹太人、叙利亚人和埃塞俄比亚居民的大部分，1983年统计有23824万人。罗素所说的喜克索斯（又译为"希克索斯"）意为"异方山国之酋"，他们包括很复杂的成分，如迦南人、胡里特人，甚至有印欧语系部落。

（三）论伊斯兰文明（3月17日）

《西方哲学史》有多处论述伊斯兰教，就文明角度看，有下列要点：

①先知穆罕默德所倡导的是"单纯的一神教"，没有掺杂三位一体和基督教化身的精微神学。先知及其追随者不自命为神。

②阿拉伯人自公元632年至732年（图尔战役失败）的100年间，"这个不是虔诚信仰的民族，出于劫掠财产的目的，以新兴宗教的名义，征服了许多土地。因为不乏狂热精神，凭少数战士，比较顺利地征服了文明较高的、信奉不同宗教的民族"。

③公元637年开始，17年后征服波斯。"波斯人从最早年代起就有深厚的宗教心理和高度的思辨性格。他们改信伊斯兰教后，便从中创造出许多为先知及其亲属想不到的、更有趣的、宗教的、哲学因素。波斯

人属什叶派。"罗素在这里实际上接触到波斯文明和伊斯兰文明之间互动互化的关系,我把这种文明交往后出现的文明称为"波斯—伊斯兰文明",以示与"阿拉伯—伊斯兰文明"的区别。罗素接着说到阿拔斯王朝,认为"这个王朝代表波斯利益。首都由大马士革迁往巴格达,是这次政变的标志"。波斯文明对伊斯兰文明的影响,是值得研究的课题,从中可以看到波斯文明这个较古老先进文明对伊斯兰文明"化"的程度。

④"伊斯兰独特的文化,源于叙利亚,盛行于波斯与西班牙。"阿拉伯人关于希腊哲学知识最初的哲学著作为《亚里士多德神学》。从波斯文明中,阿拉伯人接触到了《印度记数学》,学到了"阿拉伯"数字(实际上为"印度数字",由阿拉伯人传入西方而误用)。伊斯兰著名哲学家伊本·西纳为波斯人。另一位是西班牙人伊本·鲁世德。此二人均为经典注释家。文明交往互动中的线索由此依稀可见。

⑤阿拉伯哲学中有系统的见解,在逻辑和形而上学方面多来自亚里士多德和柏拉图主义者;医学方面来自盖伦;数学、天文学来自希腊和印度;神秘主义哲学来自波斯古代信仰。数学和化学有独特性。美术和技术方面也值得称赞。但在理论上无独立思辨才能。在传播文明方面功不可没。

(四)论唯物史观(3月18日)

罗素在《西方哲学史》中论述唯物史观方面,有下列值得注意之点:

①"马克思认为,人类历史上任何时代的政治、宗教、哲学和艺术,都是那个时代的生产方式的产物,退一步讲也是分配方式的产物。这同样适用于文化的大体轮廓。这个学说称为'唯物史观'。我认为,这是一个非常重要的论点,它中间包括着极为重要的真理部分。"

②"不过,我认为马克思还有两点错误。其一,必须加以考虑的社会情况既有经济的一面,也有政治的一面,这种情况和权力有关,而财富只是权力的一种形式。其二,问题只要成为细节上和专门性问题,社会因果关系多不再适用。第一点见拙作《权力》,第二点与哲学史有密切关系。"

③"(马克思)认为解释发展趋向是正确的,但被种种事件证实,

他相信这种主义只会打动那些在阶级利益上跟他一致的人心。他对说服劝导不抱什么希望，而希望从阶级斗争中得到一切。因而他在实践上陷入强权政治，陷入主宰阶级论。固然，由于社会革命的结果，阶级划分预计终究消失，而让位于政治上和经济上的完全和谐。然而这像基督复活一样，是一个遥远而看似渺茫的理想，在达到此理想以前，会有斗争与独裁，而强迫意识形态正统化。"

（五）论哲学（3月19日）

罗素的《西方哲学史》和梯利的《西方哲学史》都是英国著名哲学家的哲学史著作。罗素去世于20世纪70年代，而梯利则于20世纪30年代去世。

罗素在《哲学问题》中说："哲学的目的在于追求知识。"法国学者泰·德萨米在《公民法典》中则说："复杂而不可理解的并不是哲学，而是诡辩家和政治家们用来偷换哲学家那种不像样的可笑行话和吓人呓语。"

西方哲学史知识对中国哲学的发展至关重要。近代以来中国哲学的形成和发展，离不开与西方哲学的交往。哲学在东方和西方各有不同的传统。但"哲学"一词的含义最初却专指以希腊哲学为代表的西方哲学。近代以来，中国的哲学处于西方哲学的巨大影响之下，这是人类文明交往的重要问题。哲学其实是文明之根，人类对世界万事万物的认识，人类从野蛮到文明的演进，开始于哲学意识。哲学曾被誉为百科知识之王，罗素所谓的哲学是旨在追求知识的说法，即是指此而言。

除了罗素和梯利的《西方哲学史》以外，值得注意的是安东尼·肯尼的《牛津西方哲学简史》。这位英国哲学家现在尚活跃于学术界。他这本西方哲学史著作中具有深入浅出的特色和诗意治史的学术品格，把反映时代特色的文学家，如华兹华斯、柯革力律治、济慈等诗歌引入书中，使人对抽象的哲学兴味盎然。作者还从宗教、科学和哲学关系中理解哲学，认为在哲学萌芽时期与自然科学家交织在一起，以后在不同时期中哲学经常受到自然科学的启示，并且指出许多自然科学家本身就是哲学家。另外，他又指出哲学与宗教关系十分密切，列举了欧洲早期和中世纪时期的哲学的许多事例，其中最典型的是阿奎那的神学。他指出："哲学既不是科学（准确地说，不是自然技术科学，哲学是人文社会科学的一个重要组成部分——引者），也不是宗教，虽然从历史上看来它是和它们纠缠在一起的。我试图表明在许多领域中哲学是怎样从宗教反省中产生出来，并且生长到科学经验中去的。"他从宗教与自然技术科学的交互作用中去理解哲学，是我们认识西方哲学源流的一个重要途径。

罗素的《西方哲学史》是一部研究西方哲学的重要著作，而《牛津西方哲学简史》也有许多新内容。罗素所说的"哲学的目的在于追求知识"，不是指具体的知识，而是通过知识理解哲学中的本体论、认识论和方法论。有两位哲学家的话，可以作为说明。一位是沃尔什，他在《历史哲学导论》中论及自然哲学问题时指出，哲学家不能增加对自然界知识的总量，但哲学却是"科学思维的特点和前提"，它对"科学观念的确切分析"是有用的。哲学是对科学观念、历史观念的认知，而知识应当从人对自然界和社会的见识概括。另一位是怀德海，他在《教育的目的》中说："文化乃是思想的活动，乃是对美与人文情怀的感受性。支离破碎的知识与之毫不相干。仅仅博学多闻之人，乃是世界上最无用之人。我们旨在造就的是既有文化又有某种专业知识的人。专业知识为其奠定起步的基础，而文化引领其进入如哲学一样深刻、如艺术一样高远的境界。"这两位哲学家从不同角度，说明了哲学的意义。

在中华文明史上，虽无"哲学"一词，但却赋予"哲"字以"明智"的含义。《书经》中有许多对"哲"字的解析，都有这一内容。如"知之曰明哲，明哲实作则"；如"知人则哲"，就是从"知事"与"知人"之明上，解析"哲"字。《诗经·大雅》则有"其维哲人，告之话语"，以说明通达而有才智的人。晋代陆云把人的精深思考注入"哲"字，称之为"哲思"，他所说的"澄鉴博映，哲思性文"，见于《陆士龙文集·晋故豫章内史夏府君诔》。也有些学者用诗创造出"哲匠"一词，以喻明智而富有才艺的人。如晋代殷仲文的《南州桓公九井作》中的"哲匠感萧晨，肃此尘外轸"，如唐代杜甫的《陈拾遗故宅》中的"有才继骚雅，哲匠不比肩"，就以"哲匠"称桓玄与陈子昂。"哲人"、"哲匠"、"哲思"等等，都和足智多谋、深思熟虑联系在一起。这可能是受中华文明传统影响而将"哲学"译名推出的根源。

中国学术界使用"哲学"一词，是晚清学者黄遵宪、康有为等人从日本介绍来的。"哲学"希腊文为 philosopia，意为"爱智慧"。西方的智慧是来源于上帝，人是"分有"上帝智慧的"爱智者"，因而含有神性。中国有"道生智"（《黄帝内经·灵枢》），是人的学习、修道、省悟、实践性。据赫拉克利特在《论无生物》中说，最早使用这个词的是古希腊哲学家和数学家毕达哥拉斯。毕氏自称"爱智者"，认为奴性的人，生来就是名利的猎手；而"爱智者"生来就是寻求真理的人。他把哲学、真理和自由联系在一起，表达了哲学是人面对现实、生存的一种本真状态，是人与自然、人与社会和人的自我身心互动交往的实践智慧。黑格尔把哲学的特点总结为"研究一般人平时自以为很熟悉的东西"，其实"熟知不等于真知"，真知必须是对历史的反思和沉思的理性智慧，是揭示生活现象背后的本质。黑格尔把哲学比喻为黄昏时才起飞的猫头鹰，是在说明哲学反思的理性活动。哲学的反思的内容来自生活又回到生活，它思考的是用理性方式探讨宏观的普遍的问题，是对人生进行系统反思，是对认识的"认识"，对思想的"思想"。从根本说不是使人成为一定技能的"某种人"，而是促使人认识自身，从而成为"作为人而成为人"。哲学虽不能给人以实用的技艺，但可以使人做好人、使人成为具有反思能力的人。苏格拉底说过："没有反思过的人生毫无意义"，哲学正好给人生这种价值。正是在这个意义上，哲学是人生大树之根，是人类文明大树之根。哲学的根本问题就是揭示人类生活的本原意义，让人们认识和掌握生存之道，把"人"字写正、写好、写美，使人真正成为有思想、真正快乐、幸福、自由生活的人。所以，哲学是真正意义上的"人学"。

（六）论历史的神奇力量（3 月 20 日）

罗素在他的自选文集中有下述一段关于"历史神奇力量"的话：

"历史具有神奇的力量。这是因为历史的美是一幅凝固、静谧的画面，就像秋天迷人的纯洁景象，虽然只消吐口气就把秋叶吹落，但金色的叶子却在天穹的衬映下依然闪烁着辉煌。"

罗素对历史神奇力量的比喻和阐发，颇有诗意治学的审美韵味。此语用秋叶之美丽，映射历史神奇之力量，美与力合一于历史，是天人古今的历史神奇力量之美。这是一种"霜叶红于二月花"的美感。

"秋风吹渭水，落叶满长安"，历来被诗人推崇为美丽的诗句。那是一幅动态的"秋风"与"渭水"的互动，又是"秋风"吹动下的落叶纷落于"长安"的景色。中国唐代诗人没有想到落叶与历史的关系，但英国哲学家却领悟到了"落叶"与历史神奇力量之间的联系。两者笔下的落叶美是各有千秋意蕴的。

文史哲都是追求人的真善美。这种真，是人的生活之真；这种善，是人的心灵之善；这种美，是人的精神之美。这是文史哲的人文精神的本质所在。文史哲永远是三位一体的人的赞歌。

联系是哲学上的一个基本概念，也是历史学上贯通过去、现在与未来的发展思维力量。"史圣"司马迁的"究天人之际，通古今之变，成一家之言"的哲言，不仅把"天人之际"的自然与人的"间际"联系作为研究考察的历史课题，而且把古今的"通变"与研究者独立思想的"成一家之言"联结为一个历史哲学范畴，用最精练的语言高度概括了。这实在是一个完整的自然与人、人事的古与今和自我身心关系的文明人文的大历史观，把人类文明交往的三大主题都包括在其中了。

古代历史是凝固了的现代和当代。现代和当代终将要凝固为历史。经过变化、变动的现代和当代的动态活动，就出现了一幅幅凝固、静谧的历史画面。这是一个由变动到凝固、由变动到静谧的长期发展过程。这个过程就像春生、夏长和秋实的生物生长一样，最后形成了美丽的历史画面，也是发展到了凝固、静谧如秋天万物成熟的迷人的纯洁景象。金色的秋叶，可以被秋风轻易地把它吹落，但它已走完了春、夏、秋的生、长、实的成熟过程，因而"在天穹的衬映下闪烁着辉煌"之"历史的美"。这就是"历史人有的神奇力量"，就是人类文明交往不可抗拒的力量。

（七）论科学（3月21日）

罗素在《宗教与科学》中强调科学变动性："科学总是暂时的，它预期人们一定迟早会发现必须对它的目前的理论做出修正，并且意识到自己的方法是一种逻辑上不可能得出圆满的、最终的论证方法。"这使人想起恩格斯的话：我唯一崇拜的是变化。

科学的暂时性，是说它随时代的发展、随人的文明交往力的进步而变化。人的认识是有限度的。理论、方法也不是不变的。一切皆变，当然是在"常"中"变"，当然也是在"变"中丰富"常"。"变"和

"常"之间的关系，是一种互动关系。科学就是在变中求常，在常中理解变，在变化中发现规律性中之常恒性，又在常恒性之中观察变化。还是我在《西东谣》中那句话：历史统一于多样，事物万变归常恒。

西方哲学家认为哲学是追求真理的，并且有一种把问题和论证进行到底的理性主义和思辨精神。它是科学中的科学，有着为科学提供理论思维和方法论的作用，也有促使科学认知主义和满足好奇心、追求兴趣的目的。

罗素是一位有历史远见的哲学家，也是中华文明发展的预言家。他以科学的实事求是态度，看待中华文明的历史全貌。他经历了中华文明现代转型开端的五四新文化运动。他认为：中国必将找到一条不同于西方的现代化道路。他正是从变动、变化、变革的历史观念中看待中华文化的。他认为中国儒学的入世、平实和中庸是值得西方文明借鉴的重要品质。这是哲学的高度，也是历史长度所致。他还对人生三种情感有总结性的描述：对爱情的渴望、对知识的渴求、对人类苦难痛彻肺腑的怜悯。

最后，还要回过头来谈谈冯友兰的《中国哲学简史》。它自从1948年在美国出版英文本以后，先后被翻译为20多种文字发行于全球，为世界了解中国哲学打开了多扇窗户。它和罗素的《西方哲学史》一样，都是哲学史家兼哲学家于一身的学者写成的哲学史著作。从人类文明交往的互动规律看，冯友兰作为哲学家和哲学史家，他有大道化成的自觉。他把中华文明中儒家入世与中国哲学史诸学派相参照而化为超越之远见，写出了精思慎取、学有所得的《中国哲学史》。这种尝试是有意义的。这种治学不是"跟着讲"，也不是"套着讲"，而是融会贯通中外的"接着讲"，洋溢着"我来讲"的中国学者气魄，因而对文明交往有创造的意义。这样，向西方人讲中国哲学，用20余万字的篇幅，简明扼要、深入浅出，有自己的洞见，为西方人容易接受，也为中国开辟新面貌。这也是文明交往的自觉。他说的"今欲讲中国哲学史，其主要工作之一，即就中国历史上各种学问中，将其可以西洋所谓哲学名之者，选出而叙述之"的治学理念，表明了他的史与思的智慧。

第 82—84 日　　　　2012 年 3 月 22—24 日　　星期四至星期六

64. 康福德论古希腊哲学

康福德（1884—1943），英国研究古典哲学的学者和诗人。他的《苏格拉底前后》一书，已由孙艳萍、石冬梅译，上海人民出版社出版。该书的主要命题是古希腊哲学问题，其中有关论点涉及人同自然、人与人和人类自我身心关系方面，最可注意的有下列各点：

（一）人与自然（3 月 22 日）

古希腊哲学开始于对人与自然关系的探索，这也是一种"究天人之际"的西方的"天人之学"。苏格拉底前后都是如此。

古希腊哲学史开创者是泰勒斯（Thales，约公元前 624—前 546 年）。按康福德的说法，这个时代的主要成果是：人们理解了宇宙为一自然整体，它有其恒定方式，这种方式可以被人的理性所知，但不受人类行为的控制。

这是人类文明发展中一个重要的思想成果，其意义在于人同自然的交往中，比起以前人们对超自然力量的信仰，是一个历史性的大进步。我们从中可以看出：这个时代的特征是对自然界的知物之明，而这个知物之明是从科学认识开始的。它有三个特征：第一，自我与外在客体的分离，即客体的发现；第二，对待客体时，与行为的功利性相伴随而来的智力偏见；第三，对无形的、超自然的信仰，总是处于需要对待的客体。

康福德认为，公元前 6 世纪由泰勒斯开始的哲学体系，是以宇宙起源论的形式构建的，其中心是水流纵横的大地，包括雾、云、雨的气带。生命就是产生于这种自然秩序之中。公元前 5 世纪，古希腊哲学保留上述宇宙起源说，同时更加注意考察物质实体的终极构成（不变的事物之本质），尤其是德谟克利特的原子论。

（二）人与自我身心（3 月 23 日）

康福德对苏格拉底如何将哲学的研究从外在的自然转向人的自我身心和社会中人类行为目的方面，有以下观点：

第一，古希腊哲学中的原子论走向极端，成为"唯原子论"，从而否定精神的存在，甚至说精神也是由原子构成。苏格拉底针对这种倾向，提出了对"完全否认精神世界的唯物论的反应"的一种"苏格拉底哲学"。

第二，苏格拉底哲学从探索人的心灵开始，中心是个体的精神本质，进而转入了人生活的秩序和目的。他提出了人生的意义是什么的问题。他还提出了"心灵的完善"（the perfection of the soul），即"精神的完善"（spiritual perfection）的问题。他认为，真正的自我心灵，不是由肉体，而是由心灵，心灵是洞察力的栖息之所，它可以区分并有对善恶的选择力。生命的目的是什么？是人的心灵的完善。这种知识的"自觉"，即"期望的道德"。

第三，苏格拉底在《申辩篇》中对探讨人生问题有详细的说明："我别无他业，到处活动，劝说你们所有的人，不管是年轻的还是年老的，少关心你们的身体和财富，多关注你们的心灵完善。……不管是在公共生活还是私人生活中，财富不会带来善，但善会创造财富和其他任何东西，对人来说，善是最有价值的。"他是一位劝人为善的哲学家，心灵完善是他的人生哲学。

第四，苏格拉底哲学中，用"幸福＝心灵（精神）"来代替"幸福＝愉悦"、"幸福＝社会成功"、"幸福＝知识和智慧"等公式。心灵（精神）上的幸福是他的道德。它超越了原来人们要求服从权力、遵奉习惯的社会约束道德。用康福德的话说："他想用这种期望的道德代替由社会强制的道德。"

（三）柏拉图的"相"的哲学理念（3月24日）

柏拉图把苏格拉底的"期望的道德"，变成了一个包括自然界和社会的整体体系，其中心是"相"的理念。"相"也有中译为"客观真理"或"理式"、"理念"。"相"还可译为"型"。希腊文为 eiclos 或 ideas，也有用 forms 表述。柏拉图认为，"相"在现实世界中是独立存在的、非物质的实体。在他看来，"相"是固定在事物本质中不可改变的存在物，完美的"相"之世界，包括所有真实的事物。因此，柏拉图用"相"的理念统摄了主观和客观，其重要意义在于：这一理念在很大程度上决定西方文明向着理念和认识论的认知方面发展的方向。

康福德在《苏格拉底前后》一书中强调了以下各点：

第一，"相"的知识总是呈现在灵魂身上（潜在的、无意识的）。柏拉图在《理想国》中认为，只有真正的哲学家统治，才有精神完美的"真相"，这就自然脱离了苏格拉底的实践。

第二，柏拉图提出了"回忆说"，认为回忆起曾经拥有的知识，可以解决知识问题，也可以说灵魂不灭。"相"是真实存在于一切知识之中。"学习"或"发现真理"是对此种知识的回忆，并将其上升到意识层面。人们通过对记忆的回忆，将被忘记而仍储存于记忆中的"真"重新发现。

第三，柏拉图在《第迈欧篇》中有一个对真理的诗意的陈述。他认为，世界只能被理解为神意的产物。依据这"相"的完美的理念、模式和模型，宇宙即其在时间和空间中塑造着生灵的世界。

柏拉图主义的动机始终是双重的：道德的和政治的。他弥留人世之时，仍在埋头写他的《法律篇》，阐述他的理想，那就是拥有智慧的哲学家要统治他的同胞。从《法律篇》的写作，可以看到他关于"期望的道德"与"社会约束道德"的结合，即道德"自律"与法律"他律"的统一。

附带说一下，罗素认为，笛卡尔是柏拉图之后第一个具有现代思想并重新架构哲学体系的思想家，是西方现代科学思想的奠基者。他为科学建构哲学，首先是科学哲学，其次是普遍哲学。他在一定程度上是科学家，把数学作为一种科学方法的基础，重视几何学的认知作用。他的缺点是：①人与自然两分的二元论哲学思想；②张扬自我；③工具理性；④有知物之明而无明人事与道德自律思想。

（四）亚里士多德的"实在"理念（3月25日）

康福德认为，亚里士多德接受了柏拉图的"相"的理念，但后来又指责这个理念，认为它是一个"理想的数"。在亚里士多德的心目中，"相"除了有形的事物之外，没有任何真实的存在，而数学科学的对象仅仅是抽象的事物。亚里士多德的重要贡献是完成了最早的科学分类。

亚里士多德努力脱离柏拉图的理想世界而与普通的感觉世界联系，但他仍和柏拉图一样受道德观念支配。他坚信，实在是第一存在，如果实体消失，所有事物都可以消失。但变化和时间是不可消失的；变化和时间既无起点，也无终点。由于只有空间环形运动是连续的，永不终止的变化，所以肯定存在着一种永恒的环形运动，为此又必须有一个永恒的实体，这个实体不是力而是能动性。这就是"神"，是为了善而工作的"神"。"神"本身就是目的，他对这个世界的影响，只是引起外部天气的变化。

　　总之，康福德把古希腊哲学史分为苏格拉底之前和苏格拉底之后这两个时期，而苏格拉底是转折的关键。亚里士多德的思想最博大，但仍是苏格拉底所引发的哲学革命的结果。亚里士多德思想集中在他的《伦理学》之中。亚里士多德重视"潜能"概念对科学的作用。"潜能"（potentiality）在多思中产生。人的完整的生命，既要沉思，也要感觉，即爱。大爱之中有大智慧，即哲学。

　　古希腊哲学是西方文明的源头。如果说，西方文明是江河，源头在此；如果说西方文明如大树，根源在此。古希腊哲学重视天人关系、人人关系和人自我身心关系，不过它与中国的天人关系不同。司马迁从文明历史角度提出"究天人之际，通古今之变，成一家之言"也涉及此三方面交往。我们要从不同中看到差异之中的目标相同之处，从中得到人类文明多样性共处的交往自觉。

第 85—87 日　　　　　　2012 年 3 月 25—27 日　星期日至星期二

65. 由《哲学家之死》所想起的

　　《哲学家之死》一书研究了 180 多位哲学家的死因。作者是美国社会研究院教授西蒙·克利奇利。他研究此问题的动机是："可以通过哲学家们的历史来了解哲学。哲学家们树立了高贵正直的榜样，但也有一些粗鄙、喜剧化的例子。哲学家去世的方式使他们有了人情味，证明了他们虽然学识深厚，但他们跟其他人一样面对人生。"

　　人人都有自我身心交往，其中包括面对死亡问题，哲学家也不能置身事外，而且思考和面临的处境也不完全是一回事。哲学家的精神世界与肉体无法分割。他举的事例有：

①卢梭被街上一只大犬撞伤而留下后遗症，并且因为此后遗症而死亡。

②康德死于胃病，死前他说，他活够了，时间足够修改形而上学和认识论的工作。

③尼采之死有人认为是劳累过度而发疯所致，也有人认为是在妓院染上梅毒而死亡。

④歌德临终的遗言是："更多的光"（mechr Liche）还是"再没有了"（mehr Mche），从而被送进了疯人院。

⑤海德格尔在《存在与时间》中，提出"向死而生"，即在面对死亡的前提下创造人生的意义。

⑥德勒兹跳楼自杀，他说，他只想体验高气压以治疗肺气肿，并说："死掉的是有机体，而非生命。"

⑦福柯 1984 年死于艾滋病，临终前读古罗马先哲塞涅卡的著作，而且写完《性史》第 2、3 两卷。西蒙·克利奇利说：这表明哲学家常以自己的作品来表明自己的去世方式。

⑧波德里亚认为，"哲学导致死亡，社会学导致自杀"。他写最后一本书《冷记忆 5》时已患癌症，但仍旧写道："他从来没有想到死亡。"

⑨德里达 2004 年死于胰腺癌，他自己认为没有如何死亡这方面的智慧。此前，即 1993 年，他在《马克思的幽灵》一书开头就写道："我终于学会了如何活着。"与求生愿望同时并存的是："对自己死亡的恐惧同时存在。"为减少对死亡的恐惧感，从 1980 年起，他一直写悼念已故去朋友的文章。他觉得他的已故朋友仍活在人间，心中的生死界限就模糊了。

⑩休谟不怕死亡，他认为哲学地死去意味着要欢欣地死去。

⑪乔治·桑塔亚纳在 1944 年对《生活》杂志回答对战争的看法时说："我什么也不知道，我生活在永恒之中。"西蒙·克利克奇评价此种态度时，认为"这是一位以模范式去世的哲学家"。

⑫西塞罗在《论老年、论友谊、论责任》中说："青绿的苹果很难

从树上摘下，熟透的苹果会自动跌到地上。人生就像苹果一样，少年时的死亡，是受外力作用的结果，老年时的死亡是成熟后的自然现象。我认为，接近死亡的'成熟'阶段非常可爱。"这是一条我对西蒙·克利奇利《哲学家之死》一书的第一个补充。西塞罗虽非哲学家，但对死亡的观点，既有深刻的哲理，又具形象的自然科学的诗意，而且他的人死观，洋溢着令人信服的乐观与达观。

⑬我要补充的第二个例子是阿兰·德波顿，他在《爱情笔记》中写道："人类因为没有发泄情感的能力而成为唯一能够自杀的动物。人类是一种使用象征和暗喻的动物：杀死我自己，我的生命随之消失，从而无法从自身死亡的情节中获得快感。"他与西塞罗不同，没有把人死同植物联系起来，而是把人同动物联系起来，使人更有可比的感觉。他从自我身心交往中谈死亡，因此值得补充在此。

⑭我要补充的第三个例子是胡适。胡适应该算在哲学家之列。他虽然不把实践主义放在"哲理"之列，而放在方法之内，但他曾提出"实践是真理的唯一试金石"，确为哲学思想的真知灼见。他在生命最后一天（1962年2月24日），还在关心五四以来的民主与科学理念如何在台湾生根。据台湾"中央研究院"近代史所长黄克武说："他到死都对这件事担心。"胡适在该院的蔡元培馆参加会议之前，曾说自己身体不好只能少说几句话。然而，到了会场又说，太太不在他身旁，他可以多说几句。最后因为讲话比较激动，引发心脏病而去世。他是一位在夫人江冬菊未监督下故去而令人遗憾的哲学家。据说，他给监狱里的雷震写过一封很特别的信，那是抄录了杨万里的一句诗："万山不许一溪奔，拦得溪声日夜喧。"此种行为表示了他寄哀思于诗中，也显示了他身体江河日下。这很符合胡适的性格，他对死亡就是这样的看法。在1960年的台湾"雷震案"中，他不愿与蒋介石对抗，不愿"做烈士"，要留得青山在，不怕没柴烧。他认为，人死了，什么也没有了。

读《哲学家之死》，最后我想起当代学者周有光老人。他93岁时，老伴张允和去世了。他在《百岁忆往》（三联书店2012年版）一书中写道："我们结婚70年，从来没有想到会有两人之中少了一人。突如其来的打击，使我一时透不过气来。"值得注意的是，他在下面接着写到了哲学家论死亡的话："有位哲学家说过：'人如果都不死，人类就不会进化。'残酷的进化论!"他又从哲学家的言论,转到达尔文的进化论。这也是一种思想上的解脱。

人类是唯一自觉意识到死亡不可避免和死亡随时会发生而且能重视医疗和养生之道的生物。人对死亡的恐惧与人生相伴随。死亡令人软弱,所以人类总是通过文化创造文明,又用文化和文明的自觉控制死亡带来的恐惧。

托尔斯泰这位俄国大文学家在《伊凡·伊里奇之死》中,描写了一位垂死人物的心态变化。他一生都是性情温和,只是被死亡折磨得多疑暴躁,严重的心理病态和疯狂,甚至引起了身边亲人的厌倦与冷漠。人的生命越到尽头,就越出现一些难以探测的秘密。这是因为最后体验秘密的人,大多已失去表达能力,而把迷人的死亡之谜,留给了后人。其实,歌德在《浮士德》中,已经道出了死亡的真谛:"一切产生出来的东西,都一定要灭亡。"

萧伯纳这位英国大文学家曾经说过,当死亡天使吹响他的号角,文明的伪饰就像强风中的帽子一样,被从人的头顶吹落到泥地里。其实,萧老无须悲观。人类文明交往史告诉我们,文明自觉的生命力是人类特有的生命力,有这样自觉能动性的人类,能够认识和践行人类文明交往的规律,也能认识和践行人的自我身心规律。文明不怕"死亡天使",也不是"伪饰的帽子"。死亡虽然使一代又一代人离开,也使一代又一代人继承,文明也因此而代代传承和发展。无边落叶萧萧下,不尽长江滚滚来。死亡天使的强风吹响他的号角,只能吹去"伪饰",真正的文明却如历史的长河,日夜不息流动,虽然曲折,但总趋向是向前行进。

古希腊亚历山大时期的数学家刁藩都,用墓碑记载了自己的历史:"刁藩都长眠于此,倘若你懂得碑文的奥秘,它会告诉你刁藩都的寿命。诸神赐予他的生命的 1/6 是童年,再过了生命的 1/2,他长了胡须,其后刁藩都结了婚,不过不曾有孩子。这样又度过了一生的 1/7,再过五年,他获得了头生子,然而他的爱子竟然早逝,只活了寿命的一半。丧子之后,他在数学研究中寻求慰藉,又度过了四年,终于结束了自己的一生。"这真是一块妙趣横生的、罕见的墓碑!第一,它记载了数学家的生平,弥补了史籍的空白,公元三世纪的数学家有了记载;第二,善于思考、勤于演算的人,在墓碑前就会知道刁藩都终年八十四岁；第三，这也许应了中国的流行语："七十三，八十四，阎王不叫自己去。"他留下了一块"谜碑"离开人间。

如果我们再往深处、广处去想，不仅仅哲学家、文学家有对死亡的百态千姿、多种形象，就是艺术家如文森特·凡高这样的名画家，也是在完成《麦田里的鸦群》名画后而自杀，两天后才痛苦死去。苦命的凡高，他死时才37岁。其他如捷克斯洛伐克的伏契克是在德国法西斯的监狱中写成《绞刑架下的报告》。俄罗斯的车尔尼雪夫斯基的《怎么办？》是在彼得堡要塞被监禁时写成的。死于58岁的俄罗斯另一位思想家赫尔岑，仍为"谁之罪？"而苦苦思考。伏尔泰的《俄狄浦斯王》则产生于巴士底狱中。但丁的《神曲》写于流放生活中，以十多年时间在逝世前不久完成。

《哲学家之死》使人想起许多有关的治学与其他事情，尤其是苦难的人生哲学。我在《书路鸿踪录》（三秦出版社2004年版）中有一篇《笔记杂感录》。该文引用了德国作家卡夫卡的话："受难是这个世界的积极因素，是人同这个世界的真实相联系。一个人承受的苦难越大，这个人越能凝聚起与自己命运搏斗的抗衡力。"在该文中我认为，历史学家所追求的是对社会的理解和对人生的导引，苦难的人生哲学是对这种理解和导引的感悟和人类文明的自觉。

第88—90日　　　　　2012年3月28—30日　星期三至星期五

66. 法学、史学与哲学

德国的哲学和史学在世界学术史上有其不可忽略的位置，而其法学学成地位也在世界上位居前列。

近读德国学者萨维尼、格林的《萨维尼法学方法论讲义与格林笔记》（杨代雄译，法律出版社2008年版）之后，想到法学与史学、哲学的关系，其要点有：

（1）这是一本以方法论为主题的学术笔记。萨维尼（Friedrich Carl

von Saviny，1779—1861)，著有《所有权》《中世纪罗门法史》《现代罗马法制度》等书，毕生致力于传承与发展胡果的历史学派思想。他在 1802—1842 年先后在洪堡大学、兰茨胡特大学、柏林大学等校讲课。他的学生格林认真记下了笔记，给后人留下了一笔丰富的文化遗产。

(2) 笔记中总结了学术研究成功的三个要素是：①天赋（个人的智力程度）；②勤奋（对智力的一定运用）；③方法（智力运用的方向）。三条都谈到智力，可见他对智力的关注。他成为德国著名的法学家，成为历史法学派的主要代表之一，与他个人的天赋智力、后天勤奋地运用智力及把握智力运用的方向有重要关系。这是"智力"的"智"，即人为万物之灵的智慧心灵，也可以说是对头脑思维方式方法的发挥。"智力"是对所从事事业成功后面涌动的文明交往能力，即自觉的交往力。

(3) 笔记中有关他治学的方法论中，可注意的有两点：第一，语文性研究（对法学的解释如何成为可能）；第二，历史性研究（历史根基与脉络）。文史方法论是他治学领域内有建树的主要方法，可供后人借鉴。

(4) 笔记中可见他强调学术研究中的体系性方法。他重视哲学性研究方法，认为思想理论应在法学体系上下功夫。这是治学中一个宏观上的总体把握，治学者高屋建瓴的视野在此。

(5) 他有三条方法论方面的基本原则：①法学是一门历史性的科学（德文 historische wissnschaft）；②法学也是一门哲学性的科学（德文 philosophiche wissnschaft）；③上述两种科学性研究方法必须结合成一个统一整体的思维方式，使历史性研究与哲学性研究成为法学研究内在有机联系。他成功的奥秘之处，正在于这种跨学科交往性路径。他的法学成就也就在于他的此种研究智力化合了，而不是混合了几种方法论。

(6) 他学术上成为一派领军人物，自成一家之言。他认为，作为历史法学派必须关注法学的历史性。他指出，这个法学学派不是用历史学知识去理解法学本身，而是使法学在很大程度上具备历史性。这种历史性从历史学上看，我觉得应当是历史意识，或者再高一点说，是历史观念，是历史观，是当代法学不能与过去相分离。这就是人类文明史不能割断其内在的历史发展联系，再往深处思考，是文明交往互动规律给学术研究带来的历史自觉。

（7）笔记中强调微观研究，重视考据，加强注释，于细微处、间际处乐而不疲地做扎实工作。他从深层次的残余文本考订入手，注意个别特别性问题，又从个别特殊性进入整体普遍性认识；同时，把文本考证放在整体共性的自然脉络关联之中。值得注意的是，他总是好像在不断提醒自己：不要在细微的、不连贯的研究中走向碎片化倾向，以致错过了对有内外联系的整体规律性认识的时机。他写道："在整体上用一个庄严的方式加以展示。因而，这一科学理想的最高机关是哲学。"这有点类似中华文明中传统的治学思路：从"小学"（目录学、考据学等）入手，进而从细微精到处步入高大广博，以达到宏阔思想的"大学"境界。

（8）读完这本学术笔记后，我不禁想起孟德斯鸠在《罗马盛衰原因论》中的一段话：如果征服者想把自己的法律和风俗强加于一切民族，这是一件愚蠢的事情。法律和风俗习惯不能强行输出，但研究法学方法论，尤其是"历史"、"哲学"视角的方法论是可以借鉴的。萨维尼的治学思路对中国学术研究的启示之处在于既要重视微观研究，也需要概括总体和抽象升华的宏观规律性研究，方能"继往开来、顶天立地"。当然，如果在史实雄实严谨之基、理论思维之灵成果之上，再加上审美通畅之形，那就更完善了。

（9）马克思对萨维尼的批判。1835 年 10 月 15 日，马克思进入波恩大学法律系。1836 年 10 月 22 日转入柏林大学法律系继续攻读法律专业。这时正当萨维尼在柏林大学任教（1810—1842）。在此期间，萨维尼一度还兼任柏林大学校长和普鲁士王储的法学教师，并创办了《历史法学杂志》。马克思作为该校法律系学生，1836—1837 年听萨维尼讲授的罗马法课程。但马克思不是萨维尼法学学派的支持者，而是它的批判者。他在 1842 年 8 月 9 日发表于《莱茵报》上的《法的历史学派的哲学宣言》一文中，有以下几处直接批判萨维尼：①批判 1838 年萨维尼为纪念历史法学学派创始人胡果获得法学博士五十周年而写的文章，称萨维尼为"历史学派的著名法学家"。②文中引用胡果著作几段摘要之后写道："这几段摘要足以用来决定胡果的继承者是否有能力成为当代立法者"，暗指萨维尼的《论当代在立法和法理学方面的使命》

（1814 年海德堡版）和 1842 年开始被任命为普鲁士法律修订大臣一事。

（10）马克思批判萨维尼是和批判以胡果（1764—1844）为创始人的历史法学学派联系在一起的。在《法的历史学派的哲学宣言》一文中，马克思首先批判该学派的"历史起源论"，认为它"把研究起源变成了自己的口号，它使自己对起源的爱好达到了极点，——它要求船夫不沿着河航行，而沿着河的起源航行。"（《马克思恩格斯全集》第一卷，人民出版社 1960 年版，第 97 页）其次批判胡果的自然法，即胡果的"动物的本性构成了人在法律上的特殊标志"、"动物法"、"专横和暴力法"。最后是批判它的哲学："**历史学派的哲学走在**历史学派的发展**前面**，所以，我们要在该学派发展本身中去寻找哲学是徒劳无益的。"（同上）马克思的结论是：这一学派的历史评价是："反历史的幻觉、模糊的空想和故意的虚构。"（同上书，第 105 页）

（11）可以看出，马克思全面否定胡果的历史法学学派。他在《法的历史学派的哲学宣言》中用讽刺的笔法写道："诚然，时间和文明已**用芬芳的神秘云雾**掩盖着历史学派的**多节的系统树**；**浪漫性**已用幻想雕刻装饰了这棵树，**思辨哲学**已用自己的特点给它接过枝；无数**博学**的果实都从这棵树上打落下来，晒干了，并极为隆重地把它们放入宽阔的德国学问储藏室。"（同上书，第 105 页）他在 1844 年发表于《德国年鉴》上的《黑格尔法哲学批判导言》一文中，再一次尖锐批判历史法学学派，认为该学派"以昨天的卑鄙行为来为今天的卑鄙行为进行辩护，把农奴反抗鞭子——只要它是陈旧的、祖传的、历史性的鞭子——的每个呼声宣布为叛乱；历史对这一学派，正象以色列上帝对他的奴仆摩西一样，只是表明了自己的 a posteriori（过去），因此，这个**法的历史学派**本身如果不是德国历史的产物，那就是杜撰了德国的历史"（同上书，第 454 页）。

马克思此时处于整个世界观的转变时期，学习法律课程之外，还研究哲学、历史，而《黑格法哲学批判》是一篇转变的标志性论文。他后来总结此段研究工作时认为，"法的关系，也像国家形式一样，不能用它们本身来解释清楚，也不能用所谓人类精神的一般发展来解释清楚；恰恰相反，它根源于物质生活关系"（同上书，第 XIII 页），这就是唯物史观。但上述论述毕竟不是他后来成熟时期的自然观和社会观。因此对历史法学学派的批判，对萨维尼的看法，应从时代性作具体分析对待。萨维尼在法学的学术史上是应当有其历史地位的。

第 91 日　　　　　　　　　　　　　　2012 年 3 月 31 日　星期六

67. 历史、政治与哲学

历史是在具体条件下发展的，历史关乎现在和将来的走向。人类文明史是人类在具体的时间和空间环境下从事政治、经济和文化活动的。政治的选择必须思考历史变迁和现实的需求。

政治关系着人类文明交往中人与人之间的社会关系，首要的社会关系是敌我关系。政治有和平与暴力之分，其最高形式是战争。因此，出现了克劳塞维茨关于"战争是政治交往的另一种形式继续"的名言，后来被一位伟人直白地解释为：战争是流血的政治。有人更极端地说：政治的最高形式是杀人！无论何种表达，政治充满着斗争，尤其是权力斗争。人们从古今中外每一次政权更迭中所看到的你死我活的残酷血腥斗争事件中，可以看到这一点。

政治既然关系到杀人的生命问题，因此最高的原则是审慎。政治理论是关于社会秩序问题的理论，尤其是制度和公共政治问题。在这方面，要借鉴人类文明交往中创造出来的一切政治理论成果，应当结合现实政治问题，全面地思考古今中外的学术资源。

哲学是批判性思考，是穷根究底探索事物的本质属性，以达到认识真理的目的。哲学最高的追求是理性。西方从古希腊开始，就以理性方式思考政治问题。中国则有以实践理性思考政治的传统。政治哲学是对政治问题的哲学思考，其目标是稳定与和谐，正义、制度是哲学关心的中心课题。

中国儒家的政治哲学富于实践理性的特色。《大学》是孔子之言而由曾子述说的典籍。《大学》把政治哲学概括为八目：格物、致知、诚意、正心、修身、齐家、治国、平天下。其原文为："致知在格物，物格而后知至，知至而后意诚，意诚而后心正，心正而后身修，身修而后家齐，家齐而后国治，国治而后天下平。"研究者谈八目时，往往忽视"格物、致知、诚意、正心"。这中间的要旨是：知始于"格物、致知"，穷究事物的原理，即哲理明而后行，说明了知识源于实践而又指导实践。孙中山是最看中这个政治哲学的。他在《民族主义》的讲话中，认为"正心诚意"是"内治的功夫"，修身齐家治国是"外修功夫"。"八目"是一个从内部做起，到外在的平天下，是中国独有的政治哲学，是中国历史、政治和哲学相结合的民族性"土特产"，是中华文明的政治学宝贵遗产。这是作为大政治家孙中山的很有见地的体悟。

西方政治哲学中，有从规律性总结政治问题的特色。亚里士多德在《政治学》中就指出："为政最重要的一个规律是：一切政体都应当订立法律并安排经济体系，使执政和属官不能假借公职，营求私利。"这是哲学思维见之于政治问题的表现。关注当代西方世界的政治哲学，尤其是法国式的激进路径与英美式的混合路径，就要追溯到中世纪的欧洲，直到希腊、罗马的历史时代。历史是记忆的科学，人类失去了历史记忆，头脑中将成为一片空白。一个文明的强大，不在心，而在头脑。心智不成熟，不动脑思考，是没有真正希望的文明。历史观念的重要性自不待言，历史经验教训也应当引起为政者的高度重视。H. 卡尔在《历史是什么》中说过："历史所论及的是独特与普遍的关系"，这句话道出了历史与哲学中的个性与共性，即统一性与多样性之间的关系。沃格林则提醒人们关注历史在政治中的重要性："人在社会中的存在是历史的存在；一种政治理论如果期望洞察原则的话，就必须是一种历史理论。"

奇巧的是，英国政治哲学家迈克尔·奥克肖特也有《历史是什么》的著作。他把政治比作大海，政治活动就是"在无边无底的大海上航行"，"大海既是朋友，又是敌人，航海技术就在于利用传统行为样式的资源化敌为友"。敌友关系是政治上的根本问题，也是文明交往的大问题。奥克肖特认为："人类种种伟大的解释性的冒险事业，正是哲学家、科学家和历史学家思考中才能见到的。哲学、科学和历史学是认识和解释领域里不同的冒险事业。"他在《政治中的理性主义》劝人们独立思考，而不要被"伟人误导"而"走上错误之路"。他在《〈利维坦〉导读》中用《庄子·大宗师》中的"泉涸，鱼相与处于陆，相嘘以湿，相濡以沫，不如相忘于江湖"的名言作为这部政治哲学的经典文献的结语，以成为政治上"被他们的制度所遗忘的"、哲学和历史上"快乐的人"。

政治哲学要求人们重视理性，但慎思、慎言、慎行特别重要。因为不如此，政治家就自以为真理只掌握在自己的手中。大权在握，又理性在握，就可能以"权力理性"杀人。古今中外的焚书坑儒、文字狱、宗教对科学的"裁判"、以政治毁坏文化等诸多"武器批判"的破坏，其历史教训十分惨痛而野蛮，专制而又独裁，每每使读史人掩卷叹息，这是最值得后人记取的。让历史的警钟长鸣，催人走向文明交往的自觉！

从政者在历史意识、历史观念上不能缺位。历史意识和历史观念告诫人们，要从发展、全面视角看问题，要认识到人类认识的局限性，而以理性与审慎相结合的态度思考政治问题。政治家不要忘记柯林武德在《历史的观念》中的话："在历史学中，正像一切严肃的问题上一样，任何成就都不是最终的。"我们应当用清醒的历史意识和历史观念来审视政治中每一个严肃问题，不要重蹈历史灾难的覆辙。

第 92 日　　　　　　　　　　　　　**2012 年 4 月 1 日　星期日**

68. 哲学与政治

列奥·施特劳斯被甘阳称为"政治哲人"。甘阳在施特劳斯：《自然权利与历史》（生活·读书·新知三联书店 2000 年版）的序言《政治哲人施特劳斯：古典保守主义政治哲学的复兴》中对其观点有如下概括：

①古典政治哲学"首要和中心问题就是检讨哲学与政治社会的关系"。

②"现代政治哲学是用哲学方法谈政治问题或用系统的哲学方法来构造一个政治的系统。"

③"现代政治哲学首先没有弄清哲学与政治的各自性质和前提问

题，如何谓哲学。"

④ "在古希腊语中，Politeia 意为'国家构成'，通常被英译为'政制'（Constitution），即城邦式的政治形式（城邦目的特征）是政治结构的秩序。"

⑤ "哲学作为追求智慧的纯粹知性活动，必然要求无法无天的绝对自由，必须不受任何道德习俗所制约，不受任何法律宗教所控制，因此哲学就其本性而言，是与政治社会不相容的；哲学为了维护自己的绝对自由，必须嘲笑一切道德习俗，必须怀疑和亵渎一切宗教和神圣。因此哲学作为一种纯粹的知性追求，对于任何政治社会必然是危险的、颠覆性。"

第 93 日　　　　　　　　　　　　　　　**2012 年 4 月 2 日　星期一**

69. 文学与哲学

在第 66 节中，有论及法、史、哲之间的关系，在本编前言中，有论及中国文化传统中的文、史、哲不分家的传统。

哲学对于文史均不可少。这里谈文学与哲学的关系。《艾略特诗学文集》（王恩衷编译，国际文化出版公司 1989 年版）中，T. S. 艾略特认为经典的文学作品的标准有四个方面：心智的成熟，习俗的成熟，语言的成熟，共同文体的完善。他认为，经典的文学作品往往既属于一个民族，又超越一个民族；既有时代特征，又超越一个时代。

这里首先是心智的成熟。心智，即心灵与智慧，这是文学经典作家独具的价值。智慧和心灵一样，是一个文学经典作家高于他同时代作家之处。但按艾略特的说法，智慧是最难界定和理解的词，"要理解智慧，本人就必须是一个哲人"。因此，他有《哲人歌德》一文，要人们倾听歌德生平。这与孟子的"颂其诗读其书，不知其人可乎？"相同。这是研究经典文学不可忽略之处。

这里就涉及歌德属于时代又超越时代的一面。在德国民族性高涨时，他坚守古典主义，自觉孤独，这正是他心智的特立独行之处。他关于世界文学的思想顺应文学普遍性的要求。从哲学上讲，普遍性、共同性与个体性、独特性是统一的，民族性与世界性在经典文学中也是相互依存的。全球化时代，尤其不能失去个性和民族性。文学与哲学在这里交融而成为世界性。歌德是一个文学家，又是一位哲人，文学与哲学在他身上是统一的。他是这样写他自己这个"人"字的：左一撇是文学，右一捺是哲学。就是这样，他把"人"字写成了一个大写的"人"，从而写出了文学与哲学之间关系的间际交往真谛。

第 94 日　　　　　　　　　　　　**2012 年 4 月 3 日　星期二**

70. 泰勒斯论水

泰勒斯（Thales，约公元前 624—前 546 年），被称为西方哲学之初祖。他是希腊七哲之一。七哲中每人都有一句著名的格言以表其哲学特色。泰勒斯的格言是："水是最好的"或"万物即水"。他认为，水是万物的根基，万物生于水，归于水，水为不变的本体。这使人想起了《管子》中关于"水者，何也？万物之本原也"的观点。

为何泰勒斯特别关注水的意义？据亚里士多德记载，其要义有四：①水是构成一切物质的"原质"；②大地悬浮在水上；③磁石内有灵魂，它可以如水般使铁移动；④万物充满了神的力量，水也如此。

泰勒斯从哲学角度对水进行了解释，追逐着水的步伐，展示了人类从蒙昧走向文明的作用。当然这不只是西方哲学家对世界本原的探究。中华文明中对万物元素的探研中，也把水放在了"五行"（《尚书·洪范》：一曰水，二曰火，三曰木，四月金，五曰土）之首，而"五行相生相胜"论中，也有"水生木"、"水胜火"之说。《周易·说卦》的"故水火相逮，雷风不相悖，山泽通气，然而能变化，既成万物也"一语，也把水在"万物"中的重要性讲到哲学生存的位置。关注水的自然生态文明，对历史、现实和未来都十分重要。中国先哲如孔子就说

"智者乐水"，而老子进而提出"上善若水"，"水利万物而不争"，都从水中悟出了人生的诗意生存生活的哲理。

泰勒斯在东方旅行的时候，发现埃及人掌握了关于土地测量的规律。他的发现与水也有关联。第一，计算长方形面积的方法。每年尼罗河水泛滥，有淹没了土地的标志，因而用此法重新划分土地。他将此法从应用技术目的中分离开来，用分析的思维逻辑上升为几何原理，成为计算任何形状面积的通用方法。第二，此种几何技术让位于定理，所做的事务让位于思想上的事，也见之于等腰三角形底部的两个角总是相等的定理。同时，此种自然科学的真理，测绘员应用它；而哲学家也理性地思考它、欣赏它。从源头上看，西方哲学与自然科学在思维方式上就是统一的。自然科学家与哲学家是一身而二任的现象，形成了以后西方在自然科学技术上的优势。

泰勒斯此种思维方式还表现在他利用了巴比伦祭司们对行星运动的记录，预测到公元前 585 年发生于小亚细亚的一次日食。此外，他为了向人们证明哲学有用，可以致富，便用天文学知识进行哲学思考，预见到来年橄榄要大丰收。于是他把仅有的一些钱，租用了当地全部橄榄榨油器。这些用低廉租金租来的榨油器在橄榄收获季节满足了市场需要，他"趁机用高价赚了一大笔钱"（亚里士多德《政治学》）。

泰勒斯学派后继者有阿那克西曼德和阿那克西尼。到苏格拉底，哲学才由外在的自然研究，发展到人以及社会中的文明交往问题研究。这表现在："自觉"（self - knowledge）即对真正自我的认识、"自省"（self - examination）即区别于刺激因素的认识和"自治"（self - rule）即自我因素对其他因素的统治与内心对善恶判断尺度等问题的提出。苏格拉底还有"真我"（true - self）和"美德即知识"（virtue is knowledge）的哲言。

从泰勒斯论水到现在，人们对水的认识已经达到新的自觉程度。水是生命之源，水是人类文明的基本要素之一。从人类文明发展史的高度审视水的重要性，可以说利用水、管理水、改造水的生存环境问题，关系到人类可持续发展、人类社会发展变革、生活方式变迁和技术进步等全球性问题。1999 年，联合国教科文组织国际水文计划政府间理事会，成立了国际水历史学会。这个学会关注水在人类文明形成中的作用，特别是水在不同民族、不同国家、不同文明背景下，与人们的社会、经济、政治、文化之间的互动关系。从根本讲，水的历史是人类与水之间互动的历史，是人与自然之间交往的具体化。

国际水历史学会前任主席约翰·台蒙荷说过："历史，具体到水的历史，不再是叙述和谈论过去的成就，而是一个历史学家潜心为帮助世界所有地区提升可持续生计战略以及未来社会生态系统而探索过去的领域。"水是人类生存之所依，是地球孕育万物的基础。人与水交往的历史，经历了三个历史阶段：人适应水的被动阶段、人的盲目主宰阶段和人善待水的阶段。这三个阶段和人与自然的关系是一致的，是由不自觉到自觉的过程，是以人的实践为链条，由"自在自然"历史地转化为"人化自然"。

今天，为了化解人类面临的水危机，为了保护水这个宝贵的资源，自然需要研究水与人的交往史，以便从历史中吸取智慧。这使人们再一次想到了泰勒斯的话："水是最好的。"用汉语讲，就是"上善若水"。水是柔弱的，又是刚韧的，柔能克刚，水滴石穿。水的性格犹如人性中善良而坚韧的交往力。水是生命之源、生产之本、生态之基、生活之母、社会之根。

我在谈泰勒斯时，想起了恩格斯的话："最早的希腊哲学家同时也是自然科学家：泰勒斯是几何学家，他确定了一年是365天"（《马克思恩格斯全集》第二十卷，人民出版社1973年版，第526页）。是啊，我的这本《老学日历》就应该是2012年365天，不过这一年的12月31日，却是366天！

第 95 日　　　　　　　　　　　　　　　**2012 年 4 月 4 日　星期三**

71. 语言文字与思维方式

语言文字是民族性思维方式的具体体现，它从其本质上和历史上表达了文明内在特征和哲学上独特的思维方式。

对人类文明交往的研究者而言，每学会一种语言文字，就等于掌握一种文明的哲学思路。不同民族的语言文字所传达的文明信息不同，产生的社会生活、生产、存在、地域不同，这就是思维方式不同的根源。

陈望道说过："语言文字的问题，是我们社会生活的基本问题。"语言文字是科学，是领先的科学，其特征就在思维方式的重要性上。

这使我想起了德国学者威廉·冯·洪堡的下述一段话：

"在人的身上，没有比语言更密切地关系着整个人民生活。语言具有把各个民族区分开来的属性，也正是这种属性通过异族语言的互相交往、互相理解而把不同个性完好无损地统一起来。"

这正好说明语言文字是一个民族思维方式常见的表现形式。各民族的语言文字的规律，是人类文明交往互动中极为深刻的方面。沟通交流的工具背后，要特别关注其独特的哲学思维方式。

第 96 日　　　　　　　　　　　　2012 年 4 月 5 日　星期四

72. 恩格斯论"概括"和"抽象"的概念

恩格斯在 1884 年 9 月 20 日给考茨基的信中写道："马克思把存在于事物和关系中的共同内容概括为它们的最一般的思想表现，所以他的抽象只是用思想形式反映出已存在于事物中的内容。""与此相反，洛贝尔图斯给自己制造出一种或多或少是不完备的思想表现，并用这种概念来衡量事物，让事物必须符合这种概念。他寻求事物和社会关系的真正的、永恒的内容，但是它们的内容实质上是易逝的。这样就有了真正的资本。这不是目前的资本，目前的资本只是概念的不完备的体现。他不从目前的、唯一实际存在的资本里面得出资本的概念，却为了从今天的资本达到真正的资本，去求助于孤立的人们，询问在他们的生产当中能体现为资本的是什么"（《马克思恩格斯全集》第三十六卷，第 209 页）。

注意：恩格斯在这里讲，用"思想表现"、"思想形式"去概括和抽象反映存在于事物关系中的共同内容，而不是从外部制造，是从内部反映，不是用概念去套事物。没有永恒的内容。用很少的字词去定义一个概念或概括一件事物，没有言简意赅、反映事物内部联系和实质内容，是"抽象"不出规律性东西的。无论内容表现和形式，都要集于"思想"内核上。表现更高的"抽象"程度和概括更强的普适性，必须从内外互相关联、彼此互动的层面上，细致分析藏在差异后面的共性，从而探求出人类历史观念的某种一致性。

第 97 日   **2012 年 4 月 6 日　星期五**

73. 恩格斯论"作用"与"反作用"的互动

所谓文明交往互动规律，实际上是在文明之间和文明之内的作用与反作用之间的互动性。

康拉德·施米特（Conrad Schmidt，1863—1932），德国经济学家和哲学家。前期赞同马克思的经济学，后期持反对立场。施米特是恩格斯关怀的青年学者之一。为了指导他的学术研究，恩格斯通过以下几点说明事物作用与反作用的交往互动规律：

① "生产归根到底是决定性的东西"，但产品贸易离开生产的独立进行活动，会"反过来对生产运动起作用"。如葡萄牙人、荷兰人、英国人在1500—1800 年占据印度的纯粹由贸易利益促成的发现和侵略，"终归还是对工业起了很大的反作用：只是由于有向这些国家输出的需要，才创立和发展了大工业"（《马克思恩格斯全集》第三十七卷，人民出版社1971 年版，第485 页）。

② "金融贸易和商品贸易一分离……就有自己的发展，它自己的本性所决定的特殊的规律和阶段。"其后的证券、股票扩大，总的说来，支配着金融贸易的生产，有一部分就为金融贸易所直接支配，"这样金融贸易对于生产的反作用就变得更为厉害而复杂了"（同上书，第485—486 页）。

③恩格斯认为，以上生产与商品贸易关系以及两者与金融贸易关系

的说明中，已经回答了"历史唯物主义"的问题。但是，需要从社会分工中理解国家。贸易与金融具有相对独立性，又对生产条件发生影响。"这是两种不相等力量的交互作用。"

④思想观念对经济基础的反作用。哲学为分工的特定领域，由其先驱者传给它而它便以由此出发的特定思想资料为前提，"因此经济上落后的国家在哲学上仍能演奏第一把提琴"（同上书，第490页）。政治直接影响到法律、道德。

⑤德国哲学家保·巴特尔（1858—1922）著有《黑格尔和包括马克思及哈特曼在内的黑格尔派的历史哲学——批判的尝试》（1890年莱比锡版）。其中认为恩格斯否定经济运动的反作用是"缺少辩证法"。恩格斯指出："他们总只是在这里看到原因，在那里看到结果。他们从来看不到这是一种空洞的抽象。这种形而上学的两极对立在现实世界中只是在危机时期才有，整个伟大运动过程是在相互作用的形式中进行（当然相互作用力量很不平衡：其中经济力量是更有力得多的、最原始的、最有决定性的），这里没有任何绝对的东西，一切都是相对的"（同上书，第491页）。

⑥此外，恩格斯在《致弗·梅林》（1893年7月14日）还谈到：否认历史上起作用的各种思想领域有独立的历史发展，所以也否认它们对历史有任何影响。"这是由于把原因和结果刻板地、非辩证地看作永恒的两极，完全忽略了相互作用。这些先生常常故意忘却，当一种历史因素一旦被其他的、归根到底是经济的原因造成的时候，它也能对周围环境甚至对产生它的原因发生反作用"（《马克思恩格斯全集》第三十九卷，人民出版社1974年版，第96页）。

第98日　　　　　　　　　　**2012 年 4 月 7 日　星期六**

74. 恩格斯论内容与形式、原因与结果的关系

恩格斯在评论梅林《历史唯物主义》时，率直地承认他和马克思

两人都在理论上犯过为了"内容"而忽略了"形式"的错误：

①"这一点在马克思和我的著作中通常也强调得不够，在这方面我们两人都有同样的过错。""我们都把重点首先放在从作为基础的经济事实中**探索出**政治观念、法权观念和其他思想观念以及由这些观念所制约的行动，而**当时是应当这样做的**"（《马克思恩格斯全集》第三十九卷，人民出版社 1974 年版，第 94 页）。

②"但是，我们这样做的时候，是为了内容而忽略了形式方面，即这些观念由什么样的方式和方法产生的。这就给了敌人以称心的理由来进行曲解和歪曲，保尔·巴尔特就是明显的例子。"（同上书，第 94 页）

③恩格斯在上段中提到的保尔·巴尔特，是《黑格尔和包括马克思及哈特曼在内的黑格尔派的历史哲学》一书作者。该书说，马克思恩格斯否认在历史上起作用的各种思想领域有独立的历史发展，从而否认它们对历史有任何影响。恩格斯强调说："这是由于把原因和结果刻板地、非辩证地看作对立的两极，完全忽略了相互作用。这些先生常常故意忘却，当一种历史因素一旦被其他的、归根到底是经济的原因造成的时候，它也能够对周围环境甚至对产生它的原因发生反作用"（同上书，第 96 页）。原因与结果、形式与内容之间的关系是互动的。这种互动表现为作用与反作用。这在文明交往中，也是同样的道理。其根源是事物是辩证的、变化的，而不是绝对的两极对立。

伟大历史人物能承认自己的错误，而且分析了犯错误的原因，这是最伟大之处。记得休谟在《人性论》中说过："遇到有承认自己错误的机会，我是最为愿意抓住的，我认为这样一种回到真理和理性的精神，比具有最正确无误判断还光荣。"伟大历史人物有独立思想和杰出的判断力。在判断自己错误方面，有些人做得好，有的人做得差，有的人事后发现自己有错误，但至死都不会承认。这中间就有一个文明自觉程度的分野，有一个"自知之明"的实事求是的态度。

第 99 日　　　　　　　　　　2012 年 4 月 8 日　星期日

75. 但丁和马克思相遇

但丁曾说过："一些人统治，另一些人受苦难。"

1894 年 1 月 3 日，卡内帕请恩格斯为他办的《新纪元》（日内瓦出版）找一段题词，用简短的字句表达社会主义的基本思想，以区别于但丁这句话。

恩格斯在 1894 年 1 月 9 日回信说：

"我打算从马克思著作中找一行为您题词。马克思是当代唯一能够和伟大佛罗伦萨人相提并论的社会主义者。但是，除了《共产党宣言》（意大利刊物《社会评论》，第 35 页）中摘出下列一段话来，我也找不出合适的了：'代替那存在着的资产阶级和阶级对立的资产阶级旧社会的，将是这样一个联合体，在那里每个人的自由发展是一切人的自由发展的条件。'"

恩格斯接着写道："要用不多几个字来表达未来新时代的思想，同时既不堕入空想社会主义又不流于空泛辞藻，这个任务是难以完成的"（《马克思恩格斯全集》第三十九卷，人民出版社 1974 年版，第 189 页）。

马克思和但丁又一次在这里相遇了。我在回忆冉昭德老师时，在《中东史》编后记中，两次让他们在"走你的路，让人们去说吧"中相遇。

恩格斯这里所说的"伟大佛罗伦萨人"就是但丁。恩格斯提到科学社会主义思想的时候，认为但丁是和马克思可以相提并论的人。恩格斯使但丁和马克思又一次在这里相遇了。马克思对但丁早有许多赞誉，其中最著名的是在《资本论》中引用但丁的"走你的路，让人们去说吧"。他们在思想理论上所走的是同一条路径。

第 100 日

76. 康德"哲学家小道"的大思考

大哲学家伊曼纽尔·康德终生都未远行，出行最远只到距他出生地 60 英里外的安斯朵夫镇。他终生都保持散步习惯，而且路线固定，准时精确度达到人们按他出现的时间来校正自己的钟表。他散步的这条街道，在他去世后被称为"哲学家小道"。

但是谁能想到他在这有限空间的思考，竟从内心而扩大到宇宙？他在这里的思考也扩大到世界前途和人类命运。例如，他在《论永久和平》中，就有许多远见。他认为，永久和平最终将以两种方式中的一种降临到这个世界：或者由于人类明智的洞察；或者因为在巨大的冲突和灾难面前，而除了永久和平，人类别无选择。

在康德看来，人之为人，在于他能够自由选择。他在"哲学家小道"上散步时，常陶醉于"人类自由"这一理念。他反对一切侵犯人自由的事物，如传统、原则、国王等。但康德对"人类自由"也如同他散步坚持不出汗的原则一样，有严谨而理性的态度。他的一些继承者们却走偏了小道，迷途而不知返，质疑一切秩序，反对一切规则，成了疯子、狂人。这些人本应如康德在散步之外，常有理性思考。据说他常常半夜三更不睡觉，穿着睡衣在思考哲学问题，仍让思想延续他在"哲学"小道上的思路。他的头脑是一个天才的、伟大的头脑，天赋让他能思考，勤奋让他常思考，后天的多思充分发挥了先天禀性，终于为人类文明交往史做出了杰出的贡献。

康德在言行一致的大思考中行走，也影响到王国维。王国维在接受西方哲学家的影响程度上，曾经偏爱叔本华，但他后来告别叔本华。究其原因除叔本华学说有缺点之外，主要是言行不一。例如：叔本华倡导出世，但在生活中却斤斤计较于利益，追求享乐；叔本华悲悯的言论与其对亲人冷酷疏远、攻击敌人不留余地反差极大。对此语言的巨人、行动的矮子的人生行路者，王国维不以为然，进而走向行言并重和有道德的康德。这在王国维的《德国哲学大家康德传》（《王国维文集》第三

卷，中国文史出版社 1997 年版，第 294 页）中有明确表述。康德的
"哲学家小道"上的人生大思考对王国维的影响，成为中西文明交往的
一段佳话。

第 101 日 　　　　　　　　　　　　　　　**2012 年 4 月 10 日　星期二**

77. 联系、经验和概念

近读《爱因斯坦文集》，发现他从自然科技角度，讲了一个哲学问
题。他是从他尊敬的牛顿哲学思想开始的：

"牛顿啊，请原谅我，你所发现的道路，在你那个时代，是一位有
最高思维能力和创造力的人所能发现的唯一的道路；你所创造的概念甚
至今天仍然指导着我们的物理学思想。虽然我们现在知道，如果要深入
地理解各种联系，那就必须用另外一些离直接经验较远的概念来代替这
些概念。"

爱因斯坦在这里谈到了三个与科学研究，也是与文明交往有关的关
键词：

第一是联系。联系是指事物之间或事物之内的种种互动关系，如相
互依赖、相互制约、相互渗透、相互转化关系，等等。这正如不同文明
之间和相同文明之内的交往、互动关系一样，同属普遍、共同存在和发
展规律范围。联系是哲学范畴，交往是文明范畴，文明交往是联系的一
种哲学化表现。交往的细化如同联系的分类一样，也有本质与非本质、
内部和外部、必然和偶然、主要和次要、直接和间接等区别。这就是爱
因斯坦所说的"各种联系"。

第二是经验。人类文明交往的直接产物。经验是体验同义词，是由
人的实践得来的知识、技能和结论，其特点是由肉体感官（眼、耳、
鼻、舌、身）直接接触客观外在事物而得到感性的初步认识。经验的
来源有二：一为外部经验，来源于感觉；一为内部经验，来源于反思
（反省）。反思是心灵以自己的活动为对象而反观自照，是人的自我身

心交往中抽象思维与知性、理性相结合的心理活动。爱因斯坦说的牛顿的经验，就是来源于感觉的外部"直接经验"，这是认识的起点，必须使之上升为理性认识，才能掌握事物的本质。

第三是概念。概念是反映事物特有属性的思维形式，是人们在实践中从研究对象多种属性抽象出的特有属性而概括的观念思想。文明交往自觉离不开概念的指领。概念是科学研究认知成果的内涵和外延互相联系与制约而形成的思维能力和创造能力的总结升华，是各学科特有的指导思想，概念是随着社会、历史、时代的发展而变化。这就是爱因斯坦所说的"必用另外一些离直接经验较远的概念来代替这些概念"。

这三个关键词是爱因斯坦继承又发展牛顿的哲学思想。它对人类文明交往自觉性的提升也至为关键。

第 102 日   2012 年 4 月 11 日   星期三

78. "何事"之哲思

我在人类文明交往自觉论的"九何"之问中，把"何时、何地、何人"作为第一组问题，所谈的是时间、空间和人间的间际关系问题。第二组问题是"何事、何故、何果"，所谈的是事件的因果关系问题。第三组为"何类、何向、何为"，是归类、走向和践行之间的关系问题。为简化"九问"，我曾以"何故"为关键，把"九何"分为两部分：前"四何"（何时、何地、何人、何事）和后"四何"（何果、何类、何向、何为）。无论是如何分法，"九何而问"所问的是一个人类文明交往活动中的关系问题。这中间的"事"正如罗素在《哲学问题》中所讲"我们关于真理的知识和事物的知识是不相同的，它有个反面，就是错误"。

这使我想起了哲学家怀特海。他早年与罗素合作，完成了《数学原理》这部里程碑的大著，之后他说："写完《数学原理》后，头脑中什么都没有了，只有关系存在着。"关系在哲学上讲，就是事物之间的联系。怀特海的独特之处是他对事物关系的思考,这与我的"九何而问"中的"何事"之问有直接联系。

首先,怀特海在《自然的概念》中,把"事"(事件、事情、事变、事态等)作为普遍的和基本的成分来思考,而且他把"事"和关系作为一个整体来思考。他认为"事"是自然的终极事实,世界是无休止的"事件流",它是事物的时空定位的"关系者"。时间和空间是从事件中抽象出来的,事件比时间和空间更为基本。他把事件之间的过渡、延展和涵盖关系分为"内在关系"与"外在关系"两个方面。内在关系是贯彻事件的始终流程,外在关系是事件在自身之外产生的效果。事件的内在关系使事件得以留存,事件的外在关系使事件得以扩充。他提出现实事件中展示的时空体系的"关系模式"。持续性这种特点是事件过程中各种模式的重现与存在场域,这种特性也使知觉者与被知觉者互涵、互摄的互动关系得以显现。研究以上内外关系及模式在"事件场"的转换,就是研究事件的"生活环境"和"生命史",此种事件本体论认为宇宙是一个生生不息的、普遍的关联过程。

其次,怀特海在《科学与近代世界》中认为,无论是物理、化学或生物现象都统一于机体,而机体的细胞都是关系模式构成的"事件群"。各个机体内在结构之间的联系是价值,新生事物的本原和生活方式是创造和选择。机体和价值共存于互生的宇宙之中,而价值是作为生成关系模式的创造活动参与者和协调者。他把关系模式和人类文明联系起来,认为模式观念和人类文明一样古老,人类文明的进程有赖于行为模式的修正,社会系统的融合,有赖于行为模式的维系。模式在自然事件中的稳定、融合及修正,成为善的实现的必要条件。一切机体面向着可能的世界,它在生成态势中对自己的活动进行调整,从而实行自身具有的关系模式与世界关联的最大化。

最后,怀特海在《思维方式》这本题名为"留给后世子孙的书"中申明:"哲学类似于诗;二者都力图表达我们名之为文明的终极的善,它们都指向字句的直接意义之外;诗和韵律联姻,哲学与数学结盟。"他在这里提出了理性思维与诗性思维之间的相互融汇的交往互动关系。他不仅是哲学家、数学家,而且是当时能理解爱因斯坦相对论的一位物理学家。他从直觉基础角度提出的时空论,试图解决牛顿经典物理学和哲学机械唯物论的困扰。他指出，在牛顿物理学观点中，世界是没有精神、没有意识、没有生命的死的物质，这对康德哲学产生了不小影响。他研究了从笛卡尔到休谟的哲学思想，并从科学本身出发评析主客对立的思维方式，分析了人类经验到的"活事实"，显示出一个充满生机的宇宙。他对诗性的感性思维特别重视，认为一切艺术都是以研究关系模式为基础，尤其是诗歌所蕴藏的诗性智慧，可以用审美直觉把握真实的自然本性。他提出，哲学家应当从诗人那里吸取朴素的经验，以补充玄思而直面有颜色、有味道、有声音和人的其他感观组成的世界。宇宙是事物之间有深层节律、最隐秘、最精微的联系关系。了解事物细节、深层信息系统需要知晓逻辑理性的和谐和审美鉴赏的和谐；逻辑和谐以"铁的必然性"藏身于宇宙之中，而审美和谐则以生动的理念呈现自身。没有感性的共同世界，就没有思想的共同世界，感受到的比分析的事物要多得多，诗的世界比科学的世界更广阔。

怀特海提到事件、事物，就是对"九何"之中"何事"的哲思。"事"所涉及的、关联的、相通的词很多。如事情，在自然界和社会中人的所作所为所遇到的都可以说是事情。《大学》有言："物有本末，事有始终。"说的是事物的空间和时间。《韩非子·解老》中说："思虑熟则事理通，得事理则必成功。"《易·坤》讲："所营谓之事，事成谓之业。"唐代方干的《感时》则有事由之问："破除生死须齐物，谁向穹苍问事由？"这个大自然之问，恐怕当推屈原的《天问》和康德思考的头顶上的星空了。至于突然发生的重大政治、军事的"事变"，形势和局面的"事态"，由于某些原因发生的"事故"等，都在"何事之问"之中。总之，"何事"在哲学上是指事物，是人在一定时间和空间从事一切活动和现象。所以，"事"在甲骨文和金文中，和"吏"、"使"为一个字，意思是人所从事的某种事和从事某种事的人。总之是人世间发生的人与自然、人与人、人与自我身心之间交往关系的问题。怀特海"事件流"、"事件群"以及"内在关系"、"外在关系"、"关系模式"、"行为模式"的哲思，也都属于人类文明交往活动的范畴。这些对"何事"的哲思，对文明交往互动规律的认识，带来了许多启发，扩大了思路。规律是普遍性的东西。科学研究要关注到普遍性和特殊性、共性与个性、共相与殊相、正面与反面等复杂方面，要尽力做到全面、客观。日本学者丸山升在《回想——中国，鲁迅五十年》中说得对："不要急于探求普遍的东西，而应以更客观化、相对化的方式，在与具体时代和状况的关联中加以思考，普遍性的东西自然会在其中清楚地现形的。"（《鲁迅研究月刊》2007 年第 2 期）叔本华这位德国先哲也提醒人们："对于任何正在发生的事情，我们都要马上清晰地想象到相反的一面。"这也是对"何事"的一个哲思。

怀特海谈到哲学与诗、哲学与数学之间的联盟关系是一个值得关注的问题。这是他寻找摆脱机械唯物论而在诗歌所体现的人类审美直觉中寻找解决"何事"的途径。他谈到逻辑理性和谐与审美鉴赏和谐之间的关联时，体现了理性与诗性两种人类智慧之间的互动互融。这也是一种"关系"，在人类文明史上称作"交往"。这是一种基本的社会存在。科学是求真，艺术是求美，而二者共同追求的是文明的幸福快乐的终极的善。真、善、美三者是人性和本质的统一体。诗性是人性美的集中表现。诗是最精美的语言，诗是最华美的乐章，诗是最绚美的画卷。诗是一种雅美的风骨，诗是高美的格调，诗是大美的境界。一个人可以不是诗人，但不能没有对大自然、对人类深情感怀和感悟的诗性。一个人可以不写诗，但不能不读诗品诗，不能没有诗意。数学、哲学，世间一切学问，都应如怀特海所说，只要沉浸于抽象的科学体系而没有朴素自然的诗意，那就失去了应有的价值。人间处处有诗意，人间大美莫如诗。人是按照美的规律来建造、改造和创造的。我在《书路鸿踪录》的跋中说过："美是一种深刻而长远的力量"，"审美意识是人类最宝贵的智慧力量"。愿这种诗性的智慧力量和理性的智慧力量相结合，共同创造人类文明的未来。

第五编

人文化成

编前叙意

"观乎天文，以察时变。观乎人文，以化成天下"（《易·贲》），这个提法显示着中华文明的天人之学中对人文精神的强调和重视。因此，我把它简化为"人文化成"作为本编的主题。宇宙中一切现象都是交往互动而形成的变化不已的活动。人类社会中变化不已的现象，则是人文精神的人而文之、人而化之的互动结果。

"人文化成"这个概念是用中华文明中长期生成的人文精神，把过度放纵本能欲望的人化为自觉的文明化的人，使人在与自然、与社会和人的自我身心交往中，处于和谐的良性状态。"人文化成"正是英国历史学家汤因比所谓的"中华民族""两千年培育"的"独特思维方法"。汤因比以他的文明观察觉到，这种理论思维可以"避免人类自杀之路"。

的确，人文精神犹如阳光、空气、水那样潜移默化，以文化人，以德育人，以文开物，从而把文化层次上升到文明的高度。人文化，这是人类特有的认识和运用客观规律的主观能动性和自觉性。人文化，即文明化，文与化、文与明息息相关，文化为人具有的特殊能力，文明为人特有的教养才智。人文化、文明化似春风化雨，滋养万物，是人依靠人文精神的"文而化之"和"文而明之"，从而达到以化成天下。

我在《两斋文明自觉论随笔》中，把"化"一分为八：教化、涵化、内化、外化、同化、转化、异化、人化。这是对人文化成的"化"稍稍展开的分法。实际上，"化"在人类文明交往史上，有着极其广深的研究空间。化是人文的力量，是人类用人文精神使事物转变、转化而生成一种新的性质，使人的文明程度提升，在认知的理念和行动上"文明化"。化是双向与多向的互动过程。化生万事，化育万物，万事万物无不在变化中生，在变化中长，在变化中衰，在变化中亡。问题不在于崇拜变化，而在于顺应变化规律，主动地、自觉地改变世界，创造文明。

化成天下，要旨在人文精神。化是变化，是改变。变，有自然自在之力，但人文化成，关键在人类自觉能动的交往力。化不但与人相联系，而且与时代相关，今日之现代化、全球化、工业化、城市化、信息化等名目繁多之化，都与人和时代有关。化为动态的，又有自发与自觉之分。人文化成是一个文明交往自发到自觉的变化过程。人文化的程度决定了文明、文化的发展程度。文明交往的自觉性，在于防止互动向恶性、冲突方向转化，逐渐形成人和物、个体和群体之间的互利、互助、互鉴的合作共进能力，使交往活动处于人文化成的自然和社会生态平衡和谐状态。

79. 文明化的力量

在人类文明交往活动中，所谓"化"首先是教化，即用先进的思想"育人"、"化人"，用先进的道德树人，用人文精神来"潜移默化"人的心灵，从而达到人的物质文明和精神文明的平衡、保持制度文明和生态文明的和谐。这个"化"是动态的、是互动的、是动力，也是生生不息的活力。从根本上说，是交往的力量，是文化、文明的价值，是人类"振叶以寻根，探流而溯源"的人文精神。

"化"是人文化，人文化是人文的精神化，是人与动物的区别之处。孟子关于"见其生不忍其死，闻其声不忍食其肉"的话，被界定为"仁术"，是人类的同情恻隐之心。虽然人和野兽同为食肉动物，但人对宰杀动物有道德感，而不愿亲手撕吃，野兽则毫无顾忌地捕捉撕咬猎物。所以，"文"也写作"纹"，作掩饰解，也有保护之意。一方面食肉；另一方面又要保护，既是回避残酷，又要驯养食肉。文明、文化均由此而来，生态文明也由此而生。为了生存，为祭祀，齐宣王对用来宰杀而瑟瑟发抖的牛，产生同情恻隐之心，下令换了他看不见的羊来代替。这种找"替罪羊"就是人性脆弱之处，也是恻隐之心所致。

孟子说："充实之谓美，充实而有光辉之谓大，大而化之谓圣，圣而不知之谓神。"可见孟子也意识到人是由动物界分化而来的，也曾经有动物那样野蛮的生存过程，因此认为"化"始于"美"，"大化"是充实而有光辉，而"大而化之"是圣人异于常人之处。"大化"可以"成天下"，这是圣人的伟大抱负。但是，圣人不是万能的，他也有许多不知的问题，这只有交给"神"去解决了。

"化"总是强者化弱者，强势化弱势。然而强弱是互动互化的，"化"的力量在于变动中的转化，在一定条件下，它可以使弱者变强，弱势变强势。一切事物都在变化，"化"是在变中求进的"化"，而"化"有外化与内化。"化"是一个消化而吸收的过程。弱者把强者的优良有益于自己的养料消化而吸收，那就可以变弱为强，逐渐成为强势。强者一味扩张其强势，放肆压制弱者，在内外交往中失去自觉而盲动，总有一天变为弱者。帕斯卡尔在《思想录》中说："没有一种屈卑使我们不可能获得善，也没有一种圣洁使我们不可能免除恶。""屈卑"与"圣洁"是可以互变的，正如强弱可以互变一样。

孔夫子已经察觉出"化"的力量。他是从人际关系的交往中发现了"化"的重要性。他在《论语》中说："与善人居，如入芝兰之室，久而不闻其香，即与之化矣。与不善人居，如入鲍鱼之肆，久而不闻其臭，亦与之化矣。"这是"化"的两个典型案例，形象道出了人与人交往中近朱者赤、近墨者黑的不同"化"的结果。交往是人类最基本的社会交往活动。人生在世，不可无友，但益友良友和损友坏友必须胸中有数。要记住一句古语："善人同处，日闻嘉训；恶人从游，则日生邪情。"人与人、民族与民族、国与国，也都有互化的问题。人在交往中，把好交友关是外部交往关键，保持身边良好外围，更重要的关键是守住本位，自身的强硬，身正影子不会斜，这是内在的"化"的关键。两个关键合在一起，可以使交往进入良性循环轨道。

梁启超在《欧游心影》一书中，对中国和西方之间文明交往中的"化"，提出"化合"的系统见解。他的总体看法是："拿西洋文明来扩充我们的文明，又拿我们的文明去补助西洋的文明，叫他化合起来成为一种新的文明。"为了建设这种"化合"的新文明，他设想要经过四个步骤："第一步，人人要存有一个爱护本国文化的诚意；第二步，要用洋人研究学问的方法研究他，得他的真相；第三步，要把自己的文化结合起来，还拿别人的补助他，叫他起一种化合作用，成一种新的文化系统；第四步，把这种新系统向外扩充，要叫全人类得到他的好处。"他还用了"融会贯通"、"合于一炉而冶之"，以及以中西"结婚"等词，以形容"化合"的内涵意义。他的这种文明观被称为"全人类文明观"。他还从中西文化比较中进行广泛思想启蒙，提出了①"凡天下事，必比较然后见其事，无比较则非惟不能知己之所短，并且不能知己之所长"；②"不知己之所长，则无以增长光大之；不知己之所短，则无以采补正之。"这些都是中华文明与西方文明交往过程中，"师夷长技以制夷"和"中学为体，西学为用"思想的升华，是"化而合之"于一炉的创新表述，只是没有深化、缺少人文精神的核心化成论述。但在当时已经是很难得的。

人文化成中心是人，是有良知、有创造性的人。歌德曾对做人很悲观，他说："在最近这两个破烂的世纪里，生活本身已变得多么孱弱呀，我们哪里还碰到一个纯真的、有独创性的人呢？哪里还有足够的力量做一个诚实的人，哪里还有本来是什么样就表现出是什么样的人呢？"然而，他以自己本来的纯真心灵，身正影子正、心正笔头正写出了《少年维特之烦恼》这部传世之作。他深有体会地说："我只是有勇气把我心里感到的诚实写出来，……使我感到切肤之痛的，迫使我创作'维特'的只是我生活过、慈爱过、苦痛过，关键就在这里。"他抓住了自我身心交往中最关键之处：真，也就是诚实、真诚；善，也就是慈爱，善良；美，就是心灵美、生活美。天地生人，一人有一人之业；人生有业，而居业在于立诚励勤。人处于天地之间，顶天而立地，继往而开来。所谓"以化成天下"，就是发扬人文精神，著诚而去伪，守己之责，尽己之力，净化己心，在学中进，在变中"化"，才算是一个文明自觉者。心有如此人文情怀，持之以恒，践于行动，必无愧于人生，无悔于人生，从而对人类文明做出自己应有的贡献。

第 104 日　　　　　　　　　　　**2012 年 4 月 13 日　星期五**

80. 交往之道在大化

交往之道，贵在大通。大通之道，在于大化。大化之本，在于创造、创新。所谓"交而通，通而化，化而新"，是人类在交往实践活动中，顺应自然社会发展规律性而发挥主观能动性的结果。大通，是对人类文明交往大道深刻认识而切实在实践中践行所达到的境界，即"大化"的文明自觉境界。

古有"交道之难，未易言也"（《后汉书·王丹传》）的话。要理解交往之大道，确实是相当困难的，不大容易讲清楚。交往是生产的前提，物质生产与精神的生产交往都是如此。的确，善未易明，理未易察，虽云不易，但不可不明其理。交往的目标是良性互动而非恶性互害，如《易·泰》中的"天地交，泰"，所谓"泰"是泰安，是和平，也就是交往中的"大通大化"。

交往达到"大通"，"化"不可缺，"教化"不可少。"化"为消化吸收，融会贯通，"教化"是为教而化之。学习教育，也就是学习古今中外知识技能都要独立思考、创新、创造，而非机械模仿。我常讲"邯郸学步"寓言，给学生说明其中哲理："且子独不闻夫寿陵余子学步（行）于邯郸欤？未得国能，又失其故行，直匍匐归耳！"此寓言说的是燕国寿陵人余子到赵国邯郸学习以走步为专门技艺的"国能"，但余子由于只知机械模仿、不思独立创造，非但没有学到赵国著名的走步技艺，而且连自己原本的走步都忘得一干二净，结果是以手足爬地（匍匐）而归。这真是一个"学而不化"的典型事例。

我久居燕赵故地的北京，常想起余子其人和邯郸学步其事。我也常想起 20 世纪 80 年代在美国访问教育界同行，同他们讨论教育哲学问题时，斯坦福大学一位学者的说："不要跟着学，要思考，要创造。"我还想起了《庄子·田子方》中下面关于孔子与颜回的一段话："庄子问于仲尼曰：夫子步亦步，夫子趋亦趋，夫子驰亦驰，夫子奔逸绝尘，而回瞠目若夫后矣！"此话原意为颜回认真向老师学习，听老师的教诲并知道达不到老师的高度。后来转为不善学习而一味模仿别人的"亦步亦趋"成语。"亦步亦趋"正好与"跟着学"意思一致。我又想起了清代赵洪亮的《北江诗话》中讲的一个故事："惟吾乡邵山人长蘅，初所作诗，既描摹盛唐，苦无独创，及一入商邱（挈）幕府，则又亦步亦趋，不能守其故我也。"这不但与余子"失其故行"相同，而且与庄子所说的"步亦步，趋亦趋"相同。我从人类文明交往自觉的思路出发，更加感到交往活动中，独立思考、创新创造的重要性。面对全球化的汹涌浪潮，西方的经验概念和诸多思想体系形成的强势文化常常使物质后进的民族处于"邯郸学步"过程中，最容易出现双重失语现象：既忘掉本土优秀传统，不能塑造生命意义的方式；又不能进入西方精神传统而成为模仿的工匠。

在"大化"之中，教化的作用最为重要。教化是中华文明的创造。它原指自然界的气象的变化。《荀子·天论》中即有"四时代衔，阴阳大化"之句。人类融入大自然的天人合一的物我为一体，也被视为无忧无惧的理想精神境界。教化是教育人的活动。重视教育是人类文明化重要方面。好的教育对人的启蒙和滋养，是润物无声而深入人类灵魂的文化传承活动。德国哲学家雅斯贝尔斯在《什么是教育》中，曾把"好的教育"称为"一朵云推动着另一朵云，一棵树摇动着另一棵树，一个灵魂唤醒另一个灵魂"。教化、教育的化人作用，更具体体现了大化的广、长、深、远的特点。交往之道，与教化、教育密切相关，大化大通，归于文明自觉。

第 105 日　　　　　　　　　　　　　　　2012 年 4 月 14 日　星期六

81. 舍诸天运，征乎人文

上面提"化"，下面由"化"想到"问"。"九何而问"中的"何事"一问，居九问中的重要位置。

"九何而问"所问的"何事"，是在何时、何地、何人这"时间"、"空间"、"人间"这"三间"之后。岁岁年年的时间，天地江山的空间，世世代代的人间，这是九何而问的第一组问。而"何事"是九何而问的第四问，是何事、何因、何果这一组问的开头，有承前启后的作用。

人生在岁岁月月的时间和天地江山的空间之中，又在这时间、空间中从事各种工作，这就要发生各种事情。事，在历史学家看来，应是国之大事，所以在写历史时，最关注的是国之大事。《左传·成公十三年》有"国之大事，在祀与戎"的话，是指祭祀与军事这样的大事。古人早已懂得以戈止戈、止戈为武，即枪杆子里出政权和用枪杆子保卫政权的道理，也知道祖宗传承而去祭祀的大事。《左传·文元年》还有"能行大事乎？曰：能"，这依然指政权变动，或发动政变，或夺取政权。政治上大事自然是政权转移，所以，无论王朝更迭，无论总统轮选，无论外敌入侵而使政权转变，无论内部力量对比而变更政权，都是国之大事。政治史历来是历史的中心事件，当然有经济的深层动因和文化的内在背景。大事不限于人事，尚有自然的变化，许多古文明的消失与此有关，不可不谓大事，但即便如此，也离不开人的作用，尤其是人与自然、人与社会和人的自我身心的相互交往的互动作用。

"九何而问"中的"何事"一问，主要是人事。天地生人，一人有一人的事业，人和事紧密相关。人事，是相对于自然而言。《后汉书·公孙瓒传论》中说："舍诸天运，征乎人文。"这比《史记·太史公自序》中的"夫春秋，上明三王之道，下辨人事之纪"更追到天人关系，更具有哲学层面意义。"何事"之问，再追问下去，自然要思考人类文明交往的自觉问题。

第 106 日   <u>2012 年 4 月 15 日</u>   星期日

82. 教化的"三何而问"

在人类的文明交往中，教化是一个重要的概念。它在人的解放和自由，在人的幸福和全面发展等人学观中，处于价值的核心地位。对于"幸福"的人生追求上，尤其突出。

教化是教育而化之，它所"化"的是"人"，化的目的是人获得幸福。幸福既为教化的手段，又是教化的目的。人类在文明交往中，只有充满着对幸福感的追求，只有对幸福感的渴望，才能使人生福气充盈，朝气勃勃。

既然人生幸福与教化之间关系如此之密切，那么，不能不对此提出"三何而问"了。

第一"何"，是"何谓幸福？"这也许是最难说清楚的问题，却又是最常见常新的事。中华文明中，"福"的位置很高很广。《书·洪范》把它概括为五："五福：一曰寿，二曰富，三曰康宁，四曰修好德，五曰考终命。"在《书·汤诰》中，把"福"与天人感应之学连在一起，有"天道福善祸淫"的行善者得福和作恶者受祸之说。"福"是春节中最常见的喜庆字，民间不识字的人将它贴倒了，也竟而将错解正，将倒写的"福"字转而解释为"福到"，并且习非成是，至今倒贴福字屡见不鲜，也表示人们对幸福的渴望与追求。然而，对何谓幸福却因人而有不同的回答，因人而有不同的感受。

第二"何"，是"幸福在何处？"这是一个更应追问的问题，其原因更实际更具体。有种说法是，幸福处处有，看你会不会找。这是说幸福是方法问题，只要方法对，即可找到幸福。这也是寻觅幸福的路径，幸福是自己走出来的，可以就是你直接碰到、既定的条件下和在人与社会的互动交往中走出来的文明交往之路。尤其是脚踏实地、面对现实、面向目标，充分利用现有条件、创造新的条件，努力实现幸福。自尊、自信、自强的文明自觉，使一个人以优雅的举止、诚实和谦虚的处世风度、乐观的人格魅力而获得自己应有的幸福。可以说，幸福在每个人的脚下，在每一个人的手中。

第三"何"，是"如何获得幸福？"这要从人的教化使命中获得。幸福从教化而来，教化来自学习，学习始于自知之明，自知自己无知而励勤力学。表演艺术家于是之是这方面的知学于教化的自觉践行者。他深有体会地说："我尊重有书生气的学者型的同行们，在他们面前我自惭形秽，学习之心油然而生。我最害怕演员无知，更害怕把无知当作有趣者。我自己不过是一个浅薄而自知浅薄的小学生，这样便能促进我不断地有些长进。"于是之把教化具体化为"学习之心"，其动力来自于"自知浅薄"的"小学生"的"自知之明"。这是自我教化的为人之道。这与自我身心自觉交往的"知不足"直接相关，是"学习知不足，学问知不足，学思知不足"交往互动、文明交往规律性的表现。

幸福必须有人类文明交往的自觉交往力。交往力是人与自然、人与社会和人的自我身心之间的交往能力。交往力与生产力一起，组成了文明史发展的动力。其实，生产力也是人类与自然之间的交往能力。人们之所以把生产力从交往力中分出去，不仅是因为它表现于人与社会和人的自我身心之间的交往能力，而且强调生产力作为物质基础的重要作用的缘故。从社会和个人在教化的作用方面看，从交往能力及教化使命而言，还有许多具体能力对获得幸福是不可少的。例如：①自我理解力；

②自我判断力；③自我选择力；④自我鉴赏力，以及对学习持续而充满学习热情和爱好与快乐。学习通过勤动脑、勤动手，教化可以找到幸福。

交往力中强调"自我"，是在说独立思想对自我身心的重要性，所有伟大历史人物之所以对人类文明有所贡献，根本上在于他们有独立的思想。有了这一点，才有杰出的理解力、判断力、选择力、鉴赏力，才可以获得幸福。尤其是理解力，理解力高于了解力，理解力是通向过去、现在和未来的桥梁，可以赋予经验以文明意义的价值。

在林林总总的讨论幸福的书中，德国学者威廉·施密德在《幸福》一书里提出了幸福的多样性。该书由黄霄玲译，上海译文出版社出版。幸福有多种多样，施密德列举了好运、快乐、充实，甚至悲哀。幸福的多样性来源于人的多样性，幸福因人因地而异。施密德认为异中之同是：所有寻找幸福的人其实是寻找人生的意义。这种对幸福的理解引导着人们深思人为什么活着，以及"我是谁"和"向哪里去"等人生哲理。施密德还提出了一个人生的美的境界，即要把生活过成一种"艺术"的高度和深度去追求。

总之，幸福与人类文明交往的"教化"问题有关，而"教化"又与学习、做人相联系。自我教化如卢梭在《忏悔录》中说："我深深知道，面向真福的赐予者，要想得到我们需要的幸福，最好的办法不是祈求，而是为人正直，配享他所赐予的真福。""何谓幸福"、"幸福在何处"和"如何获得幸福"，这"教化三问"最终都要从人类文明交往的自觉规律中去寻找答案。

第 107—108 日　　　　2012 年 4 月 16—17 日　星期一至星期二

83. 文化自觉有待升华为文明自觉

文化是衡量社会文明的程度和人民生活质量的显著标志。文化的进步反映着社会文明的进步。文化是人化，是人文而化之于物的成果。文化是文明的基因。要了解一种文明，必先了解这种基本内核。要使交往在互动中走向文明化，应从不同文化基因上寻找结合点。文化推动着人的自由和全面发展，因而成为人类精神家园和民族的文脉。

广义的文化是升华了的文明，它具有双层或多层的内涵。文化是人类后天社会实践获得的，并且为一定社会群体所共有的核心价值。我在20世纪末和21世纪初的一些文章中，特别是在《文明交往论》一书中，把文明的整体归纳为四个层面，即物质文明、精神文明、制度文明和生态文明。对制度文明和生态文明的提法，当时有一些不同看法。有人认为，制度文明应为"政治文明"。我认为，制度文明涵盖面更广一些，它包括政治制度、经济制度、社会制度等带有根本性的层面，对界定政治文明更有针对性。再者，如果只提政治文明，那经济、社会、文化等层面的文明就被忽略了。制度文明涵盖政治、经济、社会、文化层面的文明核心。制度实质上是文明最根本的东西。因此直到现在我还坚持制度文明说，并写入去年出版的《两斋文明自觉论随笔》一书中。制度是文明社会的重要标志，是文明的坚实外壳构成部分，它体现着文明的社会形态的本质特征，是不能被忽略的。

如果说，在制度文明与政治文明问题上的不同看法上还差距不十分大，那么20世纪末在生态文明问题上分歧却较为巨大。尤其是把生态文明与物质文明、精神文明、制度文明并列为四大文明层次结构，有更多不同的看法。生态文明在当今已不是新问题，但在十年前许多人不愿意把它当作文明。尽管今天生态文明已不是多时髦的事，然而其重要性仍然有待深入认识。要从根本上解决问题，并不是容易的事。我当时是从人类文明交往的互动规律视角探研生态文明的。我认为，生态文明是人类生产、生活、生存活动与自然环境的一种互动互利的相互依存关系；人类要遵循自然规律而顺应这一规律去保护自然；生态文明是追求人与自然的和谐统一的平等生态价值伦理观。从人类社会各历史发展阶段的生产力水平、生产方式和生活方式来看，人类文明史经历了石器渔猎采集文明、铜铁农耕畜牧文明、大机器工业文明阶段。生态文明可以说始于人类进入文明阶段，那是原始性的生态文明，石器渔猎文明对自然生态影响较小。其后铜铁农牧业对植被、土地等生态系统破坏较大。大机器工业文明阶段，因其对土地、森林、水及多种矿产资源的大量消耗，对大气、土地、水和生物的污染而产生了生态灾难。人类文明进入了一个关键的承上启下的继承和创新的 21 世纪现代生态文明时代。

生态文明是人同自然的文明交往形态。大自然可以满足人的需要，但无法满足人类的贪欲。自然需要尊重，否则就要受到自然的惩罚。生态文明不是孤立的，它牵动着人类文明的社会整体关系，它同物质文明、精神文明、制度文明是一种互动的整体文明形态。它是在生产力发展水平之上的物质文明的互利耦合形态，它又是一种精神文明表现的价值观念。生态文明是人的生产、生活行为和社会经济互动的结合体。特别重要的是，它同制度文明的关系紧密相连，它需要人类文明交往中的制度文明的保证。当然制度是靠人来执行，有了制度，还要有具备文明素养的人去执法。这就是人类文明自觉程度提高的意义所在。生态文明的研究成果证明，人类文明交往的自觉性表现在保证生态文明的科学而严格的政治制度、经济制度、行政制度、法律制度等重要环节上。此种制度还可细化为生态文明建设的政府补偿、生态产品和生态服务交易市场以及税收制度等，总之生态文明与制度文明建设密不可分。正像原始共产主义历史不能重演一样，人类也不能回到原始渔猎文明时代。人类面临着一个继承、创新和创造工业文明科学技术及其他成果，建设全球化时代经济、政治、社会高度发展的现代生态文明。

文化是文明的基本内核，可以说是核心。生态文化是生态文明的灵魂。文化包括民族性、意识形态和价值观，因此生态道德规范，即人与自然交往的文明化，是人与自然和谐发展的价值观，是生态文明的精神支柱和思想基石。文化是一定社会群体共有的一切观念和行为，特别是受价值观和价值体系支配的精神思想系统。文化是人文而教化的复合词。文化的教化功能通过生产和生活交往的过程，是人的教育而化之的介入和渗透。精神思想的潜移默化是文化的特征，它通过道德滋润将社会规范内化为人们的行动之中。文化性构成了文明的内核，而文明性是其外部结构，二者之间交往互动而获得生生不息的精神动力和思想品格。文化的中心是人，而人是具有符号化思维能力的动物，人是通过文化来创造社会文明成果的动物。

文化和文明有转化的联系，但文化不一定都会变成文明。有知识、有文化、有技术的人是文化人，但文化人不一定都是文明人。文化人必须通过人文素质和科学素质的教化，才能实现把本土的、民族的、世界的和全球人的人类优秀品质、道德意识和人文情怀、价值观念等融入知识体系，使文化人变为文明人的深刻变化。

"融合"是从文化知识发展为文明道德的关键词。我们说的文化必须是先进的文化，必须是对真善美追求的科学理性气质和对客观规律的认识和把握，以及对现实文化状况的肯定性或否定性的独立评价。这种文化批判、继承和吸收的创造精神，对彰显先进文化的先进性，对融合不同质、不同源的文化创造都至关重要。

"自觉"是文化升华为文明的过程的根本思想动力。文化自觉首先是历史自觉的道理在此。任何一种文化，都有它的过去、现在和未来的形成过程，这就是深知而明察的历史自觉。这个过程还包括人与自然、人与社会和人的自我身心的和谐文明自觉的内涵，这种内涵已经超出了狭义的文化知识内涵，从而转化为社会文化。它具有对社会和自然生活环境发展历史进程和未来的充分认识和形成的人文品格与思维方式。这种人的理性、责任、道德、伦理的融合、判断、选择等交往力的自觉，成为文明自觉的标志。人类在与自然、社会、自我的良性互动交往活动中，形成了物质、精神、制度、生态诸层面的自觉交往，形成了文明的社会形态，实现了文明自觉，即对文明交往互动规律的认识、理解和实践。

文化自觉有待于升华为文明自觉，在于对文化自觉的清醒认识。文化自觉的要义是，人在物质、精神、质度和生态层面中，思想上的自我觉醒和觉悟，是文化主体自信意识的提升，是自省能力的提高，是自我认知、自我定位、自我判断、自然创造等交往能力的上升，一句话，是文明自觉创造力的升华。这里，人文精神、人文情怀是文化的核心。人生在天之下、地之上，一人有一人之业，而敬业先要正心，要着眼于把文化核心的人文含量升华到有良知、有道德、有思想追求和富哲理的文明层面。人文含量关注人类文明交往自觉，关注人的天职使命！文明化的人应当如张载那样，"为天地立心，为生民立命，为往圣继绝学，为万世开太平"，成为大写而真正的人。

在这方面，美国经济学家杰弗里·萨克斯在《文明的代价：回归繁荣之路》一书中，为我们提供了一个文明自觉的视角。他从世界经济衰退现象的背后探寻出非经济性本质，因而呼吁"道德回归"。他认为，经济危机的根源深处，实际上是一场道德危机，因此提出了富裕和权力阶层应给予其他人和世界其他地区的人民以公平、尊重和诚信的对待。他肯定地指出，如果不重建社会道德责任，经济就不可能有持久的复苏。其实，亚当·斯密早就看到了经济中的道德问题，在名著《国富论》之外，还有《道德情操论》。

人类文明是物质、精神、制度、生态文明之间的互动均衡发展。思想道德之所以是根本的文明自觉，其原因就在于：①对本民族内部文化有清醒的认识和理解；②对本民族文化与外部文化交往关系脉络有清醒的认识与理解；③对本民族文化的世界历史地位有清醒的认识与理解；④把以上的认识和理解上升为人类文明交往互动规律的认识与理解基础之上。这里，文化的纵向传承和横向传播，民族文化和外来文化的交往中的内化和外化，构成了文明交往的中心线索和枢纽。此种互动规律贯穿于不同时代、不同民族、国家、地区的不同人群的生产与生活的交往过程之中，并且通过人类的文化自觉升华为文明自觉而引导着人们的生产与生活实践向文明的新阶段发展。

第 109 日　　　　　　　　2012 年 4 月 18 日　星期三

84.《中国文化论集》中的四种文化观

《中国文化论集》（*Symposium On Chinese Culture*），1931 年（正好是我的生年）出版，由陈衡哲主编。2009 年福建教育出版社出版了由王宪明和高健美翻译的中文译本。该书有四种值得注意的文化观：

①陈氏文化观。陈衡哲，1914 年通过清华留学考试，成为第一批官费留学生中的女性人物，1920 年获西洋史硕士学位，回国后任北京大学教授。

她在该书"结论"一章有下述话句：

中国不仅能够"取"，同时也能够"予"。历史证明，在工业和艺术方面，欧美国家早已从中国的发明中获益。时间将证明，中国有能力在更大范围内做出更重要的贡献。

这是文化自信、自强的语言。文化自觉离不开自信和自强，因为它是文明交往自觉的内在力量。陈衡哲这位女历史学家的"取、予"文化观，道出了中西文明交往的双向互动特征。

陈衡哲这位女历史学家，还希望中国尽快实现现代化，学习西方的优秀文化，并对中国走上富强之路充满信心。

②胡氏文化观。《中国文化论集》中收集了胡适的《中国历史上的宗教和哲学》一文，其中说：

据说中国人在文明民族中是最不信宗教的，中国哲学最不受宗教影响的支配。从历史的观点来看，以上两种观点并非符合实际。历史研究将使我们确信，中国人能够具有高度的宗教感情。

胡适与陈衡哲交往甚密，并且互相倾慕对方。但是，胡适有母命在先，他是个孝子，遵从母命，使他与有情人终不能成为眷属。陈衡哲与胡适的好友任鸿隽结婚。任为化学家。胡适还为《中国文化论集》写了"文学"一章。在该书中一人写两章的只有胡适一人，这是胡适与主编陈衡哲非同一般关系的表现。

在论集中画家丰子恺（1898—1975）从文明的角度对人生有"三层楼"的比喻：

人的生活可以分成三层：一是物质生活，二是精神生活，三是灵魂生活。物质生活就是衣食。精神生活就是学术文艺。灵魂生活就是宗教。"人生"，就是一个三层楼。

宗教是现实生活无法满足人们需求时的一种心理需要。宗教也有宗教史、宗教学基本理论和宗教观三个层次上的科学研究，要理性地、科学地看待宗教信仰。

丰子恺作为文学艺术家，他在人类的文明生活中，把物质作基础，把精神作中枢，把宗教作上层，说明他很重视宗教的地位。他由此出发，对李叔同（弘一法师）有独特的评论。也正是因此，他后来皈依佛教。此例可作为胡适有关中国人宗教观论述的佐证。李叔同和丰子恺，都是中国文人高雅宗教情操的代表人物。

③丁氏文化观。陈衡哲主编的《中国文化论集》中，还有一种文化观值得注意，那就是丁文江的下述两个论点：

第一，"中国文明是4000年以来文化努力积累的产物，其生长是缓慢的，且不止一次被打断，但它从来没有丧失其生命力，而且从总体上说，比其他地方譬如说近代欧洲的进化，更具有连续性。"

第二，"虽然中国在大多数时间里都与比自己优秀或与自己平等的文化相互隔绝，但是，一旦能够保证足够长时间的直接接触，她会尽取外国文化中值得学习的优秀成分，而且一旦学到手之后，她总会在这些新的文化成分之上打上自己创造力的烙印。"这里所说的"创造力"，极有见地，因为创造力既是文化传承的定力，又是文化传播的动力。

丁文江以上两点都是人类文明交往问题的有独立之见的自觉语言。丁文江少小颖悟，母亲很早就教他识字。五岁入蒙馆读四书五经，老师"奇其资性过人，试以联句属对，曰'愿闻子志'，丁文江应对曰：'还读我书。'"先生大击节，叹为宿慧。

综合上述陈、胡、丁三氏关于文化的观点，虽提法不同，角度各异，但重视文化、思考文化的地位、作用则相同。三氏文化观虽时过境迁，但仍不失为今日研究人类文明交往的有益资源。

唐代刘知几《史通·载文》云："夫观乎人文，以化成天下；观乎国风，以察兴亡。是知文之为用，远矣大矣。"刘知几在这里所说的"人文"、"国风"以及"文之为用"的"文"，可以理解为"文化"。文化是人类文明的核心，人文精神是人类文明的命脉，文化之盛衰，与国家、民族之兴亡息息相关，相互依存，密不可分。重视文化的传承与传播，是人类文明交往之大事。

④辜氏文化观。读《中国文化论集》以上三种文化观，使我想起了辜鸿铭下述的"辜氏文化观"：

欲估价一种文明的价值，我以为最终必须要问的问题，不是该文明业已或能够建造怎样巨大的城市，怎样辉煌的房舍，怎样齐整的道路，也不是该文明业已或者能够发明怎样美观舒适的家具，怎样巧妙适用的物件、工具和设施；不，不是这些问题，甚至不是该文明已然或者能够发明怎样的机构、怎样的艺术和科学。欲问一种文明的价值，我们必须要问的问题，是它产生了何种类型的人——何种类型的男人和女人。事实上，正是一种文明生产的那种类型的男人和女人——人的类型——彰显了该文明的本质、个性或者说灵魂。（见1915年《春秋大义》）

中国之所以处于目前这样悲惨的境地，主要因为我们中国人，尤其是知识分子，将东方文明的精华部分抛弃的缘故，我不得不遗憾地承认这一点。（1924年在日本的讲话）

辜鸿铭上述所言，虽然有些绝对，但把人作为文明的实质问题，是非常深刻的见解。文化是人化，文明是言说人类的文明交往自觉之明。文明包括具体的物质和精神的创造成果，然而关键是人的文明化。人在人文化物的同时，也在使自己文明化。我的文明观就是：文明的生命在交往，交往的价值在文明。文明的真谛在于文明所包含的人文精神本质。

第 110 日　　　　　　　　　**2012 年 4 月 19 日　星期四**

85. 在主导文明之下求索人性

勒克莱齐奥有许多知名小说，如《诉讼笔录》、《战争》、《奥尼恰》、《一次漫长的旅行》，等等。瑞典皇家学院用下面一句话，对他做了如下文明的定位："超越主导文明、在主导文明之下求索人性的探险者。"

勒克莱齐奥和许多有独立思想的艺术家一样，在人类文明交往史上，不愿做"主导文明"的"传播者"，而愿做"超越文明、在主导文明之下求索人性的探险者"。

他的代表作是《奥尼恰》。它本身就是一部"超越主导文明"的探险小说：儿子在非洲寻找父亲，父亲在非洲大陆寻找消失了的文明，梅洛黑女王在寻找新城。这本小说，反映了这位"超越主导文明"的作家，"在主导文明之下求索人性"，并为此进行探险的故事。"传播者"是必要的。文明交往中内部交往之线是"传承"，而外部交往之线是"传播"。但"传播"是大部分人能做而且容易做的，"探险者"由于它有超越性的创造思维，只有具备独立思想的人才能做到。

勒克莱齐奥是欧洲文明之子，他的主导文明是欧洲文明。由于他有独立思想，他不愿进行一般性的文明传播工作，而是思考文明交往中的深度问题。这样，他就用求索人性的文明自觉精神，以深刻的交往理念，通过小说的文艺形式，把目光转向了非洲大陆。非洲，这是人类文明的发源地之一，是最早的人类栖息地、聚散地，也是古老文明的一个失落地。从源头上考察事物，容易发现事物的本质。站在这个较高的历史观点上，审视现实和展望未来，才能更好地理解人类文明史。这就是勒克莱齐奥的过人之处。

"超越"是一个理性的概念，是一个文明自觉的概念。它不是随心所欲，也不是感情用事，更不是盲动地胡乱折腾。过去头脑发烧的"大跃进"、"超英赶美"和好大喜功的"横扫一切"、"埋葬一切"，都是非理性、反理性带给后人的沉痛历史教训。这种"超越"是人性中的恶性发作，是破坏文化传统的冒险有害活动，而不是真正的超越主导文明。"超越主导文明"应当是创造历史的活动，这种创造活动，马克思早在《路易·波拿巴雾月十八日》一书中有明确的界定：人们"只是在直接碰到的、既定的、从过去继承下来的条件下创造。"（《马克思恩格斯选集》第一卷，人民出版社1972年版，第603页）这是一个科学的界定，"在主导文明之下求索人性的探险者"中的"在主导文明之下"的"超越"和"求索人性"，正是现实的、面临的、传统的和要求探索的人性问题的条件，而不能无视这些历史条件去求索。

第 111 日　　　　　　　　　　　　　2012 年 4 月 20 日　星期五

86. 生命的人文素净美

最应该记住的最容易忘记，
谁记得母乳的甜美滋味？
最应该感激的最容易忘记，
谁诚心吻过亲爱的土地？
最应该算计的最容易忘记，
谁算过先行者的无数血滴？
最应该惊奇的最容易忘记，
谁惊叹过大地的无限生机？
参天大树为什么要深深扎根？
是为了繁茂它绿色的生命。
历史的河流啊，
长流不息，
流的是历史的深沉的思绪。

　　这是一位杰出文学家笔下的生命人文素净美的诗篇，这是《大地》小说作者秦兆阳在该书扉页上的题诗。他是文学家，有文学家才华横溢的气质；他不仅是文学家，而且是一位具有历史学家的历史感、哲学家的洞察力和美学家审美情趣的文史哲"杂家"。他的《大地》1984 年由人民文学出版社出版，而《大地》本身就是永定河畔农民生产、生活、生存的史诗。这首诗正是《大地》的画龙点睛之作，它以诗意的笔触，勾画了人类文明交往长河中历史的、深沉的广阔图景。上述题诗用一连串的提问方式道出了引人深思的人生话题，从而充满了诗意的生动而耐得品味的历史韵味。

　　"参天大树为什么要深深扎根？是为了繁茂它绿色的生命。"这一问一答、自问自答的问题意识，蕴含着深厚的意义。根深才能叶茂，才会有生命盎然的自然生态。为什么？是为了生命，这就是生态文明，绿色的生态文明！学人的学术生命何尝不是如此？学术生命的生长点之所以重要，在于从生长点的沃土生长，可以根深叶茂果硕，使学术生命之树长青！在人类历史的长河中，长流不息的正是文明交往历史！这就是人类文明交往自觉的历史观念。为了生命，回答得准确。结论处归结为历史观念的沉思——"历史的深沉的思绪"。这首诗开头连问四个"最应该记住"而又"最容易忘记"，对大地、对生产、生活的回答以及使之融入历史的不息长河，可谓简洁而素净。

读秦兆阳这首诗，我欣赏它词语的完整。海德格尔说过："词语破碎处，无物可存在。"（《在语言的途中》）语言中的词语，是完整表达某种事物。词语破碎了，犹如脆弱易碎的劣质玻璃一样，成为破烂垃圾。有责任的治学者，不会不关注词语的完美。福楼拜教导他的学生莫泊桑说："我无论描写什么事物，要说明它的，只有一个名词；要赋予它的性质的，只有一个形容词。我们必须不断地推敲，直到获得这个名词、动词、形容词为止。"恰当的词语，可以体现作品的素净美，如英国哲学家培根所说："才德有如宝石，最好用素净的东西镶嵌。"素净，是纯洁，是自然的纯净。素净的作品，才是完美的才德形态。

这首诗有问有答，有问题意识引导下的文明交往自觉精神。我在关于人类文明交往自觉的九条规律性问题的第九条，就是"九何而问"，即何时？何地？何人？何事？何故？何果？何类？何向？何为？"何故"（即"为什么"）居九问之中，是九问的关键处，既承上的时、地、人、事，又启下的果、类、向、为。人们为什么把最重要的东西忘记？特别是把刚过不久的政治、经济、社会、文化、生态方面的灾难性事件忘掉？此种健忘症最值得人们追问、深思，从而加强历史的记忆，这对吸取经验教训、获得文明交往自觉至关重要。

治学中的诗意是重风格、重气韵、重想象、重思考的治学情趣，是一种用感性和理性相统一的视角看问题，是用人类求真向善爱美的本性去追求新的目标和新的境界。2011 年获得诺贝尔文学奖的诗人托马斯·特朗斯特罗对诗的作用有以下说明："诗对事物的感受不是再认识，而是幻想，诗最重要的任务是塑造精神生活，揭示神秘。"他从开始写作到获诺贝尔奖为止，所写诗歌不过 200 多首，而且大部分是短小的诗。但他正是用"塑造精神生活，揭示神秘"的审美诗意和对人生的思考，走到诗歌创作的高峰。可见，诗意治学是一种治学美学，是在求真中探索善和美，在学术个性上体现人文精神的生活方式和工作态度。德国哲学家康德在 200 多年前就说过："我们的责任不是制作书本，而是制作人格；我们要赢得的不是战役与疆土，而是我们行为间的秩序与安宁。真正的大师杰作是一种合宜的生活方式。""大师"之称，一度曾颇为流行，于今似成贬词。但康德的话又使人想起中国教育家梅贻琦的话："所谓大学者，非谓有大楼之谓也，有大师之谓也。"两相对照，不是更发人深思吗？

　　生命中的素净美，是学术生命的大用，是艺术之美的自由和解放精神。当一个人把自己的生命与事业融为一体之时，正是他诗意人生最美好的状态。现代人类文明有许多悖论，可以从平淡天真的自由解放精神中得到理解。素净美正是平实平正、雅淡、素朴，只有这样，才可以医治现代文明中诸多心理精神疾病，使人们进入和谐的治学诗意美的境界。此种境界忘记现实功利的"有用"性，而形成"无用"的美的欣赏观念。此种美的观念的变革，是诗意之变，是庄子所说的"知无用始可与言用矣"的学术生命之"大用"。"大用"在于"无用"，这是诗意治学的生命素净之大美。

第 112 日　　　　　　　　　　　　**2012 年 4 月 21 日　星期六**

87. 米寿诗人辛波斯卡的诗路人生

　　波兰女诗人辛波斯卡于 2012 年 2 月 1 日在古城克拉科夫逝世，正好是 88 岁，可称之为八十八岁的"米寿诗人"。

　　她的米寿一生为诗的主题是人类的生存。1962 年她有一本名为《盐》的诗集，道出了她的诗路人生。她认为自己的诗如同海盐，是从生活海洋中提炼的透明晶体，其中折射着人类存在的各种问题，如坎坷与平顺、动荡与平安、悲痛与欢乐、理想与梦想，特别是万事万物本身与相互关系之谜。恰如她的诗集《万物静默如谜》所命名的那样，在人类面前展现着巨大的谜一样的沉默。

诗人晚年的诗篇《植物的沉默》中，在继续探索人类存在之谜。她以平静的心情说："有一种自然的需要去体验巨大的震撼。"这是沉默中的震撼，是在沉默中的爆发。人与自然、人与人、人的自我身心这三项文明交往层次在沉默中的一次又一次震撼，犹如地震在动摇着人类存在的基础。震为动，默为静，二者在交往中互变互化，在变化中露出了裂缝，在裂缝中涌出希望，诗歌就是要人们去寻觅那条神秘的裂缝。这个裂缝并不神秘，而是在政治、经济、社会、文化以及世俗与神圣、血与火、野蛮与文明之中时隐时现，等待着人类以文明自觉之手去捕捉、去发现、去探究。

这种文明自觉正是诗路人生的本质所在。一位波兰记者评论辛波斯卡时说，她是"一位唯一能够将不重要的事情变成重要事情的诗人"。这正是因为她用文明自觉之手，抚摸到这种本质。"她拥有狙击手的敏锐视力/而且毫不畏缩地凝视未来"（见她的《仇恨》一诗）。她"把诗歌当作生命的回答，当作一种生活方式，一种思想和责任的语言工作的方式"。其诗的可贵之处是严谨、精确，正如诺贝尔文学奖颁奖词中说的，成为一种天然融合的"完美的语言客体"。

我们在她的诗中，几乎看不到西欧现代诗歌中那种随意放浪的风格，而是在明晰、简洁的形象诗歌艺术中展示和探索人类生存、生活中各种严峻问题。

米寿是吉寿，也是高寿了。这使我想起了她的生死观。她有一首名为《云朵》的诗说："让想存活的人存活/然后死去，一个接一个/云朵对这事/一点也不觉得奇怪。"这是一句近乎李白的"众鸟高飞尽，孤云独去闲"的风格。用那样轻便、那样自然的笔法去表达死亡，似乎很残酷，但不乏清醒。这是一种人的自我身心交往这个文明层次中人死观的自觉态度。正是因为自觉，所以没有恐惧，没有悲观叹息，像天空云朵一样自然飘逸。

诗人的《呼唤雪人》、《诗人与世界》和《万物静默如谜》都有中译本，在阅读之中我们会领会诗人的诗路人生，也同样会进一步理解到人与万物之间的谜一样的沉默与震撼的互动关系。

　　在人类文明交往过程中，人间的诗意是穿透着时间和空间而书写着生命历史之书。法国拉马克在《人间诗意》中说过下述名言："生命之书至高无上，不能随意翻阅，也不能合上；精彩的段落只能读一次，患难之页自动翻过；当你重温过去的绵绵情场，／读的却是生命临终那一章。"生命对人来说，是最重要的，因为生命对人来说只有一次。人的生命随着时间和空间的变动，每时每刻每处每地都在不停地书写和翻阅自己有限的生命之书的每一页。人们在不知不觉中翻阅，在随波逐流中读写，也在不知不觉的忙乱中翻阅、读写，打开生命之书而又合上生命之书。许多人只是在老年打开回忆过去翻阅、读写过的那些页时，才发现已经到了生命最终的那一章。这时只有悔恨自己一生碌碌无为，只悔自己虚度年华。这时只有悲哀和伤逝的诗意，只有把翻阅、读写自己生命之书每一页的自觉性当作文明自觉遗训留给后来者。让后来者知道，生命之书不能随意乱翻，不能任意书写，一定要认识生命之书的可贵，一定要既珍惜每一天的过程，也要自觉地把每一天的过程放在一本书的全过程之中，与一生的目标紧密结合起来。从生命之书的最终那一章，倒读生命之书的第一章，是不可能的。但是，要有倒读生命之书的自觉意识，要在翻阅、书写生命之书的前面的章节中，时时想到最终那一章，却是必要的和可以做到的，而且是越早觉悟到这一点，就越有更美好、更诗意的人生。我在《书路鸿踪录》一书中，把这种人生书路的思维方式叫"倒看人生"。即从死看生的人生观。这与一般的顺看人生的人生观不同。把"顺看人生"和"倒看人生"结合起来，才会有"不遗憾的人生"。

　　诗意人生是一种文明交往自觉的人生境界。这种境界不神秘但也非易事。它不容易当然也不是不能做到。

　　诗意人生不一定是专业诗人的专利，也不是所有的诗人都一定有这种诗意人生的境界。诗意的精粹是诗心，是一种生活在诗意之中的心情洒脱、安谧、超俗、乐观和尊严。尽管一个人可以不是诗人，但富有此种诗意，就会有诗意的人生。

　　诗意人生在思想、在意念。它是对人生感悟后的自觉心理状态，是心灵中的美，是心事中的善，是追求善美中的真。真、善、美三者在为人、处事、治学等生产、生活实践中实现了内在的统一。

澄明的诗意，犹如中秋悬空的明月，洁明、清朗，静静地照着大地，从心灵深处给人们以安谧感。诗意只惠于那些处处留心、用心的勤奋者，诗意只惠及那些开动大脑的思考者。诗意之于治学者，在于有情感、有理性、有通达、有简约、有传承、有创造的学术品格和品位。

第 113 日   2012 年 4 月 22 日　星期日

88. 倾听他人，以理解自己

人文化成，始终围绕着个体和群体的创造文明成果活动。这就需要自知之明。

自知之明，要靠自己明于自己文明的过去和现在，要自知自己的优长与不足，必须倾听他人的反映。美国学者巴达拉科在《领导者的性格》中说："倾听他人，以理解自己。"这对每个人都适用，这里首先要"倾听"，不是一般意义上的"听"，而是倾注精神地听，一心向往地听，喜乐爱慕地听；这里"倾听他人，以理解自己"的"以"字也很重要，"以"是说目的，倾听的目的是用以"理解自己"。自己往往看不清自己，别人像一面镜子，可以看清自己。自知之明，是兼听则明。

巴达拉克在同书中还说："即使条件有限，也可以给工作加点'糖'——关心结果和品质。"他把工作的结果和品质比喻为领导者应关注的"糖"，有点奇特。实际上，对一个领导者，在关心工作的过程和方法的同时，确实应关注糖一样的结果和品质。只问工作不问结果和品质的领导者，肯定不是完美的领导者。给工作中加点结果与品质的"糖"，不但有益于工作的质量，也可以使身心精神交往之果更甜美。美最重要的任务是塑造精神生活，美是从真善中求得而又丰润着真和善，真、善、美是人文精神的核心。

把他这两句话连在一起，使人想起中华文明中的"尽善尽美"的成语。善是人性之首、良知之基，对人类文明的内外交往至关重要。人虽不能达到尽善尽美，但只要日积月累，韧性以求，是可以一步一步地靠近它。善，不是停留在同情、怜悯维度上的善，而是要符合人类文明交往良性互动规律的善。这就是古希腊哲学家赫西俄德所说的"能听取有益忠告的人，也是善者"的道理。倾听是一种美德，文明交往自觉，不妨从倾听开始。倾听忠告是"兼听则明"和理解自己的"自知之明"的重要途径。

霍尔巴赫在《健全的思想》中说过："无知的特点总是宁愿相信一切未知的、神秘的、虚构的、奇异的、难以置信的和甚至可怕的东西，而不相信一切简单明白和可以理解的东西。"其实，大道至简。这就需要理性的、清醒的和思考而后的倾听，在倾听中理解自己。为善从事和为真求知、为美养心都是人文精神的本质内涵。对个人、对群体、对整个文明交往，都是如此。

这使我想起匈牙利经济学家雅诺什·科尔奈。他在自传体的《思想的力量》中，谈到了他如何"自愿"加入匈牙利共产党，又"如何"进行深刻的自我反思，从而进行"真实"的经济学研究，而后又被迫到美国的人生历程。伴随他而来的是开除党籍、监视、监狱的灾难。但他在该书中文版前言中有两段话发人深思：第一，"每个人的生命都是独特的，每个人都有自己与众不同之处。但是我还是非常肯定，我生命中的这些经历也是中国众多知识分子熟悉的经历，他们会从我的经验、我的处境以及我的选择中，看到他们自己的经历、自己的处境和自己的选择。"第二，"中国在20世纪80年代中期也曾经制订过雄心勃勃的增长计划，我指出了这种跳跃式增长的风险，……我提醒中国同行们注意，中国思想和文化中和谐的重要性。我建议用和谐式增长取代跳跃式和强制性的增长。"

读这两段话，又使我想起美国政治哲学家菲利普·佩迪特在《人同此心》一书中的话："我所坚持的是，在一种类似的意义上，理解或知道他人之心的这种在于成功地支持一个认可他人之心的社群的方式——与对话的姿态联系在一起的理解方式——同样是典范的方式。"

理解，这是人类文明交往的最重要的观念。理解对自己和他人来说，都在于"知人之明"，在于知道他人所处的文明环境、文化心态，认可他人的选择。雅诺什·科尔奈的经历、处境和选择，对我们来说，确实是可以理解的。尤其是他用中华文明中"和谐"思想来处理当时的经济增长方式，富有文明交往的自觉性。倾听他人，以理解自己，这是一种文明对话方式的理解，无论是个体或群体的文明交往活动，都是不可或缺的。对话，必须倾听，倾听的目的在于更深入的对话，从良性互动交往中理解自己和对方。

第 114 日　　　　　　　　　　　　<u>**2012 年 4 月 23 日**</u>　**星期一**

89. 冯友兰的人文价值道德观

冯友兰的《中国哲学简史》一书，是应美国学者布德之邀，赴美和他一起翻译并在宾夕法尼亚大学讲学时的哲学讲义整理而成。其人文意义为：

①文明交往之作。布德说："有关中国哲学的英文书籍和文字并不少，但通常不是太专门，就是通俗到了乏味、没有价值的地步。读者现在手持的这卷书，堪称是第一本对中国哲学家从古代的孔子直到今日进行全面介绍的英文书。这样一本书出自中国知识界公认的最优秀学者之手之一的笔下，就它的问世，有了更大意义。"这就是深入浅出。

②小史通俗而有全史在胸。冯友兰面对西方人说："小史者，非巨著之节略，姓名、学派之清单也。譬犹画图，小景之中，形神自足，非全史在胸，曷克臻此。""著小史者，意在通俗，不易展其学而识其才，较之学术巨著，尤为需要。"此即以小见大，大小适度。《庄子》有语："长者不为有余，短者不为有足。是故凫（野鸭子）胫虽短，续之则忧；鹤胫虽长，断之则悲。"为书为文，当长则长，当短则短，不可偏颇。

③注重哲学功能。"按照中国哲学的传统，它的功用不在增加积极的知识，而在提高心灵的境界——达到超乎现实的境界，获得高于道德的价值。"此谓哲学是文明大树深根，它深入心灵境界。

④哲学家的责任。"西方哲学家研究的多半是一些枝枝节节的问

题……对于一些安身立命的大道理，反而不讲了。哲学家忘记了哲学的责任，把本来是哲学家的责任和要解决的问题，都推给宗教了。"中国哲学有一些比宗教更为简捷的途径，那就是在中国哲学里，为了熟悉更高价值，无须采取祈祷、礼拜之类的宗教迂回道路。可见，"安身立命"四个字的力量。

⑤哲学在中国文化中所占的地位，历来与宗教在其他文化中占的地位相当。"每种宗教的核心都有一种哲学，……是一种哲学加上一定的上层建筑，包括迷信、教条、仪式和组织。""和别国相比，中国人一向是最不关心宗教的。""中国人即使信奉宗教，也是有哲学意味的。""除了宗教以外还有哲学，为人类获得更高价值。"蔡元培要以美学代替宗教，冯友兰认为宗教可以被哲学所取代。

第 115 日　　　　　　　　　　　　**2012 年 4 月 24 日　星期二**

90. 道德的濡化意义

我在人类文明交往自觉律的"八化"中，着重谈了不同文明之间的"涵化"，而对"濡化"则未予展开，因作如下补述。

①涵化与濡化。我在《我的文明观》一书中说："acculturation"与"enculturation"都是文化人类学历史学派用来描述人类心理形成的一对理论性极强的名词。这与民风民俗、教育养成等文化、教育有联系，也与文明之间的交往（跨文化接触与传播）有更密切关联。"濡化"（enculturation）源自西方文化的"洗礼"，大致意思也与之相近，但"洗礼"带有较强烈的宗教感。因此，结构主义学派的人类学者用下面的代数公式来阐释人类的心理结构：自然社会＝非人（植物与神）／人。我着重从文明交往的互动律，特别从变化的链条上，运用它来表达文明之间的消化吸收作用。（见该书，西北大学出版社 2013 年版，第 11 页）

②"涵化"，是指不同文明之间交往的外部的、横向的传播过程；它是用来表述一种文明同异质文明接触而引起原有文明变化的一种形

态。"濡化",是指同一文明交往的内部的纵向传承过程,它是一种个体文化习得和共同群体的继承、适应和延续民族文明传统的机制。因此,在人类文明交往过程中,"涵化"与"濡化"的发展线索是内外相交错、经纬相交织,从而织成了创造成果的瑰丽的图景。

③"濡化"这个"濡"字有"沾湿"、"润泽"的意思,如"耳濡目染"就是比喻听得多看得多,无形中受到熏陶和影响。"濡化"是潜移默化、细雨润无声的人文化。对社会个体来说,只要生活在一定的自然和文化环境中,就必然要进入社会化的各方面濡化过程。这种内在的传承作用表现于语言、习惯、生活方式与社会共同体文化传统相一致,甚至体态上也受影响,尤其是塑造了个体与共同体紧密的伦理关系。

④伦理等社会文明要素中,道德濡化是文明内在传承的核心部分。人是历史的产物,人的本质生成离不开历史文化的教化。学史知兴替、看成败、鉴得失。学诗人灵秀、情飞扬、趣高昂。学道德知廉耻、懂荣辱、辨是非。文明的内在交往表现在道德濡化过程中,不仅仅是理念性的思维活动,而且首先是生活化实践活动。传统性和传承性是一个民族道德文化的基本特点,它是在历史的长期发展中形成的,是先于具体的个体而存在的,是通过世代相传而赋予每一个新生个体以先天的精神力量,使之在日常生活情境中实现社会化,自然而然地表现出情感、态度取向和行为模式的持续性。道德濡化的现实基础是社会的日常生活,民族共同体相同或相似的生活环境,听得多、见得多的无形而有力的人文化,逐渐形成了共同的情感体验、规范准则和价值取向。

⑤家庭、学校、社会是实施道德濡化的主要场所。民族的节日活动以其丰富内涵,使未成年人在期待和向往幸福的节日享受中,不知不觉地受到道德文化的濡化,进而易于形成遵循社会规范的自觉性。这是人类文明交往活动走向自觉的"道德体验场",当然,对成人的文明自觉也具有同样的积极作用。道德的濡化是在民族的社会多样生活世界中进行的,它把民族文明的生活习俗和道德规范自觉化。

如果说,"道德的基础是人类精神的自律"(《马克思恩格斯全集》第一卷,人民出版社1995年版,第15页),那么,这种精神自律的动力便是人类文明交往的自觉性。

91. 由孙中山对"忠"的改造所想起的

我在《东方民族主义思潮》一书中，谈到孙中山的民族主义文化观时，引用了他的《民族主义》第六讲对"忠"这一固有道德的合理因素的解释与改造。我举例说，他认为，"忠"这种中华文明中的传统道德，"到了民国，不讲'忠君'，但忠于民，忠于事，四万万人去效忠，不仅可以，而且高尚"（西北大学出版社 1992 年版，第 44 页；人民出版社 2013 年第二版，第 36 页）。

这是一种文明自觉问题的思考。回顾五四运动前后，出现了批判和声讨"忠"的大潮，陈独秀斥之为"奴隶道德"，再早的谭嗣同则批之为"尤为黑暗否塞"。这种思潮有正确的一面，特别是对"君叫臣死，臣不得不死"的为君尽"愚忠"，完全应当批判。此种"愚忠"是糟粕，是秕糠，应当坚决摒弃。"愚忠"是奴役人民的思想枷锁，尤其是中国古代"家天下"君主制的文明体制下，其祸害遗毒后世，以致现代此种思潮迭起，"文化大革命"又一次出现高潮，形成忠于个人的造神运动。"愚忠"是愚昧的变革，是文明自觉中"知人之明"的反面，其历史教训是深刻的。

然而，文明自觉者如孙中山已察觉其片面性批判弊端，从而提出如上见解。他认为不能完全否定"忠"的合理因素，提出："我们到现在说忠于君固然是不可以，说忠于民是可不可以呢？忠于事是可不可以呢？"他接着对"忠"作了如下界定："我们做一件事，总要始终不渝，做到成功，如果做不成功，就是把生命去牺牲，亦所不惜，这便是忠。"前一句是对忠的时代性含义进行了扬弃；后一句是对"忠"的精神的改造。联系孙中山对中华文明中传统道德的态度，我们不能不说在当时思潮中，他对传统文化中的"忠"的理解，不愧为一个清醒的文明自觉者。

这使我回忆起柳诒徵在《中国文化史》中的话："夏时所尚之忠，非专指臣民尽心事上，更非专指见危授命。所谓居职任事者，当尽心竭力求利于人而已。人人求利于人而不自恤其私，则牺牲主义、劳动主义、互助主义悉赅括于其中，而国家社会之幸福，自由此而蒸蒸日进矣。"（上册，第79页）这是从历史观上看"忠"的演进。忠源于君臣关系尚未出现的原始民主时代，夏时大禹仍恪守部落氏族群体尚忠的道德观，这个"忠"是"公"，则利人。只是到后"家天下"的体制下，"忠"几乎成"忠君"观念。后来还有《忠经》传世。即使在《忠经》中，也有"天无私，四时行；地无私，万物生；人无私，大亨贞"这样把"忠"和"公"联系在一起的有价值的见解。公为大德，是德之首。公为大道，"大道之行也，天下为公"（《礼记·礼运》）。明通"忠"的历史发展，对国家、对人民、对人类真、善、美的事物，人类文明自觉所追求的正是这种"大公无私"的精神。孙中山有"天下为公"的题词，也正是他认为"忠于民，忠于事，为四万万人去效忠，不仅可以，而且高尚"的精神境界。黎锦熙为西北联大提出"公诚勤朴"的校训，把"公"和"诚"连在一起，而且以"公"为首，引出忠诚，又有勤朴相随，也表现了此种文明自觉精神。处以公心，忠于祖国，忠于人民，在市场经济和全球化的当代条件下，尤为重要。对于真、善、美的事和人，对于人与自然、人与人的自我身心的交往互动规律，要心存敬重，在信守自然律、社会律和道德律的前提下进行创造或者创新的自觉活动。

2013年，人民出版社将再版《东方民族主义思潮》。我从学术史的角度出发，除了对一些错字改正之外，其他仍保持原貌。只是在前言中扼要地作了历史回顾与现实回应。今日重新翻阅孙中山部分，感到必须对此进行如上说明，作为《老学日历》的一题。

第117日　　　　　　　　　　**2012 年 4 月 26 日　星期四**

92.《老子化胡经》中的"三化"

《老子化胡经》是道教的经典之一。它蕴含着中华文明交往史中"教化"、"感化"和"转化"这"三化"的交往互动道理。

此经传说为晋代道士王浮所著。王浮是一位在道教与佛教之间交往过程中力挺道教的人。传说他同佛教徒帛远辩论时，写成了《老子化胡经》。经中称老子与关尹喜西出流沙，游化成佛，以佛为道。教化弟子，佛教即源于此。显然，这是一本道、佛两教交往中对抗的产物。

说此经是传说，实际上也并非空穴来风。早在东汉末年，就有"老子入夷狄为浮屠"的传闻。《老子化胡经》只不过将此种传闻加以总汇，用作本土宗教抗拒外来佛教的依据，这本看似无稽之谈的书，对佛教在中国的传播，却是一个可怕的阴影。自唐代至元代，它引起轩然大波，有四次焚烧此经的事件，造成灭绝不存。直至清末，在敦煌石窟中，才发现残存的第 1 卷、第 10 卷，系唐代人的手写本。原书共 11 卷，有 9 卷永告亡佚。焚书是毁灭文化、亵渎文明，是文化专制主义的野蛮、横霸、无知、恐惧心态的反映。一切焚书行径，都应当钉在历史的耻辱桩上，没有可以商量的余地。

从人类文明交往过程中，可注意的是一个"化"字。文化的真谛在"化"。"化"是交往的一种思路、品位和途径，是传承、传播的思维方式。所谓"化"，在文明交往的良性发展中，是以知识、道德之"文"、以价值观、意识形态之"文"来化人。"胡"为外来之人，用"教化"、"感化"和"转化"来"化"这个人群，其中有互相多向的交往。"化胡"和"胡化"始终是中华文明交往中研究的大课题。

第 118 日　　　　　　　　　　　**2012 年 4 月 27 日　星期五**

93. 钱穆言"化"

钱穆言"化"，在《晚学盲言》（广西师范大学出版社 2004 年版）中对此概念谈得颇多而有见地，如：

①人文化成是中国人的文化观。英文中的 culture 译为文化，与"人文化成"相合。此即人们常用的"观乎天文，以察时变，观乎人文，以化成天下"（《易传·贲卦象传》）。其实质是以"文"化人（第 20 页）。

②中国人言必称"化"。中国人言教，每日教化。言治，每日治化。言天地，则曰造化（第526页）。

③变与化的联系与区别。"化与变不同，变易见易知，化不易见不易知，须长时间之蕴蓄孕育"（第80页）。"由变成化，乃由人合天，不如大自然，则当由化生变，人类则是化生之一种……变字终嫌其拘于一曲，流于物质观，其义浅。化字跻于大方，达于精神界，其义深"（第49页）。

④道家的成物，皆在宇宙流通运转的"大化"观。"化即是道，万物而不出此一道"（第526页）。"道之作用，则以两字可以包括，曰'化'，曰'育'，无生言化，有生言育。化育二字，实亦相通。此总体乃是一有机的，亦可谓之即是一生命总体"（第9页）。

"化"是人类文明交往自觉性中的一个重要概念。以文化人，是儒释道三家都重视的教化作用，但儒重人的教化，使人成为文明之人，使人由德化，感化而由混沌蒙昧状态转化为文明开化状态。佛讲求"化度众生"，觉悟成佛。道虽言"我无为而民自化"（《道德经·第五十七章》），但重点在强调自然变化是不可知的"造化"、"大化"。有意思的是，五代的道教徒谭峭有《化书》一部，专论道化、术化、德化、仁化、食化、俭化等修道方式。它与教化、德化、点化、感化、开化、文化、个体化、社会化、现代化、全球化，以及穷神知化、与时俱化、出神入化、潜移默化等词汇组成了汉语众多"化"的合奏曲。"化"放在名词后或形容词后，表示意义上某种性质或状态的转变，其内涵为"八化"的外延，值得文明交往问题研究者深入探寻。

"化"与变的关系，宋代文学家秦观的解释是："变者，自有入于无者也；化者自无入于有者也。""是故，物生谓之化，物极谓之变。"这是从有与无方面的观察角度。张岱年在《中国哲学大纲》（江苏教育出版社2005年版）中说："化是变之渐，变是化之在。变有所谓渐变，有所谓突变，故变相粗而化精，变著而化微"（第111页）。这是另一种变与化的表达。《中庸》中也有"动则变，变则化，唯天下之至诚为能化"的表达；而孔颖达对此疏之为"初渐谓之变，变时新旧两体俱有，变旧体而有新体谓之化"的说法，也与此意相近。其实，变与化是互为因果又互为过程的，而且是过程中的因果关系。

　　"化"是一个有众多内涵和外延的概念，其基本特征是动态的、深义的、有可知和不可知的双重性质，也有发展过程的属性，我研究某种官员演变为贪污犯的变化过程中，曾总结为"懒、馋、贪、占、变"五种渐化点。我研究中东在 20 世纪的总体变化过程中，也有"巨变的世纪，变革的中东"的概括，其中"巨变"与"变革"其实都离不开许多变中有"化"的转化。从变化中看人世，看世界，关键在洞察人类之变之化。人群有分合利害，人是作为"类"、"群"而存在，作为"族"、"国"而活动。人是社会动物，"物以类聚，人以群分"，权、利决定着生产、生活、生存，而一切交往活动，都有各种"变"的影响和各种"化"的存在。

　　"化"在中国传统文化中，多与"教化"相关。"化"的过程从哲学范围而论，多与变化相连。"化"在自然与人类历史发展中，则有渐变的进化与突变的变革互动。《说文》中说："化，教行也。"《增韵》认为："凡以道业诲人谓之教，躬行于上、风动于下谓之化。"《韵会》从大自然的"天地阴阳运行"上，论"万物生息则为化"。周礼的"合天地之化"、"化民成俗"等，都是此含义。因此，在人类文明交往的长河中，自然与人、人与社会、人类自我身心的"化"字有太多内容与意义，对文明自觉太值得探研了。我在《两斋文明自觉论随笔》中，从交往互动规律上概括了"八化"；在即将出版的《我的文明观》一书中，又把"八化"具体化了一些。读钱穆《晚学盲言》后，深感"化"的学问太大了，对人类文明自觉太重要了。"万物化生"，文明之间和文明之内的"化"真是千变万化、复杂曲折，是一个常学常问常思常新的大问题！

第 119 日　　　　　　　　　　　　　2012 年 4 月 28 日　星期六

94. 大化为"八项变化"之总括

　　文明交往互动规律中的八项变化的要义是：教化、涵化、内化、外化、同化、转化、异化、人化。八化中的转化为重要一环。清代大学者赵翼是从创新的角度，用诗的形式咏叹此种变化规律的："满眼生机转化钧，天工人巧日争新。预支五百年生意，过了千年又觉陈。"八化之中，中心线索为互化，而其总括为"大化"。

"大化"为自觉之化、主动之化，或者是开放之化、人的文化之化。

"大化"本意有四：

①大自然中的气象变化。荀子《天论》有："四时代御，阴阳大化。"

②广远深化的教化。《书·大诰》中有"肆予大化，诱我友邦君"。汉代王子渊的《四子讲德论》中，也有"咸爱惜朝夕，愿济须臾，且观大化之淳淳"。

③人生的重大变化。《列子·大瑞》："人自生至终，大化有四：婴孩也，少壮也，老耄也，死亡也。"所以，以"大化"为人的生命的代称。陶渊明的《三还归居》诗："常恐大化尽，气力不及衰。"那是指"大化"的老耄和死亡。

④佛教称佛的教化或佛陀一代的变化。《法华·玄义》十："说教之风格，大化之筌器。"

以上①化大自然；②化教深广；③化为人的生命；④释家佛化，都是指运动、互动，或自然之阴阳互动，或人为之教化，唯②直接与"八项变化"中的首化——教化有关，涉及扩大人类文明交往范围。③把人生大化分为婴孩、少壮、老耄、死亡的全过程，则与自我身心的自觉有关，也与以上①②的"知物之明"、"知人之明"相连，与"自知之明"相接。这里还用得上陶渊明的"纵横大化中，无喜亦无忧"的旷达之言。

大化是人类文明交往的自觉境界。冯友兰的哲人的逻辑，把人的境界分为①自然人；②功利人；③道德人；④天地境界四种不同情况。境界往深处说，是一种意境，无论人生意境，或艺术意境，或治学意境，都是指人的真纯感情、真心所向和真乐真趣。意境的"意"为何物？"志之发也"（《正韵》）。它是思想感情、意趣、理想、情操及从事治学的意向。意境的"境"是何物？境与疆通，"疆土至此而境"（《说文》），它是对象、事物、境界、人物、景致。意为人的主观本性，境为客观事物，主客观统一于一体，即是诗意从事，诗意治学，事中有意，意中有事的相互交融的乐趣。意也可归之于思。唐代司空图在《与王驾评诗书》中说的"思与意偕"，就是指此而言。

谈到人类文明交往中大化境界，不禁使人想起伊迪丝·汉弥尔顿在《希腊精神》中的话："文明是一个滥用的词。它的代表是一种永远的东西，远非电灯、电话之类东西所能包括。文明给我们带来的影响是我们无法衡量的。它是对心智的热衷，对美的喜爱，是荣誉，是温文尔雅，是礼貌周到，是微妙的感情。"可见，文明是人们在交往中内化、外化的过程，八化是其大者，但不能包括一切。只能用"大化"来总括了。

人有不同之人，化有不同之物。从文明交往自觉视角看，孙中山把人分为①先知先觉；②后知后觉；③不知不觉，比冯友兰深入了一步。现代化是符合时代和国情的全面整体的人的文明化。人之大化应当是不同人用不同实践而化物，最后通向人类文明交往自觉之路。

第 120 日   2012 年 4 月 29 日　星期日

95. 文化学点滴

①德国人的"文化"（kultur）习惯语，根源于近代的政治生活落后于英法，因而其特点表现于宗教、哲学、伦理、艺术等精神生活成就的优越感。英法的"文明"（civilization、enlightment）则表现于近代的政治、法律生活开化成就的民族优越感而鄙夷德国文明程度不足。因此，德国人的文化概念与民族主义有密切联系，表现了德国民族自我意识的重要功能，对后进的民族的影响较大，容易被这些民族的知识分子所接受、使用。德文的 kultur 强调民族差异和群体特征，在互动中与英文 culture 互相吸收，在学术上经历了普遍化的传播过程。

②中国的钱穆把 culture 与《易经》上的"人文化成"的多样人文

互变相对应。汉字"文"为线条相互交错的象形字,"五色成文"(《礼·乐记》),即彩色交错的花纹。"化",从"人"从"七",为会意字,是人为的性质。这是对"文化"定型后的描绘。中国在 20 世纪20—30 年代,反映民族特质的文化,逐渐演变为文化学。陈立夫的唯生论文化、叶青的观念论文化、孙本文的工具论文化、罗毅伟的活力论文化、李立中的唯物论文化等,各家并起。

③文化学建构上有陈序经《文化学概观》,商务印书馆 1947 年版;朱谦之《文化哲学》,商务印书馆 1935 年版;阎焕文《文化学》,《新社会科学季刊》1934 年第 1 卷第 3 期;黄文山的《文化学体系》等。

④文化学此期繁荣是中西文化交互作用的结果,也与当时的"科学化运动"、"新生活运动"、"文化建设运动"有关。如朱谦之从人类未来文化理想目标的"艺术时代"、"教育时代"理想境界看,西方与中国文化都沿此方向前进。他认为中国"一方面不要自毁本国的固有文化,一方面敞开心胸去接受本时代的文化"(《文化哲学》第 257页)。这是文化自觉的时代表现。

文化是文明的核心,它包括民族性、价值观、意识形态。文明是囊括文化、涵盖文化的整体结构,除文化特性之外,还包括经济、政治、社会制度、社会组织和社会设施在内的物质、精神、制度和生态文明。文化学的研究与文明有联系区别,但重在文化上。以上点滴,可见文化的自觉,同时可作为文明的参考。

第 121 日　　　　　　　　　　**2012 年 4 月 30 日　星期一**

96. 跨文化交往

在中西方文明交往中,有许多历史人物需要研究者去探究,有许多历史资料碎片有待连缀成线,纺织成布,裁制成衣。

沈福宗就是其中较早到欧洲进行跨文化交往的一位。他是最早踏上法国的中国人,祖籍江西,在南京出生,在一个天主教家庭中长大。他懂得拉丁语，他去欧洲的目的，是为了睁眼看西方世界，想了解那里在当时究竟是什么样子。他这一去，进行了一次中西方跨文化的交往活动。

1687 年，沈福宗踏上欧洲土地，和一个英国贵族在晚宴上相遇。欧洲人见到中国人，当时比较稀罕，因此这位英国贵族把此事写进了自己的日记："我碰见一个来自中国的人。"沈福宗是追随《孔子》一书编者、耶稣教令柏应理到法国访问凡尔赛宫。他有机会见到法国的"太阳王"路易十四，这是一次大的跨文化交往。路易十四对中国的书法很感兴趣，想了解汉字的书法艺术。他又问沈福宗，中国人如何写汉字，而且让他写给他看。他还让沈福宗用汉语念主祷文，并且希望沈福宗表演用筷子吃饭。这次跨文化交往是一次欧洲最有权力者和一个中国人的交往，国王的兴趣很实际。

沈福宗后来旅居英国，用拉丁文和英国学者进行直接交谈。当时，四书中的《论语》、《大学》、《中庸》已经有法文版本，正逢牛津建设博利（Bodleian）图书馆。馆长是英国著名的东方学者托马斯·海德（Thomas Hyde），沈福宗把法文版的四书捐给了该馆。此前，沈福宗还在牛津见了英国国王詹姆斯二世，宫廷肖像画家戈弗雷·内勒画了幅沈福宗的像。据说詹姆斯二世在牛津见到图书馆馆长时，问到有无孔子的书，从那里知道了沈福宗赠书的事情。在海德院长引荐下，沈福宗在伦敦与科学家罗伯特·波义耳相会。波义耳对中草药感兴趣，认为汉字复杂难学，还讨论了度量衡问题。沈福宗也和皇家科学院的一些成员见面。

沈福宗见到法英两国国王时，正值欧洲多事之秋。1687 年，路易十四与教皇英诺森十一兵戎相见。詹姆斯二世第二年失败逃离英国。沈福宗后来在返回中国途中病故于一艘邮轮上。

第 122 日   **2012 年 5 月 1 日　星期二**

97. 心凝形释，与万化冥合

本文题为柳宗元（773—819）《永州八记》首篇——《始得西文冥

游记》中的一句："心凝形释，与万化冥合。"这是中华文明的"天人合一"的文学化表述。它蕴含了人与万物化而为一，人与自然浑然一体的"大化"思想。

柳宗元改革失败后，被贬居永州时常怀"惴慄"忧惧之情，"施施而行，漫漫而游"，遍历山林而未知"西山之怪特"。及至登深山，才发现居高临下，"萦青缭白，外与天际，四望如一"，"然后知是山之特立"，"不与培塿（田间的土埂子）为类"。他的心情是：

"洋洋乎与造物者游，而不知所穷。饮觞满酌，颓然就醉，不知日之入。苍然暮色，自远而至，至无所见，而不欲归。心凝形释，与万化冥合。然后知吾向之未始游，游于是乎始。故为文以志。是岁，永和四年也。"

身处逆境的柳宗元，观西山而发现其特立于诸小土埂子之上，心凝形释于万化（大化）之中。游从此始，心从此始，以文为志，坚持理想，高瞻远瞩而面对现实。此种振奋心态，对今日遇到挫折者，仍有鼓舞作用。这是身处逆境而仍坚定、坚毅、坚守的品质，这是人的自我身心交往的自觉。"悠悠乎与景气俱"，更是大自然给他的启示，使他有了广阔的胸怀。这种在旅游中与大自然、与自我身心交往中得来的文明交往自觉，对今日"驴友"们来说，也是从文化提高到文明境界的心灵参照。今日在广西柳侯祠尚有以柏树寓意写的对联：

> 双柏仰清标，长忆养人如树；
> 一池寻故迹，同欣凿井得泉。

柳宗元人如青柳之洁，又如青柏之坚，还如泉水之柔，其精神体现着"心凝形释，与万化冥合"的"大化"气魄。养人如青柳、柏树，凿井得甘泉，人和自然多么和谐地互相良性共进！

第 123 日　　　　　　　　　　　<u>2012 年 5 月 2 日　星期三</u>

98. 人类造物的人文精神

①自然环境是物。人类"造物"（石器）时代之前，这种"物"完全是自然状态。陕西师范大学历史系教授任凤阁说，石器时代之前还存在一个"木器时代"，因为木比石更易造成，如棍棒，便是原始人最简易的自卫或打猎工具。只是木器容易腐朽，未存于后世。此说可以存留待议。无论木器、石器时代之前，即自然风土在人类社会环境未确立其政治、经济、文化的状态之前，人类仍然在自然而然的状态中，逐渐发挥其作用。人类"造物"标志于"器物"（包括工具），这是人化自然的决定性一步。人化自然，自然化人。是人文化于自然物质界。自然环境始终与文明交往相伴随，相互制约，相互作用。

②文明交往的视野中所关注的人类"造物"，不仅是器物工具，还有"人而文之"的各种文明产品。如建筑、雕刻、美术作品自然在文明交往的视野之中。但这还不够，在人类"造物"的"物"之后，还有"物"所体现的意识、思想、精神等人文精神中的政治、社会内涵。研究者宜关注"物"后的"人"的人文精神，要见物观人方为全面。

③人类"造物"的"造"就人而文之的"文"，也可以说是"人文化造物"。人类造物的内涵也是随时代而变化，随历史发展而深化。叶渭渠在《日本文化通史》中，就鉴真和尚像（奈良时代雕像）问题，引用日本近代诗人松尾芭蕉的诗，"采撷一片叶，揩拭尊师泪"，接着发挥说："这是芭蕉以其'顺从造化'的闲寂之心，悟出鉴真和尚圆寂之时，对于'回归造化'的感动而落泪。"这说明"人文化之物"之成为传承经典，不仅创造于当时，而且遗泽后世。

④人类文明的基础是物质文明，即"人类造物"的结果。然而人类文明的社会危机的根源是道德危机。物归于自然，人类只有依照自然之道而为，只有克制私欲、私利，在"造物"之后，遵循文明交往规律，不要主观妄为，才能实现自觉，实现自然与人的自身的平衡持续发展。

99. 由沈从文想起人文精神

沈从文原名沈岳焕，少年时代从故乡湘西到北京，成为京派小说家。他的《凤凰集》使人想起人文精神问题。人是文化的存在物，人是文明的创造者。是人类创造了"文"，"人文"精神便是应人的交往而产生的文明成果。沈从文的"文"，是人文的"文"，他的如椽之笔，书写了湘西的人文历史。他的笔法细腻自然，洋溢着人文气息。他如同福克纳一样，把那个"邮票"大的地方，写进了文明史。他"文而化之"书写了湘西史志，也是书写了凤凰的人类学者。他用现代思想和乡土体验阐释了人文精神的真善美要素。

他的天然五彩石墓碑正面是他的手迹，分行镌刻着《抽象的抒情》题记的话：

照我思索
能理解"我"
照我思索
可认识"人"

背面是张充和撰书：

不折不从　亦慈亦让
星斗其文　赤子其人

沈从文，思索的是理解"我"，认识"人"，他是文明的"星斗"，"赤子其人"，其人其书，都洋溢着人文精神。

人文精神是人的价值观和伦理观，其核心是求真、向善、爱美。真善美是价值理想的核心。为真求知、为善从事、为美养心，这是人类社会文明的标志。人文精神内涵丰富。从真、善、美三方面看，有许多品质包含在其中，而诚信、谦逊是最重要的。人首先应该是个真诚的人，是个诚实重信的人，知识与道德品质双馨，对国家、对社会有责任心。人也要有谦逊品质。人们常以"顶峰"称誉爱因斯坦，他却说："站在山顶你并不高大，反而更加渺小。"和山相比，山顶上的人看起来实在是太渺小了，人站在山顶上，更显得他的渺小。

人文精神要解决的问题：人为何人？我为何人。有知识、有文化的人终身思考和谨守人之为人的道理，就是人文精神的表现。用人文精神观察文明交往，是基本的历史观念。

西北大学继承西北联大"公诚勤朴"的校训，为全国高校校训所少有。公、诚再加勤、朴，鼓励着我忠诚于教育事业。我一生以教师为荣，以公诚勤朴教书为业，正己育人是天职。我信守着对真善美的追求为人的真谛与根本。

人文精神是理性、理智和感性、感情的有机统一。因为人文精神使人类在文明交往中不仅有诚信、谦逊，是真善美的人性精神。这种人性精神是与假丑恶的关系相伴随、相比较、相斗争而发展的。休谟在《人性论》中说："理智传达真和伪的知识，趣味产生美与丑的及善与恶的情感。"理智和趣味是真、善、美之桥，而真、善、美是人性中的良知。这也就是人们对文明交往孜孜不倦研究的原因所在。

第 125 日   2012 年 5 月 4 日　星期五

100. 理性的功能：同化与异化

理性是西方世界兴起的历史与逻辑起点。它远从古希腊的巴门尼德、苏格拉底、柏拉图、亚里士多德开始，中经笛卡尔、康德、黑格尔及法国启蒙思想家们，直到韦伯的新教伦理，才使之真正与资本主义历史相结合。斯密、李嘉图、帕累尔等经济学家在此基础上，用理性方法证明市场经济的有效制度设计性。自然法学和实证法学家进一步证明资本主义制度文明的合法性。

理性的特性，同时具备两种功能：同化与异化功能。此种"化"先为同化：①以市场交换为核心的经济的合理性和平等性；②科技和工业革命导致专业程序的合理性与可行性；③法律证明资本主义的合法性；④向全世界扩散的全球化。此种"化"也表现为异化：①人与自身经济活动的异化；②科技使人异化为其奴隶；③人与社会的异化使个人与社会对立；④全球化的理性异化，使人们反思西方中心主义与民族主义、全球化的抗争。异化为四大危机：经济、环境、社会、道德。生产力与功利主义比翼齐飞，物质利益使良心、良知丧失。工具理性压倒了价值理性。于是，在人类文明交往中，文明自觉中的道德自觉提上了行动日程。盲目崇拜西方文明而失去自己的传统文明，使自己在"失去故步"的"学步邯郸"的故道上"匍匐而归"，甚至迷途未归。此种"理性异化"使一些学者一味追求"利益的最大化"，从而超越道德良知底线，胡乱折腾。依附权贵和迎合世俗之风随之兴起。

马克思论人作为一个社会的"存在物"时说过，人"只有当它用自己双脚站立的时候，才认为自己是独立的，而且只有当它依靠自己而**存在**的时候，它才是用自己的双脚站立的。靠别人恩典为生的人，把自己看作一个从属的存在物……如果我的生活不是我自己的创造，那么我的生活就必定在我之外有这样一个根源。所以，**创造**是一个很难从人民意识中排除的观念"（《马克思恩格斯全集》第四十二卷，人民出版社1979年版，第129页）。在做人问题上，如果不用双脚站立，如果不抬头挺胸地堂堂正正走路，如果不用自己的头脑思考而人云亦云、亦步亦趋，就会泯灭自己的创造力。难怪今日学坛有"学术繁荣而思想贫困"的慨叹。学者需要学术上的文明自觉，其中最重要的在于：①知道自己的历史使命和精神追求；②远离功利，与世俗保持距离；③不为社会"异化"；④追求真理，忠诚学术；⑤耐得寂寞，甘于沉潜在学问海洋之中。

第六编

历史记忆

编前叙意

历史记忆是人类文明交往的巨大传承力、传播力所造成的智慧宝库。

历史如巨大而无形之筛，筛掉了无数自然和人事的遗存，通过文字、文物、传闻、解释、演绎，给后人留下的往往是各种形式的片断零星的记忆。历史如大江大河，奔腾不息，如大浪淘沙般地把过去的人事冲刷在时空之中，给后人沉淀积留下待思待续的记忆。历史记忆既不是清澈透明的玻璃，也不是短暂易散的烟云。它有待人们去发现、去开掘、去反思。

历史，可以追忆、理解、仰慕、惋惜，却无法完全复制如初，即使刚刚逝去的人世之事，也会留下不解之谜和日新又新之问。解谜和答问，正是历史的魅力之所在。一切文物、记载、回忆、日记、口述，只能是不同一个有限的侧面，而且都充满着人的主观情感因素。历史，只能是不同时代的产物，只能是特定时代人类的文明复杂的交往史。

人类文明史的记忆弥足珍惜，文明交往所创造的智慧必须传承。大书法家于右任有句名诗："不信青春唤不回，不容青史尽成灰。"历史是人生学习的主题。前事不忘，后事之师。英国历史学家罗宾·奥斯本在《古希腊史》中说："历史有时会被忘记，又从忘却中重生，再被改写。"文明不能失忆，历史不可遗忘，文明史更不能割断、曲解、戏说。不珍视文明，不看重记忆，不尊重历史，必将受到历史客观规律的惩罚。

尊重、爱护历史记忆是中华文明的优良传统。史圣司马迁的《史记》是一部传世的历史记忆性的巨著。《史记》在中国居史部之首位，是承前启后的纪传体之作。《史记》是究天人之际、通古今之变和成一家之言的百科全书式的传世经典。《史记》把中华文明史从黄帝到汉武三千年记录传承下来，对人类史功莫大焉。史例之一，是书写对屈原及其著作的历史记忆。对司马迁个人来说，那里包含着把屈辱创伤记忆的黑夜化为历史黎明的反思。他经历了精神与肉体的双重苦难，仍然在身心交往良性互动中为中华文明做出了传承性的伟大贡献。它居于中国古籍史部之首，是当之无愧的。

历史记忆是中华文明盛衰荣辱复兴的思想中枢和精神文脉。对中华文明这一类古老文明而言，从衰落走向复兴，是一个不可忽视的重要发展阶段。以《史记》为开端的二十四史，绵延不断、薪火相传，立定力于历史，接传力播大地。中华文明中的史学记忆，在从未中断的古文明传承和传播方面起着中枢作用。如此系统而完整的历史记忆，在人类史、世界史上也是特立独行的。

历史记忆是明智的老师，它记录下人类文明的过去，也启迪着现实和未来的发展，从而有助于文明交往的自觉。

101. 文明交往的历史观念

《商务印书馆 2012 日历》在作者"名言录"栏中，收入了我主编的《中东国家通史·卷首叙意》中一段有关文明交往历史观念的话：

"人类文明交往是一个历史过程，因此，从广义上讲，它是一种历史交往。它充满着冲突和斗争，也经历着传承和吸收，还交织着融会和综合。"

《中东国家通史》是商务印书馆出版的，包括 18 个中东国家、共 13 卷本、300 余万字的地区国家通史。它对于我的人类文明交往的历史观念进行了一次历史性检验。这种历史检验可以说系统而具体、完整而深入。它既有地区性，也有国家性，更有世界性和人类性。除了在"卷首叙意"中有总体上的旨趣统观之外，在每卷后都有一篇我写的"后记"，分别论述各国文明交往的特殊状态，以与地区的共同性相互联系。每篇后记都是我思考文明交往的历史观念的论文。只有《阿富汗卷》因有《阿富汗与东西文明交往》专论而在"后记"中只有简短叙说外，其他均为较长篇幅。

关于文明的历史观念，《商务印书馆 2012 日历》前面摘录我在该出版社出版的《中东国家通史》中关于"历史交往"的一段话，是很有敏锐眼力的。人类历史本身就是人类文明交往的历史，由此形成了我的历史观念：人类的历史交往、文明交往和文明交往自觉的逻辑思维路线。人类的历史交往是一个广阔的视野，它是从人类历史中的文明前史着眼的，是以自然史为开端的。人类源于自然界，人类自然而然地从自然界中产生；人类又从动物界演进变化，脱离动物界，进化而至人猿揖别之后，成为"万物之灵"。然而，人始终生活在自然界中，即使发展到今天，也还是与生态文明息息相关，共存并进。因此，"历史交往"是以自然史作为历史科学的肇始，又将自然史与人类史相有机统一的人类社会历史观念。

事实上，在此之前，我在 2008 年由广西师范大学出版社出版的

《中国高校哲学社会科学发展报告（1978—2008）·历史学》一书中，已经对"历史交往"的观念作过宏观的论述。该书由教育部组织编写，由李学勤、王斯德二先生主编。它以我国世界史学科建设为审视点，从史学理论学术史的高度，总结了改革开放三十年的主要历史观念成果，其中关于世界史研究方面，要点如下：

（1）三种世界史研究的理论体系。"长期主导我国世界史研究的苏联范式较为单一，在许多问题上缺乏解释力，由此导致学术上的僵化和停滞不前。苏联范式最基本的特征是以五种社会形态作为人类社会的进化图式，无视各国家和地区发展道路的多样性；以阶级斗争作为解释社会发展的唯一动力，将人类社会复杂性简化为'二元对立'。西方史学理论的传入与应用给世界史研究带来了方法上的革新，由此呈现出百花齐放的景观并逐步形成了几种有影响力的世界史研究体系：现代化史观、文明史观和整体史观。"（第246页）①

（2）"文明史观"的探索和实践。"人类文明的冲突与交融，是世界历史的重要内容。学者们认为世界历史演进的单位是文明，而不是国家和民族，主张各文明的发展变化、接触与交流、冲突与融合构成世界历史的主要内容。在中国，'文明史观'的构建是与彭树智和马克垚的学术探索分不开的。"（第271页）

（3）"历史交往论的形成"。"从1986年起，西北大学的彭树智就开始对人类文明交往这一课题进行连续性的研究，他在各种刊物、专著、教材中阐述文明交往文章近四十篇，达40万字。先后撰写了《论人类的文明交往》、多卷本《中东国家通史》、《20世纪中东史》、《阿拉伯国家史》等。2002年，其代表作《文明交往论》出版，标志着其'历史交往论'的形成。"（第271页）

（4）"历史交往论"的主要内容。"彭树智认为，历史交往是指'在历史上形成的、具有重大影响和意义的个人、团体、民族、国家和地区间相互联系相互作用的物质文明交往和精神文明交往、制度文明交往和生态文明交往'。'人类文明交往是人类历史的核心问题。文明交

---

① 在这里，该书的作者有一个注："王泰：《中国世界史学科体系的三大学术理路及其探索》，《史学理论研究》2006年第2期。"

往是人类历史发展的动力，是人类变革和社会进步的标尺，是人类文明发展的中轴线.' 文明交往作为人类存在与发展的方式，它不断消灭人类的孤立与封闭状态，不断强化人类社会的联系和世界的整体化进程。彭树智把人类历史上的文明交往活动划分为五个时期：第一时期为古代社会的原始交往和自然农业文明的传统交往，也可称之为广义上的丝绸之路时期；第二时期为交往与世界市场的急剧扩大的地理大发现时期和海路大发现时期；第三时期为'首次开创了世界历史'（马克思、恩格斯）的工业革命时期；第四时期为19世纪末20世纪初的科学技术革命和世界被列强分割时期；第五时期始于20世纪末期，人类交往进入了'一体化和多样化空前复杂交织新时期'。彭树智还把'文明交往论'归结为'文明自觉论'，即由自发性向自觉性的演变，在趋向上日益摆脱野蛮而逐步文明化，在发展上从封闭走向开放，在活动程度上从自在走向自为，在活动范围上由民族、国家、地区走向世界，在交往基础上从情绪化走向理性化，在人际关系、族际关系和国际关系领域中，由对立、对抗走向合作与对话。"（第271—272页）

（5）"换一个角度看世界史"。"根据'历史交往论'这一历史哲学概念，彭先生提出'换一个角度看世界史'，即把人类的交往活动作为世界史横向发展的纬线，使之与生产活动的纵向经线结合起来，进行综合考察，就会更全面地反映人类社会的客观面貌。具体思路为，一方面，运用这一理论来开阔史学研究的视野，寻求世界历史演变的规律。'历史交往论'是一种以'历史个案史例研究'为基础，这就将历史学和哲学结合起来的学术构建基本完成，并且已经在学术界产生一定的影响，它必将对我国世界史学科体系建设产生更大的影响。"（第272页）①

（6）结论。"这三大世界史观的提出，是中国世界史学界20多年来的进步和成熟的标志，体现了中国世界史学界与世界史学的交流和融合，以及史学理论和方法本来应有的丰富性和多样性。世界史多元史观的出现，冲破了以往苏联世界史体系单一范式占统治地位的局面，这是

---

① 在这里，该书的作者有一个注："关于《文明交往论》的具体内容，详见张倩红《从文明交往关注世界历史》，《史学理论研究》2004年第4期；巨永明：《文明交往：解析全球化的新路径》，《世界历史》2003年第3期。"

改革开放后我国世界史学术发展的一大进步，它反映了百家争鸣、自由讨论的良好学术环境已开始形成，反映了广大史学工作者高昂的理论创新精神状态，同时也产生了一批体现有关世界史体系理论创新的学术成果，是可喜的现象。"（第 273 页）

（7）该书在"历史交往"这一"文明的历史观念"下，有一个长注。"从文明交往角度解读典型的历史个案是《文明交往论》一书的主要特点。全书分为总论与分论两个部分。总论部分汇集了作者对于文明交往论的理论思考；分论则从'塞人篇'、'阿富汗篇'、'伊朗篇'、'中东地区篇'、'阿拉伯伊斯兰篇'、'世界史综合篇'、'世界当代篇'共七个方面选择世界历史中的一些典型个案进行研究，所涉及的专题共35 个。这些成果体现了 20 世纪我国世界史的学术水平，对学术视野的进一步扩展、学术框架的重新建构都有极其重要的借鉴意义。"①

我之所以详细引述《中国高校哲学社会科学发展报告（1978—2008）·历史学》中世界史有关文明交往的历史观念部分论述，旨在倾听他人，以理解自己。兼听则明，关键在认真倾听，这有助于提高自知之明的自觉性。② 这个报告早在 2008 年已经出版，我看到它的时候，已经是四年之后的 2012 年，知道得实在太晚了。报告中对世界史学科发展的两个"三十年"（新中国建成的前三十年和改革开放后的三十年）的特点的总结，尤其是对广大世界史研究工作者关注国家现代化建设、为本学科建设而割不断的"中国情结"的总结，使我感同身受、深有体悟。改革开放之初，我同《光明日报》、《中国教育报》记者的谈话中，都表示应该写出"中国人自己写的中东史、世界史"，这也是"中国情结"。正如报告中所言："在经过了'文革'十年的沉寂之后，改革开放政策的制定和实施，再一次给世界史学科的发展提供了新的机遇，推动其在各方面不断取得进步和发展。如果说新中国成立的

---

① 该书的作者在这里有一个注：罗婧："《近十年来中国史学界对交往问题的研究综述》，《广东师范大学学报》2004 年第 10 期。"

② 理解是打开文明历史观念之门，理解是理性思考的结果。我在《当代中东地区性研究的几个问题》一文中说："科学研究所追求的是理解，是对各种文明之间相互交往的理解，以及在此基础上的科学分析。中东研究者将通过科学分析，进一步增强对研究对象的理解。"（《西亚非洲》1997 年第 4 期）

前三十年是世界史学科从无到有的阶段，那么改革开放以来的这三十年则是它从引进与借鉴国外研究体系向更独立开展研究和参与国际对话的阶段。这体现在研究理论和方法日益更新、研究领域不断拓展以及割舍不断的'中国情结'。"（第 245 页）

这种"中国情结"是学人热爱中国之心、复兴中华文明之志，为人类历史做出自己独特贡献之时代期望和理想。"中国情结"是一颗"爱我中华"的赤子之心，它也使我这耄耋老人为人类文明交往自觉事业而学思交集、手脑互动、劳作不已，不能稍有懈怠。报告总结"中国情结"的时间是 2008 年，于今已有五年。在这五年中，我先后出版了三本有关文明的历史观念的书：①《中东史》（主编，人民出版社 2010 年版，55 万字）；②《两斋文明自觉论随笔》（中国社会科学出版社 2012 年版，三卷本，共 137 万字）；③《东方民族主义思潮》（人民出版社 2013 年再版，37 万字）。此外，尚有《烛照文明集》和《老学日历》手稿，共 60 余万字。

这些劳作都是围绕一个主题：人类文明的历史观念，都是把人类的历史交往、人类的文明交往、人类的文明交往自觉三者作为一个有机的历史观念整体来思考的。《中东史》是我继 13 卷《中东国家通史》之后，主编的一本史论结合的通史性集体著作，是西北大学中东研究所老中青三代学者共同努力的结果，是用人类文明交往自觉的历史观念来研究中东地区这个古老文明生成和聚散中心，又是今日世界关注焦点的地区史。《两斋文明自觉论随笔》是一本大型学术随笔著作，《烛照文明集》和《老学日历》都是用学术随笔形式写出自己关注人类文明交往自觉的课题。《东方民族主义思潮》在 20 年之后再版，一方面是应读者之需，另一方面也是为了追溯文明交往自觉观之源。总之，《中国高校哲学社会科学发展报告（1978—2008）·历史学》总结了我 1978—2008 年的主要研究成果，而上述五部著作则记录了我 2008—2013 年的研究进展。特别是《两斋文明自觉论随笔》是继《文明交往论》之后，第二本集中论述文明自觉论的新的进展。

文明交往是这样一种历史观念：它从人类历史的古今中外的内外联系、上下贯通和交互变化中观察各种文明之间的发展进程；它把自然史与人类史看作一个互相依存、彼此制约、共同促进的历史运动统一体，关注人与自然、人与社会之间的交往互动关系；它考察物质、精神、制度、生态文明之间辩证发展，研究斗争、冲突与平衡、和谐之间的对立统一转化，也思考文明之间的互相影响，包括对话与对抗、传承与传播、借鉴与吸收、欣赏与包容等问题。文明交往的历史观念重视人类文明的统一性、多样性、多重性、变动性，它用微观、中观与宏观相结合的方法，去分析事物的一与多、同与异、变与常之间的联系。

文明交往的历史观念特别注意人类社会的整体结构和文明的历史积累层。由于人类文明的长期交往互动，逐渐形成了三个文明历史积累层：①已经稳定凝结的积累层；②新近稳定凝结的积累层；③正在凝结变动的积累层。第一个历史积累层相当于人类远古、上古、中古和近代史，第二个和第三个历史积累层相当于现代和当代史。① 这三个历史积累层有共同的内在历史发展脉络，又有历史时期和阶段区别不同层次。人类文明交往互动的规律，把历史、现状和未来贯通起来。

美国学者大卫·梭罗和爱默生有"文明进步远行"之说，即"文明的进步与其说是翻山越岭地阔步前进，毋宁说是沿着山侧踽踽独行。我们的心灵要多久才能竖立起一块屏障，从而避免偏见与盲目呢?"（见董晓娣译的《远行》，光明日报出版社 2012 年版）这是一个文明历史观念中的文明交往自觉之问。具体说，是人类自我身心交往自觉之问。科学研究是以追求真理为目的，而偏见与盲目要比无知距离真理更远。偏见来源于偏听，盲目将导致盲动。在文明进步远行之路上，偏见与盲目是文明交往活动中要克服的人类心灵上严重的缺陷。文明的本质精神是创造文明成果的精神，人类文明发展最需要继承和发扬的正是用这种精神去克服偏见与盲目，以提高文明交往的自觉性。偏见与盲目是遮盖双目的双叶。一叶蔽目，尚且不见泰山，何况"双目"被偏见与盲目二叶遮蔽，那就是等于失明了，哪里还有"自知之明、知人之明和知物之明"呢? 这是盲人骑瞎马，夜半临深渊的黑暗、危险之行啊! 去愚昧野蛮之蔽，明事理运动之律，在心灵上必须竖立文明历史观念的屏障，对于兼听兼视，对人类文明良性交往和文明交往的自

---

① 第三个历史积累层是当代史，是集已经稳定凝结、新近稳定凝结和正在凝结变动三个积累层于一体的特征，最值得研究现状学者关注。见我的《简说世界当代史》，《史学理论研究》2007 年第 2 期。

觉，将有所裨益。一代又一代文明进步远行的人类啊，切忌偏见与盲目的遮蔽！让文明交往自觉的阳光，照亮人类社会发展前进的道路。

第 129 日　　　　　　　　　　　　　2012 年 5 月 8 日　星期二

102. 世界历史：人与自然互动的社会文明交往史

人类社会是一个历史性的存在，而历史性的存在是一个总体化的贯通过程，它包括自然史和人类历史之间的双向互动。

马克思在《1844 年经济学哲学手稿》中，在思考世界历史问题方面，有以下关于人类与自然的双向互动交往活动过程的论述：

（1）"别人的感觉和享受也成了我**自己的**占有。因此，除了这些直接的器官以外，还以社会的**形式**形成**社会的**器官。例如，直接同别人交往的活动等等，成了我的**生命表现**的器官和对**人的**生命的一种占有方式。"（《马克思恩格斯全集》第四十二卷，人民出版社 1979 年版，第 125 页）

（2）"五官感觉（引者注：视觉、听觉、嗅觉、味觉、身体感觉是人类文明社会的现实存在）的**形成**是以往全部世界历史的产物。"（同上书，第 126 页）

（3）"人的**耳朵**和原始的耳朵得到的享受不同。"（同上书，第 125 页）

（4）"**眼睛**对对象的感觉不同于**耳朵**，眼睛的对象不同于**耳朵**的对象。每一种本质力量的独特性，恰好就是这种本质力量的**独特的本质**，因而也是它的对象化的独特方式，它的**对象性的**、**现实的**、活生生的**存在**的独特方式。因此，人不仅通过思维……而且以**全部**感觉在对象世界中肯定自己。"（同上书，第 125 页）

（5）"只有音乐才能激起人的音乐感，对于没有音乐感的耳朵说来，最美的音乐也**毫无意义**……所以社会人的**感觉不同于**非社会人的感觉。只是由于人的本质的客观地展开的丰富性，主体的、**人的感性的丰**

富性，如有音乐感的耳朵、能感受形式美的眼睛，总之，那些成为人的享受的感觉，即确证自己是**人的**本质力量的**感觉**，才一部分发展起来，一部分产生出来。因为，不仅五官感觉，而且所谓精神感觉、实践感觉（意义、爱等等），一句话，**人的**感觉，感觉的人性，都只是由于**它的**对象的存在，由于**人化**的自然界，才产生出来的。"（同上书，第125—126页）

（6）"囿于粗陋的实际需要的**感觉**只具有**有限的**意义……忧心忡忡的穷人甚至对最美丽的景色**都没有什么感觉**。"（同上书，第126页）

（7）"**整个所谓世界历史**不外是人通过人的劳动而诞生的过程，是自然界对人说来的生成过程"。（同上书，第131页）

（8）"全部历史是为了使'**人**'成为**感性**意识的对象和使'人作为人'的需要成为［自然的、感性的］需要而作准备的发展史。"（《马克思恩格斯全集》第四十二卷，人民出版社1979年版，第128页）

（9）"**社会性质是整个运动的一般性质；正象社会本身生产作为人的人**一样，人也**生产**社会。活动和享受，无论就其内容或就其**存在方式**来说，都是**社会的**，是**社会的**活动和**社会的**享受。""**社会是人同自然界完成了的本质的统一**"（同上书，第121—122页）。这就是说，交往是社会性的文明交往。马克思在《珀歇论自杀》一文中，称赞了法国人"大胆的独创之见"，尤其是欧文和傅立叶对"社会的批判"在交往的范围和形式上，对"当前交往［Verkenr］的批判"的"卓越之处"（同上书，第300页）。在第305页中引用巴黎警察局档案保管员的材料中，在"法律"之后，特别加了"社会"一词。可见，世界历史是人化自然、自然化人的社会文明交往史。

马克思的上述论述，研究了自然在人类文明发展中的基础问题。人类是生物界的一个组成部分。人类和其他生物一样，受着自然规律的制约。人类是身心合一的有机体，人类与其他有生命的伙伴一起组成了生物界。人类靠自然界生活，人类和自然界的关系是持续不断的交往互动关系，生态文明即由此而生成与发展。

我们可以将马克思上述的论述，与他的《政治经济学批判》、《资本论》和恩格斯的《自然辩证法》结合在一起思考资本主义生产方式对自然界的破坏。尤其是恩格斯在《自然辩证法》中的阐述："因此我们每走一步都要记住：我们统治自然界，决不像征服者统治异族人那样，决不是像站在自然界之外的人似的，——相反地，我们连同我们的肉、血和头脑都是属于自然界和存在于自然界之中的。"（《马克思恩格斯选集》第四卷，人民出版社 1995 年版，第 383—384 页）

马克思的上述论述，使我想起了程虹在《寻归荒野》中对梭罗《瓦尔登湖》声感的描述："梭罗的听觉是非凡的。许多生活的欢乐，都是以声波的形式给他的。夜间林中画眉鸟的歌声，凌晨公鸡的啼叫，傍晚瓦尔登湖的蛙鸣，甚至一片树叶悄然落地，都会令他心醉神迷。"（三联书店 2011 年版，第 105 页）这种自然之声通过梭罗之耳使他的心灵实现了灵魂向自然的回归。这是一种通过自然文学的感官，对工业文明模式的反思和对生态文明的探索，至今仍用它文化突围的勇气感染着我们。

读马克思的上述论述，最后有必要了解一下当代社会批判理论的"自然历史观念"：①早在 20 世纪 30 年代，法兰克福学派第一代主要代表人物西奥多·阿多诺作为社会批判论的奠基者，已经宣布他要努力解决近代理性主义所造成的自然与历史对立问题，并提出了"自然历史观念"。②法兰克福学派另一位代表人物赫伯特·马尔库塞在《审美之维》中提出"自然的解放"是反对资本主义制度和人的解放的理论。他说："要理解人的解放和自然界的解放之间的具体联系，只要看一下生态学的冲击在今天的激进运动中所起的作用，就一清二楚了。空气和水的污染、噪声、工商业对空旷宁静的自然的侵害。这些都已具有奴役和压迫的物质力量。反对这些奴役和压迫的斗争，就是一种政治斗争。"因此，"必须随时随地地同现存制度所造成的这种物质上的污染做斗争，这正像必须同这一制度所造成的精神污染做斗争一样。使生态学达到在资本主义结构中再也不能容纳的地步，就意味着开始超越资本主义结构内在发展"（广西师范大学出版社 2001 年版，第 120—123页）。③法国学者安德瑞·高兹则从资本主义利润动机和资本主义生态危机之间的内在联系进行分析，认为资本主义的"生产逻辑"是"利润最大化"，把降低成本和最大限度去控制自然作为最大的追求。因此，无法解决生态问题。④美国学者约翰·贝拉米·福斯特在《生态

危机与资本主义》、《马克思的生态学：唯物主义与自然》等书中也指
出：生态危机是资本主义制度的扩张主义逻辑所造成的，变革制度、建
立新型人与自然关系是历史的必然。⑤在格·施威蓬豪依塞尔等著的
《多元视角与社会批判：今日批判理论》（人民出版社 2010 年版）中，
对当代社会批判理论家的"社会化自然"、"人类学自然"或"人性自
然"概念作了介绍，并且介绍了"自然政治"的概念。这是把"自然
文明"的内涵扩大为社会、人类、人性、政治、经济的基础与本质
地位。

如上述（7）马克思所说的："**整个所谓世界历史**不外是人通过人
的劳动而诞生的过程，是自然界对人说来的生成过程"。马克思用黑体
字强调"整个所谓世界历史"的特征是：①人离不开自然界；②人的
劳动对自然的作用；③自然界和人存在的实在性。的确，人类社会历史
和现实日常实践都离不开自然。人类文明交往的历史观念包括了自然历
史的观念。人类文明是在同自然交往中形成的。当代生态文明的建设成
为文明交往的主题。世界历史是人与自然互动的社会文明交往史。

第 130 日   **2012 年 5 月 9 日   星期三**

103. 历史辩证法

看待人类文明交往问题，自觉的钥匙之一是用历史辩证法观察、研
究、发现规律。历史发展的总趋势不可抗拒，人们总是难以对抗前进的
时代车轮。历史的矛盾运动中的互动作用就是这样：虽然不可抗拒，但
总有抗拒者。这就决定了历史发展不是笔直的，不是平坦的大道。人类
文明是社会进步的大方向，但愚昧、野蛮总是这一大方向的伴随者。人
类和谐、世界和平是人心所向，而冲突和战争在历史上却是挥之不去。
从人类文明交往的历史看，矛盾和冲突只是表面常见的现象，利益驱动
才是根源所在。不过，不可忽视的还有政治上意识形态的分歧，也有文
化的、价值观念的隔阂。对这种与利益交织而多变现象的洞察，只有在

历史的辩证法的帮助下，才不至于把复杂问题简单化，从而找出其背后隐藏的规律性问题来。

人类文明交往过程中，充满必然性与偶然性两种因素的交织。过去一段时间，许多人强调历史的必然性，忽视历史的偶然性，把必然性与偶然性对立起来，以致人的主观能动性作用在交往中缺失了。当然如果只看到偶然性，结果历史成为偶然性的堆积，无发展规律可言。这两种极端需要用历史辩证法来纠正。

历史必然性与历史偶然性是一对交织在一起、有内部交往联系、有互动作用的历史要素。历史必然性总是和偶然性相联系，没有脱离偶然性的必然性，也没有脱离必然性的偶然性。人们通常首先看到的是表面上的"偶然"。人们感兴趣而且感到了不可捉摸的是众多的"偶然"。历史辩证法告诉人们，第一，历史的必然是深藏于无数的"偶然"之中；第二，必须从无数的"偶然"中开掘出"必然"；第三，多次重复、重演的"偶然"中，最易抽象出"必然"；第四，偶然与必然这一对范畴关系复杂、互为表里、互为因果、相互依存。有些事物必然中有偶然，有些事物却是偶然中的必然。当然，也不能排除纯粹的偶然性，但追根溯源仍可以察觉出其间接的联系。总之，历史辩证法的灵魂是客观、全面、动态、深入地从发展中对具体问题作具体分析，把问题放在具体的历史条件下加以区别对待，分主次、明本质，观察各种因素的转化，从变动中探索问题的实质。

对研究人类文明史而言，历史辩证法的要点是：第一，研究文明交往互动规律在不同文明之间和相同文明之内的相互作用与影响；第二，正确认识人类史与自然史的发展及其演变脉络的变化；第三，关注历史中事物发展的客观过程和人类主观对历史认识的发展过程；第四，留心客观历史在人类思维过程中符合思想发展史的逻辑反映，即去掉个别的偶然性因素而反映本质的规律性反映；第五，辩证地对待物质生活、社会生活、政治生活、精神生活以及社会内部、外部的矛盾统一互变、互化交往关系，正是这些交往活动纵横经纬交织，推动着人类文明的演进。

历史的辩证法是探求变化与过程发展规律性的互动交往的历史研究方法。恩格斯在《反杜林论中》，从自然史、人类历史和人的自我身心活动这三个方面，概括了它的要点：

第一，"当我们深思熟虑地考察自然界或人类历史或我们自己的精神活动的时候，首先呈现在我们眼前的，是一幅由种种联系和相互作用无穷无尽地交织起来的画面，其中没有任何东西是不动的和不变的，而是一切都在运动、变化、产生和消失。"（《马克思恩格斯全集》第二十卷，人民出版社 1971 年版，第 23 页）

第二，"要精确地描绘宇宙、宇宙的发展和人类的发展，以及这种发展在人们头脑中的反映，就只有用辩证的方法，只有经常注意产生和消失之间、前进的变化和后退的变化之间的普遍相互作用才能做到。"（同上书，第 26 页）

第三，"黑格尔第一次——这是他的巨大功绩——把整个自然的、历史的和精神的世界描写为一个过程，即把它描写为处在不断的运动、变化、转变和发展中，并企图揭示这种运动和发展的内在联系。"（同上书，第 26 页）

第四，"从这个观点看来，人类的历史已经不再是乱七八糟的一堆统统应当被这时已经成熟了的哲学理性的法庭所唾弃并最好尽快被人遗忘的毫无意义的暴力行为，而是人类本身的发展过程，而思维的任务现在就在于通过一切迂回曲折的道路去探索这一过程的依次发展的阶段，并且透过一切表面的偶然性揭示这一过程的内在规律性。"（同上书，第 26—27 页）

引用上述论述，给我们的启示是：历史的辩证法是人类文明交往活动中自觉的思维方式，它是关于自然界、人类社会和人的自我精神世界产生、消失、发展、变化过程的历史联系观念。历史辩证法是把历史看作一个具有辩证思维基本规律的矛盾发展过程，它是用哲学的眼光来看待必然和偶然、量变和质变、抽象和具体、过程和阶段、原因和结果等历史规律性关系。对历史辩证法的理解和运用的重要意义，正如恩格斯说："不仅是哲学，而且**一切**科学，现在都必须在自己的特殊领域内揭示这个不断的转变过程的运动规律"。（同上书，第 26 页）

总之，历史辩证法是研究自然历史、人类历史矛盾发展变化过程中各种因素的联系、关系，也就是交往互动规律的辩证认识论、辩证方法论和辩证思维逻辑。

第 131 日　　　　　　　　　　　　　　2012 年 5 月 10 日　星期四

104. 史学研究的想象力

诗意治学体现在史学研究上，除了好奇心、乐趣感之外，想象力不可缺位。如同自然科技和人文社科在总体上有相通、相似性一样，历史学科的想象力同样需要。须知，一切科学研究工作如果没有想象力就没有创造性。

法国年鉴派史学家布洛赫关于史学研究的想象力有一段精彩的论述：

> 历史学以人类的活动为特定对象，它思接千载，视通万里，千姿百态，令人销魂，因此它比其他科学更能激发人的想象力。

想象力按心理学的解释，是在外界刺激物的影响下，在人脑中对过去储存的若干信息表象进行加工改造，使之形成新形象的思维能力。这种能力不仅能回忆、联想过去已感知事物的形象，而且能想象当前和过去从未感知过的事物的形象。此种对事物改造加工的能力是一种创造力，它的创造性因此可分为创造思想和再造思想两个方面。这种源于对客观事物的想象力，对人们进行创造性活动起着很重要作用。布洛赫根据历史学研究的对象是人类在长时段、大空间中的社会活动，以及它的丰富、生动、多彩的瞬息万变的特点，认为比其他科学更能激发人的想象力。这个观点说明了人在本质上有对外部世界创造想象境界的能力，并给予想象事物一种诗意美的价值。

史学研究中的想象力首先是司马迁讲的"通古今之变"的"通变"思维，从历史的长过程、大时段中去思考人类活动的过去与现在的联系，并对人物、事件、制度做出分析、判断、鉴赏和展望。

史学研究中的想象力还在于大空间、多领域作比较考察，从不同地域、国家、东西南北方等全球各种异同中考察人类活动的地缘交往特征，从而总结出一些横向发展的规律性问题。

史学研究中的想象力对于人类精神世界、文化思想、心理活动具有最大的拓展余地，这些感性与理性交织的广阔世界可显示历史的激活动力，如保罗·利科的名言所说："我赋予历史的一项基本功能是使往昔的文化价值历久常新，从而丰富内心世界。"

史学研究中的想象力最基本的立足点在于以真实可靠的史实为依据、为基础，想象力必须置身于相应的具体历史时代与环境之中，赋予其合理性和可信度。

史学研究的想象力是形象思维与理性思维的结合，着重在抽象、概括、推理方面，尽力反映历史原态客体，从微观与宏观相互作用的观察中，从理论与艺术修养中，涌出形象思维，总结历史发展的规律性理论。

总之，想象力是史学研究中潜在的、独特的、不竭的和充满活力的交往力。它是创造性建树之源。想象力和选择力、鉴赏力一起，使学术史熠熠生辉。我之所以在一开头把诗意治学与想象力联系在一起，是因为它们是思考境界的内在必然性。诗意栖息的阐释者、德国学者海德格尔在《荷尔德林诗》的阐释中就是这样的思路："本书的一系列阐释无意于成为文学史研究论文和美学论文。这些阐释乃出自一种思的必然性。"这里的一个"思"字，道出了诗意治学的真谛。"思"源于"问"，问到深处，便有深思，便有诗意治学之美，便为想象力开辟出广阔的天地。

第 132 日　　　　　　　　　　　　**2012 年 5 月 11 日　星期五**

105. 历史的审美功能

历史的功能过去讨论过多次，屡见不鲜的见解也以各种形式不时出现，可以说是众说纷纭，见仁见智。我认为，在诸多历史功能中，审美功能是不能忘却的。

1932 年 7 月 25 日，史学家张荫麟在《大公报》上发表过《历史之美学价值》一文，给我留下了深刻的印象。他在文章中承认历史的科学属性的同时，又特意指出了历史撰述中的审美属性。他把历史科学分为两类：一是持穷理态度而作的历史，称之为"科学之历史"；二是持审美态度而作的历史，称之为"艺术化之历史"。历史著作虽"一分为二"，但二者都是为了"显真"的目的而"合二而一"或为历史科学。此种历史观念的逻辑思维的新颖之处，在于它把审美观念引入了历史科学，而且又把审美观念与求真求是的科学内容辩证地融为一体。

张荫麟提出这一历史观念，是针对人们对历史学中忽视它本身固有的审美特性而发的。他批判了历史著作中忽视审美功能的现象，是"昧于历史之美学价值"。他质问道："不审彼辈史家，曾亦一回顾其在尘篇蠹简中涉猎之余，曾亦一回顾其所闯入之境界而窥见其中'宗庙之美、百官之富'否耶？"

历史科学的特质是发现，是从历史本体中的新发现。有所发现，才有所创新。张荫麟在历史本身中，发现了它所固有的审美价值。他对这一发现的自我估价很高，认为它"实与十八世纪以来西方诗人对于自然美之发现同等"。他从此新角度出发，排除有关历史学无存在价值的种种无知和偏见，指出："明乎历史之美学价值，则史学存在之理由无假外求矣！"

张荫麟也从正面论我国史学研究中有关重视美学价值的传统。他指出："过去吾国之文人，其与史界之美，感觉特别敏锐。"这使我想起了鲁迅对《史记》的见解："无韵之离骚。"鲁迅所说的，也是《史记》的美的形态。

张荫麟在《历史之美学价值》一文中，有许多关于历史美学的论述，其中不少是诗意的表达。例如，他写道："历史者，一宇宙之戏剧也。创造与毁灭之接踵迭更。光明与黑暗之握抗而搏斗，一切文人之所虚构，歌台上所表演，孰有轰轰烈烈庄严于是者也。"他把历史与宇宙联系起来，看来已把历史视为自然史与人类史二者的互动关系，而且赋予历史美学以历史真实内涵了。

张荫麟不仅有历史美学价值的理论文章，而且还有《中国史纲》这样表述历史美学价值的史学著作。他在历史写作中贯彻的主旨是："以说故事之方式出之，不参入考证，不引用或采用前人叙述的成文，即原如文件载录，亦力求节省。"他这样的目的是："使读者在优美的行文中，浏览古代社会之大略。"

遗憾的是他故去过早了，未能深化这些思想。他是一位在中国史学史、中国学术史上有建树的杰出学者。他的"艺术化之史"是继承了司马迁的史学传统，是刘知几"夫史之称美者，以叙事为先"的"工文"传承。他所留下的史论遗产资源，是我们应当继续发扬的。我们在求真的学术实践中，兼有美学之光辉，是在追求学术真善美综合体的建构。

第 133 日

106. 吉尔伽美什史诗中关于死亡主题的述说

《吉尔伽美什史诗》是两河流域文明的一部重要文学作品。它被分别记载在 12 块泥板上，共 3000 多行。其形成过程为：①在苏美尔和阿卡德时代，它的基本内容已具雏形；②在古巴比伦王国时期第一次编定本；③在公元前 7 世纪的亚述帝国国王亚述巴纳帕尔时代，形成了最完备的编辑本。

史诗的情节可分为：①主人公吉尔伽美什在乌鲁克城的残暴统治以及他同恩启都的友谊；②他与恩启都的英雄业绩，主要是战胜林中妖怪洪巴和杀死残害乌鲁克居民的天牛；③吉尔伽美什为探索人生奥秘而进行的努力；④他与恩启都幽灵的谈话。

史诗描写的是这样一个深刻的主题：人类对于死亡的抗争。在最早文明时期，存在着几种对人生的悲观情绪：①人生无常的忧郁情绪；②宇宙神秘莫测的迷惘情绪；③生存脆弱性的伤感情绪；④人类成就不可靠的恐惧情绪。

这些情绪，一方面反映了两河流域文明时期人们对美好生活的向往。他们服从兄长、父亲、头人、祭司及其他有影响的神的化身。他们希望长寿、健康和事业上的成功。另一方面，人们总是感觉幸福短暂，去日苦短，甚至是没有幸福可言。

这种不安全感源于两河流域人们所面对的难以预测的自然、社会和人们心灵所处的环境和焦虑的生活。河水肆虐，暴风雨成灾，他们没有埃及大沙漠的保护屏障，以防御侵略。他们深信神的力量操纵着一切，而又毫不怀疑神的行为是变幻莫测和残酷无情。这种不安情绪深深影响并渗透到他们的文明之中，反映在文学的伤感悲怀上。

史诗《吉尔伽美什》在这方面，比之其他古代西亚文学作品表现得更具体明确。它是这样吟咏早期文明社会关于生死观的哲理思想的：

> 吉尔伽美什……你被赋予王位，这是你的命运，永恒的生命却不是你的命运……你为何要寻找？你寻找的生命根本找不到。当神创造世界的时候，死就已成为人类命运的一部分。

这是对一些追求长生不老的统治者的启蒙，也是人类死亡观的早期文明自觉的表现。神在造人时就安排了死亡，给了你应当好好对待的几十个春秋，你还追寻长生不老的生命干什么？于是，与神相比，人是微不足道的，只是一般的生灵而已。史诗中说：

> 能够上天堂的人在何方？只有众神才能永生……我们人，一生的日子屈指可数，我们的生存只不过是一阵轻风。

这使人想起19世纪一个意大利卡尔斯派僧人对一个夸耀计算自己还可以受用多少年财产的守财奴的话："你总是计算你的财产，但你最好先计算一下自己的岁数吧！"

第 134 日 　　　　　　　　　2012 年 5 月 13 日　星期日

107. 研究现状问题应当有历史意识

以色列的谢爱伦是希伯来大学和牛津大学圣安东尼学院的博士，特拉维夫大学东亚系创办人，也是该大学的执行校长。《光明日报》驻以色列记者陈克勤采访他时，提出了"你为何偏重对中国近代史和张学良将军的研究"之问。他的答案是："我偏重中国近代史的研究，是想从历史脉络中探求中国快速发展的秘密。中国对世界的影响越来越重要。"这是一种研究问题的历史意识，是从现实出发，追溯历史渊源的文明交往自觉。

谢爱伦在半世纪之前就关注中国文化，13 年前就预言中国将成为21 世纪的经济大国。他自豪地说，2012 年中国的 GDP 超越日本而成为世界第二大经济体，提前实现他的预测。这是他强烈的历史意识所驱动的结果。他有《东方战争的起源：英国、中国、日本》、《中国：从鸦片战争到毛泽东的继承人》、《二十世纪的中国》、《甲午战争，中国内战和冷战》、《国际三角关系：日本、中国和苏联》、《绥靖政策在东亚》、《第二次世界大战及其后果——帝国在东亚的终结》、《中以关系的现实和展望》等著作。《被软禁的将军：张学良》是他集十多年考察，用希伯来文、英文和中文出版的代表作。软禁政敌，从光绪到张学良，几乎是中国的一个政治传统。软禁总比肉体上消灭好，虽然也表示了胜利者的残酷。谢爱伦说："西安事变改变了中国历史，也改变了张的命运，解读张的传奇有助于理解中国现代政治、哲学和发展史，更好地了解 20 世纪和今日的中国。"这也是他"此生与中国结缘"的历史意识所致。

那么，何谓历史意识？概括地说，有以下几个要点：

①通古今之变的长时段。历史有来龙去脉、源远流长，它贯穿过去、现在和未来，而不是一时一事。历史无非是讲人类世代更替。前代传承于后世，是息息不断的。只有长时段看问题，才有长远、稳定、深入的历史意识。

②变中求常的动态视角。历史是过去，但它不止步于过去。研究问题不能简单回到过去。简单的回归，是一种静态的思维方式和偷懒的心态。任何现状问题，包括思想问题，都有其萌生、形成、变化过程。动态视角是从变中求常，是从过去找支点，寻借鉴，迂回转到当今的视角。

③交往互动的联系观念。动态有纵向、横向和多向交往。历史交往

是历史发展的动态线索，它如同网络互织把各种因素联系在一起。交往互动的规律性就隐藏在这个网格之中。研究者的任务就在于探索这种动态变化的基本内外联系和问题的发展阶段。

④经验教训总结思路。历史性贯穿于历史过程，表现于结局终点。研究者不能只游离于过程，也不能只满足于结局和终点，而要从过程、结局、终止处总结历史经验教训，"历史使人明智"，"吃一堑长一智"。知而明智来自经验，也来自教训。汉代王充在《论衡》中有一句话："夫知今不知古，谓之盲瞽"。这是对历史意识的另一个角度的比喻。当然，知古不知今也不是历史意识。这是历史意识形成之源。历史启示而智慧生。

⑤对历史传统的继承与创造精神。历史意识从一定程度上讲，可以说是尊重传统。传统难道不应当尊重吗？传统能割断吗？历史意识关注被切断传统的延续工作。尊重传统的尊重是历史的尊重而不是盲从传统，是在继承传统前提下的创造。

⑥历史交往的文明自觉。文明交往的自觉是历史意识的主要形态。其要素是生产和交往。物质的生产和再生产，科技的发现和发明，生产力的发展是基础。社会交往、生产关系，人与自然的联系，成为经济的集中表现，成为社会的运转中心与灵魂。生产关系属于社会关系，它是最终决定其他关系的基本关系，是交往的基础。政治、思想由于在文明中的重要地位，因而脱离了经济社会基础，而成为独立的研究领域。文明自觉是历史和时代赋予每一代人的任务。各民族、各国家都在文明自觉中走自己的路。

第 135 日   2012 年 5 月 14 日   星期一

108. 提出问题是历史反思的开始

近读蒋真博士所著的《后霍梅尼时代的伊朗政治发展研究》一书，是她承担的国家社会科学基金西部项目的最终成果。综观全书，它对伊朗这个政治和宗教高度合一性国家发展进程的系统分析，特别是对它固有矛盾、潜在危机和新出现的诸多因素的跟踪研究，不仅是对中东特色政治模式的较为深入的理论探讨，而且也是对中东，特别是对伊朗局势提供了一个整体思路。该书的显著特征是学术性与应用性兼容，具有理论与实践双重价值。它对维护我国在伊朗的利益，对我国自身处理国内的伊斯兰问题和边疆问题，也有一定的参考价值。

现状问题要从历史反思开始，对当代伊朗政治发展研究，如同对世界和中东的现实研究一样，首先要把问题放在一定的历史时代范围之内。如果是研究一个国家政治的发展，就要对研究对象的历史发展阶段和特点进行细致、深入的分析，在贯通其变化线索之中，找出基本的内外联系，找出发展的走向，从而得出可靠的新结论。这种研究成果既可保证学术质量，又可从根本上保证决策工作的科学性和前瞻性。《后霍梅尼时代的伊朗政治发展研究》一书的基本框架分为三层结构：第一，霍梅尼时期；第二，哈梅内伊时期；第三，重大的政治问题。第二、第三层结构是研究的重点。后霍梅尼时代至今的政治发展，作者又分为三个时期：哈梅内伊与拉夫桑贾尼时期、哈塔米时期、内贾德时期。重大政治问题归纳为五方面：法基赫体制与合法性危机、派系斗争、利益集团、知识分子与学生运动和美伊关系。这种框架和结构表现了清晰的历史思路，体现了西北大学中东研究所的学术风格：从现实问题出发，追溯历史根源流向，从反思历史的高度和深度，审视现实问题，进而关注与展望未来。

伊朗处于中东地区，矛盾冲突剧烈，能够保持独立自主，实属难得。研究伊朗和研究中东政治问题一样，需要把自己的研究视角放在历史观点的高度和深度上，结合历史来思考现实问题的整体发展。现状研究当然重点要放在现实问题上，这是出发点和落脚点。但是就现状谈论现状，如果缺乏历史发展观点，就容易出现静止和孤立的局限性，导致研究的成果缺乏相对的稳定性而经不起历史的考验，从而减弱了它的应用价值。我常跟研究国际政治问题的朋友开玩笑说，你们是打前哨战的尖兵，紧跟现实问题，快事快办，快出成果，发表了就是胜利；我的研究比较从容，是接续你们的工作，是打阵地战，是从稍高一点的历史观点上，把现实和历史相结合，去"通古今之变"。① 我们中东研究所的研究生，在老师的指导下，都朝着上述学术风格方向努力。蒋真博士在这部研究成果中，把前哨战和阵地战结合起来，在培养和体现这种学术风格方面，迈出了较为扎实的步伐。

谈到当代伊朗的政治发展，结合西北大学中东所的学术风格，我在这里谈谈对马克思的《路易·波拿巴的雾月十八日》的一点学习心得。这本书是马克思对当时法国政治事件（路易·波拿巴 1851 年 12 月 2 日废除共和、改行帝制）直接观感而写的现状性研究成果。就是这部研究当时路易·波拿巴政变的论著，在它初版问世三十三年之后，仍然没有失去自己的学术科学价值。恩格斯在第三版序言中回忆了当时的具体情况：

"这个事变像晴天霹雳一样震惊了整个政治界，有的人出于道义的愤怒大声诅咒它，有的人把它看作是从革命解救出来的办法和对革命误入迷途的惩罚，但是所有的人对它都只是感到惊异，而没有一个人理解它，——紧接着这样一个事迹之后，马克思发表了一篇简练的讽刺作品，叙述了二月事迹以来法国历史的全部进程的内在联系，提示了 12 月 2 日的奇迹就是这样联系的自然和必然的结果，……这部图画描绘得如此精妙，以致每一次新的揭露，都只是提供新的证据，证明这幅图画多么忠实地反映了现实。他对当前的活的历史的这种卓越的理解，他在事迹刚刚发生时就对事变有这种透彻的洞察力，的确是无与伦比。"②

为何马克思这部政治著作经历了长时期的历史检验？为何在分析活的历史中表现了如此卓越的历史理解力和历史洞察力？恩格斯用了下面两句话加以说明：①"深知法国历史"③；②"发现了伟大的历史规律"④，即发现了唯物史观，这是理解法兰西第二共和国历史的钥匙。正是这把历史钥匙，打开了路易·波拿巴政变之谜的封锁历史大门。同

---

① 这是史圣司马迁的话。全句是"究天人之际，通古今之变，成一家之言"。司马迁的历史观点是"究"、"通"、"变"三点。他研究人与自然关系，贯通历史和现状的变化，创造自己的理论。《史记》是一部由古及今的通史，是站在历史观点的高度之上的传世史学经典。

② 《马克思恩格斯选集》第一卷，人民出版社 1972 年版，第 601 页。

③ 同上。

④ 同上书，第 602 页。

时，他用这段历史事实，也检验了历史规律而取得了历史与现实相结合的辉煌成果。

恩格斯在这里用了马克思"特别偏好"法国过去历史；"考察"法国当代历史的"一切细节"；以及搜集材料以备将来使用的这三点提法，不仅从方法论上强调了关注历史细节和收集史料材料的重要意义，而且强调了学者对所从事专业情有独钟的爱好情怀。我以欣慰之情喜看蒋真同志以及许多中青年学者们对从事研究对象的专业致志精神，也衷心希望这些同志以勤奋、严谨、求实、创新、协作的学风，创造新的业绩。在这里，我重复一下1996年10月关于中东研究的一点感悟，愿与同行共勉：

"中东地区研究者不管自己好恶如何，都应该对研究对象抱有热爱之情，否则，即使可以'分析'，但不可能'理解'，而理解是科学上不可缺少的。中东地区的社会变革正以自身的独特的形态在生活深处涌动，它貌似今日后现代社会的某些变动，然而它决不是西化，而是实实在在的中东历史长河中人们生存和发展方式的大变革。在这个变革中，人们自然要经受各种心理冲突和价值转换，社会也会因为内外诸多因素而出现动荡不安。正像历史上对变革的新理解会带来对世界的新理解一样，中东地区研究者只有从科学角度深刻理解中东社会各种人群存在发展的方式、他们的物质精神世界和他们彼此之间以及同世界的交往关系，才能为新时代的中东研究奠定更坚实的基础。科学研究者所追求的是理解。中东研究者将通过科学分析，进一步加深对研究对象的理解。"①

谈到伊朗，我觉得它在中东地区具有极其独特的地位。伊朗在中东的五个非阿拉伯国家中是大国（其余四个为：土耳其、以色列、塞浦路斯、阿富汗），其主导民族波斯人口仅次于土耳其人。它是古文明国家，长期为君主专制国家，它同多种民族和国家交往，经过伊朗伊斯兰化和伊斯兰伊朗化，又经历过西化和世俗化，也有民族主义和现代化的历程。现在是政教合一的什叶派国家，正处在伊斯兰性与现代性，对内的平衡妥协交往与对外的强硬周旋交往的政治状态中运行。立足于伊斯

①《当代中东地区性研究的几个问题》，《西亚非洲》1997年第4期。

兰文明、研究过西方政治史和倡导文明间对话的前总统哈塔米有一个观点："政治产生于文明"，"批评议会政治就是批评文明"。[①] 他对政治的界定是：政治的对象是人，是政体现象，是文明化现象，是自然界和人类社会现象之间的关系，是多元现象，是随着时间变化而变化的。他是从人类文明的兴衰荣辱交往的历史过程来思考伊朗的政治发展问题的。他站在更高的历史观点上观察政治，也可以说是一种人类的文明交往的自觉。他在伊朗执政时期的种种改革努力，也是复兴伊朗伊斯兰文明的政治实践。

伊朗是第一次世界大战后作为第一批民族独立国家而出现在世界和中东舞台上的。当时，土耳其、伊朗和中国的革命是 1905—1911 年亚洲觉醒的标志性政治大事。第二次世界大战后，随着世界殖民体系的崩溃，在这个废墟上建立了亚非民族独立国家体系。这个体系是脆弱、庞杂、多变的体系，伊朗是其中变化最大的民族独立国家之一。它在 1979 年霍梅尼革命之后，是刈抗以美国为主导的西方民族国家体系的特立独行者。面对着以美国为主导的西方民族国家体系和以逊尼派为主导的伊斯兰国家体系，改变自己的国际政治处境，是伊朗伊斯兰共和国面临的严峻任务。其中的一个矛盾焦点是应对西方国家强大的扩张体系的警惕性，以核力量来抗拒外来势力改变其政权性质的入侵。的确，伊朗伊斯兰文明正走在一个艰难的十字路口。转折是从思考问题开始的。哈塔米曾经问道："如果穆斯林今天所面临的情况，在很大程度上是历史之必然，那么，难道他们也无法掌握自己未来的命运吗？"[②] 也正如他所说："提出一个尖锐问题难道不是反思的开始吗？"伊朗正在反思中行动。

最后，我用2001 年《伊朗——两个体系的矛盾者》一文的结语结束本文：

"文明在伊朗是最复杂、最矛盾的角色。古代、近代且不必说，现代曾被人承认'西化'不久，又获得了与这种性质相反的'伊斯兰

---

① ［伊朗］穆罕默德·哈塔米：《从城邦世界到政治城市》，中国文联出版社 2002 年版，第166 页。

② ［伊朗］穆罕默德·哈塔米：《从城邦世界到政治城市》，中国文联出版社 2002 年版，第2 页。

性'。文明在这里有其固有的能动性、运动性、可变性，但其底层如沙丘，牢牢地固定在土地的深处的断层上。任沙粒被大风扬起，飘忽不定而吹成沙堆，底层仍然巍然屹立于原处。文明的真谛和生命在变化着、运动着，它是在结构、机遇和形势之间，在瞬时段、中时段和长时段，甚至在很长时段之间的对话。对话就是文明之间力量强弱互动的交往。文明交往的互动规律总是在发展变化和静与动两者之间互相伴随、互相补充、互为因果。对伊朗文明和中东其他文明的研究，最有效的途径是从细微处、偶然处、貌似荒诞不经处或乍看毫无意义处着手。探微知著，从偶然入必然，从怪异处研究合理合情事。这是研究者的要义所在。"①

第 136 日　　　　　　　　　2012 年 5 月 15 日　星期二

109. "一切历史都是当代史" 的哲学意义

长期以来，在一些非专业历史人员中，把"一切历史都是当代史"或"一切历史归根结底都是当代史"，当作对历史问题论说的一个口头禅。甚至一些历史研究者也以此为准看待历史。也有人正题反说："一切当代史都是历史。"说明这个命题的影响力。

"一切历史都是当代史"吗？加上了"一切"二字，确实有点"凡是"的独断味道。如果以此套用，那就是把复杂的历史问题简单化、绝对化了。

实际上，人们在理解这句话的时候存在着许多误解。克罗齐（Benedete Croce，1866—1952）是位意大利的哲学家、美学家。他提出这个历史命题的本义，并非是人们通常的时间距离上的"当代史"意义的当代史，而是从精神哲学的意义上，研究人类实际上完成某种历史活

---

① 见《松榆斋百记——人类文明交往散论》，西北大学出版社 2005 年版，第 189—191 页。此种要义可用诗的语言表达，它就是：置身须向高远处，回首细微觅真知。诗意治学，情理如此。

动的思想意识。历史学家在研究历史文献的时候，仅仅是以自己现在的兴趣，复活他们所探讨的历史人物的心灵状态。历史学家研究的事件发生在过去，但对其历史进行认识的条件，在克罗齐看来，也还应该是在"历史学家心灵中荡漾"的现在的思想。历史就是历史学家心灵中的自我认识；而所谓"当代"，是对历史上的文献证据，"此时此地"的历史学家可以理解、掌握、认识的那种"过去"，而不仅仅是被人们相信的"过去"。这就是"一切历史都是当代史"的哲学意义。

其实，这个命题也不是克罗齐的发明。伏尔泰早在18世纪就提出了"一切历史都是近代史"① 的命题。伏尔泰所说的"近代"也就是他所处的"当代"。他认为他无力根据古代世界的和中世纪的文献来重建真正的历史。他说，早于近代的事不可知，更早的事不值得知。

"一切历史都是当代史"的新译法是："一切真历史都是现代史。"② 克罗齐反对历史学家沉溺于猜测或者允许自己肯定的纯粹的可能性，他强调历史证据的重要性。他认为，真正的历史，对于纯属或然的，或纯属可能的东西，是不能留有余地的。真正的历史，允许历史学家所肯定的全部，就是他面前的证据所责成他去肯定的东西。因此，新译本的这个"真"字很重要，它表示史学研究的基础和前提是"史实"，而非各种模式。"真"字要求历史学家从历史证据中去发现真实，而反对表现历史学家的个人感情。"真"字是历史学家的实证科学的表现。求真是以史实为基础，把问题放在一定的历史范围之内，具体问题具体分析，得出恰当的结论而非预定的取向或猜测情感的褒贬。"真历史"是确切明白的史实与理论清晰的逻辑之间的有机统一。

克罗齐是从精神哲学的思想实在看待历史实在的。他认为通常意义上的历史学家，只能是历史编纂学者，而不是真正理解历史的历史学家。按他的观点，史实只有通过历史学家本人心灵或思想的冶炼才能成为史学。这种思想影响到英国哲学家R. G. 柯林武德。他在《历史的观念》中，把"一切历史都是当代史"演变为"一切历史都是思想史"，可以说在思路上是一脉相承的。克罗齐的精神哲学直接影响了柯林武

---

① 参见［英］R. G. 柯林武德《历史的观念》，何兆武、张文杰译，中国社会科学出版社1986年版，第372页。

② 见克罗齐《精神哲学》，田时纲译，中国社会科学出版社2005年版，第6页。

德。此外，在《艺术原理》一书中，柯林武德还写道："在理论方面，精神力图认识自己；在实践方面，精神力图创造自己。"他要用"思想"打通主体与客体对立的史学渠道。克罗齐和柯林武德二人历史观的缺点都忽视了物质力量的意义，而把人的思想力量夸大化了。物质力量和思想力量是互动的，互为条件。物质力量是基础，精神力量反作用于物质力量。当然，史学家驾驭历史的史论，也具有独立性质，是灵魂，是绝不可忽视的创造性理论思维。

"一个时代有一个时代的史学"，这个提法比"一切历史都是当代史"更准确得多。它符合社会存在决定社会意识、经济基础决定社会上层建筑和思想、精神反作用于物质的哲学原理。每个时代都有代表那个时代精神的史学，每部史学著作，从内容到形式无不打上时代的烙印和那个时代的世情人心和世态生产生活信息。研究文明史的学者如美国的罗莎莉·戴维在《探寻古文明丛书·探寻古埃及文明》中也认识到"埃及学一直沿着一条特殊的道路发展，这在很大程度上反映出埃及学家的时代见解。而新的发现又迫使学者们不断地重新审视和修正他们的结论"。与时俱进，是历史学的天职。时代性是历史学的最重要的特征。历史不仅仅是知识，历史的价值也不是一两句结论性的话能概括得了的。学习历史就在于把当代人的情感、历史感、生命、情怀融入历史，从历史中找到时代所需要的精神，并且用它来引领人们对历史事实和历史人物的热爱与尊敬。这样学历史、讲历史、写历史才能使历史生动起来、鲜活起来，富有人的真实感受。

第 137 日　　　　　　　　　　　　2012 年 5 月 16 日　　星期三

110. 文明史点滴

①20 世纪初期汪荣宝（衮父）关于"文明史"的定义："人间社会非单纯之社会，两种社会之集合体也。社会组织之最有力而最完全者为国家……叙国家之生活而说其起源、发达、变迁、衰亡及国家与国家

之关系者，谓之政治史。"（史学概论）"不同国家之内外，（译书汇编）亦不必以国家为中心，而研究各社会之起源、发达、变迁、进化者是各文明史。""文明史之名词其意味稍为复杂，此所谓文明则狭义之文明，故与谓文明史，宁谓为文化史，凡今日所谓商业史、工艺史、学术史、美术史、宗教史、教育史、文学史之属并隶此部。"（《读书汇编》1902 年第 10 期）

②1903 年邵希雍译日本学者的《万国史纲》称："叙为实录，又上下议论其得失，何为原因，何为结果，尤重于讲文明风教之要，是文明体之类也。"（元良勇次郎、家永丰吉著，商务印书馆 1903 年版，第 1 页）

③1903 年张相译的美国学者威廉斯因顿著的《万国史要》云："历史者，泛而视之，不过人世之记录，然精而解之，则举组织文明史之国民，而核其起源于进步者也。历史所以如此高尚者，乃就脱草昧之境界，结有政之社会之国民而言也。"（杭州史学斋版，通记编印书局，第 1 页）

④梁启超："文明史者，史体中最高尚者也。"（《饮冰室合集》之四，第 96 页）

⑤文明史与社会、国家、风教有关，也与政治、宗教、哲学、礼仪、建筑、文明相联系。以上的 20 世纪初中国学者论述点滴中，一个共同点是文明史与历史的统一。所有有关文明的广义论述中，都融入了人类史的范围之内。其实人类文明史与自然史是不可分割的。人类文明史至少包括物质、精神、制度、生态四大方面，其中枢是文明之间的交往的活态历史活动，其灵魂为文明自觉，其规律是互动交往。

第 138 日 　　　　　　　　2012 年 5 月 17 日　星期四

111. 车尔尼雪夫斯基论历史道路

在俄国文学家、思想家车尔尼雪夫斯基的历史观念中，最值得注意的是他关于"历史道路"的论述：

> 历史的道路不是涅瓦大街上的人行道，它完全是在田野中前进的，有时穿过尘埃，有时穿过泥泞，有时横渡沼泽，有时行经丛林。

历史是有其发展规律的。这个规律是在曲折复杂的文明与野蛮的各种交往中发展的。一要看到远处，二要从高处着眼，三要从近处行。信念坚定，理念智慧，作风踏实，文风朴实，可以在历史研究的道路上获得文明交往自觉。历史中一切现象都是各种因素互变互动的现象，这种复杂的变动是曲折的、变化不已的，人们只能在变化中求常恒、在异中寻同。车尔尼雪夫斯基的历史观念，是启示人们不能把历史简单化，把一切都看成必然的。尤其是"历史的道路不是涅瓦大街的人行道"的提法，堪称名言。

第 139 日 **2012 年 5 月 18 日　星期五**

112. 艾略特的历史观念

艾略特在《小老头》一诗中有诗意历史观：

> 历史有许多捉弄人的通道，精心设计的走廊、出口，用窃窃私语的野心欺骗我们，又用虚荣引导我们。想一想，我们注意力分散时她就给，而她给的东西，又在如此微妙的混乱中给，因此给更使人们感到乏困。

这些诗句丝毫不亚于他的代表作《荒原》。虽然《荒原》是经过美国诗人埃兹拉·庞德由原来约 1000 行删到 433 行，并且弱化了其中的宗教成分。《荒原》发表于 1922 年 1 月 24 日，同年 2 月 2 日乔伊斯的《尤利西斯》出版。哈佛大学英语教授路易斯·梅南德说："庞德认为，艾略特给他们的运动树立了一座纪念碑。"

艾略特 1948 年获诺贝尔文学奖，1965 年去世。他的诗歌观如历史

观一样独特："诗不是放纵感情，而是逃避感情；不是表现个性，而是逃避个性。"（《传统与个人才能》）

读他的诗可以培养严谨的态度。庞德称他为"老负鼠"，意即大智若愚，装傻充愣。他的历史观有活力，可随着它不懈发现，把握现实，不受历史捉弄。这是因为历史的规律是变化、变动的，只有在人类文明交往的互动中才会获得自觉。艾略特用诗的语言反映历史的变化，而诗的语言正好表现了对历史的形象思维。德国学者威廉·冯·洪堡特说过："语言研究真正的重要性在于，语言参与了观念的构成。这是问题的关键，因为正是这类观念的总和构成了人的本质。"诗的语言属于形象思维，它与理性思维、逻辑思维、实证思维一起，构成了对历史观念的表达。艾略特关于"历史有许多捉弄人的通道，精心设计的走廊、出口……"的诗句，使人想起了列宁的话："历史常常在捉弄人，本来是要进这个房间，却走到了另一个房间。"这也使人联想到上面所提到车尔尼雪夫斯基关于历史道路非笔直道路的话。总之，这三句关于历史观念的表述，分别反映了艺术形象思维和哲学思维方式的差异。

第 140 日   2012 年 5 月 19 日　星期六

113. 西方中心论的历史观念

历史是一条人类文明交往的漫长的和崎岖的道路。这条道路贯通着过去、现在和未来。这条道路如大河长流，不能割断，正如历史本身的发展，虽然曲曲折折却迂回前进一样。

历史是一条人类文明交往的交通大道，它不仅贯通于时间，也贯通于空间。张骞通西域，郑和下西洋，哥伦布等人开拓的海路大通道，都是在打通着一切闭塞、隔阂的空间壁垒。人类历史最大的空间是东方与西方。

东方与西方的对立是东西方二元对立的历史观念。它始于启蒙运动时代。启蒙时代揭开欧洲未来发展的历史观念：自由、平等、博爱。历史由此有了民主与专制、文明与野蛮、理性与非理性之分，出现了理性与愚昧、进步与落后、现代和传统的截然分明的对立。法国的启蒙思想就停留在近代世界历史矛盾的绝对对立的基础之上，开始走向了历史辩证法的反面。

这种东西方二元对立的历史观念，在时间和空间上出现了人类历史的裂缝，但并未断裂，而且是以新的、不平等的交往方式，出现在文明交往史的交通大道上。西方在向上发展，形成强势文明；东方在向下演变，变为弱势文明。强势文明把弱势文明推向了自己文明的对立面。这种西方强势文明迫使一切民族采用其生产方式，迫使一切民族在自己那里推行所谓"文明"制度，迫使农民民族从属于资产阶级民族，迫使东方从属于西方。启蒙运动的世界秩序与历史观念，是东西方二元对立的世界秩序和历史观念，其价值标准是进步与落后。东西方不仅是空间的地理概念，而且是文化上的差异而变为优劣之分的代名词。欧洲强势文明因 17—19 世纪的科学与工业革命而获得了整个世界的霸权，西方用坚船利炮和经济、文化的暴力或非暴力交往方式把东方变成了自己侵略、压迫、剥削的殖民地。西方中心论的历史观念由此产生，东西方对立的二元历史观念成为西方历史观念的核心思想。这种历史观念从 20 世纪初开始发生变化，在 21 世纪将根本改观。人类文明交往将逐渐进入一个新时代。

第 141 日　　　　　　　　　　　2012 年 5 月 20 日　星期日

114. 内藤湖南的中国内部文化史观

日本学者内藤湖南以"会通"和"明辨"治史，且有"唐宋史学变革"之说。他在《中国史通论：中国上古史绪言》中有下述言论：

"通过中国文化发展的总体，宛若一棵树，由根生干，而及于叶一样，确实形成一种文化的自然发展系统，犹如构成一部世界史。日本人、欧洲人都以各自的本国历史为标准，所以把中国史视为不正规，但这却是谬误的。在中国文化的发展中，文化确实是真正顺理成章。最自然地发展起来的，这与那些受其他文化的刺激，在其他文化的推动下发展起来的文化是不同的。"（社会科学文献出版社 2004 年版，第 6 页）

这就是他的"中国内部文化史观"。其中心观点是中国文化有别于日本和欧洲，有自身的发展道路。虽然他的"宋代近代说"引起许多学者的批评，"中国完全不受外部影响"的观点也有些偏颇。但认为中国的文化独立发展之路决定中国未来的走向却有其现实意义。中国人虽然学外国，但最终将认识自己文化的优越性而走自己的路。这是中华文明史发展的历史结论，这也是反对脱离实际、生搬硬套模式的研究路径。在研究问题，尤其是历史问题时，不能走极端的思维方式，即一些研究历史时所采用的"论甘忌辛，好丹非素；抗之则青云之上，抑之则深泉之下"的极端做法。

实际上，历史演变是复杂的，是各种因素的纵横交织，互为条件和相互作用，纵向演变往往包括横向接触，横向接触又隐含着纵向演变。这种不同历史阶段的文明内外交往的复杂性，也正是它引人入胜、乐此不疲的研究兴趣所在。

第 142 日　　　　　　　　　　　　　　2012 年 5 月 21 日　星期一

115. 效果历史

尼采提出过"效果历史"（effective history）的说法，意在说明过去历史对当今现实所产生的作用（效果）。

伽达默尔从哲学诠释学的观点，进一步指出"效果历史"（wirungeschicht）意识，并把它作为"理解"的必要因素。"理解"就是"效果历史"的事件［见德国哲学家汉斯－格奥尔格·伽达默尔《真理与方法》（诠释学 1），洪汉鼎译，商务印书馆 2007 年版，第 408 页］。

"效果历史"在伽达默尔看来，就是承认历史之理解是受制于前历史的"阈界"，而不是"斩断前缘"式的革命之事，经验的历史传承物并非为超脱于"理解视域"的客观之物,而总是处于当下的一定理解的视域之中。因此,所谓理解就是消弭个人性的视域融合,在理解过程中产生一种真正的"视域融合",这种融合随着历史视域的筹划而同时消除了自身。"效果历史"意识的任务就是融合被控制的过程。从历史发展的"整体视域"(perspective)中探寻历史的变化,可以明察文明交往的曲折历程,有利于反思当前的重大问题。为何各种文明的差异点与共同点不同,为何发展方向各异,都可由此开始进行思考。

卢卡奇在《历史与阶级意识》中对整齐性问题是有见地的。他说:"个体决不能成为事物的尺度。"人类文明之间的异与同,都在社会和自然交往联系的总体中探索,当然不仅仅在阶级中寻觅。整体性是前提,当然也不能忽视一切细节。效果是对我的"九何而问"中的"何果"一问的实际回答,是思考的出发点。

人类文明初始时期的集体意识,体现了对社会中整体性的直觉。列维-布留尔在《原始思维》中提到这一点。他写道:"集体表象在原始人的知觉中占有非常重要的地位,这种情况使他们的知觉上带了神秘的性质。"这也是因过去的历史经验对于他们现实产生的效果所致。

第 143 日　　　　　　　　　　　2012 年 5 月 22 日　星期二

116. 自然与文明史

历史是自然史与人类史的综合科学。人类的文明化是自然的文明化和文明的自然化互动的结果。历史与自然、人与自然、社会与自然之间的内在有机的联系,必须从人类文明交往观的视角,去关注自然的基础性作用。

自然是人类之母,人类是自然之子。按英国历史学家汤因比在《人类与大地母亲》这部世界史手稿中的说法,在 1763—1973 年这 200 多年间,人类却在不断地屠杀自己的母亲。他在 1973 年写的这部叙事长篇世界史中警告说,人类如果继续其"弑母之罪",那"所面临的惩罚将是人类的自我毁灭"（上海人民出版社2001年版，第523页）。

人与自然界的交往是世界史的最长时段的历史交往。生态文明史的当代史，是和资本主义社会史发展联系在一起的。法兰克福派代表人物之一赫伯特·马尔库塞在《审美之维》中说，在资本主义的社会逻辑中，对人的统治和对自然的统治，是相互结合的，"人与之打交道的自然界是作为一个社会改造过的自然，是服从于一种特殊的理性的自然，这种理性在其程度上越发成为技术的、工具的理性，并且服从于资本主义的要求。"他谈到生态学"在资本主义结构中再也不能容纳的地步，就意味着开始超越在资本主义结构内发展"（以上见广西师范大学出版社2001年版，第120—123页），这些话使我想起资本主义生产力和生产关系发展的不相容，进而考虑到交往力与交往方式的不相容。世界史的新时期即将由此开始。

早在20世纪30年代，法兰克福派第一代主要代表西奥多·阿多诺就提出了"自然历史观"，旨在克服近代理性主义所造成的自然与历史的对立。当代社会批判理论家进而有"社会化自然"、"人类学自然"、"人性自然"以及"自然政治"等诸多概念。这些研究使人们更清楚地认识到人类文明史的研究、人类社会历史的自然基础和本原，归结到底人类的历史必须与自然历史统一，人类文明史必须是人性与自然、社会历史与自然的统一。正如马克思所说："历史是人的真正的自然史。"（《马克思恩格斯全集》第四十二卷，人民出版社1979年版，第169页）从我的人类文明交往观看，这就是知物之明、知人之明、自知之明的自觉。人类与自然、人与人、人的自我身心之间的良性互动、和谐共处应该成为我们现实的追求。

第144日　　　　　　　　　　　　　**2012年5月23日　星期三**

117. 中国式健忘症

事件发生了，能震动一时，人们热议之后，就渐渐沉寂下来，以后就淡忘了。

不是说所有事件都应该记住，但大事件不应忘记。回忆录、大事记、档案馆、纪念馆、纪念碑在历史上是少不了的，那里保留着许多历史记忆。包括个人体验和感受，这类东西，"得来非易，忘之很快"。这是表演艺术家金山的体会。他的《一个角色的创造》就是在创造契诃夫《万尼亚舅舅》主角万尼亚舞台形象时，写了三个月的手记。他记下来的全是写在一个小本子上"稍纵即逝"的"灵感"。人们通常是健忘的，时间会削减人们的记忆力。人们常谈数学家的"健忘"：吴文俊脑子里装满了运算公式，竟然忘记了自己的生日。他认为："我从来不记那些没有意义的数字，但是，有些数字非记不可，也很容易记住。"历史记忆也是如此，这就需要有强烈的历史责任感。历史记忆应该被如实记录下来。实录为史学之必需，这样的记载才不会质疑、不容争辩，而且有益于后代，有益于人类文明的自觉。历史可以医治健忘，使人获得自觉。

中国式的健忘是令人愤慨而担忧的。此种症状有时是淡漠于政治，有时是政治的需要。其中的根源是把世界万物都看得很轻，无关紧要。"一切都会完结"，记忆随之消失。失去记忆对一个民族来说是很可怕的。惨剧重演，在于历史之健忘！

不要忘记历史！不要轻视健忘症！这种健忘症是文明之垢！

让历史的警钟长鸣，唤醒中国式的健忘，也唤醒世界上的健忘症。

第 145 日　　　　　　　　　　　　2012 年 5 月 24 日　　星期四

118. 恩格斯论摩尔根的《古代社会》

① "在论述社会的原始状况方面，现在有一本象达尔文学说对于生物学那样具有**决定**意义的书，这本书当然也是被马克思发现的，这就是摩尔根的《古代社会》（1877 年版）。"（《致卡·考茨基》1884 年 2 月 16 日，《马克思恩格斯全集》第三十六卷，人民出版社 1971 年版，

第 112 页）

②"摩尔根在他自己的研究领域内独立地重新发现了马克思的唯物主义历史观，并且最后还对现代社会提出了直接的共产主义的要求。"（同上书，第 113 页）

③"他根据蒙昧人的、尤其是美州印第安人的氏族组织，第一次充分地阐明了罗马人和希腊人的氏族，从而为上古史奠定了牢固的基础。"（同上）

④"他巧妙地展示出原始社会和原始社会共产主义的情景。**他独立地重新发现了马克思的历史理论**，并且在自己的著作的末尾对现时代作出了共产主义的结论。"（《致保尔·拉法格》1884 年 3 月 11 日和 15 日）（同上书，第 127 页）

⑤"如果只是'客观地'叙述摩尔根的著作，对他不作批判的探讨，不利用新得出的成果，不同我们的观点和已经得出的结论联系起来阐述，那就没有意义了。"（同上书，第 144 页）

第 146 日   **2012 年 5 月 25 日　星期五**

119. 爱因斯坦晚年谈历史教学

彭瑚从美国回来，曾带《爱因斯坦：以宇宙为生命坐标体系》（*Einstein：His Life and Univese*）一书。作者为沃尔特·埃塞克森（Walter Isaacson）。他曾任美国 CWW 主席和美国《时代周刊》的执行编辑，还是《富兰克林：美国的生命》和《基辛格传》的作者。

他的《爱因斯坦：以宇宙为生命坐标体系》一书中有一段值得注意的话：

"爱因斯坦在晚年回答纽约州教育部门官员'何谓教育'和'学校应在哪些方面加强'等问题时，说了下面的话：'历史教学应广泛地探讨伟大历史人物的独立思想和杰出的判断力对人类社会发展所做出的贡献。'"

作为一位自然科学家，他在晚年竟然对历史教学在学校教育中的地位和作用如此之重视，这是值得我们人文社会科学界深思的。尤其是他提出的历史教学应广泛地探讨伟大历史人物的"独立思想和杰出的判断力"对人类社会发展所做出的贡献的话题，更值得我们深思。

爱因斯坦所思考的是一个教育哲学的话题。教育是通过知识学习，要求人们不要人云亦云，亦步亦趋，而是要人们独立思考，创新创造，在前人的积淀智慧基础上做出自己独特贡献。"所为者何？求其自我。"这是《大公报》主编王云生（凡生）在 1945 年对画家孙宗尉（1912—1979）《驼牧》一画的题词。我觉得"所为者何？"这"何"字问得好，也回答得好："求其自我。"不过，如果进一步发挥，可写为"求其在我，特立而独行"。艺术与教育是相通的。钱学森晚年似乎觉察到这一点，所谓"中国当代教育为何培养不出世界一流人才"的钱学森之问，也在质疑中国教育。重术不重学，只能培养匠人而不能培养学者；重技术而不重理性逻辑思维，也只能有术而无学。总之，要用头脑，要独立思考，才有独立思想、自由精神和创造理论能力。西方科学家多为哲学家，爱因斯坦就有哲学修养，他晚年提出的历史教学问题就是一个教育哲学问题。

在我们历史教育中，对历史人物的贡献多谈事业成绩，较少注意功绩后面的"独立思想和杰出的判断力"；实际上这两点正是伟大历史人物给人类文明发展留下的最为宝贵的贡献，也是文明传承传播的核心文化思想智慧。独立思想和杰出的判断力是人的思维活动的独创性或创造性，这是个体思维活动的创新精神或创造性特征。这种特征表现为思维活动在广度、深度和难度的深刻性，表现为思维活动的灵活程度。独立思想和杰出的判断力可以理解为远见卓识的才学和能力。能够积累别人的经验和占有思想资源的是学；能够发现问题和把握关键的是识；能够驾驭运用经验和思想资源以解决问题，从而提出自得之见的是才。学、识、才之外，还有一个重要因素是德。从历史人物的历史功绩中探求此四端品德中，探讨其独立思想和杰出的判断力是对人类社会发展贡献的价值所在。

当然，这种独立思想和杰出的判断力是先天禀赋和后天努力的结合，此种结合程度决定了贡献的程度。这里，我想起了爱因斯坦对自己研究所工作人员的分类。他认为，他们可以一分为三：第一种是混饭吃的，这是少数；第二种是有一定才能，并能努力工作，取得一定成绩，这是大多数；第三种他本身就是科学，科学就是他。这种人是极其少数。他特别强调："能对科学做出真正贡献的，正是这种人。"这是一种以科学为生命的有学、有识、有才、有德、有创造能力的非常人。正如沃尔特·埃塞克森研究了爱因斯坦的独立思想和杰出判断力之后所得的结论那样：爱因斯坦晚年之所以强调学校要着重加强历史教学，以广泛探讨伟大历史人物的独立思想和杰出判断力对人类社会发展所做出的贡献，是因为"爱因斯坦正是属于这一类历史人物"。

我想，我们可以不是他这种巨人，只是平凡的人，但不能不知道、不研究他们的思想，不关注他们贡献的品德、品质和智慧。因为这是人类文明交往自觉的智慧和思想遗产，这是历史教育最应当教给人的东西。这种人是领军人物，他带领的团队才是强队，才有更多更大的创造。这也是科学界应着重学习的东西。

第 147 日　　　　　　　　　　　　　　2012 年 5 月 26 日　星期六

120. 研究伟大历史人物的态度

马树德在《世界文化通论》中说：

"对于历史，对于那些为人类进步做出过不朽贡献的世界历史文化名人，我始终怀有一种敬畏，一种感佩，因此写作是认真的，从不敢对历史作任何臆想，更不敢对历史人物作娱乐化的'戏说'。"

这是值得学习并且坚持发扬的、正确对待历史和历史人物的态度。

这使我又一次想起爱因斯坦在晚年回答纽约州教育部门官员问题时所说的教育应着重加强"历史教学"的谈话。他说：

"历史教学应广泛地探讨伟大历史人物的独立思想和杰出的判断力对人类社会发展所做出的贡献。"

——一位研究世界文化的学者马树德和一位研究自然科学的学者爱因

斯坦，为何都同样重视历史和历史人物的历史作用？这是值得我们深入思考的问题。尤其是爱因斯坦这位伟大的自然科学家，在晚年为何如此重视历史和历史人物的历史作用，而且为何特别强调伟大历史人物的独立思想和杰出的判断力对人类社会发展所做出的贡献？是更值得我们深思的。他这里提出的问题具有广泛意义，即不仅要关注人文社会科学方面的伟大历史人物，也要关注自然技术科学方面的伟大历史人物，而后者正是我们世界史书中所缺少的。世界史书中越来越多谈到自然技术科学家，而所谈的多限于发现和发明层面，而缺乏对于他们独立思想和杰出判断力对人类社会贡献方面的深入阐述，这正是最重要的方面。爱因斯坦比马树德更重视"历史教学"在教育领域的重大意义，正是因为他本人属于这一类伟大的自然科学方面的历史人物，是用"独立的思想和杰出的判断力"对人类社会做出了重大贡献的伟大历史人物。

有创造性贡献的伟大历史人物都有其"独立思想和杰出的判断力"。历史研究和历史教学中要深究和常教的正是这种创造性人物所具有的自觉精神，我们敬佩的、让后代人知道的也正是这种文明自觉精神。

中国自古以来就有重视史学的文明传统，史学之延续，成全了中华文明长期永续的特征。史学中积累了许多治学的普遍性经验，其中就有爱因斯坦所说的"判断力"、"独立思想"一类的"史识"。和"史识"并列的还有：史学、史才、史德。"史才"的"才"，相当于"判断力"，在《旧唐书》刘子玄传中，似乎特别重视"史才"："史才须有三长，世无其人，故史才少也。三才，谓才也，学也，识也。"把史学、史识也包括进"史才"之中。才、学、识三者当然是互相区别又互相联系的治学的普遍品质，为各类治学者所尊重。康德在《判断力批判》中认为，判断力是审美的，是无功利目的，是引起愉悦感的力量。判断力不仅有审美性，更具有思维活动的深刻性、灵活性和独创性。文字学家吕叔湘就说过："能发现问题的是识，能占有材料的是学，能驾驭材料的是才。"他把识即见识、见解或独立思想放在治学之首。这同爱因斯坦上述言论相同。其实，在治学中，识、才、学之外，德为不可少的品质。

总之，伟大历史人物都是富有创造性和高质量的生命，都是文明自觉性强和迸发人性之光而感染他人的人。高尔基在评价俄国作家契诃夫时指出："我觉得，在契诃夫面前大家都感到一种下意识的愿望，希望自己变得更单纯、更真实，更属于自己。"这可以说是研究伟大历史人物的态度，也就是伟大历史人物给人的见贤思齐的作用，虽不能达到其高度，但心向往之，努力去践行。

第 148 日 　　　　　　　　　　　2012 年 5 月 27 日　星期日

121. "大历史"问题的再思考

我在《两斋文明自觉论随笔》第三卷第九集"历史明智"中，谈到了马克思、恩格斯的"大历史"观。我是从人类文明交往的历史观念中来理解人类历史的整体面貌的。对于马克思、恩格斯的世界历史理论，我也是如此理解的。

其实，如果说史学界有"大历史"观，至少应追溯至西汉史学家司马迁。他在《史记》中有"究天人之际，通古今之变，成一家之言"的经典名言。他的"天人"之学，可以从人和自然交往关联中去理解，是一种自然史和人类史相结合的历史观念。他的"古今"之学，也可以从人类过去和现在贯通、从起源到流变全过程中去理解事物的本质，是一种长时段的历史观念。司马迁是试图从宏大、整体上观察人类和自然史的历史学家，不仅如此，他还有"成一家之言"的独立、主体思想，把选择、判断力寓于叙事的几千年通史的体例之中，在学术史上的开创性、创造性是毋庸置疑的。他不仅有大历史的观念，而且有《史记》这样史论结合的巨著，在思考"大历史"问题时，的确是不能不予以特别关注的伟大的历史学家。

司马迁是古代"大历史学家"。马克思、恩格斯是近代主张"大历史"的理论家。许多过去的中外历史学家、理论家，都试图史论结合地用宏观视角来审视、编写人类历史。不过，他们限于时代，囿于生产力发展水平，没有看到当今世界的紧密交往关联性和高度复杂性，也没有见到当今人文社会科学和自然技术科学的高度发展水平，因此，我们这一代人应当继承他们的宏愿，对历史科学有更整体交往性建树。历史科学的每一进展，都与人类史与自然史的跨学科整体史思想有关。天人之学，正如司马迁所讲的是"天人之际"，"之际"就是交往，是自然与人类之间的"间际"交往，"究天人之际"是研究自然科学和人文科学的跨学科史。

当今时代，史学界中自然史和人类史这两大学科正在走向综合创新。全球化使美国史学家斯塔夫里阿诺呼吁：做栖息在月球上的观察者。思考跨学科者有澳大利亚学者大卫·克里斯蒂安的人类如宇宙史的科学整体史和荷兰史学家弗雷德·斯皮尔的从宇宙高处看地球的世界史观。人类文明危机又使心理学家拿撒勒关注未来整合生物学、宇宙学的整体历史模式。斯塔夫里阿诺的《全球史》曾盛行一时，虽然现在人们不再经常提它，大卫·克里斯蒂安的《时间地图——大历史导论》（2004）和弗雷德·斯皮尔的《大历史与人类的未来》（2010）却正在映入人们眼帘。这种史学思潮，是试图依托自然技术科学的新成果，把历史做大，从而构建一个包括人类史和宇宙史的科学，称之为"大历史"。其目标如克里斯蒂安所说，把"大历史"变成一部"现代创世神话"，以致陷入支离破碎，迷失了方向的现代人提供一个"普遍坐标"。"大历史"的主要问题是把人类史如何融入宇宙进化的"大背景"之中，这有待历史的检验。自然科技学者眼中的"世界史"是从奥杜威时代（oldouvaie'poque）到现代人类史，全球史是整个地球及地球上全部生物的历史（前生物阶段、生物圈、人类圈等阶段）。

"大历史"的现实意义：①人类共同体的认同，以解决民族国家无法独立解决的问题，应对来自全球越来越多的挑战；②探讨人类未来文明的规律（通过技术力量、文化价值观、社会制度内部的可持续性即技术——人道平衡规律），发掘战略决策潜力及文明的各种变量；③人类通过"大历史"明确自身在宇宙中的地位；④通过追溯万物演进历史，避免重蹈先前由于无知（无"知物"、"知人"、"自知"之明）而犯下的错误；⑤可能从"大历史"中弄清人类动机背后的进化力量，以使人类摆脱战争或生态危机。

"大历史"的核心观点是宇宙从简单到复杂的演化，而现代人类处于复杂性的最高端。复杂性的增加有时间和地域（空间）的特殊因素。达尔文证明生物学上的变异而导致生物复杂性的生成，人类是因为"集体知识"而呈现复杂性的增加。克里斯蒂安认为，人类因为有了语言，所以能够依靠集体而不只是个体获取知识并因此更好地适应和改造环境，而且这种集体知识会代代相传，所以只有人类才有有意识的历史观念，因此成为地球上四十亿年生命中最强有力的一个物种。拿撒勒认为："大历史"的核心观念是控制、竞争、选择、自组织、熵和可持续的不平衡状态，而控制权的争夺和行动取决于实体内部活动和守恒定律。

人类与其他物种都"同"于进化规律，而人类自己的历史与其他物种为何"不同"？"大历史"的答案是：人类能够有效地进行社会交往故而丰富了个体意识和信息，这就是人类文明交往的自觉性。正是这种文明交往自觉造就了代代相传的集体意识。现代人成为所有生物中唯一能够统治整个生物圈的物种。"大历史"这一结论令我们深思人类文明交往的驱动机制及其发展的趋势。

上述"大历史"的"一家之言"，应了司马迁开拓的治史路径，他在《史记·太史公自序》中写道："究天人之际，通古今之变，成一家之言。"他又在《史记·儒林传序》中写道："明天人分际，通古今之义。""分际"，犹言界限。分，是事物本身的分类；际，是事物之间的关系。"之际"、"分际"和"之变"、"之义"，都是天人之学、古今之学在史学家"一家之言"中的主旨，关键在于究、明而后通。

我从事科学研究，一个愿望是沟通自然史与人类史的联系，使之融入人类文明史之中。人类社会的历史，本质上是一部文明史，其生命在于不同文明之间和相同文明之内在物质、精神、制度、生态四个层面的互动交往。贯穿其中的是人与自然、人与人、人的自我身心三方互相依存的三个互动关联，而所关注的中心，就是司马迁的天人古今一家之言和马克思关于历史科学是唯一科学的命题。我在探研这一问题时，从文明交往角度提出了"知物之明"的理念，提出了人与自然的关系，提出了生态文明的问题，特别是从历史文化视角提出了自然技术科学、人文社会科学的学科分类和科学精神、文化精神以及学科边义的跨学科交往的人类文明话题。所有这些历史观念在《两斋文明自觉论随笔》一书的第一卷第三集中，做了比较详细的论述。总之，我最终把这些思路归结为该书第一编的"交互金律"。如果要化复杂为简单，可以参考我的《世界历史：人类文明交往的新自觉时期》（《史学理论研究》2011年第2期）。这篇短文已收入《马克思主义史学理论研究》（中国社会科学出版社2013年版）之中。我觉得"大历史"之中，人类社会的文明史需要大自然的背景，需要宇宙史、地球史的背景。这需要自然技术科学家和人文社会科学家的合作。在文明史方面，也还要有人与自然交往的内容，当然也需要两方面科学家的合作。但必须以文明史为主体，以人类文明交往为主线，以研究文明交往互动的自觉规律为主旨，来编纂人类文明史。这是我们历史学家要努力探索的长期方向，可以做理论上的探讨，但最好是用史论结合的路径，进行大课题研究，通过人文社会和自然技术领域学者的协作，逐步写出综合性、整体性、互动性的人类文明史来。

总而言之，自然史与人类史是历史科学中彼此区别又相互联系的两个方面。它们如天之日月，如鸟之两翼，如车之两轮，如人之双目、双耳、双手、双脚互动互助，形成整体史的合力。历史科学从"大历史"说可以包含二者，然而自然史是自然科技的发展史，而人类史则是人文社科的发展史，是各为专史、各有专攻。历史学是自然史大背景之下，并且有人与自然关系的内容的人类社会文明史。人类的文明交往自觉及其规律，是历史学研究的中枢。此即我的"一家之言"。

第 149 日　　　　　　　　　　**2012 年 5 月 28 日　星期一**

122. 重提"大历史"观念

我在《两斋文明自觉论随笔》第三卷中，把过去对马克思、恩格斯在《德意志意识形态》中所提的"大历史"观的体会，做了较系统的叙述和归纳。这种"大历史"观是把历史科学作为"唯一的科学"，其涵盖范围为自然史和人类史，其科学领域为自然技术科学和人文社会科学，可谓"大历史"观了。

2012 年 3 月 29 日《光明日报》上介绍了澳大利亚学者大卫·克里斯蒂安于 20 世纪 90 年代初所创立的另一种"大历史"观，也介绍了他在 2004 年所著的《时间地图——大历史导论》一书。他的观点主要有：①时间观：从各种时段研究历史；②生命观：人类历史始于宇宙大爆炸之后的"无生命的宇宙"到"地球上的生命"；③人类世界史观："早期人类史"；④世代未来多种史观："全新世"、"近代（世）"，直到人类世界的多种未来。总之，这是一种时间、空间、人间和过去、现在、未来的纵向与横向交织而形成的"大历史"观。

记得德国学者杜勒鲁说过："从起源中理解事物，就是从本质上理解事物。"这句话使人们对恩格斯的《家庭、国家及私有制的起源》有了新的理解。任何事物都有它的源头，寻根溯源是科学研究的一个重要方法。人们从事物的起源中可以看到"原生态"，可以加深对事物的本质的理解。这正如人们从童心中可以了解人的自我身心交往变化一样，在儿童那里看到了本原。万事万物的发展，都有自己的历史，而时间观是历史思维的起点。人间与时间、空间之间的交往而有事物，所以，科学的问题意识总是要首先追问：何时？何地？何人？何事？然后才追问何故？何果？何类？何向？何为？"九何而问"的问题意识，就是要解决人类文明交往史这个"大历史"问题中的人间、时间、空间之间交往的"大事"发生、发展的科学史观。马克思、恩格斯是从这个历史观念出发观察历史科学的，大卫·克里斯蒂安的上述历史观念，进一步把它细化为具体的时间观、生命观、人类世界史观、世代未来多种史观。这对于我们思考"大历史"观是有帮助和借鉴作用的。

有许多方面可以使"大历史"观的整体性更强，例如自然技术科学的成果就可以扩大自然史和人类史的宏观视野。荷兰史学家弗雷德·斯皮尔的《大历史与人类的未来》，正是从 20 世纪自然科技及宇宙史中看人类历史的。这本 2010 年出版的史论著作，使人看到了历史的高度复杂性和各种历史要素彼此互动多样化。不过，我还是觉得克里斯蒂安说得更准确些："大历史"首先是历史，"大历史"的核心观念是控制、选择、组织、整合和协调不平衡的人类社会状态。人类史是历史的本体，其主体是人的历史，而不是宇宙史、地球史、自然史。

从全球观察历史的作者曾形象地说，要站在月球上看地球史，这种"大历史"观是全球史观。这也是一种"大历史"观。人们总希望站在更高一些的角度看历史，史学家则希望有更高远的历史观念认识历史，这都是正确的方向。人类史与自然史的内在有机统一，是马克思、恩格斯得出了他们只知道"历史是唯一一门科学"的"大历史"观念。史学史发展已经认可了这一宏大历史建构设想。问题在于它是不是过于宏观，是否需要中观、微观的历史观念的补充和不断完善？是不是以此为出发点加以展开和细化？或者是别开思路、另辟蹊径？

"大历史"可以说是宏观叙事式地从总体上研究人类文明发展史的方法论思考。这中间的理论命题应该是人类文明交往互动规律问题。我这种思考不是孤立的。最近的全球史或世界史思潮中，美国的杰里·本特利的《传统与相遇：新全球史视角的历史》（中译本为《新全球史》）和他 2011 年主编的《牛津世界史手册》等著作中，提出了"跨文化互动"的见解。他把全球史从"站在月球上看地球"的太空，降到了人类社会交往的地球。他的"大范围人类历史框架"，是"考虑超越文化特性、排他性认同、地方性知识和个体化社会经验的可能性"，"用作思考世界历史的有意义的架构"。他在《世界历史与宏大叙事》一文中，提出了人口、技术和各社会人们三者之间日益密切互动的综合体，从而认为人类历史是文化互动范围与规模日益增强的历史。他的互动进程是：大范围的移民、帝国扩张、远距离贸易、生物物种传播、宗教、文化传统的交流。于是"跨文化互动"成为他的"新世界史""全球史"的核心理念。他从另一个视角说明了人类文明之间的互动交往规律问题。威廉·麦克尼尔也强调交往互动逻辑，但他着重在不同文明之间，其实在同一文明之内交往互动不能忽视。正是这种内外交往互动，各种力量综合互动，推动着人类历史的发展。中国的"大历史"研究者要不要在相互学习、包容互鉴，并且从博采众长中获得自得之见呢？

我认为，回答是肯定的。我们都在探索人类文明交往的互动规律，以提高历史研究的自觉性，而人类不同文明之间的交往，应当成为关注的主题。实际上，自然史、宇宙史的脉络必须与人类史脉络相连接，而中心线索则为人类史。人类史还可以细化为文明史和世界史。人类历史无非是人类世代的更替，世代相传的文明史到了近世化为真正意义上的世界史，即全球化的新的文明史。自然（宇宙）史——人类史——文明史——世界史，作为历史演变的线索，是"大历史"观念的一个总的轮廓面貌。我把世界史作为文明史的新阶段，正像把人类史作为文明前史与文明史的相互交织的时段一样，也把世界史作为文明史的新阶段加以考察。在这个全球化新阶段中，有许多新问题待人们去研究。例如，在民族国家体系的不同层面之上，如何实现全球化的新的文明交往？新的科学技术能否超越其强大威胁性毁灭力？前生物圈、生物圈、人类圈的宇宙自然如何与"大历史"观念融合？特别是生态文明作为一个新生态现代文明，如何进入"大历史"观念？总之，如何有一个更接近于人类史的实际，还是一个有待深入探研的大问题。

理解"大历史"的观念，从根本上说，历史是人的历史，是人研究"天人之变"和贯通"古今之变"，从而完成"一家之言"的处理人与自然、人与社会和人的自我身心之间的交往问题。"大历史"的观念把历史看作人的科学。休谟在《人性论》中谈到了这种人的科学。他说："显然，一切科学对人性总是或多或少地有些联系，任何科学不论似乎与人性离得多远，它们总是会通过这样的途径回到人性。即使是数学、自然科学和自然宗教，也都在某种程度上依靠于人的科学。"科学研究是人进行的探索人类和自然的人的科学，总是不能脱离人性的价值观。人性与一般动物的生物性既有相同也有相异。人之为人，其从事科学研究活动都对人的科学有依赖性。人性有善恶、真伪与美丑之分，宏观、概括和内外联系的"大历史"，只有从人的社会实践的历史过程中才能真正实现并从中得到理解。总之，人类文明交往的历史观念是人的科学的基本观念，它对人性的扭曲、异化和不变的人性持批判态度，它是体现"为人之道"的人学观。人的解放和自由，人的幸福和全面发展，是人性价值的基本理念，也是人类文明交往的自觉的历史观念，也是"大历史"的基本历史观念。

123. 傅岳棻的《西洋史教科书》

　　傅岳棻的《西洋史教科书》是商务印书馆在 1911 年出版的世界史教本。此书的思想见解于世界史学术史册的，有如下几点：

　　第一，该书一开始就提"何谓历史"的问题，并作了如下回答："历史者，考究社会人类进化之阶段及法则也"（第 4 页）。社会、人类、进化阶段、法则这四个关键词，组成了历史的完整意义。人类应是从自然界中产生、脱离动物界的人类史，进化阶段应是由野蛮到文明，由文明的渔猎、农牧、工商业至今日全球信息化交往的历史。这里，"进化阶段"至关重要。学习、研究历史，第一要义要有人类社会的整体观念，要深知历史发展进程经历了哪些阶段，从中考察各阶段的特点，进而总结出发展的规律性理论，从而得出有益于文明交往的自觉性结论。这个开始的问和答都值得结合具体研究领域进行思考。

　　第二，该书又有问答："历史者何？记载人种之生存竞争而已。有人种，然后有历史，无人种则无历史。人种固历史之主要也"（第 11 页）。这里讲的"人种"可以理解为"人类"，"种"与"类"原本是相通的。人类本是脱离了动物界而产生的；产生之后经野蛮而进入文明。生存竞争固然有生物的本性在，但毕竟不是动物界的"丛林原则"那样的自然生存状态。人类的冲突、斗争固然很残酷，但人类从中思考文明，从中持续觉醒，逐步觉悟到人与自然、人与人和人的自我的交往文明化问题。不断摆脱旧的思想枷锁而获得思想解放成为人类文明史的主题。

　　第三，该书的历史法则是进化论的历史观念。傅岳棻先生主要是研究西方史的，他称"西洋史"为"西史"，并说："夫人类进化，以全国全种为准，而历史以表其全国全种进化之现象为界。则断之曰：西史者，泰西全国全种进化之鉴，靡不可也。"（第 2 页）这是 20 世纪初期出版的西方史著作，应持历史的观点去看待其合理性。这使我想起 20 世纪 50 年代在大学上世界史课程时的情景。当时我先后有两位世界史老师，一位是王耘庄先生，他是茅盾的妹夫，他的夫人沈楚是中学老师，后来为陕西文史研究馆馆员。王先生讲世界史就是从自然史开始的，讲人和动物的区别。另一位是楼公凯先生，他曾留学日本，讲世界史也是从自然史开始。当时的教材是海斯和蒙的《世界史》，他指定的是英文原本，我的学兄刘念先为我阅读方便，把他的中译本赠送给我，让我对照着读。今天仔细想起来，那是一本典型的西方中心论史书，但从自然史开始，却与王耘庄先生和楼公凯先生的观点相同。

第四，傅岳棻的《西洋史教科书》对人类文明交往互动的特点很重视。他认为："历史固以人类进化为范围也，然人类进化，当合全国人种以较其差率。但若一部分及少数观察之，则泰西今日宏达之士，未必远胜希腊柏阿诸儒……则以全国全种之人群，乘时际势，相激竞争，相摩相荡，相输相衍，而智慧、才力、道德俱则进步而定最高之位也。"（第2页）他从人类文明进化的历史观念出发，以西方文明史上的柏拉图、亚里士多德与西方"今日宏达之士"相比较，认为未必胜过多少。但是以今日人群的社会交往能"乘时际势，相激竞争"，则远超希腊时代的西方文明状况。他用"相激竞争，相摩相荡，相输相衍"来表述文明交往的互动规律性状况，可谓形象生动；而用"智慧、才力、道德"来表述文明的进步，也颇为深刻。

第五，傅岳棻下面的一长段话尤其精彩，他写道："讲求历史者，非研究过去之事实也，乃研究过去之事实遗存于现在、影响于现在也。欲知过去，实为欲知现在，过去不知，现在不可知，不知现在，则无以处此世界。欲知现在，即不可不知过去。过去者，现在所自出也，故曰知古不知今，谓之陆沉……研究历史之法，在即过去事实之陈述，以发现真理，说明现在，预察将来。而知社会之起源进化之目的，历史学家以此为宗旨，读史者亦以此为要义，历史学家本以此以构造历史。"

此段话之所以精彩，在于他说明了历史研究中的过去、现在与未来三者之间的辩证关系。知古不今，那是"陆沉"式的泥古而不化。过去不知，现在必不可知。不知现在，则无以处此世界。这里所说的"知"实际上是"学史使人明智"的"智"，也就是"知物之明、知人之明和自知之明"的文明交往的大智慧。这也是文明历史观念所追求的目标，也正因为它追求的知古、知今、知将来，所以它是一个息息不止的远大的目标。不仅远大，而且艰巨，但它是历史学为之献身的宗旨。傅先生的结论是："研究历史之法，在即过去事实之陈述，以发现真理，说明现在，预察未来。"我愿意再将它重复一次。

第六，重复之后，我们就可以看出它是通观古今中外之变，展望未来的文明自信。正因为有此史观，才有以远见："乾枢坤轴，方今大通，万邦会合，文轨交同，悉其情伪，以为迎拒，考其利害，以为夺取，探其弱强之原，以渐治化，析其分合之故，以达开明。"（第16页）回顾百余年之前，有此气度与胸襟，使百年之后的我辈，更加理解文明史观开创的历史和现实意义。"开明"一语是现代文明在交往互动、互通开放的全球大通之明，人类、世界、时代三种历史眼光都离不开文明开放的交往本性，尤其离不开文明交往自觉的历史观念。

第 151 日　　　　　　　　　　　2012 年 5 月 30 日　星期三

124. 贝利的 1780—1914 年世界史

贝利（Christopher A. Bayly）的《近代世界的诞生，1780—1914：全球关联和比较》（*The Brith of the Modern World*，1780 - 1914，*Global Connection and Comparisons*，Oxford：Wiley - Blackwell，2004）一书，是全球史溯源之作。作者为英国剑桥大学教授，专攻英帝国史、印度史、南亚史。全书共 650 页。如同有些历史学家总想推翻前辈观点，从而对本专业有所贡献一样，他对 1780—1914 年这 134 年世界史作了新的研究。

①他以 1780—1914 年为世界的巨变时期，进而从中发现全球史的形成规律。

②他的史观是世界多中心历史进程观。

③全球以 1800 年为界分为原始全球化（archaic globalization）和近代全球化（modern globalization）。

④近代世界诞生的出发点是 1780—1820 年世界危机，包括英法争霸和大西洋两岸的革命和战争。

⑤他思考的关键词是"互动"，克服欧洲中心论，认为商业发展早于工业革命。

⑥他思考的另一关键词是"互比"，认为现代性是以全球相互依存更加紧密特征，但无法解释出欧洲革命与同时代的东亚与南亚间的内在因果关系。不过他比较了各种战争的异同。

⑦他认为宗教力量更大更有活力。

⑧他用"跨国性"、"全球性"概念完成了历史由社会史（19世纪70年代）、文化史（19世纪80年代和90年代）发展。

⑨19世纪西方经济、政治的绝对优势原因：欧洲国家扩大势力范围，强化实力政策、对外贸易的经济条件和军事与金融结合。

⑩他称"今日史学是世界史学"，提出了18—19世纪是人类历史的世界轴心时代的命题。

这个轴心时代不是雅斯贝尔斯的以哲学和宗教诞生为特征的人类精神突破的时代。用马丁·海德格尔在《形而上学导论》中的话说："哲学在本质上是超时间的，因为它属于那样极少数的一类事物，这类事物的命运始终是不能也不可在当今现在找到直接的反响。"马丁·海德格尔不是用科塞雷克以政治和社会概念来刻画18—19世纪史，而是以人类组织结构的不可逆转高效的发展论。用贝利的话说，那是人类历史的"世界轴心"时代。其实，这是"欧洲中心"的时代，他是以欧洲为轴心看世界历史的。

第 152 日　　　　　　　　　　　　2012 年 5 月 31 日　星期四

125. 奥斯特哈梅尔的 19 世纪史

德国康士坦茨大学学者奥斯特哈梅尔（Jugen Osterhammel，中文名贺远刚）的《世界之变：一部 19 世纪的历史》（*Die verwandlungder Welt. Eine Geschichte des* 19. *Jahrhunderds.* Munchen：Beck，2009）是继贝利之后又一部 19 世纪世界史。该书称："所有的历史都有世界史倾向。"

年鉴派史学家布罗代尔有言："唯有整体的历史才是真正历史。"但奥斯特哈梅尔不看重大的"整体性"，而用了分门别类事件，叙说随笔风格写成了《世界之变：一部 19 世纪的历史》。此书，共 1568 页，于 2010 年获德国学术最高奖——莱布尼茨奖。

根据现代化理论，关于世界走向现代过渡时期问题，有波拉尼（Karl Polamyi）的"大转型说"（Great Trams form ation），有科塞雷克（Reinharf koselleck）的"鞍形期"（Sattelzeit）说。奥氏即借助后说，将基督教世界的 19 世纪起点定于 1770—1830 年，1900 年之后的殖民主义到第一次世界大战结束的 1914 年，约 150 年之久。此书要点如下：

①19 世纪特点：政治思想和生存科学化。其主要内容是：火车与工业及各大洲的大规模移民、经济和全球交往、全球化浪潮、欧洲帝国全球扩张，实际上是今日世界的前史。

②19 世纪的全景为"定居与迁居"，关键为交通、外贸和金融加速交流与互动。

③变化是该书最重要的关键词，变化在方向性和可能的内涵关联是以时代特征来重构 19 世纪的复杂历程。总之，是把握各地变化。

④重视历史哲学范畴（国家、阶级、革命、宗教、网络、等级）。但认为 19 世纪仍是稳定的帝国时期，民族国家是 20 世纪以后的事。

⑤欧洲输出文明活动，从 18 世纪晚期至 1900 年前后达到高峰。"全球"立场不能克服欧洲中心论，需要大量史料及比较方法使之相对化，将视野扩大到"其他世界"。

奥氏 1989 年即有《中国与社会》之作。他关注 19 世纪各因素的互动，论证对世界走向现代变化的关键之变。

第 153 日   **2012 年 6 月 1 日   星期五**

126. 历史会重演吗？

美国前国务卿亨利·基辛格在其《论中国》一书的"后记"中，

提出了这样的问题："历史会重演吗?"

他对有些评论家关于今日美中对抗有重演 20 世纪初英德对抗的历史的观点,并不认同。他认为:"不同历史时期之间的比较,从本质而言是不精确的,甚至最精确的类比也不意味着当代人一定会重复前人的错误。毕竟,结局对所有人都是灾难,不管是胜利者,还是失败者。"

他认为第一次世界大战与现在的不同之处在于:第一,那时,一方收益意味着另一方损失,激烈的公众舆论不允许妥协;中美关系本质上是全球性,如核扩散、环境污染、能源安全、气候变化等。第二,中美的内部演变与第一次世界大战前无法类比,未来几十年中国将持续猛进,美国社会注定停滞,但中国国内问题多,不容许进行国外战略对抗,而且中美领导人更对大规模杀伤武器的毁灭性后果,比第一次世界大战前领导人更心知肚明。第三,中美之间的决定性竞争不是军事,而可能在经济、社会方面。美国维持竞争力和世界责任是出于传统观念("普世价值"),中国则关注依靠"文化渗透"而非传教狂热。中国心目中的国家命运是发展经济,要求广泛利益。比之第一次世界大战前的对抗局面,中美是既合作又竞争,在许多方面共同发展。第四,"在这种广泛的互动中,美国试图又通过对抗而强加于人(尤其是对中国这样一个有自己历史宏图的国家)可能会弄巧成拙。中美共同的挑战是实现必要的平衡"。第五,结论:"中美关系的恰当标签应当是'共同进化'",而不是"伙伴关系",注重合作,寻找和发展互补,试图减少冲突,从第一次世界大战教训中增长历史远见,认同对方"历史角色"。

何谓"历史远见"? 基辛格认为:"即使对于双方最有善意、最高瞻远瞩的领导人来说,文化、历史的战略上、认知上的差异,也将形成严峻的挑战。另外,如果历史只是机械地重复过去,以往的任何转变也不可能发生。在这种意义上,历史远见的产生,是'勇于担当,而不是听天由命'。"

值得注意是,基辛格设计了"太平洋共同体"的理想亚太体系,与第二次世界大战后的"大西洋共同体"相提并论。在此体系中,不是一个"中国集团"与"美国集团",而是一个各国联合体系,日本、印尼、越南、印度和澳大利亚等国一起参加。只有各国领导人高度重视，努力建构这一体系才有意义。基辛格这个设想，是在美国制定重返亚太战略，南海风起云涌，钓鱼岛剑拔弩张，海洋、太空、网格安全成为众矢之的的严峻形势下提出的，因此难以实现。"历史会重演吗？"基辛格认为不会，但在某种不同形式之下的不同条件下重演，似乎很难说。17 世纪意大利社会学家维科曾有"神的时代"、"贵族时代"和"人民时代"完结之后，人类将回到原初阶段的"历史循环论"，与"历史重演论"类似。我的大学老师陈登原先生曾以中国古代史为例，著有《历史之重演》一书，倒是可以参考的。历史经验值得注意，历史教训也不能忘记。无论如何，从历史中自觉获得智慧，增加历史自觉是必要的。毕竟，文明交往自觉是历史的自觉。

第 154 日　　　　　　　　　　　　2012 年 6 月 2 日　星期六

127. 近代欧洲的殖民主义

何谓近代欧洲文明？殖民主义是其中一大伤疤。今日作两则有关札记：

①《欧洲史》作者德尼兹·加亚尔等虽有严重的欧洲中心主义倾向，但仍然认为："欧洲的殖民地扩张给非洲、亚洲、澳洲人民带来悲惨的后果，他们往往受到无情的剥削，他们的资源受到无情榨取。"

②《世界经济千年史》作者安格斯·泰迪森说："西方国家发达的过程离不开其对世界其他各国的武力侵犯。美洲的欧洲殖民化意味着对土著居民的灭绝、边缘化和征服。欧洲与非洲三个世纪的接触建立在奴隶贸易上。从 18 世纪中叶到 20 世纪中叶，欧洲与亚洲国家之间的屡屡战争目的在于建立维持殖民统治或贸易权。另外，西方国家的经济发展或贸易还伴随着一系列掠夺性战争和损人利己政策。"

在文明交往中，不可忽视欧洲文明中的殖民主义性质。现在讲文明，只讲西方强势文明，东方弱势文明，强弱之交，弱肉强食，那是丛林原则。文明交往不是野蛮原则，而是文明原则，要用文明克服野蛮。

因此，在研究这段文明交往中，必须指出殖民主义的侵略、掠夺、剥削实质。我们应该想一想，有些西方学者，如德尼兹·加亚尔和安格斯·泰迪森都能看到的问题，都秉笔直书的事，而受到殖民凌辱的东方学者，为什么对此避而不谈呢？这是不是不该有的"历史健忘症"？是不是跟着一些人"邯郸学步"，甚至"鹦鹉学舌"呢？

欧洲殖民主义是资本扩张性、侵略性的表现。当世界历史成为世界史时，近代欧洲殖民主义者对于发展中处于后进的亚洲、非洲和拉丁美洲国家，正是在"传播文明"的外衣下，实施野蛮的侵略和强取豪夺。马克思在论英国对印度的殖民政策时，已经尖锐地指出他们在东方和国内的两种截然不同的面目：在国内，自由、平等，绅士文雅；在国外，尤其在亚洲、非洲，野蛮抢掠、烧杀，在美洲甚至种族灭绝。此种行为在今日又以双重标准在美国的对外政策中多次出现。这是值得进行的历史反思，这也是应当尊重的历史事实。

第 155 日 　　　　　　　　　　　　2012 年 6 月 3 日　星期日

128. 英雄人物三人论

历史科学告诉我们，人类历史是一条奔流不息的长河，是一个后浪推前浪，大浪在前进中淘沙的大江流逝过程。苏东坡早已用文学笔法描述了这个"大江东去，浪淘尽千古风流人物"的历史景观。这里只有过程和流段，而没有一个最终的结论。罗素也用哲学的语言表述过："你不能两次踏进同一条河流，因为新的水不断地流过身旁。"在历史长河中，不能没有伟大历史人物的活动，研究历史也不可能不研究英雄人物，即苏东坡所说的"风流人物"。思考至此，遂有下述三位学者论英雄人物的论点摘录。

（1）卡莱尔讲演集：《英雄和英雄崇拜》。这是卡莱尔 1840 年之作，上海三联书店出版了这本书中文译本。该书开卷处即有以下言论："世界的历史，人类在这个世界上已完成的历史，归根结底是世界上耕耘过的伟人们的历史。他们是人类的领袖，是传奇式的人物，是芸芸众生踵武前贤、竭力仿效的典范和楷模，甚至不妨说，他们是创世主。"（第1—2页）

卡莱尔对历史上的英雄人物持六分法予以分类：①神灵英雄；②先知英雄；③诗人英雄；④教士英雄；⑤文人英雄；⑥君王英雄。

卡莱尔对历史上的英雄人物共有的品质概括为七种：①真诚；②勇敢；③智慧；④道德；⑤创造；⑥宽容；⑦悔悟。他认为这是英雄们共有的品质，他们生活于真实、神圣和永恒的境界之中，存在于内在境界的深层次之中。

卡莱尔有一个观点："英雄是生活于事物的内在境界，也就是生活在真实、神圣和永恒的境界之中，而大多数凡夫俗子是看不出这些深层次的东西的存在。"

（2）普列汉诺夫：《论个人在历史上的作用》。普列汉诺夫此书的新译本为1998年的北京三联书店版。该书第38页有以下论点：

"任何伟人都不能拨快历史的表针，他的活动是这个必然和不自觉进程的自觉的和自由的表现。他的全部作用就在于此，他的全部力量就在于此。"

（3）悉尼·胡克：《历史中的英雄》。此书最早出版于1843年，中文译本有上海人民出版社版本。

悉尼·胡克的"历史选择论"，见中译本第109页：

"所谓历史上的英雄就是那样一个人：在决定某一问题或事件上，起着压倒一切的影响；而我们有充分理由把这种影响归因于他，因为如果没有他的行为，或者他的行动不像实际那样的话，则这一问题或事件的种种后果将会完全两样。英雄就是具有事变创造性并且能够决定历史进程的那些人。"（第159页）

"我们所谓历史上的英雄或伟人仅指事变创造性的人物而言。"（第110页）

"这种人不是偶然的地位或情况造成的，而是智慧、意志和性格的种种行动能力必然发生的结果。"

以上是英国卡莱尔、俄国普列汉诺夫和美国悉尼·胡克三位历史学者的论点。从三位学者的论点中，可以看出在英雄史观方面的不同与相异之处。其中普列汉诺夫和悉尼·胡克都谈到必然性是深藏在偶然性之中的。人们通常看见的、感兴趣的是"偶然性",而学者要深究的是从众多的偶然性中挖掘出必然性来,使好的历史传统与习俗得以延续,也使得历史上英雄人物的伟大之处得以传布后代,遗泽后人。必然与偶然这对哲学范畴之间的关系是很复杂的,它互为因果、互为表里,不是一两句话可以说清楚的。对于历史上伟大人物的分析,需要具体人物具体对待,深入其时代、社会、生活以及思想等具体条件然后做出相应结果。任何简单化概括性的一般性归纳,都是有限的道理,不能运用于普遍性问题的分析。

记得哲学家金岳霖说过有关演绎和归纳问题的一句警语:"脱离了具体时间、地点的演绎还可以骗人,脱离了具体时间、地点的归纳,根本骗不了人。"我对这句有感于当时金岳霖在政治因素过多干扰学术条件下的无奈语言,也深有同感。在那个特殊年代,面对迎面而来的政治棍棒,我只用列宁的一句话回敬:马克思主义的活的灵魂在于具体问题具体分析!

第七编

诗意人生

编前叙意

诗意是人生的精神生活中的审美意境，是人生心灵的情趣表现。

诗意是人生的生存、生产、生活的艺术和学术、形象思维和理性思维相统一的情意境界，也是人的文明化的爱美教养状态。

诗意与诗歌不同，它大于诗歌、深于诗歌，它既包括有韵律、可歌咏的诗体表达，也体现于"诗言志、歌咏言"之外的人生思想和行为。诗意存在于思想和行为之中，而思想来自心灵，诗句无非是人生情感的一件美丽的外衣而已。

诗意存在于对人生之问中：人类在宇宙中扮演何种角色？个人与社会之间有何种关系？何谓过去、现实与未来的历史感？为何万事万物为现在样式？人如何有真、善、美的生活？生存与死亡的真谛何在？人类一切努力的目的与人类文明是何种关联？

诗意伴随着人的一生。它关乎物质与精神生活的平衡、肉体与灵魂的互动和生理属性与人文属性的交织。诗意是对人深刻认识、终极关怀，具有知、情、意、行的审美情趣与追求人生的幸福境界，它内化文明于做人的品质、态度与理念，外化于气质、待人接物的行为举止的文明交往自觉。

诗意可以使一个人成为写诗的诗人；诗意也可以使一个人把自己的生命活成一首诗。虽然他不会写诗，也没有写过诗，但不妨碍他成为诗意处世、诗意生活的人。这种诗意人生正是清人江弢叔所描绘的意境："我要寻诗定是痴，诗来寻我却难辞。今朝又被诗寻着，满眼溪山独去时。"

诗意是诗的生活意境，有幽雅、含蓄、意象和挺秀之美。刘勰在《文心雕龙》中以"隐秀"的意境来说明诗意之美："是以文之英蕤，有秀有隐。隐也者，文外之要旨也；秀也者，篇中之独拔者也。"费尔巴哈说过，一个人只要能被诗所感动，他就具有诗人的本质。龚自珍用下列诗句描绘他的诗意人生："少壮哀乐过于人，歌泣无端字字真。既壮周旋杂痴黠，童心来复梦中身。"

129. 孔子以诗言教的联想

有人建议，以孔子诞生日为中国的教师节，这是有道理的。孔子在人类文明史上堪称"伟大的教师"。他的教育思想是中华文明的宝贵精神财富。在他的教育思想中，诗教思想值得着重深入研究。"不为诗，无以言"，正是孔子诗教传统的"诗言志"的人学命题。诗教如春风化雨、润物无声、潜移默化于心灵中的感情教化。诗教如春风化雨，使人生充满诗意愉悦之美，使生活不再干枯单调。

由孔子的诗教思想使我想起了我的"诗意治学"理念。这个理念也正是从我自幼接受诗教以来形成的。我上过几年私塾，学过《三字经》、《百家姓》、《千字文》，都是幼学诗歌韵体知识的读物，朗朗上口，有用易记，而对老师介绍的《唐诗三百首》尤其爱读。

诗教是我感受到最深的教化影响。在学校教育的同时，对我印象最深的还是祖母的家中诗教。我从小受诗的熏陶，自祖母的"口歌"开始。陕西关中话所说的"口歌"，即顺口溜式的有韵律、可咏唱的民间歌曲。它在民间，尤其在妇女群体中广为流行。我祖母口歌很多，都是自然脱口而出的诗歌。有时还用绣荷包或郿鄠剧的曲调，边吟边唱，是名副其实的"口歌"。她可以说是个民歌手，口歌的内容多为寓教于歌的日常生活。这种诗教，如潺潺的甘泉，流入我幼小的心灵中，那伴随着音乐感的平实动人的口歌，在我的生命中，打下了深深的印记。以至于七十多年之后，仍能完整地记得其中几首。

第一首是"家史"口歌。她所咏唱的口歌和一般口歌不同，很重视历史叙述。记得她用史诗般的语言和音调咏吟家史："树有根，水有源，你的老家在河南。南阳府，淅川县，城西八里石家湾，石姓本是你祖源。淅水涨，灾荒年，逃难来到咸阳原，过继姓彭人，家住渭城湾，胡家沟内把家安。胡家沟，又遭难，再转泾阳县，三渠口乡成家园。"这里的三渠口即泾阳郑、白、泾惠三渠之交会地区，为盛产粮棉之乡，被誉为"关中的白菜心"。

　　河南省淅川县是楚文化的发祥地，商圣范蠡的故里。淅川老县城丹阳，是楚国最早的都城。淅川有"移民"的迁徙交往传统精神。在近代，为了逃荒而走他乡的人不少。我们家就是清代从淅川迁徙到陕西的移民。淅川人民为了一江清水北流，南水北调，从 20 世纪 50 年代开始，先后有近 40 万移民外迁，其移民迁徙的历史活动，可谓"交往"的一大史诗。

　　第二首是"敬惜字纸"口歌。她虽然识字不多，但非常尊敬书籍，对一切有字的纸，都很爱惜，常常要我们崇敬文字、惜爱图书。对一切有字的纸，不许乱扔，为此专门设有"字纸篓"。那是一个用柳条编的筐，筐上贴有四个大字："敬惜字纸"。她为此也编有惜字纸歌："字是圣人造，读写传大道，敬惜再敬惜，不做败家子。"

　　人们谈爱书的时候，多谈犹太文明中以蜜涂于圣经上，让幼儿尝书的滋味，并以此说到犹太人爱书的传统。其实中华文明中"敬惜字纸"的热爱文化的传统，早已深入民间了。

　　这里，我想起新闻学家范敬宜的"敬惜文字"的话："现在新闻圈里有一种不好的现象：轻视文字。如果谁要鄙视一个记者，会在数说了一顿不是之后，来了这么一句：这人，文字还行。其实，这是把本末闹拧了。文字是新闻从业的基础，没有过硬的文字基础，绝对当不成好记者。"这是对"敬惜字纸"在新闻行业的具体说法。文字表达对人文社会科学都是基础。古人有"惜墨如金"的话，用以说明文字功夫的可贵。在文字上通达畅顺、精雕细刻，也表示了对文化的敬意。文字是文明之肇始和标志。文字也被人称为"门面"，是交往的外部形象。

　　第三首是"爱惜粮食"的口歌。她对糟蹋粮食的行为极其愤恨。我小时候爱吃零食，经常拿个冷馒头啃。有时，一不留神，就把馍屑掉在桌上或地下，她就用拐杖敲打我的头，我疼得哭了。她又有口歌出口："人造孽，天报应，荒年来了要人的命。我不是不爱我孙娃，没有粮食活不成，拐杖让你疼后记住命。"她给我揉了揉头，还是哼着一首口歌："民国十八年，陕西遭年馑，三年六料没收成，人饿死，瘟疫凶，早上得病晌午死，后晌埋人带烧纸，不爱惜粮食哪有命？"

　　第四首是"纺线"口歌。她的节约勤劳在村里出了名，晚上纺线不用灯，常在月光下纺到半夜。别人觉得她太苦了，她却一边摇动纺车一边哼着绣荷包曲调的"纺线歌":"初一到十五哟,十五月儿高呀,春风哟摆动杨柳梢。年年常在外哟,月月呀不回来,纺车哟转动我心怀。"她反复咏唱,悠扬的乐调既乐观又带有思念的忧伤,伴随着纺车转动的呜呜声,给人一种挥之不去的情思。我后来在西安听唐乐演奏阳关三叠的"渭城朝雨浥清晨,客舍青青柳色新。劝君再进一杯酒,西出阳关无故人",不禁想起祖母的"纺线歌"。它的婉转悠长、反复雅悠的离情,与阳关三叠多么相近啊!这真是民间乐歌与古代乐歌的文明交往汇流,是两首"回望的歌,远眺的诗,深情的调,淳朴的曲"啊!

第五首是"石榴花"口歌。我上小学时,一位同学受继母虐待,哭着向我祖母诉说。她听了以后,抚摸着她被打的伤处,唱着口歌:"石榴花,满院红,妖婆打娃不心疼,又是掐,又是拧,还说把娃没惯成。"她爱看秦腔、郿户戏,并且总结说,古戏演的不是奸贼害忠良,就是后房害先房,真该把这些现在的妖婆编成新戏,用口歌咒骂她。

第六首是"北风"口歌。祖母一生最揪心的憾事是我三叔出走不归。她告诉我,你三叔离家出走的时间是民国二十年,是你出生这一年。每逢过春节,年三十大家一起吃年夜饭时,她都拉着我的手,扶着大门外的一棵大椿树,向北方呼唤三叔的名字,并且哭泣着咏唱这首口歌:"北风起啊天气寒,树叶黄啊三友一走不想娘,娘想你啊你不想娘,不然你为啥不应声,难道你已经把娘忘,不然你为啥连个梦也舍不得托给娘!"这也是我最心疼的歌,我抬头看她满脸慈母思念儿子的泪花,寒冷的西北风,把她稀疏的白发吹得蓬乱飘起。她那边哭泣、边咏唱的歌声,特别是呼叫我三叔名字"三友"那的撕裂肺腑之声,那生死离别之愁,至今令人唏嘘不已。

总之,祖母的诗歌在我幼小的心灵中留下了深深的印记。古人云:"谁能思不歌?谁能饥不食、渴不饮、寒不衣?"诗歌就是思而歌,就是悲欢忧伤需要言说。关中的口歌是民间倾诉心灵苦楚怨恨的艺术表达形式。我听到的不只是祖母一人,邻村就有好几位"劝善"的老太太也是出口成歌的。不过不如祖母那样的"不为诗,无以言"的言传身教才气。她以口歌表达对各种事物感受的风格,影响到我对文学的爱好,以至于再后来的诗意治学。以上这几首口歌,我上大学时整理后投寄给一个民歌的刊物,竟然刊登了。虽然祖母早已不在人世,但总算是留下了一份纪念物。

我由此感到：吟诵诗文对加深理解的重要性。每吟诵一遍名诗名文，都有一次新的体悟。青少年时代学会吟诵诗文，是一种终身享受，而且是受用终生。王恩保的《中华吟诵读本》中讲得好："中国一直存在着诗教的传统，而吟诵作为诗教的有力工具，让人们的道德更为完善。"我由此也感到真、善、美是人类世世代代长期实践的结晶，此种素质靠家庭、学校、社会对正确人生观的教育。教育首先是学习，学习第一步就是接受说理方式，尤其是诗教这样的细雨润物的诗教方式。

诗教思想影响着许多人。寓教于诗意之中，那是一种美声美语的润物无声的教育理念，那是一种深入心灵的潜移默化的巨大力量。文学家的诗意人生自不待言，如巴尔扎克的《人间喜剧》，就被马克思称为"用诗情画意的镜子反映了整整一个时代"。人文社会科学和自然技术科学界的学人，不少都在学术上走着诗意治学之路。寓教于诗，寓学于诗，虽不是诗人，但诗意使学人的治学精神更丰富。有诗意的学人具有一种诗人的气质。因为诗意是一种人生的情趣、情调和雅致的潜能。以诗意治学，使学人多了一份人文感情，添了一种人文境界，使人生变得更美、更乐、更富有人文精神。

第 157 日   2012 年 6 月 5 日　星期二

130. 孔子的诗中之教

《论语·八佾》中有一段孔子与学生子夏的问答：子夏问曰："巧笑倩兮，美目盼兮，素以为绚兮。"何谓也？子曰："绘事后素。"曰："礼后乎？"子曰："起予者，商也！始可言诗已矣！"

朱熹在《四书集注》中对这段问答作了如下注释："言有此倩盼之美，而加以华采之饰，如素地而加采色也。子夏疑其反谓以素为饰，故问之。"

子夏是卜商的字，长于文学，春秋卫国人，序《诗经》，传《易经》，他的事迹被司马迁列入《史记·仲尼弟子传》中。从今天的观点看，子夏是位很有问题意识的学生，他怀疑美女做出的"巧笑倩兮"、"美目盼兮"的神情表现，是"以素为饰"的，因而提出了"何谓也"这个问题。孔子给了四个字的回答："绘事后素。"

"素以为绚"，这是问题的关键所在，而"素以为绚"的"素"何以为"绚"，又是问题的焦点。孔子强调"素"，这是对美女本身的本色美的重视，而"绘事"是用作美女的"巧笑倩兮"、"美目盼兮"神情表现的比喻。孔子的意思是："素"的重要在于这种本身的素质为本色，应以质为先，无质则"绘事"的文饰为美难以增色。子夏是研究《诗经》的，对诗意之美是有体悟的，因此是领会这句"巧笑倩兮，美目盼兮，素以为绚兮"诗的意境。子夏接着是用肯定的问句"礼后乎"把诗意用于具体的学礼过程，深化为诗意教育的由诗入礼的理念问题上，因而被孔子称赞为"始可言诗已矣"。

事实上，孔子的"起予者，商也"这句话，不仅是言诗，而是寓教于诗。"起予"的"起"字是发现、发明；"予"字是"我"，即孔子本人，而"商"是孔子呼子夏之名。从全句看，应该是：能发现、发明我的意思的人，是子夏。后人因此把"起予"一词指得到他人的教益，即受到教育。

孔子的教育思想中，对礼的修养十分重视，他认为后天的"礼"，必须在人心中的"礼之性"基础上进行。礼是基本的道德规范。《论语·阳货》所指的似有德而实无德的"乡愿"们，就是为利欲所汩的人，因为缺乏基本的素质而无法教育的。孔子教育的学生中，既有"过我门而不入我室，我不憾焉"而无可奈何的人，也有"腐木不可雕也，粪土之墙不可圬也"那样缺乏素质的人。孔子用形象诗意般的语言，对素质问题作过比喻。"素以为绚"，有了倩目兮之美的美女，再加以华采之饰，方能绚丽，否则，无此素质则无前提条件。言诗而入礼，素以为绚，这就是诗中之教。实际上，孔子的诗教不是孤立的，是与他的治诗、书、礼、乐、易、春秋"六经"密切相关的。这一点，以后再谈。

第 158 日

131. 孔子言诗小记

孔子言诗之处颇多，真可以做一个专题研究。我想到以下几点，可以作为一则小记。

第一，孔子以慎思的思维方式，探究诗意人生，其特征是感性思维与理性思维方式的交融。例如，他有句名言："岁寒，然后知松柏之后凋也。"孔子在这里虽讲松柏，本意是在言人；然而，孔子在这里没有直接说人，也没有言说道德仁义等，而是说苍松翠柏在寒冬季节的珍贵品格和坚毅精神。这不仅是对人与物关系诗意的远距离超越，而且是对诗意人生的理性领悟，升华到对美的赞颂和审美的境界。我居北京松榆南路，有松柏而无榆树，其实榆也坚韧，可与松的品格相比，因此明代朱鼎《玉镜台记》有"松柏生南山，榆影身健康"之句。我把北京书舍称"松榆斋"，以表老年心境。劲松老而弥坚，韧榆老而愈强，松榆亦如孔子的"岁寒，然后知松柏之后凋"的诗意人生。

第二，孔子还有在河岸上的咏吟："子在川上曰：'逝者如斯夫，不舍昼夜'。"这是许多人都引用过的名句，而且也有人把它引入诗词之中。那是用日夜不息流逝的江河之水，来表示人逝去的生命，用以体现人和自然之间的关系。这使我想起明代朱承爵在《存余堂诗话》中的话："作诗之妙，全在意境融彻，出声音之外。"孔子的"逝者如斯夫，不舍昼夜"，虽不是有声韵之诗，但却洋溢着诗的意味，而且充满着哲理，如"岁寒，然后知松柏之后凋"一样。这是无韵的诗句，它言在诗外、意在诗中。孔子的"为政以德，譬如北辰，展其所而众星拱之"，也是以星空世界明亮的北斗星来表达为政者心中道德律己和政治上美的秩序。这与康德常对头顶上的星空和心中道德的思考，有相近之处。

第三，由以上我想起钱穆在《论语新解》中唐棣诗的分析。这首诗是："棠棣之华，偏其反而。岂不尔思，室是远而。"这是一首情诗，意思是棠棣树之花，摇摆在树上，难道我不想念我的所爱啊，因为你住得远啊。孔子诵此诗，接着评论说，既然思念所爱的人，就不该嫌远啊，"何远之有？"钱穆对孔子的这一评论与《论语》子罕全章的评论连在一起。他说："此章言好学，言求道，言思贤，言爱人，无指不可。"然后由中国诗谈起："中国诗好在比兴，空灵活泼，义譬无方，读者可以随所求自得。而孔子之说此诗，可谓深而切，远而近矣。"他认为，既然是人与人之间的相思，就应是"何远之有"，是"仁者，爱人"的诗意表述，此诗"深而切"，实际上是孔子诗意求道、诗意思贤、诗意言仁、诗意治学的认识世界的诗意视角和仁爱气象。

诗意人生是人的求真、向善、爱美的科学和艺术相融合的生活方式。许多自然科学家对此也有相同的体会。如钱学森就有"艺术上的修养，对科学工作很重要，它开拓创造新的思维"之说。李政道也有"科学和艺术是不可分割的。它们的关系是与智慧和情感的二元性密切关联的。"人文社会科学与艺术的关系是更直接的，我的诗意人生、诗意治学，就是形象思维方式与理性思维方式相融互动的一种文明交往的表达。

第 159 日　　　　　　　　2012 年 6 月 7 日　星期四

132. "美学意境" 的东西方交往

两种文明之间的交往有一个互相理解的过程。六朝佛教东传、近代西学东输，都有本土义理配外来观念的"格义"现象。姜荣刚在《两种"意境"的并存与交融——"意境"现代意义生成的历史考察》（《人文杂志》2012 年第 6 期）中认为，近代西学输入的"意境"是对西学的"格义形态"，是"中西两种文化传统碰撞与交汇的直接结果，忽视或偏重任何一方都是片面的"。"格义"其实是消化吸收的交往形式。

"意境"在西方美学中，其核心概念为理念、观念，它和"意象"相对应。1899 年梁启超在《汗漫录》中提出诗界三长："新意境、新语句以及古人风格人之，然后成其为诗。"1907 年王国维在《人间词乙稿序》中，提出："文学之工不工，亦视其有无与深浅而已。"这里谈的也是意境问题。

"意境"在中西方有相似之处，清代以来本身发展已有"交互格义"的可能。融合有两步：①中西概念对接（格义）；②挪用之后与中国传统的"意境"合流。近代中国学人选择"意境"作为中国文论乃至美学的核心范畴，并为人们所接受，是基于自身的传统而进行的一次理论重构。它不是"自我的他者化"，而是"两种文化杂交的新产品"。它含有两种文化因子，却是互化中产生的新诗学概念，是生长出来的新东西。这是文明交往互动规律的一个案例。

诗的意境是人性美的意境。诗一般是有韵的，有韵之诗是音乐节奏之美。但也可以有无韵之诗，其诗意在音韵之外。前面说过，明代朱承爵在《存余堂诗话》中即有："作诗之妙，全在意境融彻，出声音之外，心折骨惊。"南唐李煜《浪淘沙》中的"帘外雨潺潺，春意阑珊"，从雨声中见春意，那就是一种雨声之外的春天意境。鲁迅把《史记》称"史家之绝唱，无韵之《离骚》"也是这种音韵之外的诗意。

诗意人生是一种乐趣，更是一种幽默、乐观，其中也贯穿着理性、哲理之美。相声大师侯宝林 1982 年到香港，有记者问："我们怎么用英文解释相声？"侯宝林回答说："有声的漫画。"那记者穷追不舍："那怎么解释漫画呢？"侯宝林充满哲理地回应："无声的相声"。这便引起在座的人热烈的鼓掌。有一位西方记者问："您说的是普通话，香港讲广东话，您的相声香港人能听得懂吗？若是听不懂，会有人来看您的演出吗？"侯宝林回答："凡是来的都听得懂，凡是听不懂都不会来。"第二天，香港的报纸登出了耸人听闻的大字标题："侯宝林说'两个凡是'"。

上述侯宝林的应对，那种幽默语言和哲理思维，使他的人生更充满诗意，充满愉悦。他不愧为艺术大师，是文化的传承者，是文明理念的传播者，也是诗意人生的一个典型表达者。文明交往互动的自觉意识在其中自然流淌。

第 160 日   <u>2012 年 6 月 8 日　星期五</u>

133. 人类的视角

以整个人类的视角看世界，是人类学家的立场。"人类"是比"世界"要更深的观察人类文明交往的视角。人类从自然界、动物界分化出来之后，才逐渐进入文明交往世界。因此，从人类文明交往看历史，人类的视角应该是历史学家不可或缺的视角，也是人文社会科学的共同的立场。

德国东方学家、诗人和翻译家弗里德里希·吕克特（1788—1866），是一位文明交往使者。他是第一位将中国的《诗经》译为德文的人。他译的《诗经——中国的歌集》（孔子整理，吕克特德译）出版于 1833 年。他在序言中提出了一个著名的论点："唯有世界的诗才是世界的和解"（weltpoesie auein ist weltversohunmg）。他说的世界，是人类的世界；他说的诗，是人类世界的诗。他是从人类的视角来观察世界的。他是希望找到人类的原始语言，这种语言是跨越民族、地域和时间界限的。为此，他也翻译各民族古老的诗歌，如《诗经》，作为人类文明交往的桥梁，从中找到对同存共处、和谐发展的启示和智慧。

这是一种从全人类的高度出发而洞察出的诗意性历史观念。他强调人类文明的共源性，要求实现人类真善美的原始根基，由此促进人类交往的良性循环，从而实现人类的和解。

诗歌是人类文明史的最早表达形式。诗是人类历史最初的文体。以诗为史是许多古老民族的传统。《诗经》是中华文明的史诗，也是人类文明的宝藏，是"世界性的诗史"。人类最早用诗来表示自身的历史存在，它是存在之诗史，是在思考中追求真善美的结合。《诗经》中那些无名的古代众多诗人，如荷尔德林所说的，是"创建那些存在的东西"。人类的存在是社会的存在，是社会制度、社会生活、社会状态的存在。因此，人类的视角必须与社会的视角相结合。人类学方法需要社会学方法补充，人类学、社会学以至于自然技术科学的研究方法，都是历史学需要吸取借鉴的研究方法。历史学是从源头上找活水，从发展中看流程和流向，历史观念是高深一些、远一点、细一些的观念。历史的观念关注文明交往，所以史学家要往高处站，往平处坐，往宽处行，往深处思。这就是人类文明交往的自觉之所在。人类历史需要深知，深知人类历史才有人类幸福的现在和美好未来！历史昭示人类不要健忘。光荣和灾难虽已过去，但历史展示着过去的博大、庄严、宏伟，也警示着黑暗、愚昧与悲惨。创造和毁灭共存于历史之中。此种文明交往互通互存互动的辩证思维逻辑，此种矛盾对立统一的辩证规律，引导着人类文明自觉。历史科学从人类史和自然史两大方向的互联互动中去关照世界的行程与前途。

第 161 日　　　　　　　　　　　**2012 年 6 月 9 日　星期六**

134. 哲言、名诗、格言，长存人世间

一位哲人，一位诗人，著作作品都不会少，但留给后世的并且广为传播的常常是那么几句，甚至是一句名言。

例如康德的《实践理性批判》是哲学名著，留给后人的很多，然而，广为传诵当数这句哲言："有两样东西，我们愈经常愈持久加以思考，它们就愈使心灵充满日新又新、有加无已的景仰和敬畏：在我之上的星空和居我心中的道德法则。"这句话虽然说的是星空和道德法则，实质上却思考着人类文明交往中的人与自然、人与人、人的自我身心之间关系的哲学大问题。自然律、社会律和道德律，也正是知物之明、知人之明和自知之明这"三知之明"的文明交往的关键之处。不懂此三律，无以明澄文明化而为人。对此，能不时刻从心灵深处景仰和敬畏吗？能不经常持久思索而体会其新意吗？这是此哲言有深远影响力的缘由所在。

再如唐初诗人陈子昂（661—702）的《登幽州台歌》中的"前不见古人，后不见来者，念天地之悠悠，独怆然而涕下。"这虽然是很短

的一首诗，却从唐初流传至今，可谓千古不衰。它道出了过去、现在和未来的人类历史感，表达了诗人报国无路而在交往中的孤独义愤。它不是一般的怀古诗，它是七首组歌中的一首，其中《轩辕台》中有"应龙已不见"以及"尚想广城子"，都是谈中华文明始祖黄帝治国之道问题，与文明之内的政治交往有关。《登幽州台歌》则集中了诗人对古今人群、悠悠天地之间交往的思考，这与康德面对星空与心灵中道德法则思考有相通之处。

康德是位哲人，他的思考是哲理性的；陈子昂是诗人，他的思考是诗意性的。康德思考的深刻之处在于：第一，"大自然迫使人类去加以解决的最大问题，就是建立一个公民社会"；第二，"德行和人性，就其能够具有的德行来说，是唯一有价值的东西。工作中的技巧和勤勉，具有一个市场价格；但诺言的忠诚以及建立在原则上（而不是本能上）的仁慈，具有内在价值。"对于第二句名言，《牛津西方哲学史》作者安东尼·肯尼认为："此言的分量，回响了整个 19 世纪，并且依然在今天打动着无数人的心弦。"实际上，此言连同第一句，再加上我开头的引语，共同组成了承天运以接地气人心的哲言。

人类文明史反复昭示我们，事实就是人与人交往中所需要解决的问题，而不能停留在一般生物的自然状态上，自然与人交往的问题，归根结底还要用人的普遍法制，即从制度文明来解决。这正如法国史学家托克维尔在《旧制度与大革命》一书中所讲："革命只不过是一个暴烈迅猛的过程，借此人们使政治状况适应社会状况，使事实适应思想，使法律适应风尚。"这是对康德上述两句哲理性格言的一个社会历史性注释。

至于说到陈子昂的"前不见古人，后不见来者，念天地之悠悠，独怆然而涕下"中的诗意孤独感，虽过于忧伤悲凉，也过于无力，却表明了文明的根还在心中。他向人们表明了自己的问题是：我何以如此？未来何在？他的悲怆，蕴藏着心灵中的凄寒美和孤独美；他把问题的答案留给了后人。这正是这一名诗传播于今日的原因。

第 162 日 **2012 年 6 月 10 日 星期日**

135. 晨斋杞菊一杯茶

我因患有高血压，前些年甚至达到严重程度，高压达到 200 毫米汞柱以上，因此，除用药外，常饮菊花茶。

因有目障，加上远视，到老年加重，有昏花感，时而重影飞虫现象屡见，所以也常以枸杞配菊花茶饮用。

枸杞、菊花与绿茶，经常合饮，自名"杞菊茶"。此茶既明目益肾，又降血压清内火。原以为是自创茶名，后来读唐代诗人陆龟蒙的《杞菊赋》，方知古人早已有此雅趣。

这首《杞菊赋》的序说："天随子宅荒，少墙屋，多隙地，著图书所，前后皆树以杞菊，春苗恣肥，口得以采撷之，以供左右杯案。"与杞菊嫩叶为茶，与我以果花为茶，颇有连接之处。

陆龟蒙（？—881），曾任苏湖二郡从事，后隐居甫里，自号江湖散人、甫里先生，又号天随子，与皮日休齐名，人称"皮陆"，著有《甫里集》。他在《白莲》诗中不歌颂众人偏爱的红莲，而去歌颂不事铅华的白莲之凌波独立、天然孤寂之美："素蘤（古"花"字的别写，此处意为"素质"）多蒙别艳欺，此花端合在瑶池"。这个被红莲欺压的白莲，在诗人看来，"此花端合在瑶池"，简直就是缟袂素巾的瑶池仙子的化身。请看诗人笔下情景交融的出淤泥而不染、清雅高洁的白莲："无情有恨何人觉，月晓风清欲堕时。"这其实是诗人自己隐居而忧国的夫子自道。鲁迅盛赞陆龟蒙《笠泽丛书》中的小品文，称其"并没有忘天下，正是一塌糊涂的泥塘里的光彩和锋芒"（《小品文的危机》）。一个人洁身自好，如莲之洁白，不畏水之深、泥之混，才是君子中的君子！

还可提的是陆龟蒙的另一首《新沙》诗："渤澥（渤海）声中涨小堤，官家知后海鸥知。蓬莱有路教人到，应亦年年程紫芝。"在大海上飞翔盘旋的海鸥，一定是最早发现这片新沙地的，但盘剥税收的官家却比海鸥还早看到了它，要对无人居住的新沙地榨取赋税。传说蓬莱仙境生产能使人长生不老的紫色灵芝仙草，本是净土乐园，也逃不脱税吏之手。这与上诗相呼应，一颂一贬，表明他处于唐末动乱年代，虽隐居江南却痛恨贪官污吏，关心国家大事。他的《杞菊赋》虽写养生，却也表现自然洒脱，处在人与自然之间的和谐状态。

提起杞菊，又令人想起于希宁（1913—2007）这位当代画家。他有一幅《杞菊延年图》，其题诗为："年年重九过飞鸿，把酒相邀向太空。砚耕云抒日月意，写来杞菊寿无穷。"可见杞菊延年养生之说至今仍为书画家笔下的主题。关于枸杞养生之说，还可以见宋代文学家陆游的诗句："雪霁茆堂钟磬清，晨斋枸杞一杯羹"（《玉笈斋书事》）。这是讲用枸杞做羹饮用，未配菊花。枸杞可配各种茶，如菊花茶、其他清茶，我有时也分别配以普洱茶、红茶或铁观音和高山茶。边喝边食枸杞，边思文明交往之日月之明，大有"砚耕云杼日刀意"之感，别有香味。

由枸杞我还想到了杞人忧天故事。《列子·天瑞》："杞国有人，忧天地崩坠，身亡所寄，废寝食者。"无根据、无必要之忧，称之为"杞忧"。清代学者赵翼有《冬暖》诗云："阴阳调燮何关汝，偏是书生易杞忧"。知识分子最易忧国忧民，居安思危，这不是杞人忧天。每当我们听到中华人民共和国国歌，听那句"中华民族到了最危险的时候"，那唤起人民警觉的警语，可说是盛世危言，确有回顾历史、反思历史的历史自觉、文明自觉的警钟之声的感悟。往远一点说，人与自然之间，人类生态文明的问题，此种"杞忧"虽有过度之处，但破坏环境，自毁自然生态、社会和谐的种种行为，其后果难道不需要警钟长鸣吗？

"茶"字，被苏东坡拆解为"人间草木"，并遭头戴草帽、脚穿木屐打扮的书童从杭州灵隐寺老僧那里讨回一包茶叶，颇契合天人之道与草木兼有的茶字结构。人间长寿有八十八岁"米寿"之说，也有一百零八岁"茶寿"之说。"米寿"、"茶寿"以及人生活中的"开门七件事"：柴米油盐酱醋茶，说的都是物质文明与茶米相伴随的饮食文化。

此文之末，我在饮茶之余，要感谢祖国大地和人民的养育之恩，以下面短诗明志：

我的茶杯，洋溢着浓浓的香味，/金菊的黄，/枸杞的红，/茶叶的绿。/春酿秋实，弥满高天，/铺满大地。/暖暖春风，习习秋风，吹呀吹呀！/我要感恩祖国之花、祖国之实、祖国之叶！/如春花的祖国，如秋实的祖国，如常绿叶的祖国，/在哺育着我的生命！

第 163 日 　　　　　　　　　　　　　　**2012 年 6 月 11 日　星期一**

136. 诗情画意与诗人

北宋大文豪苏东坡有一句谈"诗"与"诗人"之间关系的话："赋诗必此诗，定知非诗人。"

这句诗是对那些直白而无含蓄、只有诗句韵律而无情意美感、无意识思想的诗和诗人的提醒。诗与画是相近的艺术，二者都有互动作用，这使人想起两首以画配诗的讥讽妙喻：

①郑板桥画茶壶的题款诗："嘴尖腹大耳偏高，才免饥寒便自豪。量小不能容大物，两三寸水起波涛。"借画壶讽刺那些一知半解的自高自大者。这与"半壶咕嘟，满壶不响"相通。

②齐白石画不倒翁题款诗："乌纱白扇俨然官，不倒原来泥半团。忽然将汝来打破，通身何处有心肝？"一幅贪官污吏的真貌！

③这又使我想起了欧阳修勒石播诗的《相州昼锦堂记》一文颂扬韩琦不以衣锦还乡为荣，而以衣锦还乡为戒的事。衣锦还乡是自我显示和报复别人的心理状态。欧阳修认为，大丞相魏国公韩琦是"惟德被生民而功施社稷，勒之金石，播之声诗，以耀后世而垂无穷：此公之志，而士亦此望于公也"。韩琦在相州官府后院建造的"昼锦堂"，并在院内石碑上刻诗，是要人们以衣锦还乡为戒，是要为官者心量宽大、思想境界高远。欧阳修深有感触地写道："于此见公之视富贵为何如，而其志岂易量哉？"《相州昼锦堂记》为千古名文，而韩琦的诗意人生境界也是世人楷模。

艺术不能脱离精神而独立艺术，不能剥离内容而专注形式。以形写意不如以意写形。真诗真画真文的诗人画家与文学家是技进于道，道以技美，是形而上学的道，理念思想之"意"与形而下的技术、技巧的完美结合，诗情画意文思大家而非巧匠之别在此！艺术与学术、艺术家与学者都要艺与术、学与术相互有机统一，美与德的双馨并茂，方能为文化、为文明增辉。

第 164 日 　　　　　　　　　　　　　　2012 年 6 月 12 日　星期二

137. 诗贵率真

宋代陈师道《后山集·后山诗话》中，谈陶渊明诗时说："渊明不为诗，自写胸中之妙尔。"这句话道出了诗真谛是表现内心感受的真实感情。这的确是对陶诗质朴无华的自然风格的概括。

当代学者叶嘉莹进一步说："因为一般人作诗时常要写诗的意念，于是他想雕琢、修饰、逞才、使气、好强、争胜，甚至于像杜甫、白居易这样的大诗人有时候也不免有这种意念。然而渊明却没有逞才、使气、好强、争胜的意念。"这使我想起刚到西安，和同学一起游大雁塔。那时塔上有许许多多人题诗。在这些诗中，有一首诗评写道："人人作诗皆放屁，唯有此人拉下了！"引起大家围观议论。其实是对垃圾诗的尖锐批评，而批评者的话把"屁"、"屎"入诗，也无非是垃圾。

反对刻意修饰，并不是说不要严谨、不要修改。清代诗人袁枚曾经把诗人创作态度，形容得认真、负责而妙趣横生："爱好由来下笔难，一诗千改心始安。阿婆还似初笄女，头未梳成不许看。"诗人由对诗的爱好而写诗，然而写诗由爱好而写好并不容易。反复推敲，字斟句酌，使诗归于真情审美，是一丝不苟的对人对己的责任感。对人、对事、对诗的评论可以有爱和不爱，那是欣赏问题，但是要客观。如有位伟人不喜欢杜甫的诗，竟说杜诗不好，那就是英国约翰·密尔所说的"一到人们只偏注一方的时候，错误就会硬化为偏见，而真理本身由于被夸大变成谬误，也就不复具有真理效用"。

诗有各种写法。有人说：唐人的诗是吼出来的，宋人的诗是想出来的，元以后的诗是仿出来。也有人说：先秦的诗是唱出来的，汉魏的诗是谈出来的，陶渊明的诗是心平气和说出来的。在事实上，陶诗是古诗中率真之冠。陶诗是自然之美，是本真朴素之美，是中华文明花园中自然朴素之花。

第 165 日　　　　　　　　　　　**2012 年 6 月 13 日　星期三**

138. 苏评陶诗

历代评陶诗者多，而苏轼却独树一帜。

苏轼在《与苏辙书》中说："吾与诗人无所甚好，独好渊明之诗。渊明作诗不多，然其诗质而实绮，癯而实腴，自曹、刘、鲍、谢、李、杜诸人，皆莫过也。"苏轼一生都把陶渊明当成良师，先后和陶诗 130 余首，可以集成一本诗集。他特别仰慕陶渊明的为人："欲仕则仕，不以求之为嫌；欲隐则隐，不以去之为高。饥则叩门而乞食；饱则鸡黍以迎客。古之贤者，贵其真也"。结论是一个"真"字。这是苏轼对陶渊明的精到评价。

"质而实绮，癯而实腴"，是陶诗的艺术风格。苏轼又用两个"实"字，抓住陶诗特点，就此而言，李、杜确实没有超过陶诗。无怪王安石也盛赞"'结庐在人境，而无车马喧，问君何能尔，心远地自偏'，是有诗人以来无此句者。然而，渊明趋向不群，词采精拔，晋宋之间，一人而已。"苏轼称陶渊明为人是"古今贤者，贵其真也"，则又与鲁迅的"陶潜正因为并非浑身是'肃穆'，所以他伟大"的评价一样。

陶诗如陶渊明之名一样，自然、真实，朴而无华，意味深长，潜如细雨润心，深如渊水之明。陶诗是人与自然之间交往的和谐之诗，确如他名字一样，潜藏耐人体味不尽之情，也确如他的字一样，如渊之深沉澄明、如文明交往自觉者的"知物之明、知人之明、自知之明"。歌颂自然之美，陶渊明实在是梭罗的先行者！其诗的自然韵味如苏轼所说："质而实绮，癯而实腴"，为梭罗之所不及。人与自然交往的诗文，当推东陶西梭，其情相通，其境相近，知陶知梭，可从中了解东西方文明中的思维方式的同与异。本书第十编有梭罗"不服从论"一节，可供参考。

第 166 日　　　　　　　**2012 年 6 月 14 日　星期四**

139. 豆萁诗、黄台瓜辞与政治交往

曹植的豆萁诗"煮豆燃豆萁，豆在釜中泣。本是同根生，相煎何太急！"

这是用诗歌的文艺形式，表达了政治权力斗争的残酷性。兄弟相残，权力交接的政治，交往之中那种人与人关系的血腥味，令人想起"文化大革命"中的"权、权、权，命相连"造反夺权时的流行语。

另外有一首诗叫《黄台瓜辞》。这是武则天为了称帝，毒杀了自己亲生儿子李弘。李弘死后，被立为太子的李贤长大后自知性命难保，乃写此诗，让乐工谱上曲给他母亲听，希望感动她，不要把他兄弟四人赶尽杀绝。这首诗是："种瓜黄台下，瓜熟子离离；一摘为瓜好，再摘使瓜稀；三摘犹尚可，四摘抱蔓归。"一、再（二）、三、四，意指李贤兄弟四人。母子骨肉亲情在权力面前变得无足轻重，杀害而后已！又一次政治血腥，又一次你死我活，人性之恶，于此可谓典型。

在人类文明交往中，常常伴随着野蛮、愚昧。亲情总在政治之后，因为亲情是在敌我这个政治大前提之下的关系。用诗歌等文艺形式，不总是能感动权力的。豆萁诗可使曹植免于一死，而黄台瓜辞却不能使李贤免去死亡的厄运。政治其高于亲情，政治性高于人性，政治权力高于人权，豆萁诗和黄台瓜辞以诗歌形式表述了人类文明交往历史上出现的"交而恶"这一残酷无情的丛林原则。

第 167 日

140. 书法名语的诗意

①脚书老人箴言——一位无双臂用脚写龙飞凤舞字的老人的书法诗语："写尽八缸水，砚染涝池黑。博取百家长，始得龙凤飞。"此老人是位大写的人，五十多年苦练善学，关键是他身残志坚的"勤奋"人生。

②唐文宗一次和学士们诗歌联句，他提出的上两句是："人皆苦炎热，我爱夏日长。"面对很多人续的下联，而文宗独赏柳公权的"熏风自南来，殿阁生余凉"两句。驱暑炎热，必须有熏和之风吹拂，风带来的是凉爽。一个"风"字，一个"凉"字，正如书法一样，柳联如柳体，师承颜真卿而自出诗意，关键为"创新"的创造精神。

③唐穆宗年轻荒于酒色，不理朝政，问书法于柳公权，柳用"用笔在心正，心正则笔正"喻政，将人品与书品相一致的字如其人的训诫告知。此处的"心正则笔正"，"二正"合为人和书写的法则，可谓德艺双馨！为人的文明程度，于此为"正"。"正"也是一种诗意。

第 168 日

141. 不以物喜，不以己悲的诗意境界

范仲淹的《岳阳楼记》是一篇超凡脱俗的人生文明化之文。"先天下之忧而忧，后天下之乐而乐"是该文留给后人的经典名言。

然而，何以有此高尚境界，只有通读全文才能求得答案。这中间最要紧关键之处，在于以下八字："不以物喜，不以己悲。"

有人因气候物象美好而把酒临风、心旷神怡、喜气洋洋；有人因气

候物象萧瑟而感极悲凉，这就是人或以己悲，人或以物喜。只有"古仁人之心，'异二者之为'，何哉？"

"不以物喜，不以己悲"，而超脱于物己之外的居高临下境界。仁人志士，忧国忧民，"何时而乐耶？"范仲淹答："其必曰：先天下之忧而忧，后天下之乐而乐！"这是人的精神寄托和思想境界，是鼓舞积极有为的抱负和乐观理想的高境界追求，忧以天下，乐以天下，本为仁人志士所共有；而把"忧""乐"分为先后，确实是站在高处的自觉的人。

第 169 日   2012 年 6 月 17 日　星期日

142.《游褒禅山记》二得

王安石在《游褒禅山记》中有一股坚持不懈、知难而进的精神，其立言而不朽之处有二得：

一得："距洞百余步，有碑仆道，其文漫灭"，而"花山"为真，"华山"为音谬："余于仆碑，又以悲夫古书之不存，后世之谬其传而莫能名者，何可胜道也哉？此所以学者不可以不深思而慎取之也。"深思和慎取，治学之道也。

二得：入深洞道因随同行者半途返回，因而悔"不得极其夫游之乐也"。

下面一段议论为一般游记之罕有："古之人观于天地、山川、草木、虫鱼、鸟兽，往往有得，以其求思之深而无不在也。……而世之奇伟瑰怪非常之观，常在于险远，而人之所罕至焉，故非有志者不能至也。有志矣，不随以止也；然力不足者亦不能至也。有志与力，而又不随以怠，至于幽暗昏惑，而无物以相之，亦不能至也。然力足以至焉，于人为可讥，而在己为有悔。尽吾志也，而不能至者，可以无悔矣，其孰能讥之乎？此予之所得也。"

深思、慎取和有志无悔，知行统一，加上不动摇、不懈怠、不折腾，这是人类文明交往自觉的表现。人生如旅游，以小见大，自觉者智。这种历史智慧正是文明的馈赠。

143. 王阳明的诗意人生

王阳明有一首《庐山东林寺次韵》：

> 东林日暮更登山，峰顶高僧有兰若。
> 云萝磴道石参差，水声深涧树高下。
> 远公学佛却援儒，渊明嗜酒不入社。
> 我亦爱山仍恋官，同是乾坤避人者。
> 我歌白云听者寡，山自点头泉自泻。
> 月明壑底忽惊雷，夜半天风吹屋瓦。

此诗为游庐山佛寺的一位儒者的感言，且加有道家理念的儒释道文明交融的中华文明内外交往诗意在焉。王阳明与一般儒者不同，他只是在现实意义上肯定"尧舜"时代和"三代"时代，而其心目中的审美意境却崇尚"羲皇"时代。这一点与陶渊明相通。他诗中提到"渊明嗜酒不入社"，是指无法做到"委穷达"的超脱自在，而在"爱山"与"恋官"之间思考与彷徨。他的审美世界是否定国家和帝王政治，却又处于不理想的现实政治处境，此诗是他极力调整、化解二者之间冲突的表述。"羲皇世界"只是个体的审美理想，切忌轻易以它为目的去要求和改造现实政治。王阳明关于超越国家的理想世界与现实世界政治的审美与政治关系的区别，含义颇深。

第 171 日 　　　　　　　　　　　**2012 年 6 月 19 日　星期二**

144. 西湖实录

　　人们熟悉的"山外青山楼外楼，西湖歌舞几时休，暖风熏得游人醉，直把杭州作汴州"，原是宋代诗人林升写的《题临安邸》诗。

　　此诗反映南宋朝廷的临安不思危、苟且于轻歌曼舞的纸醉金迷般的腐朽生活状态。

　　明末清初的张岱也以诗人之思，写了《西湖香市》一文，追忆了西湖佛事盛况，又描绘了国破于一旦，昔日人间祥和毁于一朝以及杭州太守、汴梁人刘梦谦的腐败情景。他用"抽丰"（抽风）来形容这帮贪官榨取民财的劣行；又引用民间改写的《题临安邸》的"山不青山楼不楼，西湖歌舞一时休，暖风吹得死人臭，还把杭州送汴州"诗，认为这"可作西湖实录"。

　　两首关于西湖的诗，有中华文明中居安思危的传统思维的底蕴。当时是"居危思危"，而不是居安思危。明明是偏安一隅的小朝廷"临安"，却沉迷于其中而奢靡苟安，真是可悲！从文明交往角度看，当时宋王朝气数已尽，大厦将倾，不可挽救了。第二首改写的诗，是明王朝时杭州官场腐败成风，民间的巧妙改写诗，反映了饥荒之年，西湖香市不复存在。现留有两首西湖诗，确是当时诗史的实录，耐人寻味。无论从活的语言上，无论从书面语言上，它们都使人们从中对历史本质有正确的理解，而且发人深思，可引发文明交往的历史自觉。

第 172 日 　　　　　　　　　　　**2012 年 6 月 20 日　星期三**

145. 同是燕子矶，游感各不同

燕子矶，南京北部观音山上，高约 36 米，因其岩石屹立，突出江面，三面悬绝，犹如飞燕而命名。

明末文学家张岱（1597—1679）的《陶庵梦忆》有《燕子矶》游记；清诗人王士禛（1634—1711）也有一篇《登燕子矶记》。二记述一地而思维表达各异。

张岱文风清俊诙谐，弥漫着明亡伤感情绪。他以游蜂涌至燕子矶为悬念始，以"佛教圣地"、"是诸侯用武之地"和"十年面壁"三方面描绘该地的重要；又以"吴头楚尾"表达今非昔比的哀伤。

王士禛主张诗贵神韵，有空灵诗风入文，语言流畅，笔法清丽，以描景始，以书写明代杨继盛和唐代刘禹锡二人的诗于诗序上而结束。前者为"皪皪清光上下通，风雷只在半天中。太虚云外依然静，谁道阴晴便不同"。后者为"山围故国周遭在，潮打空城寂寞回。淮水东边旧时月，夜深还过女墙来。"

杨继盛被严嵩诬陷下狱致死，王士禛深佩其人格，称："读此，知先生定力匪朝夕矣！"其中"定力"为佛教五力之一，谓破除一切乱想，使心归静寂。武术中也有坚持本派特色为"定力"之说。人类文明交往中，"定力"仍不失为交往力之一。

在诗咏燕子矶方面，王士禛还有诗《晓雨后登燕子矶绝顶作》："岷涛万里望中收，振策危矶最上头。吴楚青苍分极浦，江山平远入新秋。永嘉南渡人皆尽，建业西风水自流。洒泪重悲天堑险，浴凫飞燕满汀洲。"前四句写登矶远望之远景，后句怀古伤今，怀念金陵昔日繁华，虽长江天险，也保不住晋王朝的灭亡。第二是清文学家厉鹗（1692—1752），清康熙五十九年（1720）举人。乾隆八年（1743）秋，他行舟长江，过燕子矶，有《归舟江行望燕子矶作》一诗："石势浑如掠水飞，渔矕绝壁挂清晖。俯江亭上何人坐？看我扁舟望翠微。"首句写燕子矶远望如飞燕掠水，后二句写自己与翠微中之人互望互动，是动态交往活态之作。比之于王士禛的咏史，更有美感。把旅游看作人与自然、人与人、人的自我身心交往，可见文明交往中人的同中之异和异中之同。

英国维克多·特纳在《象征之林》中说过："我们大多数人只能看到我们期望看到的东西。"诗人们也是如此，所以有不同的游感。

146. 王杰逸事：清风两袖回韩城

　　我在西安读大学时，就听说鼓楼上有状元王杰题的"文武盛地"和"声闻于天"的大匾。一次专到鼓楼去看，果然是金色大字，雄健有力，给我留下深刻印象。记得还在鼓楼南门旁一家名小店还吃了凉皮。店主用地道的西安话叫卖："坐，皮子、米汤、馍！"

　　可惜，这两幅大匾在"文化大革命"中被作为"四旧"破掉了。现在虽然仿制，已远不如当初原本景象，对"文化"如此"革命"，真令人唏嘘不已！也有人说，写匾的不是王杰，但我还是想把王杰这位清官的事写入《老学日历》。

　　王杰（1725—1805），字伟人，号惺国，陕西韩城人。清朝名臣。他的故事首推"陕西第一状元"。殿试时他为第三，前两位都是南方人。乾隆皇帝阅卷兼问人品，又出上联："东启明，西长庚，南箕北斗，谁为摘星手？"要求三名考生对出下联。王杰的对答是："春芍药，夏牡丹，秋菊冬梅，我乃探花郎。"乾隆十分高兴，将王杰拔置第一（状元），以后又任为军机大臣、上书房总师傅，又兼管礼部。

　　关于他为状元的故事，还有另外版本。但在同和珅的斗争中，他所表现的正直不阿精神却令人钦佩。和珅曾同王杰握手搭讪："状元宰相，您的手如此柔软，生得真好啊！"王杰冷冷地回答："手是好，但不会捞钱，有什么好！"这句话使大贪官和珅哭笑不得，恨之入骨。

　　嘉庆皇帝将和珅关入监狱，竟无人敢当主审。正是王杰挺身而出，秉公持法，判处其死刑并没收全部家产，其果敢忠勇，彪炳史册。更可敬者，是他到了老年，最后一道奏章仍是关于惩治腐败、整顿吏制的建议。嘉庆皇帝送他御用手杖和御制诗二首，其中即有"直道一身立郎庙，清风两袖回韩城"之句。

第 174 日　　　　　　　　　　　　　　2012 年 6 月 22 日　星期五

147. 晏安澜的《老云峰诗》

晏安澜（1851—1919），清光绪年间进士，近代盐政专家，历任清廷户部郎中、主事。故乡陕西镇安县的绣屏公园有"安澜亭"。四川乐山牛华溪有"晏公祠"，铭刻"有功于民则祀之"。

晏安澜有《老云峰诗》云："宝相金资原是幻，琼楼玉宇亦多寒。游人莫作炎凉志，只要登临眼界宽。"

此诗反映了他处于新旧思想历史转型时期的超越人格、高远尚德和淡泊心态，也反映了在人与自然交往中的"往高处立，往宽处行"的超俗心态。

第 175 日　　　　　　　　　　　　　　2012 年 6 月 23 日　星期六

148. 词诗之交

①1994 年 5 月 21 日，罗大冈 85 岁生日。刘麟去庆贺，发现室中无花，院中无树，即回家后作《蝶恋花·贺罗先生大寿日》以题赠之：

文学班头奠祭酒，桃李盈门占得芬芳久。诗逐流星横北斗，年方八五长春叟。风德远扬常往候，私淑良师忽变忘龄友，淡泊有为人渐瘦，东园宅外宜栽柳。

②诗人罗大冈以淡泊无为为主旨，回报《蜗牛之歌》新诗：

没有听说蜗牛会唱歌，

这蜗牛难道是你？是我？

我们是爬格子的蜗牛，蜗牛的变种。

爬格子也是辛勤劳动，需用一种牛劲。

1937 年，罗大冈获里昂大学硕士学位，1940 年获巴黎大学博士学位，学位论文为《白居易的双重灵感》，又译《唐人绝句百首》法文本，堪称中法文学之桥。文人相交，词诗互赠，洋溢着中华文明交往的雅致风格。文明的生命在交往，交往的价值在文明，文明交往的人文精神在栽柳与蜗牛劳作之录。这两支歌都在歌唱着人类文明交往的自觉。

第 176 日　　　　　　　　　　　　　2012 年 6 月 24 日　星期日

149. 安文钦的对联情结

安文钦（1874—1962），清末秀才，他倡导在家乡陕西绥德修成中山堂和无定河上的永定桥，写了下述对联：

在当年或涉水，或渡桥，不能保险；
到今日是坦途，是平地，可以无忧。

他支持建成学校（在城隍庙基础上）后，又有对联曰：

奖实业，黜虚荣，使东洋与西洋，人称先进；
毁宅庙，办学校，化无用为有用，谁云不宜。

他当选绥德首届参议长，陕甘宁边区副议长，还有一对联：

既是当选议员，务须为民族、为国家，多出一些好主意；
更要监督政府，只要能廉明、能勤慎，自然百姓都喜欢。

王若飞、叶挺等"四八"烈士遇难后，他也有对联相挽：

> 公等如何人，是国士也，是大将也，是直笔也，是名儒也，更
> 革命廿年，成称元勋巨子；
> 　　我将后死者，以言争之，以力拒之，以身继之，以血城之，要
> 全民一致，完成独立自由。

这些对联，堪称中华文明之花朵。

第 177 日　　　　　　　　　　　　　**2012 年 6 月 25 日　星期一**

150. 民国"洁莲"仵墉

廉吏为中华文明史上光辉的篇章。在群星闪烁的廉吏们中间，仵墉
应当是突出的一位。

仵墉（1870—1947），清末进士，先后做了十三个县、二十八年地
方官吏，被誉为"洁莲"（廉洁如莲，出淤泥而不染的洁莲）。鲁迅早
年有赞莲诗云："扫除腻粉呈风骨，褪却红衣学淡妆。好向濂溪称净
植，莫随残叶堕寒塘！"

仵墉是"洁莲"，他的为官"良心名联"是：

> 受一文份子钱，远报儿孙近报身。
> 做半点亏心事，幽有鬼神明有天。

1946 年冬，他丧子贫困归故里蒲城时，仅有"万民衣"、"万民
伞"相伴，自用诗明志：

> 万里荆棘险，三冬冰雪寒。
> 七十八岁叟，居然得生还。

弟侄初相见，喜笑杂悲欢。

抹泪相问讯，一路尚平安。

此喜胜登科，此乐胜迁官。

此身得死所，此心得大宽。

他的名联和明志诗是用他的智力、情感和精神上的资源，来亲历他自己身处其中冲突的思想结晶，颇具政治上诗意人生的感悟。

第 178 日　　　　　　　　　2012 年 6 月 26 日　星期二

151. 李登瀛的《咏永昌八景》

李登瀛，清乾隆十八年（1753）中举，历任云南富民、洱海、昆明知县，又任贵州哈州知州。

乾隆四十六年（1781），他调任安西直隶州（今甘肃安西县）知州。初到安西，即景咏物，有长诗《咏永昌八景》，其中一首是：

雪岭西来接大荒，岭头千载白茫茫。

天浆融作田中雨，不积神功庆岁穰。

此地沙漠遍布，只有少许河流绿洲星罗棋布之中。他的一项重要任务，就是用雪山之水灌溉农田。他在安西修水渠，治理水利，农业逐渐发展。"天浆融作田中雨，不积神功庆岁穰"正是真实的写照。

李登瀛为陕西蒲城人，是李仪祉这位水利专家的同乡和先行者。他是在甘肃治水利惠民的，用诗的艺术形式抒发天人之际的知物惠民政事。《咏永昌八景》即他的诗意治政交往表现。

152. 童诗童信

敦煌发现的手写卷中，有一首小学生的诗：

> 春天不是读书天，夏日炎炎正好眠，秋有蚊虫冬有雪，收拾书包过新年。

我在三原县中上初中一年级时，有一位同班同学写了下述英汉合璧的家信：

> father mother 敬禀者：儿在学校读 Book，各门功课都 Good，唯有 English 不及格。

前一童诗，反映出一个童态可掬孩子的心态。这是一位调皮、懒散而颇有文才的特别性情的小学生。

后一封家信中，英文汉文兼用，表现了初学英语、不爱好而又能运用于其中的稚状心态。记得英语老师田克恭读这封家信时，同学们都满堂大笑，气氛活跃。由于老师的表扬，这位同学英语进步很快，于是老师建议把英语不及格改为 Very Good。不久，这位同学竟用英文写了封家信，老师在课堂宣读后，深受同学们的敬佩。

在童诗之中，我记得上中学时，读一本《北方快览》的书，其中谈明代主持纂修《永乐大典》的解缙儿时放学回家，逢大雨，不小心跌倒，一群大人笑他。他起来后出口成诗："春雨贵如油，下得满街流，跌倒解学士，笑杀一群牛。"此诗也是有趣的童诗，记在此处，可与上述童诗童信对读。还可一提的是魏源在童子试时，知县指茶碗上的太极图，出一上联"杯中含太极"，魏源捧腹对以"腹内藏乾坤"。此对一语双关，答对工整，表现出魏源儿时的童趣。上述童趣诗信，都反映了中华文明的诗意人生传统。

第 180 日　　　　　　2012 年 6 月 28 日　星期四

153. 严复的 "中道" 对联

最近，人们常谈严复书斋里的十六字对联：

> 有王者兴，必来取法，
> 虽圣人起，不易吾言。

这是主张温和改革 "中道原则" 的严复的自信和自觉，也是他在 20 世纪初期中国激进思潮主导时，不得志的心情表露。

中国激进思潮在革命年代大行其道，发展至今日，已有激进 "左" 派与激进自由派之分。前者的手段是用 "文化大革命" 式自下而上地打倒走资派；后者的手段是西化的 "茉莉花" 招。这中间是温和自由主义。正道是中道理性原则：①渐进性（小步、稳步、多元整合、多元试验）；②在民生基础上的公民社会（学习、训练、导引式民主）；③法治治理。用常识理性思考文明交往自觉，即中道原则：稳中求进。

人们常说，自五四以来，激进的 "左" 派大行其道，至今不衰；也有人说，激进 "左" 派是感性冲动的产物，善于以革命姿态取悦于阅世不深的青年；还有人说，激进自由派目光向外，求助于西方力量，也取悦于青年，兼及中年，中间才是温和的自由主义。其实，这些看法，各有一定道理，也发人思考，然而都是不准确的。只有中道理性原则，才是富有历史经验的理性思考。中道，就是中庸之道，平顺良性，不偏激，不折腾，纠枉而不过正，持中而不走极端。严复的自信和自觉是经历了历史考验之谈，是文明交往的思想财富。

第 181 日 　　　　　　　　　　**2012 年 6 月 29 日　星期五**

154. 汉字文章的"三识"与"三美"

"三"在中华文明中确实是一个表现思维方式的常用符号。我在本书自序中已经谈到中国文明注重"三"的哲学思维方式。这里再举一个例子。

鲁迅 1926 年在厦门大学时所写的《中国文学史略》（后改为《汉文学史纲要》）中，论述汉字"自文字至文章"命题时，先是提出了汉字文章有"三识"："口诵耳闻其音，目察其形，心通其义，三识并用。"他用音、形、义"三识"，表达了以形声为主的汉字特征。

他进而又提汉字文章有"三美"：汉字其在文章，"意美以感心，一也；音美以感耳，二也；形美以感目，三也。"

从"三识"到"三美"，汉字成文章的指标是"感动"：感心、感耳、感目。

汉字成文，确如刘师培《文章原始》所言："积字成句，积句成文，欲溯文章之缘起，先穷造字之源流。"文字性主导了文字文化，文字文化造成中华文明的主体。

鲁迅一生 55 年，留下 600 万字作品。他的文字、文章深刻且美，是"三识"、"三美"的集中表现。

"三识"、"三美"不仅是汉字文章之美，也是中华文明之美。试看：人类文明之美中，哪有此种智慧之美？

第 182 日 　　　　　　　　　　**2012 年 6 月 30 日　星期六**

155. 章士钊与胡适的诗意交往

章士钊近代著名学者和社会活动家，自幼接受中国传统教育。他与洋博士胡适之间的交往始于创办《甲寅》杂志之时，那时，该刊发表了胡适在美留学的译文《柏林之围》。后来他们又同在北京大学任教，彼此过从甚密。但随着新文化运动兴起，章士钊与胡适分道扬镳：一为新文化运动代表，一为坚持用文言写作。章士钊曾在《新闻报》上撰文《评新文化运动》，反对胡适的白话文主张。胡读此文时直言："章公此文，不值一驳。"章闻此言，也以沉默置之。

1925 年，章胡二人在一次宴会后，合拍照片，章在照片后题白话诗如下：

> 你姓胡，我姓章，你讲什么新文学，我开口还是我的老腔。你不攻来我不驳，双双并坐各有各的心肠。将来三五十年后，这个相片好作文学纪念看。哈哈，我写白话歪词送把你，总算是老章投了降。

章士钊在附信中写道："弟有题词，兄阅之后毋捧腹。兄如作旧体诗相酬，则赏脸之至也。"胡适也果真以古体七言诗一首回应于照片旁：

> "但开风气不为师"，龚生（按：指龚自珍）此言吾最喜；同是曾开风气人，愿长相亲不相鄙。

章胡二人此次诗意交往是近代中华文明交往中良性内部交往的有趣花絮。诗交之中，章为主动方，他已感到白话文发展势不可当，但又不大甘心而又能如实站在学术史高度看问题；胡在互动中虽响应章氏要求，但态度庄重，而且平和，尊重章的前辈地位，希望双方友好相处，相亲相敬，互不排斥。最有趣的，是章士钊在题白话诗之后，还题有"与弱男看我写完，大笑不止。写完此句，弱男更笑。"这个题词，与儿子一块欢笑乐趣，形象地表述了章士钊宽容大度的心态，可谓诗意交往中的又一插曲，令人读之趣味盎然。

文明交往有社会的群体交往，有个体间的交往。两位文化人的诗意交往，说明了开放胸怀、宽容的气度的自觉。记得在"文化大革命"

的书荒年代，我看到章士钊的《柳文指要》（线装本），其心情比读姚雪垠《李自成》小说的心情更沉重。章士钊老年此著能在那种环境下出版，是最高领导的批准，面对精印古籍的解读，如沙漠见绿洲，其深意亦有楚楚之感。

第 183 日　　　　　　　　　　　**2012 年 7 月 1 日　星期日**

156. 爱伦堡的人生警语

爱伦堡这位苏联时代的作家、"老革命"。他在《人·岁月·生活》一书中有许多警语，现摘录如下：

①"我的许多同龄人都陷在时代车轮下了。我所以能幸免，并非由于我比较坚强，或是较有远见，而是因为常有这种时候，人的命运并不像按照棋路下的一局象棋，而是像抽彩。"（按："世事如棋"这句中国谚语，形容人事并不太准确，"抽彩"倒更能恰当表达这种实在的"偶然性"。）

②对一个依然深陷在苦难中的民族而言，"活着"的同时，还必须"记住"，"谁记得一切，谁就感到沉重"。（按：人类历史上最需要这种深深"感到沉重的人"，这是苦难民族的希望所在。）

③"在半个世纪内，多次变更对人对事的看法。""当目击者沉默的时候，野史奇谈便应运而生。"（按：历史中的"史实"因素，要靠当事人，同时代人的回忆与记录。这一点很重要。）

④他勾画俄国女诗人茨韦塔耶娃的精神气质："我认识乌林娜·伊凡诺夫娜·茨韦塔耶娃，她是 25 岁。她那桀骜不驯而又惘然若失的神态令人惊奇；她的仪表倨傲——仰着头，前额很高；而双眸却泄露了她的迷惘：大大的、软弱无力的眼睛似乎看不见东西——乌林娜是近视眼。"（按：多么生动的描绘和引人深思。）

⑤"对于一个作家来说，无论是过去或是未来的一切时代，重要是发现人的心灵。"他认为作家帕斯捷尔纳克"听得见别人听不见的声音，听得见心脏的跳动，青草的生长，却听不见时代的脚步声"。"帕

斯捷尔纳克身上有一种稚气。他那看来天真幼稚的见解正是一个诗人的见解。"（按：这是坚守个性与时代的矛盾。）

⑥法捷耶夫的内心矛盾：艺术与政治看问题的矛盾，良知与政治态度的矛盾，此两个之间的矛盾"是他选择自杀的心理原因"。爱伦堡指出的是一个复杂的、一代人中的法捷耶夫："在这里，在一个作家同一个作家协会的领导人之间存在着一道桥梁，但同时也存在着一道鸿沟。""他喜爱诗歌，但更强烈地喜爱自己一生的基本路线，在四分之一的世纪里，他同千百万他的同时代人一样，把对主义的忠诚同斯大林的每一句话联系在一起，不管这句话是否正确，这不是他的过错，而是他的不幸。"（按：这如实地反映了真实的法捷耶夫。据说，法捷耶夫在这一次报告中批评一些苏联作家，包括《日瓦戈医生》的作者帕斯捷尔纳克"脱离生活"，而会后却焦急地在咖啡馆背诵帕斯捷尔纳克的诗，并且一边背诵一边问道："好吗？"这真实地反映了良知与政治需要之间的矛盾。时代的车轮压倒了法捷耶夫，但漏掉了爱伦堡。爱伦堡原回忆录当年为中国"内部发行"的灰皮书，印数有限，但流传很广，这说明了什么？真是值得历史学家深思！）

第 184 日 　　　　　　　2012 年 7 月 2 日　　星期一

157. 忘忧草在歌唱母爱

母爱，是一种极普通、普遍而又伟大的人性美。

中国有一首"母爱之歌"，那就是唐代诗人孟郊的《游子吟》："慈母手中线，游子身上衣。临行密密缝，意恐迟迟归。谁言寸草心，报得三春晖。"此诗因歌颂母爱、发扬孝道而又有诗意人性良知之美，而且语句朴实浅白，真情深挚，使苏轼这位宋代诗人有"诗从肺腑出，出辄愁肺腑"（《读孟郊诗》）的感叹。难怪 1982 年 8 月香港举办"最受欢迎唐诗选举"活动中，孟郊的《游子吟》以最高选票居于榜首。

孟郊（751—814），50 岁才中进士，《游子吟》写于"迎母溧上"，是他在溧阳任县尉之时。他用此诗表达伤感自己坎坷遭遇发出寒苦之因，寄深情于对慈母之爱心。孟郊写诗，在造句上追求深度推敲，且与贾岛、韩愈都有深交。此诗比西方母亲节（5 月的第二个星期日）更有人性美的韵味。美国费城的安娜·贾薇丝于 1907 年她母亲逝世周年时呼吁设母亲节，1913 年参众两院通过，此后为西方以至世界许多国家认同。我国的儿女们近年来也每逢此节向母亲致意，但我建议年青一代在此时不要忘记孟郊此诗，品味这首"母爱之歌"，以颂扬母爱的人性美，也体会中西文明交往中异中有同的"和而不同"的哲理。

母爱为人性美好的花朵。中华文明中有"母爱之花"，那就是萱草花。《诗·卫风》即有"焉得谖草（萱草），言树之背"的诗句，正是言说此"母爱之花"。这里"背"，即母亲居住的"北堂"，意在要让高堂母亲见萱草而乐以忘忧。萱草又名忘忧草，《游子吟》中孟郊所写的"谁言寸草心"中的"寸草"，应是"萱草花"。《文选·嵇康养生论》认为："萱草忘忧，愚智所共知也"《博物志》记载："萱草，食之令人好欢乐忘忧思，故曰忘忧草"。宋代文学苏轼也有"萱草虽微花，孤秀能自拔。亭亭乱叶中，一一芳心插"。民间因此花色黄而称之为"黄花菜"，也称晚来误事为"等得黄花菜凉了"。"文化大革命"时我在陕西大荔沙苑下放劳动，看到当地盛产黄花菜，此物生食有毒。农民把这些艳丽的黄色喇叭形花采摘晒晾，以供食用、出卖。它除作菜之外，还有利尿、消炎、解热止痛、明目、安五脏、利心志等药用价值。因其形似针，色黄，所以又名"金针"，与木耳齐名。

"寸草"的"萱草花"，象征母爱之心，它如春日的阳光，照耀温暖着儿女，闪耀着母爱深情。孟郊将它入诗，成为诗意人类母爱的文明赞歌。

第 185 日　　　　　　　　　　　　　**2012 年 7 月 3 日　星期二**

158. 大自然与小人类

"自然！她环绕着我们，把我们拥抱在她的怀里：我们既离不开她，又无力更接近她。""我们生活在自然之中，可对她又一无所知。""创造性好像是她唯一的，可是她总是万变不离其宗。她变化不息，无时无刻不在变化之中。""她的行事悉遵章法，不逾矩，不违例；她的规律不可变更。""她把人类笼罩在黑暗之中，可又总是促使他去追求光明。她使人依附土地，所以人累赘迟缓，可偏要人行动利索。""她的最高荣誉是爱。我们也只有通过爱才能同她接近，她使所有事物各有区别，但所有这些事物却极力要融合为一。"

以上是约翰·沃尔夫冈·歌德这位德国文学家、思想家在《大自然》一文中闪亮发光的哲理文采。尤其是最后一句，用爱的真诚把自然和人类之间的交往联系在一起。一个"爱"字，反映了他对大自然与小人类之间交往的自觉。

数学家华罗庚在晚年为中学生讲《蜂房结构及有关的数学》的学术普及报告时，为了引起兴趣，开场白竟是一首《浪淘沙》：

人类识自然，探索穷研，花明柳暗别有天，满诡神奇比目是，气象万千。往事几百年，祖述前贤，瑕疵讹谬犹盈篇，蜂房秘奥未全揭，待咱向前。

他用人文精神解释了自然之大、之神秘，又以人文精神论述了历史上人类探索穷研的奥秘之不足、之寻觅空间之多。从人文精神与科学精神的结合中，尤其是从中国式的文学古意描述中，引导学生攻克数学难关，鼓舞他们认识大自然，教学方法极为得体。在人与自然关系问题上，现代性的思维方式中，有"主客二分"、线形思维的弊端。现代性是现代化的目标，现代化是现代性实行的过程。在此种互动交往中，人类要认识自身的局限性和创造性。华罗庚是一位中华文明元素底蕴很深的自然科学家，而且富于创造思维。的确，这是一种人文与自然科学珠联璧合的创造。他的词作不离数学本行，他的对联创作也不离本行，且不乏风趣。此类事例不少，例如新中国成立初期，以钱三强、赵九章为团长的中国科学代表团去国外访问时，华罗庚就以钱三强名字为题，出了一幅上联，向在座的人索取下联。上联是：

　　三强：赵、魏、韩

　　他从钱三强的名字延伸到战国时期七雄中的赵、韩、魏三个强国。联中已引出下联中一个"赵"字，但一时人们还是对不出下联。华罗庚胸有成竹，看了赵九章一眼，笑吟下联如下：

　　九章：勾、股、弦

　　十字对联镶嵌（赵）九章与（钱）三强之名，又反映中国古代史上赵、韩、魏与古代《九章算经》中的"勾股弦"定理，而且富于现场感。因此下联一出，立即博得一片喝彩声，称赞此对仗工整、一语双关的妙联！大自然与小人类之间的交往，在数学家华罗庚的活动中显现得具体而生动。

第 186 日　　　　　　　　　　　　　　　　　**2012 年 7 月 4 日　星期三**

159. 人的诗性力量

　　德国诗人荷尔德林晚年的"诗意栖息（居）"被哲学家引申之后，成为名句。最近林克译的《追忆：荷尔德林诗选》（四川文艺出版社 2010 年版）中，译为"人建功立业，但诗意地，人栖居在这片大地上。"（原文为："Voll Verdienst, doch dichterisch, Wohnet der Mensch auf dieser Erde."）新译文中间的"但"字，重点地突出了"诗意地"这个诗意，而把"建功立业"置于较轻的地位，据德文专业的学者称，其妙处暗合原文。因为荷尔德林很重视人的精神中的单纯、本真。此外，写此诗时，诗人思维已混乱，在他清醒时写下的东西往往是片段的，却显露出返璞归真。这句诗也是以散文形式排列，可称之为散文诗。当然，今日习用的诗意，已转入汉语系统，尤其是在文学与哲学中国化上，外源内合，转为新话语，因而并非完全和荷尔德林原意一致，也和存在主义哲学有别了。海德格尔在晚年的诗学文献中，对"诗意"的哲学性解释，也不同于早年与中年的解说表演或表现，也可能是更接近真实。我们今天用他的"诗意"，也不同他的原意。"存在"与"境界"是两个既区别又联系的概念。同为"人"，却有两重功能，一为建功立业之人，二为栖居在这大地上之人，用"但"字转折，其意自明。虽为两"意"，也可统一于人的不同意境之中。

这句诗是人文社会科学的哲学表述。人文社会科学与自然技术科学在研究对象与研究方法上有区别。不仅如此，人文科学与社会科学在认知性方面也有区别。人文科学是追寻人生意义的创造性活动，人文研究最大的特征是肯定人的价值，整合主体与客体的创造性。人文科学在"树人"的问题意识上，关注人的反思能力、理性和自觉意识，即"人为万物之灵"的灵性。人性与超越有内在联系。关注人类文明交往的互动性，由此通向了哲学上的存在领域。

"人建功立业"，按中华文明理解，是立功、立言、立德的"三不朽"追求之一。它是社会科学关注的人类活动的社会功能、功效；而"诗意地，人栖居在这片大地上"，是关注人的心灵作用和意义，着重在精神文明境界上。二者集中于人的人文性和社会性的结合上，是人类文明自觉意识的一个完整表述。人的灵性力量这个人生价值命题，荷尔德林用诗意表述了它；海德格尔用哲学的存在意义又表述了它。此诗句进入汉语系统之后，在深义层次上应用人类文明观去表述它。因为，文明观归根结底是人的文明化问题，是人性的升华问题。此句诗虽然只有一句，却集中体现了人类文明的理性、性灵的力量。它的意义，应当从人类文明交往过程中去理解。

第 187 日　　　　　　　　　　　　　2012 年 7 月 5 日　星期四

160. 罗曼·罗兰论艺术之间的互动

法国作家和音乐史学家罗曼·罗兰说过："个别艺术的界限绝不只

是绝对的孤立的……艺术每分钟都在由一种形式转向另一种形式，艺术的一种形式在另一种形式中找得到延续并结束。"

这是交往互动规律的自觉性语言。

艺术史告诉我们，各个艺术门类之间的关系是交往互动的跨越关系。它们之间一方面是独立的，互相区别的；另一方面是相互联系和彼此融合的。此种关系说明，不同艺术形式本来在审美方面是相通的。

罗曼·罗兰的这句经典名言是在说明，相对独立的艺术之间相互转化、相互会通、相互融合，才能使人们更好地由艺术探索深入事物的本质问题。审美是一个重要的教化、教育内容。罗曼·罗兰是文学家和音乐史家的一身而二任，也反映了这种互动跨学科关系。

这使我想起几位外国艺术家的话：

①法国保罗·德沃图说："黄山是最具中国传统文化意味的地方。来黄山以前，我以为中国山水画是中国画家凭想象而作的。来黄山以后，我似乎徜徉于八大山人所创作的画境里，我对中国山水画的传统有了恍然大悟的理解。"这是不同文化之间互动的自觉。

②英国马蒂·圣詹姆斯说："对东方人来说，'圆'是一种精神层面和宗教层面的概念；而对西方人来讲，'圆'是指循环往复的秩序和能量。东西方对于同一概念的理解方式不尽相同，但从深层意义来讲，面对共同的诸多问题，二者其实是相通的。"这个"相通的"说得非常之好，这是人类文明交往活动中的"交而通"的恰当表述。

③比利时的缇娜·杜尔克说："艺术家就是探险家，寻求未知的精神比本身文化更有力量。把中国深厚的文化历史展现在世人面前十分必要，只有通过交流，像海绵吸水一样，才能更好地相互认识。"这里的"交流"其实就是交往，二者都是相互的。

④法国的于连说："我很遗憾不能用中文来交流，但交流彼此的作品是没有问题的，彼此多走、多看、多参与、多交流，才能互容互鉴。"这也是对文明交往自觉的领悟，这句话和上述人所言，都是对罗曼·罗兰的历史回应。

⑤奥地利美术史学家李格尔说："大艺术家，甚至天才也不过是其民族和时代艺术意志的执行者，尽管是最完美的执行者。"这种对美学

精神、艺术价值的民族性和时代性的论点，是对罗曼·罗兰关于艺术互动论点的一个很好说明。

第 188 日   2012 年 7 月 6 日   星期五

161. 诗人阿多尼斯的梦和问

阿拉伯诗人阿多尼斯现年 82 岁，他满头银发、精神矍铄，在第三次访问中国时，大谈他的儿时梦。这是用形象的语言表示他的理想追求。

诗人的童年是贫穷的，然而他的祖国叙利亚已经独立，首任总统要巡察各地，他梦想为总统朗诵一首自己写的诗，从而实现自己的上学梦。果然，总统到达附近城市，阿多尼斯冒着大雨，先把诗朗诵给市政府官员亚欣，然后被允许见总统，并在麦克风前用童稚之声朗诵了赞美总统的诗。总统接着讲话，首先引用这个农村儿童的诗，然后，问他需要什么？他回答说："我要上学！"他的上学梦就这样实现了。

诗人用自己的经验告诉中国青年："真正让人成为人的，或者让人真正地实现自己，恰恰是人的梦，梦才构成人的真正现实。所以，我对青年朋友们的一个赠言就是：为了现实的生活，去做梦吧！"

诗人的梦是一种追求，一种向往，一种希望，是一种经过努力可以成现实的梦。这使人想起美国黑人领袖马丁·路德·金的"我有一个梦"的鼓舞人心的讲演。诗人"为了现实的生活，去做梦吧！"的赠言，是要青年努力学习、认真做人，鼓励青年用虚心求知、扎实践行的精神去圆自己美好梦想。他关心青年成长，把伊斯兰教先知穆罕默德的"知识虽远在中国，亦当求之"的圣训赠给现场听讲的青年。这是文明交往的赠礼。

这是诗人第三次访问中国的新表态，前两次分别是 1980 年和 2009 年。本次访问是为了他的中译本《在意义的天际写作：阿多尼斯文选》

出版而来的。这个新版本是北京外国语大学薛庆国先生翻译的。此书中有对诗歌的讨论，他反对诗歌的宗教化和意识形态化，认为诗歌更多的是个人的经验，是一种力量，能向读者反思内心、向世界提问并自己去寻找问题的答案。书中还有对阿拉伯世界现状的思考、读书的体验和2009年来华时的见闻。

特别值得注意的是他的提问，也就是两个"阿多尼斯之问"：

第一，"看不清自我的人，如何看清他者？既看不清自我、也看不清他者的人，如何在世界上占有一席之地、在建设世界过程中发挥作用？"

显然，这是向阿拉伯民族提出的问题，而不是向某个个体提出的问题。整个阿拉伯人如何看清自我和他者，如何看清阿拉伯民族的过去、现在和未来，如何看清阿拉伯文明在和其他文明交往中的地位和作用，都是阿拉伯世界的重要问题。这也就是人类文明交往中的"知人之明"和"自知之明"的自觉问题。

第二，"面对犹太复国主义的蚕食，帝国主义的凌辱与奴役，面对外来的野蛮，那些不断侵犯国民权利、实行紧急状态、建立特别法庭、肆意拘捕无辜、剥夺公民言论自由的'野蛮政府'，那些拜倒在西方技术成就脚下而将自己人民淹没在腐败、失业、文盲、饥饿、污染、沙漠化、水荒困境之中的罪恶政府，如何能够实现进步？""那些奴役人民的政府如何摆脱来自外部的奴役？那些不停止摧毁自己人民力量源泉的政府，凭什么力量和外敌斗争？"

这是直接向阿拉伯世界的国家政府提出问题，揭示了阿拉伯人内部团结不起来的根源。他也向世界提出了"东方"的概念终结了吗？又建议知识精英应该启迪民智，不要追随昏聩愚昧、迷恋权力的"领袖"。这都是文明交往中的智者之言。

阿多尼斯之梦、之问是相互联系的，问题解决了梦就实现了。这是人类文明交往自觉之梦、之问。

162. 钟声——听觉空间的最强音

《钟》，是我在陕西三原高中三九级和几位同学一起办的墙报名称。这个用"钟声"警示自己，学有所进的墙报，一共办了 4 期。

三原县城隍庙内的钟鼓声，常常响在西道院，那里是我在三原县中上初中时的宿舍。我夜间不断被这钟鼓声惊起。

暮鼓晨钟，是古老的中华文化用以居安思危之声。

"夜半钟声到客船"，这是唐代诗人张继的千古名句。

钟鼓楼，是古代许多城市、庙宇的传声之楼。

其实中外在此也有许多相同之处。近读法国当代史学家阿兰·科尔班（Alain Corbin, 1936—　）的《大地的钟声：19 世纪法国乡村的音响和感官文化》（王斌译，广西师范大学出版社 2003 年版）。其中也说，在今日汽车、电话、广播、电视、电脑声浪之前，曾经是钟声的时代。

此书可注意之处是把钟声作为与非基督教文明对峙的覆盖于教区的教化之音。那时，欧洲城乡日常音响环境洋溢着钟声。钟声，打破了宁静，又衬托着宁静。其他声音"都无法同它相对抗"（第 103 页）。19 世纪后期社会的变化使钟声逐渐退出了日常生活。1876 年，人类见证了第一次电话交谈。麦克卢汉从媒体模式角度，把人类文明分为部落文明、脱部落文明和重新部落文明三个时代；与此相对应，是口语（倚重于听觉）、文字（倚重于视觉）和电子传播（听视觉兼有）。在第三时代即电子时代中，麦克卢汉认为人类从电子媒体唤起了耳朵的回归。

按此说法，"音响状况和感官文化"渗入日常生活之中，钟声只在回忆传统时才有。人们在今日仍诗意般地栖息于现代媒体的电子化时代的"大地"之上。钟声多么令人遐思啊！回忆求学时代，就在几个年轻中学生办墙报时，就在每期贴出之时，心情是非常不平静的。现在想起当时那一张张手写手画的墙报，似乎还有遥远的故乡之音：泾阳人说本县令人骄傲的文化标志是泾阳崇文塔；三原人说本县引以为豪的文化遗产是三原龙桥（三眼桥）；咸阳人说本县著名的文化遗产是北原上的冢圪瘩（皇帝陵墓）；西安人说本市文化遗产的代表是西安钟鼓楼。还是西安人的自豪，就形成了"三原桥，泾阳塔，比不过咸阳冢圪瘩；西安有个钟鼓楼，半截塞进天里头"趣话。

钟声，长鸣于耳的文化之声、文明之音啊！它是催人警醒、令人遐思的诗意之声啊！

第 190 日 　　　　　　　　　　　　2012 年 7 月 8 日　星期日

163. 生活的诗意美

德国汉学家顾彬说过："我们需要让作品有'休息'的时间，这样才能创造出比较好的作品。"事实上，人在写作时，也是需要休息的。这就是生产、生活常规。生活——工作——休息，周期循环，贯穿着诗意的节奏美。

生活多是平庸的。"过日子"的本质是重复的、持续的。水滴石穿，恒久持之，所需要的是目标永驻，这样才有乐趣。生活的意义在目的性，为目的而不懈求索，有意义才有乐趣。为目的而寻觅真正需要的东西，可以围绕目的找可掂量和思考的东西。发现同一目的中同一天性的东西，真有乐趣在。有意义、有目的，生活才不空虚。

然而，生活虽然继续，也有日子中重复之处，但毕竟不是机械的、等重的日子。生活有加减乘除法，此中有乐趣在。生活是不可捉摸的，但它是有乐、有趣，而且是可爱的。

英国社会学家安东尼·吉登斯说过："生活政治是一种如何选择身份及相互关系的政治。"有关此类生活政治学的研究，在米歇尔·福柯方面也有"微观权力"之说。他发现了人们在日常生活中的各种控制机制和个体人力资源的配置。这里有一张权力网，还有商业传播学。当然，在各种潮流面前，要有独立思考的主体意识，而且最需要的是人文精神的温暖。这才是有意义的生活。

卢梭在《爱弥儿》中谈到美的生活，这种美是本质的质朴美，是内容和形式统一的精神高尚美。如他所说的："真正的美，是美在它本身能显出奕奕的神采。爱好时髦是一种不良的风尚，因为她的容貌是不因她爱好时髦而改变的。"

别跟风，风是永远跟不完的。跟风浪费生命，耗费体力、智力，钝化品质，到头来后悔莫及。

生活是平常的，又是复杂的，平凡的人因忠实于生活而有意义。周宁在《人间草木》中深有所感地写道："一个人可能自以为为伟大的事业奔走，呼风唤雨，但他的偏狭、傲慢、伪善、仇恨却使他永远流落在善良与美好的人性之外；一个人也可能没有宏大的志向与惊天动地的行为，却因慈爱与公正，忍受孤独与痛苦，默默无闻服务，从而生活在光明中。"生活之美是内在的美。质朴是人的基本素质，质朴美是本色的美。生活的美是充满着诗意的阳光和黑夜，这就是诗意人生。

诗意人生包括诗意治学。中国台湾的电机工程学者陈之藩有一句巧妙的比喻："科学界的研究科学，与诗人踏雪寻梅的觅句差不太多。"作为自然科技领域的学者，他因著有多种文学著作而被台湾元智大学在2007年授予"桂冠文学家"称号。马英九因为陈之藩治学兼具文理的诗意科学风格，还在成功大学颁布过褒奖令。我们品味一下他在纪念胡适时的诗意文笔："并不是我偏爱他，没有人不爱春风的，没有人在春风中不陶醉的。"

第 191 日 　　　　　　　　　　　2012 年 7 月 9 日　星期一

164. 无知的恐惧

人的天性是乐生而惧死。

人对死的恐惧，在很大程度上是对于死的无知的恐惧，是知人都要死，但并未对死有真知，是知其然而不知其所以然。人不知自己死时和死后的事，对人死后的情况，是从别人死后的情况中得知自己死后也是如此这般的。例如，看到死者闭眼的状态，死亡时停止心脏跳动、停止呼吸的一刹那。看到死者亲友的悲痛，看到别人死后的葬仪。

老年人怕死，重病危病人怕死，那是对死亡一天天迫近的恐惧心理。从认知层面讲，不是完全无知，而是处于似知与无知之间。老年人因为距死亡之时越来越近，越是因为自己无知于死亡而恐惧，以至于悲观失望。大凡恐惧多出于无知。既无知物之明、知人之明，也无自知之明，因而叹人生死无常，不知常—变—化的规律。人对生、老、病、死，自己往往无知或知之不多，恐惧感油然而生。患绝症，如患癌的病人，也有此哀叹。有的人，忙忙碌碌生活，从未想到死。一场大病之后，便关注起死的问题了。

"不知生，焉知死"，孔子这一见解有普世性。葡萄牙作家若泽·萨拉马戈在 2005 年的《暂停死亡》中发现了类似的道理：生的唯一条件就是死。这是一个有关死神寓言的故事，其中说，"死神娘娘"厌倦人的嫉恨，决定罢工，结果世界大乱。医院人满为患，人们老得不能再老，但是死不了，整个养老系统也因此濒于崩溃，政府面临垮台。于是教会出马，请求"死神娘娘"上岗。至此，作者发出了上述的感慨："生的唯一条件就是死。"

生即死，而死也是另一种生。生死相依，人生观和人死观，二者互相对立又相互联系。正确对待人生，便不恐惧死，便会死而无憾。知此种关系，对死亡不会恐惧，而是坦然应对。

若泽·萨拉马戈 1998 年获得诺贝尔文学奖。瑞典科学院的奖辞中说："他那为想象、同情和反讽所维系的寓言，持续不断地触动着我们，使我们能再次体悟难以捉摸的现实。"他正是以他特有的寓言见之于人死问题，来寻觅人们自我身心的互动交往。1997 年他访问北京，出席了小说《修道院纪事》中译本的首发式，留给中国观众的话，就是希望自己死后碑文中写下"这里安葬着一个愤怒的人"一行文字。

生于愤怒的人，只有死去时才会安心。萨拉马戈这位作家，是葡萄牙共产党的高官，生于贫寒，至死仍坚持共产党员的身份不变。1989 年，国际共产主义运动处于低谷，他不肯退出葡共，坚持共产主义信念，而且愤怒地说："改变？凭什么！我觉得羞耻，我不想改变什么。" 2002 年 3 月，他作为国际作家议会委派的 8 人代表团的一员，前往以色列的巴勒斯坦占领地区考察时，又一次愤怒了。他直言："此地所发生的一切犯罪，足以与奥斯威辛、布痕瓦尔德的事情相提并论。除去时间、地点上的不同之外，都是同样的罪行。"

他愤怒终生：反对葡萄牙法西斯政权，反对教会，反对美国对古巴的封锁，反对布什和布莱尔发动伊拉克战争，反对以色列对巴勒斯坦的占领，反对任何政府审查文学作品，反对资本主义，反对全球化（称之为"新极权主义"）。他也尖锐地指出，技术进步中有道德沦丧。他甚至抨击英国有的议员用公款买宠物狗粮为"真不害臊!"

共产党员是何种人？他的回答是："有批判能力的公民。"他是一个不负此生、不愧为人的"有批判能力的公民"。他生得有骨气、有才气，他死于愤怒，死也堂堂正正，充满着辩证的批判、革命和不崇拜权威的精神。87岁时死去的他，其生和死都是一个自觉的人。

对他的名言"生的唯一条件就是死"也可以从另一个角度理解：死也是以生为前提的。英国诗人兰多，暮年对人世诸事的认识就表现了面临"死神娘娘"的坦然豁达："我不与人争，胜负均不值；我爱在自然，艺术在其次。且以生命之火烘我手，它一熄，我起身就走。"这既是自觉的艺术观，又是自觉的生死观。黑格尔认为，艺术美代表了人的本质力量的对象化的特征，同时又高于自然美。法兰克福学派阿多诺则认为：艺术美与自然美有同等价值，一个是大美无言，另一个是人类自恋情绪。兰多爱大自然胜于艺术，因为人本来就是自然的一部分，一切都是自然而然的，人要顺乎自然规律，包括生、老、病、死。生和死是互为条件的，人的自觉在自我身心交往互动中的自觉。懂得交互规律才有真知，才有对死亡的不惧，才有文明交往的自觉。

第 192 日　　　　　　　　**2012 年 7 月 10 日　星期二**

165. 邓拓的死生离别观

邓拓在人的生死观上，是把人死放在人生的前面，这也是一种

"倒看人生"的观念。他有这样的诗句:"莫怨风尘多扰攘,死生继往即开来。"其中"风尘多扰攘"与司马迁在《史记·货殖列传》中的"天下熙熙,皆为利来;天下攘攘,皆为利往"的话有相通之处。世间风尘扰攘,死生在利益驱动之下来来往往。在商言商,在官言官,在学言学,都有利益在背后驱动。商人言利润,官场重权位,学人也免不了重名利。但又有多少人在人生之路上,能自觉到"人死"的结局?法国皇帝路易十四说过:"我死后哪管他洪水滔天",还是为权力计而不顾"死"。田家英提醒毛泽东要想到身后历史的评论,也被拒绝而使田沉冤中南海,而毛轻松地告诉别人:该人已"呜呼哀哉"!

邓拓在主编《人民日报》时,被毛泽东批评为"死人办报"而转调北京市委,分管文教。在离开《人民日报》主编岗位之前,有《留别〈人民日报〉诸同志》一首诗:"笔走龙蛇二十年,分明非梦亦非烟。文章满纸书生累,风雨同舟战友贤。屈指当知功与过,关心最是后争先。平生赢得豪情在,举国高潮望接天。"此诗写于1958年,是离别之诗。述怀之中,可见在政治交往中他毕竟是个书生。二十年舞笔弄墨,写成满纸文章,而回首往事,书生感到太累了。他还是书生意气,在政治高潮中他还要"大跃进",后有"燕山夜话"、"三家村夜话"而蒙文字之灾。他也是未能参透自己"死"的结局的一位,虽然他有"死生继往即开来"的死生观。可见书好写好"人"字是何等之难!但再难还是要书写,用行动、用文字来书写,一代又一代人继续在书写。"计利当计天下利,求名应求身后名",我又想起了于右任的著名对联。

在人死观问题上,我曾提出过"倒看人生"的观点,即不是从人生看到人死,而是从人死"倒看"人生。这样看待人生,不但对死不恐惧,相反,对人生会更清醒、更理智,会无愧于人仅有一次的生命。"倒看人生"最理想的是从青年、壮年、老年三个阶段都去"倒看",不要等到老年再"倒看"。到老年"倒看",已经有些晚了。早"倒看",就早自觉,就早参透人生,到最后不悔恨、不自怨。每走一段人生,既能瞻前,又能顾后,自觉性会更多一些。"倒看"是从死看到生,从死看自己正在走的每一段路。因此,光有"倒看"还不够,还要"顺看",把"顺看"和"倒看"结合起来。"顺看"和"倒看"的结合,是人生观和人死观的结合。人生的自觉尽力,临死时后悔、遗憾会减少，会是一个比较自觉的人生。不过，这是很难很难的事。

166. 由张岱《自为墓志铭》所想起的名诗

张岱（1597—1684）在古稀之年写了《自为墓志铭》。这时，明朝灭亡已经二十年了。他以悔悟的心态，写自己的过去：

> 蜀人张岱，陶庵其号也。少为纨绔子弟，极爱繁华，好精舍，好美婢娈童，好鲜衣，好美石，好骏马，好华灯，好烟火，好梨园，好鼓吹，好古筝，好花鸟，兼以茶淫橘虐，书蠹诗魔。劳碌半生，皆成梦幻。年至五十，国破家亡……回首二十年前，真如隔世。

其中的"书蠹诗魔"，是说明末清初的学人张岱不但是喜欢藏书、读书的学者，而且是一位诗意治学，并且是为诗着迷的"诗魔"。张岱个人是个君子固穷、有节操的明代遗民。他面对清朝盛世时大兴文字狱、钳制思想仍在著书存史，关注文化的传统延续。他的《自为墓志铭》是五十年晚明个人生涯的真实写照，也反映了当时社会奢靡之风和繁华景象，也可以说是一首散文诗。

这使我想起了福克纳和艾青这两位诗人和他们的诗。

福克纳的《我的墓志铭》是一首美丽的小诗，也表现了他的人生观：

> 如果有忧伤，就让它化为雨露，/但须是哀悼带来的银色忧伤。/让葱绿的林子在这里做梦，渴望/在我的心中觉醒，倘若我重新复苏。/可是我将要安睡，我长出根系/如同一棵树，那蓝色的岗陵在我的头顶酣睡，这也算死亡？/我远行/紧抱着我的泥土自会让

我呼吸。

现在，当我吟咏起这首诗的时候，福克纳早已与世长辞，安然长眠在他的家乡奥克斯福镇。然而他诗中的人类自我身心的文明交往自觉的诗意深韵，仍然在感染着我们。他诗中"我长根系如同一棵树"和"我远行紧抱着我的泥土"的诗句，不由使我联想起艾青1940年写的《树》：

> 一棵树，一棵树，/彼此孤离地兀立着。/风与空气，/告诉着它们的距离。/但在泥土覆盖下，/它们的根伸长着，/在看不见的深处，它们把根须纠缠在一起。

请对照一下福克纳的"树"和艾青笔下的"树"是多么灵犀相通！艾青是诗画兼通的学人，属人中的多才多艺者。现在我们能看到的，还有人民出版社1957年版《艾青诗选》封面上的一张速写油画：由三棵树组成的矗立于土地之上的大树。这是留下来的他的油画创作，也表明了1957年"反右"前夕他对"文艺"早春的心态。

张岱以散文诗自为墓志铭，福克纳用诗书写墓志铭，艾青也以诗画描述人生。言人之死生，是在言自然规律、社会规律。张岱感慨"劳累半生，皆成梦幻"的如梦人生。福克纳以树入诗而言生死，他要像树一样在泥土中永生。艾青的诗意也是对土地的深情厚意，他有《我爱这土地》的名诗，值得我们和他一起咏唱：

> 假如我是一只鸟，/我也应该用嘶哑的喉咙歌唱：/这被暴风雨所打击的土地……/然后我死了，/这羽毛也腐烂在土地里面。/为什么我眼里常含有泪水？/因为我对这土地爱得深沉……

艾青1928年19岁时考入林风眠的西湖国立艺术院绘画系，一生都爱画，也学画，然而学画未成，写诗成为大诗人。他把自己所学的画，都写到诗中去了，《我爱这土地》这首名诗就是证明。人们现仍记起他的诗句："为什么我眼里常含有泪水？因为我对这块土地爱得深沉"。

第 194 日   2012 年 7 月 12 日   星期四

167. 题折扇诗

2010 年陕西文史馆赠折扇一把，其扇质精面大。2010 年 6 月 6 日早，准备参加中东研究所博士研究生学位论文答辩会。8 时半，突发高血压，到极危期。往院半月后，在家疗养中，修改《两斋文明自觉论随笔》的空暇，草成以下三首"六句体"小诗，书于折扇之上。形留影，音留响，思留诗，言乐趣也。

六句五言诗·阳台晨景

人行树梢榜，鸟绕阳台飞。
核桃低头笑，栾果肩上垂。
彩蝶何方来？紫燕衔泥归。

六句六言诗·折扇抗暑

任尔热浪翻滚，折扇在我手中。
清风拂面徐来，渐入谧静心境。
不急不躁不烦，不怕自然折腾。

六句七言诗·散步思观

阳台不封天地大，满目绿色满天霞。
风雨无阻信步行，空气清新静无哗。
蝉鸣引人思自觉，飞鸟伴我观天下！

（此三首诗原收入《烛照文明集》，因该集部分内容编入《我的文明观》，故未被录入，所以补辑于此）

168. 题竹扇诗记二则

前一则为折扇题诗，此二则为竹扇题诗。扇上题诗，为中华文明中的"土特产品"。人类文明交往过程中，此类民族性特色文化，最值得传承。我每年夏日盛暑都在长安（即西安，下同）悠得斋度过，大自然的酷热甚是难熬。文明本与野蛮相伴，大自然与人类之间交往也不总是明媚的春天。只有明其规律，顺应其发展，方有自由可言。此二则也列入《烛照文明集》，同上缘由，现收入本集。

六句五言诗·竹扇诗
此为另一竹扇诗的续篇，前篇已佚。

> 扇动风送爽，
> 手促脑健康。
> 内外交往顺，
> 人文有力量。
> 身安谧中处，
> 心静自然凉。

（2010 年 7 月 7 日）

竹扇九年颂词

盛暑旧友，经久弥新。

俗语云：新三年，旧三年，竹扇修修补补再三年。悠斋虽云旧，其命在鼎新，人与旧物在，旨在不失本位而其命在鼎新，意在此也。

以上两首记录均书于扇面，时在 2010 年 7 月 7 日小暑，于今已近两年。

（2012 年 6 月 22 日记）

第 196 日 <u>2012 年 7 月 14 日 星期六</u>

169. 两棵栾树

我所住的西北大学新村 22 楼的楼前和楼后，各有一棵大栾树。

栾树，落叶乔木，夏天开花，深黄颜色，十分耐看。据生物系的人说，栾树全身都是宝：叶可作青色染料；花可入药，又可作黄色染料；木材可做器具。

这两棵大栾树，枝繁叶茂，有 6 层楼高，像两巨伞，巍然屹立。它美而朴实，在头上花开之后，还有连续成串的果实。两棵栾树分别长在 22 楼的悠得斋前后，我们每天看很多次，真有"相看两不厌"之感。这使人想起鲁迅描绘他老家院后"一棵是枣树，另一棵还是枣树"的深化笔法。

可是，我开始并不认识它，只听一位生物学学者说是桐树，以致在《两斋诗》中写下"桐果肩上垂"之句。现在是正名之时，应改为"栾果肩上垂"了。

唐代诗人李群玉有《书院二小松》诗，对二松树的"松声"情有独钟："一双幽色出凡尘，数粒秋烟二尺鳞。从此静窗闻细韵，琴声常伴读书人"。

读此诗，我对这两棵栾树也有相看、相听、相伴"两不厌"之感。每次用仰视、远眺、凝神的目光去看它，看它的静穆，看它的威严，看它的风中稳重，看它的雨中清秀。这两棵巨大的栾树，自然而然地成了我的伙伴。我们一起，悠然自得，相对而望，彼此从各自的角度生存、生活、成长。我看着这两棵树一天天在长大长高，也使我读书、思考不息。直到后来客居北京松榆斋，还是想念着这两棵被大楼隔开的栾树。

这两棵栾树，也使我想起郭沫若在 1944 年为臧克家所题写的条幅："生命乃完成人生幸福之工具耳。工欲善其事，必先利其器。欲求人生幸福之完成，必须内在生活与外在生活均充实具足。以文艺为帜志者，尤须致力于此。内在生活，殖根欲深，外在生活，布枝欲广。根不深，则不固，枝不广，则不闳。磐磐大材，挺然独立，吾企仰之。"的确，以科学研究为"帜志"的人，面对这两棵"磐磐大材，挺然独立"，都应当企仰，以此思考人生内在与外在生活的双向充实，使之根深枝广。这是人类文明交往中人与人、人的自我身心良性互动、幸福生活之必具的自觉。

第 197 日   2012 年 7 月 15 日   星期日

170. 树之歌

诗人咏树言志之作，多种多样，异彩纷呈，美不胜收，其中"岁寒三友"的松竹梅的耐寒性花松居首位。明代画家唐寅以画配诗，在《高士图》中有"三朋古称寿，七秩世云稀"咏颂松树的高风，也有"大老兼尊德，吾将同所归"的向往。

我老年久居长安悠得斋，在树丛之中，首见的是栾树，上文《两棵栾树》，即记述此事。今日在阳台上散步，在满目绿色的大树丛林中，仔细观察之后，发现又有三种树映入眼帘，引起许多遐思。

第一种是核桃树。根在路东，枝叶从高空中横跨东西二楼，覆盖马路之上，直掩连我散步的阳台附近。看到那累累的果实，令人赞叹其年年勤于奉献的可贵品格。它在周围的大树中可谓出类拔萃。它长得最为高大，枝繁叶茂，沉甸甸的核桃压倒其他旁边的小树。

第二种是楸树。楸树是西北大学新村院内最多的树种之一。这是一种落叶的乔木，干高枝长叶大，夏日开花结实，有"奇哉怪哉，楸树结的蒜薹台"的话。据行家说，它的木材质地细密，可做家具。它的生长力极强，不让众树，可与核桃树、女贞子树相向相争而上。它以群体性制胜，常常围攻、压倒、挤掉其他树种。

第三种树只有一棵，可谓一枝独秀，那就是我阳台前的香椿树。这是我从小在泾阳农村常见的树。我熟悉它，是因为我喜欢吃香椿的嫩芽，那黄绿夹杂着微红，那清香可口的诱人味感，那耐人品味的脆甜，令人至今不忘。不过，年届暮年，对它却有过敏，不能吃了。我阳台前生长的这棵香椿树，命运太惨了。它小的时候，只有几个小分枝，被人们采得七零八落，几乎活不下去。勉强长到两人高的时候，有些贪食香椿嫩叶的人，竟然残酷地把它两大枝干砍掉了一个，剩下的一个叶黄枝干，在风中摇曳，苦苦挣扎。然而，它虽致残，却求生欲很强，坚强地生长着，竟然借着肥沃的土壤、阳光、空气和雨露，奇迹般地长大了。几年时间，它高大挺拔，竟不亚于原来比自己高得多的核桃树，也大有与更大的栾树一争高下之势。它是很爱美的，偶尔在高枝茂叶掩映之中，还长出一束黄米粒般的黄花。它还和女贞子树簇拥在一起，散发着沁人心脾的清香。我每每看到它那枝繁叶茂、迎风摆动的高昂树梢，不禁要多看几眼，而且从心里对这种劫后复兴的大树精神深表钦佩。

这些树生长在西北大学新村的南部，那里是著名关学家冯从吾的墓地。新村建成之前，尚有石人石马和众多树木相伴，隔一条马路，就是冯从吾的大墓。说它是大墓，言其封顶高大，远看如大丘。今日被陕西交通医院所占，大墓已被夷为平地，好在冯从吾的墓还在，立有纪念碑。冯从吾是明代初年著名的理学家，著有《关学编》，有中华书局1975年的版本。见今日树木郁葱，想必这位学者的著作和他的思想却无人研究，思之憾然！可为安慰的是今日仍为学府、医院所在地，学人与病人仍可一睹墓地和纪念碑。尤其是成林的大树尚与墓地相伴，仍有浓郁的文化气氛。

环绕着悠得斋的诸树郁郁葱葱，一片青翠，成为我在阳台上信步思考时的可亲可爱的伴侣，又好像是我半个多世纪执教而成长起来的众多学生和科研成果，这是我的人生价值所在。这些大树成林、木已成材的气象，不由使人产生了难以用语言形容的愉悦。树人树木，道理相通，人生原本就是一首树人启智之歌！思考人类文明交往的思维方式、理解人类经验的方式正渗透于我们体验自身和心灵方式之中。

第八编

古今中外

编前叙意

"人事有代谢，往来成古今。"这是唐代诗人孟浩然《与诸子登岘山》中的首联哲理诗句。它诗味深沉、哲悟隽永，正如清人沈德潜所说："人静悟中得之，故语淡而味终不薄。"它道出了人类文明交往中一个平凡的真理。谁都会感到人事在世代更替、家国兴衰、悲欢离合、生老病死中不断地变化，谁都会感到春去秋来、寒来暑往的时光在不停止地流逝。"一方水土养一方人"，一方水土生活中的人，在所存在的地域里，也就有了中国、外国之分和东南西北不同方位的地域之别。如果说时间光阴是百代之过客，那方位空间地域就是万物之逆旅了。人间、时间、空间，这三间之中，人间消费着时间、丈量着空间，而时间、空间又制约着人间，这"三间"的间际之学，构成了人类文明交往互动的历史图景。

古今中外，在方法论上还是个纵向和横向的比较之法。比较研究可发掘不同对象之间的同异、扩大视野，发现特点及规律。这是研究各种问题的有效方法。研究历史与现状、理论与实践，都不能局限于一时一地，都要贯通融达的通识观察。古今为经线，中外为纬线，理清此纵横交织脉络，在比较之中见规律。尤其是当今，人类文明交往发展到了21世纪，世界已经进入了更加密切的相互合作、互通往来的新开放时代。古今中外的变化，人间、时间、空间这"三间"彼此互动、互相影响，如同互相照射三方的大镜，相互反射深化着对方，从而共同创造着人类文明的当今和未来。

古今中外的文明交往，最重要的是建设性对话、平等理解的交往理性。这是善于和勇于的实践理性思维方式。人类正是在求真、求实、反复不懈的实践中，以一种自信、开放的思路来提高反思自身文明的自知之明、认识他者文明的知人之明以及理解物质文明与精神文明关系的知物之明，并逐步提升对生活于其中的大自然和谐生态文明的自觉。

第 198 日   <u>2012 年 7 月 16 日</u>   星期一

171. 这个世界会好吗?

"这个世界会好吗?"

这是梁漱溟记得的他父亲在临终前的"世纪之问"。当时，梁漱溟并无老人的悲观之情，他在回答这个问题时说："会好的。"

这个回答好像是苏联电影《列宁在十月》中瓦西里对受饿的家人所说的话："面包会有的，牛奶会有的。"梁氏父子之问答，实际上是20 世纪初的"世纪之问"和"世纪之答"。

的确，这是 20 世纪初期苦闷的、彷徨的中国文化人的疑问。这实际上也是中国在世界变动中、在人类文明交往中处于何种地位的问题。梁漱溟的父亲梁济川那一代人处于风口浪尖上，他决心以自杀殉文化。但梁漱溟这一代人当时在探觅的正是中华文明交往中这个难题的答案。

这个难题就是传统与现代化之间的文明交往问题。这是当代文明交往中的焦点。梁漱溟晚年时对此难题的解答着重点在人与人之间的关系上。他认为，人在初步解决了人与物（自然）关系之后，处理人与人之间的关系上升到首要地位。人与人之间的关系是社会关系，他把这个关系集中于道德层面，这就归结到人的自我身心交往方面。儒家的"孝悌慈和"、"礼让"、"良知良能"；佛家的"不舍众生，不住涅槃"显得特别重要。这给中华文明的复兴提供了可能。他对世界的乐观来源于此。

但是，人与物之间的关系，仍是一个绕不过去的大门槛。工业文明迄今取得的进步与发展，大多是依靠地球上的煤和石油等有限的资源取得的。它的动力是科学技术的无限进步与发展。在加拿大学者大卫·奥雷尔看来，2100 年将为生态系统崩溃进而使"全球文明面临崩溃"的时间界限。所以，梁漱溟用心地观察社会转型时期乱象纷呈变化的钥匙，是"自知之明"和"知人之明"的结合，有其文明交往自觉之处。但人类的前途仍不容乐观，"知物之明"，尤其是生态文明，仍是关键所在。

　　黄遵宪在他去世前的"20 世纪观"，却是乐观的世界观。他曾用诗表明了他对 20 世纪满怀信心的预言："人言廿世纪，无复容帝制。举世趋大同，度势有必至。"他相信，在 20 世纪，中国大有希望，专制必废，民主必兴，世界大同，为大势所趋。这与梁济川的悲观态度完全不同。20 世纪过去了，21 世纪来临了，加拿大的学者大卫·奥雷尔关于"全球文明将面临崩溃"的悲观论也随之而生。这类似 20 世纪初中国文化人的"世纪之忧"。忧而生问，这也是"21 世纪之问"。

　　然而，人类文明交往毕竟进入了一个新的自觉时期，世界历史也揭开了新的一页。21 世纪将是人类文明发展的新时期。根据 20 世纪人类文明交往的经验和教训，人们普遍的交往大大扩展了自觉意识和广深视野，其中最重要的一条，就是对天人交往、人人交往和自我身心之间交往适度和底线的认识和把握。因为进步、发展这些文明交往的关键词，告诫了人们在人与自然、人与人、人的自我身心的三大交往中，不能过度、不能越线。人们从进步、发展的无限度、无底线的迷失幸福目标的思维方式中省悟到其危害性。人类幸福是目的，而发展、进步的物质努力只是手段，不能因为手段而牺牲了目的。我之所以从人类前途角度关注文明交往的自觉，是与关注人类贪婪、利益、意识形态、权力、需求和正确处理当前与长远、环境承受限度等解决科技进步与发展问题直接相关。因此，在物质、精神、制度、生态四大文明领域之内和之间的交往活动中，在人与自然、人与人和人的自我身心三大交往层面互动中，"知物之明、知人之明、自知之明"的人类文明自觉，缺一不可。"明"是由文而明上升为的"明"，是明于人类文明交往互动规律的"明"。人类只有在探索、发现，并在明于这种规律的理论与实践中，自觉地走向 21 世纪。

　　人的文明化是人类文明交往的主题。关键是人的文明自觉程度的提高。美国学者罗伯特·麦卡蒙在《奇风岁月》（陈宗琛译，译林出版社 2011 年版）中的下述话语倒是有启发性的："人世间就是这么回事，大家都渴望相信这个世界是美好的，可是却老是认定这个世界残酷又丑陋。我不难想象，就算是最纯真无邪的一首歌，要是你心里有鬼，那不管怎么听，你都听到歌里有魔鬼。"

　　21 世纪，这个世界会好吗？会好的，但要沿着人类文明化的正确道路行进。

老问题，新答案，在人类文明交往的新世纪——21 世纪历程之中将持续追问和回答。

第 199 日 　　　　　　　　　　　　2012 年 7 月 17 日　　星期二

172. 东方的觉醒

马克思和恩格斯对东方的关注，从 19 世纪 50 年代起大大加强起来。请看他们在 1853 年通信中关于东方问题的几个细节：

第一，恩格斯在 1853 年 5 月 26 日左右写给马克思的信中提到了查·福斯特的《阿拉伯的历史地理学，或主教对天启教的证实》（两卷本，1844 年伦敦版），这是一本关于阿拉伯碑文的书。恩格斯认为有三点"最有意思的结论"：（1）《圣经·创世纪》中记载的所谓挪亚和亚伯拉罕等人的系谱，是按方言的亲疏关系来对当时贝都英各族相当准确的排列，而且已为古地理学家和现代旅行家所证实、证明，大部分方言至今还继续存在。"由此可见，犹太人本身同其他各族一样，也是一个小贝都英族，只是由于当地条件、农业等等而和其他贝都英人对立起来。"（《马克思恩格斯全集》第二十八卷，人民出版社 1973 年版，第 249—250 页）（2）阿拉伯人的大举入侵，即贝都英人像蒙古人一样，曾经周期性地入侵，"因此，伊斯兰教徒的入侵在很大程度上就失去了它的某种特性"。（同上书，第 250 页）（3）"在西南部定居的阿拉伯人，看来曾经是像埃及人、亚述人等一样的文明民族"，"至于谈到宗教的欺骗，那末，从南阿拉伯的古代碑文中显然可以看出，穆罕默德的宗教革命，和**任何宗教运动一样，是一种表面上的反动**，是一种虚假的复古和返朴。在这些碑文中，古老的阿拉伯民族的一神教传说还占优势……而希伯来的一神教只是它的**一小部分**。"（同上）"犹太人的所谓圣书不过是古代阿拉伯的宗教传说和部落传说的记载，只是这些传说由于犹太人和与他们同一个族系但从事游牧的邻族早已分离而有了改

变。"（同上）

第二，马克思在 1853 年 6 月 2 日致恩格斯的信中，谈到对希伯来人和阿拉伯人之间关系的三点结论，也使他"很感兴趣"。马克思认为："（1）可以探索一下有史以来一切东方部落中定居下来的一部分和继续游牧的一部分之间的**一般**关系。（2）在穆罕默德的时代，从欧洲到亚洲的通商道路有了很大改变，而且早先同印度等地有过大量贸易往来的一些阿拉伯城市，在商业方面已经衰落了；这当然也是个推动。（3）至于宗教，可以归结为一个一般的、从而是易于回答的问题：为什么东方的历史**表现为各种**宗教的历史？"（同上书，第 255 页）

第三，在同一信中，马克思还给恩格斯介绍了弗朗斯瓦·贝尔尼兹的《大莫卧儿、印度斯坦、克什米尔王国等国游记》（两卷本，1830 年巴黎版）中关于东方城市的形成论述等问题，而且提到其中有关土耳其、波斯、印度的"一切现象的基础是**不存在土地私有制**"，并认为"这甚至是了解东方天国的一把真正的钥匙"。（同上书，第 256 页）

第四，马克思在信中还告诉恩格斯："灌溉系统一破坏，土壤肥力就立即消失"，于是出现了"过去耕种得很好的整个地区……成了不毛之地。这也说明了另一个事实，即一次毁灭性的战争足以使一个国家在数世纪内荒无人烟，文明毁灭。依我看来，穆罕默德以前阿拉伯南部商业的毁灭，也属于这类现象，你认为这一点是伊斯兰教革命的一个重要因素，是完全正确的"。（同上书，第 263 页）

第五，1853 年 6 月 6 日，恩格斯在信中又告诉马克思："阿比西尼亚人的被驱逐大约发生在穆罕默德前四十年间，这是阿拉伯人的民族感觉醒的第一个行动，此外，这种民族感也受到北方几乎直逼麦加城的波斯人的入侵所激发。只是这几天我才着手研究穆罕默德本身的历史。目前我觉得，这种历史具有贝都英反动势力反对那些定居的，但日益衰落的城市农民的性质，这种农民当时在宗教方面也是分崩离析的，他们的宗教是对自然的崇拜同正在解体的犹太教和基督教的混合物。"（同上书，第 564 页）

第六，马克思 1853 年 6 月 14 日致信恩格斯："要破坏这些村社的自给自足的性质，必须消灭古老的工业。在爪哇东海岸的巴厘岛，印度人的这种组织还完整地和印度人的宗教一起保存下来……至于**所有制问**

题，这在研究印度的学者中是一个引起激烈**争论的问题**。在克里什纳以南的同外界隔绝的山区，似乎确实存在土地私有制。……关于上面提到的村社，我还要指出，它们在《摩奴法典》中就已经出现，而在这部法典中它们的整个组织是这样的：一个高级税吏管辖十个村庄，以后是一百个，再后是一千个。"（同上书，第 272—273 页）［按：《摩奴法典》是印度波罗门教教义编纂的习惯法典，据传是出自神话中的人类始祖摩奴（梵文中的"人"）之手，它反映了保存有原始公社制许多残余的印度奴隶占有制社会发展的特点］

第七，1853 年 6 月下半月，马克思给《纽约先驱论坛报》写了四篇文章，其中谈到土耳其和印度问题，尤其是《东印度公司，它的历史与结果》。在 6 月 29 日，马克思把情况告诉恩格斯。后来恩格斯也参与了这一写作，两人互相合作，有许多是关于亚洲国家的问题。如《土耳其战争的进程》关于东方问题的系列文章等，特别是 1853 年 6 月 14 日马克思在《纽约每日论坛报》发表的《中国革命和欧洲革命》一文。

马克思和恩格斯在研究东方问题的上述点滴中，可见他们关注面很广泛，如部落之间的历史交往、商贸、宗教、军队、土地所有制、伊斯兰教改革、外国的殖民争夺战争等，尤其是提到"阿拉伯人的民族觉醒"最值得注意。这令人想起了半个世纪之后，列宁提出的"亚洲觉醒"，以及东方各民族的复兴。近现代亚洲与欧洲之间的历史交往，对亚洲来说，是东方文明走向复兴的过程。复兴是古老文明在衰退之后所经历的一个漫长但又必要的阶段，正如它有发生、成长、兴盛的阶段一样。

此外，福斯特不仅是历史地理学家，而且是德国的神学家、旅行家，他写了许多关于圣经史的著作。他的《阿拉伯的历史地理学，或天主教对天启教的证实》一书，记录了贝都英人的方言语系，认为贝都英各族到今天还自称为萨勒德·贝尼、优素福·贝尼，即某人的子孙。这里按方言的亲疏等古代宗法制生活方式产生了这种语系。还认为贝都英人入侵的周期性以及因入侵而建立了大城市尼尼微、巴比伦。他还提出：古代阿拉伯的碑文、传说、古兰经以及一切语系的主要内容是关于闪族的传说。此种犹太人与阿拉伯人同源而异流的见解是一家之言。

173. 勒南与阿富汗尼的历史交往

我在《东方民族主义思潮》中，两次提到 19 世纪法国哲学家、史学家和宗教学家埃内斯特·勒南（Joseph Ernest Reman）与伊斯兰改革主义、泛伊斯兰主义者阿富汗尼的交往。尤其是对 1883 年他们关于伊斯兰与科学问题的争论作了重点评述，认为此种交往"成为学术界的佳话"。现在看来，这是东西方文明交往的一个值得深思的史例。

约瑟夫·埃内斯特·勒南（1823 年 2 月 28 日—1892 年 12 月 2 日）是对中东思想有影响的人物。他 1862 年在法兰西学院的讲义《关于闪族人对文明史的贡献》中就对伊斯兰作了否定性的评价。他严厉谴责伊斯兰"对科学的藐视、对市民社会的抹杀"，认为"现阶段对于广泛传播欧洲文明所不可欠缺的条件是，……要摧毁伊斯兰的神性权威，总之就是要摧毁伊斯兰本身。……伊斯兰就是对欧洲的全盘否定。伊斯兰的信仰是狂热的"。

正是由于勒南一生中从早期开始就完全没有正确评价过伊斯兰，因此，阿富汗尼作为知名的"泛伊斯兰主义"的代表人物，在 1883 年通过朋友介绍，同勒南见过面，他们之间自然就发生了激烈的争论。这是一次对抗性的对话，但双方都没有放弃思考对方的意见。

1883 年 3 月 29 日，勒南在巴黎大学作了题为"伊斯兰和科学"（L'Islamisme Et Ia Science）的讲演，后出版为单行本，也收入了阿富汗尼的反驳文章。其新版本为 Archange Minotaure 出版社 2003 年版。此讲演要点如下：

（1）用"欧洲文明观"对"伊斯兰诸国"的落后状态进行极端性批判："只要对现代世界稍有了解的人应该就能清晰地认识到，穆斯林诸国现在是多么劣等，被伊斯兰统治的诸国又是多么颓废，以及只以该宗教为源泉的文化和教育背景下的人种是多么愚昧。"（注意"劣等"、"颓废"、"愚昧"这三个极端性的贬义词，可见其高傲和偏见）

（2）用宗教标准而非民族或国家标准看待人群和社会："穆斯林深

信神会将幸运和权力赐给他们认为好的人，这与教育和个人的资质无关，因此他们严重诋毁教育、科学和孕育欧洲精神的一切。伊斯兰信仰滋生出这种习气非常有力，以至于人种及国际的差异也会随着改信伊斯兰而消失无踪。成为穆斯林的柏柏尔人、苏丹人或埃及人等，他们就是穆斯林。只有波斯人是唯一的例外，他们知道如何保持固有的能力。波斯人与其说是穆斯林，倒不如说是什叶派人。"（注意：①因信仰神而"严重诋毁教育、科学和孕育欧洲精神的一切"中的"欧洲精神"；②"伊斯兰信仰滋生"的"非常有力"的"习气"，这与当时西方以民族国家看世界完全不同）

（3）质疑"伊斯兰科学"的存在："今日如此低调的伊斯兰文明，过去却是光辉熠熠。那时伊斯兰文明拥有许多科学家及哲学家，远远走在基督教西方世界的前面。但是，如果我们仔细思考的话，便会产生疑问，'伊斯兰科学'或者至少被伊斯兰所认同及许可的科学，过去究竟存在过吗？"对于这个"勒南之问"，勒南本人的答案是否定的，他认为，从8世纪中叶至13世纪中叶的伊斯兰哲学家，大部分都是拜火教徒、基督教徒、犹太教徒及被视为异端的穆斯林宗派之手创造的成果。13世纪以后是"野蛮人种"土耳其人统治的"伊斯兰专制统治时期"，宗教支配市民生活，自由受到最大伤害，科学遭到阻碍。

（4）穆斯林诸国在理性发展进入颓败期，而西欧同期却在探求科学真理的道路上阔步前行。西方神学家和伊斯兰正统派一样是镇压者，但二者的区别在于西方神学家没有能力摧毁近代精神。科学是理性的。科学产生出军事上和产业上的优越性，不久就会创造出社会的优越性。"伊斯兰消灭了科学，也就消灭了自己，并将自己陷于处于世界上极其劣等地位的境地。"伊斯兰在虚弱时期是宽容的，而一旦强大起来就会变成暴力。

这篇讲演中表现的伊斯兰观，在当时的欧洲是有说服力的，因为欧洲人对世俗化和工业化充满自信。勒南所指的科学包括自然科学和人文科学等方面的广义科学，他认为人类社会因为这种"大科学的贡献"才能进步。在他看来，伊斯兰压制科学的发展，因此"伊斯兰世界"才落后于欧洲。这是勒南的主要观点。

勒南上述讲演记录刊登于《论坛》（*Journal des Debad*）上。阿富汗尼读完它的译文后，在 5 月 18 日该刊上发表了长篇评论文章。其要点是：

（1）盛赞大学者勒南的独特视角。

（2）"既然欧洲能克服不宽容的基督教困难，从而步入重视科学和进步的道路，并且获得自由独立"，"我不认为比基督教晚几个世纪诞生的伊斯兰社会没有相同的可能性"。

（3）"我作此发言不是为了伊斯兰教的大义，而是为了可能必须继续生活在野蛮和无知中的几亿人民。"

（4）"勒南说，纯粹的阿拉伯学者只有锉迪一人，可是我不能不说：伊本·巴哲、伊本·路世德、伊本·图菲利都是阿拉伯人。如果他们不算是阿拉伯人，那么应该就会有人提出，马萨林和拿破仑也不是法国人了。如果说欧洲人全都属于同一种人，那么可以说，闪族系的人们都是阿拉伯人了。"

（5）"宗教都是阻碍科学的发展，基督教、伊斯兰教完全都是同样的。"

（6）"宗教和科学之间不存在和解。只要人类存在，教条和思考、宗教和科学之间的纠葛就会继续。这场争论未必就会走向科学的胜利，因为普通大众不喜欢理性，只有少数精英才能理解而用理性分析事物。"

阿富汗尼在针对勒南讲演中的论点讨论问题，既表现他的大家风度，也表现了他的伊斯兰改革精神，还表现了它关注伊斯兰世界的泛伊斯兰精神。这场文明对话中，还展现了阿富汗尼的伊斯兰观，他主张以伊斯兰教作为联合穆斯林反抗帝国主义的团结纽带。他对伊斯兰教的观念是正面的、肯定的，认为其理念在政治上是可以超越民族和国家而共存合作，联合起来反抗侵略，这点他同勒南有着根本分歧。

在阿富汗尼评论发表的第二天，即 5 月 19 日，勒南就发表了回应文章。勒南的论点是：他同阿富汗尼有许多共识，例如在对待科学的问题上，基督教与伊斯兰教是同样的立场。勒南在接受了阿富汗尼关于"宗教皆同"的主张后，提出以下见解：

（1）基督教徒和伊斯兰教徒不一定舍弃自己的宗教，而是要使宗教信条不再具有攻击性。

（2）相信伊斯兰教的弱化会使穆斯林诸国获得新生。

（3）信仰狂热性原因：一小撮危险人物用恐怖手段把其他人绑缚在宗教实践上。因此，将穆斯林从这种宗教的桎梏中解放出来是极其重要的事。

这是一场求同存异的对话。我在《东方民族主义思潮》中，总结了这场对话对双方的收获。阿富汗尼有"自己之问"和"自己之答"：人们不禁扪心自问：阿拉伯文明为何在世界大放异彩之后突然消失了？为何这把火炬此后再未被点燃？为何阿拉伯世界至今仍陷入黑暗的深渊？他自问自答：责任在专制腐败的穆斯林统治者和西方殖民主义侵略者。进而提出了改革和穆斯林的国际团结。通过这场对话，勒南也为阿富汗尼的分析能力所折服，为阿富汗尼的历史、神学、宗教方面的渊博知识和现代化的进步观点所感动。勒南认为，很少有人能像阿富汗尼那样，给他留下如此生动的印象。勒南说："谢赫哲马鲁西（阿富汗尼）是我们所称为理想的那种思想的最优秀的体现者。他的超群智慧、卓越才能、自由思想和正直豪爽的品格使我惊讶！我觉得似乎是在和一位巨星交谈，好像是面对着伊本·西那或伊本·鲁世德，或是那些为人类解放而战斗的伟大人物。"

勒南被萨义德在《东方学》中严厉批判为西方有偏见的学者，这是对的。当然，从时代上看，这种界定只是勒南的一个方面。另一方面，他是位学识渊博的学者，涉猎领域多且有不少建树，著有《宗教历史研究》（1857）、《道德和批判概论》（1859）、《科学的未来》（1848 年写成，副标题为"1848 年随想"）和《耶稣传》等著作。他的《耶稣传》把耶稣当凡人描述，遭到基督教会的猛烈攻击，甚至差点失业。但是，正是这本《耶稣传》在 4 年间销售 130 万册，而同期的法国著名作家维克多·雨果（1802—1885）的代表作《悲惨世界》，在 8 年间才销售了 13 万册。他不仅以研究早期基督教史方面的著作而闻名，而且在语言学、人种学方面都有自己的独到见解。对他的评价有各种分歧，萨义德认为："勒南是从语言学进入东方学的"，"他对作为他的研究对象并因而使其获得专业声名的闪米特东方人心存歧视，这一点已经令其臭名昭著"（《东方学》，王宇根译，第170、173页）①。

值得注意的是，恩格斯在《致维·阿德勒》（1892年8月19日）的信中说："我正在这里（英国赖德市——引者注）研究早期的基督教，在读勒南的书（指《基督教起源史》，1863—1883年巴黎版，共8卷——引者注）和圣经。勒南是一个异常肤浅的人，但是作为一个非宗教人士，他比德国大学神学家的视野要宽阔一些。可是，他的书简直是一部小说。他自己对菲洛斯特拉（Philostratos，约170—245年，希腊雄辩家、诡辩派哲学家和作家——引者注）的评语，也适用这本书："它可以作为历史资料来用，这像亚历山大·大仲马的小说可以用来研究弗伦特运动（1648—1653年法国反专制制度的贵族资产阶级运动，被大仲马用作小说《二十年后》的历史资料——引者注）一样。某些细节地方，我发现他有骇人听闻的错误，同时他还非常无耻地抄袭德国人的东西。"（《马克思恩格斯全集》第三十八卷，人民出版社1972年版）

1894年恩格斯完成了他思考了半个多世纪的《论早期基督教的历史》一文。文中特别引用了勒南的"如果你想要知道最早的基督教是什么样子，那就请你看'国际工人协会'的一个地方支部"这句话。接着恩格斯写道："这个用甚至在当代新闻界都找不出先例的任意抄袭德国圣经批判的办法写了教会历史小说《基督教的起源》的法国文学家，自己并不知道在他上述的话里含有多少真理。"（《马克思恩格斯全集》第二十二卷，人民出版社1972年版，第527页）在文中，他还有6处提到了勒南。恩格斯在提到早期基督教和现代工人运动一样，"在其产生时也是被压迫者的运动：它最初是奴隶和被释放的奴隶、穷人和无权者、被罗马征服或驱散的人们的宗教。"同时也提到中世纪时期以宗教外衣进行群众运动的两种情况：西方基督教形式人民起义，进攻旧经济制度，建立新经济制度；东方伊斯兰教形式人民起义，保留原有经济条件的"周期性冲突"。他说："伊斯兰教世界的宗教起义"与西方相反，由于"伊斯兰这种宗教是适合东方人的，特别是适合于阿拉伯人的，也就是说，一方面适合于从事贸易和手工业的市民，另一方面也适合于贝都英游牧民族。而这里就存在着周期性冲突的萌芽"（同上书，第526页）。

———————————

① 中译本将勒南误译为"赫南"。

恩格斯在这里提到了"伊斯兰教世界"，也提到了"西方"和"东方"，这也都是勒南和阿富汗尼在交往对话中异中之同的话题。双方都不否认"伊斯兰世界"，也认同"西方"与"东方"的差异，因此在对话中彼此可以说是默契的。现代伊斯兰主义者批评阿富汗尼及其弟子阿布杜把伊斯兰引入"西方磁场"，麻痹了穆斯林的主观能动性，正说明阿富汗尼在与勒南交往中的超前性。可以看出，宗教在人类文明交往过程中的确与历史转折如影随形地交织联系在一起。自然，这中间还有民族、国家的利益冲突与协调这个根本交往问题相关联。

第 209 日　　　　　　　　　2012 年 7 月 27 日　　星期五

174. 祈通中西

"祈通中西"，这是中国近代实业家、教育家张謇的文明交往观的大通语言。早在 1912 年，他在创办南通医学专门学校时，就写了"祈通中西，以宏慈善"的校训。他是实业家，重视实业；又是教育家，关注教化，因而二者兼容，有"父教育而母实业"的思想理念。

张謇的教育为先、工业为重的大通思路，促使他在 1912 年又创办南通纺织染传习所，后改为南通纺织专门学校。1913 年又将这个学校定名为南通私立纺织专门学校，而且题写了"忠实不欺，力求精进"的校训。这是把诚信和敬业结合起来的教育理念。他是一位开放型的、集古今中外文明理念于一身的教育救国的爱国者。他怀着教育救国的思想抱负，面向世界，走向教育国际开放化的道路。在学校中，有国外名师和国外专业课程设置，也学习国外先进学习方法，而且组织学生到国外留学。尤其是他的"道德优美，学术纯粹"的人才观，体现了他会通中外文明优秀成果的教育理念。

张謇的中外文明交往互动的思想与时俱进，不断升华。从"祈通中西，以宏慈善"到"父教育母实业"再到"忠实不欺，力求精进"；从"学必期于用，用必适于地"再到"道德优美，学术纯粹"，可以发现他在办学实践中递进发展的思想轨迹。这中间，"祈通中西"是主要的前进脉络。

"祈通"即"大通"，这是古今中外大通之通，是一种在继承民族传统基础上的学习、吸取和融汇、运用人类一切先进文明成果之"大通"。人类文明交往的良性互动所追求的就是这种"大通"。提起张謇，也使人想起司马迁在《史记》中提到"凿空"而"大通"陆路交通的张骞。张謇有"祈通中西"之言，张骞有跃奔交往之马。人类文明交往大道——丝绸之路的开拓者张骞所"凿空"中国、中亚、中东交通实践的也正是这种"大通"。故土"南通"之通，给予了张謇以"大通"的文化文脉和基因，使他以"祈通中西"的宏大开放气魄，在办南通医专实践中"以宏慈善"，在办南通纺专中"忠实不欺，力求精进"。他把教育称"父"、把实业称"母"，体现了他的教育与实业复兴中华的"富强之大本"。此"大本"与"祈通中西"之"大通"，表现了他作为大教育家和大实业家的思想本色。他的《张季子九录》、《张謇函稿》、《张謇日记》等著作，都是"祈通中西"的珍贵文化资源。

第 210 日	2012 年 7 月 28 日　星期六

175. "西方病夫"的诊断书

东方和西方是文明交往的方位地域称谓。法国哲学家艾尔维·康普夫在其新著《西方末日，世界新生》中说，人类各种文明在其变化过程中，都是由东方到西方逐渐走向消亡的。在他看来，东方象征着日升的初始，西方表现为残阳的日暮。拉丁文中的"西方"（Occid）正是"坠落在地"的意思。这个比喻使人想起"夕阳西下，断肠人在天涯"曲词。艾尔雅·康普夫在《西方末日，世界新生》中称：西方这个"老工业国家俱乐部"正面临着新兴强国的竞争，呈现出难以逆转的颓势。他把诞生于工业革命的资本主义模式后来推广全球的这一进程称为是"一场灾难"。这个论断也使人想起元代散曲作家马致远上述曲词的前面一段："枯藤老树昏鸦，小桥流水人家，古道西风瘦马。"他是欧洲人，对美国人一味追求提高国内生产总值的自由主义经济不太认同，要求别国不要跟着美国走，但又认为回天无力，十分无奈。

西方哲学家主要是谈西方的人物，其中当数法国的菲利普·尼姆。他的代表性著作是《何谓西方？》他对西方的界定是一个世纪以来的美国和此前的西欧。他的政治目的很明确：大西洋两岸的欧美需要结成同盟。此书与上述《西方末日，世界新生》作者的悲观态度不同，大力为西方评功摆好，列出五项"历史奇迹"：①古希腊在人类城邦树立了个体自由；②罗马帝国奠定了民法基础；③《圣经》教人要有爱德；④格列高利改革又把"拯救"教义理性化，使进步的概念胜于革命观点，避免与传统割裂；⑤把自由主义诠释为批判性的多元制，从根本上确认权力来源于非神圣化，从而建立起一个由法律机制和市场规律支配的个人享有充分自由的社会。

面对菲利普·尼姆，另一位法国哲学家雷吉斯·德布雷完全是个不同政见者。他有《西方，临床诊断卡片》专著，论述了西方的盲目优越情结、所患的是病态综合征，在和平主义的气候里的干预狂病，还有缺乏捍卫自己价值观的怯懦症。根据他的分析，"西方"是"一个广泛的神话创意"，最后变成了"美国及其同伙"；此外，"西方"还是按美国根本利益行事的"笔名"。据他诊断，欧洲主义决策者、欧洲不少精英们都"奴性十足"，甘心充当美国的"伙伴"。欧盟雅士们热衷揭露民族主义者，但他们本身却在美国"老大哥"面前卑躬屈膝，用此附庸关系称霸全球，使得北约拥有"普世垄断力"。北约武装干涉南斯拉夫时，他不顾法国人权主义者贝纳尔·雷维等围攻，孤军奋战，揭露西方"人权干预"的实质。在本书中他进一步断定西方这种在全球转移性的非领土霸权扩张是其头号软肋。在他看来，这种"保存夜晚的轻柔与早起的十字军东征精神无法调和"的矛盾，是当今"西方末日"的要害所在。

无独有偶，法国《玛丽亚娜》杂志记者布鲁诺·德尼埃尔－罗朗也为西方诊断出"西方变态症"：一是健忘；二是霸道，实则是外强心虚、力不从心的"非利士族巨人歌利亚"，"已变得绵软，只贪图舒适罢了"。

西方病了，西方病夫所患的病已被西方学者诊断出来了。这是一种危机感，是东方学者同样值得注意的问题。人类文明进入21世纪的交往互动时期，其互动作用是全球性的。西方影响东方，东方也反过来影响西方。雷吉斯·德布雷早年就赴拉丁美洲跟随切·格瓦拉打游击战，而被玻利维亚当局逮捕，判处 30 年监禁，1970 年提前出狱返回法国。他独特的政见之作——《西方，临床诊断卡片》也是东西方文明互相激荡的产物。

第 211 日　　　　　　　　　　　2012 年 7 月 29 日　星期日

176. 中东民俗点滴

民俗是文化的积淀，是文明的花朵。兹录点滴中东民俗如下：

①古代波斯人认为，甜菜是一种不吉祥的东西。如果一个小伙子到姑娘家去求婚，款待他的是一盆甜菜汤。那么，这个小伙子最好是知趣地走人，因为这是告诉他求婚无望。

②埃及农民在争论或诉讼时，常常把一束大葱高高地举起，表示真理在手。

③土耳其人在家门口挂上大蒜，认为这样能给人带来幸福。

④用蔬菜表示意愿的不只是中东的民俗。匈牙利人将大蒜放在孕妇床上，认为这样可以保护胎儿健康；而在欧洲一些国家中，男女恋爱时，常以番茄作为信物互相馈赠。中国不也是以艾叶作为驱邪之物吗？

第 212 日　　　　　　　　　　　2012 年 7 月 30 日　星期一

177. 马格里布的农业文化遗产

2002 年，联合国粮农组织启动了"全球重要农业文化遗产动态保护与适应性保护"项目，其目的是建立一个全球水平的农业景观及其有关的生物、文化多样性的保护体系，使之在世界范围之内得到认可与保护，并使之成为地方性可持续性保护的基础。

农业文化遗产的特点是：①更加注重人地和谐；②活态；③复合型。它主要体现了人类长期的生产、生活与大自然达成的平衡状态。

全世界有以下农业生态系统：①以水稻为基础；②以玉米和块根作物为基础；③以芋头为基础；④以游牧和半游牧为基础；⑤独特的灌溉系统和水土资源管理；⑥多层庭园系统；⑦狩猎系统。

马格里布地区在中东有其特点。这里的阿尔及利亚、突尼斯和摩洛哥是绿洲农业系统，其特点是：①在极为恶劣的自然环境中生存的充满生机的绿岛；②发展出一套复杂而精密的灌溉系统结构；③它确保了相当公平的水资源分配，成为该绿洲长期维持的关键因素；④绿洲内植被以椰枣为主，间作着树木和其他作物。这个古老农业生态系统中，生产出多样的水果和蔬菜、粮食和饮料、药用和芳香植物，而椰枣叶子的遮阴作用则降低了环境温度，使其成为撒哈拉地区最好的居住点和重要的休闲娱乐胜地。

马格里布的生态文明在农业方面的独特形态是值得中东研究者关注的一件大事，记于此以备忘。

第 213—215 日　　　2012 年 7 月 31 日—8 月 2 日　　星期二至星期四

178. 东西方文明交往"四人行"

文明交往中有许多趣事，郝田虎、萨义德和马丁·贝尔纳、刘禾之间的交往，就是东西方文明交往"四人行"的趣事之一。

郝田虎毕业于北京大学和哥伦比亚大学英文系，而贝尔纳也曾留学北京大学，二人结缘于《黑色雅典娜——古典文明的亚非之根》的中译本，而且双方在此前通信近十年之久。2011 年 10 月 15 日，贝尔纳收到该书中译本第一卷样书后，在给郝田虎的信中高兴地写道："你把译本和《东方学》廿五周年纪念联系起来。能和爱德华·萨义德相关联，我总是感到自豪。"其实，郝田虎在此前也与萨义德有交往，据他说，他曾"有缘亲聆萨义德教诲"。可见，这三位东西方不同国度学者的交往，是不同文明之间交往活动中的一个典型实例，实在有必要在《老学日历》中写上一笔。

不过，在"四人行"这一节中，我着重写萨义德和贝尔纳的交往。因为《东方学》的作者萨义德（1935—2003）和《黑色雅典娜》的作者贝尔纳（1937—）基本上是同龄人，有许多相似之处。虽然前者出生于耶路撒冷，后者出生于伦敦，但都能跨越东方和西方地域界限，开辟了新的学术道路，取得了卓越的成就。他们二人异中有同、同中有异，是用学术著作和社会活动建立了彼此的友谊。

萨义德和贝尔纳的代表作，都有东西方文明交往的内涵。萨义德的《东方学》久负盛名且影响广泛。他在世时，《东方学》已有 36 种译本。该书对英国、法国和美国学术界的种族主义、殖民主义、帝国主义偏见的"东方学"作了系统深入的批判。它立论明确、见解独到，对歪曲伊斯兰世界和阿拉伯文化背后的权力动因，进行了具体细致的分析。这是一本有争议的书，称赞、会意、曲解、反对意见兼有。贝尔纳的《黑色雅典娜——古典文明的亚非之根》迄今也有东西方语言的译本十几种，是历经了 30 年写成的三卷本共 2100 页的巨著。这是关于古希腊文明起源的雅利安模式的种族主义和欧洲中心主义批判性论著。该书主张地中海东部地区在古代文明的整体性，强调埃及和黎凡特地区在希腊文明形成过程中的重大作用。贝尔纳正是由此代表作与萨义德之间形成了文字之交。萨义德欣赏此书，曾积极将其推荐给哈佛大学出版社。虽然没有成功，但后来该书第一卷出版后，萨义德立即致函贝尔纳索要该书，并于 1987 年 12 月请贝尔纳到哥伦比亚大学讲学。萨义德多次称赞《黑色雅典娜》和他的《东方学》有共同的学术理念，是"一部纪念碑式的、开拓性的作品"。

萨义德和贝尔纳在人生活动中，也都有东西方文明交往的特征。萨义德是巴勒斯坦的阿拉伯人，生于富商家庭，在英国占领期间在开罗的西方学校学习，从美国普林斯顿大学毕业后，于 1964 年获哈佛大学博士学位。他后来成为美国有很重要学术地位的知识精英和巴勒斯坦在西方世界的代言人。贝尔纳的父亲 J. D. 贝尔纳（1901—1971）曾任世界和平理事会主席，因与萧乾和李约瑟的交往而影响儿子对中国的兴趣。贝尔纳在剑桥大学时就学习汉语，后又留学北京大学，在美国伯克利和哈佛也学习过。1966 年在剑桥大学获博士学位，学位论文是《一九〇七年以前中国的社会主义思潮》。贝尔纳在与萨义德交往中，对萨义德的知遇之恩深为感激，也钦佩萨义德在巴勒斯坦问题上的正义立场。他虽未公开支持萨义德，但在康奈尔大学的萨义德追思会上，赞成建立单一的世俗巴勒斯坦国。勇敢、正直、不屈的萨义德，是他心目中的榜样。萨义德在患骨髓性白血病后，接受化疗时写了回忆录《格格不入》（*Out of Place：A Memir*）。贝尔纳写自传时也患有骨髓病，在萨义德《东方学》出版 1/3 世纪之后，完成此自传《一生的地理》（*Geography of a Life*）。这两本书名正好是相异和谐的对位关系。他们二人是东西方地理方位上和精神思想上的矛盾人物，分别代表了各自文明交往中流亡者的愤懑、怅惘之情。

这里，我想起了 2012 年 7 月 11 日《中华读书报》刊载的刘禾的《文明等级论：现代学科的政治无意识》一文。他认为，文明等级论本质上是欧洲中心主义，是随着欧洲资本主义和殖民主义向全球扩张而出现和形成的"现代学科的政治无意识"。刘禾可列为文明交往"四人行"中的第四人，因为他早在 1992 年的《读书》第 10 期上，已经把《东方学》和《黑色雅典娜》两个名著及其作者联系在一起了，是东西方文明交往中的先行者之一。刘禾的着重之点在文明等级论与国际法关系问题的研究，注意到 19 世纪欧美列强用此论在国际交往中公然违反国际法主权原理，对"非文明国家"、"未开化"地区吞并和占领，并实行治外法权。刘禾从《东方学》中提到的约翰·西雷克《国际法大意》（1894）的"国际社会论"受到启发，来探讨 1984 年出版的《国际社会中的"文明"标准》（Gerrit W. Gong 著）。西雷克认为，社会与法律的关系是"有社会即有法律"，承认"国际社会"，就要承认国际法，而"国际社会"和"欧洲文明"是同义词。于是亚洲、非洲及世界上的各殖民地、附属国被排除在"国际社会"之外，而中国在 1943 年治外法权被正式废除后，才被认为步入"文明"国家行列。"文明等级论"是国际交往中的欧洲中心论，是西方殖民主义的偏见，不应存在于国际法教材之中。

从人类文明交往的学术史观点看，萨义德和贝尔纳都是跨越了东西方界限的杰出学者。他们共同的品质是：有独立的思想和杰出的判断力。萨义德自不待言，贝尔纳这位学者更是自由游弋于西方文明（以希腊—罗马为核心）与东方文明这两大文明的传统与现代潮流之中。贝尔纳将希腊视为处于埃及与西亚影响之下生长并不断与其发生文明交互作用"修正的古代模式"，富有创造性。它否定了将19世纪西方殖民主义征服运动逻辑强加于希腊，又以希腊的名义强加于欧洲，以欧洲的名义又强加于世界的西方文明中心论。《黑色雅典娜》与《东方学》的左右夹击，对西方文明中心论更具致命性，因此引起激烈争论是可以想到的。西方的古典学家应当从人类文明交往互动规律上去研究希腊—罗马文明的起源，以双向、多向的相互影响和作用去研究人类文明问题，去掉地理、种族、心理偏见，如贝尔纳所做的那样。

第 216—217 日　　　　　2012 年 8 月 3—4 日　星期五至星期六

179. 外交思想问题的思考

外交是人类文明交往中不同文明之间在外部交往活动中的表现形式。它一般表现为政治交往，但经济、社会、文化交往也是重要内容。在政治、经济和文化交往方面，都有文明的力量在起作用。国家是文明的重要标志，也是文明的承载政治实体。国与国之间的交往是不同文明之间的外部交往的最重要内容。

文明之间的外部交往，充满着矛盾和冲突。矛盾和冲突的背后不仅仅是利益冲突，也不仅仅是意识形态的冲突，还有更深层次的文化价值观念上的隔阂。政治和经济利益、意识形态、价值观念，共同构成了人类文明交往过程中互相作用的整体形态。文化是文明的核心，文化的特征是民族性、意识形态和价值观。不同文化背景下的外交思想，必然反映出文化这种身心交往的深层影响。文化因素的重要性是容易被研究者忽视的方面。

外交思想的基础是国家领土、主权和安全，是维护国家主权和经济、社会、文化发展的利益。外交思想的主轴是本国与他国政治、经济、文化诸方面的交往互动，这种互动有冲突也有合作，有作用与反作用，是双方在冲突、合作中的双边的、多边的互动。任何理解外交思想的思考，都必须重视相互各方的文明特点和交往哲学思想。举例而言，如美国的传教士式的例外论（exceptionalism）及其传播文化价值观于全世界的思想传统，如中国、印度等古老文明的文化传统，都是大外交应该深思之处。外交思想因时、因地、因人而异，奥巴马是一个重实用利害的美国传统的实用论外交思想人物，他在大选中对伊朗威胁的外交策略是"国外低成本，国内高收入"。以色列总理内塔尼亚胡在《持久和平》回忆录中对外交的总结是"强人有人爱，弱者无人理"。国小要强，军事为支柱，可以以小事大，但有些小国却能在"夹缝中找生存"，如中东的约旦国王侯赛因此在外交上取得成功。有的小国因其领袖的外交智慧而显示出其文明的力量，如新加坡的李光耀成为"小舞台上的大人物"。当然，政府精英人物与非官方行为者的交互作用也不能忽视。

利益的重要性正如法国思想家卢梭在《新爱洛漪丝》中所言："你完全用不着认识人们的性格而只需认识他们的利益，以便基本上猜他们对每件事情上要说的话。"利益驱使着人们的行动，利益也反映在人们的性格上和表现在他们遇到每件事时要讲的话上。尼克松在打破中美关系冰层时，在北京机场的第一句话是："我为美国的利益而来！"其实此种利益交往观在司马迁的《史记·货殖列传》中早已讲得明白清楚："天下熙熙，皆为利来；天下攘攘，皆为利往。"利益是最核心的东西。据说，尼古松说了上述话之后，周恩来接着说，我们为中美共同利益、为世界共同利益而欢迎你的到来。这反映了中美两国文化上的差异。大书法艺术家、辛亥革命元老于右任为蒋经国的办公室题字时，写下了"计利当计天下利，求名当求身后名"，也反映了中华文明交往中的义利观和名位观。这正是那些缺乏长远眼光、追求短期急功近利的外交家、政治家所缺少的东西。"不谋全局者不足以谋一城，不谋长远者不足以谋一时"，这是中华文明中的全局观和长远观。西方许多哲学家也看到这一点。如过程哲学家怀特海就说过："欧洲的社会学家和政治家把注意力集中于利益冲突时，在决定商业利益和国家利益的行为时，是他们宇宙观中的缺失所造成的。"

权力、权位是和利益不能分开的。权力、权位也是一种利益，而且是很重要的利益。只要卷入政治旋涡，权力、权位就是贴身的大利益。记得在"文化大革命"时，一位"造反派"高参在梦中大喊："权、权、权，命相连！"他在梦中仍不忘权，并且将权与命相连，可谓权力迷。这类人应记住志费尼在《世界征服者》中的警语："倘若手腕权柄、金钱财富足以成事，那么权力和帝国绝不会从一个王朝转移到另一个王朝。"

外交思路有着宽广领域。"敌人的敌人，就是我们的朋友"，曾经是外交中的流行语言。"没有永久的朋友，只有永久的利益。"又是一条外交流行语言。然而，利益也不是不变的。变动中的利益、政治大国、军事强国、经济巨人，都是支撑大国外交的基础和内在力量。利益也有各种类型，有长远、有短期，有大、有小，最重要的是铭记关键的核心利益。外交中大国之间保持和平，首先当关心彼此核心利益，改变"非输即赢"的"零和"思维逻辑和冲突对抗的冷战思维，在这些方面，保持彼此尊重的态度，方能相互合作与互信，发展良性的交往互动。

外交的思想坐标是正确认识时代以及本国在这个时代所处的地位。外交应当是在外部国际环境的大视野中，不同国家以实现其外部利益为目的而进行的交往互动运动。在全球化时代，国际体系格局中的国家体系归属，由经济实力和多种结构性指标来决定。公共与人文外交方向是增加各国人民之间友谊，提升文明形象，为维护世界和平做出自己应有的贡献。

外交思想的发展规律与人类文明交往的互动规律有密切的关系。不同文明之间的交往是外部交往，而相同文明之间的交往属于内部交往。这种外部交往与内部交往是文明的传播和传承关系。用人类文明交往的视角观察外交思想，首先是互相尊重、互利共赢，是和平、合作，是良性互动。在全球化进代，相互依存、利益共荣的条件增多，同一地球村的共同性增强，对抗、暴力因素与对话、和平此消彼长，每个国家都是权利和责任共同承担，都负有共谋全球和睦相处、共建和谐世界的职责。这是人类文明发展到 21 世纪的大趋势，也是外交思想的共同新方向。

180. 和平共处五项原则的交往互动性

和平共处五项原则是国家与国家之间的文明交往的重要外部交往原则。

和平共处五项原则集中体现了中国、印度和缅甸等亚非国家在独立后进行外部交往的文明智慧，表现出不同文明之间的良性交往平等互动性。

1953 年 12 月至 1954 年初，中华人民共和国政务院总理周恩来在接见印度共和国政府代表团的时候，提出了这一重要外交原则，印方同意后，写入了《中印关于中国西藏地方和印度之间通商和交通协定》的序言之中。后来中国总理周恩来和印度总理尼赫鲁会谈后，将五项原则中的"平等互惠"改为"平等互利"写入 1954 年 6 月 28 日的《中国和印度联合声明》。后来缅甸政府总理吴努也参加了倡导，成为中印缅三国对世界和平与合作的贡献，至今仍然是处理国际关系公认的准则和最具生命力的原则。再后来，周恩来在印度尼西亚万隆召开的亚非会议的报告中，又将"互相尊重领土主权"修改为"互相尊重领土与主权完整。"

这样，几经修改，几经推敲斟酌，一个完整准确的和平共处五项原则最后形成，其全文为："互相尊重主权和领土完整，互不侵犯，互不干涉内政，平等互利，和平共处。"两个国家之间的关系准则体现了两个不同文明之间的交往互动规律。第一是相互性，是双方互动；第二是平等性，把"互惠"改为"互利"，直接提出利益是平等的，也是双方的互动性；第三是"和平共处"，是双方共同以和平方式相处，也是双方的互动性。总之，它体现了在尊重主权和领土完整、互不侵犯、互不干涉内政、平等互利、和平共处方面的人类文明交往的互动性、平等性、和平性、互利性。这也是人类文明交往自觉性见之于国与之间关系的表现。

上述五项原则的形成也是中国、印度、缅甸三个国家之间文明交往的优秀传统与第二次世界大战后亚非民族独立国家共同愿望的结晶。五项原则是中国首先提出的，印度、缅甸积极响应并共同完善的，这本身就是多向互动的结果。在中华文明、印度和缅甸文明中，都有人类文明交往的智慧。中华文明的"协合万邦"、"和为贵"、"和而不同"，都反映了国与国之间交往的优秀传统和爱好和平的良好品德，因而产生出和平共处五项原则。这是中国历史交往的继续和发展。印度文明也有和平共处五项原则的历史渊源和现实需要。尼赫鲁在接受周恩来提出的有关建议之后，便认为外交首先是和平的交流手段，因而把和平共处五项原则转化为佛教语言，称之为"潘查希拉"（"五戒"）的"美好术语"而广传于亚非国家。缅甸总理吴努，还有印度尼西亚总统苏加诺以及许多亚非国家领导人，都接受了这一对外交往原则。

和平共处是人类文明交往的理想原则，是国际上公认的处理国与国之间关系的共同原则。然而，要在交往实践中实现这一原则，其过程要复杂曲折得多，其中因太多的利益原则而产生矛盾、冲突，使之困难重重，甚至会走向和平的反面——战争。战争是和平外交的失败，对抗是对话的挫折，冲突也发生在不同价值观之间。但是，历经曲折过程之后，交往还是回到了这个原则。在外交上由"交而恶"走向"交而通"的高层次上的互信、经济合作方面的互利双赢、人文方面的理解互鉴、分歧方面互重、互谅与平等协商。对外交往方面，和平共处五项原则的灵魂是文明交往的规律，其精髓在于互动性的自觉。原则是坚定的，而实行是灵活的，交往主体的领导者，需要大智慧指导自己的行动。优秀的外交家是明智者，他处理外部交往时深知道路曲折复杂而会由独特思想和杰出判断力去选择各种可能性。这里，互动是迂回前进、由易而难的，又必须有耐心和韧性。互动性是双方的，而且应当是主动的、积极的互动。五项原则中的"互相"、"互不"，说的是互为"尊重"和互不"侵犯"、互不干涉"内政"；五项原则中的"平等互利"重在贸易、经济交往，这种交往形式往往是打开互动的门径。总之，两国之间的外部交往既然是"两国",就有双方互动,而不是单方的。双方都要自觉地认识、理解、践行人类文明交往的互动规律,特别是反对以大压小、以强凌弱、以富欺贫,尤其反对霸权主义及各种干涉主义行为。

交往的互动性规律是对外交往中应该思考的问题。它与文明交往的关系是其中应该重点思考的问题。和平共处五项原则为此提供了一个思考点。

第 220—221 日　　　　2012 年 8 月 7—8 日　星期二至星期三

181. 国家的力量

国家是文明的标志,又是文明的载体。

人类文明赖国家而发展、而创造、而传承、而传播。国不在而家难存,文明要赖国家复兴而复兴。

统一民族国家是在人类文明长期交往中的内外互动因素的合力中形成的。这些现代民族国家是以一个大民族为主导的多民族共同家园和境内所有成员以公民身份所组成的新型主权国家。由于文化在文明中的核心作用,传承了文化的文明不会因为王朝更迭而中断,恰恰相反,它是在统一与分裂、治与乱的反复更替中互融互补而形成人类的大文明体系。国家在统一、主权原则下的文明交互影响中发挥其巨大作用。

今日崛起的国家都是过去一段时间落后的和现在正在复兴的国家。它们在近现代时期多为亚洲、非洲和拉丁美洲国家。它们过去是西方帝国主义殖民体系的国家,在第二次世界大战之后取得独立而形成了民族独立国家体系。虽然在国家具体形式上不同,但都普遍走着赶超模式。这是人类文明交往互动规律所决定的。先进与落后是互变的,在这个过程中,是文明交往的自觉推动着复兴运动的前进,而这种自觉所表现的程度是不同的。

　　这个过程也是一个国家实力提高的过程。今日盛行软实力与硬实力之说，可与发展经济的硬道理与发展文化的软道理相呼应。经济不发展，无国力富强而言，因为那是国家发展的基础。但文化与经济是相伴随的，文化的软实力并不软，它是柔中之刚，如水之滴石，有其穿透之力。实际上人类文明包括了软硬两个方面，即物质文明和精神文明这两个彼此依赖又相互促进、相互制约的力量。我认为，人类文明还应当有制度文明与生态文明。制度包括政治、经济、社会、文化等方面的体制；生态则是人与自然的交往。制度文明与生态文明这是两个重要的方面。它们从性质上和长远的角度上决定着人类文明的发展，是既有刚性之硬又有柔性之软。这也是人类文明交往互动不可缺少的要素。对国家实力也是基础性的、根本性的组成部分。此外，军事实力为国力之必需，国无防不安。无强大的国防，始终处于弱势，文明难以传承和传播，更无力发展。

　　西方学者从一般规律上归纳了人类文明有生长、发展、繁荣、衰亡的阶段性，他们忽视了古老的、较大的文明在衰落之后还有一个复兴阶段。民族复兴是文明的复兴，是民族精神的振兴。这同国家力量直接相关。爱国主义是民族精神的集中表现，是文明持续发展的精神动力。爱国主义也是国家力量的内在构成部分，是凝聚国民之心的精神力量。它不但在文明繁荣期发力，而且在文明衰落期给力，使这种文明由衰落走向复兴，重新振兴，再铸辉煌，并且自强不息，长盛不衰。

　　国家实力是文明传承、传播、领先和复兴的保证，在古代如此，在现代更是如此。古埃及、古西亚国家，文明衰落后没有复兴，与国家这个文明载体失落有很大关系。中华文明源远流长也与国家在交往中的传承、传播、共荣共进有很大关系。虽然犹太人在国破之后散居各地，但犹太文明因宗教力量的文脉和经济硬实力的双重联系得以延续；而且在以色列建国之后，进一步有了国家力量的保证，使得希伯来文明得到复兴。总之，国家兴于经济、文化的实力，国家富强则文明昌盛。保罗·斯威齐在《资本主义发展论》中悟出这个公理："国家在其所保证的财产体系中，始终都是使经济机能得以发挥的一个十分重要的因素。"国家的力量实质上是制度文明的力量的集中表现。

　　现代民族国家在现代化进程中起着基础性、战略性的先导作用。国家的力量，或直接或间接体现着文明发展的战略决策、路径选择、资源保证、宏观调控和微观处理等方面的进程。文明的生命在于交往，交往的价值在文明，文明交往的基本精神是人文精神，民族精神也包括其中，而最关键的在于文明交往的自觉。世界上有一百多个国家，文明有千姿百态、多种多样，互学共容，互融共进，在良性互动中共同谱写着人类文明交往的历史篇章。

人类文明交往不都是良性互动，还有大量的恶性互动，所谓"交而恶"的彼此猜忌、大欺小、富压贫、强欺弱的现象遍及全球各地。野蛮的丛林原则仍在到处盛行。历史的辩证法在文明交往中表现出自己的力量，人性中的良知与恶意相比较而存在，相互动而发展。没有"交而恶"也就没有"交而通"。国家只有把握自身命运的强大力量，去解决发展中的各种问题，保持自身的统一和主权地位，才不致沦为大国、强国权力角斗的牺牲品。这里，在交往过程中的文明自觉程度起决定性作用。这种文明自觉，就是马克思所说的，从"必然王国"走向"自由王国"。对后起的、发展中国家而言，它们正在摸索符合自己国情的道路，建立完善创新型的国家，着力点在国家制度改革，基础点在工农业现代化和人民共同富裕，关键点在文明核心价值体系建设。一个国家的力量不可能没有强大的军队，但经济、政治、社会、文化之间的互相关联的完善文明交往系统，才是最强大的力量。每一个国家如果在物质、精神、制度、生态等方面文明互动并进，都可以为人类文明做出自己应有的贡献。

第 222—224 日　　　　2012 年 8 月 9—11 日　　星期四至星期六

182. 民族主义与民族国家

（1）民族主义的概念（8 月 9 日）。民族主义（nationalism）与国家密切相关。在英文中，民族与国家同为 nation；民族主义和国家主义同为 nationalism；而 nationhood 是成为国家的事实或状态，也可以说是民族主义。

英语的民族（nation）来源于拉丁语 natio，含有"诞生之物"即诞生在同一地方的人群之意。"民族"和"国家"相通于近代形成的"民族国家"。"民族"有时用 people 来表达，如中华民族（the Chinese people）、亚洲民族（the peoples of Asia）。那是指有共同文化、共同观念、共同责任和利益，因而产生凝聚力而结合起来的人群共同体。如 The great majority of former colonial people have now gained independence and nationhood 的中文是"从前的殖民地人民大多数已获得独立而组成国家"。其中的 colonial people 即人群，而 nationhood 为国家。不过这不是一般的国家，而是在时代上已成为现代意义上的民族国家（nation-state）。有的地方将 nation 译为"国族"而与种族区分开来，如"美国人是一个民族和国族而非一个种族"（Americans are a people and a nation, not a race）。这是因为种族是血统、体质、肤色等人种学上表述的人群特征，而 nation 是一种政治、社会、文化的统一体。nationhood 有时表达为民族情感，如强烈的民族主义感（the strong feeling nationhood）。

民族主义作为一种政治文化现象，尽管从古代社会已在形成之中，但确切地说，是随着 18 世纪西方近代民族国家的建立而兴起的一种政治思潮和文化现象。

"民族主义"一词，据说最早见于 15 世纪的德国。当时只是统一国家的萌生思想，开启后来德国统一的先河。民族主义首次列入《牛津词典》是 1836 年，随着法国革命、德国和意大利的统一运动过程而大量运用于政治界和学术界。第一次世界大战以后，西方学术界对民族主义问题的研究进入了第一次高潮。

东方民族主义发轫于西方殖民主义的入侵和亚非诸国丧失独立而沦为殖民地或半殖民地以后，肇端于 19 世纪末 20 世纪初期民族觉醒之时。据考证，现代汉语中的"民族"和"民族主义"二词出自于梁启超之手。这其中是有道理的。因为他是最早用世界眼光看中国，从而意识到全球化的中国学者之一。孙中山在 1924 年的"三民主义"讲演中，对"民族"的表述为："民族是由自然力造成的，而'自然力'包括血统、生活、语言、宗教和风俗习惯这五种力。"民族主义在孙中山的思想体系中是中华文明政治独立之魂，"振兴中华"就是复兴民族精神。他的民族主义不是孤立的，是与现代化的民主主义、"均富"的节制资本、平均地权紧密联系在一起的。孙中山把民族主义正式列为三民主义思想体系之首，这不仅在中国、在亚洲，乃在世界民族主义思潮中，都具有不可磨灭的历史意义。基于此，我在《东方民族主义思潮》一书中，把孙中山的民族主义思想列为该书的开篇，彰显其在亚洲、非洲民族主义史的地位。

民族主义是最容易被误解的政治思想潮流之一。它经常因利益和偏见的驱使，被弄得面目全非，也由于现状变化而未予深究，以致使其混乱不清。民族主义是一个复数的、复杂的概念，是一个发展的、多变的、东西方互动的概念。它具有各种特质并因时、因地、因国家而有不同的内容和表现形式。民族主义多异，无一完全相同的民族主义。民族主义异中有同，变中有常。这些异同变常过程之中，有几点是经常起作用的文化思想和社会政治要素：①一种以特定的心理认同为共同基础的情感归属；②一种以特定的目的指向的思想和学说追求；③一种在行为动向层次上的社会实践活动。

民族主义是人类文明交往自觉运动互动的产物。民族主义产生于西方。西方民族主义是西方内部文明交往的历史自然衍生物，是推翻封建专制、反对分裂，建立有利于资本主义发展的近代民族国家。这个过程到19世纪70年代基本上结束了。东方民族主义是东方文明衰落、寻求民族复兴之路的外源内合的结果。民族主义对东方来说，是外源性的，又是适应东方反对殖民统治、争取政治经济独立、维护国家统一和主权、复兴民族文化的需要而与内在因素合流的新思潮。东方民族主义思潮也和西方民族主义有相同的反对封建专制的内容，但它首先是反对外族入侵，它之所以反对国内的封建专制，是因为这种内在政体和国外纠结一气的缘故。东方民族主义和西方民族主义有相同的建立民族独立国家、发展民族经济的目的，但它反对西方殖民统治、争取民族独立，并且是在西方资本主义殖民体系瓦解的废墟上才建立东方民族独立国家的。

东方民族主义的形成和发展，是东西方文明交往互动的文明自觉史例。产生于西方的民族主义，随着西方殖民主义的坚船利炮而来，影响到东方的观念世界，政治上有了现代意义上的民族国家概念。但此民族国家已非彼民族国家，此民族主义也非彼民族主义。影响是相互的，是各方面的，具有强烈的政治和深刻的文化互动与转化内容。①东西方民族主义的交往关系，关系到东西方文明的历史、现状和未来。1990 年日本大前研一出版的《无国界的世界》一书，认为领土、主权、认同意义上的传统国家，已经过时。22 年来，商业、金融、技术和政治的发展似乎在证实他的观点。互联网也以方兴未艾的力量支持着它。但是，民族主义的复兴浪潮汹涌兴起而席卷全球，在欧洲、亚洲、中东，大前研一"无国界的世界"的观点越来越受到致命的冲击。今天，民族分裂主义对民族国家的主权造成了严重威胁，强势国家也在干涉其他国家的内政，民族主义仍然是需要深入研究的问题。

（2）泰戈尔的民族主义观（8 月 10 日）。在《两斋文明自觉论随笔》第 2 编第 7 集"民族国家"和第三编"中东民族国家"第 7 部分"民族主义的变数"两节中，我都谈到了泰戈尔的民族主义观，泰戈尔不仅是印度文学界的泰斗，也富有政治和哲学见解。他的《民族主义》是一本文字精练、内容丰富而且经得起历史检验的著作。该书最新的中译本为商务印书馆 1989 年版，谭仁侠译。他的民族主义观中，最可注意有以下三点：

第一，他对西方民族主义根源、核心问题的论述："冲突和征服的精神是西方民族主义的根源和核心；它的基础不是社会合作。它已经演变为完备的权力组织，而不是精神理想。它像一群捕食的野兽，总得有它的牺牲品。"作为深感殖民主义之害的印度学者，他道出了西方学者说不出或不愿说的话。然而，这是东西方文明不平等交往的历史事实。作为一位尊重历史事实并且有深刻洞察力的思想家，他的确道出了西方民族主义的本质。作为一位文学大家，他还形象地刻画了侵略者和被侵略者的面貌和地位：野兽和牺牲品。西方文明中的民族主义兴起之时，

---

① 在统稿时，我读到《世界历史》2014 年第 4 期关于汤普森《英国工人阶级的形成》出版 50 周年美国哈佛大学学术讨论会的综述，其中提到 20 世纪 80 年代土耳其私有化过程中民族主义始终占有优势，土耳其工会被迫修改工会章程，增加民族主义内容。作者为土耳其伊斯坦布尔比尔基大学杰米尔博·伊拉斯基，他建议对民族主义与阶级关系进行重新研究。

对外扩张、掠夺、殖民战争伴随而至。这在为他们积累财富之时，也给其他民族造成了很大的灾难。

第二，他对西方文明还有另一方面的论述："西方民族最慷慨地给予我们的就是法律和秩序。"作为一位对本民族有深厚感情的学者，他对西方文明并未一概排斥，也没有陷入极端民族主义的对抗性思维泥潭之中。他清醒而理智地认识到人类文明交往互相吸收对方有益成果的重要意义。西方各民族国家的最高法律是宪法，这是西方文明的创造。法制是法律和制度的结合，它使民主法律和制度组成了新的社会秩序，给予权力以制约和监督，这是西方民族主义的精华之处。亚里士多德在《政治学》中说："为政最重要的规律是：一切政体都应订立法制并安排它的经济体系，使执政和属官不能假借公职，营求私利。"民族主义是西方政治文化思想，它与东方的民族独立自主需要相结合，外源而内合成为反对西方殖民主义压迫的思想武器。法律和秩序，同样被东方吸取与改造，成为文明交往自觉的政治文化。泰戈尔对西方文明中的优秀成果的重视，反映了他的文明交往的自觉意识。

第三，泰戈尔的民族主义观反映了印度多元民族主义的品质和精神。印度是一个文化多样性的地域文化国家。它不仅民族、种族众多，而且宗教、习俗、语言、服饰、艺术、音乐、戏剧以及每个群体都有自己特点。有人说，印度没有两个地区是完全一样的。正是印度这片土地上的多种族、多信仰、多群体长期的相互交往融合，才产生了印度开放、多元、多重身份的复合型文化传统。内部的开放和宽容尽管是被动的且缺乏重要约束，但有其优势。这种多元民族主义传统包括印度文明中重视感性经验的传统，也包括面对内部和外部世界的开放精神、对生活的多元态度，以及驾驭多重身份的交往能力。泰戈尔在这方面是一位代表人物。我们从他身上可以看到印度文化多样性的内在价值，看到其文化的优势和弱点。

（3）民族、国家与国族（8月11日）。民族和国家是"民族主义"一词的显形和隐形联系。民族主义的"民族"背后隐喻着"国家"，民族主义，西方和东方的民族主义，大都追求建立现代民族国家的政治统一和独立目标。民族主义思潮的政治认同中就蕴含着国家认同。19世纪以来，随着西方民族国家体系的形成，西方民族主义思潮中升华的民族主义受到了西方国家的特别重视。民族的国家认同，使"民族"转换为"国族"。在多民族国家中，一国中的国民，以一个主导民族为中心，以"国族"的名义凝结为国族认同，如上述的美国人（Americans are a people and nation），在社会与国民动员中，相应地形成国家或国族精神。此种精神有相应的哲学思想文化传统。英国的经验主义、美国的实用主义、法国的启蒙精神、德国的古典哲学都是各国精神的思想基础。

所谓"国族"，实为各民族多元一体国家形态中全体国民的群体。在西方现代化的过程中，国族主义是民族主义的表现形式，它对无政府主义、分裂主义、民粹主义思潮有控制作用。西方的民族国家虽然受到超民族观的影响，但在现实中仍然以本国的利益行事。发达国家中的某些舆论，在全球化的幌子下，影响着发展中国家的政治经济方向，对此种西化的影响，应有足够的警惕。不过，正像狭隘民族主义影响一样，超民族国家论在现实生活中的作用是有限度的。东西方民族主义是一个异中有同的思想文化概念，其核心价值是一种以爱国主义为核心的爱国精神。所谓"国族"在实质上是以民族国家为群体的社会形态，凝聚"国族"的是爱国主义。中华民族包含着中国境内各民族，也是一个全体国民的多元民族共同体。

话题回到泰戈尔的民族主义观上来，他把民族传统比作"尘土"，也就是尘土地域的生长环境，是一个民族国家的生长根基。对本民族国家的故土，国民或国族都深怀敬意，要向它"施礼致敬"。这是文化之土、文明之乡，民族国家的物质和精神家园，这是民族文明传统，有强大的生命力。它在国家载体中生长强盛，也在衰落中复兴，正如泰戈尔所说的："我们向尘土施礼，我们知道尘土比建造权力盛世的砖块更为神圣。"他的另一句话也值得重视："人类历史已经到了这样的阶段：有道德的人、完善的人，在几乎是不自觉的情况下，越来越屈从于为这个政治的和商业的人——只有有限目的人，让出地位。"看来，文明交往自觉，真的是当今人类要具备的历史观念。

183. 民族主义和民族性

　　我在为韩志斌同志的《伊拉克复兴党民族主义理论与实践》一书写的序言中，曾经谈到挪威学者列夫·利托对东方民族主义思潮的不理解情况。近读英国学者戴维·米勒的《论民族性》（刘曙辉译，译林出版社 2010 年版），果然又一次看到类似情况。西方一些学者笼统地把"民族主义"作为一个带有负面意义的词语，使得戴维·米勒写该书的时候，为了避嫌，转而用"民族性"作为书名。

　　米勒用"民族性"代替"民族主义"，表明了他既不笼统捍卫民族主义也不完全抛弃民族主义的立场。他提出了"区分可辩护版本的民族性"（中译本第 41 页）。其中值得注意的是他对可辩护民族性原则的三方面论证：第一，主张民族认同是个人认同的合法性源泉；第二，承认同胞之间的特殊义务是正当的；第三，民族在政治上的自决有充分的自由。

　　可以看出，米勒的具体分析给自己留下了足够的宽容空间。他认为，承认民族的主张并不压制个人认同的其他源泉。他以温和的、同情的态度对待民族性诉求。对民族主义应当持有历史的和有区别原则的态度来具体问题具体分析。且不说压迫民族和被压迫民族之间这一大的区分，就是今日的全球化时代，世界各国哪一个不把国家主权和独立看作国际政治交往的利益底线呢？

　　2011 年 5 月，美国前国务卿亨利·基辛格出版了《论中国》一书。牛津大学政治学教授拉纳·米特在 5 月 15 日的英国《观察家》报评论了基辛格的实用主义政治观。他特别注意此书最后部分所谈的忧虑：中国兴起的民族主义以及美国针对所谓"黄祸"的民粹主义宣传。他认为这种明显的哀伤和担心会将他 1971 年密访中国以来的成果化为乌有。的确，基辛格是一位重视历史的外交家，他从中国漫长历史发展中理解中美关系，并且也从美国传教士的优越论和中国文化优越论角度对中美关系与世界未来作了现实的思考。基辛格所说的"传教士"优越论是美国的价值观带给世界的"天然使命感",而中国是把其他所有国家按照他们与中国文化形式与政治形式的相似度分成不同层次的属图。不过,他对中国历史还不深知,孙中山早有"王道"与"霸道"文化之分。"不称霸"的思想是中华文明的优秀部分。清醒的哲学家会看到民族主义与种族主义的区分,而不会把爱国的民族主义与纳粹,甚至与美国宣传的"民粹主义"混为一谈的。民族性和价值观同为政治文化的要素。因此,英国学者戴维·米勒所谈的"民族性"就是我在《东方民族主义思潮》中的政治文化,是从文化角度谈民族主义的。

作为一个学者,其民族主义情绪肯定会影响其学术研究的科学性,其研究成果也会因此而减弱其客观性和广泛性。我认为既要用同情理解亚非民族主义的历史和现状,也要超越民族主义而用人类文明交往和全球眼光来研究民族主义和民族国家问题,从而增强学术研究的自觉性。民族是人类历史上形成的,它具有血统上的种族性,又具有政治上和文化上的历史性和传统性。按照 A. F. 波拉德的观点,世界古代史从根本上说是"城邦"或城市国家(city – state)的历史,中世纪是"普世世界国家"(universal world – state)的历史,而世界近代史则是"民族国家"(national – state)的历史。其主要特征是"民族性"。谈到中世纪欧洲"普世世界国家"时,他认为当时主导的国家观念的普世主义思想,是人民或民族中的人们首先认识自己是基督教徒,其次才是地方主义观念,即某一地区的属性;勃根或其他地区的居民,只是在最后——如果实在要说的话——才是法兰西或意大利人。这种"普世世界"是中世纪欧洲的特征,是宗教的政治文化。

实际上,欧洲民族国家的建立时期之前,还有一个"王朝国家"(dynasty – state)的形式和文艺复兴的前民族性发展的重要阶段。"王朝国家"的中央王权,在西欧近代初期也是一种进步力量,使民族的统一成为可能,有些史学家把它称为"欧洲史的更新(renewal)年代"(1470—1600 年),而欧洲的"民族主义"年代为 1818—1890 年,"变化年代"为 1890—1945 年。对这个分期当然会有不同的看法,但对欧洲而言,它的近代史无疑是摧毁"普世世界国家",尤其是推翻王朝国家,从而建立民族国家的历史。以宗教为统治国家的正当性、以王权为专制的封建王朝国家权力的合法性,让位于民族国家的共同体。欧洲的英国、法国，而后是德国和意大利，都以不同的政治文化的民族性特点经历了两个发展阶段：民族国家的建构和彼此争霸扩张，因而引发1914—1917 年的第一次世界大战。

这里我想重复一下我 20 年前在《东方民族主义思潮》中的观点：世界近代史是资本主义战胜封建主义的时代，是和建立满足近代资本主义的民族运动、民族主义和民族国家的社会发展需要联系在一起的。我当时引用了列宁在《论民族自决权》中的观点："在西欧大陆上，资产阶级民主革命的时代包括的是一段相当确实的时期，大约从 1789 年起，到 1871 年止。这个时期恰恰是民族运动和民族国家建立的时代。这个时代结束后，西欧便形成了资产阶级的国家体系。"（《列宁选集》，人民出版社 1972 年版，第 517 页）实际上，不仅整个欧洲，包括美国、加拿大、日本、澳大利亚、新西兰等国家，都经历了这个时期而成为世界资本主义民族国家体系的成员。

同时，我也想重复一下《东方民族主义思潮》一书中的另一个观点。东方的亚非国家的民主民族运动经历了和西欧相同与不同的历史阶段。民族国家在东方也是造成最充分的商品生产，造成能够实现民主、自由和发展资本主义的条件。资本主义的扩张促进了东方的民族觉醒使东方民族主义运动和思潮发展起来。从 1905 年以后，亚洲的伊朗、土耳其、中国、印度等国家发生民族运动的世界历史意义，正在于它表现了建立民族国家的历史趋势。经过了两次世界大战，到 20 世纪 60 年代，基本上建立了世界民族独立国家体系。这样，世界上就正式形成了三大国家体系：欧洲、北美、大洋洲和日本的老牌资本主义民族国家体系；苏联、东欧、中国、朝鲜、越南、老挝和古巴的社会主义国家体系；亚非拉其他新兴民族独立国家体系。我认为东方民族主义是一个多类型的复数概念，是一种多元的民族民主政治信仰与民族宗教情感价值观的政治文化思潮。在主导的进步性之外，还有进步与落后、民主与独裁、自由与集权、现实与空想、前进与倒退等复杂现象的交织。我是从民族主义的政治特点和文化特征相结合的观点，即政治文化来观察东西方民族主义的。

第 226 日

184. 殊源合流

　　"殊源合流"是对文明交往的互动互融的生动诠释的表述话语。它源自黄濬《花随人圣庵摭忆》（上海古籍出版社 1983 年版），我把它用来说明交往自觉性，其意思是文化经过交流之后，源不同而流融化合为一。

　　在这部著作中，黄濬有一篇《鬼子母与九子母杂考》。此文可谓考证与论说兼备，是针对当时"寰球棣通，众说郛合，学者往往执末以揣本"的倾向有感而写的。佛教传入中国后，"鬼子母"与中国神话传说中的"九子母"互变之后，此时的"九子母"即有"鬼子母"的内涵。经过"涵化"之后的"鬼子母"与"九子母"融化为一新概念，与原意大不相同。二者既非佛教意义上的"鬼子母"本相，也非中国神话传说"九子母"的"自我他者化"，而是两种文明交往的综合互化的新结果。

　　在这篇考证短文中，他在分别考察了二者的内涵和流传情况之后，得出了以下结论："魏晋以后，佛法大兴，柯利帝神话流行中国，鹊巢鸠占，殊源而合流，遂有子一万食人之神，而变为九子求嗣之神矣。"此处的"殊源而合流"的提法，的确是画龙点睛之笔。外源自印度佛教，东传至中国，与内源的中国神话会合，而成为内外文明交往的新产品。这是一种生长性的新东西，体现文明交往中的互动互化而后有新创造的规律。

　　尤其是"寰球棣通，众说郛合"，大有今日全球化的思路。棣通，即通达，贯通，通化于寰球，是全球化的气势。在此气势下，各种学说，各种思想，都在"郛合"之中。"郛"、"郛部"，都指"外城"，二者意义相同。《孟子·公孙丑下》称："三里之城，七里之郛。"内城三里，外郛七里，所谓"郛"，即外围着城的墙，是外城的边界。"城"有内外，是内外合为一体的城郭而不能拆碎的。这种形象性比喻，富于辩证思维。在历史真正转变为世界史之后，各种思想的内外交往频繁深化，不能把变化了的新概念再去用简单的二分法来分为东方、西方，更不能将东方与西方截然对立。这是一个"殊源而合流"的文明交往的新时代，需要从交往互动、互变、互融的整体观点看待历史，才能避免"执末以揣本"的学术弊端。

此文中的"鹊巢鸠占"稍有不妥。《诗·召南》有"维鹊有巢，维鸠居之"，是指斑鸠不自为巢，居鹊之成巢，所以有"鹊巢柳树，鸠夺其处"的说法。鹊，即喜鹊；鸠属布谷，现代动物学把鸠与布谷分为两类。鸠生性笨拙，不喜营巢，而强占鹊巢。用此比喻不同文明之间的交往互动，不甚确切。鸠占鹊巢之后，巢已无鹊而只有鸠，两种鸟已无交往的意义了。当然这只是一个随笔，是一个比喻，无关主旨。殊源而合流，已经把本末源流表述得相当准确了。

在人类文明交往活动中，有"殊源而合流"，也有"同源而异质"。例如，希伯来文明既是东方文明的重要篇章，又是西方文明的重要源头之一。希伯来文明的经典《圣经》中神话故事，就受到苏美尔神话的影响。希伯来神话脱胎于闪族文化的土壤。现在的神话文本是以色列民族一神教信仰确立后，经过犹太教拉比们的改编，异教的神话的同源性发生质变，成为希伯来神话的一神教信仰的异质表述。和异教神话相比较，希伯来神话成为独尊耶和华一神教的价值观念和伦理诉求的神话。这就是"同源而异质"的文明交往现象。

第 227 日　　　　　　　　　　　2012 年 8 月 14 日　星期二

185. 语言、翻译与文明传播史

"对外扩张、武力征服、殖民殖语，奠定了英、法、葡、西、俄、阿等语言的国际地位。这是历史，但这并不意味着未来的新兴国际语言，都必须通过这些途径才能实现国际传播。毕竟以武力解决问题的时代过去了，语言国际传播的途径和方式也应顺应当今世界的潮流，融入和平与发展的主流。"（吴应辉：《汉语国际传播研究》）

上述这段话与人类文明交往的历史观念有很大关系。人类生活在交往之中，自从进入文明时代以后，就生活在一种人与社会、人与自然，特别是生活在人的自我身心的联系之中，而一个重要交往联系的纽带就是语言。这段话讲的是语言的传播，实际上讲的是人与人、人与社会的交往史、文明发展史问题，特别是人类近六百年的历史问题。这段自15世纪以来的历史，是人类历史转变为世界的历史，是人类文明史新的发展时期。

吴应辉所讲的英、法、葡萄牙、西班牙、俄罗斯、阿拉伯语言中，按时间说，阿拉伯语在应列在第一。阿拉伯语的传播在中世纪时期阿拉伯帝国对外扩张和武力征服时就开始了，以后才是近代以来西、葡、法、英、俄等语。英语虽然靠后，其影响却属第一。不列颠帝国的"日不落"殖民版图使英语作为"殖语"遍及世界。以后，美国的唯一超级强国地位进一步使英语成为全球交往的通用语言。过去有"学会数理化，走遍天下都不怕"，现在可以说"学会英语，走遍全球都不怕"。"英语"一语独霸的话语地位，是历史真正变为世界史时期人类文明交往的结果，其文明强势至今仍然一语独霸、方兴未艾。

提起英语，追根溯源，不禁使人想起英国殖民帝国时期的文化、文学对世界的巨大影响。它拥有许多为人类文明做出贡献的文学家。狄更斯就是其中最有影响的一位。在他诞生200周年纪念活动的高潮中，英语文化仍为世人所共享。《双城记》是他的代表作之一。我在《第三世界的历史进程》（中国青年出版社1999年版）中曾引用他的名言："那是最好的时代，也是最坏的时代。那是智慧的时代，也是愚蠢的时代。"翻译家张玲改变此旧译，而译为"那是最昌明的时势，那是最衰微的时世。……"据翻译界懂行的人称，这样的译文，与原著的古雅、审美情趣、历史感更接近。我是外行，不敢妄言，姑作此并列引用。

狄更斯在《双城记》开卷第一段名言中所表达的是什么？我从全书的总思路上看，有以下想法：①此名言表达的是一个历史观念，它诉说的是人类文明史上一切巨变时代的矛盾性。这种历史观念不是用历史的形式，而是用小说的形式和艺术的手法表现出来。②历史的巨变时代是文明的转折时代，它充满着真善美与假恶丑，即好与坏之间的悬疑不定地交织，呈现着旧秩序和新秩序的瓦解与待建过程中的混沌不清。文明交往中的各种因素变动得特别激烈复杂，互动规律不易掌握。③狄更斯讲的"最好"或"最昌明"、"最坏"或"最衰微"，或者是"智慧"，或者是"愚蠢"，其含义是道德标准和历史观念的互动，但根本还是生产力和交往力急剧发展和普遍扩大，把各民族、各国家卷入了世界范围竞争大潮之中的历史潮流。④如果用历史形式和历史观念来表达这个时代，那应该是人类文明交往的互动互变历史观念。"庸史记事，良史诛意"，可赋予历史观念更新的、超过道德的标准，用历史观念追根溯源，循源合流，把那些表面上看起来似乎并不连缀的片段，紧密联系成一个整体过程。思过去、现在、未来之链，探文明交往之魂，明千秋镜鉴之智，成一家独立之言，此为高远的历史观念。

话题转回翻译问题。美国普林斯顿大学的法国文学翻译家大卫·贝洛斯在《你耳朵里有鱼吗？翻译与万物的意义》一书中，对翻译有一个较高的界定："翻译是走向文明的第一步。"书名是借用道格拉斯·亚当斯的科幻小说《银河系的搭车指南》一书中的故事：只要鱼入耳内，人耳便可听懂任何语言的"巴比鱼"。现在语言传播的途径自然应顺应和平、发展、合作的时代潮流，更好地让翻译成为沟通各种文明交往之桥。当然，要尽量接近原意，优秀的翻译作品也要负起这份文明自觉的责任，用创造性的笔法，提高水平。翻译家如果能从自己的母语中找出被翻译作品的语言，自如地加以运用，使异文化的读者理解作品的语言风格，那将是高水平的，如《茶花女》、《乌托邦》，等等。

第 228 日　　　　　　　　　　　　**2012 年 8 月 15 日　星期三**

186. 西东谣

西潮涌起东潮动，西方东方异中同。

水流河东与河西，气变东风又西风。

西园载酒东园醉，东茶咖啡西洋醒。

世界熙攘为权利，环球哪复计西东。

历史统一于多样，事物变化归常恒。

分斗合和均智慧，人文良知大化成。

人类关注生产力，交往自觉共文明。

上述《西东谣》是我为《东方民族主义思潮》的人民出版社再版本所写前言中关于人类文明交往互动规律的诗意治学歌谣。

它首先写的是人类思想潮流作为世界潮流在近代以来的大变动。这种世界变动大潮从 15 世纪开始，涌起于西方，贯穿于 16、17、18、19 世纪五个世纪，到 20 世纪，文明交往大潮为之一转，反转过来在东方涌动而出现了影响西方的东方古老文明的复兴。经过了 20 世纪，到了 21 世纪的今天，形成人类文明交往全球化互动的新的自觉时期。这是一个人类文明史上空前的大变革时期，它反映了人类文明交往互动规律中许多值得思考的理论问题，如异与同、一与多、变化与常恒；也反映了东西方发展上先进与后进、发达与发展中的"三十年河东，三十年河西"、"西风压倒东风，东风压倒西风"的感性而形象的隐喻；还包括不同文明交往中权利、利益的核心价值意义。最后，我把这种世界历史性的大变化，归结为人类应当关注生产力的发展，用交往的自觉步入人类共同文明化的前途。

《西东谣》此次收入《老学日历》增添了"分斗合和均智慧，人文良知大化成"一句，讲的是文明交往中分、斗、合、和的辩证思维和人文精神的"文而化人"的意义。这里的良知，是人性真善美之"知"，是对人对物发展规律之"知"。知规律方可成为明理知事的良知的文明人。我谈人类的文明交往自觉其要旨是人类对文化、文明交往发展规律的理解与笃行，其中心是人文精神这个本质。人文化于人、人文化于自然，以及人的文明化，这些"大化"的规律，离不开"分斗合和"的良性交往的互动，离不开异与同、一与多、变化与常恒的关系。例如西方和东方的"异中有同"，就是"天下同归而殊途"，如《庄子·德充符》所言："自其异者视之，肝、胆、楚、越也；自其同者视之，万物皆一也。"做人有两样东西最重要，一是人文精神，二是良知。这两种东西可以把琐碎的日子、片断的努力融化贯通成有价值的生命，把平凡变为不平凡的人生。

对变化与常恒和一与多的关系也要全面地看待，而且从文明交往的发展观点视野方面观察，才能有"自知之明、知人之明、知物之明"的自觉性。老庄哲学中，这方面的文化资源相当丰富。如老子讲的："夫物芸芸，各复归其根。归根曰静，静曰复命。复命曰常，知常曰明。不知常，妄作，凶。"这是说，万物生长生活是有其客观规律的，这种规律性就是"常"，对此要"知"、要"明"，如不知、不明而乱作为，是要引起危机的。庄子也认为，万物皆有"常"，"则天地固有常矣，日月固有明矣，星辰固有列矣，禽兽固有群矣，树木固有立矣"。在《庄子·达生》中，讲了一个哲学小寓言，叫"梓庆削木为鐻"。梓庆是一位制造乐器的工匠，他制造了一种叫"鐻"的乐器。这是一个似夹钟或似虎形的刻木而做的乐器，它非常神奇，"见者惊犹鬼神"。梓庆为制作鐻，先"齐以静心"，调整心态，处理好身心关系，专注于"自知之明"和"知物之明"，"入山林，观天性，形躯至矣"，"然后加手焉"，精心雕作，造出了"以天合天"的鐻。这是一个类似《庖丁解牛》的寓言。梓庆和庖丁一样，对他的工作和他自己，都有了规律性的自知和知物的自觉，因其明理于知，因而得心应手，因而有所创造发明。

《西东谣》中说到酒、茶、咖啡，意在从生活方式上说明人类文明交往的实际生活的需要。这如同以伊斯兰风格为主，兼有东罗马与波斯风格和本土因素的20件琉璃器群组出现在佛教法门寺地宫中一样，反映了人文精神。这使我想起美国学者西敏司写的《甜与权力》一书。他在书中有一句话很有启示性："这是一本写糖的书，然而我希望它也能帮助读者去洞悉那个由糖、奴隶劳动以及西方帝国殖民历史的红线所纺织的宏大织体。"世界历史从人类文明交往的普遍性交往意义上讲，是从西方资本主义的殖民主义向东方扩张开始的。这是人类文明交往史的新阶段，也是西方殖民主义侵略、统治、剥削、掠夺并给东方带来苦难的血泪历史。这是血与火、奴隶劳动、糖甜与权力的历史。在这个阶段，这是不可忽略、不可遗忘的事实。然而，这种历史事实却激起了东方的民族觉醒，从而走向独立和发展之路。古老的东方文明在与西方文明交往中走向复兴。

"窗含西岭千秋雪，门泊东吴万里船。"杜甫早在公元762年的这首诗中，早已有"西东"之句。他凭窗远眺着成都草堂外西山的雪，依门近望着来自东吴的船，思接千载，视通万里，交往何等开阔！西方和东方，在杜甫的诗句中表达的是坎坷曲折之后的"大通"，比之吉卜林的"东方就是东方，西方就是西方"的诗意，要高明得多。

第 229 日 　　　　　　　　　　　　　　**2012 年 8 月 16 日　星期四**

187. "东茶咖啡西洋醒" 解

"东茶咖啡西洋醒"是我的《西东谣》中的一句话。它的前一句是"西园载酒东园醉"。

茶与咖啡都是东方的物产，现在已成为全球的共同饮料。各国的大酒店在就餐时，服务员都会问："茶，还是咖啡？"不同文明国度，茶与咖啡都成了共同的消费饮料。

这里不说茶这种中国饮料，单说咖啡在文明交往中的历史变迁。

咖啡的传播史是东西方文明交往的一个缩影。这个缩影历史悠久，从传说中的北非埃塞俄比亚牧羊人第一次在东方发现咖啡，至今已有1500年以上的时间。其传播路线的起点在阿拉伯东方，即西亚北非地带。第一棵咖啡树在阿拉伯半岛种植是在公元525年，是埃塞俄比亚攻占阿拉伯也门之年。这一年正是中国南北朝时期魏正光六年、梁普通六年和孝昌元年。

不过，以咖啡作为水煮饮料的时间很晚，大约在11世纪。在阿拉伯世界的广泛传播则在13世纪。其原因是伊斯兰的教义中有禁酒的禁忌，有些宗教界人士认为咖啡刺激神经，违反教义，所以一度被禁。后来，咖啡被官方确认不违背教义，遂为阿拉伯世界所垄断。打破此垄断地位的是奥斯曼帝国的苏莱曼大帝，他命令御医于1550年作出鉴定：咖啡可以在一切场所饮用。这一年是中国明朝嘉靖二十九年。1554年，奥斯曼帝国首都的第一家咖啡店应运而生，随后便作为流行饮料风行欧洲。奥斯曼帝国当时是横跨亚非欧的强大帝国，在欧洲人的心目中有至高无上的地位，凡是奥斯曼帝国流行的事物，很快会成为欧洲时尚。1652 年在伦敦，1666 年在阿姆斯特丹，1671 年在巴黎，1683 年在维也纳，以及在其他地方，咖啡馆接二连三地建立起来。

关于咖啡的西传，田瑾博士在《18—19 世纪奥斯曼帝国与欧洲文化交往研究》一书中，有专门的个案分析。她认为奥斯曼帝国和欧洲之间的战争交往方式起了很大作用。但咖啡的享用"正好迎合了欧洲人的文化偏好和生活特点，它与资本主义上升时期欧洲的生活方式和消费习惯相契合"。（中国社会科学出版社 2013 年版，第 218—222 页）这里，点明了东西方文明交往中物质生活需要的时代性。

咖啡西传，咖啡馆的纷纷建立，成为欧洲文明中一大风景线。文人、学者云集咖啡馆，许多名著名家由此酝酿思路，成名成家，可谓人杰地灵。西方因咖啡西传而受惠，咖啡使西洋觉醒了。我在《西东谣》中的"东茶咖啡西洋醒"，即指物质文明交往而引起的生活方式、思维方式以及文化、文明的变化。

咖啡传播为商人带来暴利。法国商人从奥斯曼帝国的东地中海地区买来咖啡，运到马赛最少可赚 3 倍。咖啡带来的商机，促使海路大通。1723 年，法国军官德克鲁把咖啡运到美洲，使咖啡进入了在拉丁美洲展示其文明交往的价值的"殖民时代"。1727 年，巴西开始种植咖啡，20 世纪初，巴西的咖啡产量达到世界的 3/4。由于巴西 90% 的人与咖啡有关，因此巴西出现了这样的谚语："咖啡说的是葡萄牙语。"咖啡不仅在美洲传播，也到了非洲的肯尼亚和坦桑尼亚。20 世纪初，沿着赤道的环形咖啡带形成了，它与古代埃塞俄比亚牧羊人的传说可以说是南北相呼相应。

中国是茶文明之国，茶在饮料中占主导地位。咖啡这种代表西方生活方式的饮料在中国传播自然很缓慢。自 1690 年咖啡进入亚洲东部后，1884 年在我国台湾地区才首种成功。1902 年西方传教士将咖啡种带到了海南和云南。海南人的咖啡在东南亚颇有盛名，东南亚有这样流行的口头禅："潮州粉条福建面，海南咖啡人人传。"海南人在东南亚经营的咖啡店日渐增多。改革开放之后，咖啡在中国有所发展，国内用它作饮料的人也日益增多。咖啡与茶并行，至今不衰。文明创造之物是人类共同的文明财富，这是文明交往规律所决定的。

今日咖啡生产国，60%在拉丁美洲的巴西、哥伦比亚、墨西哥等地，南亚和东南亚的印度、越南、印度尼西亚、菲律宾占总产量的30%左右；在世界总产量中，非洲的埃塞俄比亚、科特迪瓦、乌干达等国占10%左右。而消费国仍主要是西方的美国、英国、德国、日本等发达国家。例如美国、日本、英国平均每天每人喝一杯咖啡，而中国每人每年的平均消费量仅有4杯。当然，中国等发展中国家消费市场仍然有其巨大潜力，但咖啡作为饮料文化仍要看文明交往的发展和变化。

咖啡居世界饮料之首，茶叶居第二位。咖啡在人类文明交往中充满传奇色彩，茶也独领风骚多年。后来者如可口可乐以及其他饮料也纷纷登上餐桌。人生多种需要，百般爱好，千般习俗，万般心态，这些正是文明的多样性表现。互学互补，文明才有发展。

第 230 日　　　　　　　　　　　　**2012 年 8 月 17 日　星期五**

188. 非洲黑人文明观的艺术表达

"非洲文学之父"、尼日利亚作家钦努阿·阿契贝（Chinua Achebe）在英国殖民统治下长大，对非洲社会复杂矛盾（种族、宗教、语言）有切身感受。他有五部曲《瓦解》、《再也不得安宁》、《神箭》、《人民公仆》、《荒原蚁丘》，用小说家的文艺笔触，写出了尼日利亚和非洲从殖民统治初期直到 20 世纪 80 年代的历史。他 2012 年已经 81 岁高龄，和我同庚。

阿契贝的代表作是 1958 年完成的不足 150 页的小说《瓦解》。这是一部人类不同文明之间交往之作，其中反映着对非洲黑人文明观的艺术表达。它笔法细腻，深刻地描绘了西方文明冲击下非洲传统文明的衰落和社会的崩溃。他的文明观是客观而全面的：既用生动的事实反驳了白人作品中散布已久的而且被人们普遍接受的"非洲黑人无文明论"；又具体而艺术地揭示出黑人文明发展中的缺点。它虽为小说，却用历史观念分析了白人入主非洲的原因和作用。

《瓦解》是非洲现代文明发展的一个标志。它结束了非洲文学口头传说的阶段,奠定了20世纪非洲文学的基础,是非洲文学中清理历史的开先河之作。它被译成50多种文字,销量在1100万册以上,获得布克国际文学奖。

他不仅是一位小说家,而且是诗人、评论家。他为破除西方对非洲大陆文明的偏见做出了杰出的贡献。他是1981年尼日利亚作家协会的创立者和首任主席。他通过主编英国《海涅曼非洲丛书》,以10年之功将一大批非洲作家介绍给世界。遗憾的是,1990年他遭车祸后,身体状况欠佳,而后封笔,晚年大部分时间在美国生活。他的民族自尊心很强,曾被邀出席诺贝尔文学奖颁奖典礼,与坐在一旁的陌生人发生争执。该陌生人硬说非洲没有什么值得注意的作品,他立即大怒并斥责欧美的高傲自大者不愿关注非洲。后来他才知道,这位陌生人是评奖委员会的实力人物,得罪此人,使钦努阿·阿契贝这位最能代表非洲的作家与诺贝尔文学奖失之交臂。

这位打破西方文明偏见的非洲文坛巨匠的作品,早在20世纪60—70年代已在中国出版,2008年重庆出版社出版了他的小说集(包括《瓦解》、《人民公仆》、《荒原蚁丘》、《神箭》)。这是非洲黑人文明艺术表述之作。这使我想起比他小一岁的印度裔英国作家奈保尔。他有两部非洲题材的小说:《自由国度》和《大河湾》。2001年诺贝尔文学奖给予他的授奖辞称:"他的创作兼具敏锐的叙事和严正的审视,驱使我们直面那些被掩盖的历史存在。"他的作家三问是:"一个作家看法以什么为基础?他了解哪些别的世界?要是他只了解这个世界,又怎样去写这个世界?"他又说:"我不是预言家,我只是个观察者。我只能专心写作,书写现在,也是书写未来。这就是我观察世界的方式。"他常说:"我最大的遗憾是人生苦短。他希望有三个生命:一个用来学习,一个用来思考,一个用来享受。"所有这些话,都表明奈保尔是位悲观而令人敬重的人,他作为文明的批判者,不开药方,只说病症。他比我小一岁,我望他长寿。

(统稿附记:钦努阿·阿契贝于2013年3月21日在美国波士顿逝世,终年82岁)

第 231 日　　　　　　　　　　**2012 年 8 月 18 日　星期六**

189. 中东的地位与文明交往自觉

中东是从古至今人类文明交往最重要的地区。我作为中华文明环境下成长起来的学人，有幸以大半生时间来研究中东的文明交往史，从中悟出了人类文明交往的自觉理论。这是一个从历史和现实相结合的过程中而产生出的历史观念和文明观。写完了中东断代、专题、通史以后，在我的脑海中存留的只有"文明交往自觉"这六个字。当然中东问题的关键也在这六个字。如果稍加展开，可以有以下几点：

（1）中东地理位置是亚洲、欧洲、非洲三大洲的接合部，有"五海"（黑海、地中海、红海、阿拉伯海、里海）环绕，有波斯湾、博斯普鲁斯、达达尼尔、曼德和霍尔木兹等海峡与苏伊士运河沟通连接。中东地区因此而成为东方和西方、印度洋和大西洋的联系纽带和十字路口。中东还是"两希文明"中"希伯来文明"的发源地。世界三大宗教的犹太教、基督教、伊斯兰教均发源于中东。中东堪称人类地缘文明的枢纽和轴心地区。

（2）中东是世界最为激荡的风暴中心地区，可以说是政治、经济、文化的旋涡中的旋涡地区，还可以说是大能量的火药库，随时都会因易燃物走火而引起爆炸声浪。

中东的地位特点至关重要。它之所以是风暴卷起的旋涡和布满易燃物的火药库，仔细思量，其内外因的恶性交往，实为动荡之源。内因为民族、部族、宗教、教派、政党、领土、资源等矛盾集中而尖锐，外因是外部势力的长期而深度的介入。此种内外因素的多线交织，形成了十分复杂的、难以厘清的交往之网。

关键是利益、权力之争。内外各种利益集团纷纷出动，如谋求全球霸权、控制能源供者，如维护传统利益者，如借机排除异己、扩大固有地缘优势者，如有意借助域外保护者，等等。这一切都使得地区局势更加充满变数。

（3）能源是中东的动荡之源。广义的中东地区是西亚北非，其石油储藏量超过了全球的 50%，天然气超过 40%，这种战略地位意义自不待言。能源在现代与人类文明息息相关。能源是人类文明所赖以存在的物质基础，能源是现代社会发展的基本物质条件。知物之明不能不知能源这种自然物产问题与人类文明发展的关系。能源关系到①人类的福祉；②国计民生；③国际政治，在中东地区尤其关乎世界的和平稳定。

（4）地缘的政治地位也很重要。我们只要看中东的两端，西端是苏伊士运河，东端是海湾地区，从经贸、军事交往的通道上就可以见到地缘政治的地位。中东地区东端的位于伊朗、阿拉伯联合酋长国、阿曼三国之间的"海湾咽喉"最狭窄处仅为 48.3 公里，去掉岛屿、暗礁和浅滩，大型航船航道不足 10 公里宽。就是这里，却承载着全球 1/3 的石油输出量，世界上五大石油生产国（沙特阿拉伯、伊朗、伊拉克、科威特、阿拉伯联合酋长国）都得依靠该海峡出口石油。一旦发生战争，伊朗声言要封锁这条海上要津，那世界局势将不堪设想。当然，这对伊朗也并非好事，须知伊朗的石油占国民收入 20%，其中 8 成出口，若如此，它的经济状况将极度恶化。

（5）中东动荡"何故"如此持久不停？最简化的答案是内外交往各种矛盾因素及其相互之间的变化互动和错综交织。内因为主，因为人民是中东的主人，政府的责任是倾听人民的呼声，履行经济、政治、社会、文化改革，造福人民，而不是争一族、一党、一派之利，以权谋私，致使利令智昏、权迷心窍、目无国家发展大局、迷信武力而怨怨相斗不已。

在中东地区，埃及曾经被认为是最稳定的国家，而乐观的评论家却没有看到暂时、相对稳定后面的内外隐患。稳定如果不同人类文明交往问题结合，不同现代化改革、不同持续性发展、不同改善民生相联系、相伴随，很可能是"于无声处听惊雷"。所谓的"阿拉伯之春"的大变动，包括埃及在内的动荡，就是外因通过内因而起了作用。

阿拉伯国家的社会经济发展和中东地区要求变革以及维护自身权益的事业，是其希望所在。我在《二十世纪中东史》（高等教育出版社2001 年版）中曾用"巨变的世纪和变革的中东"的"绪论"为开端，来叙说中东在 21 世纪人类文明史上的地位："21 世纪将会比 20 世纪发生更急剧、更巨大的变化，中东的变革将更广泛、更深刻。"我相信这种变化和变革已经展开，虽然它的前进道路曲折而漫长。

我在开头讲，中东问题的关键是"文明交往自觉"问题。这里还要从更广、更长的历史观念上去理解。中东是人类文明的发源地之一，也是最早的发源地。我主编的《中东史》（人民出版社 2010 年版）中，开篇就是"人类早期文明在中东的生成和聚散"、"东西方古老文明在中东的冲突和融合"和"阿拉伯—伊斯兰文明的形成和传播"问题。这是我继 13 卷《中东国家通史》之后集中而简要地用文明交往自觉观编写成的著作。我一生是读书、教书、著书、编书的书路人生，而研究中东史和世界史，使我悟出了只有文明交往自觉才能从根本上解决人类的命运和前途问题。还是那句文明交往"五句言"："知物之明，知人之明，自知之明，交往自觉，全球文明。"

第 232—234 日　　　　2012 年 8 月 19—21 日　星期日至星期二

190. 摩西历史的启示

以色列最盛大的节日之一是"逾越节"。它来源于《圣经·出埃及记》。说的是摩西带领埃及犹太人出逃的时候，举起手杖，使红海分开一条路，得以走出地中海，而埃及军队则被淹没在红海之中。这是一则交往神话故事。

摩西这位《圣经》神话故事中的犹太英雄人物来自何方呢？《圣经》中说，他是一位被法老公主从水中救出来的犹太弃婴。他出生于利未部族。当时因为埃及限制在埃及为奴的希伯来人增殖男婴，他生下来后，即被家人放入筐中，置于尼罗河的法老公主沐浴的地方。公主发现后，将他收入宫中，作为养子，并取名"摩西"。"摩西"（mōsheh），意为"水中救出的"或"拉出的"。英译《圣经》中，解救他的公主说"Because I drew him out of the water"。

摩西的历史故事来自《圣经》，而《圣经》是一本神话传说与历史问题相互交织在一起的宗教经典。许多人，尤其是犹太人都是把神话传说当成历史事实。但是，以色列特拉维夫大学历史学教授施罗默·桑德在《虚构的犹太民族》（王崇兴等译，上海三联书店 2012 年版）一书中，有以下论述：

第一，关于"出埃及说"："在公元前 13 世纪，即传说中的'出埃及记'的时期，迪南仍被强大的法老们统治，这意味着摩西带领着解放了的奴隶离开埃及……根据《圣经》的叙述，40 年间，他带领的穿越旷野的人民中包括 60 万名勇士，他们一直是与他们的妻儿一起行进，这意味着 300 万的一个大人群。除了如此漫长的时间，如此规模的人群在沙漠里游荡完全不可能是在事实之外，如此重大的一个事件，应该留下一些碑文或考古遗迹。古代埃及人不折不扣地保留着每个事件的记录，而且存在着大量的有关王国政治和军事生活的文献，但却没有一条提及生活在埃及、反抗埃及或任何时候迁离埃及的任何'雅各的后裔'。"

第二，关于大卫和所罗门："在'避难所'下面进行发掘是不可能的，但对它周围所有其他的遗址的探测，都没有能发现公元前 10 世纪，即推测中的大卫和所罗门时代一个重要王国的任何遗迹……无法规避的一个痛苦结果是，如果公元前 10 世纪的朱迪亚地区存在一个政治实体的话，那它也是一个小小的部落，耶路撒冷只是一个设防的要塞而已。"

第三，关于 DNA 鉴定：大多数分子生物学家认为，事实是"希伯伦的一位居民（巴勒斯坦人）完全可能在血统上比世界上绝大部分自认为是犹太人的那些人更接近于古代犹太人。"DNA 不能证明犹太人的血统的纯正性。

第四，关于犹太民族的"大流散"："尽管大部分的职业历史学家都知道，从未存在过犹太民族被迫离开家园的事情，但他们却允许犹太人接受基督教神话关于民族记忆在公共和教育场所自由炫示，而没有作任何努力去驳它。他们甚至间接地鼓励它，他们知道只有那个神话才能为'被流散的民族'定居在其他民族居住的土地上提供道德的合法性。"总之，"流散"如果不是《圣经》编撰者的虚构，最少也是夸大其词的。

第五，关于为了土地和生存而虚构："如果没有《旧约圣经》，记忆中没有'犹太民族的流浪',那么吞并阿拉伯人的耶路撒冷,在约旦河西岸、加沙地带、戈兰高地,甚至在西奈半岛建立定居点,就没有任何正当的理由。"

摩西在西奈山上向犹太人传授"十诫",而"十诫"是犹太教及基督教的戒律。这是个体现一神教精神的戒律。它的戒律中有不杀人、不偷盗、孝敬父母等条。如果摩西是埃及人救命收养的养子,理应感恩于阿拉伯民族的养育之恩,理应提高两个民族的和睦相处,理应有互谅共处的宽容。但各种复杂的原因内外矛盾交织在一起,利益与权力的驱动,使动荡的中东错过了许多和解、和平的发展时机,也使现代化一再受挫,人民的生命、财产和福祉因而受害。研究中东问题,特别是20世纪以来的中东问题,尤其是阿拉伯民族和犹太民族之间的怨仇相报不已,使人深感不安和忧虑。中东需要文明交往的自觉,需要中东人民具有清醒思考的头脑和寻觅和解的眼睛,把命运掌握在自己的手中,努力从黑夜、野蛮中找到阳光和文明。

第 235 日　　　　　　　　　　　**2012 年 8 月 22 日　星期三**

191. 苏伊士运河——东西方海运交往的战略大通道

海路大通是全球化交往过程的真正开端。历史之所以变成为全世界历史,其转折点是经绕南非好望角通往美洲和亚洲新航路的开拓;而东西方之间的"中东"之所以成为西方强势文明表述的称谓,是由于1869年苏伊士运河的通航凸显起来的。苏伊士运河是"中东"之成为东西方交往枢纽的标志性工程。

苏伊士地狭,位于尼罗河冲积土地带,全长120公里。在这里开凿运河,打开地中海通往红海的航道,曾是古代人们交往捷径的开拓之梦。早在4000年前,埃及王国时代的法老,塞索斯特里斯一世,就曾企图在这里开凿一条人工的运河,连接红海与尼罗河支流佩罗锡克河,从这里把在东非获取的黄金、象牙、香料等财富,运往尼罗河三角洲。

但他的愿望未能实现。此后，统治埃及的波斯帝国、托勒密王朝、罗马帝国和阿拉伯帝国，都为此文明交往航道的开拓而努力过。

转机始于 16—18 世纪法英等西方国家海外殖民扩张的海路大通时代，而第一个转折点始于 1789—1799 年法国拿破仑侵略军对埃及的占领。随军的建筑工程师 J. M. 勒皮尔经过 3 个月考察，提出了 4 年完工的恢复"法老运河"的方案。但法国远征舰队被英国在尼罗河口的阿布基尔消灭后，拿破仑否定了这个方案实施的可能。这个转机随即烟消云散。

新的转机又出现在"中东的彼得大帝"——穆罕默德·阿里当政时代。他填补了拿破仑远征失败后中东的政治真空，于 1805 年迫使奥斯曼帝国承认自己为埃及总督。这位有文明交往自觉头脑的阿拉伯政治家，认识到必须学习西方，进行全面的社会经济改革和保持自己国家的独立地位。他注重吸取西方先进技术，也关注水利与道路（包括水路）建设。他任命两位负责亚历山大港改建工程和尼罗河堤坝修建工程的法国工程师加莱斯和门格尔·贝伊，从事此项工程的勘测。这二人提出了修建一条连接地中海和红海水道的方案。然而，阿里的改革遭到英国、俄国、奥地利、普鲁士联军的干涉。英国首相帕麦斯顿以炮轰亚历山大港相威胁，又迫使埃及接受 1839 年英土贸易协定和裁军（由 20 万人减至 18000 人）。阿里的改革，包括修建沟通地中海和红海的水道就这样被扼杀了。①

真正的转机在 1854 年。穆罕默德·阿里的幼子穆罕默德·赛义德在 1854 年为埃及总督后，接到其父的故交、前法国驻亚历山大港副领事雷赛布（de Lesseps）的信，信中称自己在图书馆发现当年勒皮尔的考察报告和施工方案。于是赛义德便请雷赛布作自己的私人顾问。1859 年 4 月 25 日，运河工程在法国、埃及政府及法国企业界认购股票的情况下开工。1869 年 11 月 17 日，长达 193 公里的无船闸运河竣工。以法国皇家蒸汽游艇"艾格尔号"为首的 67 艘船只从塞得港入海口驶入运河。苏伊士运河连通了红海与地中海，使大西洋、地中海与印度洋连接

① 穆罕默德·阿里，这位阿拉伯改革者说道："英国更希望一个软弱而驯服的素丹，而不是一个雄才大略的阿拉伯王国盘踞在英国通往印度的路上。"他 1849 年在失望中去世。

起来，大大缩短了东西方之间交往的航程。

雷赛布，又译为莱赛普斯，法文全名为 Ferdinand Marie Vicoomote de Lessps。此人从商，利用他同穆罕默德·阿里的交情，说服赛义德同他的运河公司签订为期99年的开凿权和管理权的租让合同，租期内埃及仅享公司15%的净利。为修运河，有12万埃及工人死亡。运河工程共花费5亿法郎，其中埃及政府支付4亿法郎。1875年，英国首相狄士累里乘埃及总督、赛义德之子伊斯梅尔遭遇赤字之机，代表英国以400万英镑价格，收购了他手中所有的苏伊士运河股票。英国政府所持股票比例升至45%。

列强争夺苏伊士运河霸权的角逐从未停止过。1888年10月，英、法、德等国在君士坦丁堡签订了《苏伊士运河公约》。英国史学家休斯·坎菲尔德在《国际冲突中的苏伊士运河》中认为此公约是"诸多政治斗争的开始"。美国海军战略学家马汉在《海权对历史的影响》一书中指出：过去的"利万特"（Levant，即地中海东岸地区以埃及和巴勒斯坦为中心），因苏伊士运河而使"埃及对于整个东方世界处于中枢地位"，成为"中东"之中枢。从海路大通以后的历史转变为世界史（全球史）的现代化进程视角来看，苏伊士运河沟通了工业的西方和资源的东方。据统计，在货运路线上缩短了40%。从1869年苏伊士运河开通后到140年后的今日，经苏伊士运河完成的货运量仍占欧亚两洲海运货物的80%。汤因比的话是有见地的：东方和西方之间的"中东"，"握有使两极之间直接交往的通道畅通无阻、拥有封锁或迫使重新开放的权力。"对这种"权力"西方列强一直抱有争夺或瓜分自然资源、势力范围、市场、军事基地和战略通道的目的。尤其是石油中东（储藏量占世界2/3）成为资源的核心，各种权力也因而介入千头万绪的中东。如果中东的权力真正由中东掌握，中东地区的命运由中东的国家和人民掌握，复兴了的中东文明交往史将翻开新的一页。当然这是一个相当长的发展过程。历史学家只能以长时段的视角看待从1869年以来苏伊士运河通航的交往史，以便从中追根溯源，探求中东这一"处于东西方之中"的剪不断理还乱的地区史。

苏伊士运河不但关乎东西方在中东的外部交往，也关乎当今中东内部的交往。2010年6月，一艘以色列军舰和11艘美国军舰驶过该运河时，伊朗以军事对抗相威胁。2011 年 2 月 24 日，两艘伊朗军舰通过该运河驶向叙利亚，在这之前曾在阿曼和沙特阿拉伯港口停泊。目前，1888 年的管理协议依然有效，它是一条国际航道，过境船只向所在国埃及交通行费。通过苏伊士运河对以色列和伊朗来说，都是政治竞争。今日这条全球贸易和能源运输要道使大西洋和印度洋联结，每年承担着全世界 14% 的海运贸易。

第 236 日   2012 年 8 月 23 日   星期四

192. 埃及现代威权主义问题

《埃及现代威权主义政治与民主化问题研究（1952—2012）》，是王泰同志在博士学位论文基础上，历五年之功，几易其稿而专心致志完成、有独立见解的学术著作。对它的成书并由人民出版社出版，作为作者的导师，我内心由衷充满着愉悦之情。平心而论，它的出版要比我自己著作的出版还要高兴得多。因此，我乐于为此书写这篇序言。

当我提笔为此书写序言的时候，脑海中立即泛起王泰同志在西北大学中东研究所攻读博士学位时期的情景。他是一位好学、多思、勤写的青年学者，富有独立思考和创造潜力。他在读三年中，发表了一些论文，表现出了他的理论思维能力。在学位论文写作过程中，这种能力又经过锻炼升华。学位论文答辩通过之后，他又锲而不舍，修改充实，终于完成了这部治学生涯中的路标性成果，现在又见之社会成效，的确可喜可贺。

博士学位论文是学者学术人生成长点上的重大标志，实在值得关爱和珍惜。正因为如此，我总是劝告每一位博士研究生以舐犊之心重视对它的修改，并在较短期内出版问世，发挥它的社会作用。王泰同志正是这样做的，一部好的论文，是写出来，更是改出来的。我粗读了这次成书的定稿，感到比学位论文答辩时大有长进，使得所论问题的广度和深度更系统、更完善，理论思路也更清晰了。

　　学贵自得。自得是学者经过勤奋、严谨、求实、创新之后，把独立的思想见之于问题意识、见之于历史观念的心得见解。埃及曾经被认为是中东动荡旋涡中最为稳定的国家，为何于无声处听惊雷，穆巴拉克政权迅速垮台，他本人由威权统治者成为阶下囚？在这个出乎许多人意料的突然事件之后，人们冷静下来，便产生了许多问题：为何埃及政治转型和民主化进程如此举步维艰？埃及政治变革的作用和意义对中东和发展中国家有何启示？人们从《埃及现代化威权政治与民主化问题研究（1952—2012）》一书中，对这些问题可以找到答案和启示。问题意识是独立思想的先导。此书从埃及现代政治中威权主义问题出发，提出问题、分析问题、解决问题，发现了国家、社会和政治伊斯兰三种基本政治力量之间错综复杂的交往关系，从而寻觅新的研究路径。它选择了文明交往互动的理论视角，从 1952—2012 年埃及威权主义政治、经济发展的历史过程来探讨其本质所在。它用这种文明交往互动的历史观念贯通全过程。首先，着眼于西方强势文明的入侵和埃及被迫卷入世界资本主义的殖民体系之后的严重影响，以及这种影响给埃及政治现代化带来的深刻变化。其次，它着重具体分析了埃及政治交往中三种力量的各自特征：国家是威权主义制度性结构，制约着政府运行和经济发展；政治伊斯兰是政治交往中向世俗国家挑战的传统力量；而社会上的政党、公民社会和妇女群体，也和政治伊斯兰一起对抗威权主义。最后，它通过这三种力量之间在选举政治活动中的相互博弈，考察政治权力和政治权利的消长变动，并且以穆巴拉克时期埃及威权主义政治的转型来总结政治交往与制度文明之间的互动作用，进而展望埃及未来的发展道路。

　　应该说，此书对人类文明交往和文明自觉历史观念的理解及其在政治交往的具体运用，是史论结合的有成效的尝试。这种历史观念是一个"通古今之变"的短时段、中时段和长时段相统一的历史观念，它要求对现代问题的研究溯根追源、顺源逐流；同时又要求往高处站、向阔处行，从内外交往联系发现历史脉络和问题的症结。埃及威权主义政治是埃及漫长文明史上一个小的历史阶段，它之所以有研究价值，是因为埃及不仅是非洲和中东大国，还因为它是一个开创了人类文明的古国和阿拉伯—伊斯兰文明体系中的大国。马克思晚年在阿尔及利亚养病的时候，为了消除女儿劳拉对阿拉伯文明的误解，曾经提出了一个历史观念的要求："我们要把自己放在稍微高一点的历史观点上。"马克思在给劳拉的信中，还讲了一则阿拉伯的哲学寓言（见《马克思恩格斯全集》第 35 卷，人民出版社 1971 年版，第 297—304 页）；又指出阿拉伯历史上产生过一些伟大的哲学家、学者；阿拉伯文明虽然衰落，但阿拉伯民族在为生存而进行的斗争中也传承了许多优良品质，并且知道欧洲人嘲笑他们的愚昧无知。这就是说，阿拉伯民族已经有了自知之明和知人之明，在文明交往中有文明自觉。我们理应用这种高处站、深处思和阔处行的历史观念来看待阿拉伯—伊斯兰文明发展中的重大问题。

为了用人类文明交往和文明自觉的历史观念，从更高、更远处来观察世界历史和中东历史。我在主编《中东国家通史》13 卷（2000—2007 年）、《二十世纪中东史》（2001 年）和《阿拉伯国家史》（2002 年）之后，进一步主编了由人民出版社出版的《中东史》（2012 年）。这是一本史论结合的简要中东通史。在这本书中，我把文明交往和文明自觉的历史观念，归纳为九个有联系、有区别的层面（见该书第 4—6 页），并发挥西北大学中东研究所群体力量，使之体现于每一章节之中。我深知，在相互联系和彼此依存日益密切的全球化文明交往时代，这个历史观念具有十分丰富和广阔的研究空间。李学勤和王斯德二先生主编的《中国高校哲学社会科学发展报告（1978—2008）》（历史学）中，把文明交往和整体纵横构思、现代化一起评述为改革开放三十年世界史的三大史观。这是一个宏观的理论总结，其中也包括了王泰同志在攻读博士学位时发表于《史学理论研究》论文的思考。我的文明交往自觉的历史观念，属一得之见，谨供学界同行讨论，以共同提高学术研究的自觉性和主体性。

的确，人类文明交往自觉的历史观念，具有很丰富的内容和十分广阔的研究空间。进入 21 世纪以来，许多人在各自研究领域内，以这种历史观念为视角，写了不少论著。仅以我见到的著作而论，就有马明良的《伊斯兰文明和中华文明的交往历程和前景》（中国社会科学出版社 2006 年版）、韩志斌的《巴林》（社会科学文献出版社 2009 年度报告）、郑卫东的《文明交往视角下的纳西文化的发展》（云南民族出版社 2011 年版）。王泰同志这本书是最新的一本，也是我关注最多的一本。为了写这篇序言，我在查阅 2012 年由中国社会科学出版社出版的

《两斋文明自觉论随笔》时，发现我在该书第三卷第十集第一编中，就有"埃及古文明的影响"、"埃及杂记"，特别是在"埃及威权主义政治"一节中，较详细地谈到王泰同志博士学位论文中的观点。我又查看了我的未定书稿《烛照文明集》和《2012年三学日志》，其中也有"埃及，路在何方?"、"阿拉伯伊斯兰文明的新变化"和"穆巴拉克：埃及贪权的囚徒"等节。我希望王泰同志对埃及问题的研究继续深入下去，对文明交往自觉的历史观念再丰富、升华其理论内容，百尺竿头，更上一层楼。

综观21世纪开端的走势，这个新世纪是巨变的世纪，而中东则是变革的中东，是走向民主化的中东。现在比20世纪更清楚地显示出，埃及的命运掌握在自己的手中。具有悠久文明历史传统的埃及人民，正在自己的国土上走着适合本国国情的道路。前进的道路一定不是平坦的和直线的，但也不会重复别国的模式，而是充满自我变革的活力，与时俱进，在交往自觉中创造埃及新的文明。

第237—244日   2012年8月24—31日   星期五至次周星期五

193. 伊朗内外交往札记

(1) "新保守派"内贾德总统（8月24日）。中东有伊朗、土耳其、阿富汗、塞浦路斯和以色列五个非阿拉伯国家。前三个为伊斯兰国家，属伊斯兰文明，后两个为非伊斯兰文明，即"东方的西方国家"。研究这五个国家，对理解中东文明交往的多样性具有特殊意义。在这五个国家中，伊朗无疑是文明悠久、交往史复杂并且在中东具有重要地位的国家。

当代伊朗对外交往的头号问题是伊朗同美国的关系。1979年"人质危机"以后，双方交往进入冰冻时期。2002年小布什的国情咨文称伊朗为"邪恶中心"之一，罪责为"赞助恐怖主义政权"。从拉夫桑贾尼和哈塔米两任总统开始，有松动迹象，其表现是双方试图进行经贸交往与"文明对话"。

到了内贾德总统，又有交往上的变动。内贾德总统的对外政治交往有内部四种社会、政治、经济和军事力量的支撑：①城市平民与乡村边远地区民众；②最高领袖及其身边保守教士；③经济实力雄厚的伊斯兰教基金会；④伊斯兰革命卫队和民兵组织巴斯基的后盾。

伊朗和美国交往在内贾德总统时期的变动，其实是伊朗过去政治政策的继续。早在 2004 年哈塔米总统重新启动"争取伊朗合法核权利"之时，伊朗与美国交往关系的松动迹象已经有了变动。甚至在此之前，美国报刊已经对哈塔米总统的"文明对话"有了反应。鲁埃尔·马克·格雷希特在《华盛顿邮报》2000 年 10 月 29 日的《伊朗和核弹》一文中，以恐惧的心态预言：伊朗对美国进行"挑衅性的文明对话"，其对话不是"言词"，而是"核弹"。

对伊朗的"争取合法核权利"的政策，以色列是中东反应最强烈的国家。伊朗与以色列关系因此更为紧张。战争的阴云一度席卷中东上空。美国对伊朗 30 年来的制裁，在金融方面特别加强。以色列也随之威胁要打击伊朗核设施。内贾德总统则针锋相对，以封锁霍尔木兹海峡相对应。以色列和美国都宣称对被他们称为"新保守派"的内贾德总统的言行，要"睁大眼睛"对待。

(2) 地缘战略枢纽价值 (8 月 25 日)。中东有许多国家处于东西交往的"十字路口"。以前我说过，有阿富汗、叙利亚、土耳其、埃及和海湾诸国。现在看来，伊朗应该着重讲一讲。

伊朗在东西方的十字路口的地位方面，更有其战略地缘价值。有人曾在地图上画过这条"十字路口"的路线图：从伦敦到新德里，从莫斯科到阿拉伯海，从北京到地中海，条条路线都经过伊朗。我曾有"三中"路线：中国—中亚—中东，伊朗正处于"三中"之中。的确，从人类文明交往的历史上考察，在 26 个世纪以来，伊朗是东西方民族迁徙、商贸往来、文化交流和军事冲突的要冲和中心地带，历史上任何一个大帝国，都不会忘记伊朗的地理战略价值。如今的中国新疆、甘肃、陕西、宁夏、青海等西北诸省（自治区）的回族人，究其祖源多来自中亚，特别是伊朗，而不是阿拉伯人。

地缘战略枢纽的频繁交往，给伊朗带来了光荣与骄傲，也使它多灾多难。阿拉伯人、突厥人、蒙古人，在建立大帝国的扩张交往过程中，都侵略过伊朗。现代的英国和俄国，也对伊朗进行过势力范围的瓜分。波斯文明和伊朗—伊斯兰文明也因此而顽强地以帝国形态延续下来：安息帝国、萨珊波斯、萨法维王朝，以及赞德、恺加、巴列维王朝一个接一个建立起来。

伊朗是中东地区"十字路口"国家之一。其他"十字路口"的国家的政治地缘枢纽，也同样遭遇过东西方文明的频繁交往，使中东地区处于动荡不安的状态。中东的此种现状是因其政治地缘的历史发展而来，中东的未来也是由中东的现状发展而去。人们为中东动荡不安的状态而茫然，而焦急，而悲观，甚至失去耐心和信心。其实，伊朗和中东是内外各种因素交往互动、互变的"十字路口"，变动和变革都按照自己的发展规律进行。不然，怎么称为伊朗呢？不然，为何是中东呢？"中东"本身就东方和西方的间际之交地带，就是东方和西方交往之间之"中部"，这种"间性"也就是它的复杂性之所在。

（3）伊朗与俄、英、美三国的交往（8 月 26 日）。近代以来，俄国、英国、美国三国与伊朗的交往，有以下值得注意之点：

①俄国沙皇彼得大帝在其遗嘱中，念念不忘向南扩张的两个关键地区：首先是伊朗，其次是阿曼湾。

②英国为了保住其印度的殖民地，也把伊朗看作是生命攸关的地方。

③正是在伊朗，俄国和英国互相争夺势力范围的交往活动经历了百年之久，直到第二次世界大战以前，前者和后者，分别从北部和南部，划分了在伊朗各自占领的势力范围。

④"冷战"实际上是从伊朗开始的，这是伊朗国王穆罕默德·礼萨·巴列维在《我对祖国的责任》一书中讲的一句话。历史事实就是这样：苏联与西方国家在第二次世界大战之后，首先在伊朗开始了"冷战"。在大战中，英国、苏联、美国、伊朗签订协定，盟军在战争结束后 6 个月完全撤离伊朗，但战后苏联不理会伊朗抗议，拒不撤军。只是在美国总统杜鲁门给斯大林下了最后通牒两个多月之后，苏军才于 1946 年 5 月 25 日全部撤走。"冷战"的形式及其影响，确实"首先在伊朗清晰展现出来"——巴列维如是说是有根据的，虽然此时尚无

"冷战"一词。

⑤1971 年英帝国从海湾撤军,一个多世纪以来的英国殖民统治宣告结束。在美国尼克松主义支持下的伊朗政权,填补了这个权力真空。伊朗用石油美元,从美国换来大量军火成为世界第六军事大国。

⑥1979 年霍梅尼的伊朗伊斯兰革命的胜利,把伊朗这个亲西方的中东大国,从世俗化拉回到伊斯兰主义国家。伊朗—伊斯兰文明的宗教性政权建立起来。宗教力量在伊朗政治制度化,其力量辐射到伊斯兰世界,扩展成为世界性的"伊斯兰潮"。伊斯兰复兴浪潮从阿尔及利亚到印度尼西亚此伏彼起。美国从此失去了海湾地区一个重要的盟友。

(4)伊朗文明的两重性(8 月 27 日)。伊朗文明是两重性的文明:伊朗(波斯)文明和伊斯兰文明的有机结合的整体。这是长期伊朗的伊斯兰化和伊斯兰的伊朗化两个文明交往互化变动过程中的产物。伊朗人成为波斯民族和什叶派穆斯林的合二而一的文化身份。

伊朗人引以为豪的是,两千多年以前他们就是世界性帝国——古老的波斯帝国,以及由这个帝国承载的波斯古文明。波斯古帝国是最早的横跨洲际的世界帝国。在今日社会中,无论是人们的日常生活或文学艺术以及思想文化中,到处都可以看到波斯文明或伊朗古文明的历史和现实的鲜活联系。波斯波利斯成为波斯文明一个无所不包的符号和印记。伊朗人隆重庆祝自己的"春节"——诺鲁斯,这个节日即起源于古波斯阿契美尼德王朝时期,成为表示文明传统的节日。

伊斯兰文明与波斯文明如影随形。伊朗的萨法维、赞德和恺加诸王朝都是波斯文明的伊斯兰化社会形态。这两种文明的融合是从萨法维王朝确立什叶派为国教开始的。信仰伊斯兰教的伊朗人,始终保持着自己的波斯民族特色。伊朗的文明交往是人类不同文明之间交往中外化与内化的独特交往。伊朗文明交往的历史进程经历了同异并存、求同存异、异中求同和同中化异的复杂进程,也在交往中经历了互斥、互容、互渗的各种文明的互动过程。伊朗保持着自己的民族语言——波斯语。伊朗用自己的民族语言去"化"伊斯兰教。它用"民族性"把自己与阿拉伯民族区别开来,它又用"宗教性"表明自己同属于"伊斯兰世界"。这正是伊朗文明的独特性。伊朗文明内化的基线是一条本民族的融化基线。法籍学者阿里·玛扎海里(1914—1991)在《丝绸之路:中国—

波斯文化交流史》（耿昇译，中华书局1993年版）一书中，这样表述伊朗的伊斯兰化过程：

> 伊朗人采纳了伊斯兰教并把它改造成一种定居人民的宗教。他们将伊斯兰教的"先知"（这些大戈壁中的走私者）变成了定居民中的英雄，正是由波斯人修改过的这种伊斯兰教形式从11世纪起逐渐向印度、土耳其和中国扩展。非常古老的农业国埃及同样也选择了这种伊斯兰教形式以摆脱阿拉伯人所应有的伊斯兰教和贝都因教。（第12页）

阿里·玛扎海里在本书的中译本序言中，还在宗教形态文明交往问题上，向中国人解释了伊朗—伊斯兰文明的特点。他说："伊朗和中国很相似，两国都是先进的农业文明，周边都是游牧文明；伊朗人信仰的伊斯兰教，就如同中国人信佛教一样，都是经过本民族文明改造过的外来宗教。"我理解阿里·玛扎海里的论述，实际上就是人类不同文明交往过程中的内化和外化过程。伊朗像一切古文明国家那样，这种内外互化的"化"的过程特别复杂。一般的文明交往中的"化"的过程规律是先进文明对后进文明的融化和后进文明向先进文明的学习，即使是后进文明的民族征服了先进文明的民族，也会逐渐被先进文明所融化。然而，伊朗是古老文明，伊斯兰是新兴文明，伊朗文明吸取消化伊斯兰文明的过程与特点相当独特，其中选择性、改造性，即"化"的性质值得从互动性中深入探研。

伊朗文明是伊斯兰的伊朗化和伊朗化的伊斯兰的文明交往互化的双重文明结晶。自从伊斯兰教变成伊朗的主导宗教以后，伊朗的文明便成为伊朗民族性和伊斯兰宗教性二者融化为一体的文明。研究宗教与民族问题的学者，应当关注这一典型的案例。宗教学研究者可以说，伊朗的文明是伊斯兰宗教文明。因为伊朗在历史交往过程中，不仅离不开伊斯兰宗教价值系统而带来的强烈宗教文化政治归属性，而且伊斯兰宗教性因素已经深深渗入社会生活的上层和底层之中，并凝结为群众的社会心理。但是，我要强调的是，这里绝不能忽视伊朗宗教文明中所蕴藏的民族性。伊朗文明的源头，如同中东古代埃及、巴比伦一样，属农业文明。因其属于小型农业古国，内部发展规模有限，外部交往又不易抵抗强暴，因而其古代固有文明不如中华文明那样延续不断而中道夭折。但其部分文化基因仍留在人们历史记忆之中，它固有文化基因中的民族文化精神依然是内化力量。任何文明的核心都是文化，而文化的首要因素是民族性。文明总是以民族文化形态而存在的，伊朗文明同样首先体现在它是伊朗民族的文明。在上古时代，是波斯文明；在中古和近现代，是伊朗—伊斯兰文明，这就是伊朗文明的主要特点。

伊朗国家博物馆馆长阿克巴扎德的观点很有代表性。他指出："谁能说，萨法维（确立的以伊斯兰教什叶派为国教的王朝）的伊朗国民不是伊朗人？当你强调波斯波利斯的成就时，你怎能说，伊斯法罕（伊朗宗教名城）的哈柱桥不是与其媲美的文明遗产？"

在伊朗的文明中，民族性和宗教性是合二而一的有机统一体。伊朗民族的波斯文明历史自豪感与什叶派伊斯兰性的宗教信仰二者的密切结合，在长期交往的过程中互动地塑造着伊朗—伊斯兰文明。在21世纪，这种双重结合的文明、这种民族性和宗教性、这种传统与现代平衡比例调节过程将以新的态势进行。伊朗历史就是在这种交往互动中变化、变动和变革，国家和社会在这种矛盾中辩证地向新的文明化演进。

（5）三位史家言伊朗（8月28日）。历史学家关注伊朗，已常见常新，而下述三家言说，颇值得文明交往问题研究者思考。

①《伊朗史》作者埃尔顿·丹尼尔的言说。丹尼尔认为，在与伊朗人聊历史的时候，深感他们对外来势力的多疑和强烈抵触。

> 作为一个个体的民族，伊朗人可能深刻感觉到说实话困难重重。除了在艰苦环境之中谋生困难，社会生活中的剥削、凌辱，伊朗几个世纪以来，还频频遭到外来进攻和侵略。所有这一切都加强了身处敌对势力压迫下的感觉和摆脱敌人围困的要求，社会生活因此而重构。

此公所言极是。他作为西方国家人士，对近代以来受屈辱的伊朗国家、人民的处境、感情有此种观察确属不易，可以说是难能可贵的。西方列强的侵略，以其强势的军事、经济、文化的不平等交往，尤其对伊朗这样的古文明国家国民，其心态是中国人感同身受的。1905—1911年伊朗的立宪革命作为"亚洲觉醒"时期的开端，它与同时期青年土耳其革命、中国的辛亥革命一起组成三大东方民族觉醒运动，是世界现代史开始的标志性事件。伊朗史就是在捍卫主权独立、民族尊严和资源安全，认同民族身份和自主、自立道路的探索中展开其文明交往活动的。

②《永恒的伊朗》作者帕特里克·克劳森说：

> 在伊朗的巅峰时期，伊朗统治者控制着伊朗、阿富汗、巴基斯坦西部、中亚大部分地区及高加索。现今的许多伊朗人仍认为，这些地区是大伊朗的影响范围。

> 在过去的几个世纪里，伊朗统治权一度西进到现在的伊拉克。西方世界指责伊朗干涉边界外的事务，而伊朗政府则坚称，只不过是对其过去统治过的领土施加影响。

此公上述言论对理解伊朗人历史观念中的世界大有裨益。今日伊朗人的大国心态和"伊朗例外"心态，与他们这种历史传承有直接关联。历史上文明交往是在传承和传播的内外发展互动中进行的。今日伊朗政府的自负和刚性，虽然有时超出了他们应有的国家实力和国际地位，但这也是对历史的怀念和国家在具备一定实力条件下而产生的文明交往力所致。

③霍玛·卡图兹安是位英国裔的伊朗史学者。他有以下言论：

> "无常"是伊朗历史永恒的东西。

> 制造传统就像创造现代性一样容易，唯一不变的是统治者与他们的刽子手，还有爱人脸上的那颗黑痣。国家和社会处于永恒的剑拔弩张之中。每当国家瓦解之时，伊朗社会或者顺手推倒，或者袖手旁观。2500年从来如此。1979年的革命，不是弱势群众的反叛，而是整个伊朗社会——它的胜利在于：不是一半人口反对它，而是一半人口支持它。

此公从变化、变革角度谈伊朗的历史和现状，无论对于伊朗和整个中东都是正确的。动荡、动乱、冲突、战争，都是在变化、变革的社会深层涌动浪潮上的现象，是内部和外部，是物质、精神、制度和生态层次文明交往互动的结果。不过，此公用"无常"来概括变化和变革的伊朗历史，则需要提高一下历史观念，应当从高一点的历史观点看待"无常"中的"有常"。"有常"就是规律性，它隐蔽在"无常"后面。研究伊朗史、中东史学者的任务就是要从"无常"中探研"有常"，由变中求常。以我的历史观念看，也就是深思"无常"与"有常"之间文明交往互变中的特征、本质和变动轨迹等规律性的东西。

（6）波斯波利斯的文明意义（8月29日）。1925年，巴列维王朝代替了恺加王朝。巴列维王朝的两代国王都把复兴波斯文明作为构建现代伊朗民族国家的重要任务。他们都在古波斯国王大流士那里寻找神圣裔谱，以维护巴列维王朝的统治。不过，此种努力不完全是披着古老服装的政治因素，其中也有文明交往的文脉在延续。

可以注意的是，波斯波利斯这个被称为波斯城的地方是伊朗文明的历史符号。它位于设拉子附近，直到多次政治变迁之后，至今仍是唤起伊朗人历史悠久文明自豪感的古城。根据伊朗考古学家沙普尔·沙巴兹的研究，有大量古波斯文物显示出它在波斯文明发展上的重要意义。

波斯波利斯是2500年前世界第一个世界性帝国——波斯帝国各民族与各国的首都，它是这个地跨欧亚非帝国世界主义的象征。过去，每年波斯人庆祝新年的时候，各民族都要通过宏伟的"诸国之门"，带上礼物进入觐见厅向国王献礼。现在此地仍有123位朝觐团使节的雕像，表示古代不同国家和地区、不同文化的人群。如有卷发的埃塞俄比亚人、赤脚的利比亚人、牵着单峰驼的约旦人和巴勒斯坦的阿拉伯人、牵双峰驼的阿拉霍西亚人（今日阿富汗和印度、巴基斯坦部分）、挑着香料和金粉的印度人，还有拿着羊毛卷的希腊爱奥利亚人、牵着公牛的埃及人、赶着水牛的巴比伦（今伊拉克）人。仿古塑像的设计师设计了一头狮子从背后袭击公牛的雕塑，他们对此主题有两个解释：①表示寒冷将被驱除、春天即将来临，波斯人庆祝新年正在此地举行；②表示波斯帝国的强悍，如狮王那样的兽中之王，而用波斯文、埃及文和巴比伦楔形文字阴刻着大流士"伟大国王、王中之王"的权威语词可以说明。

波斯波利斯也是1971年巴列维国王举行波斯帝国建立2500周年庆

祝活动的所在地。这一年 10 月，巴列维大肆铺张，特地邀请了世界各地的达官显贵在波斯波利斯聚会，挥霍掉 1 亿美元。不仅有苏联国家元首、美国副总统、20 位国王、26 位王室成员参加，而且为显示豪华，巴列维还从法国定购 62 顶帐篷，配备 165 名厨师。来宾的另一类统计为：14 个国家的总统和 3 个国家的副总统，3 位总理和两位外长。巴列维这一次是在形式上复兴了波斯帝国之梦。

但是巴列维国王的复兴波斯文明之梦是艰难曲折、历经兴衰荣辱之梦，他和他的父亲的命运一样，结局都是流亡国外，客死他乡。历史传统是力量之源，而伊朗文化有两个传统，一个是远古的波斯文明，另一个是从 7 世纪开始的 1400 年的中东伊斯兰教传统。巴列维忽视甚至违背了后一个传统。伊斯兰化以后的伊朗和伊斯兰化以前的伊朗，是伊朗历史发展的两个轮子。未能坚持民族独立自主而依附于美国的巴列维国王之所以在伊朗物质文明高峰时期被推翻，原因是多样的，许多因素交织在一起，终于在历史传统车轮失衡的状态下，在脱离伊朗国情的现代化轨道上翻车了。上层的专制腐败和下层的不满交织在一起，两重危机断送了巴列维王朝。

（7）"波斯"改称伊朗（8 月 30 日）。波斯文明为农业文明，Peria 人来自它早期居留地帕萨（Parsa），位于今日乌米亚湖南方地区，后与隶属印欧语系的米底人一起，迁徙到伊朗高原。过去一般都用波斯国名。

伊朗国名是 1935 年巴列维国王礼萨汗正式向国际社会提出的。从此，用"波斯"为国名的称呼便停止了。

以前的"波斯"为什么不用了？伊朗国家博物馆馆长阿克巴札迪·大流士作了以下解释：

> 欧洲人用"波斯"来称呼我们的国家，而我们一直称呼我们的国家为"伊朗"。萨珊王朝时期，我国的古籍就出现了"伊朗"的名字，那时我们叫"伊朗沙"。"波斯"只能代表以法尔斯省设拉子为中心的文明，但伊朗还包括了更广阔的地区、民族和文化，比如俾路支斯坦、库尔德斯坦、锡斯坦、阿塞拜疆，它们共同构成了伊朗。刻意地强调"波斯"与"伊朗"的矛盾性，常常暗含着分裂伊朗的企图。

这种说法，代表了伊朗人的普遍认同，也自然得到国际上的共识。伊朗由此而成为统一的多民族的现代国家的名称。伊朗国名正名的意义在于：

第一，伊朗被认为是"中东的例外"之一。中东大部分国家都是近代欧洲殖民者划定的，只有少数国家不是。伊朗是一个，埃及是另一个。但埃及和两河流域诸国的文字都被阿拉伯文字所代替，而伊朗的波斯语仍生生不息地传承下来，以至于形成中东的伊朗—伊斯兰文明，与诸多的阿拉伯—伊斯兰文明并存共进于世界文明的长河之中，成为中东唯一未中断的远古文明。

第二，伊朗是善于吸收外来文明而"化外"的文明国家。伊朗学者胡拉·萨法维有《伊朗文化及其对世界的影响》一书，试图论证伊朗文化是如何"化"马其顿人、阿拉伯人、蒙古人和突厥人的统治而巧妙承袭传统的。如针对亚历山大的希腊化政策而采取了把伊朗妇女嫁给他们，用伊朗的家庭文化去改变他们的生活方式和思维方式。以便在"化外"中保持伊朗文化的延续。亚历山大战败后，伊朗又回到了自己的文化中。

（8）摩萨台的下台（8月31日）

穆罕默德·摩萨台是伊朗的官宦世家出身，父亲曾长期任恺加王朝的财政大臣，母亲是王室亲王的妹妹，妻子出身于德黑兰最重要的宗教领袖家庭。他本人生于1879年，18岁即步入仕途，任呼罗珊省政府官员。28岁又在法国巴黎学经济学，后又留学瑞士，1941年获法学博士学位。他有振兴伊朗的民族主义思想，曾参加过1905年伊朗宪政运动。

在西方学者的笔下，摩萨台是一位有特殊演员风格的政治家：他有伊朗人典型的激情和多变的性格，时而信誓旦旦、坚定不移；时而又一笑推翻承诺；时而流泪呻吟，有时竟在讲演高潮时昏倒。他不事修饰，常躺在床上，穿着睡衣接见国内外贵宾。事实上，摩萨台是一位深孚众望的亲民领袖。他的房门从不关闭，以便随时接见记者和平民。他对有关权利、民主和国家权力制度的安排程序都很熟练。1951年10月15日，他在纽约的联合国大会上的讲演中对石油国有化问题表示了信心："伊朗有决心利用这重要的资源——它是我国固有财产的一部分——来提高它的生活水平，从而促进和平事业。"

他去纽约的目的之一是争取美国的财政支持，但美援只有 750 万美元。他是在伊朗不具备石油国有化条件下和信息不准确的条件下行动的。他最大的功绩是在内外环境极其险恶严峻的情况下，一度掌握了民族资产的石油国有化。在这场事变中，美国开始时扮演调停人的角色，后来导演了 1953 年 7 月由英国和美国情报机关联合实施的阴谋行动。事情败露后，巴列维国王乘飞机逃走。但风云突变，美国和英国又同伊朗国内反对势力一起，策划了"阿贾克斯行动"。8 月 22 日，巴列维国王飞回伊朗。8 月 27 日，摩萨台下台后被关入军营牢房。

摩萨台下台后，巴列维国王与美国的蜜月开始了。这是伊朗人民无法忘记的印象：美国人扶植了巴列维国王。美国人主导的国际石油公司组成了财团，进入伊朗，进一步使这种印象成为事实。这就为以后霍梅尼革命打下了群众基础。

1953 年 12 月 21 日，摩萨台被判三年监禁。1956 年刑满后仍被软禁在家。软禁政敌也成为伊朗的政治交往手段。1967 年 3 月以 87 岁高龄去世。摩萨台下台了，伊朗民族的新觉醒开始了。中东也觉醒了。埃及的纳赛尔发动的苏伊士运河国有化和伊拉克石油国有化也接踵而至。中东在文明交往的互动中走向巨变、走向变革和走向自觉的历史在曲折中进行。

第 245—255 日　　　2012 年 9 月 1—11 日　星期六至隔周星期二

194. 土耳其内外交往札记

（1）土耳其问题（9 月 1 日）。最近，北京读者华碧辉有"土耳其三问"：①土耳其有 97% 的国土在亚洲，只有 3% 的国土在欧洲，为何一定要"脱亚入欧"？②它信仰伊斯兰教，却为何接受了西方政体和西方的价值观？③在国际事务中，土耳其为何又背离了西方意图而与伊朗接近？

中东真是一个问题很多的地区，土耳其又是其中"问题丛生"的国家。研究土耳其不能没有强烈的问题意识。以问题为导向的人们不会仅限于上述"土耳其三问",还会有多个的"土耳其之问"。在西安,西北大学学生就有这样的"土耳其之问":为何亲美的土耳其在巴勒斯坦与以色列问题上不与美国步调一致?为何土耳其在叙利亚问题上反对巴沙尔政权?为何土耳其的世俗化政权却由伊斯兰政党掌权?甚至还有这样的问题:为何亲土耳其的宗教政党领袖、土耳其共和国总统居尔访问中国时,要专门访问西北大学中东研究所?

所有这些问题都与土耳其的历史有关,都与土耳其的文明交往史有关。因此,这篇札记首先关注的是"突厥传统"。

"突厥"一名在中国古籍中可以找到其源头,它是九姓回纥的后裔。为何称"突厥"?因这个古民族早期游牧于金山(今阿尔泰山)一带,首领为阿史那。他们地处的金山,形似兜鍪(古代战盔),俗称"突厥",因以名其部落。另一说法,是鞑靼语中的"突厥",意为"勇敢",以示其部落特性。突厥部落在广义上包括铁勒族,初属柔然。西魏文帝大统十二年(546 年),其首领率部进攻铁勒。废帝之年(552年)又破柔然,并且建立政权于今鄂尔浑河流域(后扩张东至辽海、西达里海、南到阿姆河、北到贝加尔湖),形成了有文字、官制、刑法、税收等文明的社会体制。它同中国北朝人民交往密切,包括与统治者之间通婚,经济、文化都有来往。隋开皇二年(582 年),突厥政权分裂为东突厥与西突厥。

土耳其人(Turks)是西突厥的后裔。西突厥被唐朝打败以后,其中一部分,即塞尔柱朝的突厥乌古思人,在 8—11 世纪从中亚迁入小亚细亚,同当地的突厥化的希腊人、波斯人、亚美尼亚人长期融合,形成新的土耳其族群。12—13 世纪,塞尔柱罗姆素丹国家与周边国家的交往进程中,逐渐形成一种新的文明:奥斯曼—伊斯兰文明。欧洲人一直将奥斯曼人称为罗姆(roman)人,即源于此。《明史》称"鲁迷"称谓也源于此。欧洲人俗称这部分突厥人为"土耳其人"(Turks)。1300年突厥首领奥斯曼在征服小亚细亚时建国。奥斯曼王朝及其后的帝国,遂以奥斯曼命名。古阿拉伯人称突厥人的领土为 Turkiyah,欧洲人仿此音义,用"土耳其"称在小亚细亚半岛一带生活的奥斯曼突厥人的国家。19 世纪后期,"土耳其"才被奥斯曼帝国中成立的奥斯曼党人引入本民族语言中。1923 年凯末尔革命后，推翻奥斯曼帝国建立土耳其共和国时，正式采用"土耳其"为国名。汉文也随之将习惯上的土耳其主体民族的自称"突厥"，一并改译为"土耳其"，以与古代"突厥人"相区别。

欧洲人在 19 世纪以前，轻视土耳其人，把"土耳其人"作为"粗人"、"乡下土巴佬"或"傻瓜"的同义语，这主要是对土耳其农民的称呼。我在北京大学读研究生时，有同学把 Turks 用作"土里土气"的贬义词，用作调侃粗俗的人。其实，土耳其并不"土"。19 世纪末（1897 年），青年诗人穆罕默德·艾明宣称自己是土耳其人，并以土耳其民族而自豪："我们是土耳其人，血管里流淌的土耳其的血液，起的是土耳其名字"，一改奥斯曼帝国时期市民自称穆斯林、大城市人自称奥斯曼人的惯例。这是 1923 年共和国建立时，以"土耳其"正式为国名的先声。

提起中国和土耳其的交往，我想起了有位从土耳其回国的朋友告诉我的一件事。那是他参观土耳其军事博物馆时，发现有一幅突厥人进攻中国长城的油画：一队队突厥武士群，个个策马扬鞭，英勇异常，在黄色旗帜下，长刀出鞘，弯弓上弦，在长城脚下发起进攻。只见长城上空浓烟滚滚，大有即将陷落之势。

这幅油画表露出了土耳其的"突厥"传统。作为西突厥后裔的乌古斯突厥人，在西突厥被唐朝军队打败西迁以后，仍保持着英勇善战的军事传统。该部首领埃尔陶格鲁（Er – tognrul）即参加过对拜占庭的"圣战"。其子奥斯曼（Osmanl，1282—1326 年在位）继续发扬尚武精神，广纳"圣战"武士，蚕食拜占庭土地。到了奥尔汗（Orhan，1326—1360 年在位）时期，建立了地跨欧、亚、非三洲辽阔地区的一个突厥伊斯兰王朝统治的大帝国——奥斯曼帝国。这个延续了近 600 年的大帝国所承载的文明，是奥斯曼—伊斯兰文明体系，其主要特征是封建军事制度文明，被马克思在《历史学笔记》中称为"中世纪的唯一的一个真正的军事强国"。它继阿拉伯帝国之后，成为伊斯兰文明的中心，在东西方文明交往中起了不容忽视的作用。

从人类文明交往的角度来看，北方草原文明和中原农业民族之间以战争形式交往，常常在长城内外展开。古代突厥民族在与中国的战争交往中是失败者，它虽然如上述那幅油画上描绘的饮马长城脚下，却未能入主中原而失败西迁。不过，西迁是他们的转折。此后，的确推动了文明交往的历史车轮的大转动。奥斯曼—伊斯兰文明是一次文明创造。历史证明，它并不是什么"停滞"的文明。凯末尔土耳其的民族复兴，是又一次的文明创造，它创造了一个中东地区的世俗化共和国。"土耳其"成了它正式的国名。凯末尔用民族革命战争打出了一个土耳其共和国。"突厥"之名虽不再用，但突厥传统仍是凯末尔民族主义的精神象征。他留下的军队遗产和世俗化一样，存续了下来。这是凯末尔在政治上去掉奥斯曼主义、伊斯兰主义之后的一个民族主义的选择，也是在学习西方文明过程中保持自身民族性的一种精神支柱。为此政治目的，他跨出了历史门槛，走出了"偏见比无知距真理更远"的非历史方向，甚至把西方文明的源头也算到了突厥祖先的头上。他把民族主义思想体系变成了土耳其化的行动准则，强迫所有国民都"化"为土耳其人，留下"化"不了的库尔德人的历史后患。

当代土耳其和中国的交往，与土耳其军事博物馆那幅战争画有所不同。土耳其工业城市加济安泰普的一家报业经理阿依库特说："我们最大的竞争对手是你们中国，因为大家都从事制造业，而你们的人口多，劳动力素质高，价格低，我们斗不过你们。""土耳其流传一个笑话，说土耳其总统派了 2000 万士兵去攻打中国，中国领导人听了这件事，第一反应是：给他们准备旅馆！"

这同军事博物馆的那幅油画中所描绘的突厥武士们攻打长城的场面，有多么大的历史反差啊！

（2）塞尔柱突厥（9 月 2 日）。我主编的《中东史》（人民出版社 2010 年版）中有三处应当加强：①从宏观上观察游牧民族和农耕民族在历史上文明交往的特点、本质与作用；②游牧民族中定居人群与非定居人群的特点与他们之间的交往；③突厥民族在历史上与中华民族以及与亚欧其他民族之间的文明交往的历史和意义。过去对这三点不是没有注意，而是没有足够的思考，尤其是对突厥民族在亚欧的迁徙及其文明后果思考较少，特别是未深思其中有关不同文明交往的规律性问题。当然，这只有在将来再版时再修改了。

公元 3—6 世纪是大草原游牧民族向欧亚大陆地区农业民族居住处

大迁徙的时代。迁徙是当时主要的交往方式。路线有两条：一条是沿经度由北向南的方向，进入中国、印度和中亚地区；另一条是沿纬度由东向西的方向，由中亚到欧洲。塞尔柱突厥人是 7 世纪向西迁徙，沿阿富汗境内一条绿色走廊进入中亚地区，沿途与波斯民族、阿拉伯民族相融合，充当波斯和阿拉伯贵族的雇佣军，并与西方民族发生武装冲突。这种历史交往与日耳曼人充当罗马人的雇佣军的情况相似，后来都是趁主人衰落的时候掌权。塞尔柱突厥人也是在这种交往过程中，最终成功脱离雇主，建立了塞尔柱突厥国，最后建立了奥斯曼帝国。

塞尔柱突厥人在西进过程中，同当地人交往，被他们伊斯兰化了。伊斯兰教比起塞尔柱突厥人原来的信仰宗教来，教义简单易行，尤其是强调平等、忠诚的社会政治制度和社会生活方式，更适应塞尔柱突厥人的需要。宗教是在人们交往中应社会需要而产生的，只要需要社会存在，宗教就会存在。此种社会需要首先在精神生活层面，也在政治和社会生活层面。正是在这种文明交往过程中，突厥文明和伊斯兰文明相融合，逐步形成了奥斯曼—伊斯兰文明，实质上就是土耳其—伊斯兰文明。这种民族和宗教相结合的新文明，在中东地区与阿拉伯—伊斯兰文明、伊朗—伊斯兰文明鼎足而立，进行着更深层次的文明交往。在中东，伊斯兰教总是和历史转折时期相伴随，历史总是与宗教史和民族史相交织。

这种文明之间宗教与民族因素互为作用的交往，对突厥人来说是艰苦而曲折的。尚武的突厥人曾于 1701 年战胜过拜占庭。此次战争交往形式之后，塞尔柱突厥人的国家存在的时间不太长久。新的塞尔柱罗姆素丹王朝取代了它。这就是 1150 年在科尼亚建都的新王国。这个王国只存在了 100 年，被成吉思汗的蒙古军队打败而分裂为 10 个突厥小公国。位于安纳托利亚西北部的奥斯曼部落是这 10 个小公国之一。首领奥斯曼娶伊斯兰苏菲派长老女儿为妻。民族和宗教的联姻是一种政治文明交往，也是一种社会生活与文化的进一步融合交往过程。但是，突厥人主要是依靠尚武的突厥精神，他们英勇善战，奥斯曼正是发扬这种精神，取得军功，被授予"伊斯兰圣战者"头衔，于 1299 年正式独立。在这位国王的领导下，突厥人依靠伊斯兰"信仰武士"们，朝着日落的方向长征，走得十分艰难。在文明交往中，他们失去了原来的信仰而皈依伊斯兰教,离开大草原的故地而四处奔波,在与沿途许多民族的交往中,丢掉了许多传统。然而他们没有丢掉尚武的民族传统,因而在生存空间上取得巨大的收获——建立了强盛的军事封建大帝国——横跨亚非欧、历时 600 年的奥斯曼帝国和奥斯曼——伊斯兰文明。

(3)土耳其与中国(9 月 3 日)。土耳其与中国之间的文明交往,可以说是源远流长。两国的可以比较之处甚多。古代历史上的早期交往有许多典籍可查。记得土耳其共和国文化部长访问西北大学中东研究所时,曾建议联合出版这方面的土汉文资料集,后因他卸任而未果。这项工作只有留给后来人了。

2001 年纪念辛亥革命 90 周年的时候,我在陕西省文史研究馆的纪念会上有一个《从世界潮流看辛亥革命》的发言,刊登在《文史与书画》2011 年第 2 期上。后来,我又把它收入《书路鸿踪录》(三秦出版社 2004 年版,第 538—543 页)这部文集中。

在那篇文章中,我从 20 世纪世界潮流看辛亥革命的世界历史地位的角度出发,认同辛亥革命"最可比较的是土耳其",而与土耳其最可比较是奥斯曼帝国与清帝国。在两个大帝国比较中,我提出"至少有以下 5 点是相同或相似的":①发展过程大致相同。奥斯曼帝国兴起早于清帝国,建国百年之后有苏莱曼大帝的鼎盛时期,清帝国也在早期建国百年左右有"康乾盛世",二者均在 19 世纪衰落,20 世纪初灭亡。②都是当时世界上最大帝国,面积都约有 1000 多万平方公里,人口也有数千万,乃至数亿。③都是由少数民族通过军事征服而建的大帝国。一是少数的土耳其人统治着阿拉伯人、库尔人、亚美尼亚人、波斯尼亚人、希腊人和保加利亚人等民族;另一个则是少数满族人统治着汉、蒙、回、藏、维等民族。④都是在近代受西方列强侵略而沦为外力间接统治的半封建半殖民地社会政治形态。⑤都是在衰落中求复兴,其途径是通过改革(奥斯曼帝国有马哈穆德到坦齐马特;清帝国有洋务运动和戊戌变法)和革命(青年土耳其革命、凯末尔革命、辛亥革命)。

那篇文章的可取之点是从世界潮流看两个帝国的兴衰和复兴,也比较了辛亥革命与凯末尔革命和改革,把两国的民族复兴和亚洲复兴联系在一起。缺点是没有从人类文明交往的历史观念审视孙中山、凯末尔这些能敏锐感受和倾听时代的文明自觉之声而后产生的历史人物的独立思想。其实，他们是多次思考人类社会文明出现的新问题及解决之道的。他们和历史上所有高瞻远瞩的伟大人物一样，抓住了时代的大问题，感受到时代的声音，成就人类文明进步的伟业，正如马克思所说："问题就是时代的声音。"在当时，当土耳其和俄罗斯、英国、法国等国之间的战争失败之后，陷入被豆剖瓜分之际，俄国沙皇把行将就木的横跨欧亚非大陆的奥斯曼帝国称为"欧洲病夫"；而中国也在被西方各国侵略之时，被欧洲人视为"东亚病夫"，其中隐喻着任列强宰割的"西亚病夫"土耳其人；土耳其有"近东问题"，中国有"远东问题"，实际上是被列强瓜分，在强势文明的步步进逼下丧失民族独立和国家存亡的问题。这时，处于亚洲大陆西端的土耳其奥斯曼帝国实际上是"西亚病夫"，而处于亚洲大陆东部的中国清王朝，是与之同命运的"东亚病夫"。文明的强势弱势，比较起来不容易一下子看出来，只有战争的输赢才能明显地暴露出来。落后就要挨打，这真是文明交往的"硬道理"。文明的物质层面力量是硬对硬的，战场上较量的成败，才能最容易使人猛醒。当然，精神、制度、生态等文明层面的"软实力"也并不"软"，而是灵魂和根本，是要和物质层面的硬实力相结合。硬中有软，软中有硬，都是先进文明不可缺少的。落后者往往是在战争中多次吃亏之后，才觉悟到不仅物质文明重要，精神、制度和生态文明同样不可缺少。奥斯曼帝国这个曾经的世界级大帝国，在战争中被西方列强瓜分殆尽，却在仅存的一小块国土上，用民族革命战争和现代化改革的交往方式走向振兴，说明了人类文明交往中强与弱、先进与落后之间的互变、互动的规律。

（4）凯末尔之后的土耳其（9月4日）。我在主编《中东国家通史·土耳其卷》的编后记中说过，现代土耳其是一个世俗性的民族国家和信仰伊斯兰教的民族。它是土耳其民族，又是穆斯林信众，民族和宗教两种文明因素在这块土地上实现了人间、时间和空间这三间的文明交往互动形态。这是土耳其在奥斯曼帝国之后，并且经过了凯末尔革命和改革之后，另一种土耳其现代民族复兴道路的特点。

凯末尔的世俗化改革的目标是政教分离，这在中东地区有历史首创性质。这个目标有三项内容：第一，改变奥斯曼帝国的君主政治体制——素丹制；第二，改变伊斯兰教在国家政权中的政教合一体制——

哈里发制；第三，改变奥斯曼帝国的旧的文化传统，修改伊斯兰历法、改用拉丁字母标注突厥发音，赋予土耳其人以姓氏，使之有名有姓，男人不戴旧土耳其费兹帽等。凯末尔改革实现了他的目标，国家政治、经济、社会、文化生活发生了巨大变化。

凯末尔的改革被西方称为自上而下的"被管理的现代性"和为政治左右的改革。土耳其在凯末尔57岁去世之后便进入了"后凯末尔时期"。土耳其共和国在一党与多党的变动中，到了它成立15年之际，开放党禁、实行总统直接选举，拉开民主制度大幕的进程。但进行得并不顺利。凯末尔的政党，从未赢过一次真正的胜利。每次获得胜利的都是有伊斯兰倾向的政党。以至于每隔10年就有一次由凯末尔留下来的土耳其军人出来干预政治，三次赶走伊斯兰总统，以保卫世俗化改革成果。

2002年开始，军人干政这个反复出现的土耳其当代政治怪圈终于发生了变化。亲伊斯兰的正义与发展党在土耳其大选中获胜，该党主席埃尔多安用强硬的政治手腕控制了军队。西方认为这是伊斯兰势力的复辟。土耳其这个曾经被西方誉为伊斯兰世界的"民主制楷模"的政治动向，值得研究者从"伊斯兰性"与"现代性"之间文明交往的互动规律中探研其变化轨迹。这不仅是土耳其—伊斯兰文明的个别现象，而且是所有伊斯兰文明在当代世界发展中共同的政治文化问题。在土耳其的正义与发展党之后，在突尼斯、埃及等"阿拉伯之春"风潮涌动中，除了外在的"新干涉主义"因素之外，伊斯兰国家内部的宗教与民族因素的政治文化作用，尤其是"伊斯兰性"的社会缘由，在中东现代化进程中的地位和意义，最值得研究者关注。"现代性"与"伊斯兰性"之间的交往虽因国家而异，但二者始终发挥着各自的变化张力。

凯末尔之后的土耳其，至今仍在变动之中，是在中东巨变中的变革。不仅在军界、政界、教界、学界精英中，而且在普通老百姓中，对这种变动也有多方面反应。有些人是穆斯林中的异见派，他们认为伊斯兰就是一种信仰而已，对人们的生活没有什么约束力。他们喜欢喝酒，不是正统的一派。有的不喜欢现代的穆斯林总统，认为他不是真正信教的总统，而是利用宗教拉选票，动机可疑。也有许多人是虔诚的穆斯林，也热爱突厥文化，认为凯末尔的拉丁化文字改革很不好，从文字传统中割断了土耳其文明中的突厥传统，也割断了奥斯曼帝国这一段突厥文明历史。这些来自下层的思潮涌动，必然要影响到上层精英的思潮。土耳其的现代化转型仍在进行中，凯末尔改革是以西方文明为目标的，对原有的土耳其文明属性认同上存有极端思维，在民族精神与宗教属性上有其局限性。西化倾向的悲剧在凯末尔之后留下了如何与本国国情相结合的一系列问题。如何保持民族性又体现时代性，如何发扬传统而又融入现代，如何处理民族与宗教之间的文明交往联系，是考验一个中东文明发展的选择力、判断力的至关重要的问题。外与世界时代的潮流并进，内又不失固有文脉而创新，唯有在本国人民的长时间实践中寻求符合自己实际的发展道路。我坚信，21 世纪将是中东人民创造自己新文明历史的世纪。中东人民正在既定的、直接面临的和从过去继承下来的条件下，在内外文明交往实践中去自觉创造自己的新文明。中东人民的命运掌握在自己的手中。

（5）奥斯曼帝国的五次改革（9 月 5 日）。凯末尔改革不是孤立的历史事件。它是世界潮流涌动至 20 世纪初的"亚洲觉醒"时期的时代产物，又是土耳其历史长河涌动下内部传承的结果。

凯末尔上承的是奥斯曼帝国历史时期。奥斯曼帝国这个世界性的大帝国在后期发生了五次大改革。

第一次是 1789 年素丹塞利姆三世的军事改革。他建立新军取代了帝国近卫兵团，从法国购买新式武器，聘请军官，设立军事院校。他在任王储时期就与法国的路易十六有交往。他虽有强军改革和改变国家缺乏现代科学素养的抱负，但年轻气盛，急于求成，因采取许多过激政策而导致旧军官政变而被杀，改革遂宣告失败。

第二次是 1826 年素丹塞利姆堂弟马哈茂德二世的改革。马哈茂德在继位 18 年之后，宣布废除帝国近卫兵团，重新组建保卫王室新军，并行一系列改革，完成了从旧军事联合体向中央集权体制的转变。他不仅有军事改革，而且有政治上仿效西方绝对君主制的国家模式改革。他旨在加强民族国家的政治组织，创造一个将国内各种政治势力整合为一的奥斯曼民族。他改革的意义是权力集中于素丹，其方式仍为自上而下，是奥斯曼主义新时代的开端。

第三次是 1839 年素丹阿卜杜尔·麦吉德开始的"坦齐马特（Tazimat）改革"。他即位时才 16 岁。辅佐大臣们为他拟定《花厅御诏》，主旨是向西方学习政治经济发展模式，提出了帝国臣民"不分教派在法律面前一律平等"的政治概念。他的改革意味着奥斯曼帝国在寻求自我调整以图自强的能力。

第四次是 1876 年素丹哈米德二世的宪政改革。这一年颁布了帝国第一个宪法，宣布奥斯曼帝国是一个合法的独立国家，内阁对素丹负责。由于伊斯兰保守力量的反对，1877 年搁置宪法，改革果落而终。素丹哈米德二世意识到奥斯曼主义行不通，遂借助伊斯兰势力的联合，来对抗来自欧洲的异教徒。他以复兴伊斯兰为己任，要求世界承认他的哈里发身份。这是土耳其上次"坦齐马特"模仿西方的反弹，土耳其在破旧与立新两方徘徊不定而处于动荡之中。

第五次是 1907 年青年土耳其党人发动的政变，迫使素丹哈米德二世恢复宪法，可以说是一次立宪中的护宪运动。列宁称之为"半革命"。之后，青年土耳其党人的立宪政府内，自由分权派与民族集权派之间展开斗争，后者取胜，奥斯曼帝国又成为集权性国家，非奥斯曼的穆斯林受到迫害。再往后是奥斯曼帝国参加了第一次世界大战，泛伊斯兰主义在第一次世界大战失败后元气大伤，一蹶不振。土耳其的新觉醒是由第一次世界大战唤醒的。凯末尔的民族革命战争和世俗化的改革应运而生。这是一个承上启下的社会变革，也是承前启后的历史转折。

所谓承前是上述五次的大改革，持续时间之长可以说与帝国共存亡。虽然没有挽救病床上的"病夫"，却引发了凯末尔民族革命和世俗化改革。凯末尔是一个历史转折，他之前和他之后的土耳其历史应联系在一起研究。所谓启后，是从他启动的改革到现在的变化，仍在民族性和宗教性之间互动，这种互动是时代性的世界变动中表现出新的特点。土耳其正在民主的变革道路上前进。它虽然在宗教性上偏向逊尼派，从凯末尔开始，在世俗化道路上已经走了相当长的过程，不可能如同某些阿拉伯国家那样，退回到激进派当权的政治状态，也不可能走政教合一的老路。但是，改革仍然是不变的社会主题。土耳其是一个真正意义上的东西方之间的中东国家。它虽然只有不大的地方与西方相连，却是中东地区的西部边缘，与西方文明交往最近、最直接、历史也最长。在政治、经济、文化、社会交往方面，受欧洲影响比其他中东国家更深。土耳其的"脱亚入欧"情节之深厚，也可以从此得到一部分解释。

（6）土耳其模式（9月6日）。土耳其的现代化道路有许多转折点，其中最大的转折点始于凯末尔世俗化改革。在凯末尔之后，另一个大转点是2007年正义与发展党领袖居尔被选为土耳其第十届总统。我在《两斋文明文明自觉论随笔》第3卷第999页中，称居尔为"集西方与东方、世俗与宗教、现代与保守于一国的土耳其总统"。当然，被称为"传统的西行者"的埃尔多安，也是非常重要的人物，他是正义与发展党的主要创造者之一，是该党的主席。他在2003年就成为土耳其共和国总理。

居尔、埃尔多安及其正义与发展党关注低收入阶层人群的政治参与和民主宪政进展，在经济发展方面也卓有政绩。居尔留学英国，在大学执教经济学11年，又在沙特阿拉伯的伊斯兰发展银行工作7年。2001年50岁时才投身政治。他不主张伊斯兰教干政，他有独立的思想和杰出的判断力。据土耳其民意调查，如果由人民而非议会选举总统，他早就当选了。他的政治能力突出表现在对土耳其军方集团的果断处理上。伊斯兰教不能干预政治，这是凯末尔政教分离的原则。但凯末尔的政治遗产是军队干预政治。如前所说，凯末尔的这个遗产是土耳其政治生活中的怪圈。经过了长期准备之后，2010年3月至5月，土耳其警察终于发动突然袭击，逮捕了一大批高级军官。这是2008年便开始的对土耳其军队历史上所有"阴谋推翻政府，加入恐怖主义组织"等罪行进行多次调查的结束。2010年2月，总理埃尔多安表示："没有人高于法律，没有人不可碰触，没有人享有特权。"这就从法律上阻断了军队干预政治的渠道，是用法治处理政治问题的决策，这也是凯末尔主义者与亲伊斯兰派别之间长期斗争的大转折。被西方称颂的"土耳其模式"，终于发展为正义与发展党的大转变。西方以忐忑不安的心态关注着这个大转变。

中东的政治现代化演进，离不开民族性与宗教性之间的交往互动。这种交往互动因时、因地、因人而有所不同，是变动中的不变。伊斯兰性与现代性之间的关联，实属变化、转变的中枢线索。这对中东地区各类民族国家都具有重要意义。仔细观察凯末尔以后中东伊斯兰世界的政治风云动向，都会发现其中出现的一些规律性的现象。1979年伊朗伊斯兰革命及其引起的伊斯兰潮，2011年"阿拉伯之春"及其出现的政权更迭风，都是中东权威政治推动世俗化和西方式现代化进行到一定阶段的历史产物，是伊斯兰性对前一阶段现代性的一种反作用的交往互动表现。正如《凯末尔传》的作者 Andrew Mango 说，土耳其逊尼派的复兴运动，是对"凯末尔用强力推行世俗化运动的一种正常反应"。

宗教，特别是传世已久的世界性宗教，其生命力是强大的。信仰有很大的穿透力，信仰是人类文明的传统精神力量，是一种文化思想的血脉，是世代相传于人类心灵的存在物，是民族的灵魂。对中东伊斯兰国家而言，伊斯兰的宗教性在现代化进程中的影响是不可或缺的关键因素。处理好伊斯兰性与现代性的关系，是寻找、探求二者在文明交往中的契合点。宗教是一个动态的形态，不能一谈伊斯兰教就把它归入极端的原教旨主义，大多数宗教徒主要是一种精神信仰上的心灵寄托。今日伊斯兰文明的复兴，与现代化直接相联系，与公民社会的发展有关。其主要的政治倾向与当政者的家族专制统治、贪污腐败直接相关。这不可避免地会影响到政坛动荡、经济下滑、朝野对立加剧，加上埃尔多安强硬不妥协的行事风格，都为正义与发展党的未来带来种种隐患。

此外，对凯末尔的民族革命和世俗化改革也要站在稍高一点的历史观点去看待。中东现代民族主义运动要解决的主要问题是建立独立的民族国家。民族国家是表示民族身份，是解决"我们是谁"的国家归属问题。凯末尔民族革命和世俗化改革，建立了土耳其共和国，并且开始发展了这个国家的文化和经济。这是历史性功绩。至于他实行的一切，都是一定历史阶段、一定历史条件下的产物，要用历史的态度对待。

（7）科尼亚的鲁米（9月7日）。争夺名人的故乡似乎是人类文明交往的一个景观。中东的阿富汗尼就是伊朗与阿富汗争夺的人物史例之一。鲁米又是一位这样的历史名人。

其实人物是流动的，他们的交往史才是真正要关注的复杂而重大的课题。

鲁米（Ibn al – Rumi，或 Jalal al – Din Kumi，1207—1278），波斯神秘主义诗人和伊斯兰苏菲派毛拉维教团创始人。他生于今阿富汗的巴尔赫（又一说是生于塔吉克斯坦的波斯小城）。幼年随父（其父为巴尔赫城的传教士）到巴格达、麦加、大马士革等地活动，后来定居土耳其的科尼亚。我从他一生交往活动最后落脚于土耳其的科尼亚（Konya），并与云游至科尼亚的苏菲派的沙姆斯丁·穆罕默德·大不里斯（？—1247）相交往，来叙说他的生平。因为他正是在科尼亚受到沙姆斯丁·穆罕默德·大不里斯的感化而放弃学术研究，专心致力于神秘主义。

的确，鲁米是一个东西方文明交往中的历史人物。他不限于伊斯兰文明，在哲学思想上深受新柏拉图主义影响。他认为，人生最高境界是"寂灭"（Fama），即人与神完全合为一体。他的代表作是神秘主义的长诗《迈斯纳威》（Mathnawi－i，意为训言诗）。这首长诗中有寓言、轶事，并用图像解释苏菲派教义。它不仅是波斯文学中的杰出作品，而且是苏菲派教义的诗化表达，可以说是诗意治教的训言诗。

鲁米的教派有自己的独特思想，其要点有：①人间最重要的东西是"爱"，要参悟其中的真谛必须忘掉自我（EGO），刻苦修行；②制定严格收徒规则程序，先入寺观察三日，然后确认能吃苦以后，才接纳为候选人。候选人在寺内进行100天功课，包括劳动、读经等训练，经过考试以后，方能正式成为弟子；③鲁米创造了一套以音乐舞蹈为主要形式的宗教仪式，中心是从人活动的旋转过程中领悟万物皆生于转动的原理；④鲁米派有自己的专用服饰，其标志是：头戴高帽，身穿长袍，旋转时身体一边缓抬双手，同时要摇摆长袍下摆，旋转呈一个转动的圆锥形。此种舞蹈配上音乐，姿态优雅美观，使人想起了中亚地区从古代以来流传下来的被中华古文明典籍中称为"胡旋舞"的舞蹈。

我们之所以在土耳其这一节中谈鲁米，而没有在伊朗部分中谈鲁米，是因为土耳其的科尼亚对鲁米太重要了。这里不仅对他的教派形成至关重要，而且他逝世于斯，逝世后又葬于科尼亚的清真寺内。这个清真寺今日已成为一个博物馆，是世界鲁米派的朝圣之地。该寺实在是一个金碧辉煌的圣地，陈列着鲁米生前用过的金银器具，穿过的丝绸长袍。鲁米生前发明的旋转舞已经成为当地旅游传统的观光项目。科尼亚有两座大的旋转舞馆，两馆各容纳2500人活动，专门为旅游者提供全年的观光场所。

苏菲派追求内心宁静，并以此来摆脱世俗干扰而接近真主的思想，有其深远的思想渊源和历史影响。它首先受了基督教中重视精神力量教旨的启发。在历史上它不但影响了塞尔柱罗姆苏丹国，而且对奥斯曼帝国和土耳其共和国的广大群众的精神也产生了影响。奥斯曼帝国是一个军事帝国，它靠武力征服了许多国家，但能吸收异族文明，并不要求对方改变自己。这种与欧洲殖民者大不相同的政策，与此种文明传统有关。

（8）奥斯曼人与狗（9月8日）。骄傲自大、以老大帝国自居的奥斯曼人，喜欢在交往中对其他国家、民族的人用各种侮辱性的、轻蔑性的绰号。如称希腊人是"傻瓜"，西班牙人是"懒汉"，意大利人是"杂种"，英国人是"无神论者"，格鲁吉亚人是"好吃懒做的人"，阿尔巴尼亚人是"卖下水的人"，等等。

看来古老文明或现代文明中的一些人，多有此陋习。中国人中也有些人依据"华夷之辨"的原则，总爱给其他民族称谓上加上"犭"（反犬）旁的中文译名。如称"戎族"为"犬戎"；泛称古代北方地区少数民族为"狄"；一度也给"英吉利"三字各加"犭"旁，后来被淘汰掉了，此例甚多。奇巧的是，用"狗"辱弄异民族的话在奥斯曼时代也存在过，如有些奥斯曼人称犹太人为"污秽的狗"。这比中国人用带"犭"旁的"犹"字作"犹太人"的汉译名词更粗暴。

不过，据说奥斯曼人原本是喜欢狗的。因为狗能吃掉垃圾，可保持城市清洁。此外，狗粪还是制革匠人鞣革的原料。有人统计19世纪末，伊斯坦布尔有15万只狗，平均每8人一只，但绝大多数是野狗，而不是家养犬。但野狗也有碍市容，不利城市管理，尤其是有疯病的犬，危害更大。于是素丹便亲自干预，下旨捕捉野狗，用船运到马尔马拉海的一个小岛上。但是狗是认路的，而且会游泳，这些狗又纷纷返城。虽多次想办法将狗运走，狗却仍多次返城，屡禁不绝。如此反复多次，到了第一次世界大战之后，素丹终于痛下决心，将这些流浪的野狗运到一个更远的无人的荒岛上，这些"流浪狗"从此再也没有"回头"，但素丹的奥斯曼帝国大厦不久也倾覆了。

现在养狗为宠物之风不知是否猛烈飙至土耳其和中东其他国家？野狗多为"弃狗"之事是否影响到一地市容管理？研究中东城市问题的学者可以调查一下。奥斯曼帝国时期的城市与狗一事可供一用。

（9）中土关系又一页（9月9日）

中国和土耳其两个文明悠久又交往频繁的国家，最近又添一页。我在主编《中东国家通史》的土耳其一卷的编后记中，曾提到历史上的两国交往。这是该书的特色之一：每个中东国家，都有一章专述与中国的交往。2012 年 2 月 20 日，时任国家副主席的习近平访问土耳其，就是最近两国之间交往的新一页。

习近平访问土耳其有两个值得注意的事件。第一是他接受了土耳其《晨报》的书面采访，主题实质上是两国文明交往的历史和现状。土耳其是二十国集团成员国，也是重要的新兴国家和中东地区大国。在解决阿富汗问题、伊朗核问题、中东和平问题等国际地区热点问题上有重大作用。用习近平的话说：在"推动不同文明之间展开对话"方面具有重要意义。第二是 20 日上午，习近平向凯末尔陵墓敬献花圈和题词。凯末尔陵墓又名"国父陵"，坐落在安卡拉城内最高地——马尔泰佩山冈上。凯末尔是现代土耳其之父，他建立土耳其现代民族国家和使土耳其步入现代化道路而巩固发展这国家的功绩已经载入史册。习近平献花圈和题词，表示了中国人民对这位伟人的敬意。古代丝绸之路把中国和土耳其两大文明古国联系起来，使处于亚洲东西两端的两个文明联系在一起。当代两个文明悠久国家相交往，又进一步把过去、现在和未来联系在一起。

中国和土耳其，千年两古国，亚洲两个文明之邦，丝绸之路将两大文明古今相连，友好交往、互利共进是两个亚洲独立发展民族国家多元文化、经济繁荣的推动力量。

（10）土耳其与希腊的矛盾（9 月 10 日）。我在《两斋文明自觉论随笔》中，讨论过土耳其的"脱亚入欧梦"（见该书第 1004—1007 页）。此梦在土耳其加入欧盟问题上，突出地显示了土耳其与希腊之间的矛盾。

2012 年 3 月 1 日，欧盟批准了塞尔维亚的候补成员国地位之后，土耳其的"脱亚入欧梦"的压力就更大了。在土耳其入欧盟问题上，法国是主要的障碍。法国认为，德国是土耳其的盟国，德国有 300 万土耳其人。法德两国暗中角力于土耳其入盟问题。这个角力竞赛中的法国"拳师"有四次阻击战：农业和可持续发展、经济和货币政策、地区改革、财务等主体问题的谈判。

值得注意的是，阻碍土耳其入欧盟的拦路虎不仅仅是法国。在土耳其入欧盟之路上，还有几场阻击战发生土耳其与其邻国希腊和塞浦路斯之间。希腊和土耳其在历史上有过多次交恶，凯末尔领导的民族独立战争中，希腊军队曾经是战场上的主要敌对一方。塞浦路斯国内的土耳其族与希腊族两族的矛盾，由于塞浦路斯两个邻居的背景而积怨颇深。

希腊人认为，土耳其十分憎恶异教徒。有位在希腊司法部担任要职的官员，在处理完公务临走之前，在饭店办了离店手续之后才发现随身带的一个宗教小牌还留在房间的写字台上。那是他祖母留给他有纪念意义的物品，他视为不可离开的珍贵东西。当他急忙再返回客房查看的时候，惊讶地发现，小牌已被当地官员折断，并扔进垃圾桶内。这是土耳其对异教徒憎恶的一个生活插曲，激起这位希腊高官的愤怒。这位官员说，土耳其人不信任异教徒，只相信实力。在他同土耳其人的交往中，发现有些人对中国很崇拜，没有宗教上的隔阂。这一个细节反映了土耳其与希腊的宗教矛盾的心态。

其实在中东，土耳其的阿拉伯邻居们也对其有可能成为伊斯兰盟主而忧心忡忡。阿拉伯一些评论家认为，土耳其成为欧盟成员国之后会出现怎样的政治格局，是值得认真思考的问题。有的阿拉伯评论家正在警惕着"奥斯曼帝国的幽灵卷土重来"。

（11）土耳其地下水宫中的美杜莎之谜（9月11日）。美杜莎（Medusa），一译墨杜萨，希腊神话中三名戈耳工之一。戈耳工（Gorgon）是福耳库斯和刻托的三个女儿，格赖埃的姐妹。她们三人头发都是毒蛇，嘴里长有野猪的尖牙，身上还长有翅膀。美杜莎是最小的，也最危险。据说原来是美女，因为触犯了智慧女神和女战神雅典娜（Athena），于是，头发变成毒蛇，面貌也变得奇丑无比，谁只要看她一眼，就会变成石头。她曾和海神塞冬相爱，并生了很多怪物、毒蛇、狗和龙等。她后来被英雄珀耳修斯杀死，并割下她的头献给雅典娜作为饰物。珀耳修斯不正视美杜莎的眼睛，借助自己铜盾中的影像，割下了美杜莎的头。这种战斗方式被卡尔维诺在《新千年文学备忘录》中化为用曲折方式看世界的文学远景。他在美杜莎之死的希腊传统中，发现了轻、重与快、慢之间的互动联系，要人们躲开美杜莎的直视，从历史、文学的交互碰撞中避免被"石化"而开辟未来文学发展的新途径。

　　美杜莎的头像出现在土耳其伊斯坦布尔地下水宫里。这位蛇发女妖头像在宫殿尽头处，被一倒一斜地压在两根柱子底下。为何有此现象？

　　一说是公元4世纪，罗马帝国的君士坦丁大帝迁都拜占庭，将拜占庭改为君士坦丁堡。为了防御外侵先修好城防，又在城内修建了隐秘的巨型地下水窖宫殿。为此目的，动用奴隶们从遥远的安塔托利亚神殿中搬运石柱。这项工程从君士坦丁大帝到朱斯提尼安大帝，从4世纪到6世纪，耗时近200年之久，才得以建成。仅朱斯提尼安大帝就动用了7000名奴隶。当年建设这项浩大工程时，因两根巨柱不够长，所以用美杜莎头像作为支撑物随意垫在下边。然而反对者说，如此严密而巨大的工程，怎能随意？工匠们历时近两个世纪，不远百里从神庙中拆除石柱用来修建地下水宫，在336根石柱中怎么又只能是两根稍短呢？又为何以精美的雕刻石像作为石墩呢？这在罗马帝国的文献中找不到合理的解释。还有人说，当时的建筑师安此头像为了"镇池"，防止不好的生灵来侵犯这里的环境。石柱下被压的一倒一斜的美杜莎头像，就是有意放在此地的。显然这种解释也不完全令人信服。

　　我认为，希腊哲学中，水是万物之源，占重要地位，这是地下水窖，因此，美杜莎与海神塞冬的夫妻关系也值得注意。总之，土耳其地宫中的美杜莎之谜仍需要从希腊罗马文明交往史来破解。

　　这个水宫处于地下，长140米、宽70米。它由336根高9米的科林斯式石柱支撑着巨大的砖制拱顶。地下水宫将来自城东贝尔格莱德森林的水资源经过城内长长的引槽而流入地下水宫中。地下水宫储水量可达10万吨之多，可供当时全城人饮用一个月。如果拜占庭被奥斯曼帝国长期封锁，地下水宫就发挥它的供水作用。

　　土耳其的地下水宫（Yerebatan Sarnici），是西方文明在伊斯坦布尔留下来的古建筑遗址之一，它作为旅游名地而吸引着后来人的关注。这个巨大的水窖据说有两次"失踪"。一次是1453年奥斯曼帝国攻占君士坦丁堡时的屠城，竟无人知晓有此水宫。后来被法国的建筑师来此地时无意发现，但也未引起人们的注意。另一次是20世纪60年代，荷兰考古学家再度发现水宫，才引起土耳其政府注意，于1980年决定修复此古迹。这个有着1500年历史的地下建筑的坚固性、观赏性丝毫不亚于地上建筑。歌德的"建筑是凝固的音乐，音乐是流动的建筑"的名言，似乎被这个时代久远的地下水宫的滴答水声所印证而响起优美的地下乐章。这乐章也呈现着的美杜莎之谜和古埃及的斯芬克斯之谜一样，等待人们去破解。

土耳其是中东名副其实的"东西方之间"的国家，其文明交往传统影响至今日！

第 256 日   2012 年 9 月 12 日   星期三

195. 成吉思汗误杀家鹰的教训

今日有两则思考，此为第一则。

有一则寓言说，成吉思汗有一只常相伴随的家鹰，是他最忠实的帮手，每次出征，都为他立功。有一次，他却把这只爱鹰杀了。

为何要杀爱鹰？事情是这样的：这次成吉思汗战后又累又渴，想找口水喝。但这个山上却无水泉。正在着急之时，山下有一小泉有水下滴，成吉思汗忙用玻璃杯接水，好容易接下半杯水，他的爱鹰却一翅膀打翻了杯子；成吉思汗又接，再度被鹰打翻。他大怒，于是警告爱鹰，要是再打翻杯子，他就要杀死它这个破坏分子。谁知爱鹰依旧，并且竟将杯子打碎在石头上。成吉思汗终于怒火中烧，一怒之下，杀死了爱鹰。当他清醒之后，翻山过去一看，他惊呆了，原来山那面是一个大毒蛇栖息的水潭，山这边的泉水正是从这潭毒水中渗过来的。于是成吉思汗知道爱鹰是为了救他。在爱鹰墓前，成吉思汗后悔莫及地说："盛怒之下，其决必错！"

在人们活动的社会中，社会形态极其多样、微妙而变化不已。社会的复杂性，由于人们千差万别的思想和生活方式的丰富性，绝不能用简单化思维而局限自己的视野。要看山这边，也要看山那边，急功近利不得，要兼听、兼看，也要多思、慎思、明辨，并在实践中及时并尽可能达到知物之明、知人之明、自知之明。这"三明"是一个没有止境的自觉过程。成吉思汗的爱鹰是个不会说话的动物，但有高空的视野，能看到成吉思汗看不到的东西。成吉思汗不动脑子，不思考爱鹰为何一而再打掉他的杯子，而一怒之下，竟杀了自己救命的伙伴。这个教训是深刻的！

人类文明交往的历史演变，是多重因素的纵横交织，纵向演变中也有横向交织，横向交织又隐含于纵向演变之中。这就是文明交往的复杂之处，也是引人入胜、使研究者乐此不疲地追求其变化互动的规律之原因所在。有一些微妙细节小故事，也常常对研究者有所启发，因为这中间包含着辩证思维的逻辑。这就是成吉思汗误杀家鹰给我们的启示和教训。

196. 徐文长的"己之所自得"

今日有两则思考，此为第二则。

徐渭（1521—1593），字文长，明代文学家、书画家，有"田水月"、"天池山人"、"青藤道人"等别号。

他是个与当时社会格格不入却能顺天道而合乎自然的"畸人"（奇人）。他强调，文诗之作，应出于"己之所自得，而不窃于人之所尝言也。就其所自得，其论所以自鸣"。

他比喻说："人有学为鸟言者，其音则鸟也，而性则人也。鸟有学为人言者，其音则人也，其性则鸟也。此可定人与鸟之衡哉？不出于己之所得，而徒窃于人之所尝言，曰某篇是某体，某篇则否，某句似某人，某句则否，此虽极工逼真，而不免于鸟之为人言矣。"（《叶子肃诗序》）

这是他反对当时"文比秦汉，诗比盛唐"的模拟之风，而讽之称为"鸟为人言"。这里隐喻着"邯郸学步"的意味，用以反对一味模仿而缺乏独立思考与创造的学风。他提倡为文作诗都要表现自我"本色"，是学贵自得之言。

徐文长是一位有个性而特立独行的人。他诗文的特点就是有独立风格。他善于学习诸家之长，但又有自己的创造，被称为得李贺之奇、苏轼之辩，而不落其窠臼。他所作的戏曲书画，都有超越前人的见解而打破陈规，都有所创新而为学术史留下自己的心得成果和独立的思想贡献。

徐文长的"己之所自得"是一种学习观，也是一种交往观。"学"是交往中不可缺少的环节。"学"是通往人生自觉的大道。培根说："凡有所学，皆成性格。"这是从善学中而获得的自觉。"学"的重要方法是读书，好书百读不厌，读书多思，勤写心得，可获真知。读、思、写，都是学，所谓读书破万卷，下笔如有神，正是"己之所自得"的结果。从书本中学要同从社会实践中学相结合，这二者是统一的，关键是通过学而"化"为"己得"。"文而化之"、"文而明之"，从中获得学习的自觉。

第 257 日 　　　　　　　　　**2012 年 9 月 13 日　星期四**

197. 恩格斯评《移民和殖民活动》

《移民和殖民活动》是考茨基 1883 年在《新时代》杂志第 1 年第 1 卷第 8 期和第 9 期发表题目的论文。

恩格斯在 1883 年 9 月 18 日给考茨基的信中，对此文作了下述评论：

1. 科学研究工作的长期性："一般说来，在所有这些范围如此之广和材料如此之多的科学研究中，要取得某些真正的成就，只有经过多年的工作才是可能的。在一些个别问题上探索到新的正确的观点比较容易，这一点您有时在您的文章里做到了；但是，要把全部材料一下子掌握住，并用新的方法加以系统化，这只有在充分加工之后才是可能的，否则象《资本论》这样的著作就会是很多很多的了。"（《马克思恩格斯全集》第三十六卷，人民出版社 1974 年版，第 61 页）

2. 学术研究选题："因此我高兴的是，您为最近一段时间的学术研究，选了圣经原始故事（注：指卡·考茨基的《圣经原始故事的起源》）和殖民活动（注：指卡·考茨基的《移民和殖民活动》）这类题目，在这方面即使对详细情节进行较小程度的充分研究，也能做出点成绩，而且具有现实意义。"（同上）

3. 材料与新形式："可惜，您叙述的多半只是德国的材料，而这些材料照例毫无生气，既没有清楚说明热带国家的殖民活动，也没有清楚说明殖民活动的最新形式，——我指的是那种为了交易所大老板的利益而进行的殖民活动，例如法国现在直接地和毫不掩饰地在突尼斯和东京进行的殖民活动。"（同上书，第61—62页）。

4. 恩格斯在这里指出了19世纪70—80年代法国所实行的殖民主义扩张政策：1881—1883年法国确立了对突尼斯的"保护权"；1876年法、英两国对埃及实行的财政监督和干涉埃及内政，直至1882年埃及实际上成为英国的殖民地；1882年挑起马达加斯加的军事冲突并炮击其海岸；1882年在越南北部（东京）发动殖民战争，后扩大为反华战争，并于1884年6月导致确立法国对越南的"保护权"。

5. 恩格斯还指出英国对澳大利亚昆士兰和新几内亚的殖民活动："至于太平洋的奴隶贩卖，有一个新的特别显著的例子：靠昆士兰兼并新几内亚等地的企图，就是直接为了奴隶贩卖。差不多在兼并远征军向新几内亚出发的同一天，昆士兰的'范妮号'炮舰为了掠夺**劳动力**，也开往那里和它东边的一些岛屿，但归来时却没有**劳动力**，只看到甲板上有一些受伤的人和其他一些令人不快的战斗痕迹。《每日新闻》（9月初）叙述了这一点，并且在社论中指出，英国人未必能责备法国人的这种行径，因为他们本身也是这样干的。"（同上书，第62页）

6. 恩格斯上面所指的事实是英国殖民当局1883年企图兼并新几内亚的莫尔兹比港；1884年11月英国政府宣布对新几内亚东南地区及其附近地区实行临时保护。

7. 恩格斯1882年2月在给伯恩施坦的信中说："马克思已于星期一早晨到达阿尔及尔……他在那里有一个熟识的民事法庭法官，此人曾被波拿巴放逐过，对阿拉伯人的公共所有制关系很有研究，他提出要向马克思阐述这个问题。"（《马克思恩格斯全集》第三十五卷，人民出版社1971年版，第279—280页）（按：1882年2月，马克思在恩格斯和医生的劝告下赴阿尔及利亚治病，在阿尔及尔从 2 月 20 日住到 5 月 2 日）恩格斯信中所说的"熟识民事法庭的法官"的名字叫费默（Ferme），法国法学家，共和主义者，马克思女婿沙尔·龙格和保尔·拉法格的好朋友。他在阿尔及尔接待并安排了马克思，并多次拜访，而且详细告诉马克思那里的天气变化，送交马克思女儿燕妮的信。马克思对费默的印象是："决非令人讨厌的客人，也还算幽默"；"他非常爱咒骂天气"。他陪伴马克思参观，一起看当地人玩纸牌。值得注意的是，对当地人玩纸牌，马克思在给劳·拉法格的信中认为"这是文明对他们的征服"（《马克思恩格斯全集》第三十七卷，人民出版社 1971 年版，第 301 页）。纸这种纸牌想来是扑克牌一类的西方人的娱乐品。马克思在 1882 年 5 月 21 日给女儿爱琳娜的信中还提到与费默分别的事，但没有查到马克思同费默讨论阿拉伯人财产公有制的记载。

以上材料说明马克思、恩格斯、考茨基都注意到了殖民地问题。马克思的信件中还大量记载了法属阿尔及利亚的阿拉伯人生活状况。特别是恩格斯对考茨基在科学研究方面的指导意见，值得重视。

第 258 日 　　　　　　　　　　　　2012 年 9 月 14 日　星期五

198. 恩格斯对考茨基离婚的态度

恩格斯在 1888 年 10 月 11 日给考茨基夫人路易莎的信中说，他听伯恩斯坦告诉尼米（注：德穆德·海伦，1823—1899，马克思家的女佣和忠实朋友，马克思逝世后住在恩格斯家）关于她与考茨基离婚的消息，非常同情她。认为她蒙受最残酷打击时，仍表现了充分的自制力，"替亲手进行这次打击的男人辩护"（《马克思恩格斯全集》第三十七卷，人民出版 1971 年版，第 98 页）。

恩格斯认为，在社会关系中，"男人对妇女作出极不公正的行为是非常容易的"，并且引用了一位从切身经验中十分了解这一点的极伟大的人物说过的一句话："得了吧，你不配受到妇女的尊敬！"

恩格斯把这种社会关系告诉考茨基（1888 年 10 月 7 日）说："离婚，在社会上说来，对丈夫绝对不会带来任何损害，他可以完全保持自己的社会地位，只不过重新成为单身汉罢了，妻子就会失去一切地位"（《马克思恩格斯全集》第三十七卷，人民出版社 1971 年版，第 107页）。于是恩格斯劝考茨基慎重考虑此事，并且认为他"干了一生最大的蠢事了"（同上书，第 108 页）。看来，考茨基听劝了。在 1889 年 1月 31 日，恩格斯又劝考茨基和路易莎参加马克思遗著的整理工作（同上书，第 136 页）。

后来，情况又生突变。1889 年 9 月 15 日，恩格斯对考茨基不满，认为考茨基的"所作所为，总有一天要后悔的"（同上书，第 266 页）。当然最终还是离婚。恩格斯与考茨基的关系真值得写入考茨基的传记之中。恩格斯对考茨基说："我要处在你的地位，我会感觉到需要首先离开这件事所有的参与者，自己一个人好好想想整个事情的真正性质和后果。"（同上书，第 108 页）这是多么设身处地又有理性的劝告啊！

唉，我要是再写"考茨基传"，真该研究这些生活细节，写出一个活生生的历史人物来！历史人物的生活细节叙述，可以给人一些历史真实感，是人之为人的记忆文明。考茨基是一位值得研究的有争议的历史人物。我 20 世纪 70 年代写的《考茨基传》，曾出过修订本。现在岁数大了，再出修本已不可能了。

第 259 日　　　　　　　　　　　**2012 年 9 月 15 日　星期六**

199. 荷兰在爪哇的殖民统治

莫尼（Money, J. W. B.）在《爪哇，或怎样管理殖民地》（Javor, How to Manage a Colony, London, 1861）中的"国家社会主义"：

①"如果有人肯花力气用**爪哇**（国家社会主义在这里极为盛行）的实例来说明猖獗一时的国家社会主义，那倒是一件好事。全部的材料

都包括在莫尼律师著的《爪哇，或怎样管理殖民地》（1861 年伦敦版，共两卷）这本书里。"［恩格斯：《致卡尔·考茨基》（1884 年 2 月 16 日），《马克思恩格斯全集》第三十六卷，人民出版社 1974 年版，第 112 页］

②"从这里可以看到，荷兰人怎样在古代公社共产主义的基础上以国家的方式组织生产，并且怎样保证人们过一种他们所认为的非常舒适的生活。"（同上）

③"结果是：人民被保持在原始的愚昧状态中，而荷兰国库却每年得到七千万马克的收入（现在大概还要多）。这种情况是很有意思的，而且很容易从中吸取有益的教训。"（同上）

④"这也附带证明了，那里的原始共产主义，象在印度和俄国一样，今天正在给剥削和专制制度提供最好的、最广阔的基础（只要现代共产主义的因素不去震动这种原始共产主义），并且在现代社会条件下，它和瑞士各旧州的独立的马尔克公社一样，成为极其引人注目的（或者应当被克服或者应当得到进一步发展的）历史遗迹。"（同上）

⑤此外，恩格斯在《致奥·倍倍尔》（1884 年 1 月 18 日）的信中，还指出了这一点："假使你要研究国家社会主义的样板，你可以拿**爪哇**作例子。在那里，荷兰政府在古代共产主义农村公社的基础上，把全部生产如此之好地'社会主义式'组织起来了，并且把全部产品的销售如此巧妙地掌握在自己手里，以致荷兰政府除了用近一亿马克作为薪饷发给政府官吏和军队以外，每年还可以捞到约七千万马克的纯收入，来支付荷兰的倒霉国家债权人的利息。相形之下，俾斯麦简直是一个黄口孺子！"（同上书，第 91 页）

这里是本书 197 节中恩格斯同考茨基谈的另一个话题：殖民统治的模式；同时又讽刺了德国俾斯麦的"国家社会主义"。前面说过，考茨基是较早注意殖民地问题的，并得到恩格斯的称赞。如果我有机会修改"考茨基传"，一定要更客观地给予历史评述。看来，这个"如果"是不可能存在的，太遗憾了！

第 260 日

200. 达尔文的"错误"

在美国奥马哈的克瑞顿大学执教的袁劲梅，是位哲学教授。他在《仙鹤草原欢迎站》一文中盛赞美国人保护大鸟和在康而霓小镇上仙鹤的事。他有感而发地写道：

"我有时候甚至觉得达尔文犯了一个错误，为什么要说'适者生存'，'优胜劣汰'？这种话是不能告诉人类的，人心不是平河，会发灾的，一不小心，一股贪婪的飓风就能将一个生物原理变成吃掉其他物种的理由。"

他又写道："在我看来，强者应该帮助弱者生存，优者应该帮助劣者为优，这样的世界才多样，才和谐，才有意思。所谓'人文精神'大概也是这样一种精神，倘若不懂'帮助'二字，那么人就没有进化为'人'。"

助人为乐，爱人及物。对有生命之物的爱护和怜惜是人类生态文明的自觉。法国哲人卢梭在《致达朗贝尔的信》中已经传达出这样的信息："在人类当中，最坏的是那种最喜欢自我孤独的人。他把他心中所有的感情全部用于他自己；而最好的人则把他心中的感情与他的同胞共同分享。"这不是"民胞物与"的一种表达方式吗？但愿这种人文主义信息化为人类爱护动物、保护自然生态的普遍自觉。

第 261 日

201. 社会达尔文主义

"英国社会的生存斗争——普遍的竞争，一切人反对一切人的战争，——使达尔文发现残酷的生存斗争是'动物'界和植物界的基本规律。但是（社会——引者注）达尔文主义与此相反，却认为这是证明人类社会永远不能摆脱自己的兽性的决定性论据。"（《马克思恩格斯全集》第三十二卷，人民出版社 1974 年版，第 580 页）这是马克思批判社会达尔文主义的话。

一个伟大的理论，往往能用在许多领域。达尔文的进化论，如爱因斯坦相对论一样，也有狭义与广义之分。广义进化论与狭义进化论基本相同，但应该范围要广泛得多。

进化论的广义有四个条件：①可以复制自己；②复制时会偶然出现差错；③不同的差错有不同的成活率；④差错可以被继续复制下去。DNA 分子完全符合这四个条件，信息在人群中的传播也满足此四个条件。

英国科普作家理查德·道金斯（Richard Dawkins）认为，信息有"密母"（Meme），可用生物进化研究语言。新西兰奥克兰大学计算机专家拉塞尔·格雷（Rusell Gray）在 2003 年《科学》杂志上发表文章，认为印欧语言不是起源于北方大草原，而是起源于今日土耳其的安纳托利亚；不是 6000 年前被游牧民族带出的，而是 8000—9500 年前伴随农业传播而扩大至欧洲、西亚和东南亚的。

社会达尔文主义是对达尔文学说的一种误用（见本书第十编第 269 节达尔文的"物种进化论"）。它把人类社会和生物有机体加以类比，把社会与其成员之间的关系比作生物个体和细胞之间的关系。英国的社会学家斯宾塞把生物学中的变异、自然选择、遗传等概念引入社会学，而且也把生存竞争作为人类社会发展的规律。这种早期的社会学理论，把人类社会和生物的不同性质混淆了。斯宾塞的名言是："理性只能认识相对的东西"，人无法认识事物的本质，成为一个不可知论者。严复曾把他的《社会学研究》摘译为中文，名为《群学肆言》。

第 262 日　　　　　　　　　　**2012 年 9 月 18 日　星期二**

202. 大仲马的人我观

人一生都在学习，终其一生都在学习写好这个"人"字。研究生是我写"人"字的一个阶段。20 世纪 50 年代初期，我在北京大学上研究生时也是做人的一个学习阶段。正是在那时，我知道了大仲马。

亚历山大·仲马是 19 世纪法国浪漫主义作家。中文一般称之为"大仲马"，与创作了《茶花女》的其子小仲马相区别。

大仲马的《基督山伯爵》是我从王文定学兄那里读到的。记得他读得很专心，好多天都手不离书，并给我讲述其中的精彩之处。不过，我对大仲马的《三剑客》中描写的法国路易十三时代几个火枪手的冒险经历和宫廷斗争更感兴趣。

但最吸引我的是大仲马的人生信条：Tous pour un, un pour tous（人人为我，我为人人）。此语有不同的解释，然而都离不开人类文明交往的互动规律，这就是相互依存，互相帮助，互利互惠，合作共进。此语可视为人际、国际和文明之间的交往中的良性互动规律。

雨果称大仲马为："他是疾云、雷鸣和内电，但他待人温和、宽厚，亦如久旱之甘霖。"他参加过法国 1830 年七月革命。拿破仑三世时，流亡布鲁塞尔。他的《亨利第三和他的宫廷》、《安东尼》等剧本，推动了法国浪漫主义戏剧的兴起。

这位"及时雨"般的人物，有著作 300 卷之多，晚年为情所困抑郁而死。但他的"人人为我，我为人人"的人我观，从人与人的关系方面，写好一个"人"字，此种人生信条永留人间，为人类文明交往留下了珍贵的精神思想成果。

第 263 日　　　　　　　　　　　　　2012 年 9 月 19 日　星期三

203. 基辛格和傅高义

基辛格的《论中国》，以大外交家如椽之笔写成，其中蕴藏着许多文明交往的智慧。

傅高义的《邓小平时代》（原名《邓小平与中国的转变》），以独到的调查和理解的独立心智之笔写成，其中有许多处打开了美国人观察中国之门。

基辛格，是国际知名的大外交家；傅高义，是哈佛大学的"中国先生"。

《论中国》和《邓小平时代》同时入围以英语写作外国事务非虚构著作的"莱昂内尔·盖尔伯奖"，结果大奖落在傅高义的《邓小平时代》一书。

获奖后的第二个星期，基辛格见到了傅高义。两位老人互致问候。基辛格对傅高义说："你获奖是对的，你获奖不容易。"

傅高义70岁开始写《邓小平时代》，他到中国许多地方采访，也访问并且查看各种资料。晚年成大书，确属不易。他已82岁，比我还大一岁，真是老当益壮，值得学习！

傅高义的一个结论是："在中国以往的历史长河中，很多人都想使老百姓富裕起来，但是他们没有找到合适的路，辛亥革命、孙中山、蒋介石、毛泽东，他们都没有成功。邓小平办到了，他带领大家走新路。"傅高义把这些归结为邓小平综合能力强，考虑大方向，经历很特殊，经验丰富，性格上是考虑大事的。傅高义认为，邓小平的"判断力"非常重要。可以补充的是邓小平具有勇于承认错误、善于总结经验教训的大智慧。我想起休谟在《人性论》中的话："遇到有承认自己错误的机会，我是最愿意抓住的，我认为这样一种回到真理和勇气的精神，比具有最正确无误的判断还重要。"邓小平对自己功过"四六开"的话就是很明智的判断，"摸着石头过河"，探索前人没有走过的路径的精神，也是同样的坚韧判断力。总之，傅高义的书，是通过邓小平写了中国当代历史的一个时代。总之，基辛格和傅高义、《论中国》和《邓小平时代》，两位中美文明交往问题研究的两位学者和两本著作，人们从中可以看出许多人类文明交往的智慧。

第 264 日　　　　　　　　　　2012 年 9 月 20 日　星期四

204. 刘古愚的世界眼光

刘古愚（1843—1903），陕西咸阳人，清末与康有为并称为"南康北刘",于右任、张季鸾均为其学生。

他在位于"天下县、泾三原"的味经书院治学多年。他又创办研讨国内外大事的"时务斋",其课程都是贯通中西:

①道学课（须兼涉外洋教门、风土人性）；②史学课（须兼外洋各国之史）；③经济课（须兼外洋政治）；④训诂课（须兼外洋文字之学）；⑤地舆课（必遍五洲）。他为时务斋规定了十二字学规:"励耻、习勤、求实、观时、广识、乐群",可谓写好"人"字规范的至理名言。

光绪二十九年（1903）他在甘肃大学堂任总教习时，在礼堂撰写下述对联:

> 我们是黄帝子孙，俯仰乾坤，何堪回首；
> 你们看白人族类，纵横宇宙，能不惊心！

他的得意门生、"算学大门"邢廷荚15岁即中"童子试"。考时监考官问邢:"能写出一千字吗?"邢答:"一万字我都能写!"监考官让他当面写出，他立即写道:"一而十，十而百，百而千，千而万。"一时被称为奇才。他后来著有算学论著《借根衍元》。正是他，在光绪二十六年（1900）八国联军入侵北京，慈禧、光绪逃至西安后，忧愤而死。刘古愚痛失爱徒，于1903年客死甘肃。

我幼年曾上过几年私塾，安谧中老师上课常提起刘古愚，说他是大学问家、大教育家，在西学方面很有造诣，自己"终身仰视"。刘古愚通古今、通中西，是一位有世界眼光、有人类文明交往见识的杰出历史人物。

第 265 日　　　　　　　　**2012 年 9 月 21 日　星期五**

205. 赖琏特色

赖琏（1900—1983），福建永定人。1939--1944 年任西北工学院和西北大学校长。他的人生之忆中，有四件事颇有特色：

①赖柳相交：他回忆在雅礼大学的同学柳直荀，两人立志科学救国。两人同想去法国勤工俭学未果。赖去美国学工，而柳参加农民运动，1932年在肃反中被错杀。赖为柳未去美国而不理解和惋惜，为自己的选择而庆幸。人生中诸多选择，其偶然性因素如此之大。

②赖周相会：1945年他任国民政府教育部副部长。一次在陈立夫举行的宴会上遇见周恩来。周说："我们在陕北，早已知道你的大名和你所办的学校。"赖回答说："我在陕南早已知道你们了。"后来他回忆此次见面情景时写道："我们这样偶然的对白，不是互相恭维和对白，也不是应酬交际的门面话，而正是那时一个真实故事的写照。"

③对戴高乐的印象：赖琏1953年为联合国中文组组长，1967年退休，1978年定居台湾，1983年去世。他的回忆录中对法国总统戴高乐的印象是"长得高"；而对约旦国王侯赛因的印象是"长得矮"。

④赖的肌肉疗法：全身松弛而直立，两手下垂，十指伸张；用力使全身紧张（头、颈、胸、背、四肢、双眼及面部）；同时口叫一、二、三、四、五、六，即将全身松弛。如此一紧一松，反复三次，即告结束。每日三练，最好在饭前，三次不过一分半钟，用药可逐渐减少。此方治好了他严重的高血压。他不能服药，一吃即呕吐，靠此法对他才有效。

以上四忆，从人与人交往到自我身心交往，从国内到国际，都有赖琏特色。

第 266 日　　　　　　　　**2012 年 9 月 22 日　星期六**

206. 泾阳王徵的《西儒耳目录》

1957年，周恩来总理在《当前文字改革的任务》中说："采用拉丁字母为汉语拼音，已经经历了三百五十年的历史。"王徵的《西儒耳目录》即为时间上限的标志。

明天启五年（1625），王徵随传教士金尼阁学拉丁文，又与瑞士传教士邓玉函合译《远西奇器图说录》，介绍西方科技。他又将自己编著的《新制诸器图说》译成拉丁文，向国外发行，成为谱写中西科技双向互动史上的一段佳话。

他是陕西最早的天主教徒，有介绍天主教的《畏天爱人极论》。但值得一提的是《西儒耳目录》，它是我国第一部罗马化汉语拼音方案，既为西方人学汉语提供工具书，又是中国人的识字课本。此种中西并照之光，为我国今日《新华字典》等辞书及小学语文课本定了音准。它用人的耳、目这种感觉器官，说明语言与文明交往的关联之密切。此外，他还有《西洋音诀》、《事天实学》等书，可惜已散佚。

王徵（1571—1644），教名里伯，明熹宗天启二年进士，陕西泾阳人，是介绍西方科技的代表人物，有南徐（光启）北王（徵）之称。幼年即制有"空屋传声器"、自转磨、虹吸管、自行车等机械。他在直隶做官时有白警对联："头上青天，在在明威真可畏；眼前赤子，人人痛痒总相关。"1644年李自成攻占北京后请他出山，他早已写好"明进士奉政大夫山东按察司佥事奉敕监辽海军务了一道人良甫王徵之墓"的墓碑碑文，又将"全忠全孝"手书交付儿子王永春。闯王使臣到后，他以刀架脖，儿子被抢下之后，他绝食七天，谈笑而亡。他在泾阳设的天文台——景天台一直到20世纪60年代才被拆除。他的忠义气节和科技救国思想与行动紧紧交织在一起，为中华文明的前进提供了许多交往互动的思考。人们把"关中科学之星"称谓赠他，可说是当之无愧。我作为泾阳人，对王徵这位故乡先贤深感敬慕，故特列此节，以资纪念。

第 267 日　　　　　　　　　2012 年 9 月 23 日　星期日

207. 名人妙语话人才

高校为培养人才的学府，教师为培养人才之师。有几位大学者、大教育家对此妙语如珠：

①梅贻琦："一地之有一大学，犹一校之有教师也，学生以教师为表率，地方则以学府为表率，吾人谓一乡一善士，则一乡化之。"

他对学术自由的解释："无所不思，无所不言。""没有强迫，只有诱导；没有盲从，只有信仰。"据说三位西南联大负责人蒋梦麟（北大）、梅贻琦（清华）、张伯苓（南开）是"无为而治"。校园中有好事者模仿梅贻琦语气有两句打油诗："大概、或者、也许是，不过我们不敢说。可是学校总认为：不过、恐怕、不见得。"于是，后来"大概、或者、也许是，不过、恐怕、不见得"转成讽刺好好先生和模棱两可、难以捉摸者的趣联。

②张申府："近几年来（抗战后期），国人中表现得比较规矩、公正和最能感觉、关怀国家、忍受苦难比较多、不失为固定的君子的，就是若干大学教授。"

③冯友兰："联合大学以其兼容并包之精神，转移社会一时之风气，内树学术自由之规模，外来民主堡垒之称号，违千夫之诺诺，作一士之谔谔。"

④林语堂："西南联大：物质上，不得了；精神上，了不得。"

⑤赵元任："物质文明高，精神文明未必高；可是物质文明很低，精神文明也高不到哪儿去。"

⑥沈从文：在20世纪80年代，他回答外国记者关于西南联大培养人才质量高的原因时，只说了两个字："自由。"值得一提的，是他对西南联大校训"刚毅坚卓"的解释："自然自由在，如云如海如山。"

以上名人妙语有趣而深刻，发人深思，令人深省。在一个大学中，学术自由、独立思想是多么重要！大学的教化作用、自由精神、引领学术的自觉意识，都是人类文明的自觉。当下，功利之雾霾污染学术界，使文史哲等人文科学地位降至谷底，不能不令人担忧。西北联大的校训"公诚勤朴"与西南联大的校训"刚毅坚卓"仿佛暮鼓晨钟在做历史的警示，唤醒大学文明自觉之梦！

第 268 日 <u>2012 年 9 月 24 日 星期一</u>

208. 王恕的恕道

王恕（1416—1508），陕西三原人，明代三原学派创始人和代表人物，继承张载经世致用和"四为"思想，重气节、厚风土，以正直的淳朴学风著称。他的代表作有：①《历代名臣谏议录》；②《王端毅公奏议》（12 卷）；③《石渠意见》。

他刚直不阿，21 次立诏陈言，39 次上疏谏议，民间有"南京十二部，独有一王恕"的歌句。他和权臣钱能斗争，但不失宽厚的恕道。成化二十年（1484）又和钱能在南京相遇，王恕不记仇，钱能深受感动地说："王公是神人，我惹不起，只有恭敬的份。"

中华文明中有这样一种好传统，为公为民，刚正不阿，宽厚待人，不计私利。此类历史人物的功德言行，应多多开掘。

第 269 日 <u>2012 年 9 月 25 日 星期二</u>

209. 恕为厚德载物

恕，意味着宽厚包容，是人类文明交往活动中的自觉品德，也是一种内在的交往力。难怪孔子把"恕"字作为终身实践、永远受益的"恕道"告诉给子贡。这不仅是人与人的知人之明，也是文明之间的良性交往的气度。

在中华民族的内部文明交往中，"华夷之辨"曾经是一个主流的原则。中原地区的华夏文明高于周边民族，所以以"华"自称。所谓"夷狄""蛮夷"，加上"犭"、"蛮"以示对华夏以外民族的歧视，这是应摒弃的糟粕。

唐太宗李世民战败突厥之后，将其安置在边境，让其守边，继续生息繁衍的兴灭继绝政策，即体现宽厚包容的交往自觉。突厥原驻地设都护府，鼓励各族通商，突厥皇室可汗一族，迁入长安。对归顺的突厥贵族，李世民也用人不疑。如阿史那杜尔，用作贴身护卫，后升国公。他的"混一戎夏"、"四海一家"，打破"华夷分界"，实现民族融合。这自然和他祖源有关，但也贴合中华民族内部交往的融合形成规律，因而是一种文明自觉表现。

恕道为厚德载物之大道。

第 270 日 　　　　　　　　　　2012 年 9 月 26 日　星期三

210. 宽容的品格

美国作家房龙在《宽容》一书中这样写道："从最广博的意义上讲，'宽容'一词是一种奢侈品，购买它的人，只会是智力非常发达的人。"这种人确非一般人，而是人类文明交往中自觉的大智者。这些大智者从动物界的弱肉强食原则，从人类历史与现状中的以大压小、以强凌弱、以富压贫的现象中，探求文明交往之路。特别是那些历经腥风血雨、残酷斗争而追求光明，而醒悟到人应当有不忍之心的人，正是属于有交往自觉的智者贤者，他们的容忍品格，对当今天文明交往弥足珍贵。

费弗尔在《莱茵河》中讲过："历史并不是无法避免的命运所造成的结果，而是善于倾听不同声音的人们所造成的，所以无论以多大的努力恢复历史原貌都不为过。"文明的自觉，来自对人类文明发展史的理解。人类需宽容。宽容除了需要智力，更需要原则。宽容是有边界的、有限度的。宽容，对于有胆识、有韧劲追索文明的个体、民族和国家，都是应当具有的品格。

在纪念"9·11"事件十周年之际，《美国高等教育纪事》邀请 11 位学者讨论了许多有关人类文明交往的概念，其中就有"宽容"这一概念。

美国北卡罗来纳州宗教研究所教授奥米德·沙非说，过去 10 年间，美国人经常被告知，应该变成更宽容的公民。但宽容是一个有限的、试探性的半步路径："宽容"一词源自中世纪的药物学和毒物学，指的是身体在屈服于外来的、有毒的物质之前，能忍受多少毒物。从此源头发展到社会交往方面，就应该有着比宽容异己更高明的目标，要从宽容和温和转向多元主义和团结。多元主义不仅尊重我们的共同点，还要尊重我们之间的差异。从人类文明交往的视角观察这一"宽容"阐释，"共同点"和"差异"是交往中经常存在的一对概念，对不同文明之间的宽容主要在"差异"方面，即不同之处。尤其在全球化时代，"差异"在交往中更为凸显，所以人们不但要喜其所同，更要敬其所异，用"和而不同"的"宽容"态度对待不同文明之间的交往。

从中华文明的文献中探究"宽容"一词，其来源可能有以下几个方面：①《书经》。在该书的《君陈》中说："有容，德乃大。"容，就是宽容，"缘而葆真，清而容物"，引申到宽宏大量，能容物是容人行为表现出的事物，此为大德。②《庄子》一书谈"宽容"时有言："常宽容于物，不削于人"（《天下篇》）。在《庚桑篇》又有言："不能容人者无亲。"③"宽容"一词见之于诗者，可举唐代诗人宋之问，如他在《奉和九日幸临渭亭登高应制》中有"御气云霄近，乘高宇宙宽"之句，大有居于地球之空上，而观地球人事纷争的"全球观"气势。④民间谚语中的"若要公道，打个颠倒"的话，被李瑞环应用于哲学上的换位思维上，有别开生面的不同文明交往的态势。把这些中华文明中有关"宽容"概念的来源和发展，与西方文明中人类对"有毒"的容忍度相比较，可以看出其中的异和同的渊源处，从而可以使人类在交往之路上更加自觉。

第 271 日   2012 年 9 月 27 日　星期四

211. 倾听与多观

耳主听，是听的感觉器官。

眼主观,是视的感觉器官。

这两个感觉器官是人对外在客观事物听、观以获得感性知识的直接来源。

唐代名臣魏征有言:"兼听则明,偏听则暗。"他对听觉知识有自知之明,其要领全在于"兼"与"偏"之间。也可以说,两眼兼视则明,偏视则斜,宜兼不宜偏。

魏征去世后,李世民说:"夫以铜为镜,可以正衣冠;以古为鉴,可以知兴衰;以人为镜,可以明得失。朕常保此三镜,以防己过。今魏征殂逝,遂亡一镜也。"

正、知、明的境界,是在耳、目所获感性知识之后,见之于大脑的思索之后,取得理性认知,从而上升为文明自觉意识。

善于倾听不同声音的历史人物,其独立思想和非凡的判断力由此会产生;同样,善于从不同角度观察事物的历史人物,审时度势,会避免犯严重的错误。倾听与多观,是一种文明自觉。当然,要真正完全做到,是有难度的。

第 272 日　　　　　　　　　　2012 年 9 月 28 日　星期五

212. 公诚勤朴

1938 年 10 月 19 日,西北联大第 45 次校常委会决议,以"公诚勤朴"为校训。

黎锦熙对校训的解释:公——天下为公;诚——不诚无物;勤——勤奋敬业;朴——质朴务实。

黎锦熙另撰校歌,可作为对校训的进一步解释:"并序连黉(hóng,学校),卅(xī,四十)载燕都迥。联辉合耀,文化开秦陇。汉江千里源嶓冢(古人称汉江源头),天山万仞自卑隆。文理导愚蒙;政法倡忠勇;师资树人表;实业拯民穷;健体明医弱者雄。勤朴公诚校训崇。华夏声威,神州文物,原从西北,化被南东。努力发扬我四千年国族之雄风！"

校歌以校训为纲，贯通了西北联大文理、政法、师范、农、工、医各专业，传承中华文明，发扬民族精神，可谓珠联璧合。蒋介石1940年为西北大学毕业同学题词中，也有"械朴多材"之誉。械是白桦或柞栎，《诗·大雅》有"柞械拔矣"之句，期望不拘一格树人。勤奋敬业，质朴务实，艰苦朴素，都是中华文明的传统美德。尤其是西北联大校训中这个"诚"字，不但是中华文明传统，而且为西方文明所欣赏。美国过程比较哲学家斯蒂芬·劳尔清醒地看到，现代化早已完成的美国，也需要"诚"。在他看来，中华文明最基本和最有价值的部分是"诚"的理念。真挚的、真实的、可靠的诚信，是美国文明最需要向中国学习的部分。这印证了黎锦熙的"不诚无物"的诠释。的确，"诚"是人类文明中的美德之一，是教化育人中培养服务社会的人才所必需。国内校训中，提"公"字不多，提"诚"字更少，"公""诚"同为天下之大道，不可缺位。

由西北联大的"公诚勤朴"校训，我想起陕西先贤张季鸾对"公"字的解释。他主编《大公报》时，把"大公"二字解释为"忘己之为大，无私之为公"，并认为"公"是"国民公共之利益"。用"利益"解释"公"，同"国民"相联系，可谓得体。张季鸾更有"四不"，即"不党"、"不卖"、"不私"、"不盲"的格言。他在格言中，不但再次将"不党"、"不卖"、"不私"加以强调，而且将"不盲"解释为不盲从、不盲信、不盲动、不盲争。何谓"不盲"？他说："不明即盲"，点出"明"与"盲"之间的界限，可谓一语中的，抓住要害。

我在阐述人类文明交往时，有"知物之明、知人之明、自知之明，交往自觉，全球文明"的"文明自觉"的规律性概括。其中心是一个"明"字。"明"是文明自觉的关键字，人文而明之，才是文明。人类同自然、同社会、同自我身心之间的交往，其自觉性全在明白理解其规律性。理解了人类文明交往的互动规律，才有自觉，才有自由。张季鸾虽不能像我这样去理解"明"的内涵，但都从自己的认知上，从反方向的"不明即盲"，盲从、盲信、盲动、盲争，都是盲目的"不明"之举，已经达到了文明交往自觉的程度。

213. 李仪祉的"八字教"

李仪祉（1882—1938），名协，字宜之。陕西蒲城人，关中农民用字而呼其名，多尊称他为李宜之。他的父亲李相轩厌愚昧而追求文明、重骨气而耻怯懦。在李仪祉和他的堂兄李约祉双双被推荐进入京师大学堂（今北京大学前身）时，李相轩有一首意味深长的赠诗："人生自古谁无死，死于愚昧最可耻。雀鼠临近能返齿，况有气性奇男子。"可见父亲的志气、文明的家教和期望于李仪祉、李约祉的为人。两人并未辜负父亲的教诲，1904 年进入京师大学堂的两年之后，即 1906 年，双方同时加入同盟会。由于他父亲和伯父也是同盟会员，当时人们对其家有"一家四口，革命人双双"的赞誉。

李仪祉在 1909—1913 年留学于德国，把中华文明中的勤俭为公传统带到了德国。为了给国家省钱，他两次放弃了学位。他说："不远万里来德国求学，求的是学问，不是学位，学位对我毫无用处；我是公费留学生，用的钱都是老百姓给的，能省一文是一文，无论如何都不能浪费。"

李仪祉是用他在国外所学造福于人民福祉的"大写的人"。1922 年下半年，他回陕西以后，制订了修建关中八大惠渠的宏伟计划。这八大惠渠是：泾惠、渭惠、梅惠、洛惠、黑惠、涝惠、沣惠和泔惠。我的故乡泾阳是泾惠渠的最早受惠者。泾惠渠横贯泾阳、三原、高陵三县，使这一地区成为关中富庶的"白菜心"。李仪祉生前为洛惠渠的题词是："大旱何需望云至，自有长虹带雨来。"他的墓地就葬在泾惠渠之源头，名为"鸡娃穴"，墓前设有机关，脚轻踩即有鸡鸣之声。"三更灯火五更鸡，便是男儿立志时"，人们闻鸡鸣声即唤起对他的怀念感激之情，暗合李相轩"况有气性奇男子"赠子的诗句，也激励人们勤奋耕耘、过好幸福生活。距我家仅一里之遥，建有仪祉农业技术学校，设高中和初中班，我曾是那里初中班的毕业生。于右任为名誉校长，李仪祉的胞妹李翕仪是校长。她还是位世界史学者，我在《两斋文明自觉论随笔》

中对此有专节记载。

1923 年李仪祉筹建陕西水利道路传习所，后为西北大学工科。他后来还兼任过西北大学校长。他身后留下了许多为人们传颂的名言。例如："要做大事，不要做大官。""一切事情要讲求实际，不要争虚名。"他还有"一有所疑，义有所问，毋稍讳"的话，对树立问题意识的自觉，是一个最重要的提醒。

缅怀先贤，我也是李仪祉的北京大学后辈校友。曹先耀在《辞书论稿与辞书札记》中的话，在我的脑海泛浮："未名湖畔走一遭，不改终身为学志。现在年老多病，生活适应能力大不如以前，但是在语言文字方面有考虑不完的问题，做不完的事，心态是平衡的。人生美好而有意义。"对这种老年感悟，我感同而身受。对人类文明交往的历史观念，我也有一系列的问题，需要日有所思，时有所写，美好的人生课题伴随着我晚年的日日夜夜。开头提到的李相轩老先生的"人生自古谁无死"的那首扫愚盲、扫弱盲的文明自觉的诗句，又在我耳边响起。李仪祉留给我们的宝贵遗训，莫过于他那句继承父志，把"大公"作为"大道"的"有公无私，有人无我"的大公无私名言了。这是他的公私观和人我观合成的"八字教"，可与张载的"四句教"齐名。

第 274 日 　　　　　　　　　　　　2012 年 9 月 30 日　星期日

214. "华夏族"的文字与文明

汉语是中华文明赖以传承的文脉符号，它也是中华民族的主体语言。"华夏"是中华民族崇礼尚美文明特质的表述，其中不乏自豪与自信的文明自觉。黄伟嘉、敖群在《汉语文字入门》一书中认为"华夏族"的称谓，是"一种荣耀"，并说：古书上说："国有礼仪之大，故称夏；有服章之美，谓之华，华夏一也。"这是对"华夏族"从语义学上的一种理解，是初学汉语言文字的文明的提示。

但书中引用的"古书"的话有遗漏。这本古书是《左传》，该书

"定十年"有这句话。引文一开头，漏掉了一个"中"字，应为"中国有礼仪之大，故称夏……"此句话是《左传》定十年："裔不谋夏，夷不乱华"的疏。一般理解是，我国古称"华夏"，省称"华"，而"夏"是"大"的意思。《书·武成》："华夏蛮貊，罔不率俾。""疏"称："夏，大也。故大国曰夏。华夏谓中国也。""华夏"最初是指我国中原地区，后来由于我国内部文明交往范围的扩大，华夏指包括在我国全部领土之内生活的一体多元的中华民族。

按：《方言》中有"自关而西，秦晋之间，凡物之壮大而爱伟者，谓之'夏'"。《诗·秦风·权舆》："於我乎夏屋渠渠，今也每食无余。"《楚辞·屈原·九歌·哀郢》："曾不知夏之为丘兮，孰两东门之可芜。"注："夏，大殿也。""夏"为"大"之意，看来不仅是自关而西，秦晋之间的方言，而且在楚地也有此意。我原来对《史记·大宛传》中称"大夏西域吐货罗为民多，可百余万"的"大夏"，不明白为何称它为"大夏"。现在我从《方言》中解释秦晋之间，对物之壮大而爱伟者称为"夏"，推想张骞为汉中人，又居长安，其语言必有以"夏"为"大"的方言在。因而完全可能因"巴克特里亚"（今阿富汗西北地区）为西域大国而用"大夏"之称谓。

中华民族是如花、好美、尚雄宏大的悠久文明民族。长期的文明交往，形成了一体多元的民族认同和民族凝聚力。关于"中华"的"华"字，它原来就是华美之形（華），美丽丰厚、光彩照人，汉语文字的创造，表现了原创的特性品格。台湾有学者对其简化为"华"，颇不以为然，认为统一应从恢复原繁体字开始。这看来是个遗憾的良好愿望。当年文字简化工作中缺乏这个政治文化头脑，把"華"字简化为"华"。不过，现在的"华"字也有它另一种意义上"化"（融化、化成）的博大气势。"华"上之"化"，赋予"以化成天下"新意。中华民族是一个善于消化吸收和包容人类一切优秀文化而化为己有的民族，用"华"字似乎也可以表示中华民族统合、涵化、创新的先进性特征。

第九编

文化文明

编前叙意

文化和文明是人们常常从一般的意义上同时互用的概念。准确地说，二者是有联系又有区别的概念。

文化和文明是不同层次的概念，文化是文明核心，文化有待于上升为文明层次。

人造成文化和文明，而文化和文明反过来使人成为"人"。文化和文明为人所创造，同时又成为人生存状态、生产方式、生活习惯、物质条件、精神价值和思维理念。这是因为文化和文明以相同的人文精神为中枢，又是以交互作用为整体形态的概念。此种交互作用在文化上表现为交流，而在文明上表现为交往，并且以互动、互融、互通、互鉴而发挥其共同交互作用。

哲学的深沉，文学的优美，历史的丰富，社会的多样，自然的根基，科技的便捷，总括为文化与文明的长河巨流，形成了人类对自然的改造，对社会的重构，归之于人类劳动创造物质和精神成果。劳动是人类的本质，人类是以它为中介，而创造性地影响和改变自然界。这就是人类与自然交往过程中的人化了的自然和人类自我身心的文明化。

文化和文明都必须有自觉，而自觉来源于对交流、交往互动规律的认识，特别是对于一与多、同与异、变与常之间以及分、斗、和、合之间的辩证关系的正确理解。只有建立在符合客观规律性和主观能动性内在统一基础上的文化和文明自觉，才是清醒的自觉。

文化交流、文明交往对双方的人民，可以消除隔阂，加深彼此的了解、理解。当今世界、不同民族、不同国家的冲突，既源于利益的纠结，也源于人们的思想与精神纠葛。文化交流、文明交往的力量，我认为仍然归结为六条交往力的互动综合，即精神觉醒力、思想启蒙力、信仰穿透力、经贸沟通力、政治权制力、科技推动力的交互作用。

从文化交流、文明交往的互动规律上看，我还是在 20 世纪末和 21 世纪初思考的那个自觉理念：自知之明，知人之明，知物之明，交往自觉，全球文明。

第 275 日　　　　　　　　　　　2012 年 10 月 1 日　　星期一

215. 文化的特质

文化是一种精神力量。它柔韧而有力，它深入心灵，渗入生活各方面，形成风俗习惯、变为传统而世代相传。

文化是一种精神纽带。它绵长而广厚，融入血脉，化成文脉，起着潜移默化而与时俱进的作用。

文化重在思想层面，是内在思想与外在民族形式的统一，它常常在人类利益驱动之外，起着独立于经济、政治、军事之外的作用。

文化是文明的核心。它的特质有三：民族性、地域性和价值观。然而，文化是离不开文明形态这个整体的。文明重在物质和制度层面，它的社会性、时代性、人类性特征，是与文化这个内核相辅相成、相互联系的，同时又是一个内核与外围相统一的整体。

文化从知识的层面上说，是有待于提高到道德修养层面的。文化知识是文明的基础性前提，然而文化知识并不完全等于文明。文明是高雅有礼、明于物理、明于人性、明于心灵，是追求人性真、善、美的。显然，文明是包含文化而又高于文化的。

钱穆、林语堂和英国文学家王尔德都谈到这一点。钱穆在《中国文化史导论》中认为，文明文化"皆指人类群体生活而言。文明偏在外，属物质方面。文化偏在内，属精神方面。"林语堂在《生活的艺术》中说："一个理想的受教育者，不一定要学富五车，而只需明于鉴别善恶，能够辨别何者是可爱的，何者是可憎的。我曾见过这一类人，他们在谈话时，无论什么题目，总有一些材料要发表出来，但是他们的见地，则完全是可笑可怜的。他们的学问是广博的，但是毫无鉴别的。"王尔德在《狱中记》中说："生活中的平庸，并不意味着不懂艺术。渔夫、牧人、耕者、劳工之中自有可爱之人，他们完全不了解艺术，却仍然是世上的圣者。真正庸俗的，是那些仅仅知道对这个社会笨重凝滞和盲目的机制予以支持推动而对人或事的内在活力视而不见的人。"

王尔德所讲的机制是社会机制，而社会机制是制度文明的内容，制度包括社会、政治、经济、文化等方面，这是文明的本质所在。人的作用只能是在顺应客观规律的前提下发挥自己的主观能动性。人的主观能动性是重要的，在自觉意识到客观规律而进行活动的时候，才能显示人的创造力量。尤其是思想观念的转变和人类意志的力量，在这种情况下，可以由自发的行动变为自觉力量。

哈耶克有一种人类社会变迁的制度渐进演化生成论。他在《哲学、政治学、经济学的历史观念新论》中谈到了理性、文明价值观、各种因素的互动和渐进演化过程问题。他指出："那种认为人作为一种存在可凭借其理性而超越其所在文化的价值观并从外面或一个更高视角来对其作出判断的空想，只能是一种幻觉。我们知道，理性也是文明的一部分，我们所能做的，只是拿一部分去应对其他部分。就是这个过程，也会引发持续不断的互动，以至于在很长时间中可能会改变整体。但是，在这一过程中的任何一个阶段，突发式或重新建构整体是不可能的。因为我们总是要应对我们现有的材料，而这些材料本身就是一种演化过程的整体的产物。"

哈耶克上述一段话的意义，在于说出了文化、文明的历史观念。这是因为每一种文化、文明不仅有其社会经济基础，而且有其意识形态面貌。他在《通往奴役之路》和《法、立法与自由》两书中，对思想观念、意识形态都很重视，甚至认为"观念的转变和人类意志的力量，塑造了今天的世界"。意识形态的深层价值基础必然随着经济基础、政治思想的惯性在渐进的承前启后、继往开来中发展，进而形成新的体系。在既存文明中的革故鼎新、改革创新中建设新的文化、文明。这是需要树立的历史观念。

这种历史观念是由自发走向自觉的文明观，是在洞察各种因素变动不居、充满矛盾中发现互变互动规律的文明交往自觉观。交往自觉，从根本上说，是不断打碎旧的、束缚人的思想精神枷锁而使人的思想解放的文明化。人的文明化需要明于文化的特质并把它提到与文明相统一的程度。因此，深入探索对人类历史命运的关怀，是文化、文明方面一个重要课题。

第 276 日   2012 年 10 月 2 日   星期二

216. 文明交往的基本事实

人类文明交往的历史观念和任何历史观念所应当关注的基本事实一样，就是人类的物质生活、精神生活和生产的需要。一切历史的基本条件和前提首先是：为了"创造历史"必须生产满足食、衣、住、行所需要的物质资料和精神资料。这种需要从文明的前史过渡到文明史，随着社会生活的进步，"已经得到满足的第一需要本身、满足需要的活动已经获得的为满足需要用的工具又引起新的需要。这种新的需要的产生是第一个历史活动。"（《德意志意识形态》，《马克思恩格斯选集》第一卷，人民出版社 1972 年版，第 32—33 页）人类文明发展的需要，这就是生产力和交往力所要解决的问题。

生产力是广义上的交往力，是人作用于自然和人的社会交往活动的动力所在。人类文明的本质是社会关系。这种关系的最初形态是家庭，后来，是"需要的增长产生了新的社会关系"，历史"一开始就表明了人们之间是有物质联系的。这种联系是由需要和生产方式决定的，它的历史和人的历史一样长久；这种联系不断采取新的形式，因而就呈现出'历史'"（同上书，第 33—34 页）。

人与生俱来的生理和心理上的需要产生人们的历史活动，产生人们的生活和生产活动。正是这种活动需要产生了关系、联系，即人类文明的社会交往，包括物质、精神、政治、文化诸方面的交往。"生产力、社会状况和意识"被马克思、恩格斯认为是彼此联系又相互矛盾的三大重要历史因素。意识中受经验束缚的唯心观念，即"假想中孤立的"历史观念也制约着交往活动，"生活的生产方式以及与之相联系的交往形式是在这些束缚和界限的范围内运动着的"（同上书，第 36—37 页）。

意识是什么？"意识一开始就是社会的产物，而且只要人们还存在着，它就仍然是这种产物。当然，意识起初只是对**周围的**可感知的环境的一种意识，是对处于开始意识到自身的个人以外的其他人和其他物的狭隘联系的一种意识。"（同上书，第 35 页）《德意志意识形态》中，以"语言"为例，来说明"交往"联系："语言和意识具有同样长久的历史；语言**是**一种实践的、既为别人存在并仅仅因此也为我自己存在的、现实的意识。语言也和意识一样，只是由于需要，由于和他人交往的迫切需要才产生的。凡是有某种关系存在的地方，这种关系都是为我而存在的；动物不对什么东西发生**'关系'**，而且根本没有'关系'；对于动物来说，它对他物的关系不是作为关系存在的。"（同上书，第35页）语言学是需要从人类交往中的认知心理进行研究的。这是进一层的交往"关系"。

显然，这里所说的"关系"是人与人之间的社会交往关系。人是社会的人，人与人之间的交往是人类文明交往关系。这种社会性的交往的主要特征是利益关系，或者说，是利害关系。《德意志意识形态》把这种利益作了具体分析：①"以**国家**的姿态而采取一种和实际利益（不论是单个的还是共同的）脱离的独立形式，也就是采取一种虚幻的共同体的形式"，这种形式是由"私人利益和公共利益之间的"矛盾而产生的（同上书，第38页）。②利害关系由交往关系中各种"联系"，特别是人群共同体和各阶层、各阶级利益基础上产生的："这始终是在每一个家庭或部落集团中现有的骨肉联系、语言联系、较大规模的分工联系以及其他利害关系的现实基础上，特别是在我们以后将要证明的各阶级利益的基础上发生的。"（同上书，第38页）③分工、分配产生的所有制（对他人劳动力的支配），以及分工活动使每个人不能超出自己的活动范围，使"人本身的活动对人说来就成为一种异己的、与他对立的力量，这种力量驱使着人，而不是人驾驭着这种力量"（同上书，第37页），即古汉语中的"人为物役，心为形役"。④由分工而"人以群分"，而分为"一个阶级统治着其他阶级"，使"国家内部的一切斗争——民主政体、贵族政体和君主政体相互之间的斗争、争取选举权的斗争，等等，不过是一些虚幻的形式，在这些形式下进行着各个不同阶级间的真正的斗争"（同上书，第38页）。⑤"从这里还可以看出，每一个力图取得统治的阶级……都必须首先夺取政权，以便把自己的利益说成是普遍的利益"。（同上书，第38页）

对于因受分工制不同而在人类共同活动中产生的"社会力量"（"扩大了的生产力"），成为"异己""异化"而无法驾驭的社会力量，只有具备了以下"两个**实际**前提之后才会消灭",即:两极分化为①把人类的大多数变成完全"没有财产的人";②与这些人相对立的"和现存的有钱的有教养的世界"。这两个条件"都是以生产力的巨大增长和高度发展为前提的"。"只有随着生产力的这种普遍发展,人们之间的**普遍**交往才能建立起来"(同上书,第39—40页)。大工业"首次开创了世界历史,因为它使每个文明国家以及这些国家中的每一个人的需要的满足都依赖于整个世界,因为它消灭了以往自然形成的各国孤立状态"(同上书,第67页)。

以上"日历"之文,是我学习马克思、恩格斯著作的笔记,是我老年沉下心来返回理论经典的记录。当时的历史时代有当时的问题,如物质与意识、经济与哲学、阶级和阶级斗争的理论与实践问题,等等。对此应有历史的观点具体对待,不可一概而论。然而,经典著作到底是经过历史沉积凝固的经典,每次重读都像初读时那样,有新的启发;每次"学而时习之"都有"温故而知新"的感觉。经典是思想的原点性著作,是打开智慧的学术栖息所。思想的本质是"历史的",经典著作是富于"历史性"的思想。这是经典常读常新的真谛所在。从上述10月2日的日历笔记中,我感受到了经典中的理论思维的逻辑力量和后代人应有的创造责任。

第 277 日　　　　　　　　　2012 年 10 月 3 日　星期三

217. 全球文明时代

我有文明交往的二十字自觉性话句:

"知物之明,知人之明,自知之明,交往自觉,全球文明。"

这二十字概括既是受费孝通先生的"美己之美,美人之美,美美与共,天下大同"十六字教的启发,又是自己结合史例探研思考而成的文明自觉话语。费先生的"美己之美,美人之美,美美与共,天下大同"十六字教是深思熟虑的人类文明交往的理想性话语,是人类共同的美好理想。但是在现实中经常被打破，难以实现。这是理想，还不是理性，不够实际、现实、实在。今日，说自己的文化美，也要别人说自己的文化美，甚至要把自己的价值观强加于别人的事例比比皆是。费先生的六个"美"，真是到了"天下大同"时才能实现。这确是美好的梦。然而，它毕竟要严肃地面对文明交往客观规律。

我从人类文明交往的历史与现实情况出发，面对这个美好的未来世界梦，觉得有必要树立人与自然、人与社会、人与自我身心三方面文明互动交往规律基础上的自觉观念。这种自觉观念从根本上说，是深入探讨人类文明交往互动的规律性问题。所谓知物、知人、自知之间的关系或者彼此联系，所谓二十字中的四个"明"，就是明白理解其中内在的本质特征和规律性认识。只有对这种规律的认识、掌握和运用，才能逐步达到在全球范围内实现"和而不同"的多元、平等、共处的和谐世界。

费孝通先生在晚年特别关注人类的美好未来，寄希望于后代学者完成他的"十六字教"的未竟理想事业。任何一个历史时代，都有自己的文明交往特征。如果说，历史上农业时代是东方文明的时代，工业时代是西方文明的时代，那么生态文明时代将是全球文明的自觉的时代。如果没有东方文明的复兴，就不可能有全球文明的新时代。费孝通先生是从人类学上思考人类未来的美好文明时代，我想从人类历史的角度，从人类社会发展的过去、现实和未来来看全球文明的交往互动规律。历史是由自然史和人类史组成的，人类史产生于自然史，人类史离不开人类和自然的互动，让我们以客观、科学的积极自觉行动，迎接全球社会生态和自然生态协同发展的新文明时代的到来。

第 278 日　　　　　　　　　　　2012 年 10 月 4 日　星期四

218. 文明自觉与自信

文明自觉是创造的自觉。
文明自信是创造的自信。

文明的自信与自觉的特征，是文明的创造者由被动的文明模仿者、接受者，变为新文明的创造者。

自觉、自信源于对文明交往规律的发现、思考、研究，并形成理性思维的理论成果，并且用社会实践去检验它。

自觉、自信首先要对自己文明的根基、根本有正确认识。在人类文明交往史上，在强势文明的挑战下，弱势文明往往容易产生民族自卑心态。中国近代以来，就有几次看不起自己优秀文明的潮流。中国人在世界文明的发展中，否定自己文明的过激程度，为其他文明所少见。把自己的文明视为秕糠，把外来的洋垃圾视为珍宝的事情，时有沉渣泛起。这虽然有各种各样的历史条件和原因，但是，一个失去了自己文明根基的人，绝不会有自觉与自信。

自觉、自信的关键，主要在于对自己文明的反思力和善于学习先进文明的优秀成果，二者的有机结合，方能有力地推动文明的发展与文化的创新。

对于过分的自大自傲的文明偏向，也是交往的大忌，绝不可取。文明的生命在于交往，而交往的价值在文明，在文明交往中吸收、借鉴外来文明以创造自己的新文明，其生命价值与活力犹如蜜蜂采百花之精华而酿自己蜜一样重要。积极、主动地接受外来文明的激励、促进并消化，是民族文明自觉自信的表现。自觉而后才有创造实力，有创造实力才有真正的自信。

还是文明交往方面的一句"交而通"的话语：不忘本来，吸收外来，自信互动往来，自觉创造未来！

第 279 日　　　　　　　　　　　　2012 年 10 月 5 日　星期五

219. 道德自觉

道德自觉是指道德主体的人对国家、对民族、对社会、对他人、对自然以及对自身道德的责任意识。

　　道德自觉是主体人的美的核心和前提条件。知荣辱、尽责任、自尊自信、理性平和、积极向上均属此种自觉意识。

　　利益要素要与同时代人的利益平衡，也要考虑到隔代人的利益担当。利与义是道德自觉要解决的核心问题。

　　社会和谐、全面发展、生态文明、制度文明同行齐进的自觉是人类文明交往的良性运转的最佳状态。

　　制度是帮助、规定、完善或限制人和人类行为的，而道德是人的完善和人际关系和谐的客观要求。生产、分配、交易、消费、卫生等社会行为应做什么，由此问题意识导向而建立公平合理的社会制度。这是道德自觉的制度保证。

　　道德素养是人类精神文明的素质，是由文化知识上升为文明的最重要的标志。道德自觉是人类文明自觉的根本内容。人是以道德为本的，人无德不立，立德和树人在人类文明交往中是与动物本能的本质区别。

第 280 日　　　　　　　　　　　**2012 年 10 月 6 日　星期六**

220. 和谐的理念

　　"和谐"是我从 20 世纪末到 21 世纪初最关注的文明交往的理念之一。我在 2001 年为《文明交往论》所写的"自序"的标题就是："文明交往是关于全球文明和谐问题的科学课题"。从那时到现在，已经 11 年多了。

　　把"和"与"谐"连在一起组成为"和谐"的交往理念，是中华文明对人类的理性贡献。中华文明这一创造，可以成为 21 世纪人类基本的道德观和人伦意识之一。"和"为核心，"谐"为结果。"和谐"表述着人类文明交往的良性互动，不仅有大智慧的大气度和高尚度，而且富于音乐美的韵雅感。"和谐"是《易·乾》中的"保合大和"境界。"和谐"在汉语和英语中都与音乐有关联，汉语尤其如此。"如乐之和，无所不谐"（《左传·襄公十一年》）就是把和谐与美好的"乐声和顺"联系在一起。

文明交往的自觉,就在于追求人与自然、人与人和人的自我身心的和谐状态。和谐也是物质、精神、制度和生态四大文明交往追求的理想。和谐还可以用于表述当今世界的构建目标,因为和谐的内涵是不同文明之间和相同文明之内的友好相处、平等对话、共同发展繁荣。正如2011年《三亚宣言》中所说:"21世纪应当成为和平、和谐、合作和科学发展的世纪。"

和谐是人类文明追求的理想境界,是强调"和为贵"、"和而不同"、"和实生物",但不是唯一原则。"礼之用,和为贵",然而"知和而行,不以礼节之,亦不可行也"(《论语·学而》)。这里的"礼"、"和"、"知"、"行"之间,还有一个中间环节,这就是"以礼节之"的"中节"环节。这是一个紧要的、起关键作用的环节,是合乎法度、合乎规则的"致中和"的环节。和谐是调节、协调、沟通各方面利益,找出交往中的平衡点和契合处的缓冲地带。在动荡多变的世界里,当代文明交往中,中庸思维方式是值得采取的思维方式。然而"和"与"斗"同为人类文明交往中的智慧创造。不能因此而失彼,因"和"忘了"斗",政治上,尤其是军事上,更加需准备斗争。"斗"是不可少的,但"斗"是手段,不是目的,"斗"是为了"和"。和谐需要以礼节制。"和"不是无原则的,它是"斗"的结果。当然,"和"还是"斗"的前提,不可迷信"斗"的信条,不可信守以"斗"为乐的"斗争哲学",那将是得不偿失的,是无益而有害于和谐的,是有深刻历史教训的。

第 281 日　　　　　　　　　　　2012 年 10 月 7 日　星期日

221. 由文明进程想到文明交往自觉

德国学者诺贝特·埃利亚斯(1897—1990)的《文明的进程》由王佩丽、袁志英译,三联书店和上海译文出版社分别于1998年和2009

年出版。埃利亚斯在马克斯·韦伯和阿尔费雷德·韦伯兄弟所在的海德堡大学求学。这两位德国学术巨子在文明学上都有贡献，前者通论世界各大宗教而为文明学奠基，后者则从文化社会学角度另辟蹊径，进入文明史历程。《文明的进程》一书的作者虽不如上述二人有名，但也有其特点：

①文明与文化的区分。德文的文明（Zivilisation）是指那些有用的东西，仅指次一等的价值，即那些包括人的外表和生活的表面现象；而文化（Kultur）是表现自我，表现那种对自身特点及其成就感的骄傲。埃氏的文明概念，与阿尔弗雷德·韦伯的相同之处在于他也更关注人类历史演进的一般发展历程；不同之处是从物质（特别是器物）层面入手，用人们天天使用而不知其意义的东西捕捉文明的脚步。他谈文明涉及人们的就餐行为、卧室行为、男女关系，甚至如手擤（鼻涕）、吐痰等行为。我们可以这样说，文明是人类区别于野蛮的一个时代概念，理解它的内容在德国就是克虏伯人炮、蔡氏精密仪器、西门子电器等那样的器物。文明也包括制度层面（如德意志统一道路、俾斯麦的社会福利制度）。文化则是精神层面（如康德、歌德、席勒、黑格尔、贝多芬等文化代表），是属于高层次的思想、艺术、宗教等观念形态的东西。

②埃利亚斯在《个体与社会》（翟三江译，译林出版社2003年版）中提出了"我们—自我—平衡"（Wir - Lch - Balance）的一组概念。"我们"指人类，自我指单个人，平衡指中庸，这是说人与人之间的社会交往。可以说是属于"知人之明"和"自知之明"的范畴。埃利亚斯说到德国人时，专谈18世纪中等阶层知识分子建立的纯粹精神的自我意识，认识这种把纯粹精神的东西同经济、政治、社会完全分开来是他们的特点。这样的德国人特征产生的根源是德国市民社会在政治上的软弱性，是民族长久的不统一所致。这是一种单纯思维观念，始终朝着一个方向发展，从而走向内心，走向"自我教化"（Selbstbilclung）。这样把"教化权"留给了自己，使得他们民族统一都实现得很晚。看来，教化权非常重要，在人类文明交往中，这决定了谁在这个世代相传的人类谱系中居中心地位。"德意志道路"不仅是政治上独特的民族统一道路，而与此相联系的自我意识方面，有黑格尔的日耳曼自我认同，尼采的"超人"，斯宾格勒的德意志内心自负，这是有线索可寻的。

③他从制度层面谈文明历程。文明进程的基础互动关系是他的精华部分："从相互交织的关系中，从人的相互交往中，产生出一种特殊的秩序，一种较之单个人的形成的意志与理性更有强制性和更加坚定的秩序。这种相互交织的秩序决定了历史变迁的形成，也是文明进程的基础。"（《文明的进程》下册，三联书店1998年版，第252页）

这是埃利亚斯对欧洲文明探源的巨著中关于文明交往互动规律性的理解。西方文明之间，如西欧文明与大洋洲文明、北美文明，尤其是以美国文明为代表的现代西方文明之间，如何交往？值得用文明交往自觉的历史观念去探其究竟。同时对人类文明之间，特别是东西方文明之间，用全球化的自觉去通观、审视、升华，尤为重任在肩。

上述见解，是从进程的历史观点观察文明，这是很正确的。然而，从进程之中，有必要深入到本质和发展轨迹方面研究。我认为，"文明交往自觉"这个理念尤其重要。从进程中考察文明交往的纵向、横向以及各种要素之间的变化互动，在文明之间、之际、之内找特点、找规律性，是文明交往自觉性的关键。

第 282　　　　　　　　　　　2012 年 10 月 8 日　　星期一

222. 文明自觉

今日二题，此为第一题。

自觉要从文明交往实践的过程中获得。这个交往受互动的客观规律所制约，又为人们的实践的主观能动性所深化。

文明自觉不是自在的、自发的，而是自为的，但这种自为不是自在文明的单向升华。这是因为文明自觉本身就是关系性的、关联性的、交互作用性的。也就是说是内外联系互动中产生的。关联是文明交往的关键词。

现在都讲的国学，西方讲的汉学，若无西学的交往，便不太清晰。现在国内大讲儒学，而儒学关系着国学的重建，也关系着藏、蒙、回、壮、蒙古、彝诸学之再兴。文明的内外交往实践将人类引向自为、自在、自觉。

自在而无交往，文明要步入萎缩。文明的生命在交往，而交往的价值在文明创造的价值。文明自觉是去掉话语文明之间的对立而为相互尊重、互相信任所代替。同时，承认人的差异更多地从文明不同上去理解。自觉是文明交往中"生命的生命"。文明的生命在交往，交往的价值在文明，文明交往的自觉，推动着人类由必然王国向自由王国的转变。

文明自觉是人类最强大的力量。文明自觉把文明交往互动的客观规律通过实践的主观能动性融会为一体，形成整体的合力。这种综合能力是人类文明自觉的集中体现。

现在，人们的物质和精神文明程度提高了，养生成为人生中的普遍关注的问题。养生需要自然的力量，需要日光、空气、水和各种维持生存的营养，但也需要人本身的运动和体育锻炼，更重要的是需要心态上的平衡修养。养生的关键在养心，要养成善处顺境和逆境的文明自觉精神和力量。休谟发现了这种力量，他在《人性论》中写道："顺境使我们的精力闲散无用，使我们感觉不到自己的力量，但是障碍却能唤醒这种力量而加以运用。"穷则思变，知困而后进，就是这个道理。

223. 思想理论上的自觉

今日二题，此为第二题。

生活直觉感受和生活理念信念是人生的支撑点。这两个支撑点支撑着所有人的一生。

然而，并非所有人都能从生活直觉感受和生活理念信念中进一步深入到思想理论上的自觉。这种自觉是严密的精确的理论思维方式的表现。这种理论思维重要的方面是辩证法。辩证法思想在东方也存在，但作为一个完整辩证法独立形态是西方哲学的产物。但东方或西方哲学家都以不同角度、不同程度在自己的思维中加以运用。问题在于自觉还是不自觉地运用。思想理论，尤其是辩证法的历史轨迹是人类文明自觉的中心线索。这条线索贯穿着人类曲折漫长的发展历程。

第 283 日   2012 年 10 月 9 日　星期二

224.《再造文明》中的交往自觉

阿尔文·托夫勒在《再造文明》（*Creating a New Civilization*）一书中说，计划经济与市场经济的区别是：前者为信息的垂直流动，后者为信息的水平及对角流动，买卖双方在各层交换着信息。

发展中国家的转型时期，也就是再造文明时期。旧的事物在消退，新的事物在增长。这种新旧文明交往过程中，社会发生脱胎换骨的变化，新的交往手段出现，互联网正是这种新的技术力量。

这是一个从无序到有序的波澜壮阔的大变革。政治主导将关注社会从纵向转向横向联系过渡。政治、经济、社会、文化将通过互联网络改变人们的组织、生活、思维方式。这是一种文明的交往新形态，人类需要以新的思维和行动来应对。

第 284 日   2012 年 10 月 10 日　星期三

225. 文明·自由·社会

文明、自由、社会，是潘光哲编的《容忍与自由——胡适读本》中三辑的辑名。三辑是以三问为题的：①我们需要什么样的文明？②我们需要什么样的自由？③我们需要什么样的社会？

什么样即何种式样，这是文明、自由、社会的"三何"而问。

胡适的墓碑有文，全文如下：

"这是胡适先生的墓。这个为学术和文化的进步，为思想和言论的自由，为民族的尊荣，为人类的幸福而苦心焦虑、敝精劳神以致身死的人，现在安息了！我们相信形骸终要化灰，陵谷也会变易，但现在墓中这位哲人所给予世界的光明，将永远存在。"

胡适有再造文明之功，举自由主义之旗，改造社会之志，也有容忍之心。他1962年逝世于台湾"中央研究院"会议上，是心脏病突发而亡。他死在工作岗位上。他为追求人类文明、自由和社会进步而终生探求，他留下的思想和精神，是中华文明的一份宝贵遗产。

第 285 日　　　　　　　　　　　　2012 年 10 月 11 日　星期四

226. 世界文明对话年

今年是联合国将2001年定为"世界不同文明间对话年"的10周年纪念。自从伊朗总统哈塔米倡议设立文明对话日以来，世界各国的智者纷纷响应。尽管文化背景、历史条件、现实情况不同，民族、国家各异，彼此之间都为了文明交往的自觉化而进行了各种形式的多次对话。

对话是不同文明之间交往的自觉行动。对话推动了各国人民的相互交流、学习、了解、尊重，推动了相互亲近、彼此欣赏，从而有利共存、共进、和谐相处。

在世界交往变得越来越密切，人类的生存、生产、生活越来越发展、繁荣富裕的同时，伴随而来的是动荡增多、矛盾冲突丛生。对话比对抗好，这是人所共知的通理。但在利益最大化、权位欲无限膨胀和浮躁、盲目、健忘的文明不自觉状态下，许多人还是过于迷信暴力而选择了对抗，甚至动辄走向战争。

科学技术能够大大提高生产率，成为发展的动力，但不能解决它所造成的种种问题。科学技术是第一生产力，然而对人类社会交往力、特别是对于人类精神心灵中的问题，它是无能为力的。

人类文明的生命在交往，交往的价值在文明，文明交往的自觉在人文精神的指引，而其核心在知物之明、知人之明、自知之明。对话是知与明之间的桥梁。不同文明之间的对话，可以造成彼此交流的智慧，走向"和而不同"的和谐文明世界，使人类从物质主义、人类中心主义和自我中心主义的精神桎梏中解放出来。

哈塔米是一位对人类文明交往有杰出贡献的人物。他是伊朗伊斯兰共和国第五、第六任总统。他还是德黑兰大学的博士。我书架上有一本他1994年的著作《城邦世界到世界城市》，这是伊朗驻中国大使馆赠送的。在书中，他深感"当今文明所面临的困难是巨大而沉重的"，于是在书的最后提出了"哈塔米四问"："我们能否把握未来的命运？最起码我们能否把握住自己的命运，并在其中发挥重要作用？如果回答是肯定的，我们用哪一盏明灯来照亮我们前进的道路呢？在这一过程中我们的食粮又是什么呢？"

纪念"文明对话年"10周年，不要忘记"哈塔米四问"，不要忘记对话对人类文明交往的意义。

第 286 日　　　　　　　　　　**2012 年 10 月 12 日　星期五**

227. 叶文评文明学研究

叶隽在《从"文化"到"文明"——人类史观察的视角转移与"文明学"的建构问题》（《中国图书评论》2011 年第 1 期）一文中，有下述评说：

①评周谷城、田汝康主编的 40 分册的"世界文化丛书"：虽"有建树"，但"显出在理论建构和问题意识上，中国学者还缺乏足够的自觉意识和本土立场"。

②威尔·杜兰的书，原题为《文明的故事》，重在叙事。

③伯恩斯等主编的《世界文明史》，"较有学术意义的系统概理"。

④汝信主持的"世界文明系列"强调"外部交往"与文明之间的

良性互动关系，具有理论普及的"探索自觉"，界定"文明"为"人们有目的的活动方式及其成果的总和"。

⑤盛赞亨廷顿的"文明冲突论"有"深厚的人文底蕴"、"深刻洞察力"，"对文明的讨论如此力透纸背"，"发人深省"，为"非常预期现象表述提供了一个很好的切入区"。

⑥叶文认为，"文化"从属于"文明"，分为器物、制度、文化三层。器物是商业竞争，在追逐利益；制度是暴力、战争，追逐荣誉；文化在追求理想。

⑦叶文又认为，当前"文明冲突"的无序性为"文明史"（或"文明学"）的建构提供了机遇。他设想的建构为：第一，宏观的文明整体概念。第二，文明的分类为：古典、中世（流力因素）即西学与东学之互渐——现代；宇宙参照坐标：人类——自然。第三，理论建构性原则的自觉意识，如以史学为基，以问题为导向的关于理论建构的文明史研究专题取向（国别性、区域性），即相近文明与宏观文明为基；如观念文明多维研究（信仰文明）；如专题、断代与综合研究。第四，时间三维（古代、中世、现代）、地域三维（西、东、中）、建构三维（器物、制度、文化）和内涵三维（理论、历史、专题）。

叶文评文明学研究，主要评汝信主编的两套书（《世界文明大系》和《世界文明通论》），均为福建教育出版社出版，前者为 2008 年，后者为 2010 年。中文书只提到陈启能等著的《文明理论》一本，其他均为外国作者的著作。评论中有一些是一家之言，有些是即兴想法，要实际上做起来，并非那样简单。但总算有这样一篇评论，也不能过多要求他。我觉得有两点很对：最根本的是文明史和文明理论问题意识的研究导向。他只注意到中国社会科学院，而没有看到高等院校，也没有看到《中国高校哲学社会科学发展报告（1978—2008）·历史学》一书是一个缺憾，那里边有文明的历史与理论研究的许多信息。此书由李学勤、王斯德主编，广西师范大学 2008 年版。我国有许多人在从事文明研究中的史论结合的实践工作，而且成果不少。我和我的研究群体，也长期从各领域、各角度进行探研。且不说我主编的 13 卷《中东国家通史》和人民出版社 2010 年版的《中东史》，也不说我的 135 万字的《两斋文明自觉论随笔》，我只重提我在 2001 年《文明交往论》自序中的话：

"许多人都意识到，中华民族正处于一个伟大的文明复兴时期。民族的复兴，归根结底是文明的复兴。在这个文明复兴的时期中，国人对文明的研究，随着20世纪80年代文化研究高潮之后，在20世纪90年代和21世纪初，已经进入了一个深入的、具体的和扎实的研究阶段。"（见陕西人民出版社2002年版，第5页）

第287日　　　　　　　　　　2012年10月13日　星期六

228. 麦克尼尔的文明观念

威廉·H. 麦克尼尔1963年以《西方的崛起》一书出版而开创全球史著名于世。然而，我觉得他的《瘟疫与人》，也是一本很有特色的著作，因为它把病理学与历史学结合而成为这一领域佼佼者。他在《瘟疫与人》一书中所讲的文明观念值得人们关注。他认为，人类文明之间的交流是互动的，他从这个大背景考察人类文明之间的走向，颇有眼光。他认为此种交流的范围极广，如①战争；②劫掠；③征服；④商队和跨海贸易；⑤宗教和观念的传播；⑥技术和工具的传递；⑦体制和管理方法的相互影响；⑧物种的传播；⑨病毒、细菌、病痛和瘟疫；等等。

他在书中指出："由于战争和贸易往往被载入史册，而发生于无知无助的边疆乡民中的瘟疫却无人记载，所以历史学家至今未能充分注意城市环境植入文明血液中的生物武器。"因此，他称"瘟疫史"研究为"史学家漏网之鱼"。他以"Plagues and People"命名自己的著作，本身就蕴含着多种瘟疫与多种人群之间的跨时间性和地区性的互动。伴随着各文明之间的交汇日益频繁，瘟疫也和不同时间、不同地区的人群不断交往。全书六章都贯穿着人类文明交往与瘟疫之间交织的历史，这的确拓宽了史学研究的视野。

该书的结论是："先于初民就已存在的传染病，将会与人类始终存在，并且一如既往，仍将是影响人类历史的基本参数和决定因素之一。"人类文明史是复杂而多样的，任何简单的概括都是不准确的。人的生老病死，离不开疾病史。疫，又称"疫疠"，又称"瘟疫"。瘟疫为急性传播病的通称，其特征是流行性。《礼记·月令》中就有"民殃于疫"的记载。汉代王充在《论衡·命义》中也把瘟疫称为疫疠，并把它与饥荒连在一起："饥馑之岁，饿者满道，温气疫疠，千户灭门。"我在幼童时，就知道陕西关中民国十八年（1929 年）"年馑"，那时三年六料因大旱而五谷绝收，伴随而来的是传染病，尤其是霍乱（称为"胡列拉"）流行。陕西关中当时有这样的民谣："早晨得病晌午死，后晌埋人带烧纸。"饥荒与瘟疫使人知道粮食的宝贵。我生于 1931 年，正好处于 1929 年、1930 年之后的 1931 年，至今给我留下了节约爱惜粮食的习惯。父辈吃饭，总是把碗内饭食吃得干干净净。"年馑"给人们留下的记忆是深刻的，"年馑"之中的瘟疫也使人知道在大饥荒之中必须防止大疫。人类文明交往中防治瘟疫的经验日积月累，最近时期经过"非典"之后的中国人，对此又有深刻体会。"瘟疫"与人，仍是人类文明交往史的主题之一。

威廉·H. 麦克尼尔在《西方崛起》之后，又与其子约翰·R. 麦克尼尔合作，写成《人类之网：鸟瞰世界史》（中译本为北京大学出版社 2011 年版），更进一步表述了两点文明理念：①"在人类历史上处于中心位置的，是各种相互交往的网络"；②"相互交往和相互影响的人类网络的发展历程，构成了人类历史的总的框架。"可见此书的历史观念是"网络"。它以 1450 年为界，把人类分为两大历史时期。其具体历史分期是：第一时期——约从 1.2 万年，即原始网络转变为渔业网络，而在 6000 年前再转变为都市网络，公元前 3500 年转变为亚欧都市网络体系（旧大陆体系），公元前 2000—公元 1000 年有美洲网络的成长，公元 1000—1500 年则有旧大陆网络密集期。第二时期，从 1450—1800 年为"世界性网络的编织"时期，从此走向"全球网络"。1750—1914 年，旧链条打破，技术进步造成了网络密集化。20 世纪，通信、交通大变革，世界性网络电子化，每个人都处于一个巨大的全球性网络之中。

可以看出，在他和他哲嗣的笔下，世界史成为"人类之网"史，即以人类网络化的交往互动为主线组成的全球的世界史。世界史已成为全球史，而全球史已使"移情"解释历史"情境"陷入困境，多维互动使之转为"想象"。该书力图以史料综合为基础的"理性想象"，代替以移情为基础的"诗性"想象。他们关注各种文化模式的具有重大历史意义的大事件。这种用大结构性视野来理解历史，是一种新的尝试，是接近文明交往这条理念上的自觉。

技术时代，尤其是信息网络时代，人们会提出"文化何为"的问题。网络成了一种社会生活方式和社会意识形态，不断深度地干预和塑造着人类的文化生活。哲学家雅斯贝尔斯早就认为，技术时代是人类的转折点，其最重要的特征是科技成为决定力量。现代自然科学把世界带进了实验室，而现代技术又反转过来作用于世界。如今手机世界已由按键操作升级为智能触屏操作，成为个人数据终端处理器。人类文明交往的网络进一步扩大了。过去，许多人之间的生命轨迹难以交织，可能一生都无缘相识，而如今，打开微信就可以结交许多陌生人。面对日新月异的技术世界，人们因疲于奔命而失去了文化记忆的兴趣，只为利益最大化而博弈。技术与文化分裂了。回归人的生活，必须有人文情怀。在技术时代，不要忘记当代科学史家萨顿的提示：单靠科学，即使我们的科学比现在再发达一百倍，我们也并不能生活得更美好。人们应向自己提出以下问题：①究竟技术给人类文明带来何种改变？②技术将以怎样的方式介入人类的精神领域？③技术不能做什么？

人类文明交往史昭示我们，技术是一个中性存在物，人类只有赋予它以人性的内涵和发展目的，才可能成为社会的进步力量。在技术时代，物质世界日益发达，人们的存在就越离不开交往，就越需要不同主体之间的对话与交流。这种交往互动的网络巨潮的中心应该是具有一种直抵人们心灵的人文情怀。人们在创造和享受物质财富的同时，心灵不能被物欲填满，一定要为精神的目的性存在留下足够的时间和空间。人们的物质、精神、制度、生态文明交往必须用思想、信念、体验、感受、灵性之网络所贯通穿透。须知：当我们的生活越来越依赖于技术与媒介，以至于人为的形象符号和各种虚拟环境成为沟通世界主要通道之时，虚拟与真实的界限被取消，虚拟时空取代了真实世界，这才是人类文明交往中最需要警惕的大事。

由此书涉及的文明思路使我产生的第一个联想是人类文明交往研究

的层面思考。这种层面应该一分为三而又合三为一：第一层是思想情感层面（这是表层，是入门的"同情的理解"——精神、哲学、信仰、美意），是人类历史与现实世界形态与行为模式；第二层是文化理性层面（这是高层，是世界文明交往整体内部构成），是不同的时间、空间、人间的"共感性"与"同步性"、"独特性"与"特殊性"、"整体性与具体性"之间的联系；第三层是文明自觉性层面（这是深层，是情感与理性的交融、价值观、意义、作用的综合）。

由此书涉及的文明思路使我产生的第二个联想是人类文明交往的平衡点和契合点问题。理性的历史哲学上有：①文明的共存、共处、共鸣、共生；②民族的文明之间的同与异、同中异、异中同；③人类文明的共兴、共荣；④世界本质的未变与人类文明交往方式在变；⑤生产、科技发展，对话的频繁性、平等性日益凸显。总之，全球化已成为现实，其发展也成为预见的未来，东西方文明交往经过历史沧桑巨变，价值观是建立在人类观和价值观更密切结合条件下的思想基础基石。

康德在《历史理性批判文集》中说："有思想的人都感到一种忧伤，这种忧伤很可能变成道德的沦丧。"这种有思想的人与道德的关系中的发展趋势，值得人类文明交往研究者关注。

文明的生命在交往，交往的价值在文明，交往无文明内涵，就失去人文精神价值。这确实是人类的自我身心交往的重要之点。

第 288 日　　　　　　　　　　　　　2012 年 10 月 14 日　星期日

229. 文化与理论思维

人从野蛮、蒙昧之人进化为"文明"之人，从动物之人变成社会之人，从低级文明之人变为高级文明之人，从本质上讲，靠文化。人与文化是互动的，人创造了文化，文化也改变了人。改变就是"化"，就是以文"化"人。文化是文明的核心作用在此。

知识是文化之始，知识是经验的积累，知识创新而后有文化。文化是人类社会文明的基因。文化有待于升华为文明，文明是顶层。文化、知识与书相关，与文字相关，而其顶层思想，是理，是道，是思维。理论思维是文化上升为文明的关键之处。没有理论思维，文化要僵化。人是活的，活人读死书，要用思想把书读活。有自己独立的思维，死书就变活了。

有理论思维就有思维方式，而思维方式是感性思维、理性思维和逻辑思维三者综合作用的结果。

有理论思维，就有文化精神。文化是人思维中的人文化，用人的思想去文明"化"人，用人的思想去传承和传播文化。在文明"化"人中求真、向善、爱美，创造新的文化和文明。这也就是在"化"中求"明"，即理解、领悟、反思、怀疑、批判和创造。

有理论思维就有洞察事物的文明境界。文化上升为文明境界，其关键是以文化"人"的过程中洞察澄明事物的内外联系，从中引出规律性的东西。这就是文明的"明"，是用人文精神和社会实践达到人类文明。

第 289 日　　　　　　　　2012 年 10 月 15 日　星期一

230. 人文而化之和人文而明之

文化和文明二者有区别又有联系，而且往往是重合的统一的有机整体。文化是根、文明是本，根和本是共同组成的两个方面。文化之根是民族的，它植根于本民族的土壤之中，这就是文化的民族性。文明之本生长于民族之根之上，从而生叶、开花，结出文明之果。时代的气候、世界的潮流又使文明与时俱进，在文明交往中融入"和而不同"的人类文明历史之中。

贯穿于文化与文明之中的文脉是人文精神。文化是人文而化之的物质、精神、制度和生态相互交往的产物。文明是人文而明之的人与自然、人与人和人的自我身心相互作用的结果。人文是人的主观能动性而见之于客观事物的交往能力，人文化之于物、化之于人、化之于制度、化之于生态、化之于自我身心的"化"，都是人文精神与之互动、互相作用的交往力的表现。"化"，本身就是交往力。人文精神是价值观和伦理观，是理论思维、逻辑思维和形象思维的综合力量，其核心是真、善、美的追求，其反面是假、恶、丑的摒弃。

人文精神要解决的问题是：人为何人？我为何人？为人何为？特别是有知识、有文化的人，要终身思考和谨守为人之理、做人之道，就应首先认识和履行人文精神。人文精神是理性与感性的结合，它是人性中良知的集中体现。休谟在《人性论》中说过："理智传达真和伪的知识，趣味产生美与丑及善与恶的情感。"人类文化与文明正是在人性的真、善、美与假、恶、丑的共存中，以前者"化"后者而发展的。

人文精神所走的路径是有益于人类社会的道路。天地生人之大德，就是赋予人以人文精神的创造历史，创造文明成果，完成自己应尽的事业。我一生以教师职业为荣，以探研学问、思考文明问题为乐，以勤思常写为趣。诚信谦逊而教书，正己育人是我的天职，为探研人类文明交往中的真、善、美是我为人的真谛。我八十岁时，学生赠我"树人启智"四字，并请书法家赵熊题写，至今仍高悬于悠得斋书室，时时在昭示着人文而化之和人文而明之的人文精神。

第 290 日　　　　　　　　　　　　　2012 年 10 月 16 日　星期二

231. 文明交往中的中西文化之争

中国与西方之间的文明交往关系，是世界史范围的问题。在人类历史进入世界历史的时期中，文明交往已进入新阶段，尤其是当今全球化时代，自不待言。

"经验是真知与灼见之母。"西贤欧文这句话中所讲的"经验"很值得思考。近代西方文艺复兴以来，作为西欧、北美先进文明传入东方的经验看，各民族、各国家的影响是不同的。中国、印度、日本、中东北非各国都有自身的特点。具体经验是文明交往自觉的真知灼见之母。

近读中国现代史学者王桧林的遗作《用世界史的视野观察中国人的中西之争》（《史学月刊》2010 年第 9 期），其中提出了中国的深厚文化基础条件，使其对西方文化强烈抗拒和先进人士的"中学为体，西学为用"公式和思维模式。20 世纪 30 年代是"中国本位文化"与"全盘西化"碰撞的时期，儒家思想之体（道统、政统）虽经"五四"的"打倒"浪潮，传统道统和政统仍支配着民国政治。西方文化对我国影响最大的是俄国十月革命之后传来的马克思列宁主义，这种"用夷变夏"的列宁党国体制，虽作为外力影响巨大，但主要由中国人自己进行了政治实践。这就是从"五四"直到新中国成立后的党政军经社发展模式。1978 年中共十一届三中全会后邓小平提出的"四项基本原则"的立国之本，是新的道统和政统。反对资产阶级自由化、反对"全盘西化"成为新的中西文化之争。"体"变后，市场经济作为发展生产力手段而"用"。

王桧林认为，中西文化之争——人的生命价值、人的尊严价值是否为"普世价值"？自由、民主、人权是否是"普世价值"，所有这些，都成为新的中西文化之争的核心问题。发展马克思主义有文本、中国化和欧洲三种结合，有"儒家社会主义共和国"，还有许多要长期争下去的问题。

中体西用过去多重"何为体、何为用"，今则如何维护"体"，以体为基点观察中国与世界。"中体西用"的文化观起何种作用？王桧林认为：阻碍现代化作用不那么大，阻力在政治，不在文化。中国文化底蕴深厚，有很强的凝聚力。如此说来，文化在政治文明中将发挥更大作用。这是一个中国史学者临终前的世界史视野。

第 291 日　　　　　　　　　　2012 年 10 月 17 日　星期三

232. 适度、适宜和失度

在人类文明交往的互动发展规律中，"度"和"线"是两个重要知行界限概念。度为适度,线为底线。度要适度,而不能失度。线要适宜,而不要越线,否则会走向恶性互动,走向"交而恶",而不是"交而通"。

在人的自我身心交往中,适度特别重要。现在,人们生活走向富裕,养生、养身成为一种社会风尚。养生、养身是重要的,但比养生、养身更为重要的是养心,是调养健康的、乐观的心态。人无论处于顺境,还是处于逆境,都要心态正、良心平,都要有适应的度和适宜的线。养生、养身的真谛在于适度,要适合于自己的身体特点。一切事情都要量己之力而行动,掌握适度,视自己的身心的承受能力。"过犹不及",对于个人、社会以及文明之间的交往,仍然是真理。

教育的智慧也体现在适度、适宜和失度的问题上。明代高拱在《本语》中借国子先生之口,用"宽严适宜"来对学生"率教"的具体情况而实行因材施教。国子先生向学生提出一个问题:"吾之为教也,严乎? 宽乎?"有的学生同意"宽":"宽,诸生感德而不能忘",先生说:"不然,吾不宽也。"有的学生同意"严":"严,诸生畏威而不敢犯。"先生说:"吾不严也。"还有学生认为折中于"宽严之间":"宽严得中。"先生又说:"不然,吾不宽严得中也。"学生对于先生这三种回应大为不解,请先生明示。

先生提出了"率教"(听从教导)的辩证概念:"夫宽,施诸率教者也;严,施诸不率教者也,何有定用?"对学生一律严待,是对"率教者"的苛刻;对学生一律宽待,就是放纵了"不率教"者;对学生一律半宽半严、宽严得中,则对当宽者太严,而对当严者过宽。因此,先生的宽严的辩证法是:"学生们全率教,则全用吾宽;全不率教,则全用吾严。又自一人而言,始而率教,则用吾宽;继而不率教,则用吾严;终而又率教,则用吾宽。始不率教,则用吾严;既而能改,则用吾宽;终而又不率教,则仍用吾严。一分率教,吾有一分之宽;一分不率教,吾有一分之严。"这种因人因变而制宜的"本质在人,付之而已,而我何与焉"。这是一种宽严适度、适宜的做法,是教学上具体问题具体分析的智慧方法。高拱的率教宽严论,从根本上说是文明交往自觉在教育方面的体现。

周代的"青铜禁"2012 年 6 月 22 日在陕西宝鸡石鼓镇石头村农民

徐海军房基地的出土，这也使人想起了失度与适度的问题。这件长方体
夔龙文的青铜禁，上有成套的提梁卣、尊等酒器，为国内罕有的国宝级
文物。"青铜禁"的"禁"字，具有文明交往的意义。那是一件周代贵
族在祭祀或宴飨时置放酒的用具。它是西周总结商代亡国原因中嗜酒酗
酒成灾的教训而制作的。荒淫无度的商纣王"酒池肉林"的奢靡生活，
导致牧野之战彻底失败。周为长治久安，以"禁"命名酒器，禁止国
人嗜酒奢靡之风，提倡饮酒有度，不要失度。也就是禁止酗酒、过度饮
酒，尤其是反对上行下效的酗酒成灾的社会风气。

　　饮酒变为嗜酒，失之过度，伤身乱性，这是对个人而言的。以酗酒
为社会风气，而且来自为政者，尤其是上层为政者，那就是一种可怕的
狂放颓废之风，就可能导致失政。失政者失之于度，这个度就是失去了
民心，丧失了为政的德行。真正到了失民心、丧德行的时候，还相信天
意神灵会保佑，如纣王在牧野失败前，还在狂叫："我生不有命在天
乎？"然而，老天诸神救不了泡在酒池肉林、荒淫无度的他，他的七十
万大军在战场上已迫不及待地投降了。

　　回顾历史，昔日纣王时期的酒风呈疯狂状态，他与宠妃妲己及一些
贵族幸臣酗酒玩乐、误国亡国的历史教训，是值得中国人永远记取的反
面教材。今日官场商界的公务私交中饭局成风，酒的广告铺天盖地，
"研究"（烟酒）中谈事务，无酒不成交往。文明交往遭到严重污染，
贪污腐败贿赂之风随之而起。用制度、用舆论筑铸起新的"青铜禁"
式的长鸣警钟，实当务之急。适度不仅在失酒、失政问题上，而且在人
类文明交往的其他方面，都决定着交往互动的走向。

　　还有一个关于酒的外国事例。美国保险业巨头莫理斯·格林柏格的
故事。他对20世纪60年代行业内盛行的"一日午餐三杯马提尼酒"的
招待客户的陋习进行了改革。这是因为此种陋习导致承揽业务下降。他
制订了员工必须遵守的四条规则：①午餐不许喝酒；②如有必要，只许
喝一杯；③如喝酒两杯或两杯以上，当天不要再回办公室上班；④如喝
了两杯以上，而在当天又回办公室上班，那就要被解雇。从此举开始，
各项鼓舞员工奉献精神的举措随之扩大，使这位总经理把AIG（美国国
际集团）从一个小公司逐步发展为在130个国家、用了9.2万名员工、
资产高达1800亿美元的世界第三大跨国金融集团。于此也可见限酒不

仅在中国，在外国也有文明交往问题。

以上教育与酒的具体事例，说明"度"、"线"与良性、恶性交往的意义与地位。研究文明交往问题者不可不明察。

第 292 日 　　　　　　　　　　　2012 年 10 月 18 日　星期四

233. 文明交往五则

"文明"一词从近代开始，被西方殖民主义者当作幌子和假面具用来掩饰其对东方侵略、掠夺的罪恶行径。撕破此种幌子、假面具，裸露出来的实际上是对他国领土、主权的剥夺，那是一种借文明之名而行邪恶之实的野蛮强盗霸道暴行。西方殖民主义的传播"文明"只不过是为自己利益而进行的反文明的恶性交往行为，应当钉在历史的耻辱桩上。历史虽然已经翻过了这一页，在今日世界各地上演的现代化、全球化的过程中，他们仍然以"文明"之名而进行或明或暗的侵略和掠夺。对这些反文明的人和事，要保持高度的文明交往自觉，主要是从交往规律上认识和思考。

认识和思考人类文明交往互动规律，不能不关注以下五则：

第一，观——历史观念、文明交往自觉史观；

第二，度——适度，分寸有度，取舍选择相宜；

第三，线——基线、底线，涵化线，自得之线；

第四，性——良性，交而通而非交而恶的良性运转；

第五，向——正向，而非负向，反向更糟，曲向前进。

以上五点还离不开人的大智慧。否则，如卢梭所言："人是生而自由的，但却无不在枷锁之中。自以为是其他一切的主人的人，反而比其他一切更是奴隶。"主观与客观世界的统一，是智慧使之由对立而变为和谐、和顺有序，相辅相成。智慧让原有事物在花费较少代价的前提下呈现崭新状态。智慧是知行的升华，它使文明交往走向自觉。在交往实践中，认识、理解、掌握人类交往互动规律，是以上五则的关键。

第 293 日   <u>2012 年 10 月 19 日   星期五</u>

234. 互动世界，共同家园

画家王林旭（1959—），中国民族画院院长。他用三年时间，为中国政府捐赠联合国大楼东厅翻修项目精心创作了《互动世界》和《共同家园》两幅大型超象艺术作品。

互动的世界这个主题是全球相互联系，它意味着多元文化和谐相处；而共同的家园这个主题是指人类共处于唯一的地球，它意味着环境生态文明。二者都表明中国重视联合国的联合作用和为可持续发展而努力工作，也就是为人类文明交往自觉而努力。

这是两幅向世界展示中国艺术魅力的作品。他的文化思想是中国古代"超以象外，得其寰中"，而在艺术语言上又融中国水墨画技巧与西方视觉艺术于一体。此种中西文明交往的艺术品，为当代世界绘画艺术赋予了新的形态感。

凡形于外者曰象，为气象、星象。《易·系辞》："在天成象，在地成形，变化见矣。"

凡超逸于物象之外的即"象外"。"象外"即"道"的深说。这也可作意境理解。唐司空图有"象外之象，景外之景，岂容易可谈哉"之句。那是艺术上的领悟。用艺术上的形象思维和哲理上的理性思维，加上理念上的逻辑思维，可以入"象外之象"和"道"的体认和深思美中之意境。用"互动世界"和"共同家园"八个字概括艺术作品交往互动主题，可谓寓深刻意境于艺术作品之中，是巧妙匠心的表现。

第 294 日   <u>2012 年 10 月 20 日   星期六</u>

235. "传灯"与传承

人类文明交往发展的经线是传承，纬线是传播。中华文明对传承的概念用于学术史,有"薪火相传"的师承意义。传承用于宗教史,有门派师父传承的内容。佛教中有"传灯"的说法,意思是佛法能照破世界上的"冥暗",一如夜晚的灯光,所以佛法传承称"传灯"。

北宋道源在景德(1004—1007)年间编有禅宗史书,即以法传人比为"传灯"而著有《景德传灯录》。该书共30卷,记录自佛以至禅宗法系52世,170人。稍后杭州灵隐寺普济编有《五灯会元》20卷。所谓"五灯",即《景德传灯录》、《天圣广灯录》、《建中靖国续灯录》、《联灯会要》和《嘉泰普灯录》,各30卷。明僧圆极居顶继《景德传灯录》之后,有《续传灯录》,采集禅宗六祖慧能以后第10世至第20世以后传法世系共1203人,加无传文者共3110人。以上简况,可见"传灯"的脉络。

传灯是尊师、重师、存祖、扬祖的师传之灯,韩愈说:"师者,传道、授业、解惑也。"传道是师传而弟子继承的文明交往关系,代代相传,继往开来,是人类文明发展规律。宗教如此,学术如此,都犹如田径运动中的接力运动,文明循此而前进。佛教传入中国,与中华文明结合,融入中华文明而产生禅宗。禅宗用"传灯"形象而深刻地表达了文明之间交往的轨迹。佛教"传灯"的灯灯相接而使中国、印度文明以"学统"线索出现,表达了中华文明对外来文化的"文则化之"的吸收消化能力。这与20世纪60—70年代"文化大革命"的欺师、蔑祖、诛祖的政治恶行形成强烈对比。此种"反文明"思潮的内外交往及政治根源,值得治人类文明交往史者深入反省、思考和探究,使之不再重演。

第 295 日   2012 年 10 月 21 日   星期日

236. 美国的政治文明

美国政治文明的主要特点:①自由主义的变中之不变;②实用主义是调节自由与保守两党的平衡机制。自由主义是美国文明的方向舵,而实用主义使自由主义具备了一种自我纠正的交往能力，成为美国政治中的安全阀。

杜威的"真理即实用"的实用主义理念，包含着自由主义的基因。它的演进轨迹是美国随着英格兰殖民地品性从清教徒的政教合一而适时转移的。它具体表现为政治文明中的五大自由主义基因，即①契约概念；②政治自治；③个人意识；④资本主义；⑤个人的自我约束。这使其成为最笃信宗教，同时又讲实际的民族。

杜威的民主思想中，强调公民个体的伦理思想。他反对那种否认个体具有明智判断力的认识。认为企业资本主义不能提高民主价值，不能为民主理论的新生提供新路径。他又对基督教信仰和美国其他精神传统进行了民主式的激进改造。

钱满素在《美国文明》中写道，务实的美国人凡事以可行性和实际效果为准则，很少纠缠于概念定义的争论，他们"追求的是现时现地的福利目标，遵循的是实用主义的改善路线"（中国社会科学出版社2001年版，第433页）。"实际效果"中的自由有法制的文明作保障，有其稳定性。法国泰·德萨米《公有法典》说："每个人都完全懂得，只有尊重自己同胞的自由，只有为公众的幸福而劳动，自己才能心安理得地享受真正的自由，并在某种程度上获得充分的幸福！""个人愈自由，国家愈繁荣；反过来说，国家愈自由，个人愈幸福。"当然，人们还要记住美国罗斯科·庞德在《通过法律的社会控制》中的提示："我们最好记住，如果法律作为社会控制的一种方式，具有强力的全部力量，那么它也具有依赖强力的一切弱点。"

美国人放弃了绝对确定性的需要，不再坚持黑白分明的观点——而是找到了政治中的灰色平衡，承认了世界平等的奥秘。美国文明是一种有广泛共识的自由主义的社会文明，美国文明交往史中有合理内核和历史功绩，也有缺陷。美国人的选择是他们的国情。这似乎应了魏特林在《和谐与自由的保证》中所说的话："幸福在于满足，而满足在于自由。"

美国的自由主义的背后是本国利益，全球化是其博弈的工具。20世纪70年代以后新自由主义作为经济理论，曾在日本和拉丁美洲实验，之后便陷于失败。全球化的权杖在美国，切不可为全球化的口号所迷惑。发展中国家要发展，应清醒看到这一点，应主动开展独立自主自觉的交往力，走符合自己国情的道路。学术上也是如此，也不要跟着人家亦步亦趋，看不到学术背后的政治背景而叫喊什么全球化。全球化，那是魔术师的魔杖！那是在对外交往中输出自己的价值观，是用美国制度改造世界，这就是霸权主义。

在世界现代化的进程中，各种文明都应有自知之明。对于因现代化而产生的道德疾病而言，美国成为严重患者。美国过程和比较哲学家斯蒂芬·劳尔《克服美国与美国克服》等著作中，对物质与精神文明的失衡有清醒认识。他认为个人主义与民主之间的张力，使个人主义最终胜出。他提醒说，创造利润、二元对立的世界观有其严重的局限性，应当用"万物一体"的有机世界观来帮助美国欣赏自己的实用主义哲学。这是一种文明交往中自觉的"自知之明"。

第 296 日　　　　　　　　　　2012 年 10 月 22 日　星期一

237. 论人云亦云和亦步亦趋

"人云亦云"，是我最不屑听的一句"云"。

人家已云，你再去"云"，"云"来"云"去，终非己"云"，这种"云"还有什么意义？

吃人家嚼过的面包，有什么味，那是一种恶心的味道，可有人就与这种洋玩意对口味，并向人"云"：人家外国人嚼过的面包吃起来就是比中国的馒头香！

我们对古今中外的名著，也要自己嚼品消化，绝不可偷懒而依赖别人，当然不妨认真学习、比较参考，择其善者而吸收之。

亦步亦趋，是我最不屑看见的学术"路相"。学术研究的路径，要靠有独立思想的人去行走，去开拓。跟着别人亦步亦趋，也没有出息。人总有模仿阶段，但不可停留在这个阶段；就是在模仿阶段，也要有自己深入其内、超出其外的自得之见。这时就应有综合创新的眼力和抬头挺胸直腰杆而特立独行的"路相"。

亦步亦趋者无创造性，无独立思想，即使学得很像，也不过是复制品而已，和人云亦云同样不可取。"走你的路，让人们去说罢！"（《资本论》第一卷，人民出版社 2004 年版，第 13 页）但丁的格言，多么朴实、坚定、坚韧、坚守！这就是马克思用它作为《资本论》题词的原因所在。

邯郸学步中的燕国余子到赵国学步行的故事，是一个亦步亦趋的故事。这种一味模仿、不知创造的结果是连原来的步行都忘了，其"路相"是"四条腿"爬行而归的变态。

颜回跟孔子学习，也有过亦步亦趋的经历，孔子在前面走，颜回在后面一味紧跟着学，结果怎么也学不到孔子走路的"路相"，就放弃了，而走适合自己特点的路。

这两个亦步亦趋的故事和鹦鹉学舌的故事，都对只知模仿、不思创造、只知生吞活剥或食而不化的学习观具有警示意义。

韩愈的"唯陈言之务去"，教育哲学中的"不要人云亦云，不要亦步亦趋，要独立思考，要创造"的格言，可以说是常思常新、弥久愈新。小至个人学习、大至文明交往，都要有独立和创造。人直立了，行走了，才和动物界揖别；思想上独立了，便会有昂首、挺胸、直腰的"路相"，便会有杰出的判断力、选择力和鉴赏力，成为对社会有突出贡献的人。

第 297 日　　　　　　　　　　2012 年 10 月 23 日　星期二

238. 知非与四知

知是与知非是知人、知物、自知这"三知"的核心问题。

《淮南子·原道》中提到蘧伯玉这个人在五十岁时，知四十九时的不对之处。唐代诗人杨巨源据此有"自禀道情韶乱异，不同蘧玉学知非"。知非如换齿，不必等五十岁，早知非更好。也有一些学者总结经验时，发出"觉今是而昨非"的悟言。故友王觉非，南京大学历史系教授，生于其祖父五十岁之时而得名，以应五十为"觉非之年"的成语。

五十而知天年，是谓"知命之年"，与五十为"觉非之年"可以互为补充。"知天命"与"觉非"同为知天职、知使命、知自己不是之处，都是"自知之明"。历史上还有"四知"之说，与知天命和知自错相连。东汉杨震为东莱太守，道经昌邑，县令王密求见。至晚，以十金行贿杨震，并说："暮夜无知者。"杨震说："天知、神知、我知、子知，何谓无知？"若要人不知，除非己莫为。这位知县太无自知之明和知人之明了。

自知之明要知物，不为物所异化，更要知人。人人都要自由，做自主、自由之人。法国泰·德萨米在《公有法典》中有下面的话，道出了"自知之明"："每个人都会完全懂得，只有尊重自己同胞的自由，只有为公众的幸福而劳动，自己才能心安理得地享受真正的自由，并在某种程度上获得充分的自由！"他又说："个人愈自由，国家就愈繁荣；反过来说，国家愈自由，个人愈幸福。""完全懂得"是对"自知之明"在社会中的意义，这是很对的，因为"自知之明"是文明交往中的知物、知人、自知之明，因文明本身是社会性的、国家性的、民族性的。这是人类文明交往的本质。

第 298 日 　　　　　　　　　　　2012 年 10 月 24 日　星期三

239. 骄傲主要来自无知

有的人有知识，很谦虚，这是增长知识的前提。所谓"谦受益"的意义在此。

有的人有知识，很骄傲，这是失去知识的开端。所谓"满招损"，损失的是自己。

对那些自以为有了知识而不思进取的人说来，应当听听德国启蒙思想家、文学家莱辛（Gotthold Eehraim Lessing 1729—1781）的话：

And thus does our pride chiefly rest on ignorance（由此可见，骄傲主要来自无知）。

这句话对于知物、知人和自知都很关键。无知是骄傲的主要原因，无知是不知天高地厚，不知个人的渺小。无知者目空一切，狂妄自大，自以为高人一等，于是乎出现了骄傲自大，从而失去理智的澄明。骄傲可衍生偏见，而偏见比无知距真理更远，更能产生不良后果，干出许多愚蠢的事。

霍尔巴赫在《健全的思想》中写道："无知的特点总是宁愿相信一切未知的、神秘的、虚构的、神奇的、难以置信的甚至可怕的东西，而不相信一切简单明白和可以理解的东西。"这里把无知看成一种不健全的思想。骄傲也是一种不健全的思想。一种不健全的思想产生了另一种不健全的思想，这就要从根子上进行脱愚增智的工作，去掉思想上的傲慢和贫困。

第 299 日　　　　　　　　　　　2012 年 10 月 25 日　星期四

240. 六经为"教"开生面

"六经"（汉武帝设"五经博士"，始称"五经"），无论是今文学者说"乐本无经，附于《诗》中"；或古文学者称《乐经》在"秦焚书后亡"，但都承认《乐》的内容。《庄子·天运》就有"丘治诗、书、礼、乐、易、春秋，自以为久矣"的记载。"六经"，也称"六艺""六籍"，是中华文明的传统经典，是夏、商、周历史的文献记录，其要旨是"尊人"教化而开启的文明化生活规范。

《礼记·经解》对此有极其明确的表述："孔子曰：入其国，其教可知也。其为人也温柔敦厚，《诗》教也；属辞比事，《春秋》教也。""六经"可谓"天教"。孔子接着说，深于《诗》教，使人"不愚"；深于《书》教，使人"不诬"；深于《乐》教，使人"不奢"；深于《易》教，使人"不贼"；深于《礼》教，使人"不烦"；深于《春秋》，使人"不乱"。把"教"的作用具体化了。

从人的文明教化角度看"六经"，是教育化人的文明资源。"六经"为何称"六艺"？《史记·滑稽列传》引用孔子的话，说："六艺于治一也"，那是指在"治"方面。"六经"是统一的。统一之中，有不同的分工："《礼》以节人，《乐》以发和，《书》以道事，《诗》以达意，《易》以神化，《春秋》以道义。""六经"从根本上说，是"尊人"而"人化"、为教化开生面的做事为人的规矩方圆。总之，"六经"是为人的"教而化人"的文明化而"开生面"的文化经典。

画家埃米尔·贝尔纳1921年在《法国水星杂志》上发表了与塞尚的谈话，其中提醒人们要关注自己视觉的观察力："一个人必须要有自己的视觉，要创造自己的眼力，要用你之前没有人用过的眼光看自然。"学人也应用这种视觉、眼力、眼光、视野，去观察"六经"，使之为我而别开生面，从而激活其生命力。

人都各有自己的视觉，但自觉性的有无、大、小，其结果会大不相同。章学诚认为的"六经皆史"的《六经》，其实真正意义上的"史"却排在六经之末位。那就是相传孔子修订过的《春秋》这部编年史。六经将《诗经》列为第一，有人因此说："六经皆诗"，那有些绝对，但《诗经》居六经之首，可见它的重要。可以把"六经皆史"与"六经皆诗"统一起来，因为《诗经》也是某种程度上的诗史啊！史从诗开始，"史诗"之说，中西都如此。六经以《诗经》开头，以《春秋》结尾，以达意表道义，可谓珠联璧合的儒学的整体结构表述。鲁迅认为，《史记》是"史家之绝唱，无韵之《离骚》"，这就打开了诗与史之间的大门。我们无妨说，《诗经》在某种程度上可以是"无韵之《春秋》"，而礼、易诸经也有无韵之诗意在。这里也隐喻着诗意治史的思想境界，史有美学价值的功能在其中。

在大史学家中，多有文学功底，其中陈寅恪则关注"诗史互证"。他晚年双目失明，困卧床榻。在此种凄惨状况下，用十年时间的苦思勤想，竟成腹稿而用心写成85万字的《柳如是别传》。这是一部诗史互证而且耐人深思、令人敬佩的"心史"。柳如是，这位深明大义、敢爱敢恨、富有独立思想和个性的才女，是中华文明史上有历史主动性的雅士。陈寅恪用他的头脑完成了关于柳如是的"诗意历史"，而钱锺书则着重从文学方面论证诗史关系。他有"古史即诗"、"史蕴诗心"、"史有诗笔"等诗史问题的命题。他的"以诗当史",打通了诗与史的壁垒阻隔,也进一步开通了"六经皆史"的新门径。这也是《六经》研究意义上"诗意治学"的礼乐文化和"史诗"的延伸。

这里有一个"六经为我开生面"的问题。一方面中华文明有文史哲不分离的传统,其特征是以诗文为哲学载体、以史学为资治致用和以社会、政治践行为灵魂的人文现世情怀;另一方面,又以对经典注疏、注解的方法著述哲学,将新观点、新概念散见于考察工作之中。这种"我注六经"或"六经注我"都缺乏创新精神。要"六经为我开生面",当然要重《六经》的中华教化文明的本旨,如章学诚在《易教上》开宗明义所讲的"六经皆史"是"古人未尝离事而言理",而庖羲、神农、黄帝的三《易》,都是根据"天理自然",即对自然现象而总结出规律性认识以"教民"。

思考六经为"教"开生面问题时,首先是认识《六经》是夏商周三代时期人们生活世界的历史记录性总结,是政典,更是中华文明之根。从文化上说,它是诸子百家共有的文化精神之源。对于这类经典,要尊重它的历史传统位置,切不可为政治目的而一概视之为秕糠,进行不负责任的乱批胡说。其次,要从历史长河中看到它们在铸造文明中的各种作用,具体分析其正面和负面因素。再次,是从当今时代的视角、眼力去审视、反思其中有益于现在人类文明交往自觉的内容。最后,对六经的研究方法上必须从注疏层面提升到探究创新层面,创造中国的哲学概念和理论思维,让经典为中华文明复兴而开生机盎然之新花、结丰硕之新果。

第 300 日　　　　　　　　　2012 年 10 月 26 日　星期五

241. 自然科学与人文科学的结合

人类文明交往贯穿自然史和人类史,其中心线索是人与自然之间的交往关系。马克思、恩格斯早就关注人类文明史这一问题。下面是关于这个问题引人思考的一则札记。

马克思在《1844年经济学哲学手稿》中说："历史是人的真正自然史。"（《马克思恩格斯全集》第四十二卷，人民出版社1979年版，第169页）在《德意志意识形态》中，他们提出历史是自然史和人类史组成的唯一科学。1844年马克思思考点在二者的结合。

（1）"**自然科学**展开了大规模的活动并占有了不断增多的材料，但是哲学对自然科学始终是疏远的，正像自然科学对哲学也是疏远的一样。过去把它们暂时结合起来，不过是**离奇的幻想**。存在着结合的意志，但缺少结合的能力。"（同上书，第128页）

（2）自然科学与历史学："甚至历史学也只是顺便地考虑到自然科学，仅仅把它看作是启蒙、有用性和某些伟大发现的因素。"（同上）

（3）自然科学与工业实践："然而，自然科学却通过工业日益**在实践上**进入人的生活，改造人的生活，并为人的解放作准备，尽管它不得不直接完成非人化。**工业**是自然界同人之间，因而也是自然科学同人之间的**现实的**历史关系。"（同上）

（4）三个直接的结论：

①"因此，如果把工业看成人的**本质力量**的**公开的**展示，那么，自然界的**人的本质**，或者人的**自然的**本质，也就可以理解了"；②"因此，自然科学将失去它的抽象物质的或者不如说是唯心主义的方向，并且成为**人的科学**基础，正象它现在已经——尽管以异化的形式——成了真正人的生活的基础一样"；③"至于说生活有它的**一种**基础，**科学**有它的另一种基础。"这根本是谎言。（同上）

（5）余论

①"在人类历史中即在人类社会的产生过程中形成的自然界是人的**现实的**自然界；因此；通过工业——尽管以**异化**的形式——形成的自然界，是真正的、**人类学的**自然界。"（同上）

②"科学只有从**感性**意识和**感性**需要这两种形式的感性出发，因而，只有从自然界出发，才是**现实的**科学。全部历史是为了使'人'成为**感性**意识的对象和使'人作为人'的需要成为［自然的、感性的］需要而做准备的发展史。历史本身是**自然史**的即自然界成为人这一过程

的一个**现实**部分。自然科学往后将包括关于人的科学，正象关于人的科学包括自然科学一样，这就是**一门科学**。"（同上）

③"……**自然界**是关于**人的科学**的直接对象。人的第一个对象——人——就是自然界、感性；……只有在关于自然本质的科学中才能获得它们的自我认识。思维本身的要素，思想的生命表现的要素，即**语言**，是感性的自然界。自然界的**社会的**现实，和**人的**自然科学或**关于人的自然科学**，是同一个说法。"（同上书，第129页）

④关于自然史和人类史问题，在本书第十编《自然人类》中有详细的讨论。以上札记的消化，对自然史和人类史问题，有重要意义。

第 301 日　　　　　　　　　　2012 年 10 月 27 日　　星期六

242. 需要和创造

继续上一札记，思考"需要"和"创造"问题。
需要和创造是人类文明交往中两个关键词。马克思怎样论说？

（1）需要
①"我们看到，**富有的人和富有的人的**需要代替了国民经济学上的**富有和贫困**。"（《1844 年经济学哲学手稿》，《马克思恩格斯全集》第四十二卷，第129页）

②"**富有的人**同时也就是**需要**有完整的人的生命表现的人，在这样的人身上，他自己的实现表现为内在的必然性、表现为**需要**。不仅人的**富有**，而且人的**贫困**，在社会主义前提下同样具有**人的**、因而是社会的意义。"（同上）

③"贫困是被动的纽带，它迫使人感觉到需要最大的财富即**另一种人**。因此，对象性的本质在我身上的统治，我的本质活动的感性的爆发，在这里是一种成为我的本质的活动的**激情**。"（同上）

（2）创造

① "任何一个**存在物**只有当它用自己的双脚站立的时候，才认为自己是独立的，而且只有当它依靠自己而**存在**的时候，它才是用自己的双脚站立的。"（同上）

② "靠别人恩典为生的人，把自己看成一个从属的存在物。但是，如果我不仅靠别人维持我的生活，而且别人还**创造了我的生活**，别人还是我的生活的**泉源**，那么，我就完全靠别人的恩典为生；如果我的生活不是我自己的创造，那么，我的生活就必定在我之外有这样一个根源。所以，**创造**是一个很难从人民意识中排除的观念。"（同上）

③ "自然界和人的通过自身的存在，对人民意识来说是**不能理解的**，因为这种存在是同实际生活的一切**明摆着的事实**相矛盾的。"（同上）

④ "人们自己创造自己的历史，但是他们并不是随心所欲地创造，并不是在自己选定的条件下创造，而是在直接碰到的、既定的、从过去承继下来的条件下创造。"（《马克思恩格斯选集》第一卷，人民出版社1972 年版，第 603 页）这是马克思的"创造历史论"。

第 302 日　　　　　　　　　　**2012 年 10 月 28 日　星期日**

243. 自然生态与社会生态

人生存、生活在自然、社会和自我身心三种生态之中。

人称自然为"大自然"，人要尊重"大自然"之"大"。在大自然面前，人类是渺小的。

大自然要比任何一个科学家的想象都奇妙得多。任何一位科学家，无论他做出过多少重大的发现、发明和创造，对待大自然，都应保持谦虚的态度，要尊重它、敬重它。吴宗济对此有文明自觉之词："析韵调音兴未阑，生涯喜值泰平天。小窗晴暖思联翩。三万六千余几许？赤橙黄绿又青蓝，但将万绿看人间。"用大自然"万绿"的观点看人间，是一种自然化的社会生态观。

人与自然之间的交往，是人类文明交往的基础性交往。人与社会、人的自我身心之间的交往是文明的基本性交往。我在文明交往的九条概论的第三条中，把这三种交往比喻为一个等边三角形的有机整体组合结构：人与自然是它的底部，人与社会、人的自我身心是它的两边。这三者之间的互相作用的互动变化，便形成了千姿百态的人类文明交往的历史过程。研究者的任务就是要探寻、发现这种互动变化的规律，从而提高文明自觉性。

人与自然之间的交往是由自觉的人来进行的，于是就赋予了人的社会性质，于是就应赋予它以人文主题和生态的自觉伦理。人类的社会生态和自然界的自然生态，是多样一体的互动生长态势，二者之间是紧密联系的，是持久性的、持续性的相互依赖、相互伴随的。

人类文明交往已进入了物质、精神、制度和生态综合互动的新时期。60多亿年所形成的自然生态，在近代不到400年的大破坏所造成的恶果已日益显现。人如何把社会生态与自然生态融为良性互动、成为整体文明形态，根本自觉的心境意识和自觉心态的升华尤为必要。学人的诗意治学心态也是自然生态与社会生态自觉交往的一部分，或者是其具体化。当你睁开双眼，用自然、社会、人的自我身心的三维视野，去审视物质、精神、制度、生态四面互动，你会更自觉地善待人生，就可能会梦想成真。让我们记住亚里士多德在《政治学》中的话："人们能够有所造诣于优良生活者，一定具有三项善因：外物诸善，躯体诸善，性灵诸善。"

第303日　　　　　　　　　**2012年10月29日　星期一**

244. 科学技术的真相

刘易斯·托马思在《聆乐夜思》（李绍明译，湖南科技出版社2011

年版）中认为科学技术具有局限性的观点，在今日课堂教育、专家言论、主流媒体及大众意识中难得一见。此书有《人文与科学》一文，专谈当代科学教育中缺乏人文情怀，没有把科学技术的真相告诉学生，而向他们灌输的是一种假象。

他们将此种假象分为两个方面：①"总拿它当作从来如此一成不变的学术成果。"这就把科学技术不断探索、随时更新的现状真相向学生隐瞒起来，使得学生认为自己学到的知识是所谓"科学事实"。实际上学生学到的只是主流科学共同体当下的"共同结论"。②"科学比别的学问更高一等，更根本、更坚实、更客观，更不可改变。"这实际上是将科学技术凌驾于其他的知识体系之上。他认为，科学技术的真相"当然绝不是这样"。

必须看到，刘易斯所说的科学是自然技术科学，而不是人文社会科学，然而他谈的问题，却是这两种科学的共同弊端。近代以来中国的落后使前者为人们所倍加重视，不过在"科教兴国"的正确前提下，应当立即认识到另一面真相，即不可缺位于人文情怀。自然技术科学和人文社会科学都是不可缺位的科学。知物之明，离不开这两种科学的合作；自知之明也是两类科学家的共同需要。文明更把二者在知物、知人、自知上紧密联系在一起。

人文社会科学和自然技术科学同等重要的共识应当形成一种社会共识，才能为中华文明复兴之旅展开双翅、驱动双轮。但落实确实太难。两门科学早有"四个同等重要"（两种科学、培养高水平的名家、提高全民族素质、任用人才并发挥其作用）的高层决议，但多年后人文社会科学仍是一个"四无"（无院士、无全国社联、无一级教授、无全国评奖）的空地，在体制机制上，仍一直无所作为，就是一个明显不过的例证。困难是人为的，越拖越要背上更沉重的历史包袱。我还是相信这句老话：路虽远不行不至，事再难不办不成。问题不在口头上、文件上，而在于实际行动和办实事上。放空炮与不放炮的效果没有多大区别。

245. 科学技术不是万能的

　　我常遇见一些人文社会科学同行，在自然技术科学家面前，唯恐自己被列入"无知"一类，而盲目歌颂科技万能，让自己变成"无知"于科技的鼓吹者。

　　科技当然是很重要的，它已被提为第一生产力的高度。正因为科技落后而中国在近代开始就处于挨打的处境。不重视科技是绝对错误的。前边提到的刘易斯的论述，让人们必须同时看到科技的局限性。刘易斯在谈到科学技术中"重组 DNA"问题时，认为这是人类"狂妄自大的最高典型——人要是自作主张随意制造杂种，就是狂妄自大"，因为"假如人开始做那些留给诸神做的事情，把自己神化，结果是很坏的"。这样评价"重组 DNA 生物技术"，作为一个权威的医学教授，是理性和良知的自觉，既富有公信力，又更加发人深思。这道出了科技的另一面真相。现在重科技，轻人文，不假思索地歌颂一切新科技，把人文科学打入低谷，其后果是可怕的。国家有科学院院士，还有工程院院士，而且是终身制，人文科学却没有国家院士制度，让各部门、各单位各自为政，安排人文科学，如此下去，令人担忧！

　　何·奥·加塞尔在《什么是哲学》一书中，谈到了 16 世纪之后西方出现的"物理学的帝国主义"所包含的自然技术科学万能论。此论使新兴的资产阶级希望通过物理学的实验方式而满足自己物质上的欲望和野心，以至于相信通过技术和计算可以完全理性地认识和科学地操纵这个世界，甚至包括整个人类。对文明的不正确解释，把它与自然对立，与人类对立，在一定意义上与西方近代理性主义或科学主义文化的泛滥有直接关联。

　　这里绝对没有否认自然科技的作用。自然科技是人类文明的重要组成部分。在任何时候都不能忽视自然科技在人类文明发展中的重大意义。阿联酋总统哈利法·本·扎耶德·阿勒哈扬认为他设计的火星探测计划是为人类科学做贡献。虽然中东冲突不断，副总统阿勒乌克图姆仍认为，自然科技是"文明领域，我们的命运是再次探索、创造、建设和实现文明"。当然，文明也包括人文社科在内，而且在于两种科学在大历史科学中的并驾齐驱。

人文社会科学与自然技术科学的交往互动，需要从工业文明的发展过程认识技术与工具理性的弊端，对工业文明进行深刻的反思。这个问题在本书第十编"自然人类"中要详谈。

第 305 日   <u>2012 年 10 月 31 日</u>　星期三

246. 从中医德风谈起

在中医的德风中，有以下值得体味的警句训言：

①"若有疾厄来求救者，不得问其贵贱贫富，长幼妍媸，怨亲善友，华夷愚智，普同一等，皆如至亲之想。"（唐·孙思邈：《大医精诚》）

②"医，故神圣之业，非后世读书未成，生计未就，择术而居之具也。是必慧有夙因：念有专习，穷致天人之理，精思竭虑于古今之书，而后可言医。"（明·裴一中：《言医序》）

③"欲济世而习医则是，欲谋利而习医则非。我若有疾，望医之相救何如？……易地以观，则利心自淡矣。利心淡，仁心现，仁心现，斯畏心生。"（明·王肯堂：《灵兰要览·晓澜重定绪言》）

④"病无常形，医无常方，药无常品。顺逆进退，存乎其时；神圣工巧，存乎其人；君臣佐使，存乎其用。"（明·李中梓：《医宗必读》）

以上德风，为中华文明在中医学上的具体表现，可注意者为：

①"普同一等，皆如至亲"。此德实为医界的"有教无类"，不仅平等，而且如"至亲"。

②"穷致天人之理，精思竭虑于古今之书。"此已提到人与自然之间的理论自觉，还要读思古今之书，视医学为神圣的职业。

③把"济世习医"与"谋利习医"相对立，强调"易地以观"，设身处地地换位思考，关注"仁心"与"畏心"关系，这已进入了人

类的文明交往自觉的哲思。

④对"病形"、"药方"、"药品";对"时、巧、人";对用药要强调综合调配的"君臣佐使"之用这三点,都充满了辩证思想与中华文明的互动智慧。

中医德风,源远流长,洋溢着人性良知之光。实际上,西医也有优秀的德风传统,希波克拉底誓言就是一个突出的例证:

请允许我行医,我要终生奉行人道主义。

向恩师表达尊敬与感谢之意。

在行医过程中严守良心与尊严。

以患者的健康与生命为第一位。

严格为患者保守秘密。

保持医学界的名誉与宝贵的传统。

把同事视为兄弟;不因患者的人种、宗教、国籍和社会地位的不同而区别对待。

从受孕之始,即把人的生命作为至上无高之物来尊重。

无论承受怎样的压力,在运用自己的知识时,不会违背人道主义。

何等诚信、何等厚重的人道主义哲言!它从人道主义始,到人道主义终,洋溢着医患交往中的文明自觉之光!美国学者亨利·E. 西格里斯特的《最伟大的医生:传记西方医学史》把"医圣"希波克拉底列为五十多位医生之首,是有道理的。他这种德风叩击着、提醒着全人类:人道之爱能在有限的生命之中,编织出文明交往自觉的永恒之真、善、美;人道之德风,可以吹醒人类的良知。

第 306 日   2012 年 11 月 1 日   星期四

247. 一位值得尊敬的医生

医生的特殊职业是和医学的特殊背景直接相关的。医学可以理解为横跨自然科技和人文社科的学科。

在今日科技飞速发展、利益争夺日趋激化的全球化浪潮中，一些医生的灵魂也迅速被腐蚀消磨。权和利占据了医生的心灵。我就亲耳听到一位医院的副院长说："你既无钱又无权，我为什么和你交往？"交往完全被权力和金钱占领了，人变成功利动物了。

前面谈到刘易斯医生，他的许多著作中都有新颖见解，对人类社会和世界文明都富有理解力，这对于一位医生是很不容易的。他也写"科普"作品，但总是话题多样，知识渊博，发人深省。如《细胞生命的礼赞》这部成名作，话题广泛，引人入胜，在《暴尸野外》一文中说：世界上那么多昆虫、鸟类和动物，为何我们在自然界中很少见到它们的尸体？难道它们都知道"独个儿去死，到背着人处去死吗？"这种有趣的问题在医生写的科普著作中难得一见。它与今日我国一些"科普"作品和推销某种药品、某个疗法、某家医疗机构的"软性广告"相比，真有天渊之别！

刘易斯·托马斯的三本手记和一个《聆乐夜思》的确谈吐不凡，不迷信高科技手段，他更不是把医学当作谋权谋利的目标、搞医学腐败的医生。他真是一个值得尊敬的医生，一个有人文情怀的医生。

被誉为"中国小儿科之父"的张金哲，提出"人文医学"的三个转向：①医疗技术上，反对被垄断资本利用、强霸推销昂贵医药；②医疗观念上，反对只服从医生的强霸性，反对忽视人性的动物实验；③医疗管理方面，反对差别悬殊、特需之类的不公。病人的知情权、参与权，医生的人文关怀和透明行医，可作为解决医患交往的文明自觉之路径。作风正、技术精、懂得"人文医学"，知道回馈患者、回报社会，才是一个好医生。

第 307 日　　　　　　　　　　**2012 年 11 月 2 日　星期五**

248. 医学的历史教训

刘易斯·托马斯的《水母与蜗牛：一个生物学观察者的手记》的

最后一篇是《医学的历史教训》，可以说是有关博物学情怀的典型文章。文中所说的"暴尸野外"就使人想起许多猫从小到老到死的事。小猫蹦蹦跳，在我读小学时，第一册课本上就有："小小猫，跳跳跳，小猫跳，小狗叫，小弟弟，哈哈笑。"这是我至今能背诵下来的课文。而后小猫变大、懂人事、讨人爱，到老态龙钟、衰退多病，到老死时，突然一天不见了，不知身死何处？反正是死了，不见了，这是"暴尸野外"，到不易发现的野外死了。这就是博物学中的研究关注话题。

在水母与蜗牛这本生物学观察者的手记最后，作者从历史教训角度竟然总结了令我们一般人认为很不"科学"的西医的历史——是一场"源远流长的胡闹"！其表现之一是西医一直在进行着"不负责任的"人类试验。他说，西医残酷、粗野、充满神秘主义色彩的做法，是非科学传统。这使我想起多年前我在痛苦地做胃镜时所说的"野蛮而反文明"的事。我说，做胃镜如受酷刑，太野蛮了。医生却说，没有这种"野蛮"，哪有健康？哪有生命？哪有"文明"？一时使我无言以对。但仔细一想，医学科技能不能再进一步，更有人文关怀？还是老问题：能不能用文明取代野蛮？能不能用人文情怀取代工具理性？当然，所有民族的医学，在历史发展中都离不开"人类试验"，也正如人类文明史所昭示的，是为文明而不得不经过野蛮阶段。但刘易斯指出的仍然是深刻而有启示性的。

静下心来想一想，时至今日，医院增加了许多新技术、新装备，大大增强了治疗和康复的手段，但医学的目的似乎值得反思。今日医学仍在人为干预与自然选择之间循环。尤其是过度的、轻率和鲁莽的人为干预，使人失去生命终结时应有的安宁和尊严。抗生素的滥用、过度的化疗，我亲眼看到有些病人被各种医疗器械和药物的痛苦折磨，简直是目不忍睹。许多慈祥的老人不是从容地走向死亡，而是在插满各种吸管针头和千疮百孔中死得非常恐怖。可以说，面目狰狞，目不忍睹！医生在追杀病因、驱赶死神，却使死者和生者恐怖和惊诧不已。

许多老医生常说："再好的医生也只能治好一部分病，然而终究治不了命。"这是质朴的、自然的，也是出自内心的话。医学的价值在于对病人的服务和人文关怀而体现的疗效程度。特鲁多大夫深有体会地说："病人不是一架机器，他们有思想、有情感、有尊严。他们带着灵魂来到医院，所以生命也罢，疾苦也罢，都不是单纯的技术事件，而是精神事件。二者的差别在于前者只关注躯体、知识、技术、金钱，而后者却涉及情感、意志、心理颠簸、社会境遇坎坷、灵魂的升降与开阖。"他还说："今日的医疗正在逐渐工业化，医院如同诊疗的流水线，病人成为传送带上的部件，医生成为操作工。人、机融合的生命景象中，情感、意志、灵魂被忽视了，生存态度、生活方式的关注显得毫无意义。"

我大段引用上面这段话，目的是从人类文明交往中，来总结医学的教训：多一些人文关怀的文明，少一些把人视为机器文明的工具。

第 308 日　　　　　　　　　　2012 年 11 月 3 日　星期六

249. 由科普作品想起的

在我国学术界，有一种轻普及作品的风气。"科普"作品、"科普"作家被视为低级的、轻视的称谓。人文社科的普及性东西、教学理论与方法研究也多被排在"另类"，不能进科学研究殿堂。自然和人文科普都处于最低层。

近来，湖南科技出版社出版了美国医学者刘易斯·托马斯的《细胞生命的礼赞》、《水母与蜗牛》、《最年轻的科学：一个医学观察者的手记》、《脆弱的物种》和《聆乐夜思》五本书，被称为"科学作家"（science writer）的著作。

科学作家与科普作家虽一字之差，却相去甚远。这一套书中，好几本可说是"科普"作品，却和科学家连在一起，这对我们是有启示的。这使我想起科普作品可以作为图书分类，不宜将其过于强化，读者也不一定太在乎分类，只要有益于社会就行。吴晗主编的中国和外国历史小丛书及其后续，就不见得比专业书层次低。

第 309 日

250. 减少与科技交往时的困扰

美国学者凯文·凯利著有《科技想要什么》（熊祥译，中信出版社 2011 年版），其要点有：

①科技是植物、动物、原生物、真菌、原细菌、真细菌之外的第七种生命存在方式。

②关注科技的需求，从掌握三个方面着手：正、负、空难三方面；科技的独立性，乐于感受其多姿多彩；建立科技孵化网络的准则。

③生命的定义本质不是 DNA 等肉体物质，而在于看不见的能量分配和物质形式中所包含的观念和信息。

④"科技的主导地位并非因为它诞生于人类意识，给予它的这种地位的是一个同样可作为其本源的组织，并且这个组织还孕育出星系、行星、生命和思维。它是始于大爆炸的巨大非对称轨迹的一部分，随时间的推移而扩展为最抽象的非物质形态。"

⑤千百年来，科技一直与其他生命体在交往中"共生进化"，且彼此交叉、缠绕，构成今日这个姿态万千的生态圈。

⑥两个概念："技术元素"——环绕人类生活周围的一切科技、文化、社会制度等物质或物质创造，是"技术系统"或"技术生态"。"外熵"——抵抗熵的对应的混乱、无序，最终走向"热寂"之用，最终孕育了像人类的生命体。

⑦交往特点：技术元素总给人"相伴而生，相伴而行"的感觉，成为"第七个生命王国"的根本原因。

⑧科技想要的就是人类想要的。"我们的任务是引导每一项新发明这种内在之'善'，使之沿着所有生命的共同方向前进。"

⑨此书"技术也是生命"的提法是一种联想，而联想是独立思考和原创思维的表现。一个富于联想和善于联想的人，常常是肯于独立思想和具有创新精神的人。联想的解释有着巨大的包容性，把科技联想为生命有待验证，而从交往的角度思考科技是有启示的。

第 310 日 　　　　　　　　　**2012 年 11 月 5 日　星期一**

251. 敬重自然，而不是畏惧自然

"敬畏自然"成为人与自然相交往的一句口头禅。但此话有"畏惧"自然的内容在其中。对自然规律的尊重、敬重是应该的，但"畏惧"对自觉性强的人来说，是不能有的，也是不必要的。

"畏惧"是害怕，是消极，也必然在思想上、行动上缩手缩脚、畏首畏尾而无所作为。人类社会的文明进展，是以科学的态度，充分发挥顺应、利用、改造自然的主观能动性。因此，我们俯察大地，仰望天空，星空、大自然、宇宙，需要敬重，而要探索其规律，是敬重、尊重，而不是畏惧，对于自我身心交往，也不仅仅是畏惧。

生态文明的"生态"一词，最早源于希腊语，意为房屋或环境。19 世纪中期以后才赋予现代科学意义。生态是自然诸主体、诸系统之间错综复杂的相互关系。把生态赋予文明的意义是人与自然互动所取得的文明全部成果，是人类文明的组成部分。

敬重自然是一种自觉的生态文明交往态度。系统论创始人、生物学家贝塔朗菲说："我们已经征服了世界，却在某个地方失去了灵魂。"对人类征服自然能力的迷信，必然会失去自觉的智慧，会受到自然力的惩罚。但人类如失去自己的主动性，那就要沦为无所作为的奴隶，而为物所役使，失去知物之明和自知之明，走向另一个极端。对孔子的"畏天命、畏大人、畏圣人之言"也要具体分析，不可盲从。

第 311 日 　　　　　　　　　**2012 年 11 月 6 日　星期二**

252. 生态文明的演进

生态文明是人类文明交往的四个方面之一，它同物质文明、精神文

明和制度文明是相互联系的。

生态文明源于自然史，生于地球生物圈，随着人类文明的发展而演进。

生态文明伴着环境与人的交往互动而显现其内在规律，并与生产、生活的社会性变动紧密相关。

生态文明的变化与人类文明的转型同步。

生态文明分为渔牧生态、农耕生态、工业生态和全球化文明四个时期。

生态文明的现代课题是人类与自然的和谐问题。

生态文明的切入点是解决当今环境危机、生存危机。

生态文明关键在于转变生产方式、生活方式，具体地解决人类与自然的关系、和谐交往的课题。

这使人想起了美国前总统阿尔·戈尔在给《寂静的春天》一书写的序言中的名句："蕾切尔·卡森的影响已超越了她在《寂静的春天》中所谈及问题的疆界。她将我们带回到一个基本观念，这个观念在现代文明中已丧失到令人震惊的地步。《寂静的春天》犹如一道闪电，第一次向人们显示什么才是我们这个时代最重要的事情。"

我们知道，蕾切尔·卡森是美国海洋生物学家，她的《寂静的春天》出版于 1962 年。她在书中描述了人类因为使用化学制剂，尤其是杀虫剂之类的农药，可能将面临一个没有鸟、蜜蜂和蝴蝶的世界。此书是生态文明的春雷，在世界范围引起人们关注野生动物、保护环境的问题。在美国，促成了第一批民间环保组织的建立。1970 年美国成立了国家环境保护署。这本书由吕瑞兰、李长生、柯金良等译，上海译文出版社 2011 年出版。谈生态文明，应首先读读此书。

谈生态文明问题时，也让我们记住蕾切尔·卡森对"控制自然"这个荒谬的哲学命题的批判："这是一个妄自尊大的想象的产物，是当生物学和哲学还处于低级幼稚阶段时的产物。当时人们设想中的'控制自然'就是要大自然为人们的方便有利而存在。'应用昆虫学'上的这些概念和做法，在很大程度上应归咎于科学上的蒙昧。"

253. 外国八家论人的死亡

死亡是人类文明自觉常言常新的话题。本文收录八位外国文坛名家关于死亡的观点，从不同角度反映各自的文化心态和人死观：

（1）俄国作家果戈理在他好友尼古拉·亚济科夫（诗人）的妹妹叶卡捷琳娜·霍米亚科娃久病死亡（35 岁，留下七个儿女）之后说："再也没有比死更庄严的事情了。假如没有死亡，生命也就不会如此美好。"此后，他患脑膜炎，但拒绝医生治疗。死前说的话是："死亡是何等甜美啊！"他的死给屠格涅夫留下深刻印象，从而得出这样的结论："这是俄罗斯悲惨命运的反映。"

（2）约瑟夫·艾迪生（1672—1719），英国作家。他的观点是：无论何人，总有一死——"我就思忖，哀伤何益？"他在《西敏寺漫游》一文中写道："每当我要作严肃的沉思时，我就经常独自到西敏寺散步。那里的阴暗，教堂中一切用物、巍峨的建筑和长眠在那里的人们，种种情景，都易使人心中充满悲戚，但也会勾起令人愉快的遐思。"这里死者的纪念碑上只是生卒时间，是连年战争的产物，死去勇士们之所以被歌颂、被纪念，仅仅是"因为他们被杀戮"。面对与人生的互相对立的坟墓，"我就悲哀而惊愕地回忆起人类渺小的竞赛，由此我想到，我们这些同时代的人，最终都要一起到这里来的"。

（3）毛姆（1874—1965），英国作家，他在《死亡与人生的模式》一文，以文学家闲趣的笔触，随心所欲地谈论了死亡这个严肃的哲学话题，又以社会学家的模式划分，谈论了文学写作和人生。他涉及面广：①不能回避死亡。"斯宾诺莎说过，一个自由人想到最少的莫过于死。没有必要多想它，但是有那么多人一味回避，丝毫不加考虑，也是不近情理的。"②死亡不可免，只望无痛苦地死去，"如何死也无关宏旨"。③自身体验的死亡："我并不认为自己对生命有非常强烈的本能的执着。我生过好几次重病，但只有一次知道自己是濒临死亡的边缘了；而那时候我已疲惫得不知恐惧，只想终止挣扎。"④自由与死亡——自由是目的。"有时候我一瞬间是那么激动地迫切冀求死亡……它好像赐予了我最后的绝对自由。""我不能对某些受我教导和保护的人的命运漠不关心，不过他们依赖了我那么长久，也该享受他们的自由，无论自由将把他们带向何处。我在这个世界上长期地占着一个位置，愿意早日空出来让给他人。"⑤把死的心情在写作中戏剧化。"在死神来到面前之前，谁也不知道怕死不怕死，我经常竭力想象，如果有个医生对我说，我患了不治之症，没有多少时间可活，我将是什么心情。我曾经把这种心情放进我创作的各种人物的嘴里，不过我知道我这样做时，是把这心情戏剧化了，不能说那是我确确实实感受到的。"⑥最佳的人生模式是返璞归真的庄稼人生。"归根结底，一个人生的模式，关键在于完成。……我在人生的空虚无聊上面硬加上去的东西，因为我是小说家。……我认识最佳的人生形式属于庄稼人，他耕种、收割，他以他的劳作为乐，他以他的闲暇为乐，他恋爱、结婚、生儿育女，最后寿终正寝。……在那里我似乎看到了尽善尽美地体现了尽善尽美的人生。在那里人生如一篇优美的小说，从开头到结尾循着一条稳定而连贯的线索在演进着。"

（4）莎士比亚通过哈姆雷特之口，提出了人类文明交往至今还没有解决的问题："生存还是死亡？"这是个人生的大问题。人是个体性和社会群体性的结合，具有普遍道德准则和基本特征的动物，每个人都生活在与自然交往，与他人交往和自我身心交往链条之间，都有一个互动文明交往的关系。自然律、法律、道德律都是要敬重的。以道德律而言，无论主观上意识到没有，也不分文化程度、社会阶层、民族、国家，只要生活于社会之中，就不能例外。无论何时何地，人类最普通的道德准则必然存在，其涵盖性超过法律。一个人可以逃逸法律之网的漏洞，但仍受普遍道德准则的约束。莎士比亚留下的"生存还是死亡"的问题，仍是自律者问自己的问题，它和"自觉"、"自由"与"死亡"同属一类问题。

（5）德国的学人约翰·沃尔夫冈·歌德（1749—1832）在他那篇《大自然》文章中，以杰出的细腻眼力，从大自然的超人灵性赋予死亡以美妙的亮点。他的名言是："生命是她（大自然）最好的发明，而死亡则是她生命繁衍不息的妙策。"他又说："人即使在抗拒她的规律的时候，也要服从她的规律；人既反对她，又离不开她。"歌德留有一万二千余行的歌体悲剧《浮士德》，又有小说《少年维特的烦恼》、《威廉·麦斯特》。他的自传《诗与真》是一本思想者的著作。在《大自然》一文中，把大自然写得太伟大、太有创造力了。他用真诚的爱自然、爱人生的心去感知大自然之大美。自然、社会、自我身心三者的中心是人的文化、文明，但大自然是这个三角形交往的底线，是物质基础，是人类生命之源。人法自然，生死均在其中。

（6）弗洛伊德（1856—1939），这位著名的奥地利心理学家虽然并非文学家，但他的心理分析理论在现代西方文学艺术领域内产生了深远的影响。在《关于死亡》一文中，他从心理学角度说明了人们面临死亡的态度，对人类文明自觉的自我身心交往方面有许多启示。其要点如下：①对死亡的矛盾心理及其实质——"死亡是自然的，不可否认的，无法避免的"，同时又"谋略'暂缓考虑'死亡，或者从生活中将它排除掉"。这种把死亡藏起来，"实际上是作为一个旁观死亡者而活着"。②"文明人"的习惯：小心翼翼地不当别人的面提起他人之死，职业医生、律师一类人谈对自己不坏的人的死亡，如果他人之死会给自己带来自由、金钱、地位方面的好处，便不会谈论这些人的死，习惯于强调死亡的偶然性（事故、病、老），对死者的评论往往扬长避短以体现敬意，对心爱的人的死如原始阿什拉部族一样，自己也想跟着死。③"文明人"对死亡的态度深深影响生活游戏中的孤注一掷，也有不敢冒险而从生活中排斥死亡的现象。④他身为心理分析学家，最后谈到了文学。人们对死亡的避讳，"文明人"便是力图从虚构世界中，从文学和戏剧中，寻求某些东西给贫乏生活以补偿。在这里，我们见到了知道该怎样去死的人，以及能够杀死他的人。只有在这里，我们才将自己同死亡协调起来，经历了人世沧桑，我们自己都安然无恙。……在文学的领域之中，我们找到了我们所渴望的那种多样化的生活。我们似乎随着某一特定人物的去世而死去，而实际上，他死了，我们还活着。⑤他的结论："人生就像弈棋，一步失误，全盘皆输，这真是令人悲哀的事，而且人生还不如弈棋，不可能再来一局，也不能悔棋。"人生如梦，世事如棋，看来只是"知棋"而已，而且认真地说，真的"不如"弈棋。"博弈"之说只是比喻而已。人类欲在交往中文明化，在交往中自觉，还应回到真实而不是生活在虚拟世界之中。

（7）美国学者迈克尔·桑德尔在《公正：该如何做是好》一书中调侃道：英国哲学家杰里米·边沁死于1832年，享年84岁，如果你现在去伦敦，还可以去看望他。在他死前不久，边沁扪心自问了一个问题：一个死去的人对于生者还有什么用？他总结说："对于那些伟大哲学家来说，最好保存他们的肉体以激励后来的思想家。"根据他的遗嘱，他果然被保存遗体，制成木乃伊展品。

（8）印度文学家泰戈尔对死和生都描绘得富于诗意美："生如春花之绚烂，死如秋叶之静美。"人比其他动物的聪明之处，有一点在于知道自己将来会死，这也是一种"自知之明"。

第 314 日   2012 年 11 月 9 日   星期五

254. 生老病死谈

人类认识自我的过程，按时间顺序说，是从生开始，到死结尾。从生到死的过程，是人生的过程，中间避免不了病、老和最后的"死"。从生到死，人生中间多经历许多有关"生"的关口和环节，如生产、生存、生活、生计，而这一切无不与生命这条中心线索相关。生命线断了，死日即来临了。生老病死，老病与生命相伴随。自知之明的一个明显道理，就是人在自然规律面前，自己的生命是有限的，死亡是人生的归宿。现在的人类的长寿纪录还没有超过140岁。珍惜生命，就是在有限的生命中为人类文明大厦增砖添瓦。

人从生到死，中间就是人生，而人生的结节点是生存和生活。法国文学家司汤达在去世前在其墓碑上刻下了"米兰人亨利·贝尔，活过、写过、爱过"的名言。亨利·贝尔是他的本名，米兰是他侨居意大利时开始写作的地方。他对这段生存、生活有过刻骨铭心的爱，因此写下了"活过、写过、爱过"这个为自己"盖棺论定"的"三句言"。有的人在晚年不遗余力地写鸿篇自传，然而有多少人去读它呢？他这"三句言"却在百年来常被人们记起。

人们多乐言生而讳言死，也多谈病和老。学人谈老如许多老人谈养生一样，有许多妙语趣言，可供认识自我身心自觉者作为参照：

①语言学家王力有八十"明志诗"："漫道古稀加十岁，还将余勇写千篇。"

②古文字学家商承祚有一首趣诗："九十可算老？八十不稀奇。七十难得计，六十小弟弟。四十五十满地爬，二十三十在摇篮里！"

③文学家冰心老年曾鼓励比他小几岁的萧乾说，一起携手跨入21世纪。她去世前几年所写的《空巢》，为其晚年名作。

④现在仍健在的语言学家周有光，已有107岁，每月仍有两篇美文问世。他有《拾贝集》，为《朝闻道集》之后又一本随笔。其拾贝语中有："心宽室自大，室小心乃宽"，"学然后知不足，老然后无知"；"全球化是国际现代文化和地区传统文化的双文化时代"，"民主"是自古至今人类政治智慧的产物，"不是什么人要不要的问题"，"真正入世"是学习那些业已融入现代文化的"普世价值"，成为"世界公民"。

⑤今年整百岁的西安体育大学教授郭杰，仍在健步行走，声言要打破西北大学的体育教授王耀东的107岁记录。他主张养生不光要养，而且要练，适当地操练，尤其是多练双臂。他很欣赏北京大学教授马约翰的话："体育就是野蛮其体魄，文明其精神。"

⑥俄国汉学家亚金夫·比丘林老年疾病缠身。他生于1777年，死于1853年。死前在墓地碑上用汉文表达自己对中华文明的深厚情结："无时勤劳，垂光史册。"比丘林1829年所译《三字经》，是诗体性译文，附有原文和详细注释，说明历史典故，成为俄国人了解中华文明的、可以朗朗上口的快捷读本。他还翻译了《四书》，并且著有《中国教育观》、《中国农业史》、《中国皇帝早期制度》等书，是一位中俄文明交往的伟大使者。他去世时，是76岁，在当时已是高寿了。

⑦薛继军在《大家》中有《裘法祖访谈》称，裘法祖有自己的人生哲语："做人我有'一二三四'：一身正气，两袖清风，三餐温饱，四大皆空。"这"四大"就是本节所谈的"生老病死"。裘氏所谈，颇有佛家风度。

第 315 日 　　　　　　　　　2012 年 11 月 10 日　星期六

255. 大学之重要何在

人们都知道梅贻琦的名言："所谓大学者，非谓有大楼之谓也，有大师之谓也。"

人们可能不十分熟悉熊庆来的名言："大学之重要，不在其存在，而在其学术生命与精神。"

其实这两句名言是义理相通的。

熊庆来是以"熊氏无穷数"理论而载入世界数学史册的科学家。不仅如此，他还是一位杰出的教育家。1937—1949 年，12 年间任云南大学校长，还先后创办了东南大学、清华大学、西北大学的算学系。他认为"学校不仅是培植人才的机关，而同时是一学术之源泉"。强调学术的生命与精神，实际上抓住了大学之纲。

冯友兰认为中国大学理学院建设大都仿美国，而在文学院建设上，"应在中西贯通的基础上，一定要做出自己的特色来"。对冯友兰这句话，梅贻琦认为不尽然，第一，熊庆来不是仿美，而是取法国之长而建设中国的算学系；第二，他认为，冯友兰说文学院"要中西贯通，我看确实击中了要害"。梅贻琦在中西文明交往上的确有自觉性。熊庆来的"大学之重要，不在其存在，而在其学术生命与精神"的话，与他并不盲目仿美国，而采法国之长办中国算学系，不愧是一位大师级的教育家。大学唯学术生命与其精神为最大，而此种生命与精神是通过一批大师来体现出来。

第 316 日 　　　　　　　　　2012 年 11 月 11 日　星期日

256. 城市的社会文明形态

城市是主导、领导、向导的社会文明形态。此种形态是人类文明交往过程中，农村社会文明的积聚、扩张、建构和提升的结果。比之于农村社会文明形态，城市社会文明形态的人口流动更为庞大，人际关系更为复杂，因此它产生着更为复杂的社会结构和更为包容的人文精神。

人类文明交往是人类诉求和价值伴随着生产和交换而生成的过程。城市因地而异，但又因时而同地实现着价值诉求和人文精神的品质。城市的文明程度取决于精神导向、行政领导和物流主导等方面。

农业文明孕育的城市其特点在城池的守望，而工业文明孕育的城市其特点在市场的商贸交流。前者也有市场的内容，但多在集市贸易，而后者则在商贸交易。城市孕育着历史和时代的文明交往的步伐。中国有句引人深思的形象说法：看十年的中国看深圳，看百年的中国看上海，看千年的中国看北京，看五千年的中国看长安。长安即以西安为中心的关中地区。中华文明的历史变迁轨迹，历代王朝更迭的政治经济文化轨迹，在民族、国家、社会、个体之间的交往，就是这样互动于城市的发展之中。长安史应当是一部城市的社会文明形态变迁交往史。

第 317 日　　　　　　　　　　**2012 年 11 月 12 日　星期一**

257. "乌托邦"译名的启示

托马斯·莫尔（1478—1535）是英国政治家和作家。他的名著《乌托邦》全名为《关于最完美的国家制度和乌托邦新岛的既有益又有趣的金岛》，简称为《乌托邦》。此书 1516 年用拉丁文写成出版。他描绘的"乌托邦"（拉丁文 Utopia）是一个废除私有财产、实行公有制、计划生产、按需分配、人人从事劳动的社会。"乌托邦"一词后来成为"空想"的同义语。

此书传入中国之后，英语教育家和文学家戴镏龄将该书翻译为《乌托邦》。汉语的"乌"为"子虚乌有"，即"没有"，"托"为"寄托"，"邦"为"国家"。三字合起来为"空想国家"，与原著的"无有之地"或"乌有之乡"的 Utopia 相映相配，可谓得体又得"空想"之义，因而广为流传。

《乌托邦》一书的译名，使我想起北京大学首任校长、翻译大家严复的话："一名之立，旬月踟蹰。"翻译中的译名，要确切而有文明交往双方的文化底蕴，非下功夫而不能达到新的意境。尤其是一本名著的书名，那是要反复斟酌、多次推敲，方能成为画龙点睛之作。"乌托邦"可谓准确表达中西文化传神之作，反映了戴榴龄的深厚的中外文化修养、严谨态度和负责精神。

托马斯·莫尔是文艺复兴时期英国的空想共产主义者，在亨利八世时期官居要职，由于拒绝承认国王为英国国教最高首领而被判处死刑。他的哲学思想表现在关于人的认识来源于经验，他崇尚古希腊哲学家伊壁鸠鲁。伊壁鸠鲁把哲学分为物理学、逻辑学和伦理学。伦理学中关于幸福观、快乐论影响了莫尔。他并不否定宗教，认为信仰应该自由。他在教育上也有创见，首先提出"劳动教育"主张，使德、智、体、美四育之后，又加了一个劳动方面内容。他还认为一切教育应当用本族语进行，并且主张所有儿童都应受初等教育。

托马斯·莫尔在《乌托邦》中说："构成幸福的不是每一种快乐，而只是正当高尚的快乐。"马克思在《资本论》中曾引用了《乌托邦》中英国圈地运动的"羊吃人"的名句。莫尔这本《乌托邦》传世名作是对资本主义原始积累时期残酷剥削的抗议和对理想社会的向往，大大影响到后来社会主义思想的发展。他的这一著作，包括中国汉文译名的深远意义，对人类说，都是正当而高尚的文明化快乐。

第 318 日   **2012 年 11 月 13 日   星期二**

258. 乔姆斯基的无政府主义

（1）无政府主义的国家观

诺姆·乔姆斯基是一位出生于美国斯拉夫血统犹太人家庭的现代无政府主义者。他有斯拉夫的血统。从少年时代起，他就受无政府主义的影响。在西班牙内战中，他支持该国共和派中无政府主义色彩浓厚的马克思主义工人党。这个党的处境是很独特的，它在西班牙反法西斯战争中，受到佛朗哥右派和斯大林支持的西班牙共产党两方面的反对。

1939年1月26日，西班牙无政府主义的堡垒巴塞罗那陷落，法西斯势力猖獗。这促使乔姆斯基更加憎恨世界上各种形式的强权政治，并且深入研究巴枯宁的无政府主义理论。他属于无政府主义思潮中的改良派，不受巴枯宁理论的教条束缚。他对权威疾恶如仇，但在国家观上具有自己的特点：①不反对一切国家形态；②不把摧毁国家作为理论的先决条件；③不排除民主国家的选举制度；④相信资本主义可以改良；⑤寄希望用中央集权政府来扼制地方金融寡头，阻断凯恩斯式资本主义自由流通；⑥他把国家比作兽笼，认为它可以防止私营公司这帮野兽的侵袭。

1955年他在麻省理工学院任教。两年后，出版了《语法结构》一书。该书的要点有：①"普遍语法"，即词句遵循一定句法，而名法天成，不受语境影响；②关注语法的深层结构，即它的普遍性；③向斯金纳这位既定的权威提出的"行为主义"挑战，而把注意力集中在词语的精神表象和心智的哲学研究。后来，他又反对流行的结构主义和后现代主义。敢于向一切权威挑战，这是他的无政府主义思想的本色。

（2）"反权威主义"表现

乔姆斯基的"反权威主义"思想见之于现实问题上，主要集中在对美国对外政策和美国媒体的抨击上。这是他的现代无政府主义的最显著、最突出的特征。在这方面主要有以下各点：

①20世纪60年代，他谴责美国出兵越南的侵略行为，极力鼓励美国士兵罢战，号召抵制"任何形式的非法权威"。

②在尼克松总统时代，他被当局列入黑名单，受到法律追究，而且被以色列禁止入境，理由是"不臣服于统治地位的思想"。

③"9·11"事件发生后的两个月，他在一家独立出版社出版了一本小册子，宣布："只有在无视美国及其盟友所作所为的情况下，才能将这个国家看成是受害者。"几周内，该书出售了30万册，被译成23种语言。

④对"恐怖主义"的界定：它是一个"标签"，是一种意识形态的武器，为一些不承认自身行动层面的政府所利用，"美国不能容忍第三

世界的民族主义、民主和社会改革。因为第三世界国家政府为回应民众的需要，会停止优惠美国投资者的利益"。

⑤他在 2007 年 5 月 16 日重申：没有任何确凿证据证明，本·拉登制造了"9·11"事件，本人"口供"不足为凭。他认为，奥巴马处死本·拉登的行动是"有计划的谋杀"，明显违反国际法，实际上乔治·W. 布什的罪行超过了本·拉登。

⑥他指出，美国侵入阿富汗，"屠杀无辜平民，是恐怖主义，而非反恐战争"。

⑦他认为，人民反对统治者的恐怖主义有一定的合法性："人们常常认为恐怖主义是弱者的武器，此乃严重错误。正像其他主义一样，恐怖主义首先是强者用于施压的武器"。

⑧对于媒体，他的看法是："强者控制媒体，包括理论与宣传，用以掩饰他们的恐怖主义，以及掩饰其伪民主和表面的言论自由达到'广泛一致'的假象。"

（3）其他值得注意的观点

乔姆斯基是西方世界中的一位特立独行的人物。他支持亚非国家的民族独立，并且对一些重大问题有自己独立的思想。下面是他值得一提的观点：

①关于全球化：他认为，1922 年美国公关理论创始人瓦尔特·李普曼就说过：美国媒体所宣传的"营造一致"模式，实质内容是为获利取向、广告调节、新闻资源性质、施压防火墙和反共意识。这是媒体为当权者的利益造势。美国学者杰斐理·克莱恩支持乔姆斯基的观点，认为美国宣传模式是在说明：随着经济全球化的进展和大跨国公司的影响日增，世界公众的反应日益无力，因之全球化是"旧瓶装新酒"。其理由是：统治者竭力将民众排出于决策之外，权力中心则在跨国公司和大银行，以及国际强势企业"发展了为自己服务的统治机构"。

②"人道主义"干预的国际政治行动，是打着人权、民主的幌子践踏民主原则，并造成了灾难性后果。对北约解决南斯拉夫联邦问题方面，他持反对西方的价值观。

③他著有《最近的将来，21 世纪的自由与帝国主义》一书。这是一本对西方社会的意识形态机制进行深度分析的著作。

④他有一个观点：西方的最大敌人在美国内部，而非外来威胁，其丧钟来自霸权主义。

⑤"拉丁美洲的演进颇有前途"，因为在那里的内在潜力的发挥，"掀起当代民主的巨浪，其结果在全世界范围会引起反响"。

⑥他有这样的信心：他在《最近的将来，21世纪的自由与帝国主义》一书中，展望中东革命"有光明的前途"，他希望：未来是一个"公正的世界"。

第 319 日　　　　　　　　　　　　2012 年 11 月 14 日　星期三

259. 名声

"作者们能否活着看到他的名声，这要看机遇如何。他们的作品愈高，愈重要，则看到自己名声的机会愈少。"

这是《叔本华论说文集》中的一段话。

他说的是"作者们"的名声，主要是学者，特别是文学家，也包括文史哲领域的作者们，当然也包括艺术家。

这使人想起"下里巴人"和"阳春白雪"的故事：

有人在郢地唱歌，开始唱《下里》，接着唱《巴人》，周围好几千围观的人都跟着哼哼。接着他又唱了两首《阳和》和《薤露》，还剩下几百人跟着唱。最后，他又唱了《阳春》和《白雪》，跟着唱的就剩下数十个人。

这是宋玉讲给楚王听的故事。宋玉给楚王说，格调越高雅的歌，能击节与唱和的人越少。用今天流行语讲，雅与俗的界限是"有意义"和"有意思"。越是高雅的东西，欣赏的人越少；越随俗的东西，"粉丝"就越多，其名声就越高。如何雅俗共赏，是很困难的。

叔本华讲"名声"，主要是看作者的机遇，而高雅的、重要的作品，获得名声的机遇越少。即使作者准备好了作品，也不一定能碰上机会，成名的机会对好作品来说，是很困难的。

叔本华在本札记开始所讲的话，使人想起了学术史上一个重要问题：学术越高深，懂得的人越少。这里，用少数服从多数的民主方法，只能否定真知灼见。学术研究，只能讲自由，不能讲民主。什么是真理，只能由实践和时间作历史的评判。

名声是人的欲望，求名之心，人皆有之，但从人类文明交往规律看，人贵有自知之明。不要看重虚名，而要注重实际。太看重名望，求名心切，就会为名的缰绳所束绑，就会失去自由。我有"不为名缰，不为利锁，不为位囚"的"三不"文明交往自觉之言，可供文明自觉者参考。

第 320 日   2012 年 11 月 15 日   星期四

260. 大乐观与小乐观

以快乐为价值取向的观念，称之为乐观。乐观是为人处世的一种积极的生活态度和精神境界。乐观是人类文明交往的自觉观念。文明交往自觉是使人知之、好之、乐之，成为不忧不惑、不惧的仁者、智者、勇者。

乐观因人而异，所谓"仁者乐山，智者乐水"，各有所乐。贤人中有"一箪食、一瓢饮、居陋巷，人不堪其忧而回也不改其乐"的颜渊；名人中也有"先天下之忧而忧，后天下之乐而乐"的范仲淹。乐观虽有千姿百相，但其共同点在于用一个"乐"的观点来体味人生、观察世界。

乐观有人格取向的大乐观，有风格取向的小乐观。大乐观与小乐观的"分水岭"在于人格品质的稳定程度和风格的高下差异，而这二者之间互为作用的。大、小乐观之间的融合点在于认知和行为，由此体现个体生命的价值。

乐观是悲观的积极一面，乐观与悲观，二者是矛盾的对立和统一体，而且是在一定条件下互相转化的，同时又表现为多样性。盲目乐观可能转化为悲观，乐极也可能生悲；反过来，悲观状态中也有积极因素，从悲观中有可能发现积极的意义，从而化悲痛为力量。此中变化，犹如"生于忧患，死于安乐"奋进的忧患意识变为走向乐观，而安乐的沉溺转为悲观一样。《淮南子·道应训》中有"夫物盛而衰，乐极则悲"之说，把快乐过度而招致的结果归纳为"乐极生悲"，就是这个道理。

大乐观既是对生活、对事业、对人生、对人类前途满怀希望与信心的观点和态度，也是对世界、对未来发展的看法和观念。在人类文明史上，认为正义必将战胜非正义、善必将战胜恶、理想必能变成现实、美好梦想必将成真的思想，都可以称为大乐观。"这个世界会好吗？""人类的幸福会充分实现吗？"大乐观对此的回答是肯定的。

大乐观的本质特点是人类对文明交往的自觉性。这种乐观是建立在交往互动规律必然性与人的主观能动性的相互联系基础之上，并使之化为现实的可能性。大乐观是科学的、积极的，归根结底是自觉的乐观主义。

第 321 日　　　　　　　　　　　**2012 年 11 月 16 日　星期五**

261. 理论与现象之间

语言学者崔希亮在《语言学概论》中说：

"任何理论都是要对看起来纷繁复杂的现象做出概括的解释，学习理论的目的也是为了更好地解释现象。"

语言学者吴应辉在《汉语国际传播研究》中说：

"随着中国影响力的不断提升，将来总有一天不再需要向世界推广汉语，而是世界向汉语主动走来！"

2012 年 11 月 2 日，埃及尼罗河电视台汉语教学节目首播仪式在开罗马里奥特酒店举行，决定此节目在 21 日正式开播。这是对上述二位学者的论述的一个注释。

汉语的国际传播需要在实践中创造自己的理论，而崔希亮关于理论与现象之间的关系说明，证实了文明交往需要与语言传播相结合而产生具体的交互理论。

记得卡尔维诺在《烟云》中有一段哲理语言：

"现在有人生活在烟云之外，古往今来一直有人生活在烟云之外，有人甚至可以穿过烟云或在烟云中停留以后走出烟云，丝毫不受烟尘味道或煤炭粉尘的影响，保持原来的生活节奏，他们不属于这个世界的干净的样子。但是重要的不是生活在烟尘之外，而是生活在烟尘之中，因为只有生活在烟尘之中，呼吸像今天早晨这样雾蒙蒙的空气，才能认识到问题的实质，才可能去解决问题。"

在复杂现象中生活和思考，用符合实际的理论概括去解释不同现象，这确是学习理论的目的之一。但这还不够。因为学习理论在解释现象之后，紧接着应该是解决问题，即认识世界和改造世界、知和行相统一的问题。理论概括与现象之间的互动，有主动与被动之分，如同向世界各地推广汉语一样。但主动与被动也是互动的，可能是互变的，关键在实力、活力、能力，根本在文明交往过程中冲破烟雾，在认识自己和环境条件关联中提高自觉性。有了这个自觉性，就把解释现象的认识世界和用于实践的改造世界统一起来了。

第 322 日　　　　　　　　　　　　2012 年 11 月 17 日　星期六

262. 语言与思维方式

语言是交往不可或缺的工具，它蕴藏着不同文明中人们的思维方式。

英国伦敦大学社会学研究者斯科特·拉什是研究现代化问题的专家。他对全球化问题也有新的见解，对"中国特色"的文化具有独特的视角。

他学汉语，把汉语同他所研究的问题紧密地联系在一起。他认为汉语对他研究问题的思想影响很大。他的看法是：

①汉语引起他浓厚的兴趣，激发了许多想象力。例如汉语中的"东西"这个词，拆开来是"东"（east）和"西"（west）两个字，合在一起的意思是"物体"。

②汉语内容的多样性使他联想思维有所发展，汉语与英语的对比使他悟出许多道理。如汉语中的"空气"一词，在很多时候是表达"气氛"，而"气氛"在英语中是"atmosphere"。但"气氛"更复杂，它还可以形容人与社会的交往关系，与英语中的 network（网络）不同。网络是个体与个体之间的联系，而气氛还是一个空间概念。

③英语中的 imagination（想象）、image（想象）与汉语中的"想象"、"想象力"与"形象"也有区别，使人遐思不已。

④总之，他从汉语与英语的比较之中得出一个结论：中国和西方语言的差异是思维方式的差异，而这样的比较，使他更深刻地理解了许多汉语的概念。

汉语是世界上丰富发达的语言之一，使用人数最多，约六千年前汉语已有文字。汉语言文字不仅是汉族的语言，也是中国各民族的族际语言文字，还是联合国正式语言和工作语言之一。现存最古老的汉字是由甲骨文、金文演变而来，其轨迹是：由图形变为笔画，象形变为象征，其造字原则为：从表形、表意到形声。斯科特·拉什从汉语言文字与英语的比较中，发现思维方式差异是一个新视角，不过还是入门初试。实际上汉语言文字是中华文明的"土特产"，是极富民族精神内涵的。如"东"字还有表示方位、日出的意义。如《礼记·礼器》中就有"日出东方"之句。"东方"在《史记·历书》中也有"日归于西"的西部方位关系。在《诗·齐风》中还有"匪东则明，日出之光"，仍与太阳连在一起。在《孟子·告子》中，更有这样表达"东西"的话："人性之无分于善不善也，犹水之无分于东西也。"只有从高一点的历史观念上看汉字的思维方式，才有更实质的收获。

从当代语言学研究的成果看，应从语言哲学的高度来看待语言与思维方式问题。索绪尔为了克服比较语言学陷入经验材料而无法真正形成对语言的规律性认识，规定了语言学的研究任务是发现语言的一般规律性。但他把语言的普遍性最终归于特殊性，从而把语言的性质还原为不同的语言活动，使语言学失去了理论学科性质。乔姆斯基为了寻找解决索绪尔困境的出路，考察了语言背后的人类天赋语言能力，提出了从人类的生理和心理机制中寻找人类语言活动的最后深层结构。这就说明了从人类本性上理解语言学与语言哲学互动作用的重要意义。

第 323—324 日　　　　2012 年 11 月 18—19 日　星期日至星期一

263. 坚持，不可轻易放弃

人生的成败利钝，要紧之处在于思想上行动上的坚定、坚持和坚守，简化成一句话就是：不要轻易放弃。无数事例都说明，这是对"人"字的成功写法。马克思引用歌德的思想性名言：走自己的路，让人们去说吧！这是多么坚定、坚持和坚守的话语！正是这种对"人"字的认真写法，使他们成为"大写的人"。坚定、坚持、坚守还可以稍扩展一下，就是：坚定不移、坚持不懈、坚守不乱，用现在一句流行的话就是：不动摇，不懈怠，不折腾！

记得瑞典有一位著名演员，从小就有表演的梦想、兴趣和天赋，他的监护人允许他考皇家艺术学院，但只给他一次机会。他下苦功练习，并参加了考试。当他正表演得十分投入的时候，忽然听到评委席上议论的声音，不小心把台词忘了。正在慌张之际，评委主席宣布："到此为止，下去吧！"他失望极了，梦想破灭了。他想到跳河自杀，走到河边，看到河水太脏，认为不该死在这里，换个干净的地方吧！但他又一转念，还是不想就此罢休，不甘心一死了之，回家再好好想一想，再坚持一下。人生的路还长，还会有机会。他没有轻生，没有放弃。回家第二天，邮递员敲门，送来了皇家艺术学院的录取通知书。他太意外了，就到皇家艺术学院去问评委会主席，主席告诉他：评委们看到你的表演，一致认为你表演得很好，可以不要再表演下去，才决定让你停止的。这真是戏剧性的考试！这时他才恍然大悟，明白了不能轻易放弃，终于成就了他的艺术事业。

　　我也想起了自己考大学时的一件类似往事。那是 1950 年夏天，我和三原高中师兄妹一行十几人，经临潼、高陵，越渭河，日夜兼程赶往西安西北大学西树林考场。第一门考的是数学。我的数学学得最差，高中毕业时补考才勉强过关。所以此次高考时，开始就显出了弱势，只答了一道几何题。我考完后感到很灰心失望，认为肯定不会被录取，觉得上大学的梦做完了，就背上行李离开考场。走到校门口，一位西大物理系学生问我：数学考的不是零分吧？我说：可以得 20 分。他说：那你就别走，坚持考完，因为西大有个不成文的规则：零分不录，百分不舍。我一听，心想，这才是开头一门课程的考试，后面还有机会，于是硬着头皮又回到考场，把所有课程考完。结果，国文中"我的志愿"作文得了高分，历史因"中国历代朝代歌"竟得到了百分。原来志愿是中文系，却因此而被历史系优先录取了。现在回想起来，当时如果不坚持一下，那将是另外一条道路，"人"字将是另外一种写法了。

　　进入西大历史系以后，我读清代学者赵翼的《廿二史劄记》。见他写的"少小学语总难圆，只道功夫半未全。到老方知非力取，三分人事七分天"诗时，颇不以为然，于是根据坚持的理念，写了下面一句话：水滴石穿，绳锯木断，持之以恒，功效必见。当然，不要轻易放弃，不是说绝对不要放弃。在尽到各种努力之后，仍然不行，就要"舍得"。随机应变，该止则止，该行则行，一切视时间、条件的变化而变。这是学习问题上的"天人之学"。人要顺应自然规律，不能违反，但这种顺应不是消极的、自发的、无所作为的。人与自然、人与社会、人与自我身心的交往，是发现规律、掌握规律，主动、积极而自觉地进行创造性劳动，把"人"字写成"人才"，为社会做出应有的贡献。在书写"人"字的人生过程中，坚持，不要轻易放弃。宗白华在《徐悲鸿与中国画》中所说的"不因困难而挫志，不以荣誉而自满"是人之为人的不可缺少的品质。

第 325 日　　　　　　　　　<u>2012 年 11 月 20 日　星期二</u>

264. 翻译家是文明交往的转化师

有人将翻译家比作人类文明的"搬运工"。

据说，意大利文中，"翻译"意为"搬运"。对此，意大利鸵鸟出版社中国当代文学顾问米塔的解释是：翻译家的工作是在甲与乙之间建起一座桥，运送甲的意义到乙，用乙的符号理解甲的意义。

可见，"搬运"是一个一般通俗的比喻，并不准确。翻译是高度专业的行业，肩负着世界文明交往的重任。巴黎中文《欧洲日报》编辑董纯，以自己对于翻译工作的体悟说："好的文学翻译就是一位快乐的架桥人，促进不同民族之间的相互理解。"翻译应当成为"家"，而非"搬运工"。

我觉得确切地说，翻译家是人类文明交往的转化师，是文明之间互动的功臣。

如果要打比方，将翻译家比作蜜蜂，采百家花，酿自己蜜，似乎更确切一些。翻译的上乘是再创作。

翻译家许渊冲说过："我的探索，就是力图将这中国文化的'精妙'呈现万一，与英法语言的读者分享。文学翻译是为人类再创造美的艺术，把一个国家创造的美转化为另一个国家的美，把一种语言的美转化为另一种语言的美。"

"转化美"是一种文明转化为另一种文明的交往使命，是一种责任担当和智力创造的尊严，是一种心灵与心灵的交流。国际译联主席贝蒂·科恩的翻译理念是："翻译就像水和电一样，它的存在人们是不注意的，但是它消失了，没有了它，世界就无法生存。"的确，翻译是人类文明的交往使者，也是文明自觉者。人类文明交往因为有他们而相互理解与沟通，世界因为有他们而和睦和共进。86 岁高龄的翻译家高莽从事翻译工作一生，还表示不放下笔手中的译笔。在他看来，翻译不只是两种语言的转换，而且是两种文明之间的互动交往。高莽从翻译进入了人类自我身心的交往自觉境界。他通过翻译苏联诗人阿赫玛托娃的诗集而关注人的心灵和心灵深处的文明交往自觉。他有一句名言："'文革'后我又长出一个脑袋来，重新看人的关系，重新看世界。"他的这个头脑对他从事一生的翻译事业有了新的认识，为了人类文明交往的自觉，他不放下自己的笔！这是一支充满了文明转化美的笔！

外国学术名著是文明交往的外部源泉。此种外源是人类文明进步不可缺少的方面。英国凯·安德森等人主编的《当代地理科学译丛》序言中，就把这种"外源"当作治学的基本途径："对国外学术名著的移译，无疑是中国现代的学术源泉之一，说此事是为学的一种基本途径似乎并不为过。"这种"外源"经过学术交流而内化为新文化要素，形成了所谓"外源内合"的效果。

第 326—327 日   2012 年 11 月 21—22 日   星期三至星期四

265. 翻译的理念与高低分野

"如果冬天来了，春天还会远吗？"

这是英国诗人雪莱的著名诗句。这句诗在中国广为传颂，是中西文明交往的一个著名事例。

同一句诗，因译法不同，有的就传不下来。如郭沫若的译法："严冬如来临时，哦，西风哟，随春宁迢遥？"此句中译，被讥为矫揉造作，与上述朴素自然的口语表达相比，用汉语传播给中国人，其结果大不相同。

据翻译家江枫说，他熟悉英语，用英语朗诵此诗，模仿雪莱的口型和嗓音，再转化为汉语朗诵，此句汉译诗就有了独创性的意义。显然，这里有翻译理念的高低分野。

这使我想起裴多菲的"生命诚可贵，爱情价更高，若为自由故，二者皆可抛！"这也是一首广为流传的译诗。比较之下，雪莱的诗句，是用隐喻这种有造型能力的修辞手段写成的，用隐喻加以准确的信、达、雅再现，使英语意境融入汉语意境，形似而后神似，就成功了。而裴多菲的诗句，用比较的造型修辞手段表达，用汉语的五言四句体例转化，也有同样的传播效果。入于外语，出于外语；入于汉语，出于汉语，严谨而形象的真善美的诗意，就会进入文明交往的自觉佳境。

诗和哲学一样，是最难翻译的。美国诗人惠特曼说过，诗，像民主一样，必须自由多样，崇高的思想，加上自由的空间，主客观条件结合在一起，方有佳作。要译好诗歌，没有深入体悟不同文明的特质功夫，也难以把佳作译好。例如，把西方的"幽默"引入汉语，就是一个再创造，而把"幽默"和文明交往联系在一起，更富人文精神。"幽默"是一种艺术。方成在《幽默艺术》中说："幽默源自社会文明进化和语言进化，是一种曲折含蓄的语言方法；幽默是一些文艺作品的灵魂，也是人际交往的'润滑剂'。"方成谈到文明，谈到交往，谈到艺术，他的作品中充满着西方文明转化融合之后的再创造精神。这是一种自觉的新理念。

从人类文明交往的广度与深度看，各类翻译的高低分野在理念。我看到有四种可供思考的理念：

①朱光潜的"从心所欲，不逾矩"的审美理念。这是一种艺术境界。他在翻译观上，是由纯粹的"器"上升为"道"的理念。这种"道"不是言说的表达，而是从法则、规律、终极、本源着眼的"大道"。

②叶君健的"译者个性论"。他提出译者"生命力"的概念，即译者的感情、思想、心血、文字、艺术修养融合而形成的合力。此种总和而产生的合力，使翻译成果不仅形似，而且神合。他的"译者个性论"与美籍意大利翻译家韦努蒂的"译者中心"理念是一致的。

③钱锺书的灵魂转生说。他在日译本《围城》序中，称道日译本是"躯体虽异，精神依然故我"。此论与余光中的"投胎重生"和"内在生命对应"、与别林斯基的"投胎转世"和庞德的"让死复活"相类似。

④江怡的"让哲学说汉语论"。这是他在《维特根斯坦作品集》序中讲的话。他认为，真正的译著是对原著的再创作。他提出，让哲学思想在反复阅读、理解中保持自己的独立性并且在中国哲学土壤中存留和发展。

　　在人类文明交往中，语际之间的转译与传播十分重要。就本质而论，科学是人类文明的共同成果，但每项成果的取得却具有国别、有民族性的个性成果。在人类文明交往中，各民族不同语言的科学成果为全人类所有，就要通过翻译的渠道，这是翻译对人类文明交往的贡献。每当人类文明交往转折时刻，总有翻译大潮相伴随，就是这个道理。

第十编

自然人类

编前叙意

　　本编有关近代自然史和人类史上的九位科学家的理论，是我学海求知的笔记。我选择九位科学家的理论，首先是探讨科学家奋斗史与科学史上必然性与偶然性的关系问题。自然界和人类社会的规律是客观存在的，迟早总会被人所发现，这是必然的；但由何人发现，这有很大的偶然性。规律的客观性和人的主观能动性是密切相联系的，我想通过科学家的生平、时代背景、科学素质、科学活动、哲学思想、治学方法这些综合性因素来理解科学发展的必然性。

　　其次，是反映科学精神。科学精神是科学家为人类文明发展、为社会造福的求真、向善、爱美的专业求知天职和思想道德境界。科学家通过理性怀疑和学术交往而激发人类的创造力，引领人类不断摆脱野蛮、愚昧、迷信、贫穷的枷锁，从而解放思想，为人类文明做出自己的贡献。这种贡献始终与他们尊重事实、独立思考、只问是非、不计利害的勤奋、严谨、求实、创新、协作的科学精神相联系。用科学精神和思维方式去思考、发现、分析和解决问题是科学家的树人立德之道。

　　再次是科学追求卓越创造，离不开超越前人科学思想，因而就有正确对待继承与批判、肯定与否定的辩证关系问题。辩证法在本质上是批判的、革命的和不盲从成说、不崇拜任何东西。它对旧理论的否定中有肯定的理解，对新理论的肯定中有否定的理解。它要求从事物的变动性和全面性上去认识问题。它要求科学家保持清醒头脑，不忘对社会的责任担当，关注创造物质和精神财富的同时，更关注科学创造可能带来的负面影响；在与物的交往过程中，时刻想到如何用自己的发明造福人类。

　　最后是自然科技和人文社科两大科学的跨学科交往互动问题。何谓科学？科学家如何工作？他们从事科学研究工作的动力是什么？这是值得人们深思的问题。马克思和恩格斯在《德意志意识形态》中说："我们仅仅知道唯一的科学，即历史科学。历史可以从两方面来考察，可以把它分为自然史和人类史。但这两方面是密切相联系的；只要有人存在，自然史和人类史就彼此互相制约。自然史，即所谓自然科学，我们在这里不谈；我们所需要研究的是人类史，因为几乎整个意识形态不是曲解人类史，就是完全排除人类史。"我在这里引用马克思和恩格斯关于大历史科学的话，也是旨在说明自然科技和人文社科是密切联系和彼此制约的统一的历史科学。历史把这两门科学统一在一起而构成总体的人类文明史。这两方面的文化素质对人类文明程度的提高，对人类文明交往自觉性的加强，具有同等重要的位置。另一方面，对这两大科学的性质、作用及相互交往关系的社会共识，以及有关科学体制的健全，对现代化建设，也特别重要。

人类文明交往表现在全部历史的过程之中，如若不回归历史，就无从读文明。我们应该从全部历史客观方面来探讨人类文明交往的复杂性，整体性和发展性。只有将科学回归历史，才能获得文明交往自觉。

我有科学回归历史、回归文明交往自觉的"题史"体悟，名为"爱自然，为人类"，现作为"自然人类·编前叙意"的结语：爱自然，为人类，自然育人，人化自然，自然史，人类史，科学双轮互驱动，弘扬人文精神，在文明交往的大道上共求真善美。

266. 哥白尼的"天体运行论"

①天文学的爱好者

尼古拉·哥白尼, 1473 年 2 月 15 日生于波兰维斯瓦河畔的托伦城。父亲经商, 1483 年去世后, 哥白尼由舅父抚养。1491 年, 哥白尼进入以数学和天文学闻名于欧洲的克拉科夫大学。他虽然主攻医学, 但对天文学产生了浓厚的兴趣。这种兴趣对他的科学事业的发展, 产生了重大影响。

从 1496 年起, 哥白尼留学意大利, 先后在波洛尼亚大学、帕多瓦大学和斐拉拉大学学习法律、医学、神学和天文学。波洛尼亚大学的著名天文学教授多美尼哥·诺瓦拉 (D. Novara, 1453—1504) 对他进行指导, 他们一起研讨古希腊的毕达哥拉斯哲学, 一起观察天体, 使他天文学的研究发生了质的飞跃。在此期间, 他曾应邀去罗马讲学, 讲授数学和天文学。1503 年他获得博士学位后, 由意大利回到波兰。

哥白尼的舅父是当地的大主教。回国后不久他即担任舅父的秘书职务。1512 年, 舅父去世后, 他全家移居埃尔布拉格, 他在那里当了一名牧师。在此期间, 他对天文的爱好达到高峰。他在大教堂的角楼里布置了观测台, 用当时极其简陋的工具, 测量星球的高度, 观察星球运行的轨迹, 研究天体运行的规律。

在宇宙中, 天体运动是人类最感神秘莫测的领域。在人类的文明史上, 在同大自然的交往中, 人们总是观察天体运动的变化。古希腊毕达哥拉斯学派已经发现天文学的本质是"运动的连续量"。公元前 4 世纪, 亚里士多德提出了地心说, 被公元 2 世纪的天文学者托密勒加以发展。地心说认为地球是上帝安排的"天之骄子", 这与上帝创世说完全一致, 成为教会的教条和神学的绝对真理。地心说的要点是: 地球是固定的、不变的物体, 处于宇宙的中心, 这一看法在天文学领域统治了 1500 年之久。

哥白尼具有独立的思想, 他经过长期的独立思考和反复刻苦研究,终于创造了"日心说",推翻了托密勒的"地心说"旧理论体系。1510年,他写了《以天体结构导引出的天体运行论要释》的手稿,提出了所有行星都以太阳为中心,地球是绕太阳运行的"日心说"。他还认为,人们每天看到太阳、星星在天上移动,是因为地球自身在自转。这篇手稿当时并未公开发表,却在学术界广泛流传了20多年之久。哥白尼认为托密勒的学说已经过时,是不科学的,只有"日心说"才是科学的天文学理论。

②被禁两个世纪的六卷《天体运行论》

《天体运行论》是哥白尼的代表作,共六卷,可称之为六卷"天书"。它的成书,不能不提到德国的天文学者乔治·莱蒂克斯的功劳。

莱蒂克斯1539年访问哥白尼。他们开始时只是同行之间的一般交往,只准备几周的约会交流。随着交谈的深入,两人成为志同道合的莫逆之交。也可以说,二人成为忘年之交,因为莱蒂克斯只有25岁,而哥白尼已经60多岁了。他为哥白尼的理论所折服,他读着哥白尼的手稿,同他进入深入讨论,不知不觉住了两年时间。

后来,莱蒂克斯给纽伦堡老师约翰·舍恩纳写了一封信。1540年,此信发表于当地一家杂志上,成为第一篇介绍哥白尼科学理论的文章。在莱蒂克斯和其他朋友一再要求下,哥白尼重新整理他原来的手稿,题为《托伦的尼古拉·哥白尼论天体运行轨道》,简称《天体运行论》。1542年书稿付印之时,哥白尼已经卧病不起。他是多么希望见到这部辛勤写成的科学著作早日面世啊!这一天终于来到了!1543年5月24日,80岁高龄的哥白尼卧病在床,身体极度衰弱,已经看不清字迹了。当第一部《天体运行论》从纽伦堡送到他的住处时,他怀着无限爱恋的心情,用颤抖的手抚摸着它,闻着新书散发着的油墨香味。他卧病在床,生命垂危,过了一个小时就停止了呼吸,成为告别自己著作的"闻香客"。

《天体运行论》用拉丁文写成,共分4卷。第1卷是宇宙概述和日心说的基本内容。第2卷为行星的总体位置和天体运行规律。其余两卷介绍了地球、月球及其他星球运行情况、计算公式及图表。中译本由科学出版社1973年出版。从这部不朽的著作中,我们可以看到哥白尼在科学研究中的以下特征:

第一，追求真理、冲破禁区的科学精神。为了求得关心和保护，他在书前有致教皇保罗三世的一封信。信中写道："我神圣的父，我知道某些人听到我在《天体运行论》中提出的观念之后，会大叫大嚷，当即会把我哄下台来。我对自己的著作还没有偏爱到这种程度，以致不顾别人的看法。不过哲学家的深思同一般人的看法是相去甚远的。哲学家的目的是，在上帝允许人类所能及的范围内追求一切事的真理。所以，我认为应该摆脱那些违背真理的错误意见。"恩格斯在《自然辩证法》中认为，哥白尼的"不朽著作"给予后人的精神力量的作用是巨大的，"是一种和无机物的运动规律正好相反的运动规律"（《马克思恩格斯选集》第三卷，人民出版社 1972 年版，第 447 页）。因为无机物的物体与物体之间的万有引力是与距离平方成反比，而哥白尼的精神力量摧毁了教会的精神枷锁，打开了近代自然科学的大门，因而是与时间的平方成正比的。

第二，博采众长、独立创新的学习理念。哥白尼留学意大利，从当时文艺复兴浪潮中吸取了毕达哥拉斯学派的"万物皆数"、"数学与美"及"协调对立面的和谐"思想观念，欣赏该派的宇宙体中各个星球之间符合音乐美的"共奏天体乐曲"的简单自然美。哥白尼在博学中慎思，发现托密勒"地心说"在数学上可以说得通，但天体的整体体系中是不协调的。哥白尼很像一位画家，他从毕达哥拉斯学派的哲理出发，绘制了宇宙结构的简单图形。为此刻苦阅读大量古希腊的哲学原著。他"在西塞罗的著作中发现海西塔斯逼真地描写过地球运动，后来又在普格塔尔赫的著作中看到还有别的人也赞成类似的见解。"从而受到了有关"日心说"的原始启发，进而形成了"美好而有秩序"的"日心说"理论。

第三，事物运动、联系的整体观念。哥白尼对传统数学在研究各个天体运动中的可疑之处思索了很长时间之后，对哲学家不能提出正确理论来解释宇宙机构感到气愤。学习古希腊哲学原著后，他写道："这就启发了我也开始考虑地球的运动。虽然这种看法似乎很荒唐，但前人既然可以随意想象圆周运动来解释星空现象，那么我也可以尝试一下，是否假定地球有某种运动能比假定天球旋转得到更好的解释。"于是，他继续写道："从地球运动的假定出发，经过长期的、反复的观测，我终于发现：如果其他行星的运动同地球的运动联系起来考虑，并按每一行星的转道比例来计算，那么，不仅会得出各种观测现象，而且一切星体转道和天球之大小与顺序以及天穹本身，就全部有机地联系在一起了，以致不能变动任何一部分而不在众星和宇宙中引起混乱。"

第四，勤奋、严谨的实践行为。1503 年，哥白尼从意大利回波兰，自制各种天文仪器，对月食、日食、行星及其背景位置变化，进行了长期细致、实在的观测。他又对观测到的资料进行了大量缜密的分析和数学计算。他身为牧师，在教会角楼上的实验室中，在教会统治下的黑暗中不知疲倦地寻索真理的光明。他辛劳三十多年，终于推算出太阳、月亮和五大行星的运行状况，得出许多重要天文数据，使他的"日心说"建立在实践检验的基础之上。他的结论是：地球不是宇宙的中心，而是一颗自转和公转的普通行星。

第五，深入本质、不为常识所限的求知思路。托密勒的"地心说"之所以长期存在，是基于人们被太阳东升西降的表面现象所迷惑，被大地在自己脚下静止不动这种常识所禁锢。哥白尼用运动的相对性来提醒人们，这是一种对"常识"并不真知的错觉。他写道："无论观测对象运动，还是观测者运动，或者同时运动但不一致，都会使观察对象的视位置发生变化（等速平行运动是不能互相察觉的）。要知道，我们是在地球上看天穹的旋转；如果假定是地球在运动，也会显得地外物体方向相反的运动。"他引用维尔吉尔的史诗中艾尼斯的名言来说明问题："我们离港向前航行，陆地和城市都后退了。"这是他以"为何不承认天穹的周日旋转是一种运动，实际上是地球运动的反映呢？"为问题导向，而做出这样的回答："因为船只静静地驶去，实际上船动，而船上的人觉得自己是静止的，船外的东西好像却在动。"这样，他简明而形象地解释了"日心说"的理论。

③从神学中解放出来的自然科学

"日心说"是与宗教神学的宇宙观针锋相对的，因而引起了宗教势力的激烈反对。1616 年，《天体运动论》被列为禁书。这个禁令一实行，就是两个世纪，一直到 1835 年。这中间还有一个插曲：当时负责出版《天体运行论》的奥西安德尔（Osiander）劝说哥白尼把"日心说"作为纯粹设想，为的是不触犯教会，哥白尼拒绝这种劝说。于是奥西安德尔害怕承担责任，背着哥白尼给《天体运动论》增加了一篇未署名的序言，其中指出："这本书不能代表一种科学事实，只是一种游戏性的幻想。"这篇序言在相当长时间内一直被误认为是出自哥白尼的手笔。直到19世纪中期，在布拉格一家图书馆里发现了《天体运行论》原稿，才知道这是奥西安德尔伪造的序言，弄清了事实的真相。

《天体运行论》之所以是不朽的科学名著，是它对自然科学发展的意义。恩格斯在《自然辩证法》导言中说："自然科学借以宣布其独立并且好象是重演路德焚烧教谕的革命行动，便是哥白尼那本不朽著作的出版。他用这本书……来向自然事物方面的教会权威挑战。从此自然科学便开始从神学中解放出来，……科学的发展从此便大踏步地前进。"（《马克思恩格斯选集》第三卷，人民出版社1972年版，第446页）

自然科学的发展是在不断从束缚它的思想枷锁中逐步前进的。"日心说"的许多时代局限性（如太阳固定不变、地球固定不变、地球之外不存在宇宙等），在哥白尼之后的天文学家们，进行了完善。他们认为，太阳并不是一切星球轨道的中心，宇宙是无限的。值得一提的是意大利的两位同时代的布鲁诺和伽利略。前者由于提出太阳系和宇宙无限论，后者由于支持哥白尼的学说，都遭到残酷迫害。哥白尼以科学的精神对待这一切，他说："对数学一窍不通的无聊空谈家会摘引《圣经》的章句，并且加以曲解之后，用来对我的著作进行非难和攻击。对这种意见，我决不予理睬，我鄙视他们！"

任何科学都需要科学精神。这是我们从哥白尼坚持真理的杰出贡献中可以清楚地看到的。天文学家哈伦·斯坦逊有几句中肯论述可供思考。第一，他说："要在众多的、对历史上科学进步做出贡献的杰出人物中间选出最优秀科学家往往是极困难的事。然而，如果要我列举三位最伟大的科学家，我就毫不迟疑地选出哥白尼、牛顿和达尔文。"第二，"这三个人有共同的特征：想象力、天才、独创精神。"第三，"但在这三方面，我觉得哥白尼又是最突出的。没有他所奠定的现代天文学理论，牛顿就不可能建立万有引力定律；没有他为变革的思想鸣锣开道，达尔文的进化论也不可能深入到人们的认识中去。"这三句话中，第二句所讲的"想象力、天才、独创精神"就是科学精神的精髓所在。

这种科学精神首先表现在哥白尼对人类思想史的贡献，正如美国科学家尼瓦尔·布什所指出的：哥白尼的《天体运行论》是人类思想发展史上的重要转折点。

这种科学精神在对人类文明史的影响上，正如德国诗人、哲学家歌德所指出的："在所有人类发现中，就其影响而言，没有任何学说能超过哥白尼。"

这种科学精神还表现在科学的方法论上，正如诺贝尔奖获得者哈罗德·尤里所说："哥白尼的新学说——'日心说'经受了整整几个世纪的考验，他创立的新的科学方法，从根本上改变了关于人类生活的认识。"

哥白尼是位多才多艺的科学家，同时代的人称他是"油漆工人、诗人、物理学家、经济学家、政治家、科学家、教父兼于一身"。他对人类文明的创造性成果，源于他有自然技术科学和人文社会科学的综合气度与科学素质，这一点是很重要的。

人们常以"海阔"来形容人类心胸气度之宽容博大。当听到我国第一位飞升太空的航天员杨立伟从太空环视地球与太空的感言时，我想到了地球的渺小，海洋的广阔已不足以定心灵之位了。看来，"海阔"不如"天空阔"，"天空"就是"太空"，最高是太空，最广的当然也是太空，海阔怎么能与太空的渺茫无垠的宽阔相比呢？最多未知的领域是太空，是宇宙，难怪康德对头上的太空和心灵道德深怀敬畏之思。从太空看地球，看到了蓝色地球的美丽，我们应该更宽容、更谦虚地爱护它，更好、更多地以宇宙般宽广高深的心态对待人与自然、人与人和人类自我身心之间的交往，自觉地树立文明交往和自觉的发展观。这就是哥白尼《天体运行论》给人类文明交往的最宝贵的历史启示。

第330日　　　　　　　　　　　　**2012 年 11 月 25 日　星期日**

267. 哈维的"心血运动论"

①勤奋严谨治学的医学科学家

威廉·哈维 1578 年生于福克斯通，从少年时起就勤奋学习。1597年，考入意大利的帕多瓦大学，这是一所闻名欧洲的高等学府。他师从医学教授法布里修斯。该校名师云集，法布里修斯因发现静脉瓣膜而在医学界享有盛名。伽利略当时也是这所大学的名教授，对哈维影响也很大。哈维在大学抗议宗教法庭烧死"日心说"第一位殉道者布鲁诺的浪潮中，愤怒地喊出了"啊！还有没有真理?"的"天问"之声。他研究的是人体的小宇宙和人的自我身心交往，布鲁诺研究的是天体的大宇宙和人与大自然的交往，他们都是为追求真理的同道者。

大学毕业后，哈维先是任弗兰西斯·培根的私人医生。1602 年回英国，与伊丽莎白女王御医的女儿结婚。1607 年当选英国皇家医学院院士，1609 年在圣巴塞洛缪医院做医生。他人生的科学生涯的转折从 1615 年开始，那时他进入皇家医学院讲授血液循环课程。当时，欧洲文艺复兴运动不但影响到哥白尼、伽利略、刻卜勒、培根的天体学和哲学，也影响到医学。那是一个思想觉醒的时代。就在哥白尼《天体运行论》问世的 1543 年，在意大利被誉为"现代解剖学之父"的安德鲁斯·维萨留斯（1514—1564）出版了《论人体构造》这本研究"心学"的认识人的自我身心的科学著作。他指出，人的左右心房并无直接联系，批判了长期支配欧洲，而且被认为是医学界"圣经"的盖伦学说。盖伦是古罗马皇帝马可·奥里略和维卢斯的御医，他把希腊解剖知识和医学知识系统化，从动物心脏的解剖中对脊髓进行研究，提出人体功能的一般理论。按照盖伦的学说，肝脏产生"自然灵气"，肺气产生"活力灵气"，脑产生"动物灵气"。宗教神学利用"灵气论"把人分为僧侣、贵族和平民，把自然界分为动物、植物、矿物，把动物分为鱼、兽和鸟，而上帝则是圣父、圣子、圣灵的"三位一体"。盖伦的学说还认为，内脏是血液系统的中心，被消化的食物在肝脏里转化成血液，然后消失于全身，只有起点和终点的直线运动。他的理论和托密勒的"地心说"一样，成为基督教解释自然和生命现象的理论基础。维萨留斯由于触犯了盖伦学说，被迫去耶路撒冷作"忏悔旅行"，回来时船遇难，横死荒岛，成为科学的殉道者。

继《论人体构造》之后，1553 年，西班牙医生塞尔维特斯（1511—1553）提出了小血液循环理论而被判火刑，被活活烤死，成为继维萨留斯之后又一位为科学献出生命的人。还有许多人提出了人体的新见解，从不同角度取得了血液系统和心脏功能作用方面的研究成果。然而，英国科学家哈维是系统、完整、科学研究的集大成者。这表现了他勤奋严谨治学的科学精神和一系列创造性的科学见解。他明确地指出："血液运动不是直线式的，而是循环式的，是由心脏的跳动——收缩和舒展所导致的。"这就直接驳斥了盖伦关于血液是直线式运动的学说。在他的讲稿中，已经初步描画出"心血循环论"的轮廓，表现出他独立的、创造性的科学思想。这也是他在医学实践中勤奋、严谨、求实、创新精神的结果。

②小书《心血运动论》引领实验医学的大时代

1628 年，哈维在法兰克福出版了他的代表作《心血运动论》，又称《血液循环论》。这个出版商叫商菲茨，他在致哈维的信中表示愿意出版此书，哈维为此流下了感动的眼泪。因为在 1626 年，哈维给国务大臣弗朗西斯·培根看病时，多次讲到血液循环问题，而培根这位留有"知识就是力量"传世名言的大哲学家竟认为这个理论是"无稽之谈"。商菲茨，一个出版商却比培根更有哲学眼光和对知识的鉴别力。这本只有 72 页的、用拉丁文写成的科学论著的成书过程是漫长的，是他经过了多次医学实验、实践和修改而成的。他认为这本书是献给国王查尔斯一世和皇家医学院院长阿吉特博士的。人们在后来他的墓碑上可以读到这样的字句：他是"查尔斯国王陛下的御医和朋友，他是伦敦皇家医学院一位勤奋的、享有盛名的解剖学和外科教授。"哈维对此的解释是：一国的国王好比是人的心脏，而阿吉特及许多人也有重大功绩，因为"接受真理无须考虑它是谁讲的话，真理比旧式信条更有价值"。我想，这种真理的价值就是科学的务实求是精神。

《心血运动论》共计 17 章和一个序言。序言介绍了盖伦、法布里修斯、维萨留斯、科洛姆博等人的学说，特别提出了自己的实践学习观和科学方法论："我信奉的不是从书本，而是从解剖来学习和讲授解剖学；不是从哲学的观点，而是从自然结构学习和讲授解剖学。"该书是一部心脏血液之学，其要是：心脏是人体内一块中间空并且有收缩和舒张功能的运动特征的器官，收缩时，它把扩张时进入其中的血液排出，这种规律收缩和扩张，保持着血液在血管中的循环运动；血液大循环的规律是：左心室（收缩）→主动脉→动脉→静脉→腔静脉→右心房→右心室→肺动脉→肺→肺静脉→左心房→右心室……；血液循环的规律性的保证是血管系统的各种瓣膜；动脉和静脉流动的方向不同，动脉沿着离开心脏的流向，而静脉是沿着朝向心脏方向流动，静动二脉如此循环往返，流动不息，直至生命的结束。此外，哈维还创造了血量计量方法，即心脏每小时跳动约 4000 次，所推动的血量大于整个人体内的血液总量。他认为，如果把心脏在一天内推动的血量计算出来，其结果远远超过一天摄取和消化的食物所能产生的总量。当时由于显微镜尚未发明，所以哈维没有解决动脉的血是如何流到动脉里去的问题。

正如哥白尼的"天体运行论"否定托密勒的"地心说"是一场伟大的科学革命一样，哈维的"心血运动论"同样是一场科学革命。前者见之于天体，后者见之于人体；前者是人类与自然交往的自觉，后者是人的自我身心交往的自觉。两者分别是知物之明和自知之明的文明创造成果。哈维的理论为近代医学、解剖学和生埋学的研究提供了新的理论基础。科学家指出："毫无疑问，威廉·哈维对医学的直接贡献是不可估量的。他的学说是医治伤病血管、高血压、冠心病等心血管病症的主要根据。普通生理学也离不开它。他的血液循环论概念构成我们目前对人体的自我认识的基础。"

哈维对人类文明交往自觉的贡献是他科学的独创精神。具体表现在问题意识，如心脏为何跳动？心脏从何处得到源源不绝的血液？还表现在科学的想象力上，如他联想到天体的循环与人体血液的循环之间的关系问题。尤其是他的科学实验的务实精神。1906 年，威廉·奥斯勒在伦敦皇家医学院哈维纪念会上对此作了精彩的评述。他指出，哈维的"心血运动循环论"对医学发展的影响，在于它"标志着医学与旧传统的决裂。人们不再满足于小心翼翼的观察和精确无误的描述；人们也不再满足于精心编造的理论和梦想。有史以来，人们第一次以现代科学意识，用实验的方法来研究重大的生理问题"。奥斯勒强调指出："他的一本仅 72 页的小册子，将世界引入了实验医学的时代。"

③承前启后的医学先驱者

哈维关于心血运动是循环式的，而且是由于心脏肌肉收缩完成的理论，从"灵气"一类蒙昧主义思想枷锁下解放了生物学和医学。这种人类自我身心的文明自觉，遭到了旧教与新教顽固派的反对和围剿。他虽然没有遇到《人体构造》作者安德鲁斯·维萨留斯被旧教迫害致死的厄运，也没有像塞尔维特被加尔文新教杀害，然而也受尽迫害和打击。同时，他也遭到巴黎大学医学院的反对，他的理论被视为异端而在大学禁止讲授。1649 年，哈维发表两篇关于解剖学的论文予以回击，并且在此基础上写了第二本著作《论动物的产生》，于 1651 年出版。他在书中提出两个新论点：第一，有生命之物皆来自卵，即"一切动物甚至包括人自己在内的生殖活动的动物，都是从一个卵子进化来的"；第二，心脏实质上是个血泵，它把血液压入动脉，由此引起脉搏，即"全身的血液由于心脏之类似泵的作用而通过血管系统进行循环"。可以看出这既是对 20 多年前提出的血液循环理论的新发展，又是用"血泵"这一形象概念而诗意地表达了心脏的运动。

值得一提的是哈维所创立的医学实验方法。有史以来医生多是靠观察诊断疾病的。这使诊断的精确性受到很大限制。哈维的独立的科学思想，使他在方法论上有所创造。他对许多动物进行了解剖实验。从狗、猪、青蛙、鹿、鸟、蛇、鱼、蟾、鳝、蜗牛、虾、蟹、贻贝、蜜蜂、黄蜂、昆虫、苍蝇、蚊子、虱子等动物解剖实验中积累了大量资料。他不仅从中总结出种种解剖手段，而且从规律性上进行了思考。他不仅是如"庖丁解牛"那样的巧匠，而且是科学的思想家。他是第一位用近代科学实验方法从事生物学和医学研究的科学家。从 1628 年以来，这种方法世代传承，成为生物学和医学最基本的研究方法。

1657 年 6 月 3 日，哈维因中风而病逝。他以 80 岁高龄告别人间。他一生未生养子女，没有给自己留下后代，却留下了人类文明史上的伟大创造——血液循环论、医学实验方法和科学精神等弥足珍贵的无价之宝。他 1645 年当选为英国皇家医学院院长，在去世前几年就留下遗嘱，请求把财产捐赠给学院。他生前已被学院在大厅里树立塑像，供人敬仰。他死后，人们在他的墓碑上用拉丁文镌着下述碑文："整个学术界都对威廉·哈维的受人尊重的名字表示敬意。他是数千年来第一次发现血液每时每刻的运动规律的科学家。他是把动物的起源和产生从伪哲学中解放出来唯一的第一个人。"人类文明史上，将永远记载他在人类的自我身心交往上所做出的伟大、智慧的贡献。

哈维学说的价值，在赞成和反对的争论中日渐凸显出来。盖伦学说的拥护者，从巴黎、威尼斯、莱顿等地发表文章和来信纷纷讨伐他。旧的传统势力顽固地束缚着人们的头脑，甚至在法国诗人布阿罗的诗中和莫里哀的剧本中，都出现了反对血液循环论的保守人物的形象。威尼斯的学者巴里撒纳斯向哈维发难，认为肺静脉里流出的是空气而不是血。哈维反问他："为何肺静脉的结构像静脉而不像气管？"他只有用神来回答："造物主要它这样。"笛卡尔在争论中为哈维辩护，他赞成血液循环的观念，但反对哈维把循环的动力归结为心肌运动，而认为是上帝的推动。这与笛卡尔的机械唯物论有关，他认为人体是一部机器，而机器是需要外力的。

哈维的杰出贡献不仅仅是血液循环论本身，而是他的从实际实验出发，用他独立思想指导下的解剖刀，收获自然规律之智慧树上的禁果。正如恩格斯说的："哈维由于发现了血液循环而把生理学（人体生理学和动物生理学）确立为科学。"（《马克思恩格斯选集》第三卷，人民出版社 1972 年版，第 524 页）"学问不在教条中，而在精巧的大自然中"，这是自然史所昭示的科学真理。

第 331—332 日　　　2012 年 11 月 26—27 日　星期一至星期二

268. 牛顿的"万有引力论"

①剑桥大学的"天才学生"

牛顿 1642 年生于英国林肯郡沃尔兹脱普镇一个普通农家。早年因家境困难，辍学务农，但仍未放弃学业，坚持自学。1661 年，18 岁时，以优异成绩考入剑桥大学。他受教于数学家、天文学家、希腊古文字学者伊萨克·巴罗门下，努力钻研欧几里德的几何学、笛卡尔的解析几何学、刻卜勒的光学和瓦利斯的无穷小算术。从更远的历史背景看，笛卡尔、牛顿的许多科学基本原理可以在 13—14 世纪找到渊源，起源于中世纪思想家们的哲学思辨。牛顿站在这些科学巨人的肩上，获得三项发明创造：

第一，数学的微分和积分。他提出微积分流数，为研究物体流量和物理运动等科学工作开拓了新路径。这项发明被认为是"打开了数学宝库的大门"，开启后来人创造"数学世界"的奇迹。

第二，光色谱律。他的这一发明，是在 1665—1666 年剑桥瘟疫流行、学校被迫停课期间。他回家仍孜孜不倦地进行各种光学试验。他利用三棱镜发现太阳是由折射率不同的各种颜色光线组成。

第三，万有引力。他研究力学形成了"引力"的概念。坐在苹果树下思考，一个苹果偶然从近处树上掉下来的现象，激发了他的"地心引力"存在的科学灵感，使他认识到地球吸引每一块物质的吸引力，和月球绕地球运转以及行星绕太阳运转，都是以同样的力为根据的。这个"力"就是万有引力。他对苹果落地的科学解释是："宇宙的定律就是质量与质量的互相吸引"。他认为这个万有引力适用于包括地球在内的整个宇宙，而且他进一步用数学原理对这个定律加以论证。

勤奋使牛顿的天才大放异彩。本科毕业后，又留校当研究生并且获得硕士学位。他的"知识之父"、导师巴罗教授因"年迈"辞去数学教授职位，于 1669 年推荐年仅 26 岁的牛顿继任数学教授。其实，巴罗这时才 59 岁，谈不上"年迈"。他的辞职是为了让贤，是为了给年轻有为的牛顿让位。牛顿也没有辜负巴罗的期望，取得了辉煌的科学成就。他担任这个职务 27 年之久。1672 年他成为英国皇家学会会员，同年发表第一篇光学论文。他在剑桥大学任教期间，兢兢业业，深化研究领域，在数学、光学、力学方面都取得了新进展。

②传世之作《自然哲学的数学原理》

《自然哲学的数学原理》是牛顿的代表作。这部在物理学、天文学和自然哲学领域的开创性贡献的著作，其成书经历了一个曲折的过程。它始于天文学埃德蒙·哈雷的推动。在天文学领域，科学家已知道引力使月亮绕地球而转动，使行星绕太阳转动；引力的大小，由引体大小和距离而异。然而，在讨论行星椭圆转道问题时，却找不到数学原理或数据方面的精确论证。哈雷就此事求助于牛顿时，牛顿将自己关于万有引力定律及其他研究材料送给哈雷。哈雷看过，大为赞叹，这促使牛顿对行星椭圆轨道问题进行深入研究，并得到精确的数学计算。哈雷等人得知后，建议将此成果整理成书出版。

　　牛顿接受建议，用一年半的时间写成《自然哲学的数学原理》初稿。在哈雷的努力下，英国皇家学会负责出资印刷。然而，不久英国皇家学会违约食言，拒绝资助。眼看这一巨著面临出版危机时，哈雷站出来，变卖家产，慷慨解囊相助，终于使它正式面世，成为科学史上留传后世的佳话。这本著作于 1687 年问世时，印数不多，售价为每本 10—12 先令。

　　在《自然哲学的数学原理》中，牛顿集中从世界观方面，用数学原则详尽解释了天体运行的规律，分析了万有引力在太阳系的应用，改变了当时人们对宇宙本质的理解；它推动了人们把自然界看成一个整体，看到一切事物都具有内在联系，形成决定此联系的力学上机械因果律"机械论哲学"的全新自然观。在方法论上，它用实验方法和数学方法相结合的案例，推翻了中世纪流行的神启和先验方法。在认识论上，它使人们凭借自然法则可以理性地认识自然和社会。

　　《自然哲学的数学原理》共分三个分册：第一分册是关于宇宙中行星运行的理论，它奠定了现代数学物理、流体静力学和流体力学的理论基础；第二分册是从科学实验和数学理论角度，证明旧的宇宙"涡流理论是完全违背天文事实的"；第三分册内容极其广泛，如行星和卫星的运动规律、太阳和行星重量的测量方法、彗星的轨迹和月亮的运动等，是对万有引力定律的阐述及其在天文学中的实际应用，称之为"世界体系"篇。其中创见之处甚多，如认为地球是椭圆形的，两极的引力比赤道小，如地球的密度是水的 5— 6 倍，如潮水的规律是月圆涨潮，如太阳不是宇宙的永恒中心，如通过太阳光在不同星球上反射的光线流量推算出太阳与星球之间的距离，等等。正如他自己所说："在前两分册里，我提出了自然哲学的原理，这些原理其实不是哲学的，而是数学的。""上述原理反映了某些运动或力量的条件和规律"，"这些运动和力量包括行星的密度和反力，光和声的运动规律等，世界体系的框架是基于这同样的原理。"

　　③牛顿的"数学世纪"

　　17 世纪因为《自然哲学的数学原理》的创造性科学成果而被称为牛顿的"数学世纪"，这说明了这部著作在人类科学史上占有的重要位置。近代数学、力学、物理学、天文学正是从牛顿开始创立的。世界的科学家对它给予极高的评价。和牛顿同时代的大数学家拉普勒斯和格拉兰认为牛顿是"最伟大的天才",《自然哲学的数学原理》是"最天才的著作"。当代数学物理先驱博茨曼称该书为"第一部最伟大的理论物理专著"。天文学大家坎贝尔则认为它是有史以来最罕见的一部天文物理学巨著。科学家兰格称它为"稀世之宝","为机械哲学的研究提供了真正的源泉"。科学家麦克里的评价更高,他认为此书的意义在于打破了天体运动原来的神秘,结束了以前研究中的混乱状态,给科学"带来了秩序和体系"。

然而也有不同的声音。由于此书的专业性太强,人们普遍感到它艰涩难懂,是一本索然无味的书。有人还打趣地说,书如其人,书的难读犹如作者本人难以理解一样。牛顿直面许多批评,给予了许多解释和说明。例如,有一位哲学家请牛顿开一个书目,以便弄懂书中复杂的数学问题。牛顿立即给他开了一个书目。那位哲学家看牛顿那长长的书目后,十分感慨地说:"光看这个初步书目,就要拼上我大半条老命!"牛顿对此却不以为然地说,其实他的书并不深奥。他解释说:"我的学说,即对于不熟悉高等数学的人来说,也还在他们智力所及的范围之内,因为这本书仅仅牵涉到有关物质的那些简单原则。"也有人批评他在书中把宇宙写成一个"无计划、无智慧、无生气的世界"。牛顿对此的回答是:"宇宙的设计如此美丽,设计所依照的法则如此和谐……这事实本身就必须以神圣、智慧——造物者之手——的存在为先决条件。"

④理性思维的"双擘"

在诸多评论中,只有爱因斯坦从牛顿的人类文明理性思维观上思考问题。他说,在牛顿以前和以后,"都没有人能像他那样决定着思想、研究和实践的方向"。这是因为爱因斯坦知道,"科学只能由那些全心全意追求真理和向往理解事物的人来创造"。牛顿的世界观、方法论和认识论上的贡献,使人们相信人类凭借理性完全可以认识控制自然和社会的法则,相信人类经验、思辨等理性思维的可靠性。牛顿的经典力学体系向人们宣布:宇宙是由自然力量而非上帝的意志所支配,自然界是完全可以为人们所认识的,传统神学界对自然的解释是荒谬的。正是这种人类理性力量的文明自觉，启迪和塑造了有"现代文明的精神之母"的欧洲启蒙运动。

牛顿的经典之作的时代思想，使人自然联想起洛克（1632—1704）的两部经典之作：《人类理解论》和《政府论》。前者是在认识论上提出的人之初心灵上的"白板说"，即人类的知识与观念都是通过后天的经验获得的，为经验主义奠定基础。后者在政治思想领域中解释政府的起源、范围和目的，提出了议会主权论，发展出近代的主权在民、议会主权、社会契约、有限政府、分权制衡等议会主权论的近代宪政民主的概念，为近代自由主义开拓了道路。洛克的经验主义和自由主义思想影响了英、法、德、美许多启蒙思想家，如美国哲学家弗兰克·梯利所说："没有一位哲学家比洛克的思想更加深刻地影响了人类的精神和制度。"

牛顿和洛克分别推翻了神启论、先验论和天赋观念论、君权神授说，从不同领域共同阐述了人类理性的本质。牛顿比洛克大 10 岁，又是文理不同研究领域的学者。他们二人早年并无交往，但晚年的思想交流颇多，而且都具有清教徒的浓厚背景，他们都具有清教徒的严谨、独立、执着、自律的学术品格，有追求真理和探求真知的献身精神。他们都有终极关怀，如清教徒那样把自然约束、勤奋努力、探索自然和社会的奥秘看作上帝选民的使命与天职。在那个时代，这种感情的源泉只能来自宗教。根据清教的理论，上帝写了《圣经》和大自然这两本书，探索一切奥秘的精神动力，是理解上帝的智慧与伟大。这种宗教感情的认知，在激励着科学家寻求真理。洛克和牛顿的交往，还有一个重要的意义，这就是在人类文明交往中，他们体现了人文和自然两大科学文化的合作和交融。当时英国知识界处于相对宽松、自由的学术交流环境，宗教和信仰、知识和科学有一定的宽容立场。这种历史背景为知识发展、思想进步和理性与科学的生成创造了基本前提。

⑤集人文与自然于一身的"探索者"

牛顿不仅与人文社会科学家交往，而且也涉足政治活动。他曾积极反对英国斯图王朝詹姆士二世的专制复辟和干预大学的学术自由。1688年政变以后，英国建立了威廉三世的君主立宪制。牛顿此时以剑桥大学代表的身份，担任了国会议员（1688—1705）。然而牛顿毕竟是书生，也不善言辞，在国会辩论中只听不讲。有人建议国王就政务征求牛顿的意见，国王倒是看出这一点，便说："啊，不必了，牛顿不过是一位自然哲学家！"据说，牛顿在国会大会上只发过一次言，就是要求会议工作人员"关一关窗户"。

牛顿在行政职务方面，做过国家铸币局大臣（1699）。他运用自己的数学才能，为国家重新铸币，结束了英国货币的混乱局面。1705年英国女王授予他爵士称号。在学术岗位上，从1703年开始任英国皇家学会会长，直至逝世。他还当选过法国巴黎科学院外籍院士。此时他仍潜心研究，取得丰硕成果，晚年仍笔耕不辍。

不过，也有不愉快的风波。德国哲学家莱布尼茨认为，微积分是他发明的。物理学胡克争辩说，万有引力论是他最先提出的。英国皇家学会这时力排众议，据理捍卫英国和牛顿的科学声誉。连英国国王为了英国利益，也卷入了微积分和万有引力发明权的国际性争论的旋涡之中。牛顿开始想置身度外，但后来也为自己的科学地位进行辩护。这场争论最后像一切学术上的争论一样，不了了之。然而牛顿对人类文明所做的贡献却为人们公认。正如他自己所说："我是站在巨人的肩膀上"，所以"比别人看得稍远些"。这些巨人也包括莱布尼茨和胡克。

⑥人知和自知的真理"寻觅者"

牛顿进入垂暮之年，健康日益恶化，疾病多发，自然规律也伴送他于1727年3月20日在伦敦与世长辞。据说他死于神经分裂症复发，又说他死于严重的肾结石症。由于他的科学贡献而被葬于威斯敏斯特教堂的名人公墓里。

科学创造是人类文明的福祉所向，它功在当代，深泽后世。今日，我们驾车、修路、造船、航行、计时、观测气象会想起牛顿；月球探索、宇宙探索也会想起牛顿。牛顿的发明创造来自对客观世界的发现，而世界的发展也仍然要追溯到牛顿原理。

牛顿的科学贡献已为人们所共知，而最知他的人当中，当数爱因斯坦。爱因斯坦在谈到牛顿和牛顿的《自然哲学的数学原理》时说过："自然在他面前好像是一本内容浩瀚的书本，他毫不费力地遨游其中。……他的伟大之处在于：他集艺术家、试验者、机械师和理论家于一身。"

　　爱因斯坦可谓深知牛顿的人。这是因为在他看来，别人只是艺术家、试验者、机械师或理论家其中之一的人，而牛顿是这些人的集大成者。这还是因为爱因斯坦知道要在牛顿的基础上创造新的成果，而他本人正是牛顿的传承人和发扬光大者。

　　牛顿是位有自知之明的科学家，他是用下述话来总结自己一生的：

　　"我不知道我在世界面前成了怎么样的一个人。我仿佛觉得自己只是一个生长在海滩边的男孩，寻觅着光滑的卵石和奇异的贝壳，而在我的面前，展现的是一片无边的真理的海洋，还有待于我去涉足和探索。"

　　真是掷地有声、耐人深思和震撼心灵的话语！做什么人？做成了什么人？人类文明的真谛不就是在把自己的"人"字写好、写正、写美吗？人是文明的核心、主体，自觉的人才能生成文明。人生有限，真理之路无限，正如牛顿说的，是"无边的真理的海洋"。正是在哥白尼逝世99周年之际，牛顿于1642年应运而生了。今年是2012年，从那时到现在的370年之中，有多少创造文明成果的科学家啊！370年之后，人类还会有多少生生不息探索真理的科学家不断诞生啊！这是人类文明的希望所在。

第333—335日　　　　2012年11月28—30日　星期三至星期五

269. 达尔文的"物种进化论"

　　①青少年时代投身大自然的怀抱

　　1809年2月12日，查尔斯·达尔文生于英国斯茹兹伯利的一个医生家庭。祖父和父亲都是名医，父亲还是英国皇家学会会员。祖父伊斯穆斯·达尔文早在1794年即出版过《动物学》，曾任德比郡首任哲学研究会会长，到了晚年酷爱植物学，深深影响了达尔文的幼年生活方式。他从小喜欢花草树木，而且对打猎、钓鱼、鸟类也有浓厚兴趣。他采集的各种植物、昆虫、贝壳标本，摆满了他的小卧室。他对植物的变异性问题，极感兴趣，经常把不同颜色的液体，浇在西洋樱草和迎春花上，培育出了色彩斑斓的花草。

1818 年，达尔文进入小学读书，天性活泼好动的他，对学校旧式的教学不感兴趣。学校课程单一的古典文学、语言和历史使他厌学。他时不时去向私人几何教师学几何学，从他姑父那里学习晴雨表上游标的原理。他还课外同哥哥一起做化学实验，或到野外采集动植物标本。他的学习成绩平平，特别是学习上不专心，时常使他父亲发愁。他在青少年时期，有观察事物和思考问题的兴趣，对一些复杂事物有追根问理的习惯。他读到《世界奇观》一书之后，萌生了有朝一日去游历世界的梦想。

1825 年 10 月，达尔文的中学尚未毕业，他父亲为了传承自己的专业，将他送进爱丁堡大学，希望他能取得医学学士学位而从事医生职业。然而，学医不是他的志愿，而且他特别恐惧外科手术，对其他医学课程均不感兴趣，对死记硬背的填鸭式教学方法，他也不乐于接受。在学校他仍我行我素，和好友去采集动植物标本。他还通过旅行，扩大视野，增长新知识。他父亲无奈之下，满足了他成为一名乡村牧师的愿望，因而于 1828 年改学宗教学，转学到剑桥大学"基督学院"，成为神学系的学生。牧师职业和神学专业并非他的最佳选择，课程也未引起他的兴趣，但所幸成绩优异。在校期间，他对打猎、郊游、收集动植物标本矢志不改，依然故我。

达尔文在剑桥大学意外的收获是他遇见两位亦师亦友的大学者：植物学、化学、地质学、矿物学教授约·亨斯洛和亚当·薛知微。亨斯洛劝达尔文选修地质学，并且安排他随地质学名家薛知微去北威尔士参加古岩地层的地质实习。实习结束后，亨斯洛推荐达尔文以博物学者的身份，随出海远航的"贝格尔"号勘测舰船作环球考察。此次远航的目的是研究大陆海岸线和观察沿线的动植物区系。亨斯洛让达尔文带些书在路上阅读，其中包括英国地质学家赖尔的《地质学原理》，但劝他"切切不要接受书中的观点"。在开始考察时，达尔文是一个物种不变论的学者和做虔诚牧师而献身上帝的信徒。然而，从 1831 年 12 月至 1836 年 10 月共五年的科学考察，成为达尔文科学人生道路上的转折点，使他由立志献身上帝、做虔诚牧师而转变成为无神论的先锋和物种进化论的创立者。他个人的科学创造，也从根本上改变了人类文明史上千百年来的思想观念，开辟了生物学领域的新纪元。

这里，我要对亨斯洛多说几句。他是当时著名的学识渊博的植物学家，十分热心培养达尔文。他时常约达尔文到家里吃晚饭、闲谈和散步，帮助达尔文学习自然科学，当时达尔文被称为"同亨斯洛教授一道散步的人"。达尔文不忘老师知遇之恩，在环球考察的五年间，把自己收集到的化石和动植物标本、考察报告、日记、信件源源不断地寄送给亨斯洛。亨斯洛也对学生尽力尽心，牺牲了自己的科研工作，把化石送给古物学家鉴定，把达尔文的研究见解在剑桥大学的哲学学会上通报或者印发给知名的科学家。亨斯洛是达尔文攀登科学高峰的无私铺路人，五年考察结束后，当达尔文从"贝格尔"号舷梯上走下来时，已成为知名学者，学术界的荣誉早已虚位以待了。达尔文也不忘师恩，在其著作中，多次把自己可敬的导师的无私帮助感激地告诉读者，他把自己的名宇和事业同老师紧紧联系在一起。

在1831—1836年期间，他先后考察了阿根廷、智利、秘鲁、巴西、澳大利亚、新西兰、塔希提岛、塔斯马尼亚岛及非洲一些地区，航程共两万五千海里。这次科学考察的长征，打开了达尔文的视野，不仅圆了他少年时游览世界之梦，而且丰富了他的知识，锻炼了他的意志，提高了他科学研究的能力。他看到了阿根廷的印第安部落和秘鲁濒于灭绝的种族，他战胜了热病，经受了晕船，同响尾蛇和狮子搏斗，还观察了高山、丛林、大湖、沙漠与海岛等大自然的壮丽奇观。他还仔细研究了许多地质现象，解决了珊瑚岛的成因问题。更重要的是，他采集了陆地和海洋的生物与化石标本上千万种，搜集到大量生物变异的活生生实物，从中得到物种形成的启示，为他的科学创造积累厚重的资料基础。正如他在回忆录中所说："这次航行是我一生中最最重大的事件，它决定了我的整个研究事业。"

这里不能不提地质学家赖尔对他的影响。1832年10月，在考察途中，达尔文收到了赖尔《地质学原理》第二卷。他在家信中写道："我已成为赖尔先生在书中所发表的观点的一个热衷的信徒了。在南美洲进行地质调查时，我总尝试把书中的观点推到更大的范围中去。"看来他这次没有听取老师亨斯洛的劝告，从运用赖尔观点方面得出了这样的结论：生物的物种是逐渐演化而来的。

②发现地球上有机体发展规律的《物种起源》

五年的科学考察，虽然对他的人生转变有决定意义，然而，真正完全转变自然神学观，还需经历一系列准备过程。1837年3月，鸟类学家戈尔德发现，达尔文从加拉帕戈斯群岛采回的众多嘲鸫标本中，不同标本的差异很大，应该说，是属于不同物种。这引起了达尔文的思考，使他对物种固定不变论产生怀疑。为了研究物种演变，他对搜集的资料进行整理、消化，于1837年3月，完成了第一本物种演化的笔记。1838年2月，又完成了第二本笔记。这两笔记使他从自然神学观完全转变到进化论观。

1838年10月，达尔文开始系统研究物种进化问题15个月以后，开始阅读马尔萨斯的《人口论》。他回忆当时的思想认识时写道："我通过长期对植物的观察的习惯，对这种到处都在进行着的生存斗争，思想上早就容易接受，现在读了这本书立即使我想到，在激烈的生存斗争中有利变异往往易于保留，而不利的变异则往往易于消灭。其结果就会形成新的物种。这样，我终于得到了一个能说明进化作用的学说了。"达尔文的自然选择学说的核心就是生存斗争论，这就是他所说的社会科学家马尔萨斯人口理论"能说明进化的作用的学说"。自然科学和社会科学双轮互动，在这里汇流而互相启发。他抓住这个核心，研究搜集到的珍贵标本，整理航海日记，思考人类创造新品种中选择的重要性和生存斗争的自然选择问题，为《物种起源》写作进行准备。从1838年10月以后，经过四年，在1842年写成35页的概要，到1844年终于扩充成230页完整系统理论提纲。1854年9月起，进一步整理笔记。1856年着手细化工作，原计划比1859年完成的《物种起源》要长三四倍，直至1858年他仍在努力写作这一巨著。但是，一次偶然的、巧合的不寻常事件，使他改变了原有的写作《物种起源》的计划。

1858年6月18日，正当达尔文带病坚持写作《物种起源》到一半时，收到侨居马来群岛（今日马来西亚）的英国自然科学家华莱士（1823—1913）寄来《论变种与原型不断歧化的趋势》的论文。华莱士的经历与达尔文相似：做过环球科学考察，也受过马尔萨斯《人口论》的启发，文章的内容几乎和达尔文在1842年写成的概要完全一致。这件事好像应了以前读过这篇原稿的人劝告、催促达尔文加快速度发表的提示语:"将你的理论快快发表吧!否则如果有人有同样的思想,先发表了,这样一来,不是毁灭了你二十年的努力吗?"

果然,华莱士在信中说,希望达尔文审阅他的论文,并转呈赖尔阅读。达尔文决定牺牲自己二十年的辛苦,不去和华莱士争夺发现的优先权,而是告诫自己:"我可以用何种方法去帮助华莱士呢?"于是他建议马上发表华莱士的论文。此种高尚的精神境界和他创立进化论一起,给科学界留下了宝贵财富。达尔文把华莱士的论文转给赖尔和胡克,但是,这两位科学家不同意达尔文的建议,因为他们知道达尔文用了更长时间并且比华莱士论证得更早、更为广泛而深入。他们建议将达尔文在1844年写的论文概要、1857年给美国科学家阿·葛雷的信与华莱士的论文同时发表。发表的方式是:1858年7月1日在伦敦林耐学会上同时宣读,并同时刊登在该生物学会期刊第三期上。发表时附有赖尔和胡克两人的说明文章。这既是一个两全其美的办法,又是进化论者向神创论者的联合挑战。有意义的是,林耐学会的林耐,是位瑞典动物学家,是一位到晚年才改变"物种不变论"观点的人,他在《自然系统》最后一版中,用假定的口吻十分谨慎地表示:"也许一个属的所有的种最初只有一种",承认了杂交可能产生新种。达尔文和华莱士,正是在以他命名的林耐学会及其会刊上以论文的形式,宣布了进化论的新创见。

然而,这个宣布却未能引起强烈的反响,只有都柏林的霍顿有一篇调侃文章说,达尔文和华莱士所有真实的东西不过是"老生常谈",而新奇的东西则完全是"胡说八道"。于是,达尔文决定加速完成他的著作,用人类文明的创造性成果打破沉默的对抗局面。他以科学家的坚毅韧劲,不顾疾病缠身和丧子之痛,在赖尔和胡克的支持之下,在1858年9月至1859年11月这一年多的时间里拼命地艰苦写作,终于完成了《物种起源》这一伟大著作。书的全名为:《根据自然选择即在生存斗争适者生存的物种起源》(*The Origin of Species by Means of Natural Selection, or the Preservation of Favoured Races in the Struggle for life*),这个书名本身已表明了它的理论要点:自然选择、生存斗争、适者生存和物种起源。该书1859年第1版,1872年补充、修订后出了第6版。正如西北大学舒德干教授在其新中文译本《物种起源》(北京大学出版社2005

年版）的导读所概括的：该书第 1 章至第 5 章为全书的主体，主要论述了自然选择学说；第 6 章至第 10 章为化解进化论各种难点；第 11 章至第 15 章为生物的时空演替证据及其亲缘关系对进化论的理论支撑。这是一个全面的概括。

达尔文的物种进化论有充分扎实的论据基础。一方面，是他从地质学和古生物学方面搜集来的，属于时间上已死亡绝种的物种；另一方面，是他从自己在"贝格尔"舰期间考察、从其他旅行家和地理学家，特别是从洪堡的著作、冯·贝尔的胚胎学研究中得来的，这属于空间的活着的物种。

自然选择是达尔文进化论的理论核心，生存斗争是自然选择学说的关键。达尔文虽受马尔萨斯的影响，但有自己的独特创造。他对"生存斗争"的定义是："作为广义的和比喻使用的生存斗争不但包括生物间的相互依存，而且更重要的是还包括生物个体生存及成功繁殖后代的意义。"他把生存斗争细化为生物与无机界之间、种之间和种内的斗争。只是在种内斗争上过分强调斗争的残酷性，而对种内的协调性重视不够。他观察到生存斗争中有机物的存亡的规律性，那些对有机体的生存和发展有利的变异容易生存并且传留后代，而相反的个体则容易被淘汰，这种自然选择又是适者生存而发生的物种变化。

《物种起源》是自然史、人类史上一本里程碑的著作。它和哥白尼的"天体运行论"、哈维的人体"血液循环论"、牛顿的"万有引力论"和爱因斯坦的"相对论"一起，共同谱写对人类文明的前史、正史研究的科学绚丽篇章。

③奉献科学、珍惜时间的人

《物种起源》给"上帝创世说"以沉重打击，因而被教会视为洪水猛兽。"人是由猿猴变成的"被列为达尔文最大罪状。直到 1925 年还发生了美国田纳西州的"猿案"。当时名叫约翰·斯库波斯的中学生物教师因讲达尔文的进化论被法庭判罪，被罚 100 美元。在科学界，《物种起源》出版后，英国的赫胥黎、德国的海克、法国的左拉、美国的爱沙·葛雷等人都起而捍卫达尔文的进化论。尤其是当时担任伦敦矿物学院教授的赫胥黎（1825—1895）给达尔文写信说："我正在磨利爪牙，以准备保卫这一高贵著作"，必要时"要准备接受火刑"。他甚至宣布："我是达尔文的斗犬。"以后一些宗教狂见到赫胥黎就说："当心，这只犬又来了！"赫胥黎以轻蔑的话回敬："是啊，盗贼最害怕嗅觉灵敏的猎犬！"现在，赫胥黎的大理石雕像在伦敦南肯辛博物馆无愧地伴随着达尔文的雕像。赫胥黎说："达尔文证实了存在着一种自然的原因，足以说明包括人类在内的物种起源。""达尔文的学说是可靠的，……它是从分类学和胚胎学诞生以来，给博物学家提供了最强有力的研究工具。"赫胥黎声明："一个人并不因为他的祖先是猿而感到羞愧。只有不学无术、固执愚昧、用废话和宗教偏见扰乱视听的人才是可耻的。"

从公元前的亚里士多德开始，已有 500 多种动物被人们研究和精确描述，"动物"一词为他首创，第一本动物学也为他所作。1749—1788 年，本丰在《自然史》中已有物种可能具有共同祖先的观点。1809 年拉马克的《动物哲学》已把他的进化思想引入生物学。《物种起源》是自然史和人类史的奠基性著作。此后，在 1860—1872 年间，达尔文又出版了《动物和植物在家养条件下的变异》、《人类起源与性的选择》和《人类和动物的表情》等著作，对人工选择作了细化研究，进一步通过性选择和人猿同祖论，证明人类由动物进化而来。他一生留下了 22 部著作和 80 多篇论文，成了世界 70 多个科学协会、科学院的名誉会员和大学名誉教授、博士。但他不为声望所累，把研究工作坚持到最后一刻。就在病逝前两天，还去实验室帮儿子法兰士记录进展情况。他留给后人的人生格言是："一个懂得生命价值的人，绝不会白白浪费掉哪怕是一小时的光阴。""我曾从不休止地追随了科学，并且把我一生奉献给科学。"达尔文在去世前一年所写的《自传》补记中说："作为一个科学工作者，我的成功取决于我复杂的心理素质。其中最重要的是：热爱科学—善于思考—勤于观察和搜集资料—具有相当的发现能力和广博的常识。"这就是达尔文的科学精神。

④马克思恩格斯关于《物种起源》的通信

随着本日历的达尔文一节的结束，我的札记转向了与达尔文同时代的马克思和恩格斯。他们对科学上任何一个重大进展都充满了喜悦和关注，其中关于达尔文的"物种进化论"的通信是一个突出的事例。下面就是当时的记录：

第一，1859 年 12 月 11 日或 12 日，也就是《物种起源》11 月 24 日在伦敦出版后不久，恩格斯在曼彻斯特写信给马克思说："我现在正在读达尔文的著作，写得简直好极了。目的论过去有一个方面还没有被驳倒，而现在被驳倒了。此外，至今还从来没有过这样大规模的证明自然界的历史发展的尝试，而且还做得这样成功。当然，人们不能不接受笨拙的英国方法。"（《马克思恩格斯全集》第二十九卷，人民出版社 1972 年版，第 503 页）

第二，1860 年 12 月 19 日，马克思在伦敦写信给恩格斯说："虽然这本书（指达尔文的《物种起源》——笔者）用英文写得很粗略，但是它为我们的观点提供了自然史的基础。相反，阿·巴斯提安的《人在历史中》（三厚册，作者是不来梅的一个年轻医生，作过一次多年的环球旅行）试图对心理学作'自然科学的'说明并对历史作心理学上的说明，写得很拙劣、紊乱而又模糊不清。"（《马克思恩格斯全集》第三十卷，人民出版社 1974 年版，第 131 页）

第三，1862 年 6 月 18 日，马克思在伦敦写信给恩格斯说："我重新阅读了达尔文的著作，使我感到好笑的是，达尔文说他把'马尔萨斯的'理论也应用于植物和动物，其实在马尔萨斯先生那里，全部奥妙恰好在于这种理论不是应用于植物和动物，而是只应用于人类，说它是按几何级数增加，而跟植物和动物对立起来。值得注意的是，达尔文在动植物界中重新认识了他自己的英国社会及其分工、竞争、开辟新市场、'发明'以及马尔萨斯的'生存斗争'。这是霍布斯一切人反对一切人的战争，这使人想起黑格尔的《现象学》，那里面把市民社会描写为'精神动物的世界'，而达尔文则把动物世界描写为市民社会。"（同上书，第 251—252 页）

第四，1861 年 1 月 16 日，马克思在伦敦写信给斐迪南·拉萨尔，再次批评了巴斯提安的《人在历史中》一书："我发现这本书不好，条理不清，装腔作势。他对心理学的'自然科学的'论证没有超出虔诚的愿望。另一方面，对历史作'心理学的'论证表明，这个人既不知道心理学是什么，也不知道历史是什么。"与此书对比，他写道："达尔文的著作非常有意义，这本书我可以用来当作历史上的阶级斗争的自然科学根据。粗率的英国式的阐述方式当然必须容忍。虽然存在许多缺点，但是在这里不仅第一次给了自然科学中的'目的论'以致命的打击，而且也根据经验阐明了它的合理的意义。"（同上书，第 574—575 页）

第五，1864 年 6 月 25 日，马克思在伦敦写信给他的表舅、荷兰的商人莱昂·菲力浦斯说："从你来信中我高兴地看出，你身体健康，心胸开朗，甚至没有因多济教授的发现而有所波动。其实，从达尔文证明我们大家都起源于猴子的时候起，未必还有什么打击可以动摇'我们对于祖先的自豪感'。《摩西五经》只是在犹太人从巴比伦囚禁中返回以后才著成的，这一点斯宾诺莎在他的《神学政治论文》中就已经探讨清楚了。"（同上书，第 661—662 页）信中所提到的荷兰东方学家多济教授，著有《麦加城里的以色列人》，是一本有影响的反神学著作，在当地（来顿）引起很大轰动。

我这里不提恩格斯在《路德维希·费尔巴哈和德国古典哲学的终结》、《社会主义从空想到科学的发展》、《反杜林论》以及《自然辩证法》及马克思在《资本论》及相关经济学论著中有关对达尔文《物种起源》的评述了。

不过有关"生存斗争"问题，恩格斯下列关于和谐与斗争问题的论述仍值得一提："在达尔文以前，他今天的信徒们所强调的正是有机物中的和谐的合作，植物怎样给动物提供食物和氧，而动物怎样给植物提供肥料、阿姆尼亚和碳酸气。在达尔文的学说刚被承认之后，这些人立刻到处都只看到斗争。这两种见解在某种狭窄的范围内部是有道理的，然而两者都同样是片面的和褊狭的。自然界中死的物体的相互作用包含着和谐和冲突；活的物体的相互作用包括有意识和无意识的合作，也包括有意识和无意识的斗争。因此，在自然界中决不允许单单标榜片面的'斗争'。但是，想把历史的发展和错综性的全部多种多样的内容都总括在贫乏而片面的公式'生存斗争'中，这是十足的童稚之见……把历史看作一系列的阶级斗争，比把历史单单归结为生存斗争的差异极少的阶段，就更有内容和更深刻得多了。"（《马克思恩格斯选集》第三卷，人民出版社版 1972 年版，第 571—573 页）

最后我还要提一下美国学者安德鲁·琼斯在 2011 年出版的《发展的童话：进化论与近代中国文化》（*Development Fairy Tales：Evolution-*

ary thinking and Mordern Chinese Cuture）一书。作者为加州大学教授，该书为哈佛大学出版社出版。此书用"发展叙事"取代了思想史的研究方法，研究了达尔文进化论对中国文化界的影响，特别是马克思主义、社会达尔文主义以及欧美日本现代化对中国文化界的影响。他认为，在西方的自然进化与主观能动性问题的争论方面，中国的许多知识分子，是倾向于后者，而且"不断地在生物进化与社会进化之间建立话语亲缘关系，将进化与生物种群的进化合二而一。"此书给我们的启示是：不但自然史与人类史相互联系，而且自然科技与人文社科也彼此相通。前面我们已经看到了达尔文从马尔萨斯的《人口论》中，借鉴了研究方法，这里我又见到了达尔文、赫胥黎的著作对中国人文社科的影响。两大科学的互学互鉴，反映了人类文明交往的互动规律。

第 336—340 日　　　　2012 年 12 月 1—5 日　星期六至星期三

270. 爱因斯坦的"相对论"

①科学兴趣与问题意识

在本书中，我引用爱因斯坦的科学名言可能是最多的。但是在提到科学精神时，尤其是读论牛顿的科学贡献时，仍然不能不延伸到爱因斯坦。

1931 年，法国物理学家郎兹丸对此有很中肯的论述。他说："他（爱因斯坦）现在是，将来也还是人类宇宙中具有头等光辉的一颗巨星，……可以肯定地说，他的伟大能与牛顿相比。按照我的看法，他也许比牛顿更加伟大，因为他对于科学的贡献更加深刻地进入了人类思想基本概念的结构中。"

牛顿是继往开来的科学家，而爱因斯坦是继承了牛顿的精神，又有独立思考而不是亦步亦趋，并且有创造思想的科学家。他在少年时期，不如牛顿聪颖，但自立性很强。他生于 1879 年 3 月 14 日，居住在德国巴伐利亚小镇乌尔姆的父母都是犹太人，经济上属于不稳定的中产阶层。他父亲办的电气仪表小工厂破产了，不得不迁到意大利北部。

爱因斯坦幼年的兴趣在学习上表现很突出，这成为他科学思想的生长点。他5岁入小学，成绩一般。10岁进中学，后对数学、物理和哲学表现出浓厚的兴趣，例如指南针以确定的方式移动会引起他的惊奇。而且他特别喜欢独立思考，在15岁，就动脑思考两个问题：第一，如果人以光速跟着光跑，那将是何种结果？第二，人如果凑巧在一个自由下落的升降机里，又会发生何种结果？他把这种好问变为喜爱，又把这种喜欢变为酷爱，把酷爱又化为专心致志的毅力。他勤奋地自学高等数学，认真研读布赫纳的《力和物质》和康德的重要哲学著作。他把这种奋发自学的精神带进了瑞士联邦工业大学，1905年获哲学博士学位。在大学期间，他主修他爱好的数学和物理学，但仍未放弃学习哲学。马赫的《力学》一书给了他许多启迪，使他的问题意识油然而生。他对牛顿的定律和康德的学说提出了质疑："牛顿把时间和空间归纳为神的意志，康德又把时间和空间划入先验范畴。……我们要把绝对空间和绝对时间从先验论的神圣的山巅拉下来，用我们自己的经验加以检验。"

科学之路不是平坦的和一帆风顺的。科学总是面临着各种挑战。1901年，爱因斯坦的科学研究成果被认为是"异端邪说"，学习成绩优秀的大学毕业生却因此而失业了。几乎两年中，他只能用临时工作来勉强度日。人生挫折和生活贫困并未销蚀他科学研究的意志，他艰难而坚定地走自己的路。所幸他的大学同班好友格罗斯曼帮助他在伯尔尼的瑞士联邦专利局找到了一份工作，具体业务是起草和修改专利申请报告。"你始终要有批判眼光，从相反的立场去审查发明"，提高了他的问题意识，因而他对局长哈勒的话心存感激。1903年他又与大学同学米列娃结婚，建立了和睦家庭，生活虽不富裕，但稳定的环境有利于他对物理学领域研究工作的开展。

② "爱因斯坦革命"

1905年对爱因斯坦的科学人生来说，是不平凡的一年。26岁的他，在莱比锡《物理学纪事》杂志上发表了《论动体的电动力学》等三篇著名的科学论文，提出了狭义相对论。这是以相对性原理和光速不变原理为前提而建立起来的物理学新理论。该理论的要点是：第一，宇宙中从无穷小的原子到巨大的天体行星都处于运动的自然状态，运动是永不休止的；第二，所有运动都是相对的，若无巨大的星球相比，就连地球的转动也感觉不到；第三，时间与空间存在着本质的联系，都与物质的运动有关，随物质运动的速度变化而变化，对于不同的惯性系，时间和空间的量度不可能是相同的；第四，光的速率不受光源运动的影响，它沿直线行进，宇宙光速始终是每秒 186000 英里，光是自然界唯一不变的因素；第五，一切质量都含有能量，反之，一切能量也含有质量。

根据牛顿的学说，时间、长度和质量三个基本因素是绝对的、不变的或孤立的；物体的能量与质量是互不相关的；质量是质量，能量是能量。爱因斯坦上述五点，完全否定了牛顿关于"运动是绝对的"观点，他创造性地把物质运动和质量、能量统一起来。"爱因斯坦革命"是物理学的革命。他的相对论在物质观、时空观、运动观和方法论突破了牛顿的力学体系，将人们对自然界的认识从宏观世界引向微观世界。这既是近代物理学上的新突破，也是人类文明交往中"知物之明"的新自觉。

但是，爱因斯坦的狭义相对论一时还难以被科学界所认同，连一些著名学府也拒绝他"编外讲师"的申请。这些学府的主管人并不识货，对申请的成果都以"论文无法理解"、"学校不需要人"而拒之门外。但是，被称为"爱因斯坦革命"的标志的《论动体的电动力学》等三篇论文终究是闪光的金子。1909 年，在几位学者推荐之下，爱因斯坦成为瑞士联邦工业大学副教授。以后又得到著名科学家居里夫人的推荐，开始受到物理学界的重视。量子论的创立者普朗克对此作了高度评价："如果爱因斯坦的理论被证明是正确的——这一点，我想是没有问题的，那么，他将成为 20 世纪的哥白尼。"

③从狭义相对论到广义相对论的飞跃

问题意识是科学研究的思想动力。爱因斯坦完成狭义相对论之后，想到了一个新问题：能不能把相对论原理从惯性系推广应用到加速运动的广义的非惯性系上去？解决这个问题成为他进一步努力的目标。从 1905 年至 1915 年的 10 年，他经历了许多事件：1914 年，先后被聘为柏林威廉皇家物理研究所所长、柏林大学教授和当选为普鲁士科学院院士。这有利于他的研究工作。同年，爆发第一次世界大战，这个大动荡并未使他的研究工作中断。1915 年，他 10 年的苦功终于结下了硕果：

创立了广义相对论。

　　广义相对论主要研究推动宇宙间星球、彗星、流星和银河运动间的"神秘力量"。按照牛顿的研究，引力仅是"一种力量"。爱因斯坦给引力和光理论方面带来了根本性变革。它的要点有：第一，围绕一个星球或其他天体的外层空间，就像一个磁体周围的场一样，整个是一个"引力场"；第二，无数天体（如太阳或恒星）都是被巨大的"引力场"所包围；第三，广义相对论对地球和月亮的引力、对离太阳最近的水星的不规则运动作了科学的解释；第四，物质存在的空间不是平坦的，而是弯曲的，空间的弯曲程度（曲率）取决于物质的质量及其分布情况，空间的曲率体现为引力场的强度。总之，广义相对论深刻揭示了时空结构与物体运动之间的关系，实现了人类认识宇宙的思想飞跃。

　　这一次理论上的飞跃，引起的是技术上的印证。爱因斯坦广义相对论提出之后的 1919 年 5 月，英国皇家天文学会组织了对日全食的观察，所摄照片显示：光线在射透太阳"引力场"时是曲折进行的；宇宙间两点之间最短的距离不是直线；时间是相对的，时间测量因速而异；时间与高度、长度、宽度一起，构成物体的四大要素。所有这些，都印证了广义相对论的正确性。11 月，英国皇家学会和皇家天文学会在伦敦召开会议，会长汤姆教授从人类思想史角度评价了相对论的伟大贡献："爱因斯坦的相对论是人类思想史上最伟大的贡献之一———也许是最伟大的成就。……这不是仅仅发现一个孤岛，而是发现一个新的科学思想的新大陆。"

　　④关于原子能理论问题上的功过

　　爱因斯坦不但创立了相对论，还提出了光电定律，即光的量子论，解释了光电效应的秘密，为电视、有声电影等艺术手段的诞生提供了理论依据。他因在理论物理方面的贡献，尤其是发现光电效应定律而获得 1921 年的诺贝尔物理学奖。

　　他还有一个突出贡献，就是原子能的理论。他在《物理学纪事》上发表的《物体的惯性是否依赖其能量》一文中，提出了原子能的利用，至少在理论上是可能的。他提出能量与质量转换关系的公式是：$E = mc^2$（能量＝质量×光速^2）。他已经预见到原子能是一种可以产生巨大能量的能源。他认为，如果半磅的某种物质中所有能量被完全释放出来，那其能量就相当于700万吨梯恩梯爆炸当量。这一发现回答了铀和钸释放大能量的原因，也解释了太阳为何能释放无限的光和热。这为进一步探索宇宙奥秘、推动原子能研究提供了新的理论基础。

然而，当时对能否人工利用原子能，科学家们普遍持悲观态度。直到第二次世界大战爆发，他们才改变了态度，相信战争的需要，能够创造出以往不能创造的条件。1931年"九·一八"事件后，爱因斯坦一再呼吁国际舆论制止日本军国主义对中国的侵略。1933年1月，希特勒上台，他正在美国讲学，便立即通知普鲁士科学院，决定取消原定的回柏林的计划，以表对法西斯的抗议，并迁居美国，任普林斯顿大学高级研究所教授。当德国纳粹当局掀起反犹太人狂热，他在德国的家被抄，他被诬蔑为"犹太阴谋家"，纳粹当局还悬赏两万马克要他的脑袋时，他声明放弃德国国籍，接受美国普林斯顿大学聘请，并且于1940年加入美国国籍。

1939年，德国从国外进口铀矿，开始研制原子弹。同年8月2日，爱因斯坦在匈牙利旅美科学家西拉德、E. P. 魏格纳、特勒的请求下，立即致信美国总统罗斯福。这是一封非常保密的私人信件，他在信中写道："我获悉F. 费米和L. 西拉德正在进行一些研究工作，他们可能在不久的将来把铀转变成一种新的重要能源……这一新情况可能导致原子弹的出现。可以想象，只要一颗这种的原子弹，用船运载，扔到某一港口，顷刻间，就能完全炸毁整个港口以及周围一些地区。"

在信中，他建议试制原子弹。1941年12月6日，即日本侵略者偷袭美国珍珠港的前一天，罗斯福才接受建议，任命格罗夫斯将军负责实施制造原子弹的"曼哈顿工程"。1945年7月16日，第一颗原子弹在新墨西哥州的阿拉莫戈多沙漠试爆成功。同年8月，美国在日本的广岛和长崎投下两颗原子弹，屠杀了大批日本无辜平民，造成空前的人间悲剧。日本侵略者投降了，有人称投降为日本屈服于原子弹的"屈原"，也有人称投降是慑于苏联出兵中国东北，是"苏武"，还有人认为中国人民抗日战争是迫使日本"鬼子"投降的捉鬼的"钟馗"。美国用原子弹屠杀人民事件，受到世界舆论谴责，轰炸广岛的飞行员因受谴责而患精神分裂症而从五角大楼跳楼自杀。对此，爱因斯坦内心矛盾重重。他认为这是自己生平犯下的最大错误。他叹息道："仗是打赢了，但没有赢得和平。"原子能首先用于军事，这和历史上蒸汽能、电能的发展情况完全不同。原子能这个科学发现是把"双刃剑"，它开始了人类新能源革命，但却会造成灾难性后果，并且威胁着人类安全。爱因斯坦为了制止核战争，开展了广泛的社会活动。他发起组织"原子科学家非常委员会"，自任主席，多次发表谈话，为实现世界和平而奔走呼吁。1955年，直到他生命的最后几天，还签署了《罗素—爱因斯坦宣言》，向世界人民提出警世之问："我们将结束人类生存呢，还是人类结束战争？"这个宣言于1955年7月9日在伦敦公开发表，那时爱因斯坦已经去世。罗素把这个宣言的副本分送美、苏、中、英、法、加拿大等大国政府首脑。

⑤为祖国文明牺牲个人幸福

爱因斯坦是位品行高尚的科学家，又是积极的社会活动家和爱国者。他对祖国和人民充满了热爱和正义感。早在1918年德国11月革命运动时期，他在给母亲的一封家信中就袒露胸怀，欢呼此次运动"正以真正壮丽的形式展开，……能亲自感受到这一经历，是多么的荣幸！"1932年，国联召开裁军会议，他举行记者招待会，号召人民起来谴责"这一场裁军骗局"。1936年，中国的上海发生"七君子"被迫害事件后，他立即致电声援。他定居美国之后，遭到麦卡锡分子的围攻。面对造谣、诬蔑和起诉的威胁，爱因斯坦坚决予以回击。他说："每一个受到（麦卡锡）这类委员会传讯的知识分子，都应当拒绝作证，也就是说，他必须准备坐牢，准备破产，总之，他必须准备为祖国的文明、幸福和利益而牺牲个人的幸福。"他的文明自觉昭然彰显于世。

晚年的爱因斯坦，仍专心致志地从事"统一场论"的研究工作，努力探讨并进一步论证自然的和谐与统一。他以"以小见大"、"见微知著"的科学方法，从微小的物理定律探研它对宏大天体的适用程度。他关注综合方法论的作用，用它把电磁场、引力场、电能和原子统一起来。经过多年研究，他在1950年正式提出了认识宇宙的关键理论："统一场论"。遗憾的是，由于数学上的困难，他的论证过程受挫，未能如愿。然而他以科学的坚定信仰，毫不动摇自己的信念，坚信"统一场论"是具有生命力的理论，只要他一息尚存，仍要坚持不懈地研究下去。然而，76 岁的他终因病医治无效，于 1955 年 4 月 18 日溘然长逝，告别人间。临终之前，他嘱咐家人说：不举行葬礼，不埋入坟墓，不建立纪念碑。火化时只有 12 人在场。他的遗嘱执行者、经济学家纳坦用歌德悼念席勒的诗，作为仪式的结束："我们全都获益不浅，/全世界都感谢他的教诲；/那专属他个人的东西，/早已传遍广大人群，/他像行将陨落的彗星，/光华四射，/把无限的光芒永相结合。"

爱因斯坦的科学贡献是巨大的，他的科学精神是不可磨灭的。伯特兰·拉塞尔说："几乎每个人都知道爱因斯坦在科学上曾做出令人惊叹的贡献，但是却很少有人知道这些贡献是怎么回事。"他和牛顿一样，由于研究领域的复杂而深奥，如人们所知道的是研究物理学和数学的关系，因此相对论只有用数学语言才能加以解释，而对于缺乏高等数学知识的人来说，要真正理解它是很困难的。但是，人们还是可以接受他的学说的基本点、可以继承他的治学精神，以便更好地沿着他开拓的科学道路前进。

从人类文明的发展史上看，爱因斯坦学说的历史作用，如保罗·奥赫塞所说："用'影响'一词是远远不够的，他提出的理论是'变革性的'。"尽管在人类文明交往过程中，"影响"的概念是很有说服力，然而只有"变革性的"高度才能恰当说明一个理论的影响程度。爱因斯坦用他的学说开辟了原子时代。他不仅是伟大的科学家，也是伟大的哲学家，他的成就证明了人类思想的巨大力量，标志着人类对自然交往，尤其是对宇宙行星不断求索的新的自觉。一位杰出人物的历史贡献标志在成果，而成果背后要追寻的是他的独立思想和杰出发现力、判断力对人类社会的作用。独立思想和杰出发现力、判断力是相互联系，二者是伟大历史人物贡献的深层力量。独立思想首先在于勇于思、善于思，不遇难而绕、而躲，让独立思想之灯照亮科学发现力、判断力之路。独立思想还在于勤于思、常思、反复思、换位思、逆向思，让思想之解剖刀条分缕析、综合归纳、沙里淘金而开辟发现力、判断力之门。独立思想如古语所说："思之于人，尤器之于匠，常执使之则锐，恒锻则用之坚，千变万化出焉。"不仅思之于人、思之于物，首先要思之于己。古人也强调："知之难，不在见人，在见己。"西哲笛卡尔也有"我思故我在"之语。爱因斯坦的名言是："科学研究好像钻木板，有人喜欢钻薄的，而我喜欢钻厚的。"人最难知的是自己，最难战胜、最难超越的是自己，然而最能够改变、最需要改变的也是自己。只有自知之明，才能真正达到知人之明、知物之明。"三知之明"的文明交往自觉，实际上也就是一种科学精神。

第 341—343 日　　　　2012 年 12 月 6—8 日　星期四至星期六

271. 马基雅弗利的"君主论"

①马基雅弗利其人其书

马基雅弗利，1469 年出生于意大利佛罗伦萨的一个破落贵族家庭，曾任佛罗伦萨共和国"十人委员会"秘书。1512 年，在西班牙支持下，美第奇家族复辟篡权，马基雅弗利因反对美第奇家族的统治而被捕入狱，遭到非人待遇。获释后，又放逐到圣·卡西亚诺，直到 1527 年逝世为止。

有的学者认为，在马克思以前，没有一个人如同马基雅弗利一样，对人类的政治思想产生过如此重大的影响，因此被称为"政治学之父"。

更多的人把马基雅弗利视为政治权术的化身，将他提出的君主为达到目的，可不择手段的政治哲学称为"马基雅弗利主义"，认为它是阴险残暴、乖戾无情的同义语。

这些评论，源于他的一本书——《君主论》（又译《霸术》）。这本书写于 1513 年，但直到他去世 5 年后才和他的另一本书《关于提图斯·李维前十卷的对话》（简译《对话》）同时出版。1513 年写成的《君主论》和《对话》，同为他的代表作。研究者们认为，二者同时阅读时，才能充分理解他的思想。因为前者讲的是"现实如何"，后者谈的是"应该如何"；前者论述君主统治国家的原则和权术，后者论述的是共和国制度所遵循的治国原则和手段。他还是一位研究战争问题和历史的学者，著有《战争的艺术》、《佛罗伦萨史》（马克思 1857 年 9 月 25 日给恩格斯信中称赞该书为"一部杰作"）和喜剧《曼陀罗花》。

要正确理解他的思想和著作，必须理解他所处的历史时代。当时，正值意大利政治分裂、经济衰落、列强角逐的大变动年代，尤其是罗马教会所实行的"分而治之"的政治所挑起的纠纷。内部分裂又引来外国入侵，在1494—1559年间，法国、德国、西班牙在意大利国土上发动了战争，使得灾难和混乱更加严重。人民群众深受其害，于是起义频频发生。马基雅弗利生活在这样的国家分裂、战争灾祸日甚一日的社会环境下，他的独立思想和判断能力便集中于笔端，为了国家统一，制止混战，最需要一个有权威的领袖人物，这样，他就写成了《君主论》一书。有杰出的思考历史经验教训的人，便有反映这种思想的著作。

恩格斯在《自然辩证法》中把马基雅弗利放在欧洲文艺复兴这个大历史背景下加以评论，把他列为文艺复兴的三大"巨人"之一。恩格斯认为，文艺复兴是"一次人类从来没有经历过的最伟大的、进步的变革，是一个需要巨人而且产生了巨人——在思维能力、热情和性格方面，在多才多艺和学识渊博方面的巨人的时代。"（《马克思恩格斯选集》第三卷，人民出版社1972年版，第445页）他在列举了达·芬奇、丢勒之后，这样写道："马基雅弗利是政治家、历史家、诗人，同时又是第一个值得一提的近代军事家。"（同上书，第445—446页）显然，马基雅弗利是巨人时代的代表性"巨人"之一。

②《君主论》要点

在《君主论》中，马基雅弗利首先把罗马教会看成意大利国家分裂的主要原因。他认为："教会过去使得我们国家四分五裂，现在仍然使它四分五裂。"又说："意大利之所以既没有共和国，也没有由一个君主制政府统治，其原因就在于教会。"基督教的超政治，超现实的道德规范，使人失去了政治自主性，这是意大利长期处于分裂的根源。

其次，他倡导、推崇共和制，反对专制政治，主张建立将民权与君权合一的君主立宪制。他认为意大利当时不具备建立共和制的条件，他写《君主论》的唯一目的，是希望由一个强有力的君主领导意大利解决政治分裂、罗马教会控制的君主制，以反对权势者的野心、社会腐败和建立统一国家。

再次，他特别强调军队在国家中的作用，认为"一国存亡维系于军事力量，任何君主、任何统治者都应当视军事问题为他们的头等大事。”他认为“一个强有力的政府需要好的军队，君主为巩固自己的权势需要懂得军事、研究战争、注重实力，培植由本国公民组成的忠于君主的和富有战斗力的军队”。

最后，也是最有代表的，是他“目的总是证明手段正确”和为了达到统治目的而摒弃道德并且运用高压和怀柔双重手段的权术论。这和休谟在《人性论》中的提法相反：“道德可以认为是达到目的的手段。只要那个目的有价值，达到目的的手段才有价值。”在该书第18章《君主如何恪守信用》中，他写道，对君主来说“有两种办法，即法律和暴力的办法，前者体现人性，后者体现兽性。由于第一种办法常常行不通，就必须采取第二种办法”。这里讲了人性与兽性这两种相伴相随于人的问题，但他讲的是不得已而选择了恶性互动。这使人想起洛克在《论宗教宽容》中所讲的：“在人们中间存在着两种竞争：一种靠法律支配；一种靠暴力。二者的性质是：当一种结束时，另一种便取而代之。”他沿着这条思维路线思考下去，又写了以下三点：

第一，“君主应该学会同时扮演狮子和狐狸两种角色，因为狮子不能防止自己落入陷阱，而狐狸不能抵御豺狼。因此，一个君主必须是一只狐狸，以便认识陷阱；同时，君主又必须是一头狮子，以便使豺狼惊骇。”

第二，“君主恪守信用当然是值得称道的，但是，欺骗、虚伪、尔虞我诈、阴谋诡计，对巩固统治更为至关重要。”

第三，“关于人类，一般可以这样说：他们是忘恩负义、容易变心的，是伪装的、冒牌货，是逃避危难、追逐利益的。当你对他们有好处的时候，他们是整个属于你的。……当需要还很遥远的时候，他们表示愿意为你流血，奉献自己的财产、性命和自己的子女，可是到了这种需要即将来临的时候，他们就背弃你了。”

这是马基雅弗利笔下“人性本恶”的“原罪”理念，是人类中一部分“败类”小人的人性特点。他的君主理论强调法治而轻视德治的。

马基雅弗利对自己所理想的权威君主很有信心，在《君主论》的最后一章《解放意大利的檄文》中，他宣称：统一意大利的“真正英雄”即将出现，人们应当以爱国主义精神去迎接一个新的统一的意大利国家。他对历史发展的曲折长期特点，估计得简单了些，直到19世纪中期，意大利仍然处于封建割据和外国占领之下。意大利统一的最后完成在 1870 年的教皇退居梵蒂冈，罗马并入意大利之时。这距《君主论》的写作已有 363 年了。应当说，他估计意大利的国情还是正确的，意大利并没有实行共和制，而是实行了君主制。

③《君主论》的影响

《君主论》的命运也不是一帆风顺的。马基雅弗利并没有看到自己著作的出版，然而书的手稿本已经广为传播。1532 年，即马基雅弗利去世 5 年之后，罗马教皇克莱门特七世批准出版《君主论》。从 1532—1552 年的 20 年间，重版 25 次，造成很大影响。然而，《君主论》毕竟是一本反对教会的书，天主教和新教联起手来反对它。于是抨击浪潮，席卷而来。议会下令焚烧《君主论》，马基雅弗利在罗马被认为是异教徒。到了 1559 年，欧洲各国政府都把《君主论》列为禁书。

《君主论》的解禁始于 19 世纪。在席卷法国、德国以及其他国家的宗教改革运动之后，尤其是 1870 年意大利完成国家统一之后，这部著作才免去野火焚烧厄运，从而走向春风吹又生的新局面。欧洲的思想家和政治家道格拉斯·格里高利对此深有感慨地说，意大利只有遵循马基雅弗利的理论才能实现统一，走别的道路只能给国家带来失败，给人民带来灾难。

《君主论》是一个历史时代的产物，一个时代有自己特有的代表人物和代表著作。马基雅弗利心目中的英雄是罗马教皇亚历山大六世的儿子凯撒·博加。他认为博加具备君主的才能和手段，如年轻有为，依靠果断、狡诈和虚伪成为显赫的战将和暴虐的统治者，可以成为结束意大利分裂和混乱的君主。但历史没有按他的愿望发展，博加只是留在他心中的一个现实幻想。不过，他在《君主论》中所阐述的君主统治和政治权术的"马基雅弗利主义"理论，确实吸引了无数统治者。英国国王查尔斯五世对《君主论》"爱不释手"。英国的奥立维·克伦威尔也珍藏着《君主论》的复印件。法国国王亨利三世和亨利四世遭到暗杀时随身还带着《君主论》，另一位国王路易十四把《君主论》作为每天睡前的床头必读书，而拿破仑对《君主论》写满了批注，并且带到了滑铁卢战场上。德国的俾斯麦对《君主论》研读甚笃，被视为马基雅弗利的虔诚门徒，而此前的普鲁士弗雷德里克大公，则以《君主论》为其决策的重要依据。

对任何一本著作，读者都是各取所需的。希特勒和墨索里尼就是这样。希特勒说，他一直把《君主论》放在桌上枕边，经常从中吸取力量；而墨索里尼则为新版《君主论》写了序言："我认为，马基雅弗利的《君主论》是政治家最高的指南，至今仍有生命力。"对于这种现象，一些历史学家指出，希特勒、墨索里尼这样的法西斯暴君，正是他们歪曲或违背了马基雅弗利的基本原则，才使其最后身败名裂。也有些学者指出，只有理解马基雅弗利的所有著作，尤其是他的《关于提图斯·李维前十卷的对话》，才能理解其基本思想。因为《对话》是他下工夫最大的一本书，前前后后写了五年，篇幅比《君主论》长得多。二者是一脉相承，又有不同分工和互相补充，至于二者之间的矛盾之处，正反映了当时的时代特征和个人认知，为后人提供了智慧参照。总之，马基雅弗利是政治家，历史学家，是早期神家政治的批判者。列奥·施特劳斯在《关于马基雅弗利的思考》和《自然权利与历史》中认为：《君主论》为"科学论著"，是以"经验理念思维为基础的普遍学说"。马基雅弗利的政治哲学是以"纯粹政治品行取代了道德品行"，使政治自主性原则得以确立。他的历史观也是强调人类行为的自立性和世俗史观。

马基雅弗利在《君主论》中给他和后人留下了一句箴言："正确的是，命运是我们半个行动的主宰，但是它留下其余一半或者几乎一半归我们支配。"

第 344—346 日　　　　2012 年 12 月 9—11 日　　星期日至星期二

272. 亚当·斯密的"国富论"

①早期的学术交往

亚当·斯密出生于英国英格兰的科尔卡秋市，他出生的 1723 年也是他父亲去世之年。他三岁时曾被拐骗，幸而找回。他的天赋出众，中学就是优等生，14 岁即破格进入格拉斯哥大学攻读数学、伦理哲学和古典作品。该校启蒙思想家弗朗西斯·哈奇关于"大多数人的最大幸福"的哲学理念和经济思想，深深地影响他的一生。

1740年，亚当·斯密申请到牛津大学巴里奥学院的斯艾尔奖学金后，便骑马到该校学习，于1744年获学士学位。毕业后，在爱丁堡大学做英国文学和政治经济学课教师。1751年是他学术交往的转折一年，此时他在格拉斯哥大学教逻辑学和伦理学，4月被提升为教授。1752年他开始同哲学家休谟通信，讨论经济、政治、历史和哲学问题，后来他又到爱丁堡拜访这位全英哲学学会秘书，并成为该协会委员。从此，两人结成莫逆之交。

休谟是亚当·斯密的终生密友，每当他处于学术关键时刻，休谟总是站出来帮助他。1759年，亚当·斯密的《道德情操论》出版。这是一本内容广泛的，包括道德，也包括心理学、政治学和经济学的著作。书中提到市场这个"看不见的手"的论点，成为日后《国富论》的先声。这本书受到休谟的热情赞扬，并且使亚当·斯密一举成名，而且至今仍不失其学术价值。人们总是把《道德情操论》同《国富论》连通起来阅读，以理解亚当·斯密其人其书的整体思想。这是因为两者提出了一个"亚当·斯密悖论"的问题：前者从人性本善思考，把利他主义情操看作人类道德和行为的普遍基础；而后者又从人性本恶思考，把个人利己主义的利益追求作为人类追求经济利益的基本动机。在《国富论》中，他既关注人类逐利行为可以增进劳动生产力，又注意其侵蚀人们高贵情感的能力。晚年，亚当·基密修改《道德情操论》，思考打通美德和财富两条相反道路的问题。他虽然提出了问题而没有解决问题，却启发后人用"人的本性"来解释市场经济中的道德缺失问题。

休谟对亚当·斯密的另一次重大帮助是在1761年。当时，亚当·斯密第一次以著名学者身份访问伦敦。正是由于休谟的介绍，亚当·斯密成为巴古第一公爵亨利·斯柯特的私人教师。从1764年2月起，亚当·斯密跟随公爵到欧洲大陆旅行考察三年之久，并且在巴黎一起见到了担任哈特福伯爵秘书的休谟。这使亚当·斯密有了更广泛的学术交往条件。他结交了欧洲大陆许多经济学、哲学、文学方面的大家、名家，如在日内瓦见到了启蒙学者伏尔泰，结识了魁恩、杜尔等名家。后来在休谟的帮助下，亚当·斯密又结识了费尔巴哈等著名学者，他还同经济学家摩勒里成为密友。

广泛和亲密的学术交往，推动了亚当·斯密的思想发展和理论创造，最后形成了他的古典经济学的学术体系。

②《国富论》——一部整个欧洲文明的批评史

《国富论》，全名为《关于国民财富的性质和原因的研究》。这部著作在1759年已经以笔记的形式写成初稿。1766年，亚当·斯密从欧洲返回故乡后，开始正式写作。1773年，他带着写成的初稿，就他思考的问题，再次到伦敦征求国内外学者的意见。他同英国经济学家理查德·普莱斯及其他学者讨论了初稿的基本观点。他还同当时在伦敦的美国代表、外交家和思想家富兰克林逐章逐节地详细讨论了初稿。他在伦敦用了三年时间，对初稿进行了多次大改之后，于1776年3月9日正式出版。

《国富论》被称为"一部整个欧洲文明的批评史"，这个称呼是有道理的。它主要论述的经济，但并不限于经济，而是涵盖欧洲文明诸多方面的百科全书式的宏大著作。书中首先广泛地涉及社会劳动分工、劳动工资、商品价格、货币的起源与使用、土地租赁、证券交易；同时又包括国家征税原则、国家预算体制、国家主权原则、国家防卫措施、国家行政管理；它还涉及大学教育制度、欧洲教会史、欧洲经济发展史，特别是对欧洲殖民政策的批评。

《国富论》是从人类利己心出发，以经济自由为中心思想、以国民财富为研究对象的论著。它第一次系统地论述了政治经济学的主要内容，正确表达了资本主义经济体内在联系。

《国富论》中引人注目的是关于政府职能的观点。它从政治经济体系，特别是从工商业体制和农业体制的分析中，提出"自由贸易"的主张，形成了资本主义国家关于手工业、农业和工商业的"自由放任原则"。他反对政府干预经济活动，强调"看不见的手"的作用，把政府的职能定位在保护国家不受外来侵犯、维持公正与秩序和建设并维护公共土木事业及一定的公共事业三个方面。这些原则对以后的国家学说的发展具有重大影响。

《国富论》的基本论点之一是财富由劳动产生和劳动是财富的源泉和价值尺度。它提出："一国国民每年的劳动，本来就是供给他们每年消费一切生活必需品和便利品的源泉。构成这必需品和便利品的，或者是本国劳动的直接产物，或者是用这类产物从外国购进来的物品。"

《国富论》的依据是"自然秩序"原理，这一原理认为"自然秩序"符合人类天性，符合客观规律的正常社会秩序。它对"自然秩序"引出的"自然价格"有这样分析："……中心价格，一切商品价格都不断受其吸引。各种意外的情况，固然有时会把商品价格抬高到这个中心价格之上，有时会把商品价格强抑到中心价格之下。可是，尽管有各种障碍使商品价格不能固定在这个恒定的中心，但商品价格时时刻刻向着这个中心。"因此，社会经济均衡可靠的杠杆，正是这种"自然价格"的浮动。

关于工资问题，书中提出，工资的最低限度是维持生存，而且劳动报酬高会使人口增加，低工资则使人口减少。书中谈到人口需求必然支配人口生产的观点，早于马尔萨斯《人口论》22 年。

关于分工问题，书中认为，劳动生产为最大的增进，以及运用劳动时间所表现的更大的熟练、技巧和判断力，似乎都是分工的结果。

书中还提出，人的行为受自身利益支配，个人致富的欲望对社会繁荣有益。它还提出，严格的劳动分工和增加资本积累是现代工业发展的条件。劳动价值论是亚当·斯密的主要贡献，他认为，任何生产部分的劳动都能创造价值，商品价格是生产该项商品所投入的劳动量决定的。他在书中写道："劳动是价值的普遍尺度和准确尺度，换言之，只有劳动在一切时代、一切地方比较各种商品的价值。"

《国富论》第二篇第三章有专门论资本积累和生产与非生产性劳动的论述，其中指出："有一种劳动，加在物上能增加物的价值；另一种劳动却不能够。前者因可生产价值，可称为生产性劳动；后者可称为非生产性劳动。制造业工人的劳动，通常会把维持自身生活所需的价值与提供雇主利润的价值加在所加工的原材料的价值上。反之，家仆的劳动却不能增加什么价值。"

③《文明史》的评语

亚当·斯密不但是位理论家，而且是位实践者。《国富论》出版两年之后，即 1778 年，他被任命为海关监督官。在此期间，他还应邀参加了英国对外贸易和其他政策的制定工作。1779 年，英国商务大臣同他讨论了爱尔兰的自由贸易问题。1783 年商务大臣又请他制定对美洲贸易的法规。1787 年，英国首相庇特曾多次咨询请教他有关政务问题。同年他还当选格拉斯哥大学名誉校长。1792 年 2 月庇特在报告英国国家预算时，以钦佩的心情谈他学习《国富论》的收获。

亚当·斯密生性怪僻，课堂上不许学生记笔记。他晚年多病，健康日益衰退，精神有些反常。1790 年，他请来好友胡顿和希莱克，恳求代他烧毁自己的一些废旧文稿。焚烧之后，他才告诉他的二位好友，焚烧掉的是他的 16 卷手稿。因此，他除《国富论》一书外，只有学生编选的《道德情操论》。他留下的论文只有两篇：《有关语言结构形成的思考》和《论语言的缘起与进步》。他的朋友很惋惜，他却觉得如释重负，并请来一些朋友到家里吃晚饭。然而，他身体已极度衰竭，不得不中途退席。此次晚餐成为他最后一次交往活动。7 月 17 日，67 岁的亚当·斯密离开了人间。

亚当·斯密生活在人类文明交往时代的父替转殳年代，他的劳动价值论对人类思想史的发展做出了巨大的贡献。他的经济思想是人类文明的创造性成果。他因此被称为"现代经济学之父"。许多学者对《国富论》发表过评论。如英国政治经济学家 J. A. R. 马里奥特，从影响的深远性方面说过这样的话："也许没有任何一部当代的著作像《国富论》那样对科学经济思想和行政管理产生过如此深远的影响，我们完全有理由相信，亚当·斯密的这部著作所产生的影响将会持续下去。"英国著名学者巴克尔在他的《文明史》一书中，则从《国富论》所表达的独立思想角度和实际影响两个方面进行了评述。他指出："《国富论》是在现代政治经济方面迄今为止的最重要的著作之一，无论是从作者的独到见解，还是从此书产生的实际影响来说，都是这样。"

④《国富论》与《资本论》

从文明史看，经济学是关于财富与幸福生活关系之学。国富民富，都是文明幸福之基。物质、精神、制度、生态文明，都离不开创造财富。而创造财富是为了生活幸福。只要合理使用财富，就会获得幸福。因此，亚当·斯密的《国富论》所论的实质是人生哲学问题。

谈到亚当·斯密的《国富论》，就不能不谈马克思的《资本论》。二者是继承、批判、发展、创新的关系。仅就《资本论》第一卷而论，其中涉及亚当·斯密的就有 40 处，引用或评论《国富论》有 16 处。可见马克思对《国富论》的重视程度。马克思既尊重亚当·斯密的研究成果，又从其已有答案的地方看出存在的问题。他指出："经济学家们毫无例外地都忽略了这样一个简单的事实：既然商品有二重性——使用价值和交换价值，那末，体现在商品中的劳动也必然具有二重性，而像斯密、李嘉图等人那样只是单纯地分析劳动，就必然处处都碰到不能解释的现象。实际上，这就是批判地理解问题的全部秘密。"（《马克思恩格斯全集》第三十二卷，人民出版社 1974 版，第 11 页）

马克思这里所讲的"批判地理解问题的全部秘密"，其钥匙在于辩证法。因为辩证法第一个特征就是"不崇拜任何东西，按其本质来说，它是批判的和革命的。"其他两个特征分别是："在对现存事物的肯定的理解中同时包含对现在事物的否定的理解，即对现存事物的必然死亡的理解"；"对每一种既成的形式都是从不断运动中，因而也是从它的暂时性方面去理解"。马克思的哲学批判包括意识形态的批判，也与资本的批判融为一体。他以商品为起点、以资本为核心开展对资本主义的批判，实质上是一种存在意义上的批判。这是马克思在《资本论》第一卷第二版跋中所指出的研究问题的基本方法。

谈到《资本论》，也不能不提到恩格斯，因为恩格斯承担了整理《资本论》的后续工作，他在这个繁重工作中，多次提到亚当·斯密。例如，恩格斯在 1891 年 3 月 6 日致保·拉法格的信中说，马克思 1859 年写的《政治经济学批判》"剖析了亚当·斯密"；在 1891 年 10 月 29—31 日致尼·弗·丹尼逊的信中，也批评了亚当·斯密缺少辩证法：如果我们对各国和各文明阶段的实际经济关系加以研究，便可看出，十八世纪那些唯理主义的概括，谬误和浅陋到何等惊人的地步，——譬如说，那个善良的老亚当·斯密就把爱丁堡和洛蒂昂各郡的情况当作普天下的一般情况！可是，普希金已经知道了这一点：

> ……当它有天然物产的时候，
> 为什么不需要黄金。
> 父亲不理解他，

还是拿土地做抵押。[①]

然而，恩格斯是很重视亚当·斯密及其《国富论》的。1884 年 8 月，德国社会民主党人福尔马尔为了一位名叫切尔伯格的女士，对社会主义问题感兴趣而上那个大学合适的问题，写信请教恩格斯时，得到的回答是不要上大学。为什么？恩格斯在回信中说，在现在的大学里，"没有一门科学比经济学被糟蹋得更厉害"（《马克思恩格斯全集》第三十六卷，人民出版社 1975 年版，第 200 页），学校不讲古典经济学。他让这位女士"认真自学从重学派和斯密到李嘉图及其他学派的古典经济学，还有空想主义者圣西门、傅立叶和欧文的著作，以及马克思的著作，同时要不断努力得出自己的见解。我认为，您的女朋友会研究原著本身，不会让一些简述读物和别的第二手资料引入迷途。"（同上）恩格斯对这些人的经典名著"自学越深入下去，就越能找到最好的门径"（同上），并且指山要通过研究和比较来掌握资料。这里，恩格斯又一次提到马克思的科学元典《资本论》。

在本日历中，我多次重新学习了马克思和恩格斯一些经典著作。我深感本编所提到的科学元典都是自然史和人类史上的文明创造，都蕴藏着科学精神、理性思考和科学方法，有志于科学事业的人，必须首先和经常要阅读的。以马克思的《资本论》而言，他写的下述话就伴随着我一生："在科学上没有平坦的大道，只有不畏劳苦沿着陡峭山路攀登的人，才有希望达到光辉的顶点。"在当今全球仍未摆脱金融危机的情况下，资本主义不是问题的答案，而是问题的本身，重读马克思和恩格斯的经典著作，尤其必要。

这使我想起了今年离世的英国学者埃里克·霍布斯鲍姆（Eric Hobsbawm，1917—2012）。他是英国的马克思主义史学大家，他重视历史记忆，强调历史既是对过去的忠实记录，又需要重新进入、阐释，史学家应该在合乎人道的阐释中承担起自己的责任。这就是承担起回忆和阐释人们所忘记的东西。马克思在《关于费尔巴哈的提纲》中认为哲学家总是用不同方式解释世界，但问题在于改变世界。霍布斯鲍姆对通

---

①　恩格斯引自俄国诗人普希金的《叶甫盖尼·奥涅金》。

过改变世界，持谨慎的怀疑态度，而更多地是通过"解释世界"来介入现实。他坚信马克思将再一次成为"21 世纪的思想家"。他生前出版的最后一本著作《如何改变世界：马克思和马克思主义的传奇》仍坚持自己的左派立场，并且具有他过去在"年代四部曲"中的历史可读性的写作风格。他虽然对马克思学说的整体性尚欠缺深入理论反思，但已经意识到要对各种传统的马克思主义观点进行"实质性校正"问题。走笔至此，我在《老学日历（2012）》这一页中，对这位世纪老人从内心深表尊敬和怀念。

第 347—349 日　　　2012 年 12 月 12—14 日　　星期三至星期五

273. 马尔萨斯的"人口论"

①一本又破又立的著作

托马斯·马尔萨斯 1766 年 2 月 14 日生于英国萨里郡的马凯里地方一个富裕家庭，小时就读于两位家庭教师。1784 年，进剑桥大学学习历史、语言和诗歌，获文学学士学位。1798 年被聘为萨里郡阿尔布里的副牧师。

马尔萨斯所处的历史时代是 18 世纪资本主义向上发展的时代，不少人认为人间乐园即将实现，于是空想思想应运而生。1793 年英国学者威廉·戈德温发表《政治正义的研究及其对一般德行和幸福的影响》一书。该书揭露了英国资产阶级的贪婪和普通民众的贫困，论证了消灭私有制的必要性；同时在人口问题上，以乐观的态度展望前景说，地球上 3/4 的地方尚未被开垦，无数世纪以后，地球仍可以供养起众多的居民，因而在考虑社会改革时无须为人口问题担忧。乌托邦，即空想，是科学的对立面。空想，偏离科学，走向空想，甚至认为，改革后人们的生活会富足得像天使一样，不用吃饭，不需睡眠，人人健康长寿，世界会变成无犯罪、无疾病、无痛苦、无仇恨、无战争的"五无世界。"

马尔萨斯的父亲丹尼斯·马尔萨斯曾经就读于牛津大学，是卢梭的好友。他很崇拜戈德温，而他的儿子托马斯·马尔萨斯却反对戈德温的空想思想。父子之间围绕戈德温的著作，经常争论不休。争论使马尔萨斯对戈德温的著作进行深入的研究，他知道这种思想在英国颇有影响，因此决定针对这个问题发表自己独特的见解。

1798 年，他出版了一本 5 万字的小册子，书名叫《人口原理及其对社会未来的影响，兼评戈德温、康多塞先生和其他作者的观点》。这显然是一本论战性的书，也是他们父子之间争论的总结。他在 1798 年 6 月 7 日的序言中写道："我已经以和愿望完全相反的心情，读完了（戈德温等人）关于社会将进步的某些思考，我感到他们是幻想。"这本小册子是他人口原理的雏形，他认为这是为了批评戈德温书中的"贪欲和陈词滥调"，同时也要正面阐述自己的观点，而且准备进一步细化和展开。

果然，经过 5 年之后，即 1803 年，他出版了该书的第二版。书名改为《人口原理及其对过去和现在人类幸福影响的看法——兼论我们将来祛除和减轻它所形成 512∶10 的比例》。他认为，300 年内，人口和生活资料增长的比例将变成 4096∶13。2000 年内，生活物资虽有极大增长，但与人口的增加相比，差额会到几乎不可计算的程度。

马尔萨斯在《人口论》有下述两个观点：

第一，"通过动物界和植物界，大自然用它最大方和慷慨的手法，广泛地散布了生命的种子。但是，它在为抚养它们所必需的空间和滋养料理方面，却比较吝啬。动植物种类在这项巨大的限制法则下减缩了。地球上所有的生命胚种，假使能自由发育的话，则在几千年里，就能填满几百万这样大的世界。"

第二，"一个人出生在早已被人占有的世界之上，如果他不能够从他享有正当要求的父母那里获得生活资料，而且假使这个社会不需要他的劳动的话，那么，他就没有要求获得最小一份食物的权利，事实上就没有他吃饭之地的问题。在大自然的伟大宴会上，也就没有为他而设立的席位。"

第一条给达尔文带来启发。1838 年 10 月，在达尔文研究物种问题 15 个月后，读到马尔萨斯的《人口论》，他这样写道："这立刻使我想起，在这些情况下，有利的变异往往易于保存，而不利的变异往往易于消灭。其结果就会形成新的物种。这样我终于得到了一个能说明进化作用的学说了。"

马尔萨斯由此得出结论，人口增长和生活消费资料发展的脱节，是一个自然规律。人口出生率高，在他看来并不表示社会繁荣，而是最坏的象征。他认为，独身生活、繁重劳动、极端贫困、饥荒、瘟疫和战争，正是抑制人口盲目增长并且使人口与生活资料相适应的一些重要手段。他从国家公共政策方面提出，不应该鼓励劳动人民生更多孩子，因为他们无法养活。他甚至反对政府或私人的慈善事业，因为它们给予穷人各种救济金，并未增加任何生活资料，结果会造成商品奇缺，物价上涨、贫富悬殊和社会冲突。他的这些主张，很自然受到当权者和富人的欢迎，因为他把社会不公和民众贫困归因于人口过多，而不是财富分配不均。当时，在英国流行一个故事，说的是作家威廉·考伯特问一个主张多生孩子的农场工人是否知道马尔萨斯这个人，农场工人说不知道。作家说，马尔萨斯提出议会应通过一项禁止穷人早婚和禁止多生孩子的法令，农场工人的妻子在一旁咒骂说："哦，这个该死的！"

②专心钻研学术的一生

马尔萨斯对人口问题的研究推动了英国政府 1801 年的人口普查。这是在世界上开启的第一次全国性的普查。他对《人口论》也不断进行修订。1817 年，当《人口论》第二版发表 14 年以后，他出版了该书的增订第五版，共三卷 1000 多页。

《人口论》有一段话使我想起了《孟子·告子》中的一句话，这就是"食、色，性也"。因为它和《人口论》中下述的话太相近了："我认为，我可以适当地说明两个道理：第一，食物是人类生存所必需的；第二，两性间的情欲是必然的，而且几乎会照现状继续下去。自从我们创造人类知识以来，这两个法则似乎就是我们本性的固定的法则。"对孟子这句的注中说："人之甘食、悦色者，人之性也。"同马尔萨斯的话再对照，又是人的生理本性问题。人为了生活、生存，要有食物，所以必须生产；人为了人的生产，要繁衍后代，这就有人口问题。这也是食欲性欲问题，而且，孟子说得比马尔萨斯更早、更简洁。马尔萨斯正是从这个简明的人性出发点，开始了他《人口论》的创造性理论。

《人口论》最有影响的观点是：如果不遇到阻碍，人口按几何级数增长，即1、2、4、8、16、32、64……方式增长，而生活资料即使在最有利的生产条件下，也只能按算术级数增长，即1、2、3、4、5、6、7……方式增长，所以，人口增长速度大大超过生活资料增长的速度。

马尔萨斯以英国为例计算了生产与人口关系这笔大账：

"这个岛国的人口约700万，我们假设现有生产资料恰好足够维持这一人数。在最初25年间，人口增长至1400万，食物也增加一倍，生产资料与人口的增长相等。在第二个25年间，人口将增至2800万，生产资料仅足够维持2100万人口。在第三个25年间，人口将为5600万，生活资料仅够维持这一人数的一半的需要。在100年末，人口将近11200万，生活资料却仅够养活330万人口，其余770万人将全无给养。"

1820年，马尔萨斯出版了《政治经济学原理及其实际应用》一书。1836年根据作者手稿和札记做了大量补充的增订本，在1836年出版。这是他1805年起直至1834年逝世这段时间关注政治经济学各种理论的一个总结。这期间，他被英国东印度公司在海莱伯雷创办的学院聘请为历史学和政治经济学教授。即使在和妻子一起到欧洲大陆一些国家旅游期间，也笔耕不辍，对这本书进行认真仔细的修改。这本书也以独立的学术思想对后来有较大的影响。

马尔萨斯在1804年结婚，当时已是38岁，属晚婚一族。他有一男二女。他出版《人口论》第五版的1817年，访问了苏格兰的首府爱丁堡。1818年，当选为英国皇家学会会员。1821年参加英国政治经济学俱乐部。1824年成为英国统计学会会员。就在这一年12月23日，他和妻子在圣·卡林德的好友吉尔卡尔家里度圣诞节时，因心脏病突发而与世长辞。

③关于马尔萨斯《人口论》的争议问题

马尔萨斯的《人口论》在1798年出版时，就引起了社会轰动。他提出了人口规律的问题。人口规律因时间、地点不同，因生产力、生产关系及其变化而有不同表现。1798年《人口原理》虽因党派利益因素作用而引起人们关注，但提出问题并有自己研究的独立见解，也值得人们关注。《人口论》成为有争议的著作而长期争论不已，我们自应以历史的、科学的态度对待。

有些学术著作一出版，就有轰动效应，有些学术著作出版后，常常默默无闻。马克思在《资本论》第一卷中说，英国经济学家詹姆斯·斯图亚特 1805 年已出版了《政治经济学原理研究》，"他的著作比《国富论》早出版 10 年，但是至今仍很少有人知道它。"（《马克思恩格斯全集》第二十三卷，人民出版社 1972 年版，第 390 页）这本著作最清楚地阐明了"一切发达的、以商品交换为媒介的分工的基础，都是城乡分离"（同上）。马克思在《资本论》第一卷中，提出了马尔萨斯的崇拜者"甚至也不知道，马尔萨斯的《人口论》的第 1 版，除了纯粹夸夸其谈的部分以外，除了抄袭华莱士和唐森两位牧师的著作以外，几乎全部抄袭斯图亚特的著作。"（同上书，第 391 页）

马克思除了指出马尔萨斯抄袭之外，对《人口论》的主要论点进行的批评也十分尖锐。其实，恩格斯早在 1844 年的《政治经济学批判大纲》中就已经系统地批评了马尔萨斯的《人口论》。他认为英国历史学家和经济学家艾利生在《人口原理及其和人类幸福的关系》（1840 年伦敦版）中，仅从土地生产力角度批评马尔萨斯的"人口论"，"没有深入事物的本质，因而他最后也得出了同马尔萨斯一样的结论。"（《马克思恩格斯全集》第一卷，人民出版 1966 年版，第 619 页）恩格斯认为，马尔萨斯片面地看问题，看不到人口过剩同财富、资本、地产过剩之间的联系，把生活资料和就业手段混为一谈。恩格斯接着写以下三点：

第一，"马尔萨斯的理论却是一个不停地推动第我们前进的、绝对必要的转折点。由于他的理论，总的说来是由于政治经济学，我们才注意到土地和人类的生产力，而且只要我们战胜了这种绝望的经济制度，我们就能保证永远不再因人口过剩而恐惧不安"。（同上书，第 620 页）

第二，"我们从马尔萨斯的理论中为社会改革取得了最有力的经济论据。因为即使马尔萨斯是完全正确的，也必须立刻进行这种改革，原因是只有这种改革，只有通过这种改革来教育群众，才能够从道德上限制生殖的本能，而马尔萨斯本人也认为这种限制是对付人口过剩的最容易和最有效的办法。"（同上书，第 620—621 页）

第三，"由于这个理论，我们才开始明白人类极度堕落的情况，才能了解这种堕落是和竞争的各种条件相关联的；这种理论向我们指出，私有制如何最终使人变成了商品，使人的生产和消灭也仅仅取决于需求；它指出竞争制度因此屠杀了，并且每日屠杀着千百万人；这一切我们都看到了，这一切都促使我们要用消灭私有制、消灭竞争和利益对立的办法来结束这种人类堕落的现象。"（同上书，第621页）

值得注意的是，1881年2月1日，恩格斯在评述考茨基的《人口增殖对社会进步的影响》一书时，又引用上述第二点作为结论。考茨基此书1880年在维也纳出版，他因在书中维护马尔萨斯"人口论"的"合理内核"而遭到马克思的严厉批评。恩格斯重提必须进行社会改革以解决人口过剩是有针对性的。在这封信中，恩格斯在未来的共产主义社会中，对物的生产和人的生产进行有计划的调整，以及何时、用何办法并不是什么困难的事。恩格斯关怀考茨基的科学研究，认为考茨基是"年青一代中真正想学到点东西的少数人中的一个，而在无批判的气氛下，现在德国出的一切历史和经济书籍越来越糟，对您来说，摆脱这种气氛将是很有益处的。"（《马克思恩格斯全集》第三十五卷，人民出版社1971年版，第146页）批判是辩证法的本质，对学术界特别重要。学术争论是学术研究的常规，应该欢迎正常争论，因为真理愈辩愈明。

第350—351日　　　2012年12月15—16日　星期六至星期日

274. 梭罗的"不服从论"

① 《不服从论》产生的社会背景

1817年亨利·大卫·梭罗（或译"索罗"）在美国马萨诸塞州康考德降生，他的家庭是个清贫的移民家庭。由于他勤奋努力，进入了美国常春藤大学之一的世界名校哈佛大学。他喜爱写作，在老师爱德·钱宁和琼斯·维里的帮助下，进步很快。但学习成绩并不突出。

梭罗是位故乡情结颇深的人。他虽在外求学，却忘记不了养育他的家乡的青山绿水。大学毕业后，他毅然返回故里，从此，除短时间外出访友外，从未离开过康考德。他的一生是在这里度过的。在这里，他在学校当过教师，也同哥哥约翰一起办过一所私立学校，并主持了三年教学工作。他还协助父亲做过铅笔制造生意，也做过社区协调员和康考德市镇的观察员。在大学爱好写作的兴趣也促使他试图做一个专业作家。

梭罗在家乡深居简出，个性怪异。人们通常是六天工作，一天休息，他却主张一天工作，六天读书和思考。在物质与精神生活的关系上，他看轻钱财，着力精神充实。由于他有强烈的反对世俗传统意识，所以处处挑战陈腐观念。为此，他用两年时间生活在康考德附近的瓦尔登湖湖畔。在那里，他建造了一间简陋的茅草屋，真如我国古代陶渊明一样，"结庐在人境，而无车马喧"。陶渊明隐居农村，从不惑之年到去世的 63 岁，共写了 120 多首诗。梭罗也在农村，种植土豆、蔬菜等，粗茶淡饭，潜心思考，埋头写作，自得其乐。他将这两年隐居生活的情况，写成了《瓦尔登湖》一书。这本书于 1854 年出版，它和陶渊明的诗作一样，影响至今仍持续不断，成为宁静致远的自然文学代表性著作。他还写有散文《郊游》和《缅因森林》等名篇。

社会交往使梭罗的生活道路发生了重大转变。他的好友拉尔夫和瓦尔多·爱默生二人深深影响了他的思想。他在爱默生家里住过两段时间，协助其编辑评论季刊《日规》。爱默生（1803—1882），美国散文作家，诗人，梭罗的哈佛校友，曾任教师和牧师，1832 年脱离教会，游历欧洲，接受康德哲学，回国后创办《日规》，宣传基督教博爱和自我道德修养，主张建立民族文学，提倡接近大自然，和梭罗一起成为先验主义运动的代表人物。这期间，梭罗的社会交往扩大了。他接触到新英格兰地区的学者名流，有机会同他们一起交流思想、讨论问题和争辩理论，大大启发了思路，开阔了视野。他后来在《公民不服从论》中的许多原始观点都来自这里。

梭罗的"不服从"思想不限于坐而思，而且是起而行。1841 年，当地的布朗森·奥尔科特因拒缴人头税而遭到审判。他认为他在实践上应仿效这位先行者，于是在 1843 年拒交人头税。他以此来抗议政府的奴隶制行径，因而被捕入狱。不过，他只坐了一天班房即被释放，原因是他舅妈不顾梭罗的反对，代交了税金，使他重获自由。

②新大陆最高的反抗学说

问题意识是梭罗独立思想产生的直接前提。他逃税入狱的实践五年以后，即 1846—1848 年墨西哥战争之后，美国国内的奴隶制成为南北之争的中心问题。不久，逃奴法的通过使梭罗萌生了写作《不服从论》的念头。他在 1848 年先写成一篇讲稿，提出了以下问题：人民为何要被迫支持一个作恶多端的政府？个人与国家之间或国家与个人之间应该是何种关系？应当如何认清国家和政府的性质？对这些问题的反复思考之后，最后写成《对政府的违抗》，后改为《公民不服从论》，于 1849 年 5 月发表于伊丽莎白·皮博主编的《美学论丛》上。当时，并未引起多大注意，读者也不多。但此后的一百多年里，越出美洲，在亚洲、非洲和世界其他地区，引起深远的影响。

公民和政府之间的交往关系，是《公民不服从论》的主题。美国政治家和理论家托马斯·杰弗逊有句名言：“最少管事的政府是最好的政府。”而梭罗《公民不服从论》的刊头词是：“最好的政府是根本不管事的政府。”“政府充其量是权宜之计。”这些话看似极端，应当说是政府应当管它应管的事，应当简政，放权于民。然而，梭罗自然有自己的警示意义和合理缘由。他解释说，他并不是主张废弃政府，不能现在就没有政府，但改革政府是势在必行。经过改革过的政府，应该是“尊重个人尊严和个人价值”。他指出：“应该是政府为公民而存在，不是公民为政府而存在。”他提出了这样的口号：“我们首先要做人，然后才是臣民。”

在公民与政府之间的交往活动中，如何对待不公正法律的态度，是《公民不服从论》的主题。梭罗在书中问道：是等待大多数人起来改变法律，还是立即拒绝服从这些法律？他明确地回答说：“如果政府要你们施以暴政的话，那么我认为你就不应该服从，就要违法……如果是我，我决不同流合污。”他指出：“对政府来说，它很自然地会反对变革现存法律，去迫害持不同政见者。否则，政府为何要把耶稣钉在十字架上？！为何视哥白尼和路德为异教徒？！又为何镇压华盛顿和富兰克林的反抗？！”

在反对不合理法律的行动中，拒绝缴纳人头税是不服从的一个明显标志。梭罗在《公民不服从论》中写道，如果有上千人拒绝税金，就必然会导致税法的改革。他自己身体力行，连续六年拒绝交税，而且从此实践中认识到：“我发现，国家已日暮穷途……它敌我不分，我已对它丧失了最后剩下的一点敬意。它太可悲了。……我生来不愿意被人强迫，我将我行我素。"当然，他不是对一切税金全都拒缴，如他从不反对缴教育税、公路税。他的原则是拒缴那些支持奴隶制和战争的税金。因为他反对国家侵犯公民的道德自由，国家不能强迫公民支持暴政。他强调说："人的良知应当是每一个公民的最高精神主宰"。他宣布："在奴隶制和战争这些方面，我对国家是不忠的，我尽量是超脱的。"他写过许多政论，反对美国侵略墨西哥，支持废奴运动，并且发表讲演，为起义失败的约翰·布朗申辩。

梭罗在《公民不服从论》最后，写出了他的原则立场："从严格的意义上来说，政府的权威必须要得到被统治者的制约和允诺。除了我同意的东西之外，政府不能对我的人身和财产拥有绝对的权力。"他接着客观地从政治制度进步的层面写道："从极权制度到有限的专制制度，从有限的专制制度到民主制度，是一大进步，是朝着真正尊重个人的方向的一大进步。"然而，他没有就此止步，而是进而由每个人的自由权利来分析政治制度方面的改革。他追问道："一种民主制度的出现难道就是政治改革的最后的一步吗？难道不可能再跨前一步，做到能够充分尊重和发挥人的权利吗？"他用下面三句话结束了《公民不服从论》："在国家真正地视个人为更重要的独立的力量之前，是不可能有真正意义上的自由和开明的国家的。须知，国家的权力和权威，正是渊源于上述的个人的力量。我常常由此而想象这样一个国家——它对所有人来说，都能主持正义和公道。"这是他的理想国。

③印度圣雄甘地的老师

梭罗的独立思想的影响是世界性的。最直接、最突出的影响事例，非印度圣雄甘地莫属。说"最直接的影响"，是因为许多人通过甘地的理论与实践，间接地理解到梭罗的不服从论。这些人中，又以美国民权运动领袖马丁·路德·金和南非反对种族歧视领袖曼德拉为最有代表性。然而，甘地超过了他们。

甘地早在1907年在南非当律师时，第一次读到梭罗的《公民不服从论》。当时他正在从事非暴力抵抗运动，以反对南非德兰士瓦政府1907年3月施行的歧视印度移民法。他在1929年回忆录中写道："我的一位朋友，寄给我一本《公民不服从论》的小册子。我一下子被它吸引住了。

我随即将一部分内容译成古遮拉特语，在我所主编的《印度评论》报上发表。梭罗的这篇论文内容真实，令人信服，读后我感到有必要更多地了解一下作者。于是，我以极大的兴趣，细读了他的其他著作和论文以及有关他的传记和评论，受益匪浅。"

以后，甘地指示他的主要助手亨利·波拉克，将《公民不服从论》全文译成印度的古遮拉特文和印地文，分别在《印度评论》上发表，接着，便出版了单行本。1907年后期，《印度评论》进行的"消极抵抗的伦理学"论文比赛活动，《公民不服从论》被列入主要参考书目之中。这是甘地政治活动的早期，他对自己提出的"消极不抵抗运动"一直不满意，他觉得反抗运动不是消极的，非暴力是积极的，因此正式命名自己的斗争形式为"非暴力抵抗运动"。他带领约翰内斯堡印度人（包括1000名华侨）抵制移民法，自愿入狱，进行反抗。

通过在南非的非暴力抵抗实践，甘地接受了梭罗关于"不服从运动"的新提法，以表明非暴力的信仰的正义、真理和坚定性。甘地认为：梭罗是正确的，只有那些原本会老老实实地遵守法律的人，才有权对非正义的法律，采取不服从的态度和行动。这与无法无天的群氓完全不能同日而语，因为这种违抗是公开的，是有充分依据的。所以，这不同于养成一种违法习惯或造成一种无政府的环境。只有当一切扶正除恶的和平手段（包括请愿、谈判、仲裁等）失败时，才会采取不服从的态度和行动。

1907—1914年，是甘地的非暴力运动在南非的准备时期。非暴力抵抗运动从1920—1944年，共分为四个阶段："非暴力不合作"运动（1920年12月—1922年2月）；"非暴力的'不服'从"运动（1930年6月—1934年4月）；"非暴力的'个人公民不服从'"运动（1940年10月—1941年12月）；"非暴力的退出印度"运动（1942年8月—1944年5月）。在甘地领导印度人民的整个非暴力抵抗运动中，都可以看到梭罗"不服从"思想的深刻影响。印度学者沙尔玛在《作为社会主义者的甘地》一书中认为梭罗的《公民不服从论》是"甘地的公民不服从运动的蓝本"。

的确，甘地对梭罗的《公民不服从论》中关于理性高于法律、人权高于统治权深有体悟，是梭罗的好学生。甘地在1942年领导"非暴力的退出印度"运动前夕，在一封信中表示了他对这位老师的感激之情。他在信中深情地写道："你们美国给我一位梭罗老师，他通过《公民不服从论》著作为我正从事的工作提供了科学的证实。"在这里，甘地特地用了"科学的证实"一词，是经过深思熟虑的选择。梭罗在《公民不服从论》中谴责美国政府支持奴隶制度和反对美国政府在墨西哥进行的不正义战争，以及号召人民有权违抗专横的法律的理论与实践，对甘地的非暴力抵抗运动来说，是最好的科学的证实。他从这里找到了科学的理论与实践根据。所以，甘地在自己领导的非暴力抵抗运动的最后阶段，想起了他的老师梭罗，并且在信中肯定地说："毫无疑问，梭罗的思想极大地影响了我在印度的活动。"

甘地之所以以梭罗为师，是他面临的印度社会政治发展任务的需要，也是他从理论到实践上的文明交往的选择力的自觉。当然，其中也包括他们思想上的相通之点。印度学者庇阿列·拉尔在《梭罗、托尔斯泰和甘地》一书中研究了这一点。他认为，甘地与梭罗"都不是一种制度的建立者，但他们都是渊博的思想家、真理的探索者和真理的传播者。两人都不满足于哲学理论。两人都有一股实践真理的热情，而且都在行动中表现了哲学理论。两人都坚持清贫，并为人的完善目标而努力。"拉尔在评价中，站在更高的历史观点上提到人类文明，他认为甘地和梭罗"两人都否认技术发展和大规模生产会产生人类真正的文明，从而否认西方现代的物质文明。"他们在人类文明交往方面，都是物质文明的批判者和精神文明、生态文明的提倡者。

梭罗的《公民不服从论》是一种显示被压迫和被奴役的人们交往力量的理论，甘地吸收了它并把它融入自己的思想体系之中，成为一家之言。甘地的思想体系中，除梭罗因素之外，还有俄国的托尔斯泰和英国的鲁斯金的思想因素，也有印度的许多本土思想因素，我在《东方民族主义思潮》（西北大学出版社 1992 版）中有较深入的论述，这里不再赘述。梭罗的《不服从论》使我进一步思考起人类文明交往中的许多问题。例如在第六编"历史记忆"第 101 节"文明交往的历史观念"一节中，谈到了梭罗和爱默生的"文明进步远行说"；第 102 节"世界历史：人与自然互动的社会文明交往史"一节中，引用了程虹在《寻归荒野》中对梭罗的《瓦尔登湖》声感的描述，这里也不再重复了。

我只重申一下英国的洛克在《宗教宽容》中的观点："在人们中间存在着两种竞争：一种靠法律支配；一种靠暴力。二者的性质是：当一种结束时，另一种便取而代之。"枪杆子是压倒法律的。当人们高呼"造反有理"的口号起来时，就应了"和尚打伞，无法无天"的逻辑。梭罗和甘地的独特之处在于都是用"不服从"的非暴力方式去反抗他们认为"不服从"的法律，"以身试法"，入狱反抗。甘地更有道德上"爱"的说教。甘地的真理观就是"爱"。这似乎是通向英国休谟的《人性论》中的观念："道德可以认为是某种目的的手段。只要那个目的有价值，达到目的的手段才有价值。"美国学者卡恩在《当法律遇见爱》中提到："在西方传统里，法治是最高的理想，与此同时，人们也在憧憬着一片法律触及不到的领地。在这个虚幻的国度里，爱是一切行为的衡量标准。"这也是甘地非暴力抵抗的思路。法国托克维尔在《旧制度与大革命》中说过："革命只不过是暴烈迅猛的过程，借此人们使政治状况适应社会，使事实适应思想，使法律适应风尚。"这又从另一个角度去说明法律和暴力之间的交往互动关系。

梭罗的《公民不服从论》使我想起了中国的社会学家潘光旦。我1954年在北京大学读亚洲史研究生时，听到有关他在知识分子思想改造运动中的一些传闻。那是一个"人斗人"的特殊年代，他被斗了多次。在史无前例的"文化大革命"以后，他总结了自己用四个"S"的方式来应对的思路："服从"（Submit）、"支撑"（Sustain）、"生存"（Survive）、"死亡"（Succumb）。为了第一个 S（服从），他当时进行了真诚的"思想"和"改造"。潘光旦的"服从"和梭罗的"不服从"，都是书生与政治、思想与现实之间的"介入"或保持距离的交往活动。也许，瓦尔特·本雅明下面的话，反映了这种社会交往状态："在任何逻辑和政治制度的痕迹中，可以看出明显杂乱性的文化颤音"，因为"现代性"本来就是不安全感、不稳定性与不确定性，这是"可怕的三位一体"的流动形态。

梭罗的"不服从论"蕴藏着理性观念。因为理性的思辨是反思精神，它体现着一个时代的认知类型。笛卡尔提出过以理性为核心构建主体和自我；尼采的批判传统基督教权威；康德受卢梭影响，他认为启蒙就是人类摆脱不成熟状态，在服从与不服从之间的判断，并不是自我缺乏理性，而是缺乏运用理性的决心和勇气。反思梭罗的"不服从论"，是要从一个历史时代的一种思潮中，提高科学批判能力和文明交往自觉。

第十一编

八十忆师

编前叙意

人生忆，最忆是父母、老师和朋友。

父母给我生命；老师给我知识并且教我如何做人；朋友伴我终生、交往终生。

其实，父母也是我的老师。祖母也是我的老师，不过不是学校的老师，而是家庭的老师，当然也是最忆之人。我在本书第七编《以诗言教》中已有对祖母的诗教的回忆。

其实，老师不仅是授业之师，许许多多的友人也应在广义的老师和学生行列之中。亦师亦友，亦生亦友，有些是忘年之交。"三人行，必有我师焉。"益友也是良师。只要有心于学，老师遍于古今中外。

人生是学习的一生，所有古今中外的文明成果，都是学之不尽、取之不竭的学习宝藏。活到老，学到老，人生有限，学海无涯。学然后知自己之不足，而学不可以无师。忆师之情，成为人之常情。此情于老弥笃，因有八十忆师一编，为《老学日历（2012）》末章，以结束全书。

在写《老学日历》之初，我回忆自己一生读书、教书、写书、编书的人生历程，最后集中到一个"学"字上。在《老学日历》最后一编中，也仍然只有一个"学"字。人老多忘事，独不忘学习。人而不学，会随时把"人"字写歪甚至写错"人"字。我的学习观是学习、学问、学思，并且是把用脑与动手结合起来，使之互动而成为树人、立人的合力。《老学日历》一书，就是2012年的日学、日知的记录。

275. 忆三位启蒙老师

越是到老年，越感到时光流逝的速度加快。我不知不觉，到了八十一这个岁数，此时，真如梁启超在《少年中国说》中所说："老人常思既往。"也如俗语说，青年想着未来，老年多思过去。

仔细思量，我常思既往的、过去的，是儿时的启蒙老师，在思想之中，不时怀着对他们的感恩与敬意。诗人智钧在《嘤鸣集》中有一首忆启蒙老师的诗："语文算术两相依，满屋寒窗小土几。作业红批千万道，肩扛稚子上天梯。"

这首深情的诗，使我回忆起自己的三位启蒙老师：

第一位是私塾老师安谧中老师。他的名讳被我写入 2010 年 7 月 7 日的《竹扇诗》。这是我面对暑热以自我身心交往为思路写的一首诗。当时一位青年对我的"心静自然凉"颇不以为然，他说，他的心就是静不下来，心急自然热，所以始终也凉不了。我于是用这首六句五言《竹扇诗》相劝：

扇动风送爽，手促脑健康，内外交往顺，人文有力量。身安谧中处，心静自然凉。

诗中的"身安谧中处"，"谧"即安静；"中"是中和，和谐。我用老师的名讳，以"身安谧中处"同下句"心静自然凉"对应身心的良性自我交往，来说服那位性急的青年。他听后，说有点明白，首先要有清凉的风，其次要手脑结合，手挥扇而思考问题，转移热境，最后要心态平和。他听到"安谧中"三字以后，认为自己对"心静自然凉"的心态有新的理解。安老师的名字确有中华文明交往的底蕴，正如他本人的儒雅风度一样。他教我读《三字经》、《百家姓》、《千字文》，又要我背唐诗，《论语》教了一半，我就进入新式初级小学。临别时，他说，《论语》太重要了，可惜你没有学完。不过，不要紧，以后自己学。宋朝有个宰相赵普说过，半部《论语》就可以治天下了，你既入了《论语》之门，登堂入室也可顺理成章了。那段学习，主要是背书，不太懂书的内容，然而靠当时的记忆力，后来还是用上不少，一些名句至今仍可记下来。对那段美好的时光，对安老师"半部论语治天下"的话，使我终生难忘。因为，到老来，我觉得《论语》中的第一个"学"字，即"学而时习之"的"学"就够一生用了。这是我《老学日历》中的主要体悟。

第二位是初小的刘德美老师。他是位注意仪表、讲究卫生的人，每天入学要检查学生个人的清洁卫生，如手指甲剪了没有，甚至耳朵后面、下巴下面脏不脏都要检查。至于作业整洁、大字工整，都是必须的。我从私塾到这个新小学，第一次拿到国文课本，那是一册图文并茂的彩色课本，一下把我吸引住了：第一课课文"小小猫，跳跳跳，小猫跳，小狗叫，小弟弟，哈笑笑"，看图识字，都是生活中的事，多么生动啊！但课文中、教法中也留存有不少在私塾中学习的痕迹。如写大字的影格上，就有如"一去二三里，烟村四五家，亭台六七座，八九十枝花"的识字谣，把一至十的数字都能说、会写、好记。

第三位是高小的杨蔚英老师。他是我在泾阳县三渠口高小上学的国文老师，是他把我引上了爱好文学的道路。他不仅让我读《古文观止》、《唐诗三百首》，还不断对我的作文进行详细的修改讲评。记得我写有一篇《挖荠菜》的习作，被他用红笔圈圈点点，在国文课上朗诵起"荠荠菜，铺麦田"给同学听，使我信心大增，产生了当作家的念头。杨老师是西安来的洋教师，一派新风，朗诵新诗，声情并茂，引人入胜。他讲《卖花姑娘》诗时，对"春寒料峭，女郎窈窕，一声叫破春城早。'春天真早，花儿真好，春光贱卖凭人要！'"一段的朗诵，表达了他怀才不遇的心情。他那深沉的表情，抑扬顿挫的节奏，还有自然配合的手势，至今回忆，犹如眼前。

这三位启蒙老师的风格魅力虽各有特点，但同样感动人。安老师古文修养高，对学生要求极严格；刘老师心细如丝，仪表轩昂，特别要求写好汉字，把写字用的毛笔不叫笔，而尊称为"生活"，把写好字称作"处事门面"，必须写工整；杨老师西装革履，有诗人气质，文才高而爱学生如子女。三位启蒙老师，都是用智慧的肩膀把我这个幼稚的孩童抬上学习的天梯，使我至今感恩不忘。

法国作家塞马·普鲁斯特的《追忆似水年华》的巨著中，回忆了与他有各种交往的几百个人。他是一个有回忆能力的人，他拥有与人交往的丰富文明生活。我只回忆了三位启蒙老师，没有他那样众多，但"大道至简"，我已经感到自己是一个拥有文明交往自觉的幸福的人了。

第 353—354 日　　　　2012 年 12 月 18—19 日　星期二至星期三

276. 忆李止戈老师

我上过三个中学：三原县立初级中学、仪祉农业职业学校和陕西省立三原中学。对我影响较大的也有三位国文老师：山东籍的李一琴、三原籍的张警吾和华县籍的潘子实，是他们激发了我对文学的兴趣。这三位国文老师我在一些文章中已有回忆，这里不再重复。

我在陕西三原高中上学时，教物理课的李老师给我印象也很深。他西装革履，风度翩翩。未讲课前，在黑板上写了以下几个大字："李武，原名李文，字止戈，号斌然。"然后向大家说，这是本人的全部名号，你们应该叫我李老师，但是不要忘记我的这些名号。

接着他讲起这些名号的来源："武者，止戈也。你们看，武字是不是'止'和'戈'合在一起啊！又说：'以戈止戈，止戈为武'，这是武字的本意，这是说，用战争制止战争就是'武'。你们说，我李武这个名字，还是有点学问啊！"

"大家一定会问，你原名李文，为什么又改为李武呢？"他又说："文武是不能分开的。兵书《二阵图》说：'武而不文，不可称雄。'你们知道唐代诗人陈子昂有名诗：'宁知班定远，犹是一书生。'名扬西域的班超，就是文武兼备的嘛！"他讲到这里，话锋一转说："本人出生于江淮之间，那里谓'士'为武，乃文乃武，武不离文，文不离武，文武相伴。本人一介文士也，偏用武为名，于是我又有了'斌然'这个称号。"他说，自己出身书香门第，世代诗礼传家。他要我们尊师敬祖，慎终追远，还用自己的事例来教育我们说，本人第一次作为新女婿到岳父家，在神台前点烛燃香，高声唱道："岳父岳母大人在上，请受小婿一拜。"他认真尊敬的神态化表演，逗得同学哈哈大笑。这笑声中，洋溢着对李老师儒雅风度和文明修养的敬慕。现在回想起来，至今我还留有对他那中西方文明交往中举止谈吐时自如形象的深刻印象。

他是一个有哲学修养的人，专业是物理，却经常说："人不能只懂物理，不知人性。"他讲物理课，还介绍爱因斯坦的为人治学。他讲他的名字的"武"的时候，也不忘记要说"文"，说到战争时，也总要把其破坏性和建设性并提。他讲的许多话现在都记忆不起来了，但"李止戈，号斌然"这个名号中蕴含的文武相济的互相作用的道理，给我留下了既广又深的思考空间。

的确，武力、暴力、战争在人类文明交往的长河中，交叉、重叠、持续演进，"交往"出了"和平"的文化意义来。战争造成大破坏，这是大害，人们要"以戈止戈"，或以文止戈，尽力制止战争，避免战争，以赢得和平。和平是人类文明的希望所在，对话、谈判、协商妥协而达到互利，这是交往自觉的解决分歧、冲突的最佳途径。然而，也要对战争进行历史的、具体的分析，对战争的性质、类型、后果等方面以及各种因素的互动研究，才能得出正确的结论，从而提高人类文明交往的自觉。战争是大害，但它往往是复杂的，不能一概而论。战争又可能促进社会变革，甚至造成"大一统"。战争是有其辩证规律的，是人类文明交往的一个重大历史课题。这就是李老师"以戈止戈"记忆给我研究人类文明交往自觉的提示，促使我在 81 岁的时候，仍然思考记忆中他音容笑貌留下的文化遗留。

这些文化遗留启示之点是：

①文与道。文以载道，文为载体，道为载物。文武之道，在于互为因果。从"武"的止戈和战争而言，《孙子兵法》下面的提法，值得文明自觉问题研究者思考："道者，令民于上同意，可与之死，可与之生，而不危也。"

②在"以戈止戈"的"武力"战争与和平过程中显示出文化的

力量。文化是文明的内涵核心，文明是文化的外层结构。文化有强大的实在性和动态性。文化贯穿着过去、现在和未来。记得有位荷兰哲学家说过："文化"不是一个名词，而是一个动词，其意义在于它的不变中的变和变中的不离其宗。文化作为文明的核心，是文化的性质，虽至柔若水，但直指人的心灵、深入人的文脉而世代传承。其实，"文化"是一个动名复合词，是"文"而"化"之，入目、入耳、入脑，使人口服心服，化为"以戈止戈"的内在动力。

③文化的核心性质。至柔若水的文化，可以水滴石穿，化掉坚冰，穿透钢铁，其原因在于它有多重内涵。文化大体有四重内涵：民族性、时代性、世界性和价值观。文化有政治、经济、精神，特别是意识形态的多重结构。这些内涵和结构在文明交往过程中形成了铸人、聚力、凝魂和制胜的要素，可以化掉交往中各类互动因素而保持自身内在的本质。

④文化的择善和善择。选择始终是文化在内外文明交往中的关键词。在选择中，文化的凝魂意义特别关键。文化之魂是一种内在精神动力。印第安人有一句哲学谚语："别走得太快，等一等灵魂。"这句深刻而形象的谚语，是人类文明交往中的自觉名言。等一等自己的文化之魂，别自发地、情绪化地顺着潮流而走，在与其他文明交往中，要冷静而理性地守住自己文明的本位，而不能"邯郸学步"似的既学不到真本事又失去自身。印第安人这句哲学谚语和我国"邯郸学步"的哲学谚语，都在告诉我们这样一个真理：在文明交往活动的全球化交往中善择而思，在多元化中择善而取，在多样化中辨真而从，在多变中坚守本位；守魂是中心，守正而行。

⑤归结为文化命运与文明自觉。斯宾诺莎在论战争时指出："战争的精华，不是胜利，而在于文化命运的展开。"中国也有"兵者，以武为植，以文为伴"的古话和"武为表，文为里"的说法。这些都是人类文明交往见之于战争问题的具体表述，都是有助于对交往互动规律的理解。戈为我国青铜时代的主要兵器，盛行于殷周，衰落于秦以后，它与"武"相连，引申为战争，如《书·牧誓》所言："称尔戈，比尔干"，称战争为"动干戈"。《后汉书·公孙述传》有"偃武息戈"，即终止战争。以戈止戈的另一说法，是《商君书·画策》中所说的"以

战去战，虽战可也"。此书还有《战法篇》。《司马法·定爵》云："凡战之道，既作其气，因发其政，假之以色，道之以辞，因惧而戒，因欲而事，踏敌制地，以职命之，是谓战法。"战争是政治交往见之于流血冲突的继续形式，是政治集团或国家之间的武装斗争形式。战争中的以戈止戈或以文止戈都孕育着人类文明交往的智慧与谋略，蕴藏着人类文明交往自觉的特点和规律。

⑥回到李止戈老师的故事。他讲到"戈"字时，谈到"以戈止戈"和"以战去战"，还给我们讲到一副以"战"字为题的、没有下联的上联，让我应对。那上联是："张长弓，骑奇马，单戈战尔。"上联是张、骑和繁体字的"戰"字的三个字拆开又相连成一句话，下联也要求与之相应。他接着说："这是个难联，我也没有对上，留到以后慢慢对吧！我再给你们留一幅难联，我们都从长计议地去对吧！"于是又在黑板上写下"月照窗棂，诸葛（格）孔明诸葛亮"的上联。这两副难对的上联，可以说萦绕我脑海几十年。在写这篇短文时，终于有了下述的初步答案：

> 张长弓，骑奇马，单戈战尔。
> 明月明，智日知，合手拿来。
> 月照窗棂，诸葛孔明诸葛亮
> 日晒坐骑，司马温公司马光

上联要求是字对字，难度不小；下联是一个物，一个复姓古人，难度更大。我以"日晒坐骑"，意为无鞍之马被太阳晒热，司（是）马背被晒热，可以温公，又有司马光的司马温公意义以对诸葛孔明，后面司马光又与诸葛亮相对，可以勉强对上。此二联是我对李止戈老师的单戈的回应，也与我的名字中的"智"字相配，又与日"知"的"知物之明"、"知人之明"、"自知之明"的文明之意暗合，真是游戏文字中的一件乐事！李老师在天之灵若有知，也会莞尔一笑的。

第 355—357 日　　　2012 年 12 月 20—22 日　　星期四至星期六

277. 忆陈翰笙老师

我上过三个大学：本科是西北大学历史系，研究生是北京大学历史系，以后又随苏联学者柯切托夫在东北师范大学远东和东南亚史教师进修班学习亚洲史。在北京大学，我的导师是周一良先生。他学贯中西，通晓日、英、俄、梵语，为人谦虚，而且对学生关怀入微。他专门把我们几个研究生领去东语系拜访季羡林、陈玉龙、陈炎诸老师。季羡林老师指导我学印度史，为我修改论文，并和周一良老师共同推荐给《北京大学学报》发表。对北京大学诸位老师，我也有过回忆文章。这里，我想回忆北京大学外的一位老师，他就是陈翰笙老师。

陈翰笙老师是在 2004 年 3 月 30 日于北京逝世的，享年 104 岁。他 1897 年生于江苏无锡，满口江苏口音，到老乡音未改。他早年曾写有印度社会方面的英文专著，也有和薛暮桥、冯和法合编的《解放前的中国农村》（中国展望出版社 1987 年版）。

我在北京大学读亚洲史研究生时，经季羡林老师引见后，我即对陈先生以师事之。他告诉我，1924 年他在北京大学做教授时，是全校最年轻的教授之一。当时教授工资颇高，以 20 世纪 50 年代物价折算，月工资可购买 24 袋面粉。他笑着对我说："当时的教授活到今日身体大都较好。你看我多健壮，这是因为我中青年时代生活优越，不像你现在这样清苦。"

我和陈老师的交往在"文化大革命"以后较多。20 世纪 80 年代，他任商务印书馆出版的《外国历史小丛书》主编。他在约我写小丛书时写信告诉说：小丛书虽小，意义不小，不要轻看它，读者比你的学生要多得多。你是我的学生，应该写两本，选题是《印度革命活动家提拉克》和《阿富汗三次抗英战争》。后来，在审稿时他又反复推敲，从定名到内容，都很严格。好些问题都让我到北京图书馆去查出处，并开了些新书目，让我借来阅读。他最讨厌浮夸的学者，讽刺为"墙头草"、"蛤蟆叫"。

陈老师和季羡林老师都是我升教授职称的推荐者。当时我的教授职称评审是教育部主管的。据齐世荣教授回忆，我的申报材料到评审组时，评委们看陈、季二位老师的意见后，评委们都点头一致通过。大家称赞二老的学术地位与影响，又佩服他们的提携后进的负责精神。后来，陈老师告诉我，他和季老师曾商议过如何写推荐书。他说："我二人有分工，我从世界史方面举荐，季老从印度史专业举荐，因为我是中国社会科学院世界历史研究室主任，后来还为世界史研究所青年人教专业英语。"

陈老师为人随和，不愿做官。据说：周恩来总理曾建议他作外交部副部长，他婉言谢绝。他对"学而优则仕"有新解释，说"优"是指"余力"，有余力、有兴趣、有能力，学人可入仕。我听了这一说法以后，曾问他有无根据。他笑了，并说，"学而优则仕"的前面是"仕而优则学"。先讲"仕"，后讲"学"，两句连在一起，你就知道这个"优"的解释有道理。学人可以当官，读书做官；当官的也要学，都在这"优"字上。其实这个解释朱熹已经说了，我不过是把它讲得更明白，我不愿当官，与能力不够、兴趣不大有关。对"仕而优则学，学而优则仕"的理解，只是加上了我自己的切身体会而已。

记得陈老师去世后，新华社专门发了讣告，但没有举行追悼仪式。他是高龄寿终的。他早年在印度从事社会科学研究，专攻人文地理和经济问题，交游甚广，是一位中印文明交往使者。

第 358—360 日　　　　2012 年 12 月 23—25 日　　星期日至星期二

278. 忆瓦·巴·柯切托夫老师

历史学家们说，历史是由记忆和记录组成的。历史学家们又说，记录、记忆比研究历史更重要，因为它是研究的史料基础。然而，问题是记忆、记录不一定都是准确的。这也是历史研究的困难之点。

记录是对记忆的口头、文字或器物的事实反映。由于它们都是经过人们主观因素的作用，很难做到绝对准确，因此要经过长期、谨慎、细致和具体的分析研究。历史记忆和记录是历史事实，其中包括着思想和行为，总有一些是准确的。这也是历史学家们的信心所在。

以我个人的体会，记得准确的回忆，总是重复性强的、印象深刻的，因而又是一些难忘的事。例如，我对于"1957年5月11日"这一天就忘记不了。这是因为这一天是我在《人民日报》上发表第一篇论文《百年前印度人民起义的历史意义》。那时，我以北京大学历史系亚洲史研究生的身份，参加东北师范大学的"远东和东南亚史教师进修班"学习，跟随苏联莫斯科师范学院的瓦·巴·柯切托夫老师学习亚洲史。这次学习，是周一良老师的安排，是他把我和周清澍、王文定、颜美纯四个研究生送到那里研读。

1954年，新中国成立不久，为了加强对亚洲各国的了解，教育部决定开设"亚洲各国史"课程，北京大学历史系成立了亚洲史教研室，周一良老师任主任。1954年，我在西北大学历史系毕业后，被保送进入北京大学，和该校历史系毕业的周清澍、王文定和中山大学历史系毕业的颜美纯作为研究生一起在周先生门下攻读亚洲史专业。学习一年之后，适逢教育部在长春东北师范大学主办"远东和东南亚史教师进修班"，周先生便把我们四人送到那里跟随苏联专家学习。当时，东北师范大学的校长是成仿吾，历史系系主任是万九河。负责"远东与东南亚史教师进修班"具体工作的是北京师范大学的张云波教授（图书馆馆长）、东北师范大学历史系副主任邹友恒教授（日本史学者）。进修班学员是来自全国各大学（主要为师范院校）的青年教师，总共五十多位，住在长春自由大路的宿舍，上课在南湖区的教学大楼，从1955—1957年跟柯切托夫老师学习达两年之久。和"远东与东南亚史教师进修班"同时，还有一个"世界古代史教师进修班"，我们常在一起活动。参加该班学习的有北京大学的周益天、北京师范大学的刘家和、东北师范大学的崔连仲、复旦大学的李春元等人。

瓦·巴·柯切托夫是治学严谨、认真负责而且非常注意仪表的学者。他每次上课时，都穿着整齐，西装笔挺，领带洁净，皮鞋乌黑发亮，胡须刮得干干净净，头发油光光的。他对不遵守时间的人从不客气地予以批评，说："老师应该是守时的榜样。"他对坐在教室内听课的那些身穿棉大衣，头戴棉帽或长毛绒帽的学员，经常让他们站起来进行提醒，下一次上课时别忘记把大衣帽子挂在教室后面的架子上。他对自己要求也很严格，有一次因市面上交通拥挤而堵车，来迟了十几分钟，一进教室就先检讨，说他以后提前出发，绝不再迟到。他劝我们学好俄语，他也爱学汉语，有一次，长春下大雪，气温下降到零下三十度，他走进教室，脱下手套，没有用"冷"字形容天寒地冻，而是用不熟练的汉语说："哎呀！天气好凉快！"大家都笑了。他不明白，耸耸肩膀问："错了吗？"后来经翻译解释，他才不好意思地说："很抱歉，用词不当，汉语没有学好！"

1957 年 5 月 11 日这天下午，他走进课堂，放下讲义，两手扶着讲桌问："哪位是彭树智同志？"我听后赶快站起来回答了。他显得异常兴奋，笑着对我说："上课之前，应该首先向你祝贺！你在今天《人民日报》第二版上发表了纪念印度 1857 年起义一百周年的纪念论文！中国的《人民日报》和苏联《真理报》一样，都是共产党中央的机关报。能在这里发表文章，是一生的光荣。"我当时并不知道此事，所以感到很突然，但也很高兴，说了声："谢谢老师！这是我发表的第一篇学术论文，我将永远记住老师的鼓励！"柯切托夫老师的师者之心语，对我说来，是终生难忘的。

后来发生了另一件事，加深了我对"5 月 11 日"这个日子的记忆。1957 年在长春东北师范大学教师进修班结业回到北大以后，世界近代史研究生班的齐文颖师姐也对那篇文章持关注态度。她说："5 月 11 日这一天，我看到这天《人民日报》第二版发表了你的文章，在第三版上发表了世界史教研室主任杨人楩先生关于世界史在历史学科地位的文章，这好像过节一样，都在为世界史学科的喜事庆祝。"这件事，更使我印象深刻，正如杨先生在文章中所说，历史学科不能忘记世界史！因为亚洲史也是它的一部分。

还有个日子使我忘记不了，这也和柯切托夫老师有关。这个日子就是"6 月 22 日"。在 1957 年 6 月 22 日，他在上课时大发脾气，这是我看他第一次发那样大的火。这一天他站在讲台上，一开始就显得特别严肃。他向大家提问："请问今天是什么日子？"他看大家没有反应，怕大家不知具体日子，于是又提高嗓门说："今天是 6 月 22 日"，"你们知道 6 月 22 日发生什么大的历史事件?"大家一时还是反应不上来,因而课堂上一片沉寂。他很生气,脸涨得通红,脖子上的青筋都暴起来,气呼呼地说:"1941 年 6 月 22 日,德国法西斯军队发动了侵略战争,给苏联人民带来了历史大灾难。你们学历史,讲中苏友谊,怎么连这样重要的日子都忘了!"幸好有几位东北师兄赶快站起来检讨说,真不应该忘记这个日子,这和 1931 年 9 月 18 日日本法西斯向中国发动侵略占领东北地区一样,应该永远铭记。接着,北京的几位师兄也说 6 月 22 日和 1937 年 7 月 7 日日本法西斯在卢沟桥发动侵略战争一样,我们都不能忘记。柯切托夫老师这才情绪平静下来,请大家都不要忘记 6 月 22 日、7 月 7 日和 9 月 18 日这三个纪念日。他的这种勿忘历史的历史观念,现在看来,是人类文明交往的自觉,至今仍有现实意义。

柯切托夫的教学方式是苏联式的。其安排程序是:讲课(这是主要的)、讨论、答疑、考试、论文。讨论称为"习明纳尔",即课堂讨论,这是西方各国大学中大都有的形式,在老师主持下围绕一个主题进行讨论。我初入北大,去中央高级党校听苏联史学家尼基甫洛夫的世界通史课,他一个人由远古讲到当代,由外国讲到中国,有时还引用诗歌、小说,形象生动。如讲俄国二月革命,竟像节目主持人一样朗诵起高尔基的《海燕之歌》,由诗入史,讲述当时的形势。他讲课的讲义后来由高等教育出版社出版,成为风行一时的名著《世界通史》。他主持的课堂讨论很活跃,不时放出令人思考、引发争论的一些问题,把参加者引入他设计的主题之中,然后由他来做总结。

柯切托夫老师的教学形式和尼基甫洛夫相同,但风格迥异。他不苟言笑,讲课照本宣读,声音有抑扬顿挫的音乐感,并且一开始就布置要讨论的题目。讨论前还要抽查发言提纲。他经常说,课堂讨论的问题,就是学期末考试的题目。苏联式的考试是抽题考试,一个小木箱子就是一个题库。抽到考试题以后,在另外一个房间中准备,再去面试。面试时,翻译和助教陪着他,听完答题后,还要追问。然后,当面给分,有优秀、良好、及格和不及格,用 5 分、4 分、3 分表示前三等,用 2 分表示不及格。进修班的教师年龄差距大,许多人不适应这种考试形式,一被追问,就紧张而忘记准备好的回答提纲。当时是中国学习苏联时期,许多学校也都这么做。后来我回北大向周一良老师说当时这种考试方式带来的紧张气氛时，周老师说："可不是嘛！我考试时也是奉命用此方式，一位女学生拿着抽到的考题，坐在我的对面，好长一会竟说不出一句话来。我启发这位女学生该从哪方面回答，不料女学生已从椅子滑到地上，昏了过去。"周老师说，当时幸好有女助教李可真在场，才把这位女学生扶出去，否则，在这种突如其来的情况下，他真不知道如何是好。这是题外的回忆。

回到题内。有一次课堂讨论，大家都按提纲发言，柯切托夫老师静静听着翻译，有时也发问一两句。有一次，他听着听着，意外的事情发生了。他突然打断了一位同学的发言，要求重复一遍后，竟然严肃认真地说："你讲的是一个原则问题！"原来这位同学是说，八国联军中的俄国军队和其他国家军队一样，侵入北京后烧杀抢掠，可是一个俄国学者却在书中说，俄军士兵如何英勇厮杀，如何勇敢善战，这是不对的。柯切托夫老师认为俄国学者的观点正确，他还引用列宁的话说，沙皇俄国军队的士兵是穿着军装的农民。但是，这位学生不以为然，并且以刚发生的抗美援朝战争为例说，在朝鲜战争场上的美国侵略军人，大多数不也是来自老百姓吗？难道他们在朝鲜枪杀朝鲜人民，也值得美化吗？类似争论，还有一些，结果都以学生受批评而结束。

在讲课方面，柯切托夫注重实际。原来是亚洲史课程，包括东亚、东南亚、南亚、中亚和西亚，时间上也是从古到今的通史。他根据当时的时间和需要，把亚洲史改为重点讲授"远东与东南亚近现代史"，兼及对古代的回顾，并且由东南亚扩展到南亚。这样，从日本到印度的广大亚洲地区的近现代历史成为主要内容。他讲课的特点是从世界近现代史的大视野中叙述这个地区的近现代史，把苏联学者古柏尔等主编的《殖民地保护国新历史》和鲁宾佐夫等主编的《域外东方各国近现代史》综合起来，组成了他讲课的体系。讲课之前都印发讲义，课堂上重点讲而又兼顾系统性。通过两年的讲座，不但为我国亚洲史培养了一批骨干教师，而且当亚洲史课程在全国停止之后，这些人又顺利地转为世界近现代史课程的骨干教师。柯切托夫老师的讲义后来也由高等教育出版社出版，和尼基甫洛夫的《世界通史》一样，成为基本的大学历史教科书。

讲课、讨论之外，柯切托夫老师也带来了"结业论文"这种苏联教学环节。他认为，苏联有学位制，有学位论文，中国没有，因此把教师进修班的论文称为"结业论文"。在学习结束前，每个学员要完成一篇结业论文，再从其中选择一篇进行答辩。结果，我的《1857 年印度民族起义略论》被选中了。他认为，我在印度民族起义研究方面有科研积累，观点、内容、方法都有新意，而且正值印度民族起义一百周年纪念，有现实意义。他认为我论文中对英国学者的批判是对的，其实这是他在审阅初稿的提出的修改意见。他对论文中引用马克思恩格斯当时的论述和苏联学者的观点尤其赞赏。其实，有些参考书和论文是他给我介绍的。他说，你和其他学员不同，他们是教师，你是研究生，应该有学位论文，应该有这方面的训练。苏联的硕士研究生叫副博士，有正规的学位论文。中国没有，我有责任给你补上这一课。对我印象最为深刻的，是他在答辩会上亲切地引用俄罗斯民谚"奶酪好吃，烤一下更好吃"来鼓励我把论文修改好，争取早日发表。后来，论文给周一良老师和季羡林老师审阅后，发表在《北京大学学报》1957 年第 4 期上。

柯切托夫老师虽然很严肃，但仍很有幽默感和生活情趣。有一次，他请我和北京师范学院的姜淑媛、南充师范学院的杨上林、北京师范大学的彭琼熙等人到他家吃饺子。师母是莫斯科建筑公司的工程师，她不会包饺子，又不会用筷子，柯切托夫老师也一样。几次试用筷子失败后，看着掉在桌子上的饺子，他叹息地说："咱们两个都太笨了，学不到中国人的智慧，还是用叉子吃吧！"他听说北京师范大学张云波教授是研究蒙古史的学者，他又说，统治了俄罗斯 240 年的鞑靼蒙古人很有威慑力，俄罗斯人吓唬小孩的话是："别哭了，鞑靼蒙古人来了！"小孩就不敢哭了。我说了陕西关中人用"狼来了"吓唬小孩的事，一说"狼来了"，孩子就停止了哭声。他和师母都听后都会心地笑了。这时，我看到他笑得那样开心。现在看来，那也是一次文明对话啊！

我和柯切托夫老师的交往史过去了半个多世纪，许多情景今日想起仍然历历在目。我上了三个大学：西北大学、北京大学、东北师范大学；我也能回忆起许多外国老师，但最忆是柯切托夫老师。中苏关系变故之后，他杳无音信。前几年，西北大学中东研究所的邵丽英教授去莫斯科师范学院做访问学者，该校正是柯切托夫老师工作的学校，于是我向她讲了柯切托夫老师的情况，特意请她查访一下，可是一无所获，可能是时间太长，变故太多，无法找到，真是太遗憾了。现在我身边的纪念物只有他临别时与进修班的合影和他审阅过的我那本结业论文原稿了。

柯切托夫老师传达给我的是苏联亚洲史和世界史研究的知识成果，尤其是亚洲在世界史地位问题的理论。他介绍了马克思、恩格斯、列宁、斯大林关于东方问题的理论，特别是他根据列宁"亚洲觉醒"的思想，认为 20 世纪是从亚洲复兴开始的世纪。他列举了青年土耳其党人和凯末尔革命、伊朗革命、中国辛亥革命、印度国大党独立运动、印度尼西亚、菲律宾、朝鲜的民族民主运动，作为历史证明。他用列宁的亚洲"反转过来"影响欧洲和"落后的欧洲"、"先进的亚洲"来批判"欧洲中心论"，给我留下了深刻的记忆。我现在思考人类文明交往的互动规律问题，总是想到柯切托夫老师在世界历史方面的理论思维方式。他的音容笑貌，也常常浮现在我的脑际。那一段求学岁月的美好回忆，使我终生难忘。

第 361 日　　　　　　　　　　　　2012 年 12 月 26 日　星期三

279. 忆大学时代的史论之争

20 世纪 50 年代初，我步入西北大学历史系学习。当时的中国通史课程的教学过程始终贯穿着老师们的热烈争论场面。上课有教学大纲，老师讲课只按所分工的时期讲，各抒观点，不受大纲限制。其他中国古代史老师坐在教室后排自由听讲，最后留二十几分钟，让听课老师发表意见。中国古代史教研组也经常讨论学术问题，有时也让学生旁听。听课老师即席评说，往往是针锋相对，你上去讲，我接着反驳，颇有学术自由气氛。

中国古代史讨论最大的问题，是史料与史观之间的关系。围绕这个问题，老师们基本分成两大派。陈登原先生著作等身，如《国史旧闻》、《中国田赋史》、《中国文化史》、《经籍聚散考》、《历史之重演》，等等。他讲中国通史课，也讲史料学课，强调做史料卡片的重要性，尤其倡导史料长编考异的研究方法。他有句治史名言："一天做十张史料卡片，十年可以独步天下。"他强调"先通后专"、"能成通才方能成为真正的专家"。他在历史系威信很高，成为名副其实的"史料派"代表。许兴凯先生不仅有《日本帝国主义与东三省》等著作，也曾是风靡一时的作家。他有多本小说，笔名为"老太婆"，其中《县太爷》就是他以自己为原型写的小说，在《大公报》上连载多日。他还是个业余的相声演员，以讲单口相声闻名于校园。他认为史观比史料更重要，只有史料，是开古董店，不成其为史学。他成为史观派的当然代表。

在两派之外，有许多老师还各持其他不同观点。陈直先生讲中国考古学通论课，研究出土文物，并和古代文献记载相对照，考证其间差异与相同。他发表许多文章，后来成书的《汉书新证》、《史记新证》就是在此基础上的学术成果。但陈直先生的考古实证之言并不为陈登原先生认可。陈登原先生认为考古学提供的材料不可信，并非真正文字意义的史料。二陈之间争论不多，但不乏幽默有趣。陈登原先生居高临下，气势有些逼人。他把自己对考古的偏见化为闹剧。有一次竟用芝麻烧饼在纸上印成拓片，以此嘲弄陈直先生，问此物为何时的化石或文物？但二陈有时也对一些先生在研究古史中间出现的差错共同加以讥笑。还有老师不愿卷入争论，埋头致力于史料与理论互证研究工作。这就是我在本书下一节中提到的冉昭德先生，他对实证方法和生产工具的研究，对宏观问题都有兴趣，且取得不少成绩，这里不多赘述，请看下节。

陈登原先生不是一般的实证史学，他的口头禅是有一分材料说一分话，他在学生作业上常用的批语是"何据？"，"出自何经何典？"他和人辩论总是离不开"让史料将证实谁对谁错"。他认为，傅斯年气魄宏大，勤能博学，在讲史料学课程时，反复讲傅斯年的名言：历史研究第一是比较不同的史料，第二是比较不同的史料，第三还是比较不同的史料。他反对孤证史料，鼓励学生搜集直接、间接和正面、反面、正史野史中不同史料，经考证、辨异之后，把许多正确资料编排起来，写成论文。与正史相对而言，他更看重野史。他经常在课堂上讲：我们南方吴中越中有许多民间史闻，虽旧犹新。他虽强调史料，然而，并不反对理论，在讲课中，曾引用铜钱和钱串子的故事，把史料比作铜钱，钱串子比作理论，只有钱串子贯穿上钱，才称"贯通"。他的最后著作多卷本《国史旧闻》，就是用史料编纂起来，并加上"登原案"的一部陈氏中国通史。

许兴凯先生其实也不反对史料，他只是强调史论比史料更重要。当时的史论，是指唯物史观。他举范文澜的《中国通史简编》，吕振明、侯外庐的著作，特别是郭沫若的《中国古代史研究》等著作，来反驳陈登原先生的轻视历史理论倾向。他指出，以上诸家并未轻视史料，而是按时间、空间顺序排列比较，从史料的表象中抽象史事的结论。许先生是位能言善辩的人，把《中国古代史研究》中的许多史料考证分析得头头是道，质问陈登原先生时也有些咄咄逼人的味道。有一次，陈先生被激怒了，竟然说："郭沫若重理论、重想象，引文经不起查对，真该打屁股呀！"还有一次陈登原先生面对许先生咄咄逼人的质疑，在教研室的讨论会上，争辩得不可开交时，对坐在他身后的支持者、年轻讲师斯维至说："你给我上，给我打这个诡辩者！"这当然是气话，被系主任林冠一先生劝阻了。讨论会常常是不欢而散。下次再开会时，好像没有发生什么事，大家按自己的想法重新发言，这使我们参加旁听的学生，兴趣盎然。

其实，史料派和史观派之间的争论持续时间并不长，而且双方并非完全水火不相容，有时还很宽容。争归争，有时面红耳赤，但会后仍有说有笑，都仍旧按自己的路径进行研究工作。冉昭德先生书房中的条幅"走自己的路，让人们去说吧"，可以说是当时历史系老师学术交往情形的写照。

这些争论对学生的影响是很大的。尽管众说纷纭，莫衷一是，但眼界大为开阔，思路多有启发。陈登原先生成为学生的偶像，研究史料成为风气。有的学生的说话、动作也模仿他。陈先生后脖上有块顽癣，说话时总先抓几下。一位学生也如法炮制，尽管他没有顽癣，但说话时仍抓抓自己的后脖子。更有许多人去认真阅读当时几位马克思主义史学家的著作，并且互相讨论。这次史论之争中，我的收获是：论从史出、史论结合。有的老师提出以论带史，那是先有结论后找史料，是不可取的。我的收获后来形成了史学三要素（即史实为基、史论为魂、史趣为形），其起源在此。

第 362 日   <u>2012 年 12 月 27 日   星期四</u>

280. "历史学家茶座"的茶话

今天读《历史学家茶座》第 26 辑。这是我第一次到这个"茶座""饮茶"。

此次"茶话"是源于该刊的"学坛述往"一栏中杨倩如写的《冉昭德先生的为人与治学——彭树智先生访谈录》。这是去年我回西安在悠得斋接待的一次学术访谈。

"茶座"有两个特别"茗位"留给我①访谈录用楷体字排印；②摘录访谈录下述一段话于封底外页："据我所知，在'文化大革命'中'惨死'的史学家之中，翦伯赞、吴晗等先生的悲剧固然是令人非常同情的，但他们的死与上层政治斗争有关；而冉先生却是一位无辜而又纯粹的学者，他衷心拥护党的领导，坚定地信仰马列主义，一生致力于教书育人和学术研究，却遭到这样的厄运，真是非常悲惨又不公正的！"

其实，"茶座"如果再给我"茗位"，我更想摘录访谈录下面一段话："现在做历史研究，必须提高学术自觉性，最重要的就是静下心来，坚定地走自己的路，尊重历史经验和学术发展自身的规律，不要盲目，不要发烧，不要赶风潮。""茶座"是学者之座。有人把学者分为君子、才子、伪学者三种类型。我最讨厌那种才艺表演、推销叫卖的追风派学者，人们只能看到他们在风中栽落。

当然，"茶座"的"卷首语"是"问题意识缺席：当前史界困局"，讲得很对，这是一杯值得品味的浓茶，也是整个中国人文社会科学界的困局。问题意识是学术上最重要的人类文明自觉意识。学术上的独立思想、自主见解，都是由问题的发现、提出、分析、解决的环环相扣中得出的。问题意识缺位，是学界病态。对此，我有"九何而问"的思考，就是旨在让问题回到研究的日程上来。不要人云亦云，不要亦步亦趋，要独立思考，要自己创新创造，困局方能打开。"茶座"饮茶，使人清醒，令人深思，促人自觉。

现将访谈全文附后，谨供参考。

冉昭德先生的为人与治学

——彭树智先生访谈录

杨倩如

杨倩如（下面简称为杨）：彭老师，请介绍一下您与冉昭德先生的交往情况，并谈谈您对冉先生为人、治学的印象。

彭树智（下面简称为彭）：我是 1950 年考入西北大学历史系的，从那时起到冉先生去世的 1969 年，除了中间有三年时间去北京大学读研究生，我跟冉先生相识、相交的时间长达十六年。师生之情是人与人之间交往中最文明、最美好的情感之一，笃学重教自良师，冉先生对我的教育、培养、提携和帮助，是令我终生难忘的。

上大学时虽然我只听过冉先生一年的课，但却留下了深刻的印象。冉先生教过我两门课：一是必修课"中国通史"，他负责秦汉史部分；二是选修课"历史文选"，他讲解《前汉书》与《后汉书》。说起冉先生的为人与治学，我的总体感受有三条：

第一是他治学勤奋、厚积薄发。冉先生在学术上素以勤奋、刻苦闻名，他是个典型的"敏于行而讷于言"的人，著作数量虽不算很多，但许多文章达到了高水平，至今仍具有较高的学术价值。

第二是他讲课不仅有史料，而且讲解系统、有思想，令人耳目一新。冉先生是新中国成立初期西北大学历史系第一位在科研与教学中，自觉将唯物史观与历史研究结合、运用的学者。当时历史系的一些老教授之间派系斗争严重，冉先生的做法遭到了一些人的冷嘲热讽，但他丝毫不以为忤，仍然热情地鼓励青年教师和学生学习马列著作，并身体力行，在自己的研究中自觉运用马列主义的科学理论。记得我第一次去他家，赫然发现墙上挂着一幅冉先生手书的《资本论·序言》中的格言："走自己路，让人们去说吧！——马克思。"当时还是学生的我，冒昧地向他指出，这句话不是马克思本人说的，而是马克思引自意大利佛罗伦萨著名诗人但丁的名著《神曲·炼狱》篇第五首歌中的一句话，作为自己治学的格言。冉先生听了非但没有生气，反而对我读过马克思的著作感到很高兴。这句话从此也被我当作自己的治学格言而受益终生。我把它总结为"专心致志",即坚定地走自己的路,锲而不舍,自有公论。在我最新出版的《中东史》(人民出版社 2010 年版)一书中,我还在后记中将"专心致志"这一条,作为自己的五点"治史理念"中的第一点提出来——这就是我从冉先生身上所学习、继承到的宝贵思想遗产。

冉先生给我留下的第三个深刻印象就是为人直率、纯朴、真诚。他幼时曾因模仿他人结巴而留下了口吃的毛病,因此给他的教学造成了很大困难,但他凭着顽强的毅力,努力克服、矫正。记得那时上课做笔记,每逢他口吃的时候,我听得着急,就在笔记本上画一个圈。有一次他问我,到底画了多少个圈,我担心他责备,紧张得不知如何回答。他却说,希望我今后上课要继续画圈,并且每节课后要统计一共画了多少个圈,然后告诉他,以此检验他矫正口吃的毛病是否有所改进。看见他的态度如此真诚,我建议他今后上课尽量少讲、多写、边写边讲,此后,冉先生上课时口吃的毛病果然矫正了很多。口吃本是一些人生理上的毛病,最多算是生活中的一点障碍,既算不上什么身体上的致命缺陷,也算不上什么性格上的严重缺点,但冉先生却能以如此诚恳、坦率的态度来面对自己的这点瑕疵,认真地加以克服、纠正,并请求学生给予监督和帮助,这是我平生所见的真正能够做到"闻过则喜"的第一人。

杨:请您谈谈对冉先生所从事的秦汉史与古代史研究的认识,并就其对西北大学秦汉史研究所作的贡献做出评价。

彭:在我进入西北大学之时,也就是 20 世纪 50 年代初期,在历史系的教师中,冉先生是唯一专门研究秦汉史的专家(陈直先生当时还只是文物陈列室的一个工作人员,主要是研究考古学),他的水平与成就在当时国内秦汉史学界是位居前列的。1954—1957 年,我在北京大学读研究生期间,历史系系主任翦伯赞先生知道我来自西北大学,有一次特意将我留下来谈话。他说,你们西北大学历史系是藏龙卧虎之地。他非常推崇陈登原、马长寿、冉昭德等一批知名专家的学术水平,对于冉先生运用唯物史观进行历史研究的做法给予了高度肯定,并预言,以陈直先生的功底,日后一定会取得重大成就。当时我还不知道翦伯赞先生与冉昭德先生在十几年前就有一段文字之交。直到今天看到杨倩如同志收集的《冉昭德文集》目录，才知道冉先生还有《评吕、翦两先生的〈秦汉史〉》和《评翦伯赞著〈中国史纲〉第二册》，分别发表在《中央日报》1948年的1月8日和29日。

　　我的记忆中，冉先生在给我们讲解"中国通史"秦汉史部分时，曾提到过一篇他所写的关于水磨的文章，对我启发很大。记得有一次课后我向他提出，在我的家乡（陕西省泾阳县），人们将石磨叫作"硙"（读 wéi，四声）子，把磨面叫作"硙面"。我还说，我的祖父是石匠，是锻"硙子"的手工匠人。冉先生听后非常高兴地问我，是否知道"硙"字怎么写，他还告诉我磨在南方叫作"碓"（读 duì，四声）。他进一步启发我说，石磨虽小，却有大学问，做历史研究要以小见大，从远处着眼、近处着手。虽然我后来从事的是世界史而非秦汉史研究，但冉先生这种从微观入手、将宏观与微观结合起来的研究方法，却使我受益终生。我体会到，这种理论方法是普遍适用于人文社会科学研究的。

　　1954年我毕业后，不再有机会听冉先生的课，跟他接触一般都是在开学术会议的时候。有一次在会上，听他讲到自己在学习《资本论》过程中对马克思对于水磨的发明推动社会生产力发展的论述中所产生的感想，提出要将自己关于水磨的研究写成一部书，当时我感到很兴奋，一直期待着这部著作的问世。遗憾的是，他的这一设想后来未能实现。

　　杨：关于20世纪50—60年代冉先生在《汉书》研究方面所作出的贡献，请谈谈您的看法。

　　彭：冉先生学术研究的一个突出成果，就是在《汉书》研究上的重大贡献。首先是标点《汉书》的工作，那是包括冉先生在内的西北大学历史系众多师生充分发扬集体协作精神的成果。其次是主编《汉书选》。我知道的情况是，当时冉先生与陈直先生合编《汉书选》，冉先生充分肯定了班固的思想、史学观及其在史学史上的地位，在全书布局、选材和思想内容的总体把握方面发挥了主导作用；陈直先生则提供了大量考古方面的材料，对《汉书选》正文进行了校正与选择。该书出版后，受到了一致好评，翦伯赞先生曾盛赞二位先生的合作是《汉书》研究的"双璧"。

　　再次是他对班固历史观、史学思想和《汉书》成就的肯定。记得冉先生当年给我们上课时，曾反复强调要重视《汉书》的历史地位。当时我曾直率地提出自己更推崇司马迁"究天人之际，通古今之变，成一家之言"的崇高地位，对于班固的才华与成就则认为稍逊一筹。冉先生首先肯定了我的观点，但同时提醒我不要失于偏颇。他说，司马迁、班固都是史学与文学上的奇才，二人如日月同辉、各有千秋：司马迁走在前，是先行者、开创者；班固走在后，是后起者、继承者。当时研读《史记》、《汉书》中的文章，我提出司马迁的文采高于班固。冉先生说我的感觉是对的，司马迁是文、史、哲兼通的全才，而班固的贡献则是使历史编纂学回归历史本体，是促使文史分途的史学家。那时我们去冉先生家里，经常会谈到有关《史记》、《汉书》比较研究的问题。冉先生指出，班固在《汉书》中袭用《史记》，并不是全盘照抄司马迁，而是融入了自己的思想。虽然他是以史官的身份"奉诏修史"，《汉书》又带有很大程度的官修正史意味，但总体而言，班固还是做到了直书实录，这在封建时代是难能可贵的。他还建议我去读一读范文澜先生的《中国通史简编》，说自己在《汉书》中发现了大量朴素唯物主义的思想。由此可见，冉先生研究《汉书》不是一般的泛泛而谈，而是从中看到了班固的历史观与思想价值，这无论在当时，还是现在，都是很有意义的。

后来，我每思及司马迁与班固时，总想起"屈艳班香"的成语，那是说班固文辞的华美如屈原。仔细想来，班文不仅朴实，而且并不乏文采。唐代杜牧《冬至日寄小侄阿宜诗》有"高摘屈宋艳，浓薰班马香"之句，这里说的是班固与司马迁二家是齐名于文坛之上的。文学史上，还有班固的《两都赋》与张衡的《二京赋》齐名，即所谓"班张"。宋代倪思著有《班马异同》，考《史记》与《汉书》辞句异同。总之，司马迁与班固都是文辞优美的大文史学家，正如《晋书·陈寿论》中所说："丘明既末，班马迭兴。"

通过冉先生的指导，结合自己多年以来的思考，我以为，治史有三大要素：一是史料，即史实，此为基础；二是史观，即史论，此为治史之灵魂；三是史趣，此为史学的形式与表象，从中可反映出史学的美感。三者是相互结合、彼此促进的统一整体，在这一点上，司马迁的贡献固然是非常突出的，但班固的成就也毫不逊色，他在史学与文学上的才能是非常杰出的，他为文朴实精练，文史结合，特色鲜明——这是我在得到冉先生启发之后，多年以来学习、思考的结果。

最后一点，在学术上，冉先生确实做到了如他自己最推崇的那句名言所说的"走自己的路，让人们去说吧"——这一点无论是在坚持运用马列主义科学理论进行历史研究方面，还是在坚持以历史主义、唯物主义的态度进行班固的历史观和《汉书》研究方面，都体现得非常突出。20世纪60年代前、中期，由于他坚持为班固和《汉书》正名，受到了一些人超越学术的、在政治方面上纲上线的批判。这虽然是当时席卷全国的错误思潮所致，但不同的人在新中国成立后一系列的政治运动中的个人品德表现却大不相同。冉先生后来在"文化大革命"中受到迫害，虽然直接原因不是由《汉书》研究所引起的，但当时他确实也遭受到了来自多方面的、不公正的指责。一个坚定地信仰马列主义、唯物史观的人，居然被指斥为"反对马克思主义"，真是荒谬绝伦而又令人痛心的。

杨：您能否谈谈冉先生在"文化大革命"中受到冲击并最终被迫害致死的情况？

彭：从20世纪60年代初开始，冉先生的厄运就不断而来：先是因为发表《汉书》研究的一系列文章而遭到不公正的批判，后又因为家族中一些成员的牵连而遭到迫害。冉先生当时作为学术上的"牛鬼蛇神"而遭到批斗，我虽然没有参加过批斗会，但听说他在"牛棚"中受到了非人的摧残。在身患重病的情况下，他每天都得"早请示、晚汇报"，背"老三篇"，还要从事沉重的体力劳动和没完没了的请罪。他生性直率，少言寡语，加之严重口吃，为此经常遭到非人的拷打和体罚。"文化大革命"是人性中"恶"的大释放，很多人变得简直都不像人样了。有一次，冉先生在长时间弯腰挨斗之后，实在站不住了，想要坐下来休息一下，一个批斗他的学生居然拿着一根拐棍捅入他的身体，他当时就受了严重的内伤，从此一病不起、无法翻身，此后没多久就过世了。

冉先生早年曾经写过一篇文章《〈文选〉中惨死的作家》，历数了两汉至魏晋南北朝时期死于非命的文人、学者悲惨的命运。历史常和人们开玩笑，历史似乎也跟他开了一个玩笑，他在写《〈文选〉中惨死的作家》一文的时候，肯定不会想到，自己竟然成为"文化大革命"中众多惨死的史学家中的一位。据我所知，在"文化大革命"中"惨死"的史学家之中，翦伯赞、吴晗等先生的悲剧固然是非常令人同情的，但他们的死与上层的政治斗争有关；而冉先生却是一位无辜而又纯粹的学者，他衷心拥护党的领导，坚定地信仰马列主义，一生致力于教书育人和学术研究，却遭遇到这样的厄运，真是非常悲惨、残酷又不公正的！

冉先生一生以诚待人，给我留下的最深刻的印象就是真诚、宽容，即便是对于那些迫害过他的人，他也报以宽容之心不予计较。记得当时折磨过冉先生的学生曾经受到审查，冉先生明明知道是谁干的，却什么都没说。后来听说那个学生回到家乡后，成为当地造反派的头目，后因参与"打砸抢"被判了刑。冉先生一生坚定地信仰马列主义，即使在"文化大革命"受到批斗时仍不改初衷。记得有一次我在"牛棚"之外偶然遇见他，他对我说，自己至今仍是坚信马列主义的。对于一个人、一个学者而言，这真是难能可贵的品质。特别是在当今商品经济的时代，学术界的一些人成为追求商业利益最大化的"伪大师"、"伪学者"，想想冉先生的为人、处世，实在是应该感到惭愧而汗颜的！

"文化大革命"结束后，学校为冉先生召开了平反昭雪会，当时我也列席了。记得冉先生的子女们因为在运动中受到牵连，都坐在会场一角默不作声，只有他的儿子站起来，简单地说了几句感谢党和毛主席的话。会上一些领导和许多经历了"文化大革命"冲击的老教授们都对冉先生的遭遇表示同情，并充分肯定冉先生的贡献，说明他的被迫害纯粹是无辜地受了冤枉，他的品行和历史完全是清白的。当时我的心情非常难过：既为冉先生的惨死而痛心，又为他去世太早、满腹才学没能充分发挥出来而感到惋惜。试想，如果冉先生不是在他的学术高峰期遭到迫害而含恨早逝，如果上天能够多给他十年、二十年的时间，我坚信，西北大学历史系的秦汉史研究，一定会出现冉、陈"双璧"齐辉的局面；不仅西北大学的秦汉史，甚至全国的秦汉史研究水平，都会因此而增光添彩，他一定会有更多、更高水平的学术成果——想来真是太遗憾、太可惜了！

杨：目前冉先生的文集正在整理、编辑之中，计划作为"长安学丛书"的一卷出版。作为西大历史系和文博学院的老领导，针对当前的学科建设，能否谈谈我们现在研究、纪念冉昭德先生的意义？

彭：对于正在构建的"长安学"，我了解不多，不便多说什么，只能说在陕西进行秦汉史研究，有基础、有积累，主、客观条件都很好。当前我们可以利用构建"长安学"学科的有利条件，多出版一些能够真正代表陕西学术水平的优秀学者的著作，为秦汉史长时段的研究奠定更厚更深的学术准备。如果冉先生的著作能够列入其中，是理所当然的，也是非常好的事，这对于我们的历史学科建设与学术研究都是有益的，是一项功在当代、利在后世的工作。

个人认为，对于冉先生的研究与评价，应该与当时的时代背景和学术发展状况结合起来，从学术史上确定他的地位。在我入学的50年代初期，冉先生是当时国内杰出的秦汉史研究专家之一，我们应该认真研究他的存世不多的著作，将其作为一份宝贵的思想遗产继承并发扬光大。总体而言，冉先生在秦汉史研究方面的贡献长期以来被学界忽视了。我自己在做陕西历史学会会长的时候，曾主编过《陕西历史学年鉴》，其中四次提到了冉先生的贡献，并提出陕西应该以周秦汉唐历史和考古学作为学术研究重点。但当时我们肯定冉先生的基调还是比较低的，主要是为了突出陈直先生，现在想来对于冉先生的研究非常不够，应该更加重视他的贡献，给予学术史上应有的地位。冉先生在秦汉史研究中的学术地位应予以重新评价，他的成果与功绩不应被遗忘和忽略。如果我重新编写《陕西历史学年鉴》的话，一定要对此加上重重的一笔。

最后，值得一提的是，在我担任西北大学历史系主任和文博学院院长的时候，曾提出了"八字方针"作为我们学风建设的学训，"勤奋、严谨、求实、创新"，后来又加了"协作"两字，成为"十字方针"。这是从包括冉先生在内的几代西大学人的奋斗历程与精神实质中概括、总结出来的，也可以视为冉先生一生为人、治学的总体评价。这十个字对于我们而言是受益终生的。我向来以为，个人的学术生命只有融入集体智慧之中，才能够发挥不仅是加法而且是乘法的作用。我们绝对不能遗忘过去，而是要将前人的优秀成果一代一代地继承、发扬下去，学术就是这样一代代薪火相传而传承于无穷的。我们今天的工作都是在继承前人的基础上发展起来的，现在做历史研究，必须提高学术自觉性，最重要的就是静下心来，坚定地走自己的路，尊重历史经验和学术发展自身的规律，不要盲目，不要发烧，不要追赶风潮。今天的我们，应该将冉昭德先生等老一辈史学家的优秀传统发扬光大，在新的历史时期重现辉煌。这是几代人的努力，更是几代人的理想，让我们共同努力。

（原载《历史学家茶座》总第 26 辑）

第 363 日   <u>2012 年 12 月 28 日　星期五</u>

281. 真正的友爱

写完忆师，又想写忆友，但友太多，没有时间了，只好泛谈一下友爱，附在忆师之后。

人性之中，有各种爱。友爱便是其中之一。友爱是人类文明交往中人与人之间交往产生的良性情感。

亚里士多德在《尼可马可里伦理学》中，对"真正的友爱"作了如下的定义："好人之间的友爱是真正的友爱。"他把"真正的友爱"的前提条件限定在"好人之间"。这就是说，不但"坏人之间"不是真正的友爱，而且，那种缺乏道德的"酒肉朋友"，那种忘恩负义、恩将仇报的坏人与好人之间也不会有"真正的友爱"。我想孔子在《论语》开头所讲的"有朋自远方来，不亦乐乎"，必定是这类"好人之间的友爱"。否则，他也是乐不起来的。

好人，首先是一个有道德的人。这是人之为人的本质内涵。感恩、真诚、善良、美好，这是人性中的道德良知、良心。人而无德、无信不立。人而无伦理道德、不信守道德律，在人与人之间、在自我身心之间的交往中，失去道德操守、丧失良知、放纵欲望，那就是失去文明而走向野蛮，与动物无异。这就是人始终难以摆脱动物的兽性的根源，因为人类是从动物中分化出来的高级动物，动物本能的兽性，始终潜在地伴随着人类。要摆脱兽性，有三道防线：一是自然律，二是社会律，三是道德律。好人就生活在这三律的自觉认识和践行之中，真正的友爱就产生在其中。

好人与好人之间的交往互动中所产生的友爱，是真正的友爱。所以，人们观察人的方法，常常先观察他交往的朋友。这就有了达朗贝尔在《孟德斯鸠庭长颂词》中的话："观其友便知其人。"这就有了卢梭在《致达朗贝尔的信》中所说的"在人类当中，最坏的是那种喜欢自我孤立的人。他把他心中所有的感情全部用于自己；而最好的人则把他心中的感情与他的同胞分享。"极端自私的人，其结果是丢失了人性中的良知，因而就不称其为人了。这也就更有了梁漱溟晚年对中华文明中"良心"的颂扬："'不欠钱粮不怕官，不昧良心不怕天'这个话我觉得很了不起……这样一个社会啊，只有中国社会有啊，外国没有这个社会。所以，'良心'这个东西，你越向外看、向外去找，越没有。"做一个善良的人，对自己保持良心的坚定与平静，对别人信守良知和谦逊，于生活细微处，履行生命与爱的义务，这就是好人之间的真正的友爱。

第 364 日　　　　　　　　　　　2012 年 12 月 29 日　星期六

282. 自白

现在该写自己了。

我觉得中国学界最需要的是独立思考和创造，是建立在实证基础上的自得之见、自为之说。我书路一生为此勤学而行之、精思而得之、敬业以守之、诗意而栖之、低调而为之。

我为人类文明问题思考，我在人类文明交往研究领域中耕耘，我献身于人类文明交往的自觉化事业。

我为世界历史问题思索，我在中东历史园地劳动，我的思维是历史、现实和理论相结合的综合思维。

人类史和自然史，世界史或全球史，文明史进而深入到文明交往史，都聚焦于一个思想理论的自觉点：人类文明交往的互动规律。大历史、全人类的广阔视野下的各种文明之间的共存并进潮流，正在曲折前行。先进与后进、强势与弱势，正在变化、转化之中。21 世纪最初这十几年发展进程中，人类文明交往的互动态势，已经显露出人类社会历史大变动的端倪。

老一辈社会学家费孝通晚年曾有"美己之美，美人之美，美美与共，天下大同"的人类文明前景的 16 字教言。英国金融史学家尼尔·弗格森也在近著《文明》中，从东西方文明、世界权力和秩序的深刻变化角度，讨论人类文明发展的模式。此书已有中信出版社的中译本。文明的确成为全球性的大课题。我面对现实的冲突与和解交往，仍然沿着"知物之明，知人之明，自知之明，交往自觉，全球文明"的 20 字方向探索。

我经常思考的一件事，就是每当自己心头上总有为人类文明交往前途的那份责任的时候，尽责的担当就是积极、坚定和充满感情与理想相统一的自觉行动。我有"尽责、尽力、尽心"的三知足箴言，又有"学习、学问、学思"的三不足铭语。知足与知不足的思想双轮，在有力地推动着我的头脑与双手、思考与写作的互动前行。我在散步的行进中仰俯观察，也在书斋静坐中阅读和书写，我自信自己才思犹未尽，仍能如春蚕吐丝谱新卷。我虽年老但力未衰，一如冉冉的烛光，点燃着人类文明新自觉的希望。

文明交往的自觉是个人与群体的使命担当和意义自觉，是全人类文明化的当代使命和历史自觉。文明交往的自觉是一代代人的社会责任。人生是为人类全面自由发展的大事业而来，我的自白所表达的是我的人类文明交往发展观。

第 365—366 日　　　　　　2012 年 12 月 30—31 日星期一

283. 跋：光明和文明交往

法国作家罗曼·罗兰在《约翰·克里斯朵夫》一书扉页上，写了下述的题记：

"真正的光明，绝不是没有黑暗的时代，只是永不被黑暗所淹没罢了；真正的英雄，绝不是没有卑下的情操，只是永不被卑下的情操所屈服罢了。"

我信膺他的话，并且顺着他的话，在《老学日历（2012）》的最后一页，用光明来言说人类的文明交往自觉：

"真正的文明交往自觉，绝不是说没有野蛮交恶，只是说人类能用大智慧进行良性互动，并以持续不懈的毅力去克服野蛮交恶；真正的文明交往自觉，绝不是说没有贫困愚昧，只是说人类能坚定不移地通过摆脱物质和精神枷锁去解放思想，以脱贫去愚。"

有句当代中国歌词说："阳光总在风雨后"。风雨之后，晴空万里的艳阳光芒，在蓝天白云的映衬下，显得分外光明。清代散文家姚鼐在《登泰山记》中描绘岱顶日出的华彩，也犹如俄国高尔基《在人间》里叙写他看到太阳"从树林后面升起、在林子上空燃起火焰的情景"；还很像英国作家哈代在《德伯家的苔丝》中描写的初升的太阳："简直是一个活东西，有金黄的头发，有和蔼的目光。"那是经过了漫漫黑夜之后的太阳，如充满盎然生机，如火如荼，一派光明。《诗经·周颂》有言："日就月将，学有辑熙于光明"。文明如太阳，因多彩亮丽之光而文明，而普照全球。

然而，仅有阳光是不够的。法国作家罗曼·罗兰说过："要有光，太阳的光是不够的，必须有心的光明。"俄国作家陀思妥耶夫斯基从另一个侧面讲过另一番话："黑暗也是一种真理。"是啊，只要不是盲人，人人都可以看到光明。即使失明的人，只要有文明交往自觉，他的心中也有明镜般的澄明清澈。只有心中有光明自觉的人，才能看到没有光明的黑暗角落。罗曼·罗兰和陀思妥耶夫斯基所讲的"心"的光明和"真理"就是人性的良知和复杂都表现在黑暗之中的最强烈的人类文明自觉之光。让文明交往自觉之光照亮人类社会历史的前进道路！

我的文明观就是人类文明交往自觉的发展观。这种发展观是在发展、在变动、在互动中观察人类文明交往的规律。人类总在互动中加深理解，总有一天人类会共同拥有一个共同的东方、西方、南方、北方的和睦世界。人类文明交往的路径会回答这一切，我们应积极主动地迈开双腿，用坚强的脚板，走好自己的路。

这就是 81 岁的我对 2012 年的告别词和 2013 年的祝福词，也作为本书的跋语。

时间过得真快，从快速的时间进程中，我悟出了一个道理，这就是坚持不懈。《老学日历（2012）》记录着坚持不懈。数学界有两个对比的公式：一个是 0.99 的 365 次方小于 0.03；另一个是 1.01 的 365 次方却接近 37.8。这个 1.01 和 0.99 相比只差 0.01，然而，经过 365 次连续相互作用之后，其结果却大不相同。2012 年的 366 日过去了，回想我每日千把字或几千字，一年积累下来，竟然有 50 余万字之多！这是薄积而厚成。在学习的道路上同样如此，每日坚持前进一小步，就会实现整个人生一大步。成功贵在每日的坚持不懈。《老学日历（2012）》证明了这一切。

再见了，难忘的 2012 年！一个 81 岁的老人，走完了 2012 年的每一天。时间到哪里去了？都在这本《老学日历（2012）》之中。我用头脑思考、用手书写这每一天，不为别的，只是为对 2013 年的一份文明献礼！我记住德国哲学家费希特在《学者的使命》中的话："每个人都必须真正运用自己的文化来造福社会。"

卷末附录

附录一

《烛照文明集》
"老而好学，如炳烛之明"的按语[①]

序

据刘向《说苑·建本》载："晋平公问于师旷：'吾年七十，故学恐已暮矣'。……师旷曰："……臣闻之，少而好学，如日出之阳；壮而好学，如日中之光；老而好学，如炳烛之明，孰与昧行乎？"

这是一句终身学习的精神名言。对此作四条按语，以序《烛照文明集》。

按一：此书最初出于我对陆游诗词的爱好，得知他老而仍好学不已，著有《老学庵笔记》十卷，又有《续记》二卷，内容包括轶文旧典和当代史实诸方面。他的"老学庵"的书斋名，即取自师旷的"老而好学，如炳烛之明"的典故。

陆游是位勤奋的笔耕者。他有近万首诗作，内容清新，气势浩然，诗情真挚，尤其是政治诗词，洋溢着爱国热忱，关心人民疾苦和国家安危。他还有传世的《渭南文集》、《南唐书》、《入蜀记》等。他的诗文独树一帜，成为南宋大家。他是中国古代努力以正统科举仕途方式来实现人生理想的文人。然而仕途不顺，力主抗金以统一国家而遭秦桧迫害而壮志未酬。他与唐婉的爱情悲剧和不幸的婚姻令其悔恨终生。他的悲情命运是一位在历史时代被侮辱与被损害的文人的苦难命运。陆游老年留下的既不是"楼船雪夜瓜洲渡，铁马秋风大散关，塞上长城空自许，镜中衰颜已先斑"，也不是八十重游沈园的尘满面、鬓如霜所见的桥下绿波中荡漾的爱情云烟，而是撩拨人们心弦的《示儿》中"死去原知万事空，但悲不见九州同，王师北定中原日，家祭毋忘告乃翁"的诗

---

① 按语，见《汉书·贾谊传》："验之往古，按之当今之务。"按，有审查、复验的本意，而按语是为表明作者的观点。按语，是一种文体，我用此代序，旨在述己之思，以开启烛照文明之心，抒发老人关注人类文明之志。

句和《老学庵笔记》所显示的追求真知的好学精神。

陆游所践行的好学精神，出自师旷这位春秋晋国乐师，其事迹散见于《逸周书》、《左传》、《国语》。师旷生而盲，善辨乐声。《孟子·离娄上》："师旷之听，不以六律，不能正五音。"晋平公与师旷之间的关于学习问题的问谈录，是王者同乐师的对话，颇有劝学的意味。七十虽老，但学习并不晚，贵在"好"学，"好"为 hào 音，是"爱好"之意。学的意境有三：一曰爱，喜爱学；二曰好，有趣于学；三曰乐学，以学为乐。师旷取其中，用以劝学，让晋平公年老有可以行动起来学习，以达"炳烛之明"的知己、知人、知物之明。可以说是智者文明自觉之言。

这是一个治学的主题，也是一个人生的自我身心交往的文明自觉和终身学习的主题。它把中国的"活到老，学到老"谚语形象化了。它把人生的学习、爱好、兴趣、乐趣与大自然中的阳、光、明相辉映，物我合一，融为整体；而且客观地承认了人生自然年龄段的少、壮、老差异，在生理之变中，坚持了行动中"好学"之主旨不变，可谓治学有道的箴言。

按二：好学，因年龄不同而要具体对待。少年、壮年、老年既有不同要求，又有相同的好学追求。"孰与昧行乎?"的"昧"，即昏，即糊涂，也就是不知，不明白，即在践行中要有清醒头脑。无论何时，在好学的实践之路上，要有自觉性，即自知之明。到了老年，学习并不晚。"炳烛"，也就是秉烛，虽如烛的弱光微热仍要烛照人生，学习上仍要量力而行，自强不息，喻老而不懈怠。在学习实践上仍要有"自知之明"。烛有多义，可理解为火炬，也可与蜡烛连用。此处为后者，表示老年如蜡烛之弱光，以对应少年、壮年日光之强。此为自我身心的生理机能，是不可违抗的自然规律。这是自然之明的炳烛之明的第一"明"，好学宜量力而行。炳烛①可理解为好学不倦的心态，但不能夜以继日那样奋力，学习主动性，面对老龄规律性，仅因年龄制宜的勤勉而已。

---

① 清代学人陆锡熊的《炳烛偶钞》、江藩的《炳烛斋杂著》都取意于此。还有钱大昕弟子李庚芸的《炳烛篇》。清代学者们此种治学精神，我可望而不可即，这也是自知之明。

按三：《烛照文明集》的书名缘由。炳烛的"烛"，用于动词，为照。《庄子·天道》："水静则明，烛须眉。"烛，又可转义而为"洞悉"，或者"明察"，《庄子》此篇也有"智术之士，必远见而明，不明察而不能烛私。"也有"烛察"之说：《韩非子·孤愤》的"烛察其臣"；《管子·版法解》的"烛临万族而事之"，就指此而言。我以"烛照文明"命名本文集的"烛照"，主要是来自韩愈，他在《送石处事序》中说："辨古今事当否，论人高下，事后当成败，……若烛照数计而龟卜也。""烛照数计"，指以烛光照之，以数理计之，比喻料事准确。余年已过八十，无他长处，仅"老而好学"而已。然如师旷所言，"如炳烛之明"，用余年"烛照"人类文明，关心人类文明交往自觉，关心它的过去、现在和未来，以长安悠得、北京松榆两斋的往返飞翔思路，在蒹葭黍离自由之中，留下这几年寒暑的微末印迹！

欲知如何收获，先问如何耕耘。好学来自长期学习的实践，此种习惯之形成，其力量韧性在于勤。古语说：业精于勤，荒于嬉，毁于随，形成于思，关键是在勤学中习勤奋之道。古语楹联有"书山有路勤为径，学海无涯苦作舟"，人之所以成为人，在立行之腿。有直立行走之腿，方有挺起之胸和劳动之手，方有思维之脑。人类腿勤、手勤、脑勤，按进化学原理，用进废退。按为学规律，学如逆水行舟，不进则退。只有持之以恒，行之有度，遂形成了文而化之的文化和文而明之的文明，才有了可贵的人文精神和人类文明交往的自觉意识。

走笔至此，我不禁想起宋代范成大在《晚步宣华旧苑》中的诗句："归来更了程书债，日眚昏华烛穗垂。"眚（shěng），眼睛生翳。八十岁的我，已有眼疲病症，但仍以习勤为乐，脑思不止，有思必随时用小楷记录下来。双腿日行两小时，日手记数百字以至千余字，虽已暮年而积习不懈。懈怠者，人生之坟墓；勤奋者，人成业之良药。我虽非书法家，却是一个勤奋的书写者和诚实的文字艺术的欣赏者。我常常用小楷将自己对生命的感悟，注入笔端。虽不能夜以继日地秉烛，但白天书写尚可得心应手，用手脑之合力，聚精凝神，理气调息，领略汉字的艺术美。文字可引人深思，可加深洞察力和敏感度。

老年的我，如烛照之明，老而好学之志不改，手脑互动之乐依旧，在书路上仍然信步徐行，坚持不懈。师旷讲，老而好学，如烛照之明。

我觉得那神似的点亮的烛心上，似乎也结上了下垂的艳红而美丽的烛花。按关中的民谚："喜鹊叫，客人到；烛花结，幸福来。"我这暮年的人生烛花，虽然微弱，却光热犹存，烛照之明，也许更细察一些，文明自觉之思，仍跳跃在字里行间。我虽不敢自诩为"照天之烛"，也应进入杜甫《秋野》诗中所抒发的"远岸秋沙白，连山晚照红"的气象意境。我写完百万余字的《两斋文明自觉论随笔》之后，现在在写十余万字的《烛照文明集》之时，法国文艺复兴后的大思想家、散文家蒙田（1533—1592）在《随笔》中的话，也响在耳边："信手写来的东西，更加辉煌灿烂，其光芒胜过正午的太阳，我惊讶自己为何犹豫不前！"信哉，斯言！杜绝犹豫，迈开脚步，在辉煌灿烂、无限好的夕阳光照下，向前行进！

按四：夕阳西下，思想理性之鹰，仍在烛察观照人类文明。古罗马政治家、哲学家西塞罗在《论老年、论友谊、论责任》中说："青绿的苹果，很难从树上摘下，熟透的苹果会自动跌倒在地上。人生像苹果一样，少年时的死亡，是受外力作用的结果；老年时的死亡，是成熟后的自然现象。我认为，接近死亡的成熟阶段，非常可爱。"

西塞罗这些话，加深了我的"倒看人生就会发现时间可贵"的真谛。我深知自己快到人生的终点，从死亡的终点看人生的起点会更加珍惜时间。我已八十多岁了，按犹太人的说法，如果人不是从一岁活到八十岁，而是从八十岁活到一岁，那大多数人都可能成为上帝。犹太科学家爱因斯坦对此"上帝"的解释是：有一种超越一切的力量，支持着全宇宙的科学法则和自然界的运行变化，如果我们把这种力量称为上帝，那我们就要向这位上帝低头。的确，人越到老年，就越要学会计算时间。八十岁，是要以月来计算时间的，而不要以年来计算时间，更不要总是计算自己的物质财富。

"倒看人生"的自觉越早越好，最好在青年时代就有这种自觉意识，才不至于老年悔恨自己的虚度年华和平庸无为。"倒看人生"可以自觉规划人生，在有限时间中分阶段、有目的地实现自己的人生价值。当然，老年人也不是都无所作为。有一项医学研究证明，老人仍有自身的创新精神：五十岁开始进入人生的"重新评价"阶段；六十岁进入"自由解放"阶段；七十岁进入"吸收新思想"阶段；八十岁进入"精神境界重新察视"阶段。

按这个说法，我已经进入了"精神境界重新察视"的阶段。是啊，在今后为时不多的新的情况下，我更应该珍惜自己的有限光阴。有人说，老年人的智慧是岁月积累的结晶。这里应当补充一句，这种智慧是在一生好学习、重实践和多思考的情况下的升华。古希腊智慧女神密涅瓦身旁有一只象征思想与理性的猫头鹰，等到黄昏来临时候才起飞。这个思想与理性象征的猫头鹰，把黄昏看作最好的机遇，以夕阳无限好，唯其近黄昏的起飞，是"精神境界重新察视"之后的新起飞，是再学习、实践、思考后的新自觉时的起飞。我有"学习知不足，学问知不足，学思知不足"的治学格言，有学到老的治学旨趣。"学之为言，觉也，悟所不知也。"（班固：《白虎通·辟雍》）这是对学习、学问、学思要义的解释，非常深刻。学然后知不足，学然后谦虚，学然后自觉醒悟，知道自己不知而要自觉求知。本文集是求知之路上起飞的率性随笔，它没有按问题分类，完全是随想而写，其意在顺乎自然治学自觉而知不足，在觉悟好学，生生不息，悟学不止。第二次世界大战期间，英国有位年轻的母亲，留给十多岁的儿子这样一个墓志铭："全世界的黑暗，都挡不住一根蜡烛的光明。"一烛之明，虽然很微弱，但只要它融入人类正义、自由、和平之火燃烧的临界点上，便会显示出社会进步的巨大合力。这就是人类文明交往自觉之光。因此，本书有这篇长长的按语，用以表明我烛照文明的志向：夕阳快落山了，黄昏快降临了，起飞吧，智慧女神身旁的思想与理性象征——猫头鹰！愿文明交往的历史自觉之光烛察观照人类美好的前程。

2011 年 4 月写成，2012 年 2 月修改

附录二

在《两斋文明自觉论随笔》高层论坛上的致谢信

同志们，大家好！

我衷心感谢延艺云总经理、徐晔馆长、方光华校长对此次论坛的大

力鼎助和支持！也衷心感谢中东研究所同志们为论坛付出的辛勤劳动！同时，我竭诚欢迎莅临论坛的全体同志，谨向你们致以诚恳的问候和敬意！

从内心讲，我为此次论坛的召开，感到十分高兴，为出席论坛的全体同志的情谊和精神所深深感动，并且充满着感激之情。《两斋文明自觉论随笔》本是我在西安、北京两地完成科研与教学工作过程中的见缝插针之作，也只是供对此课题有兴趣的同志们饭后茶余而读之用。它有三卷，130多万字，篇幅太大，从头到尾读完它的人可以说是寥若晨星。这部学术随笔是我继《文明交往论》、《书路鸿踪录》、《松榆斋百记——人类文明交往散论》之后，写的有关文明自觉论问题的续篇。此后，我还有《烛照文明集》书稿，现与《文明交往论》合编为《我的文明观》，由陕西文史研究馆收入《崇文丛书》第一部，由西北大学出版社出版。现将此书献给与会诸位同志，以求与《两斋文明自觉论随笔》相配合，对我的文明观有一个整体了解。同时也是作为诸位参加论坛的一件纪念品，略表我的谢意。

我的文明观是关于人类文明交往自觉的观念，其核心是人的文明自觉化问题。国家教育部在总结改革开放三十年经验的《中国高校哲学社会科学发展报告（1978—2008年）·历史学》一书中，把我的文明观总结为当代中国三大世界史观之一。实际上，文明史观与整体史观、现代化史观三者是相通的。令我欣慰的是，《两斋文明自觉论随笔》最近已被评为陕西高校社会科学优秀成果一等奖和陕西省社会科学优秀成果荣誉奖。学术随笔能上奖励大雅之堂，非常之难得，这也是对本书学术价值的认同和肯定。

谈到我的文明观，我想起今年5月由人民出版社再版的《东方民族主义思潮》一书。这是我20多年前出版过的一本书，它可以说是我的文明观的现实、历史和理论相互联系的最初源头。我在此书中提出了"政治文化"的概念，其出发点是亚洲、非洲和拉丁美洲现代民族国家体系的形成。这个国家体系的社会、政治思想理论形态就是东方民族主义思潮。政治文化的核心是国家观，是建立、巩固、发展现代民族国家中的广义的政治文明观，其实质是与物质文明、精神文明、生态文明联系在一起的制度文明观。自从在《东方民族主义思潮》中提出"政治文化"这个概念之后，我经过了《世界史》、《第三世界的历史进程》、《二十世纪中东史》、《阿拉伯国家史》、《中东国家通史》和《中东史》等著作的漫长编写过程。这是一个由史入论和史论结合的反复思考酝酿过程，才逐渐形成了人类文明交往自觉的理论思维。《两斋文明自觉论随笔》就是继《文明交往论》之后，另一部具有理论性的著作，它的特征是以随笔的形式对文明交往自觉论展开论述。这一点也与《东方民族主义思潮》的科学鉴赏力和诗意治学的思想相连接。

我在为《东方民族主义思潮》再版写序言时，想起了英国作家吉卜林关于"东方就是东方，西方就是西方"的二元对立的西方中心论偏见，于是写了与之相对的《西东谣》。这是一首人类文明交往的诗篇，谨贡献给与会的同志们。诗的内容如下：

> 西潮涌起东潮动，西方东方异中同。水流河东与河西，气变东风又西风，西园载酒东园醉，东茶咖啡西洋醒。世界熙攘为权利，环球哪复计西东。历史统一于多样，事物万变归常恒。分斗合和均智慧，人文良知大化成。人类关注生产力，交往自觉共文明。

最后，我还要向论坛汇报的是，从《两斋文明自觉论随笔》出版以后，到现在所完成的一项新成果就是《老学日历》书稿。它是借用商务印书馆 2012 年日历的体例，用日记的写法、经一年而成的约 50 万字的著作。文明交往自觉问题，有广阔的研究空间，成为全球性的大课题。我虽年已 82 岁，但仍愿以冉冉烛光和大家的壮年日中之光融为一道，在人间文明问题的研究大道上携手共进。让我们共同为人类文明自觉的美好未来而共同努力吧！

再次谢谢大家！

彭树智写于 2013 年 9 月 10 日于长安悠得斋

附录说明：《世界历史》2012 年第 2 期有王霏、苏瑛、白若萌写的《文明交往与世界历史进程》研讨会的报道；《世界历史》2014 年第 4 期又有蒋真的"文明自觉论"高层论坛学术会议综述。这些讨论也从另一角度反映了学界的讨论情况。

附录三

西北大学中东研究所所庆寄语

斗转星移，今岁是何年？

今岁是西北大学中东研究所所庆的"五十而知命"之年。

混沌鸿蒙，何谓"知天命"？所谓知天命，即知自然和社会客观发展规律性和发挥人的主观能动性的内在有机统一。具体对中东研究所而言，其要旨有以下"五知"：

一、知天职使命，即知以研究中东为天职志业，并且为此而学习、学问和学思，为此而尽责、尽力和尽心的使命担当。

二、知治学路径，即知"以问题意识为导向，从现状出发，追溯历史源流，站在历史的基点上，审视现状，进而展望未来"的研究思路和学术理念。

三、知所风所训，即知"勤奋、严谨、求实、创新、协作"之风，持续熏陶磨炼；又知"为真求知、为善从事、为美养心"之训，时时诚训规范。

四、知理论思维，即"知理明事，以自知之明，知物之明，知人之明，文明自觉，全球文明"的文明交往自觉，思考中东文明与人类文明之间的互动联系。

五、知人文关怀，即"知传承发扬陕西先哲张载的'为天地立心，为生民立命，为去圣继绝学，为万世开太平'的'四句教'"，昂首挺胸，以中华文明的学术气派，稳步跨入世界学术之林。

欣逢所庆五十而"知天命"之年，谨以"五知"的体会，与同志们、同行们同欢、同庆、共勉，以志不忘天职使命，知前途无量，知任重而道远。

2014 年 3 月 14 日写于北京松榆斋

附录四

致朱传忠同志的信

传忠同志：

博士学位论文《土耳其正义与发展党及其执政实践研究》读后，感到它是一部全面系统的专题论著。它的资料基础较为厚实，思路清晰，结构合理，且有许多独立的新见解。它虽然有一些不足和粗糙之处，但从总体上已经达到了博士学位论文的水平，经过加工润色之后，即可进行答辩。

现在所剩的修改时间已不多了，在有限的时间内，仍有必要进行小改。博士学位论文是学人学术生命中初始的生长点，应当珍爱它、呵护它、精心培植它，使之成为具有里程碑意义的学术作品。现在应立足于修改，做好以下几件事：①厘清全文的主线脉络，力求使全文七章成为既有分工又有内在联系的统一体；②突出立论重点和新意之处，着力于理论与实践的紧密结合，从中总结提炼出清晰的自得之见；③关注细节，精雕细刻于文字不通畅或翻译西化方面的话句，唯冗语之务去；④严守著述规范，引语及沿用别人观点者一定要加注出处，并且再查一遍，要准确无误；⑤将常识性错误、错别字消灭到最低限度；⑥尽可能补缺防漏、加强薄弱环节，使之趋于完美而不留阶段性的遗憾；⑦定稿时，不要忘记从头到尾再查看一遍，进行全文的最后贯通。这一切只是建议，望量力而为之。

关于本文的一些重点问题，如西方政党理论、文明交往自觉论的应用、正发党的意识形态、文军关系、国内经济社会政策、对外交往等问题，可排一下队，从现在有条件的、可以修改的开始，先行加强。此文如果要我来改，我从本文的材料出发，首先从文军关系开始。军人干政，是亚非拉许多国家一直存在的问题，在土耳其尤其典型。正发党把这种政治交往纳入法制系统解决，用法制轨道运行此种交往，是用文明交往的自觉，解决了这个老大难问题。可以将本文以这个思路理顺成章，并加以理论化，定会使三章关于党的理论创新点之外，又多一个发光出彩的新亮点。因此我建议你无妨尝试一下。我认为这是有现实意义的。当然肯定要清醒看到许多面临的不确定难题，对此，你在修改中，也要给自己留有回旋余地，不可绝对化。

此外，本文对正发党的性质、意识形态和组织结构问题，有细致深入的论述，言别人未涉及之处颇多。然而，许多方面仍有缺漏，需要思考。第一，政党的利益集团行为，仍为不能回避的问题。第二，运用西方政党理论研究正发党是一个很好的尝试。因为该党的成立与执政，都是在西方影响下进行的，必然有许多西方政党理论因素包含其中。但是，不可忽视土耳其本土政治、民族、宗教地域等内在根据的相互作用。第三，正发党已经暴露和已经显示的诸多弊端迹象，要注意搜集，把碎片连缀成线成面，用问题意识，对待土耳其朝野对峙中的社会经济根源。2013 年以来经济下滑，社会矛盾突出，尤其是腐败问题，会激化民众不满，会从"正义"与"发展"两方面向执政党宗旨提出挑战。甚至埃尔多安本人强硬而不妥协的领袖个人风格也会在负面发生作用。正发党的文明自觉交往是有限的，自发性是大量的。叙利亚难民大量涌入，加重了土耳其的负担，土叙关系、土耳其与邻国贸易关系都受到重创，致使正发党多年来致力于邻国的外交"零问题"努力遇到挫折。因此，它的交往自觉是需要具体分析、全面看待和考量的。

我读正文，愈加感到中东这个人类文明交往的枢纽地区，现在正处于转型变革的转折时期。路向何方？路在何方？行路上问题迭生，困难重重，这只能在中东与全球文明交往中耐心而仔细地观察、寻找。我的文明观来源于世界史、特别是中东史的思考，是一种人类文明的发展观。我关注文明交往自觉，就是关注文明交往的互动规律在不同民族、国家、地区和不同时间的具体表现和彼此之间的相互影响。所谓自觉，是人的主观能动性与客观规律性的有机统一。文明交往的主体是人，文明交往的自觉是人在交往中对事物之间、之际的"间际"交往自觉，是对事物关系与联系的"关联"交往自觉，也是人在交往中对隐藏在现象后面的本质问题的探索。我很高兴你用这种文明发展观来观察正发党的发展及其执政实践。在我看来，土耳其正发党正是土耳其—伊斯兰文明与西方文明之间交往的产物。正发党和凯末尔开国时期的执政实践一样，是为了寻找符合土耳其政治、经济和社会制度发展道路的实践。人类文明交往历史昭示我们，只有根据本国、本地区的历史与现实实际，在内外交往实践中博采众长、独立思考、创新创造，才能探索出符合国情民意的发展道路来。中东问题研究离不开这个主题，中国学者应当有自己的学术话语权，不能只是跟在人家后面亦步亦趋、人云亦云。你是一个勤学、善思又有常写习惯的有为青年学者，希望把修改工作贯彻在答辩之后，用尊重事实、追求真理的科学精神，再进行一次认真的修改，写好这本书，争取早日出版，为中东研究做出自己的贡献。美国学者关于"不出版，即死亡"的话虽然有些绝对，但确实有道理，也在此提出，望你注意。

又：现在关注不足之处最重要。白居易在《钱塘湖春行》诗中说的"最爱湖东行不足，绿杨阴里白沙堤"。如果将此诗意用于治学，那就是时时想到自己的不足，寻觅事物运动深处的规律性问题，探求不已，自强不息。可多品味此诗句，以提高治学的"知不足"境界，使学术生活寓于美与真、善的互动共融人生行程之中。

彭树智

2014 年 3 月 10 日于北京松榆斋